Hanfried Heller

Padia 1

Man mag immerhin Fehler begehen –
bauen darf man keine.
J. W. v. Goethe

Paper Dimension Architecture

Hanfried Heller

Padia 1

Grundlagen Tragwerkslehre

Ernst & Sohn
A Wiley Company

ibh
Ingenieurbüro Dr. Heller
Silberblick 21
99425 Weimar

Das Konzept von Padia ist auch Inhalt der Vorlesungsreihe «Tragwerkslehre» des Autors im Rahmen eines Lehrauftrages an der Bauhaus-Universität Weimar, Fakultät Architektur

Umschlagbild: Modelle zur Tragwerkslehre, Howe'scher Träger, Kugelschale

Die Deutsche Bibliothek – CIP-Einheitsaufnahme
Heller, Hanfried:
Padia 1 : Grundlagen Tragwerkslehre / Hanfried Heller. – Berlin : Ernst, 1998
(Paper dimension architecture)
ISBN 3-433-02519-3

Layout und Umschlagentwurf: grappa blotto design, Berlin

Satz: Hagedorn Kommunikation, Viernheim

Druck und Bindung: Franz Spiegel Buch GmbH, Ulm

Nach welcher Seite wölbt sich eine von der Sonne angestrahlte Stahlbetonplatte und wie groß ist diese Verformung?

Welche Seite (Splint oder Kern) eines Vollholzträgers sollte man nach oben legen?

Wie breit sollte die Dehnungsfuge zwischen einer bestehenden Halle und einem direkt anschließenden Neubau sein?

Wie werden der Schwerpunkt und das Trägheitsmoment eines zusammengesetzten Querschnittes ermittelt?
Wie war das mit dem Satz von Steiner?

Wie wird ein Gleitsicherheitsnachweis geführt?

Ist für einen Knicknachweis die zulässige Druckspannung oder der E-Modul maßgebend?

Wo finde ich in der Fachliteratur Hinweise zu Aussteifungsprinzipien von Hallen?

Vor diesen oder ähnlichen Fragen stehen Architekten und Ingenieure in Ausbildung und Praxis immer wieder.
Mein Anliegen ist, ein systematisches, praxisorientiertes Übersichtswerk zum Thema **Tragwerkslehre** zu schaffen.
Dabei ist die Vermittlung von Gefühl, Kenntnissen und Verständnis über das prinzipielle Verhalten von Tragwerken, über den Kraftfluß in einem Tragwerk, das Hauptziel der Tragwerkslehre.
Wichtige Mittel zu diesem Zweck sind

- die Arbeit mit Modellen (Modellbau)
- die Arbeit mit bestehenden Bauwerken (Bauwerksanalyse)

Doch gelegentlich sind in diesem Kontext auch Zahlen und Formeln gefragt.

Mit dem vorliegenden Paper-Dimension-Architecture **Padia 1** stehen Prinzipien und Zusammenhänge zu den Grundlagen der Tragwerkslehre zur Verfügung, wobei der Schwerpunkt auf der grafischen Aufbereitung dieser analytischen Hintergründe liegt.
Hilfsmittel für Entwurf und Vordimensionierung, konstruktive Details und Beispiele aus der Praxis werden das Konzept abrunden (Padia 2).

Das Buch wendet sich sowohl an Hochschul- und Fachhochschulstudenten der Architektur und des Bauingenieurwesens als auch an in der Praxis stehende Architekten und Ingenieure.
Die Lehrerfahrung und auch die Bewältigung praktischer Bauaufgaben zeigen, daß immer wieder eine schnelle Aktivierung von bereits einmal gehörtem Basiswissen erforderlich ist.

In diesem Sinne wurde auch das Darstellungskonzept von Padia gewählt:

- schneller Zugriff durch übersichtliche Gliederung
- wenig verbale Interpretation
- viel Grafik
- Darstellung als bandartige Informationsstruktur
  mit 2 Blöcken pro Seite

Wo immer es möglich und verfügbar war, wurde auf vorhandenes Wissen aus der Fachliteratur zurückgegriffen. Dies insbesondere, um interessierten Nutzern von Padia, die sich in Spezialgebieten vertiefen wollen, Hinweise zum Sachproblem und seiner Darstellung im Schrifttum zu geben. Die in Padia dargestellten Grundlagen sind also einerseits als Repetitorium gedacht, andererseits als Ergänzung der Kurzinformationen der oft benutzten Tabellenbücher von Wendehorst, Schneider oder Pörschmann.

Dimension – Menge – Preis

Parallel zu den auf Papier (Padia) zusammengestellten Grundprinzipien des Tragverhaltens und der Vorbemessung entwickeln wir seit mehreren Jahren ein Programmsystem unter Windows:

Widia Windows – Dimension – Architecture

Die Grundidee ist hier, die Zusammenhänge zwischen Dimension, Menge und Preis für eine qualifizierte Kostenschätzung im Planungsprozeß verfügbar zu machen. Das neuartige Programmsystem Widia versteht sich als Werkzeug, als Hilfsmittel für eine objektorientierte Projektanalyse mit den Teilbereichen

- Dimension eines Tragwerksteiles abschätzen
- dazugehörige erforderliche Menge des Baustoffes ermitteln
- mit dem entsprechenden aktuellen Einheitspreis eine Kostenschätzung für das jeweilige Tragwerksteil durchführen

Diese Informationen werden projektbezogen für jedes Bauteil in einer Datenbank festgehalten. Sie sind Gewerken, Losen, Kostengruppen, Titeln oder Grobelementen zuzuordnen und erlauben somit die Abschätzung von statischen, mengenmäßigen und kostenmäßigen Parametern eines gesamten Bauvorhabens oder von Teilbereichen. Änderungen, wie etwa Lasten, Stützweiten, zulässige Bodenpressungen oder Baustoff drücken sich direkt in der Materialmenge und im Preis aus.

Hanfried Heller Weimar, März 1998

Die in der Praxis oft benutzten Formeln
Spannung = Kraft/Fläche ≤ Zul. Spannung
und
Dehnung = Spannung/E-Modul (Hookesches Gesetz)
implizieren die wesentlichen Inhalte im Zusammenhang mit den Grundlagen der Tragwerkslehre.

Kraft
Hinter der Kraft stecken zunächst einmal Kenntnisse über Lastannahmen und Lastermittlung.
Kräftelehre, Zusammensetzen und Zerlegen von Kräften und die Umsetzung der Lasten in Stützgrößen und Schnittgrößen verschiedener statischer Systeme sind die Grundlagen für das Verständnis des Kräftespiels in einem Tragwerk.

Fläche
Der Begriff «Fläche» repräsentiert hier die Gesamtheit der Querschnittseigenschaften.
Welche Querschnittswerte sind für welche Beanspruchung relevant?
Wie werden maßgebende Querschnittswerte ermittelt und welchen Einfluß haben sie auf das Tragverhalten?
Das Kapitel Querschnittseigenschaften erläutert diese Probleme.

Spannung
«Spannung» steht im weitesten Sinne für die Grundlagen der (bezogenen) Beanspruchung eines Tragwerkes. Dabei sind die Grundbeanspruchungen Zug, Druck, Biegung, Knicken, Schub und Torsion von ebensolcher Bedeutung wie die Spannungen aus Temperatur- und Feuchtigkeitsänderung (Schwinden).
Weiterhin werden in diesem Kapitel die wichtigsten zusammengesetzten Beanspruchungen, denen in der Regel jedes Tragwerk unterliegt, übersichtlich dargestellt.

Dehnung
Eine nach Meinung des Autors noch wichtigere Rolle als die Spannungen spielen Kenntnise über Formänderungsmechanismen in den Tragwerken.
Im Kapitel «Formänderungen» werden Grundlagen zu Verzerrungsgrößen, insbesondere zu Dehnungsproblemen vermittelt.
Für die Vermeidung bzw. Reduzierung von Rissen in einem Bauwerk (Tragwerk) sind diese Prinzipien von großer Bedeutung.

Zulässige Spannung, E-Modul
Mit diesen beiden Begriffen ist das Kapitel «Baustoffeigenschaften» verbunden.
Die Widerstände, die ein Tragwerk einer Einwirkung entgegenstellt, stehen direkt mit den gewählten Baustoffen im Zusammenhang.
Materialwerte, wie Festigkeiten, E-Modul, G-Modul, zulässige Spannungen, Querdehnzahl, Kriech- und Schwindwerte u. a. Eigenschaften und Abhängigkeiten sind hier problem- und baustoffspezifisch zusammengestellt.

Damit sind die Hauptkapitel von Padia definiert:

1 Lastannahmen/Lastermittlung
2 Kräftelehre
3 Stützgrößen
4 Schnittgrößen
5 Querschnittseigenschaften
6 Baustoffeigenschaften
7 Spannungen
8 Formänderungen

Mit den Kapiteln
9 Standsicherheit
10 Stabilisierung
11 Stabilität
wurden in Padia 1 einige Grundlagen mit aufgenommen, die insbesondere beim Entwurf von Tragwerken von Interesse sein können.

Ganz bewußt wurde die oft benutzte, für das Verständnis von Tragwerken ungünstige Gliederung der Probleme nach Baustoffen (Holz, Stahl, Beton usw.) nicht gewählt! Die damit verlorengehende Sicht auf das Gesamtbauwerk bzw. auf das Gesamttragwerk ist leider auch heute noch an vielen Hochschulen durch ebendieses Nebeneinander baustofforientierter Lehrstühle anzutreffen.
Abgesehen von wenigen Ausnahmen (z.B. Lastannahmen) werden in Padia die einzelnen Fachthemen normenunabhängig dargestellt.

Zum Abschluß der Einführung folgen einige Tafeln zur Einordnung der Tragwerkslehre in die Gesamtproblematik Bauwerk-Tragwerk.

Hinweis:
Durch die bewußte Benutzung von Informationen aus diverser, teilweise älterer Fachliteratur, wurde in **Padia** keine durchgehende einheitliche Bezeichnung von Lasten, Kräften, Spannungen, Koordinatenachsen, Richtungen usw. angestrebt.

Tragwerkslehre – Einordnung

Das „Dreibein" des Bauens

nach Vitruv, ca. 50 v. Chr.

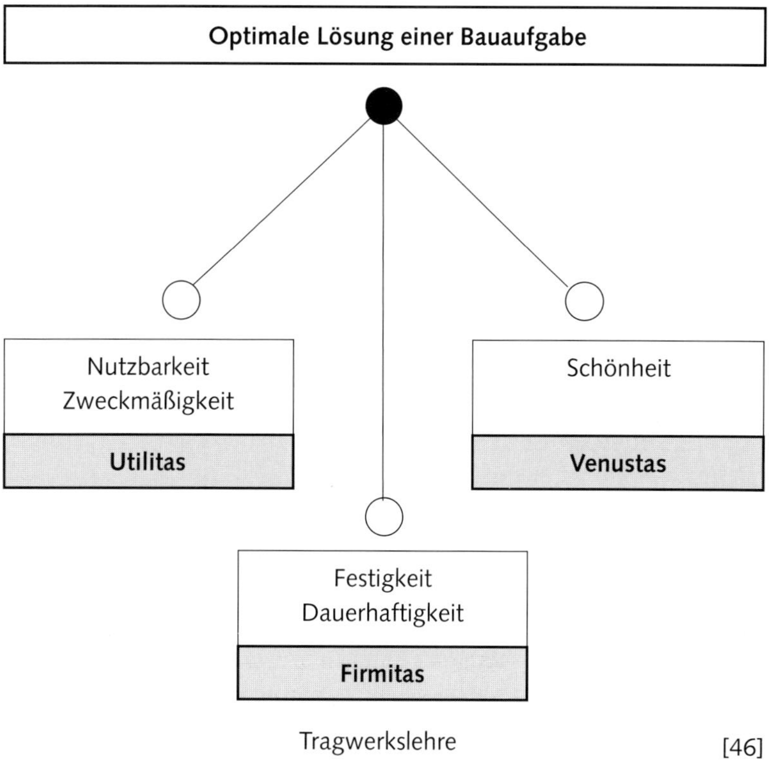

[46]

Tragwerkslehre – Lehrinhalte

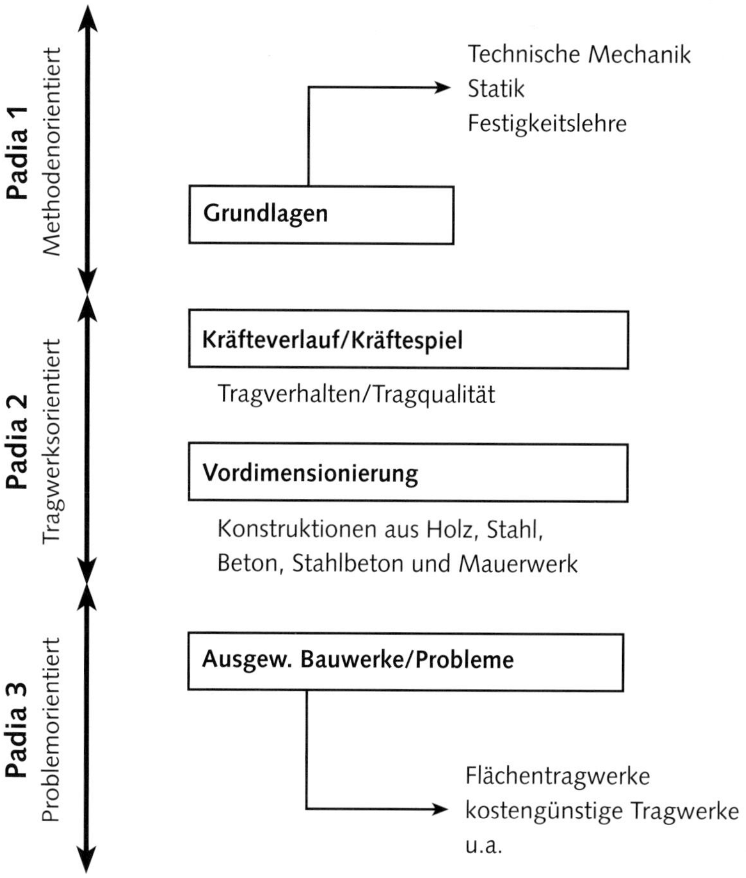

Tragwerkslehre – Einordnung Tragstruktur

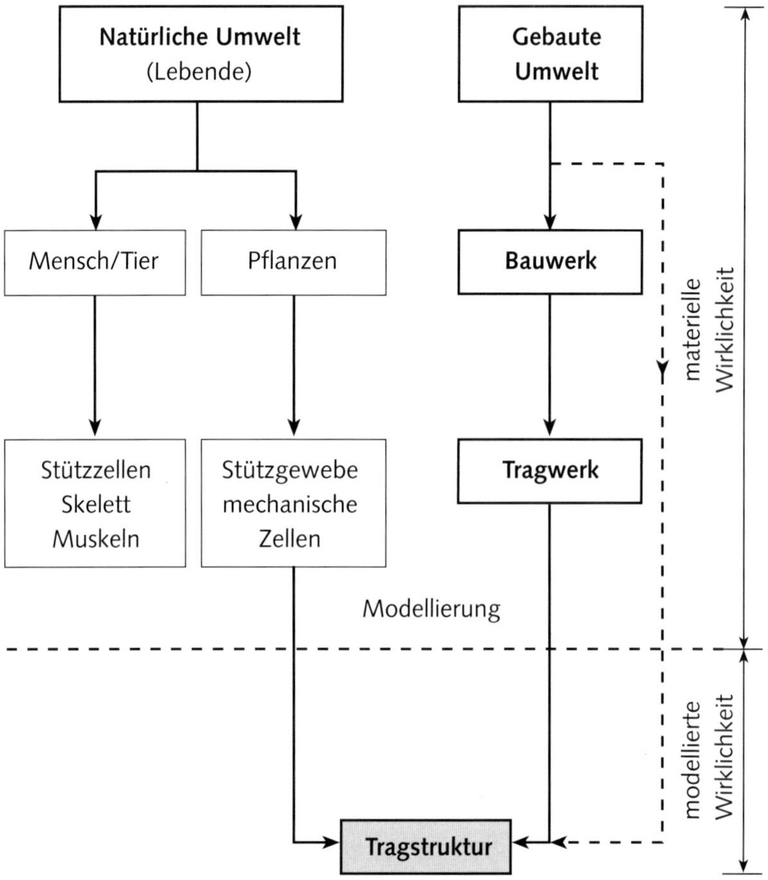

Tragwerkslehre – Zuordnung Tragfunktion

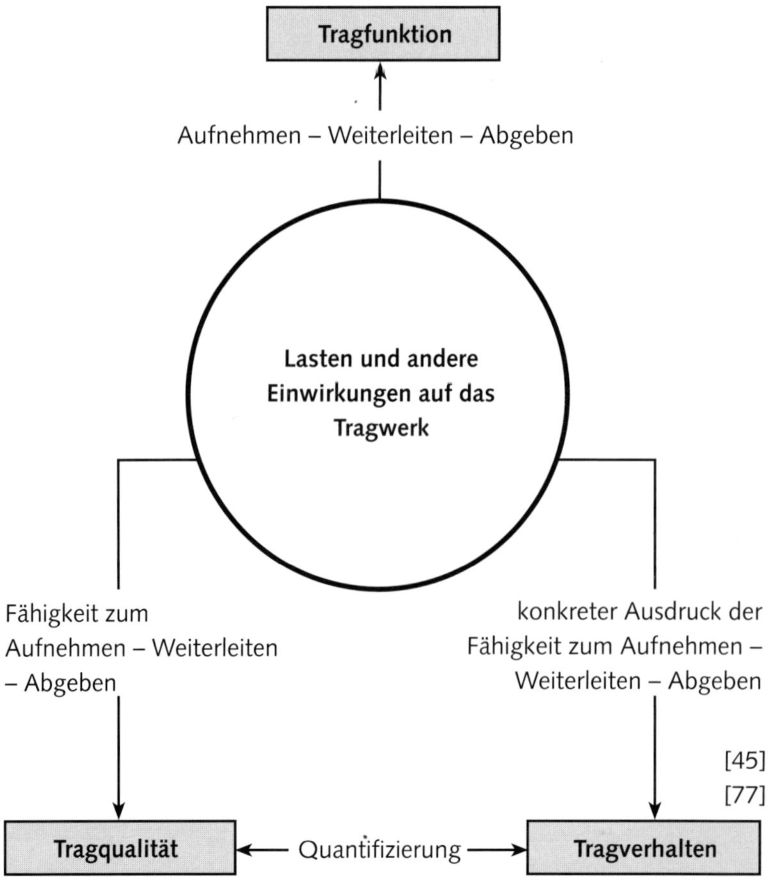

Tragwerkslehre – statische Zustandsgrößen

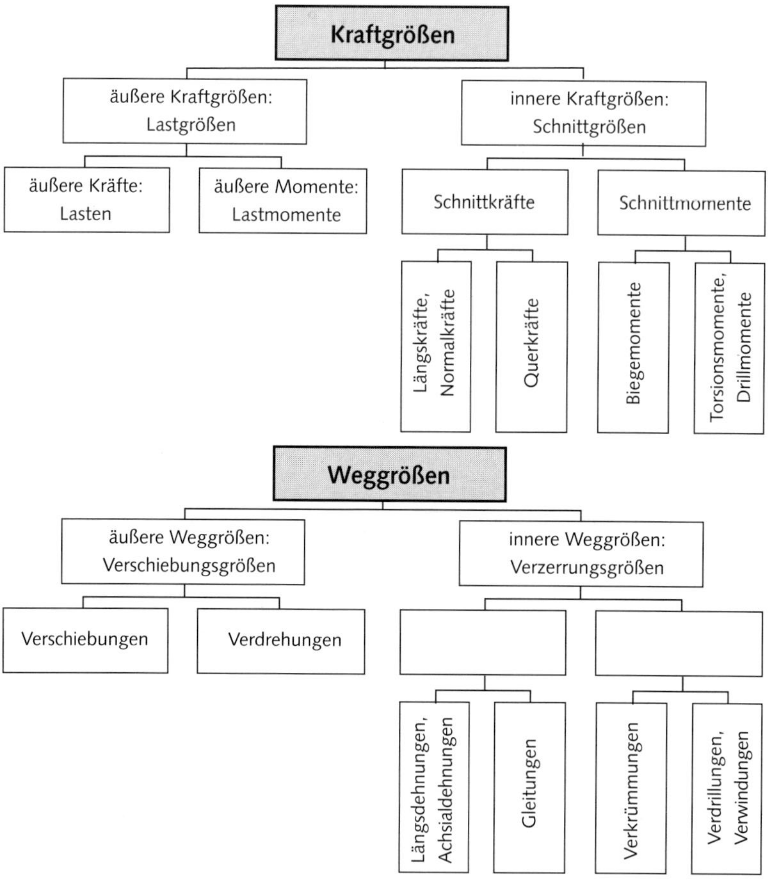

Tragwerkslehre – Einordnung in Mechanik

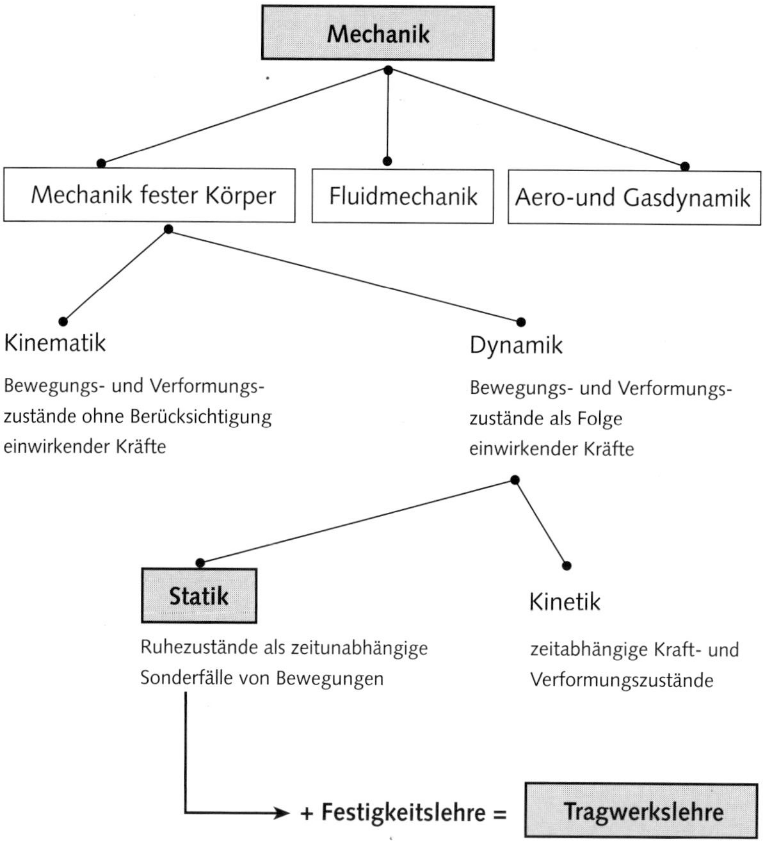

[71]

Lastannahmen/Lastermittlung

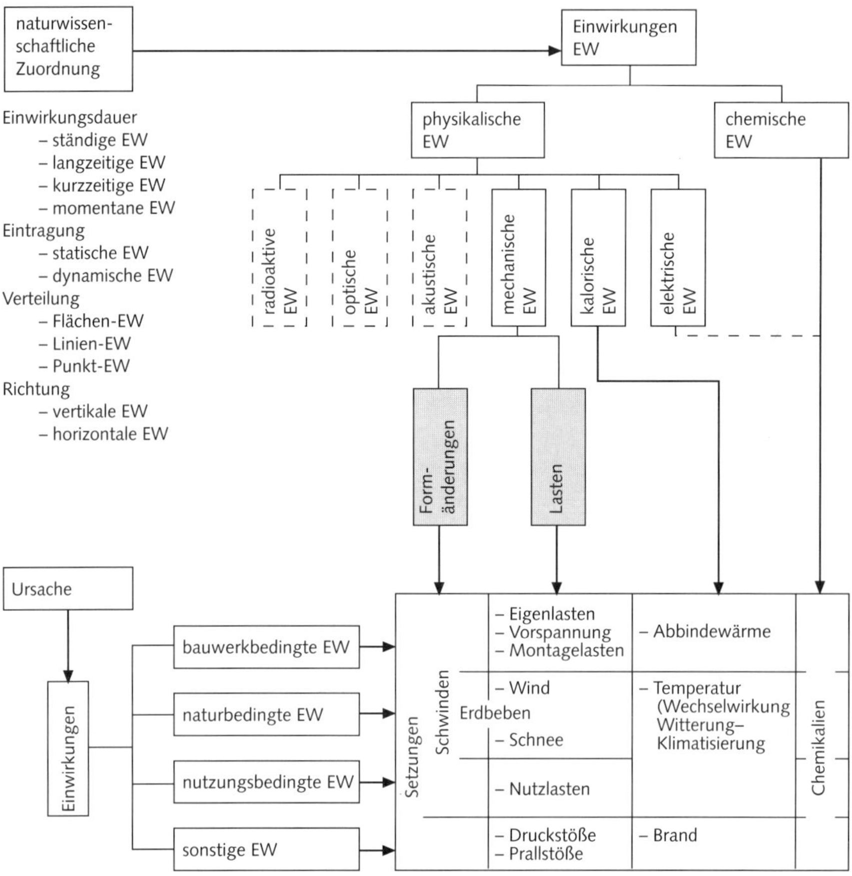

Bezeichnungen

→ Schneelasten
→ Verkehrslasten (Nutzlasten)
→ ständige Lasten (Eigenlasten)

Flächenlasten	Streckenlasten	Einzellasten
kN/m^2	kN/m	kN
$\bar{g}$	g	G
$\bar{p}$	p	P
$\bar{s}$	s	S
$\bar{q}$	q	G + P + S
$\bar{w}$	w	W
$\bar{h}$	h	H

→ andere Horizontalkräfte
→ Windlasten
→ Summe Lasten [1]

Klassifizierung

Einteilung nach der Ursache

aus Bauwerk/Tragwerk

- Eigenlasten

aus Nutzung/Funktion

- Nutzlasten (Verkehrslasten)
- Wasserdruck

aus Klima

- Wind
- Eis/Schnee
- Temperatur

aus Umgebung

- Erddruck
- Erdbeben, Bodensenkung

(aus Klima und aus Umgebung: aus Natur)

aus Sonderursachen

- Explosionen
- Prallstöße
- Brand

Klassifizierung

Einteilung nach der Richtung

vertikale Lasten (Lasten aus Erdanziehung)

- Eigenlasten
- Nutzlasten
- Schnee/Eis

horizontale Lasten (Längs-/Querrichtung)

- Wind
- Erddruck
- Bremskräfte
- Erdbeben

beliebig gerichtete Lasten

- in vertikale und horizontale Komponenten zerlegen!

Klassifizierung

Einteilung nach der Verteilung

Körperlast (Raumlast, Wichte)		Dimension
– Kraft pro Volumeneinheit – aus Dichte (Masse) und Erdanziehung resultierend		**kN/m³**
Flächenlast		
– Kraft pro Flächeneinheit – z.B. Deckeneigenlasten		**kN/m²**
Linienlast (Streckenlast Laufmeterlast)		
– Kraft pro Längeneinheit – z.B. Eigenlast einer Wand		**kN/m**
Punktlast (Einzellast)		
– Kraft (ohne Bezug) – z.B. Eigenlast einer Stütze		**kN**

Klassifizierung

Einteilung nach der Verteilung

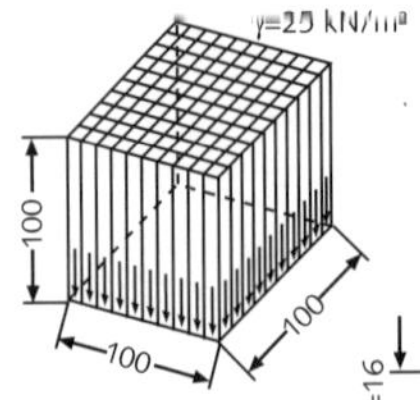

Körperlast (Wichte)

25 kN/m³

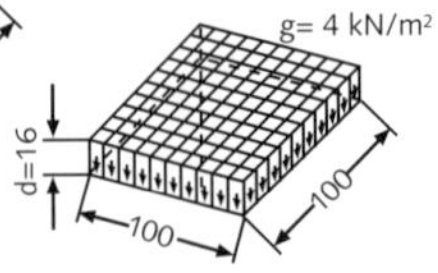

Decke

Flächenlast

25 · 0,16 = **4 kN/m²**

Wand

Linienlast

25 · 0,2 · 3 = **15 kN/m**

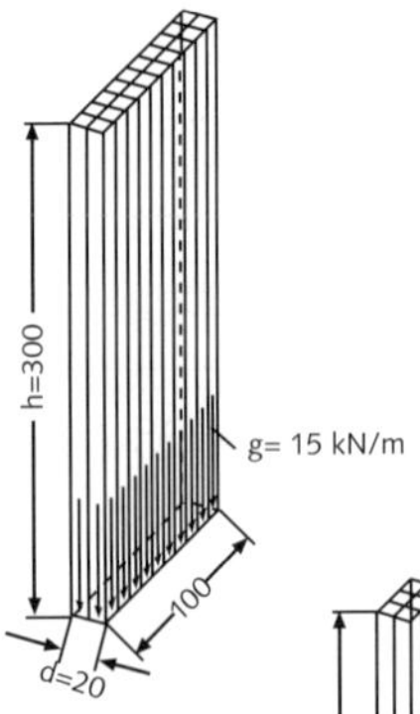

Stütze

Punktlast

25 · 0,2 · 0,3 · 3 = **4,5 kN**

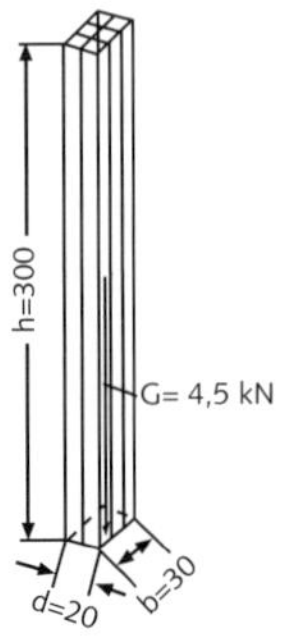

(Beispiel Stahlbeton)

[43]

Einteilung nach der Verteilung

(Beispiele für Verteilung von Linienleisten)

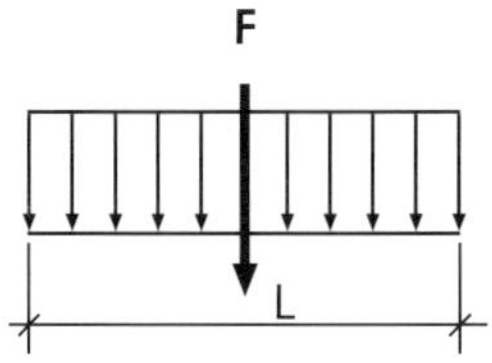

Rechtecklast

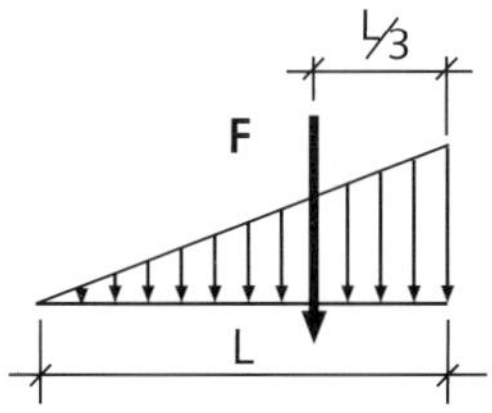

Dreiecklast

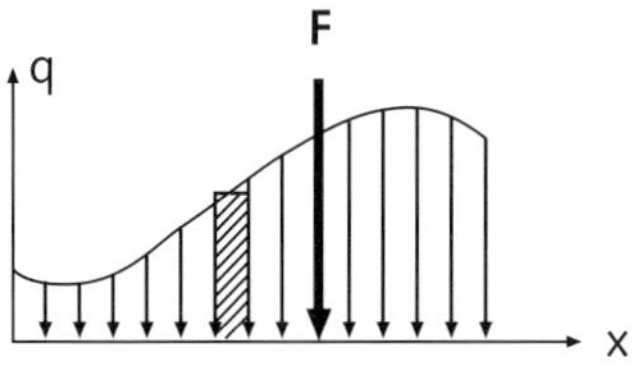

beliebig verteilte Last

Einteilung nach der Verteilung

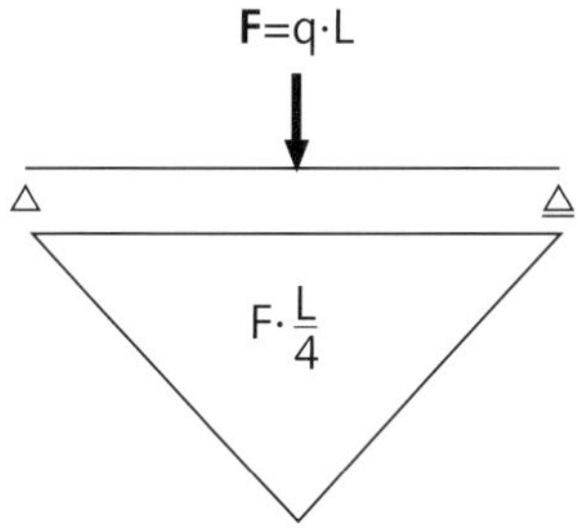

Einzellast (Einzelwirkung)

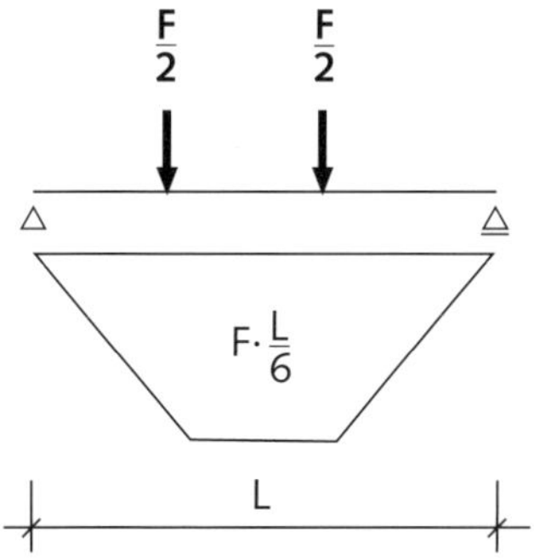

Lastpaar
Lastschaar

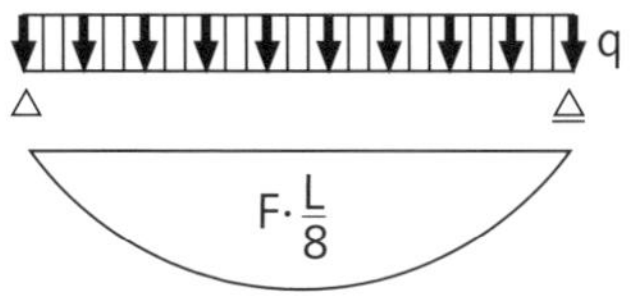

Linienlast
gleichmäßig verteilte Last

Einteilung nach Zeitverhalten
(statische/dynamische Einwirkungen)

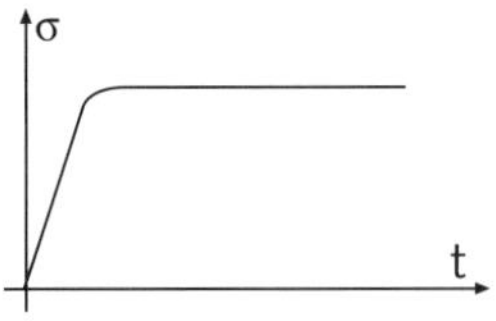

ständige Lasten
statische Lasten
(langzeitige Lasten)

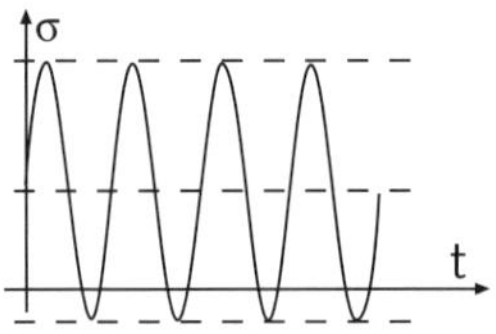

schwingende Lasten
Schwellbelastung
Wechselbelastung

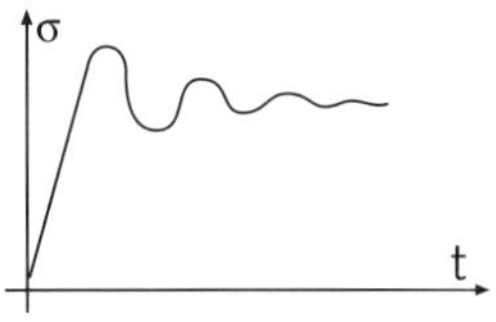

stoßartige Lasten
(kurzzeitig/momentane
Lasten)

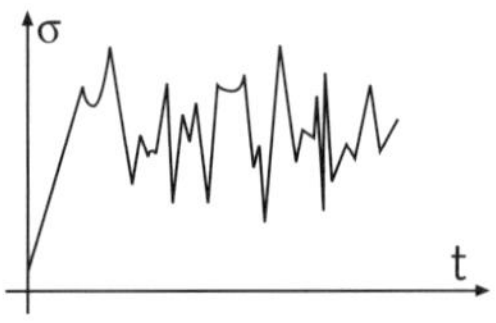

Randomlasten
stochastische Lasten
Zufallslasten

Einteilung nach Ursache/Erregungsart
(dynamische Einwirkungen)

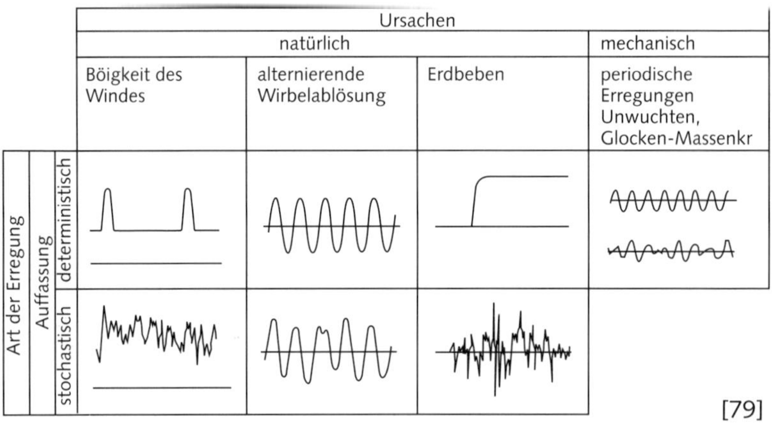

[79]

Klassifizierung

Einteilung nach der Dauer

ständige Lasten (statische Lasten)

- Eigenlasten
- (Erddruck)

veränderliche Lasten (Verkehrslasten)

→ vorwiegend ruhend (statisch)

- * – Nutzlasten (Personen, Mobiliar, Lagergut, Fahrzeuge)
- Windlasten
- Eis/Schnee/Wasserdruck/Erddruck

→ nicht vorwiegend ruhend (dynamisch)

- schwingende Lasten (Maschinen)
- stoßartige Lasten (Prallstöße, Druckstöße, Bremskräfte...)
- stochastische Lasten (Erdbeben)

* oft auch als Verkehrslasten bezeichnet (DIN 1055 Teil 3)

Klassifizierung

Einteilung nach der Bedeutung in statischen Berechnungen

Lastfälle z.B. LF1 = Windlast, LF2 = Schneelast

- einzelne Einwirkungsarten
- i.d.R. interessant für Plausibilitätskontrollen bzw. zur Untersuchung des prinzipiellen Tragverhaltens
- Grundlage für Superposition von Spannungs- und Verformungszuständen

Lastkombinationen z.B. LK1 = LF1 + $^1/_2$ LF2

- Zusammenstellung der für das Tragwerk ungünstigsten Kombination von Lastfällen
- Beispiel: Wind + Schnee bei geneigten Dächern
- Beispiel: Eigenlast + Nutzlast (Verkehrslast) bei mehrfeldrigen Trägern oder Decken

Einteilung nach Lastfällen

Hauptlasten H

planmäßige Lasten
- ständige Lasten
- Verkehrslasten (Nutzlasten)
- Schnee
- sonstige Massenkräfte

Zusatzlasten Z

zusätzliche planmäßige Lasten
- Wind
- Bremskräfte, Seitenkräfte
- Zwängungen infolge Temperatur/ Feuchteänderungen
- Einzellasten (Mannlasten)

Sonderlasten S

nicht planmäßige Lasten
- Anprall (Prallstöße, Druckstöße)
- Setzungen
- Erdbeben

Einteilung nach Lastfällen

für Tragwerke aus Stahl DIN 18800
Holz DIN 1052
sind die zulässigen Spannungen (und damit die Sicherheit) abhängig vom Lastfall:

Lastfall H

- alle ungünstig wirkenden **Hauptlasten**

Lastfall HZ

- alle ungünstig wirkenden **Hauptlasten** und **Zusatzlasten**

Lastfall HS

- alle ungünstig wirkenden **Hauptlasten** und eine **Sonderlast**

Einteilung nach Lastkombinationen

Lastbilder

– Erfassung verschiedener Laststellungen (Lastfälle oder Lastkombinationen) für die Ermittlung extremer Stütz-, Schnitt- oder Verformungsgrößen

siehe Tabellenbücher, z.B. "Wendehorst"

Lastbilder Stockwerkrahmen

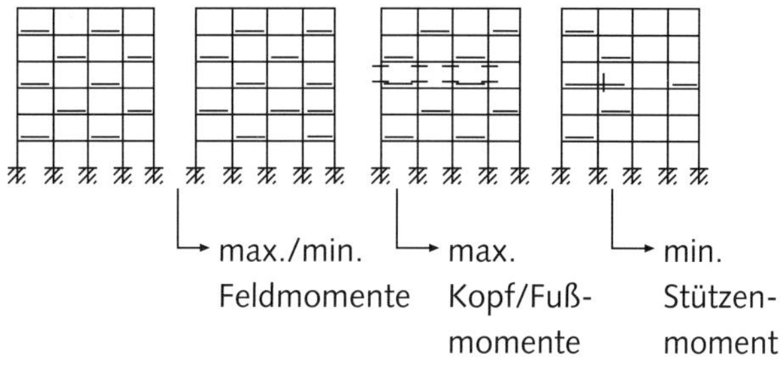

Lastbilder orthogonales Plattensystem

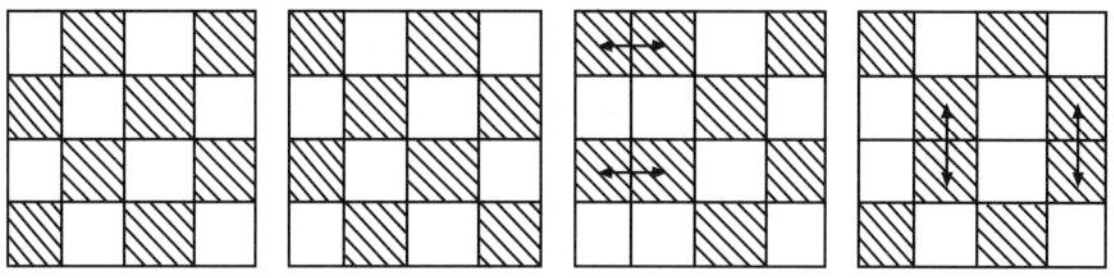

Lasten in der Statik

Tragwerksteil/Element

– Lastermittlung für die Bemessung (Dimensionierung) oder Nachweisführung einzelner Bauwerksteile

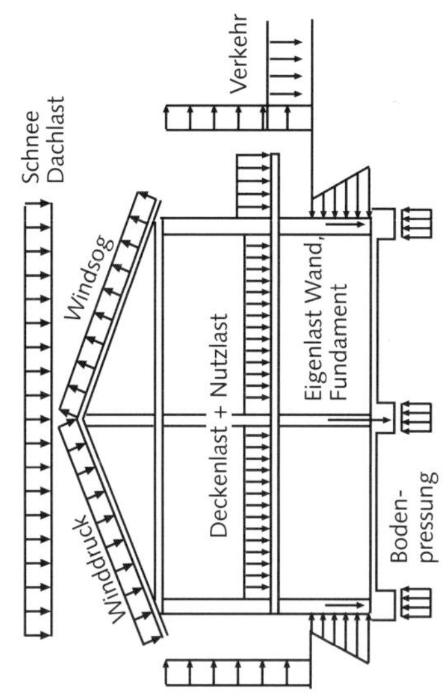

z.B. für Bemessung des Dachsparrens

Gesamttragwerk

– Lastermittlung für den Nachweis der Standsicherheit (Stabilisierung) des gesamten Bauwerkes

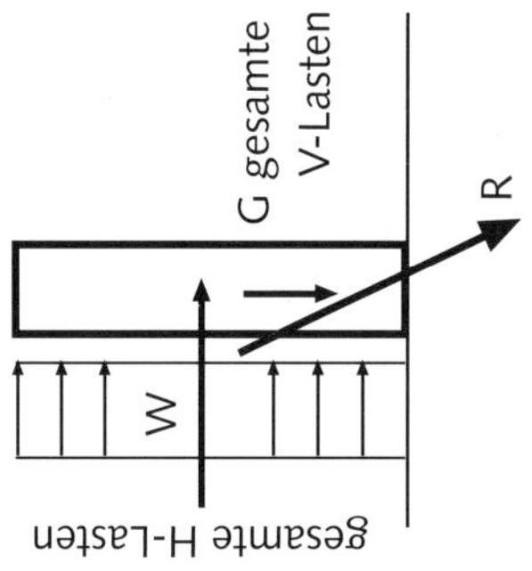

z.B. für den Kippnachweis eines Kernes

Eigenlasten

- Lasten der tragenden Elemente selber
- i.d.R. gekoppelt mit anderen ständigen Lasten von Bauwerksteilen (Beläge, Isolationen...)

DIN 1055 Teil 1

- Lagerstoffe/Baustoffe
- Holz/Holzwerkstoffe
- Beton/Mörtel/Putze
- Decken/Beläge
- Wände
- Sperrstoffe/Dämmstoffe
- Dachdeckungen

- Angaben als Raumlast kN/m^3 oder Flächenlast kN/m^2

Beispiele

		Raumlast γ kN/m^3
	Stahl	78,5
	Stahlbeton	25
	Aluminium	27
	Gusseisen	72,5
	Kupfer	89
	Blei	113
	Glas	26
Holz	Nadelhölzer lufttrocken	5,5
	Laubhölzer lufttrocken	8
Mauerwerk aus	Naturstein	26,5
	Normalbackstein	16
	Kalksandstein	18
	Putz	15
Vergleich	Wasser	10
	Sand, Kies	17...19
	Ton, Merkel	17...22

Lastzusammenstellung

Deckenaufbau (Beispiel Massivdecke)

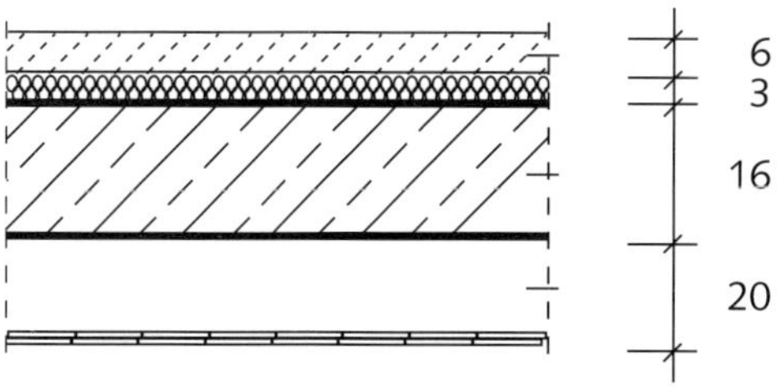

6 cm	Zementestrich	schwimmender Estrich
3 cm	Dämmstoffplatte	
16 cm	Stahlbetonplatte B 25	Tragwerkselement
20 cm	Installationen / abgehängte Unterdecke	Unterdecken-/ Installationsbereich

Lastzusammenstellung

6 cm	Zementestrich	6 · 0,22 = 1,32 kN/m²
3 cm	Dämmstoffplatte	3 · 0,01 = 0,03 kN/m²
16 cm	Stahlbetonplatte B 25 (Dicke vorgeschätzt)	0,16 · 25 = 4,00 kN/m²
	Installationen	6 · 0,22 = 1,50 kN/m²
	Unterdecke	6 · 0,22 = 0,65 kN/m²
	Eigenlast gesamt	g = 7,50 kN/m²

Beispiele

Deckenkonstruktionen

Einfache Holzbalkendecke

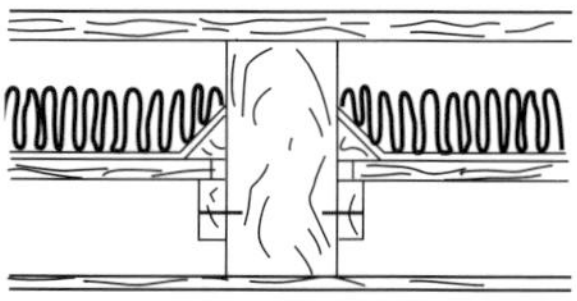

L ≤ 4 m
$g \approx 1$ kN/m²

Holzbalkendecke mit schwimmendem Belag

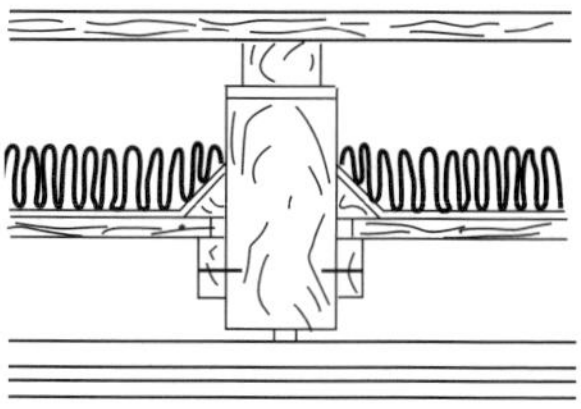

L ≤ 4 m
$g \approx 1{,}5 \ldots 1{,}8$ kN/m²

Hohlkörperdecke mit Fertigbalken

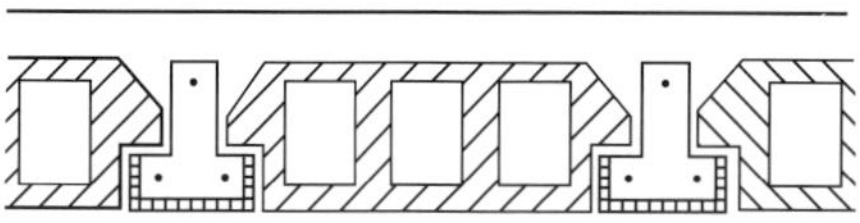

L ≤ 6 m
$g \approx 2{,}5 \ldots 3$ kN/m²

Deckenunterkonstruktion

Deckenverputz 2...3 cm	g = 0,50 kN/m²
Herabgehängte Decke	g = 0,70 kN/m²

Dachkonstruktionen

Pro m² geneigte Fläche

Wellblech oder Welleternitdach	
– Wellblech oder Welleternit allein	g = 0,15 kN/m²
– auf Holzschalung (inkl. Sparren)	g = 0,50 kN/m²
Ziegeldach	
– Ziegel allein	g = 0,45 kN/m²
– mit Lattung, Sparren und Isolation	g = 1,20 kN/m²
Kiesklebedach	
– mit Wärmeisolation, Wasserisolation und 4 cm Kiesauflage	g = 1,20 kN/m²

Fußbodenbeläge auf Massivdecken

einfacher Belag

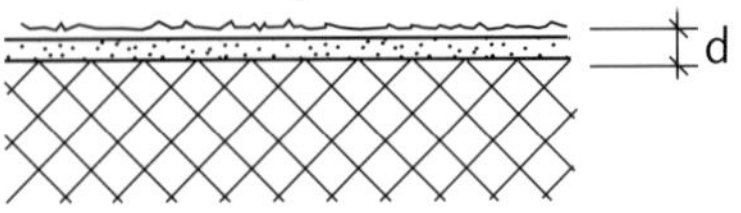

d = 2...3 cm
g ≈ 0,6 kN/m²

schwimmender Belag

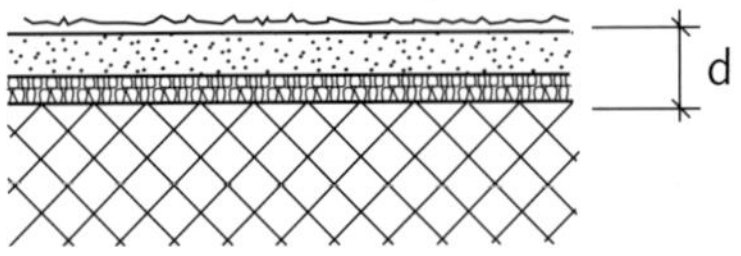

d = 7...10 cm
g ≈ 1,0 kN/m²

Keramik-Plattenbelag

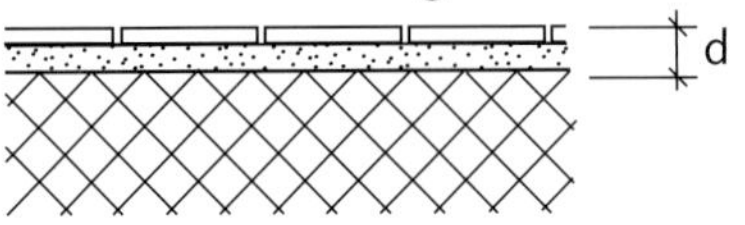

d = 3...4 cm
g ≈ 0,8 kN/m²

Naturstein-Plattenbelag

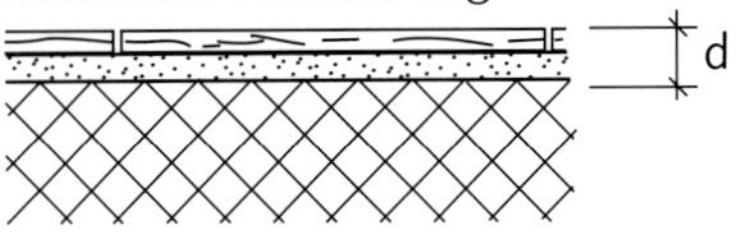

d = 5...6 cm
g ≈ 1,4 kN/m²

Verkehrslasten

- Oberbegriff für veränderliche Lasten
- oft gleichgestellt mit Nutzlasten = Lasten aus der eigentlichen Bauwerksfunktion

DIN 1055 Teil 3

- lotrechte/waagrechte VL
- VL für Dächer, Decken, Treppen, Balkone, Flure, Brüstungen...
- Schwingbeiwerte (Stoßzahlen) für dynamische Wirkungen von VL
- Abminderung der gleichzeitigen Wirkung von VL bei >3 Geschossen
- spezielle VL (Pendelkräfte,Lasten auf Hubschrauberlandeplätzen)

Beispiele

Decken, Treppen, Podeste

Spitzböden	$p = 1{,}0\ kN/m^2$
massive Wohnhausdecken	$p = 1{,}5\ kN/m^2$
Büroräume, Holzbalkendecken, Krankenzimmer	$p = 2{,}0\ kN/m^2$
Hörsäle, Klassenzimmer, PKW-Garagen, Dachterrassen, große Balkone $A > 10\ m^2$, Treppen und Podeste in Wohngebäuden	$p = 3{,}5\ kN/m^2$
Versammlungsräume, Tribünen, kleine Balkone $A < 10\ m^2$, Treppen und Podeste in öffentlichen Gebäuden	$p = 5{,}0\ kN/m^2$

Zuschlag für leichte, unbelastete Trennwände

$$g_{Wand} \leq 1{,}5\ kN/m^2 \rightarrow p_W \leq 1{,}25\ kN/m^2$$

Baupraktische Berücksichtigung von Verkehrslasten, die Stöße oder Schwingungen verursachen (Fahrzeuge)

- DIN 1055 Teil 3
- DIN 1072

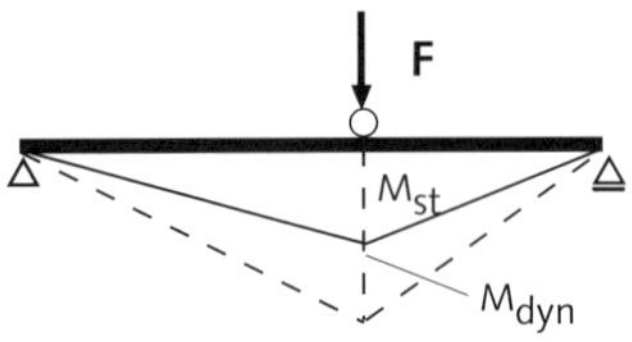

M_{st} Biegemoment bei ruhender bzw. statischer Belastung

Schwingbeiwert

$\varphi = 1 \ldots 1{,}4$

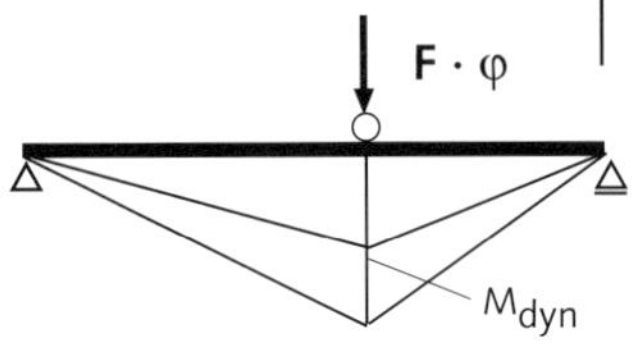

Erhöhung der statischen Last (und damit Erhöhung der Beanspruchung) mit dem Schwingbeiwert (Stoßzahl) φ

M_{dyn} Biegemoment bei nichtruhender bzw. dynamischer Belastung

Ersatzlasten für Lastwagen

Straßen- und Wegbrücken
DIN 1072

Hinweis: auf Hauptspur Last mit Schwingbeiwert φ (max φ = 1,4) erhöhen!

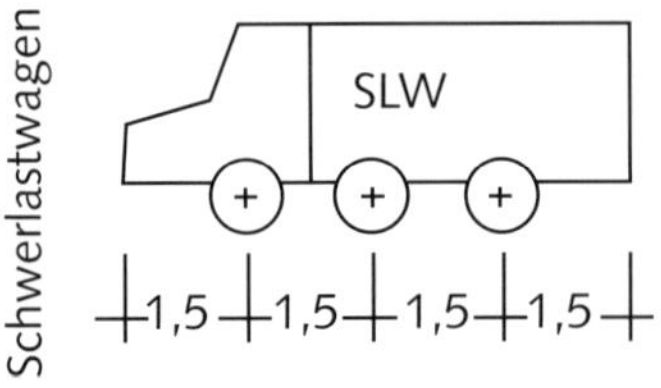

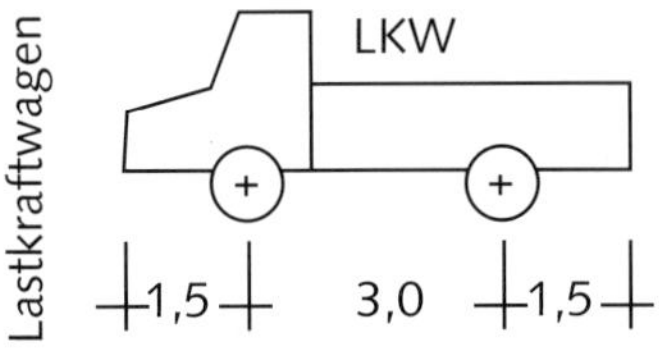

Bezeichnung	Gesamtlast [kN]	Flächenlast p' [kN/m²]	max. Radlast [kN]
SLW60	600	33,3	100
SLW30	300	16,7	50
LKW16	160	8,9	50
LKW12	120	6,7	40
LKW9	90	5	30
LKW6	60	4	20
LKW3	30	3	10

Verkehrslasten für Dächer

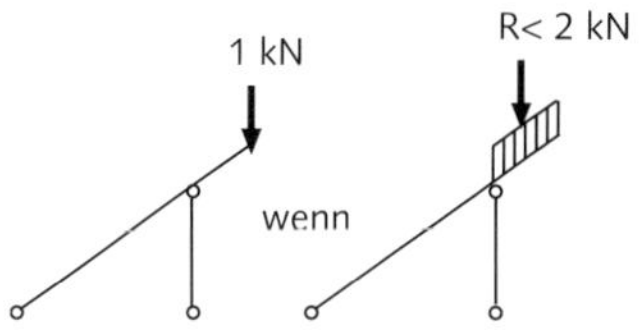

Mannlast 1 kN für einzelne Tragglieder, wenn Resultierende aus w + s kleiner als 2 kN
Ansatz in Feldmitte oder am Kragarmende

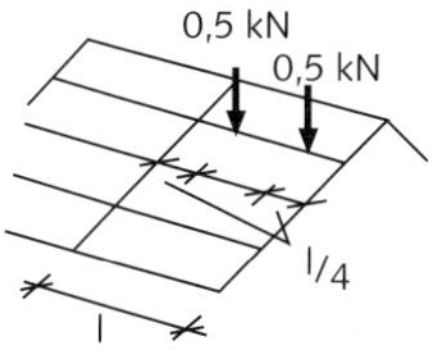

Mannlast 2 · 0,5 kN für Dachlatten mit l > 1 m

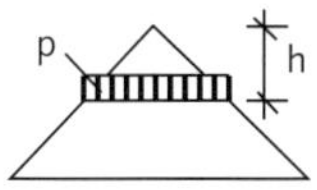

Spitzböden

$h \leq 2$ m	$p = 1$ kN/m^2
$h > 2$ m	$p = 2$ kN/m^2

[24]

Sonstige Verkehrslasten

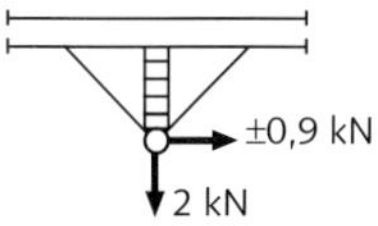

Pendelkräfte in Turnhallen pro Anschluß eines Klettertaues

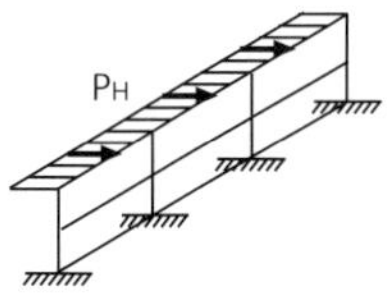

HZ-Lasten an Geländern:
Treppen, Balkone $p_H = 0{,}5$ kN/m
Kirchen, Schulen
Tribünen $p_H = 1{,}0$ kN/m

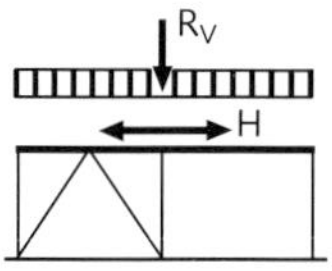

$R_V = \Sigma V$

HZ-Stabilisierungskräfte:
Tribünen $H = 1/20 \cdot R_V$
Gerüste $H = 1/100 \cdot R_V$

Ansatz von H in Fußboden- bzw. Schalungshöhe

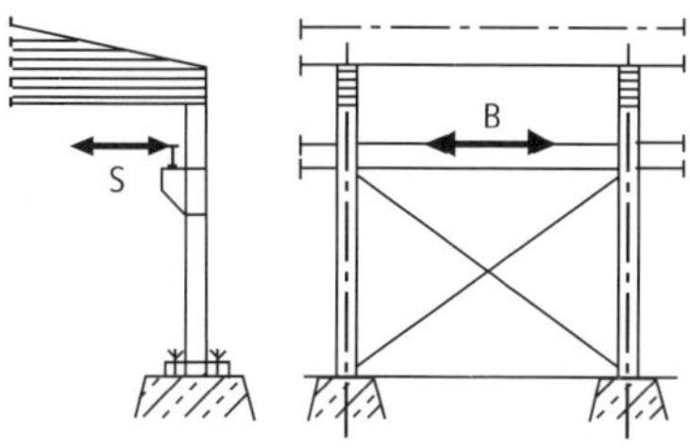

Brems- und Seitenkräfte siehe
DIN 4132
DIN 15018 T.1

Windlasten

- senkrecht zur Bauwerksoberfläche wirkende Flächenlasten infolge Luftströmungen

DIN 1055 Teil 4

- nicht schwingungsanfällige Bauwerke (Kriterien siehe unten)!
- Staudrücke
- aerodynamische Beiwerte
  - offene/geschlossene Bauwerke
  - Fachwerke
  - Dächer
  - einzelne Stäbe/Scheiben
  - Sogspitzen in einzelnen Teilbereichen

Nicht schwingungsanfällige Bauwerke

1. Wohn/Büro/Industrie-Bauwerke H ≤ 40 m

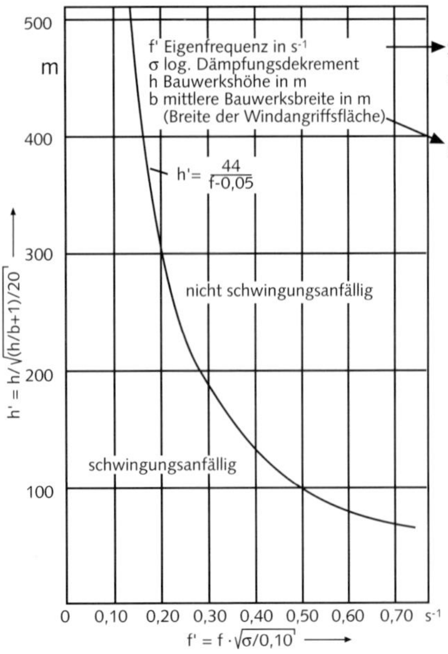

siehe Betonkalender 1978, Teil II

siehe DIN 1055 Teil 4

2. Bauwerke oberhalb Grenzlinie DIN 1055 Teil 4

Windwirkungen

Windwirkung auf gesamtes Bauwerk

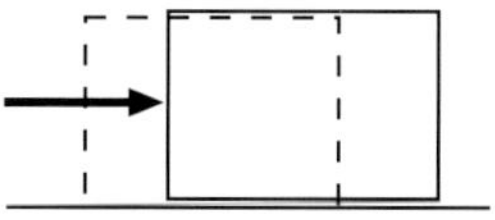

Gleiten

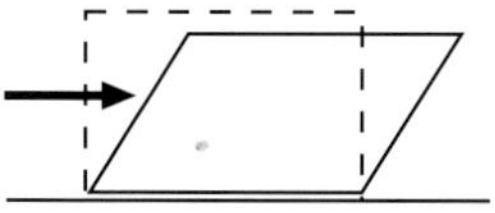

Verschieben

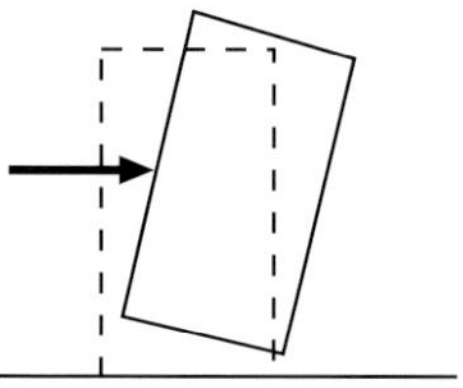

Kippen

(– siehe Kapitel "Standsicherheit")

Windwirkungen

Windwirkung auf Bauwerksteile

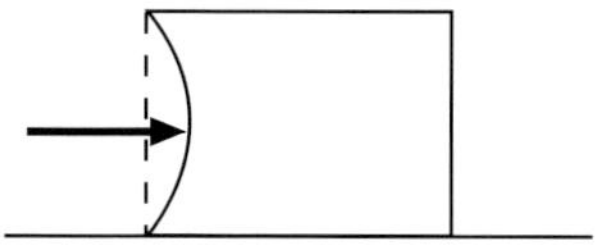

Eindrücken
(Winddruck)

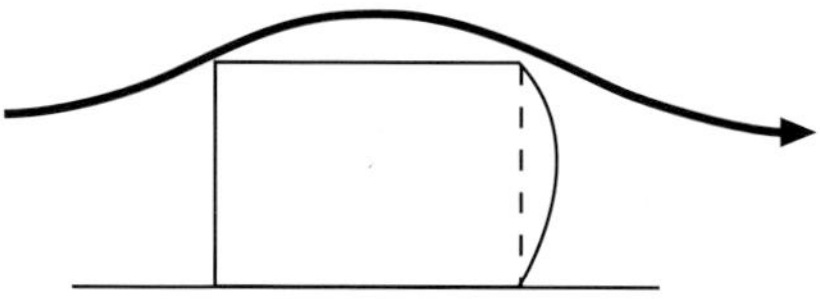

Herausziehen
(Windsog)

Abreißen

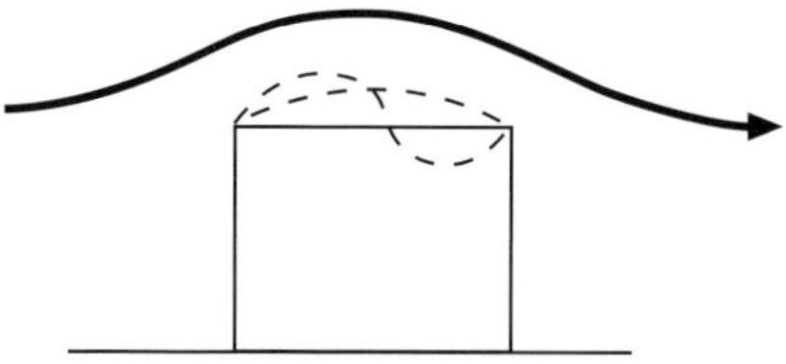

Schwingen

Geschwindigkeitsprofile für verschiedene Rauhigkeiten (Geländeoberflächen) nach Davenport

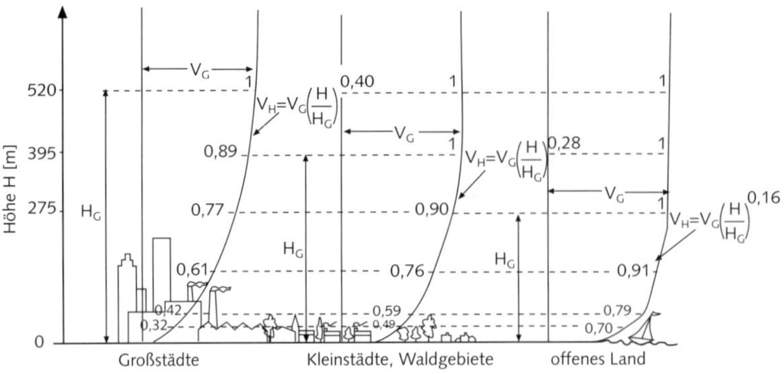

H_G – Gradientenhöhe
V_G – Gradientengeschwindigkeit

Bei $H > H_G$ Windgeschwindigkeit unabhängig von Geländerauhigkeit ! [32]

Geschwindigkeit/Staudruck

Geschwindigkeitsprofil (Staudruck) DIN 1055 T4

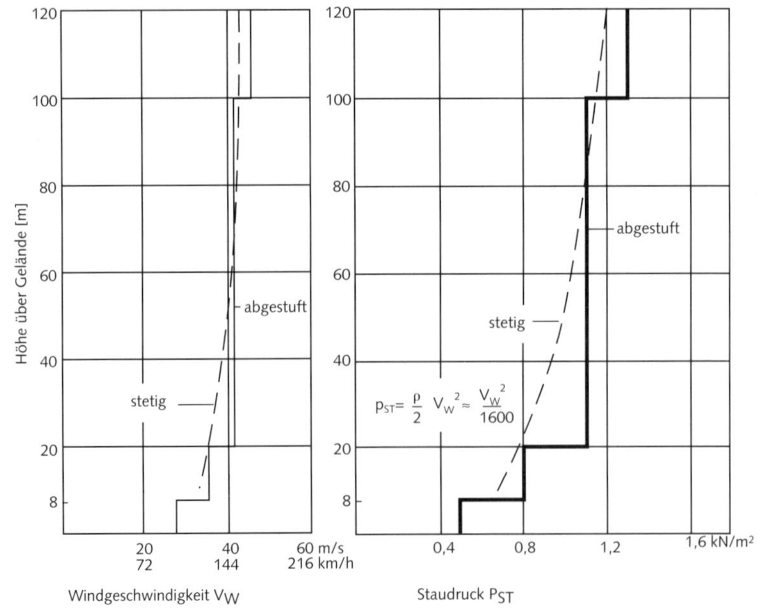

Deutschland:
Max. Rechenwert v = 164,2 km/h H> 100m
Max. gemessen v = 250 km/h Brocken

[15]

Prinzip

Prinzip der Windbelastung

Die Windlast auf ein Bauwerk ist abhängig von:

1. der Dichte der Luft
2. der Geschwindigkeit der strömenden Luft
3. der äußeren Gestalt des Bauwerkes
4. der Rauhigkeit der Oberfläche
5. der Neigung der angeblasenen Fläche zur Windrichtung
6. der Größe der angeblasenen Fläche

Allgemein

$$W = \frac{1}{2}\,\rho \cdot v^2 \cdot c \cdot A$$

- v → Strömungsgeschwindigkeit [m/s]
- c → Formbeiwert [–] für 3. bis 5.
- A → angeblasene Fläche [m²]
- ρ → Dichte der strömenden Luft $\approx \frac{1}{8}\left[\frac{kps^2}{m^4}\right]$

Praxis

$$w = \frac{W}{A} = c \cdot q$$

[kN/m²] Flächenpressung

q → Staudruck $= \frac{1}{2}\,\rho\, v^2$

in Vorschriften festgelegt

Prinzip

Gesamtbauwerk

Allgemein

$$W = c_f \cdot q \cdot A$$

[kN]

Gesamtwindlast auf Bauwerk
– Standsicherheit

Bauwerksteile bzw. **Sogspitzen**

Praxis

$$w = c_p \cdot q$$

[kN/m²]

Flächenlast auf Dach, Wände
– Dimensionierung

A Bezugsfläche
q Staudruck
c_f aerodynamischer Gesamtbeiwert
c_p aerodynamischer Beiwert Sog/Druck

Höhe über Gelände [m]	Windgeschwindigkeit v [m/s]	Staudruck q [kN/m²]
von 0 bis 8	28,3	0,5
über 8 bis 20	35,8	0,8
über 20 bis 100	42,0	1,1
über 100	45,6	1,3

Windlastermittlung Gesamtbauwerk
Nachweis der Standsicherheit

Prinzip

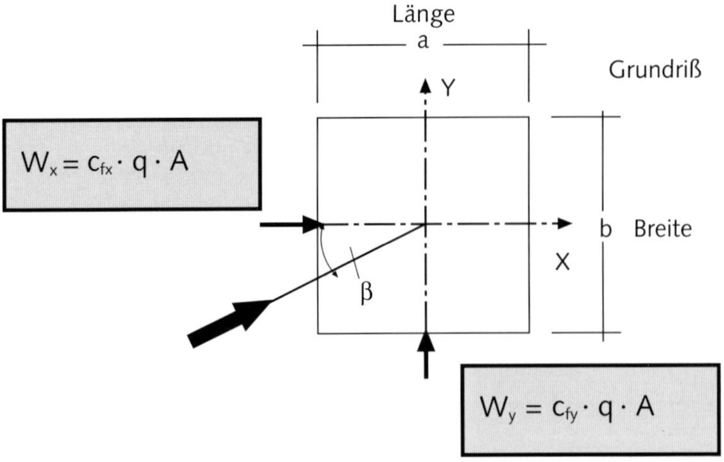

h = Bauwerkshöhe

	β	A	c_{fx}	c_{fy}
$h/b \leq 5$	0°	$b \cdot h$	1,3	0
$h/a \leq 5$	90°	$a \cdot h$	0	1,3
$a/b = 1$ $h/b \leq 5$	45°	$a \cdot h$	0,8	0,8

Windlastermittlung Gesamtbauwerk
Nachweis der Standsicherheit

Beispiel

Bauwerke ≤ 2 Geschosse Traufe H < 8 m
Breite B < 13 m
Länge L < 25 m

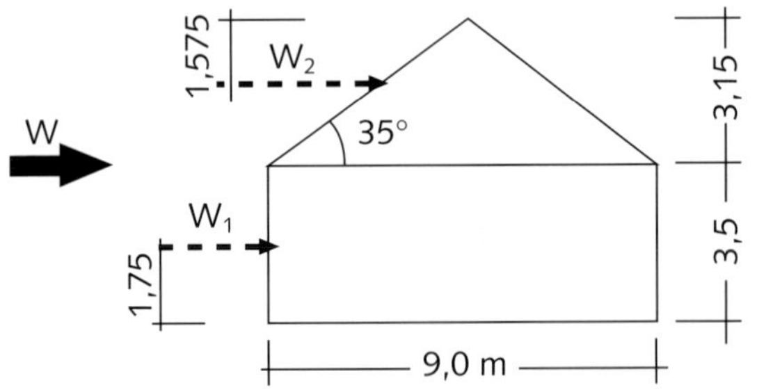

Dach: $c_f = 1{,}3 \cdot \sin\alpha$ $B \neq L$
$c_f = 0{,}8 \cdot \sin\alpha$ $B = L$

Gebäudelänge: 12 m
$\sin\alpha = \sin 35° = 0{,}57$

Staudruck: $q = 0{,}5$ kN/m²
Wand: $c_f = 1{,}3$
Dach: $c_f = 1{,}3 \cdot 0{,}57 = 0{,}74$

$W = \Sigma\, c_f \cdot q \cdot A$
$W_1 = 1{,}3 \cdot 0{,}5 \cdot 12 \cdot 3{,}5 = 27{,}3$ kN
$W_2 = 0{,}74 \cdot 0{,}5 \cdot 12 \cdot 3{,}15 = 14{,}0$ kN
$W = W_1 + W_2 = 27{,}3 + 14 =$ **41,3 kN** [33]

Windlastermittlung Bauwerksteile

Prinzip

Dach
A-Wände

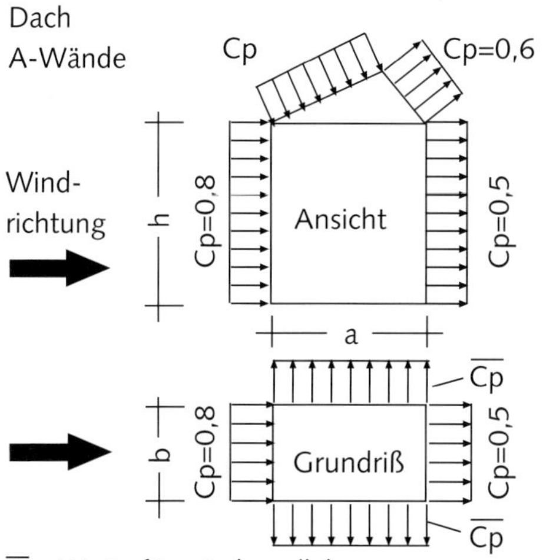

offene Bauwerke siehe DIN 1055 Teil 4!

$\overline{C}_p$– Werte für windparallele Außenwände

0,7 für h/a ≥ 0,5
0,5 für h/a ≤ 0,25

C_p– Werte für geneigte Flächen

ungünstiger Wert maßgebend

α°	<25	25	30	35	40	45	≥50
C_p	-0,6	0,3	0,4	0,5	0,6	0,7	0,8
		bzw. –0,6					

für $\alpha < 25°$ gilt alternativ: $C_p = 1{,}3 \cdot \sin\alpha - 0{,}6$

Windlastermittlung Bauwerksteile

Beispiel

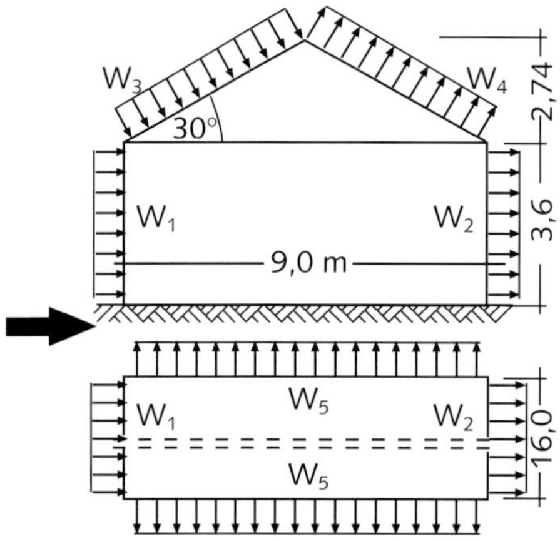

Wind von links

$W = C_p \cdot q$

$q = 0{,}5\ kN/m^2$

$W_1 = 0{,}8 \cdot 0{,}5 = 0{,}4\ kN/m^2$

$W_2 = 0{,}5 \cdot 0{,}5 = 0{,}25\ kN/m^2$

$W_3 = 0{,}4 \cdot 0{,}5 = 0{,}20\ kN/m^2$

bzw $= -0{,}6 \cdot 0{,}5 = -\ 0{,}30\ kN/m^2$

$W_4 = 0{,}6 \cdot 0{,}5 = 0{,}30\ kN/m^2$

$h/a = 3{,}6/9 = 0{,}4$

↷ $\overline{C}_p = 0{,}7$ bzw. 0,62 bei Interpolation

$W_5 = 0{,}7 \cdot 0{,}5 = 0{,}35\ kN/m^2$ [33]

Sogspitzen – Eck-/Randbereiche

Prinzip

Wandbereich ($\beta = 0°$)

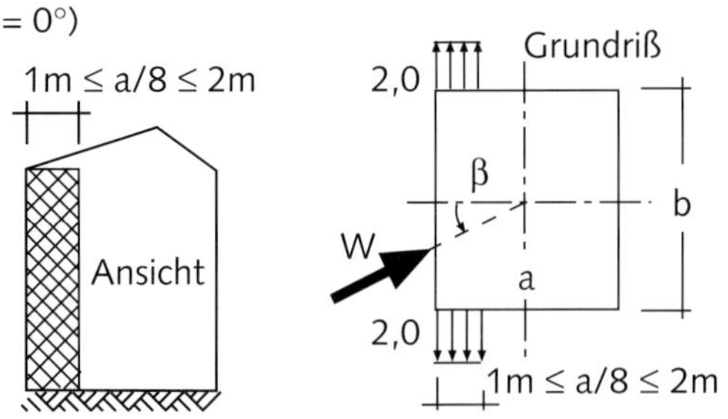

Dachbereich ($\beta \approx 45°$)

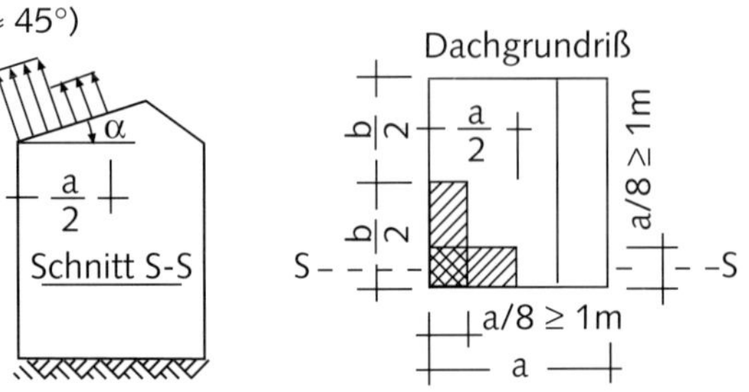

Dachneigungs-winkel α	Sogbeiwerte C_p	
	Eckbereich	Randbereich
0 – 25 °	3,2	1,8
25° < α ≤ 35°	1,8	1,1
>35°	keine "Sogspitzen"	

Sogspitzen – Eck-/Randbereiche

Beispiel

Dachecke

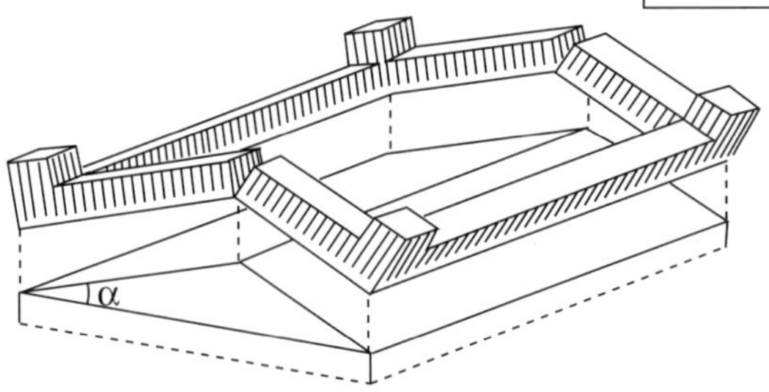

H < 8 m Staudruck: $q = 0{,}5\ kN/m^2$

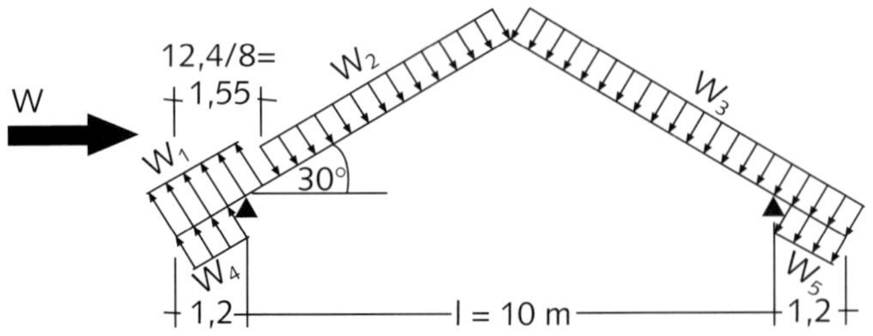

$W_1 = 1{,}8 \cdot 0{,}5 = 0{,}90\ kN/m^2$
$W_2 = 1{,}1 \cdot 0{,}5 = 0{,}55\ kN/m^2$
$W_3 = 0{,}6 \cdot 0{,}5 = 0{,}30\ kN/m^2$
$W_4 = 0{,}8 \cdot 0{,}5 = 0{,}40\ kN/m^2$
$W_5 = 0{,}5 \cdot 0{,}5 = 0{,}25\ kN/m^2$ [33]

Winddruck/Windsog auf Wände (Sogspitzen)

$W = c_p \cdot q \cdot [kN/m^2]$

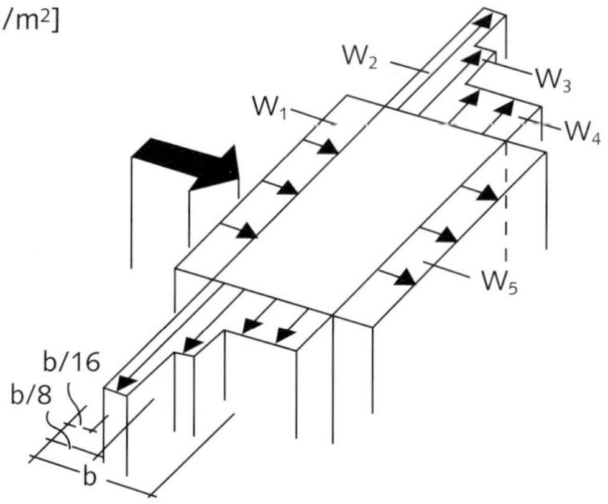

	in Höhe h m	q kN/m²	Druck W_1	Sog W_2	W_3	W_4	W_5
c_p			0,8	2,5	1,5	0,8	0,5
	0 – 8	0,5	0,4	1,25	0,75	0,4	0,25
	8 – 20	0,8	0,64	2,0	1,2	0,64	0,4
	20 – 100	1,1	0,88	2,75	1,65	0,88	0,55
	> 100	1,3	1,04	3,25	1,95	1,04	0,65

Windlast/Windlastmoment pro m Bauwerksbreite

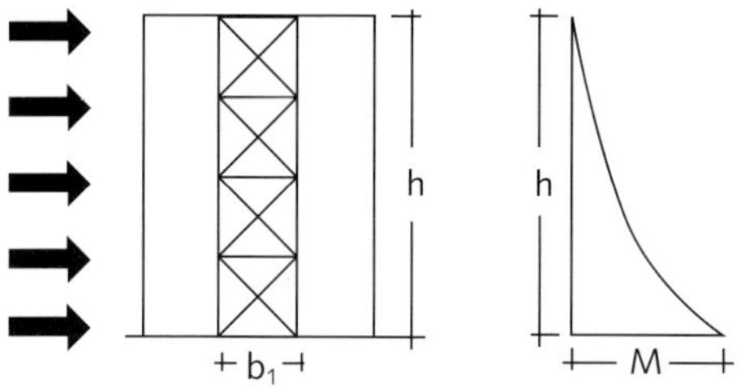

h [m]	q [kN/m²]	W[kN] C_f= 1,2	1,4	M[kN · m] 1,2	1,4
4	0,5	2,4	2,8	4,8	5,6
6		3,6	4,2	10,8	12,6
8		4,8	5,6	19,2	22,4
10	0,8	6,7	7,8	36,5	42,6
12		8,6	10,1	57,6	67,2
14		10,6	12,3	82,6	96,3
16		13,0	15,1	111,4	129,9
18		14,4	16,8	144,0	168,0
20		15,1	19,0	180,5	120,6
25	1,1	22,9	26,7	329,0	383,8
30		29,5	34,4	510,5	595,6
40		42,7	49,8	972,5	1135,0
50		55,9	65,2	1566,0	1820,0
60		69,1	80,6	2292,0	2674,0
70		83,3	96,0	3150,0	3675,0
80		95,5	111,4	4140,0	4830,0
90		108,7	126,8	5262,0	6139,0
100		121,9	142,2	6516,0	7602,0
>100	1,3				

[29]

Schneelasten

- lotrecht wirkende Flächenlasten infolge Schwere des Schnees

DIN 1055 Teil 5

- Schneelastzonen in Deutschland
- Regelschneelasten
- Abminderungswerte für geneigte Dächer
- Schneeanhäufungen (Schneesack)
- gleichzeitige Wirkung Schnee/Wind
- abhängig von Dachneigung (siehe Lastermittlung)

Schneelastzonen

Schneelastermittlung

Prinzip

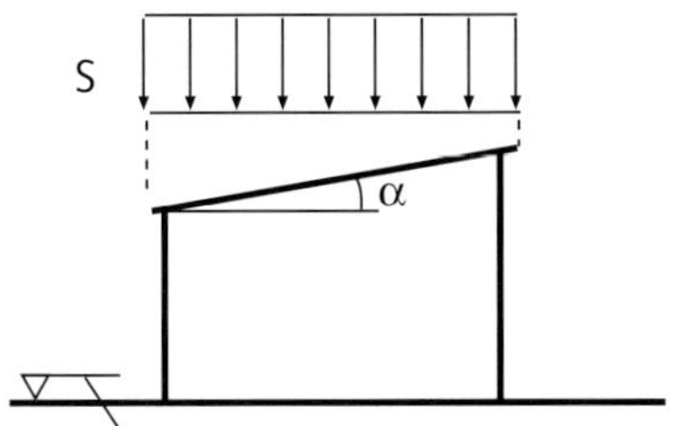

$S = K_S \cdot S_O$ [kN/m²]

- S_O → Regelschneelast abhängig von
  - Standorthöhe über NN
  - Schneelastzone
- K_S → Abminderungswert abhängig von Dachneigung α

Schneelastermittlung

Beispiel

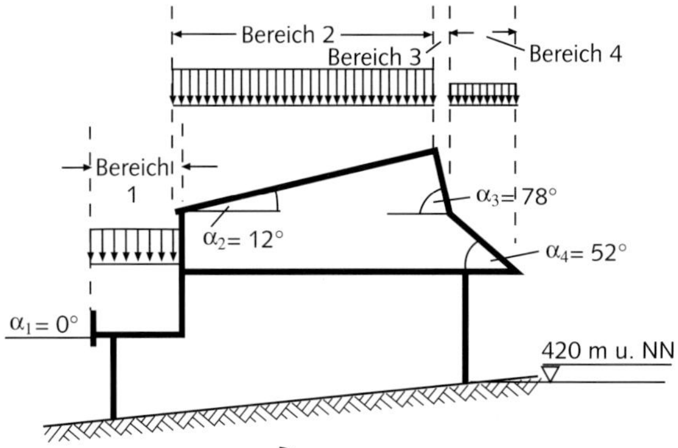

Schneelastzone III
Höhe ü. NN 420 m } $S_O = 1{,}05$ kN/m²

Bereich	Dachneigung α	Abminderungswert K_S	Schneelast $S = K_S \cdot S_O$
1	0°	1,0	1,05
2	12° < 30°	1,0	1,05
3	78° > 70°	0	0,00
4	52°	0,45	0,47

[31]

Regelschneelast S_O [kN/m²]

Schneelastzone	Geländehöhe über NN			
	≤ 200	300	400	500
1	0,75	0,75	0,75	0,75
2	0,75	0,75	0,75	0,90
3	0,75	0,75	1,00	1,25
4	1,00	1,15	1,55	2,10

Abminderungswert K_S [–]

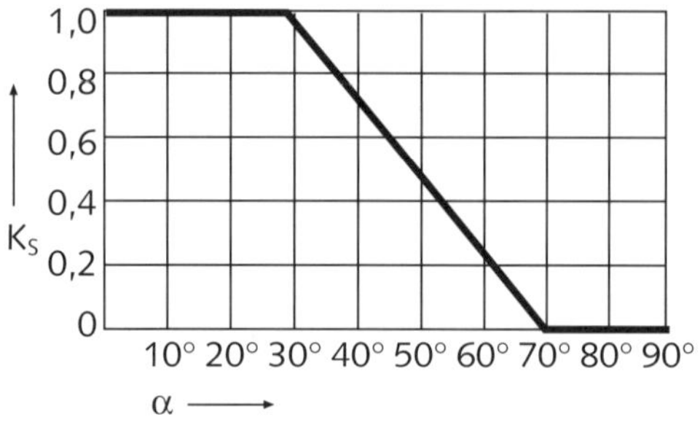

$\alpha \leq 30°$ $K_S = 1$ volle Schneelast
$\alpha \geq 70°$ $K_S = 0$ keine Schneelast

Schneesackbildung

Ansatz zusätzlicher Einzellasten Q_S

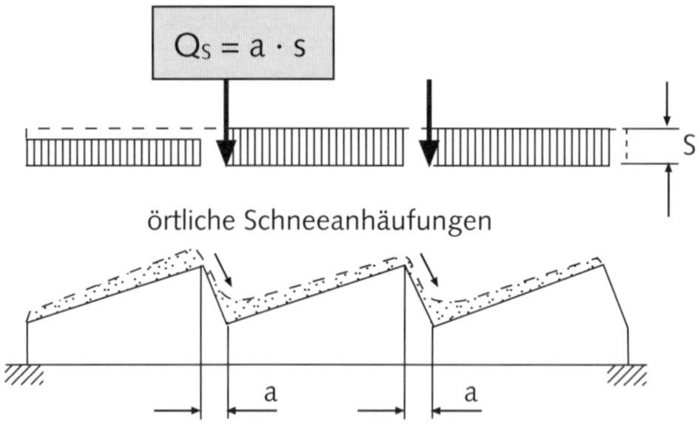

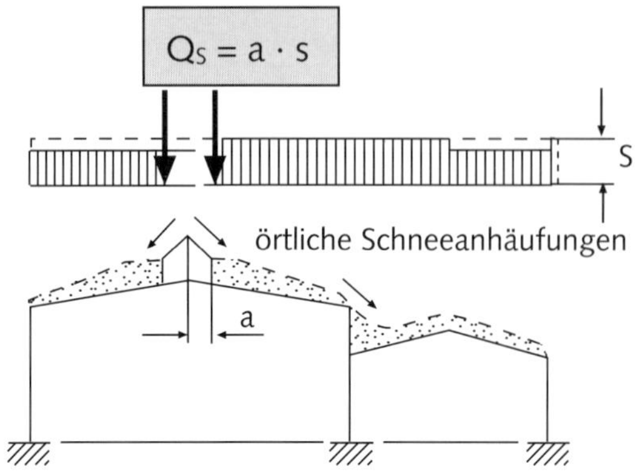

[35]

Eislasten

- Lasten infolge Eisansatz (Eisregen, Rauheis)

DIN 1055 Teil 5

- Festlegung mit Bauaufsichtsbehörde

vereinfachend allseitig 3 cm Eisansatz mit $\gamma = 7\ kN/m^3$

- Ansatz Windlast auf vergrösserte Fläche mit 75% des Staudruckes

Weitere Wirkungen infolge Eis:

- Eisdruck infolge Volumenvergrößerung beim Gefrieren (ca. 9%)
- thermischer Eisdruck infolge Temperaturerhöhung
- Vertikalkräfte durch angefrorenes Eis infolge Änderung des Wasserspiegels
- dynamischer Eisdruck (Eisgang)

Eislast auf Kabel, Seile, Leitungen

$$p_e = 0{,}0018 \cdot \sqrt{d} \quad [kN/m] \qquad [50]$$

- d → Nenndurchmesser [mm]
- 0,0018 → bis 5-fach bei starkem Rauhreif

Eisdruck = f (Temperatur)
Eisdruck bei vollständiger Behinderung der Volumenvergrößerung (9%) → [34]

Schneelast/Eislast z.B. Regelschneelast 0,75 kN/m²

frischer Schnee: $\gamma = 1{,}5\ kN/m^3$

50 cm Schneehöhe $S_O = 0{,}75\ kN/m^2$

nasser Firn, vereister Schnee: $\gamma = 9{,}4\ kN/m^3$

8 cm Schneehöhe $S_O = 0{,}75\ kN/m^2$

→ auf Schneesackbildung achten!

Wasserdruck

- senkrecht auf die wasserseitige Oberfläche wirkende Flächenlast, die nur mit der Höhe des Wasserstandes veränderlich ist ⟶ $\gamma_{\omega} \cdot h$
- hydrostatischer Druck, d. h. ruhende Flüssigkeit (keine Schubkräfte)

Auftrieb

- Gewicht (Kraft) der verdrängten Wassermenge (Archimedes) bei eingetauchtem Körper
- Kraft infolge Sohlwasserdruck von unten nach oben bei unterschiedlichen Wasserspiegelhöhen (Staumauer)

Drückendes Wasser innen/außen
Relevant für statische Untersuchungen

Formen des Wassers	Einwirkungsart	Einwirkung des Wassers		
		als Außenwasser		als Innenwasser
		über Erdgleiche	unter Erdgleiche	
tropfbar	drückend	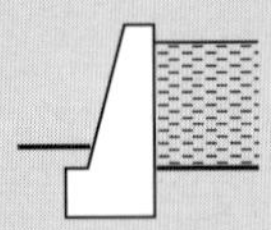	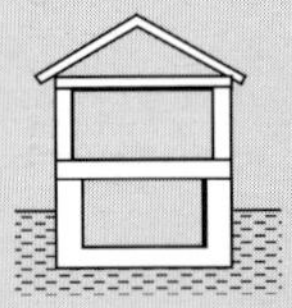	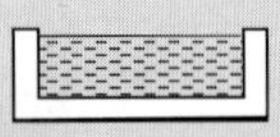
tropfbar	nicht drückend	 Niederschlag	 Sickerwasser	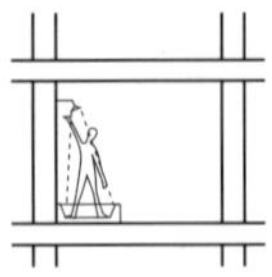 Leitungswasser
nicht tropfbar	nicht drückend	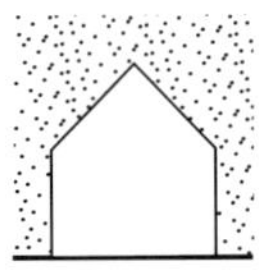 Nebel	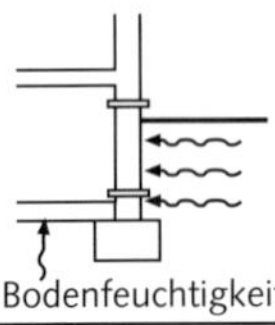 Bodenfeuchtigkeit	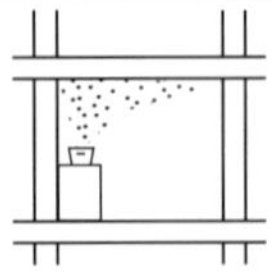 Wasserdampf

[9]

Horizontale Flächen (Bodenflächen)

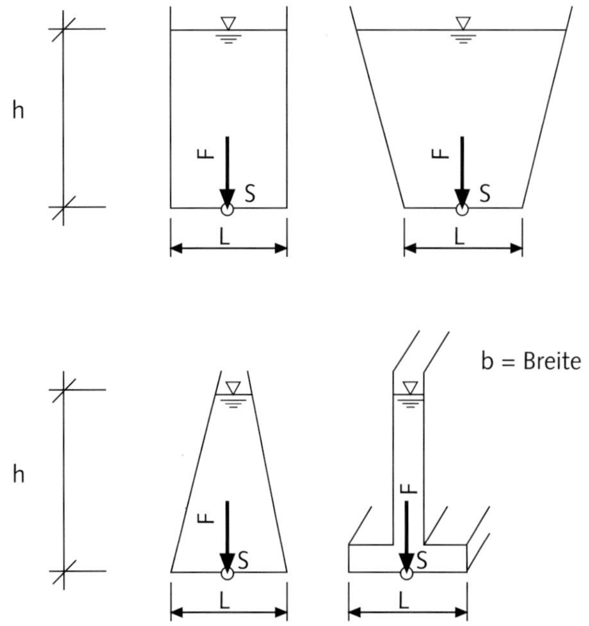

$$F = \gamma_\omega \cdot h \cdot L \cdot b$$ hydrostatisches Paradoxon

Druckkraft nur abhängig vom Wasserstand h !

Vertikale Flächen

Einseitig

$$F = \gamma_\omega \cdot b \cdot \frac{h^2}{2}$$

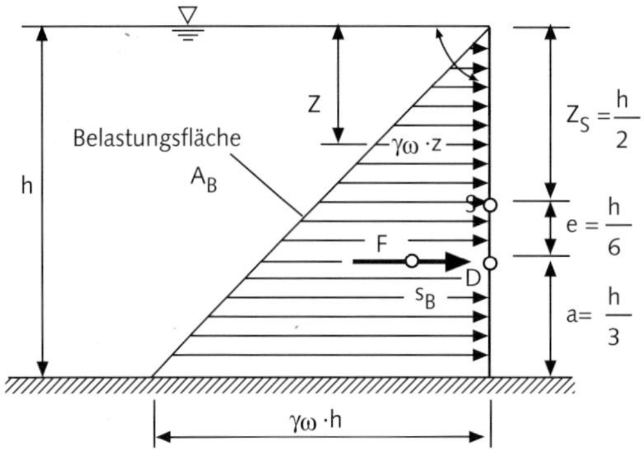

b = Breite

Beidseitig

$$F = \gamma_\omega \cdot b \cdot \frac{h_1^2 - h_2^2}{2}$$

$$\bar{a} = \frac{1}{3} \frac{h_1^3 - h_2^3}{h_1^2 - h_2^2}$$

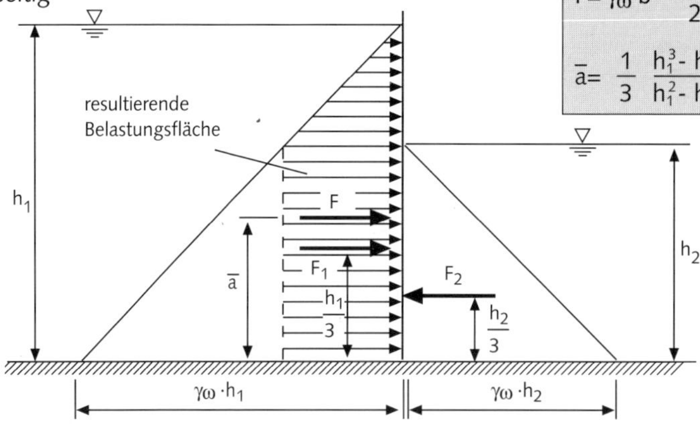

Geneigte Flächen

Einseitig

b=Breite

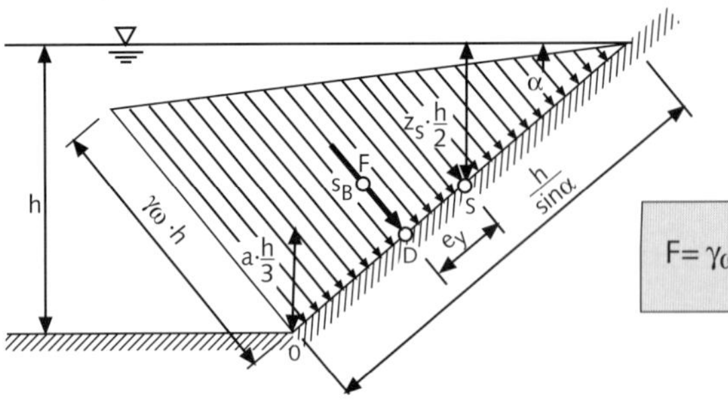

$$F = \gamma_\omega \cdot b \cdot \frac{h^2}{2 \cdot \sin\alpha}$$

Beidseitig

$$F = \gamma_\omega \cdot b \cdot \frac{h_1^2 - h_2^2}{2 \cdot \sin\alpha} \qquad \bar{a} = \frac{1}{3}\,\frac{h_1^3 - h_2^3}{h_1^2 - h_2^2}$$

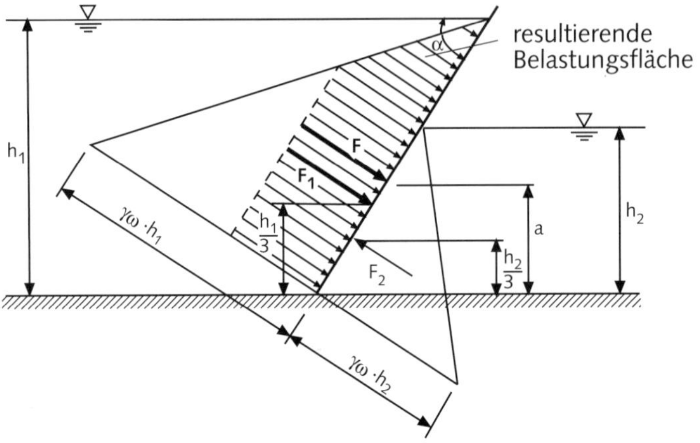

Gekrümmte Flächen

Auflast $\qquad F_Z = F_V$

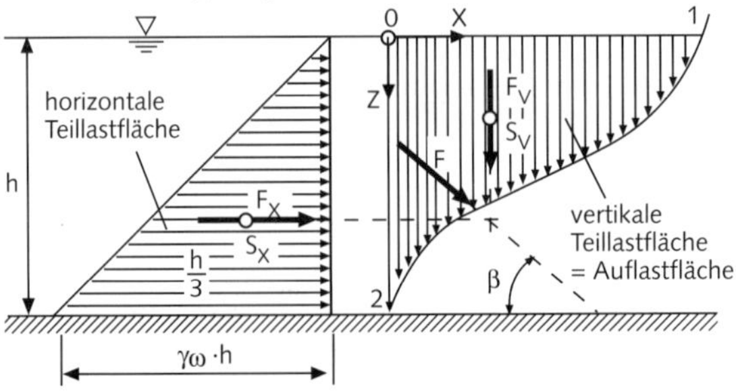

$$F_X = \gamma_\omega \cdot b \cdot \frac{h^2}{2} \qquad \tan\beta = F_Z / F_X$$

$$F_Z = \gamma_\omega \cdot b \cdot \text{Fläche (0-1-2)} \qquad F = \sqrt{F_X^2 + F_Z^2}$$

Auftrieb $\qquad F_Z = F_A$

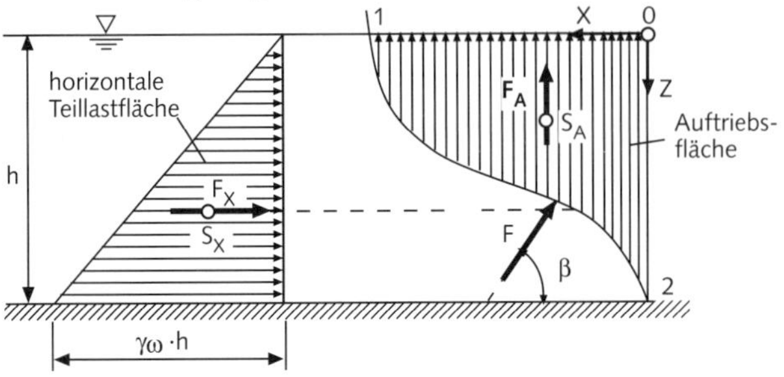

[38]

Kräfte an Krümmern

Beispiel: liegender Krümmer

$Q = 15\ m^3/s$ $\quad d = 1{,}5\ m$

Druckhöhe $\quad h = 8\ m$

$\varphi = 45°$

$F = F_S + F_D$

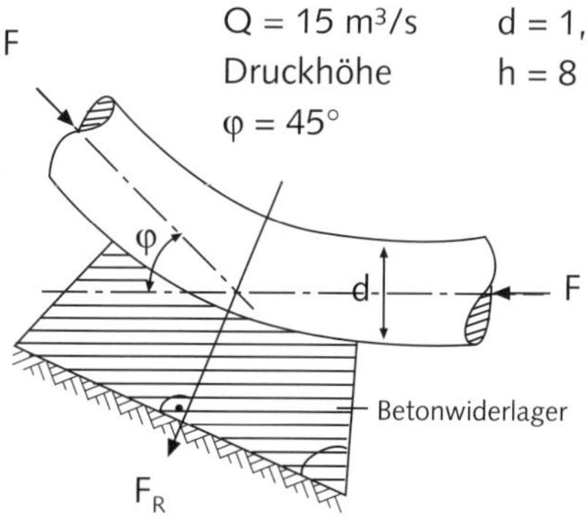

$Q = v \cdot A$

$A = \pi r^2 = \frac{\pi}{4} d^2$

$\rho = \frac{\gamma}{g} \approx 1$

hydrostatischer Anteil F_S

$$F_S = \gamma \cdot (h + d/2) \cdot \pi \cdot r^2$$

$= 10 \cdot (8 + 0{,}75) \cdot \pi \cdot 0{,}75^2 = \underline{154{,}63\ kN}$

hydrodynamischer Anteil F_D (siehe Kapitel "Sonstige Lasten")

$$F_D = \rho \cdot Q \cdot v$$

$v = \frac{15}{\pi \cdot 0{,}75^2} = 8{,}49\ m/s \quad F_D = 1 \cdot 15 \cdot 8{,}49 = \underline{127{,}35\ kN}$

Gesamtwirkung F bzw. F_R

$$F_R = 2 \cdot F \cdot \sin \varphi/2$$

$F = 281{,}98\ kN \quad F_R = 2 \cdot 281{,}98 \cdot \sin 22{,}5° = \underline{215{,}82\ kN}$

[38]
[65]

Kräfte an T-Stücken und Rohrenden von Muffenleitungen (hydrostatischer Anteil)

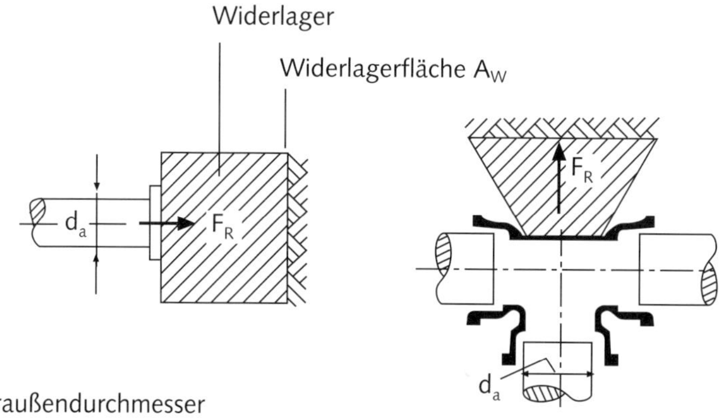

Rohraußendurchmesser

$$F_R = \gamma \cdot h \cdot \frac{\pi}{4} d_a^2$$ oder $$F_R = p \cdot \frac{\pi}{4} d_a^2$$

h: maßgebende Druckhöhe

p: Prüfdruck z.B. 15 bar = 1500 kN/m²

Bodenpressung $\quad \sigma = \frac{F_R}{A_W} \leq \text{zul. } \sigma \text{ Boden}$

[33]

Lastannahmen/Lastermittlung
Wasserdruck
1

Kräfte an geraden Rohrleitungen

Wasserdruck auf Stirnflächen bei beweglichen Rohrleitungen (Muffenstöße)

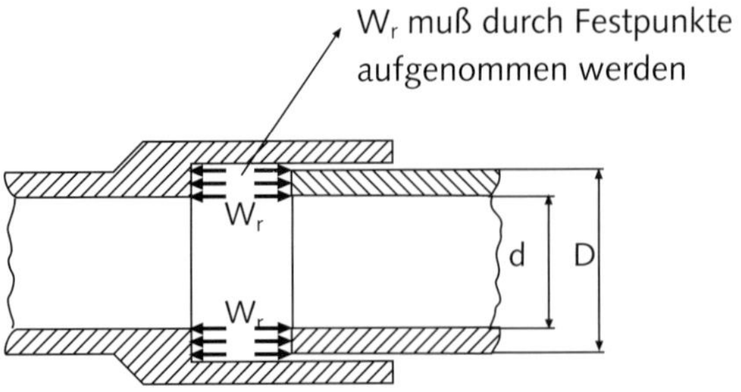

Stirnflächenkraft

$$W_r = \gamma \cdot h_r \cdot \frac{\pi}{4} \cdot (D_r^2 - d_r^2)$$

h_r → Druckhöhe des Wassers

D_r, d_r → Durchmesser außen bzw. innen

an der betrachteten Stelle r = 1…5

Kräfte an geraden Rohrleitungen

siehe auch Kräfte an Rohrenden bzw. Krümmern

Schema einer geraden Rohrleitung

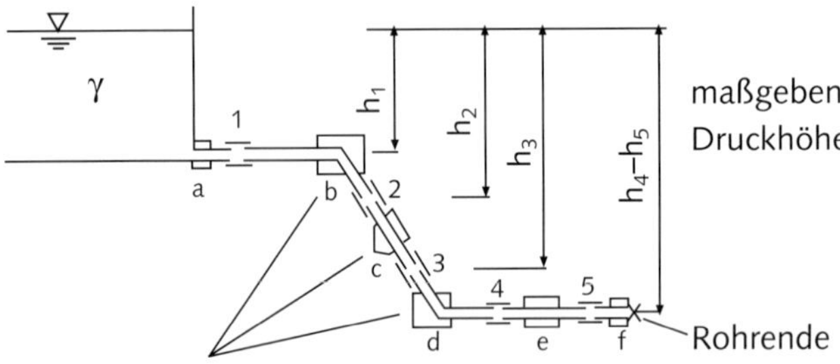

Belastung eines Festpunktes z.B. C

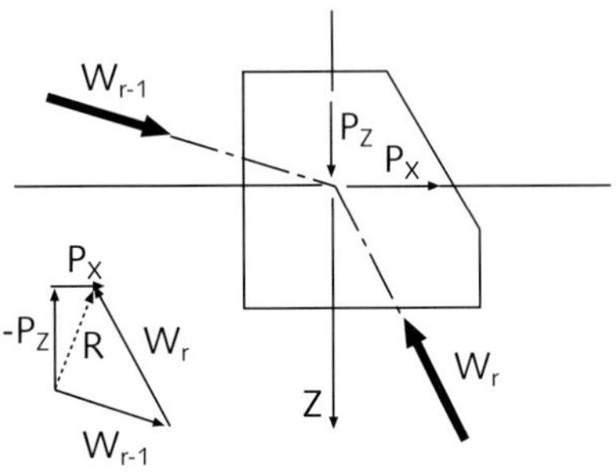

R = Resultierende der Stirnflächenkräfte der Stellen (r–1) und r

Px, Pz = Komponenten horizontal und vertikal

[50]

Körper voll (beidseitig) unter Auftrieb

siehe auch Kapitel "Standsicherheit"

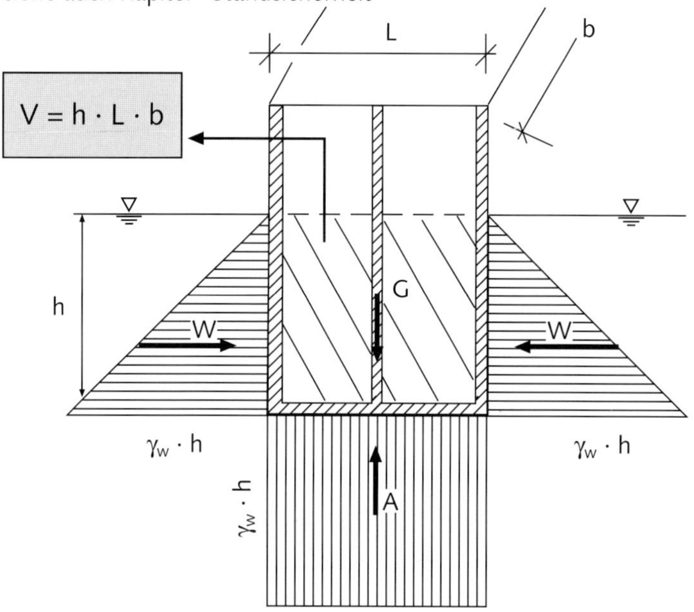

eingetauchter Körper

Wasserdruck auf Sohle = Auftrieb A =
= Gewicht des verdrängten Volumens

$$A = \gamma_W \cdot h \cdot L \cdot b = V \cdot \gamma_W$$

Prinzip des Archimedes

Körper einseitig unter Auftrieb

Beispiel Staumauer mit Injektionsschleier [38]

Abminderung $m \geq 0{,}4$

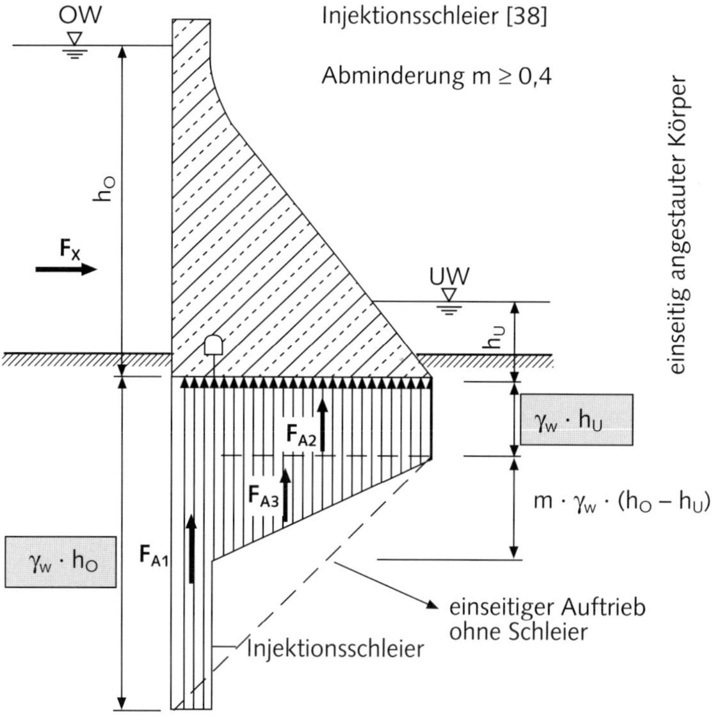

einseitig angestauter Körper

Achtung! einseitiger Auftrieb kann Standsicherheitsprobleme hervorrufen

Erddruck

DIN 4085
DIN 1055 T2

- je nach Bewegungsrichtung des Baukörpers auftretende Flächenlast
  - aktiver Erddruck
  - passiver Erddruck
  - Erdruhedruck
- abhängig von komplexen Einflussfaktoren aus Baugrund und Bauwerk
- im Folgenden: Prinzipielle, für die Praxis wichtige Zusammenhänge
- weiteres siehe Fachliteratur [39 – 41], Tabellenbücher
  - geschichteter Baugrund
  - Erddruck + Wasserdruck
  - geneigte Oberfläche/Rückwand
  - verschiedene Auflasten
  - Abschirmung des Erddruckes
  - räumlicher Erddruck u.a.

Wichtige Größen bei der Erddruckberechnung

E_a, E_p, E_o	aktiver, passiver, Erdruhedruck
K_a, K_p, K_o, K_c	Erddruckbeiwerte aktiv, passiv, Ruhedruck, Kohäsion
e_a, e_p, e_o	Erddruckkoordinaten aktiv, passiv, Ruhe
γ	Wichte des Bodens
φ'	Winkel der inneren Reibung
α	Neigung Wandfläche Erdseite 0° = senkrechte Wand
β	Neigung Gelände 0° = horizontales Gelände
δ	Wandreibungswinkel (Wandrauhigkeit) 0° = keine Wandreibung, d.h. keine Vertikalkomponente Erddruck
h	maßgebende Wand- bzw. Schichthöhe
c	Kohäsion (i.d.R. vernachlässigt)
s	max. Wandbewegung (wichtig für Erddruckansatz!)

Grundformen von Wandbewegungen

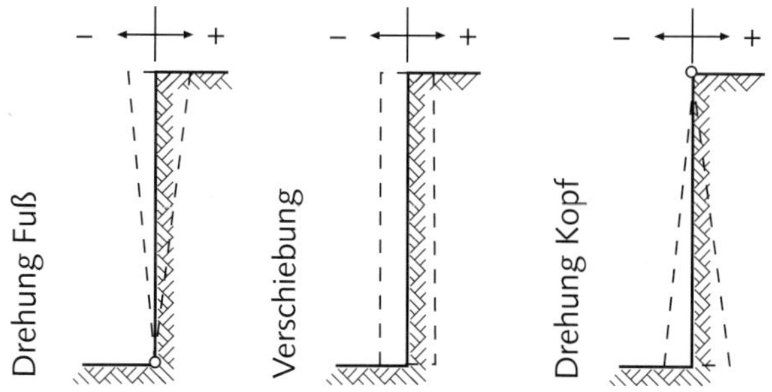

Erddruck (Bodeneigenlast)

abhängig von Art und Größe der Wandbewegung

⊕ passiver Erddruck (gegen Erdreich)

⊖ aktiver Erddruck (von Erdreich weg)

◎ Erdruhedruck (keine Wandbewegung)

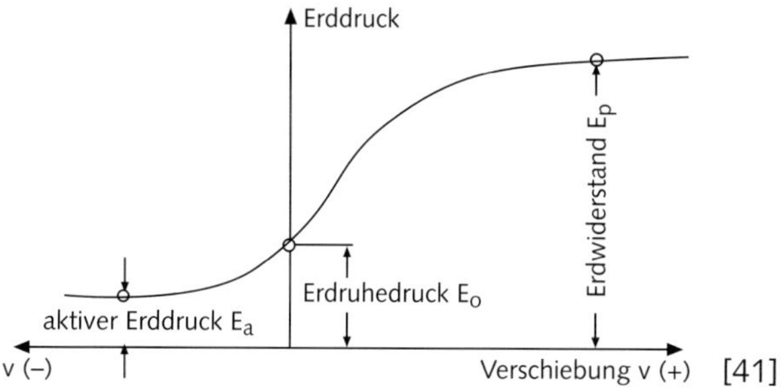

[41]

Wandbewegungen – Aktivierung Erddruck $E_{a,p,o}$

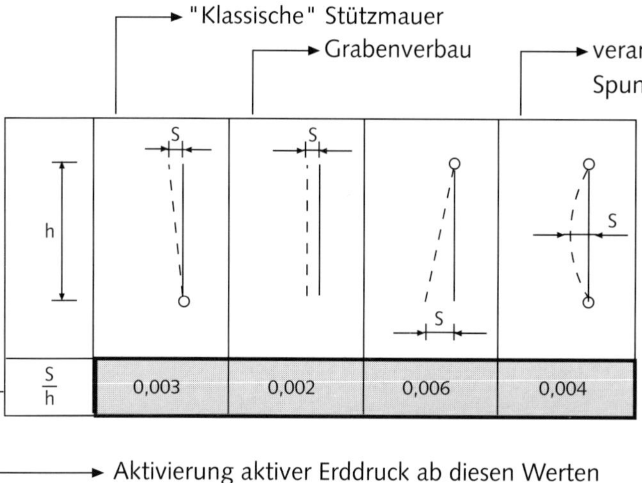

$\frac{s}{h}$	0,003	0,002	0,006	0,004

→ Aktivierung aktiver Erddruck ab diesen Werten s/h weg vom Erdkörper

→ Passiver Erddruck bei 10…50 fachen Werten s/h gegen Erdkörper

→ Erdruhedruck bei s/h = 0 bzw. nach DIN 4085 bei s/h ≤ 0,00005

[39]

Aktiver Erddruck

Prinzip

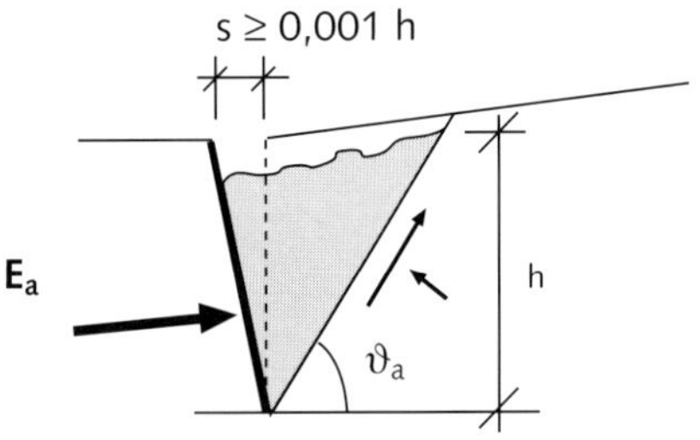

Gleitflächenwinkel ϑ_a Erddruckbeiwert K_a

Sonderfall $\alpha = \beta = \delta = 0$ (Rankine-Fall)

↳ glatte Wand

$\vartheta_a = \left(45° + \frac{\varphi}{2}\right)$	$K_a = \tan^2\left(45° - \frac{\varphi}{4}\right)$

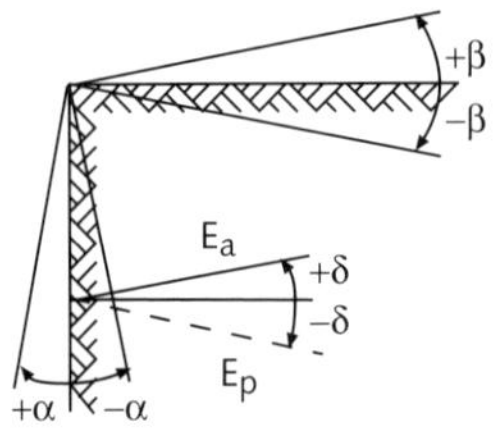

α Wandneigung
β Geländeneigung
δ Wandreibung

Passiver Erddruck

Prinzip

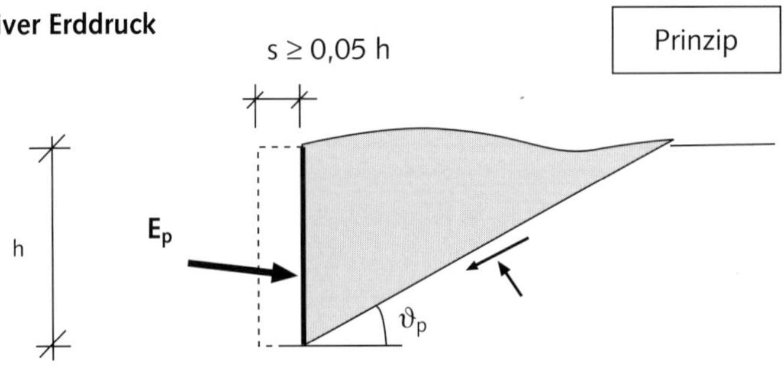

Gleitflächenwinkel ϑ_p Erddruckbeiwert K_p

Sonderfall $\alpha = \beta = \delta = 0$ (Rankine-Fall)

↳ glatte Wand

$\vartheta_p = \left(45° - \frac{\varphi}{2}\right)$	$K_p = \tan^2\left(45° + \frac{\varphi}{2}\right)$

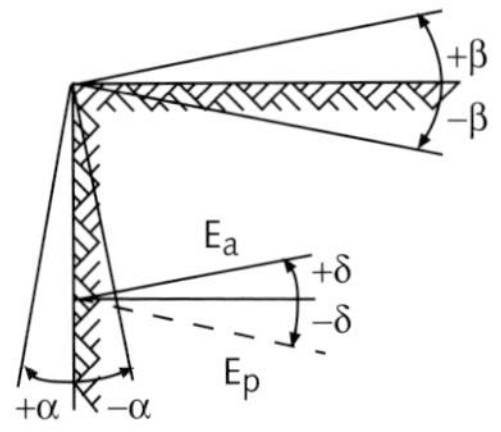

α Wandneigung
β Geländeneigung
δ Wandreibung

Erddruckbeiwerte

Auswahl

- Wand senkrecht $\alpha = 0$
- Gelände horizontal $\beta = 0$
- keine Wandreibung $\delta = 0$ (nur HZ-Wirkung)

φ'	15°	20°	25°	30°	35°	40°
K_a	0,59	0,49	0,41	0,33	0,27	0,22
K_p	1,70	2,04	2,46	3,69	3,69	4,60
K_o	0,74	0,66	0,58	0,43	0,43	0,36

→ Erdruhedruck $K_o = 1 - \sin \varphi'$

→ passiver Erddruck $K_p = \tan^2\left(45° + \frac{\varphi'}{2}\right)$

→ aktiver Erddruck $K_a = \tan^2\left(45° - \frac{\varphi'}{2}\right)$

weitere Werte $\alpha \neq 0$ $\beta \neq 0$ $\delta \neq 0$

siehe
- Tabellenbücher Schneider usw.
- Türke [40]
- Simmer [39]

Aktiver Erddruck – Bodeneigenlast

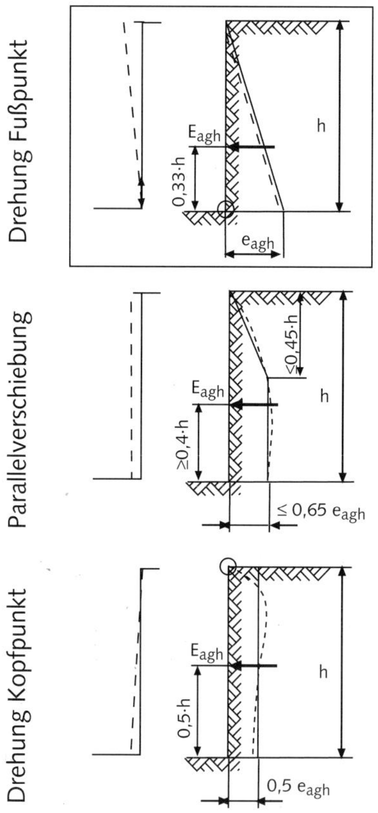

Erddruckordinate infolge Bodeneigenlast [kN/m²]

$$e_{agh} = \gamma \cdot h \cdot K_a$$

$\gamma = \text{const.}$
$\varphi = \text{const.}$
$c = 0$

Erdruhedruck – Bodeneigenlast

keine Wandbewegung

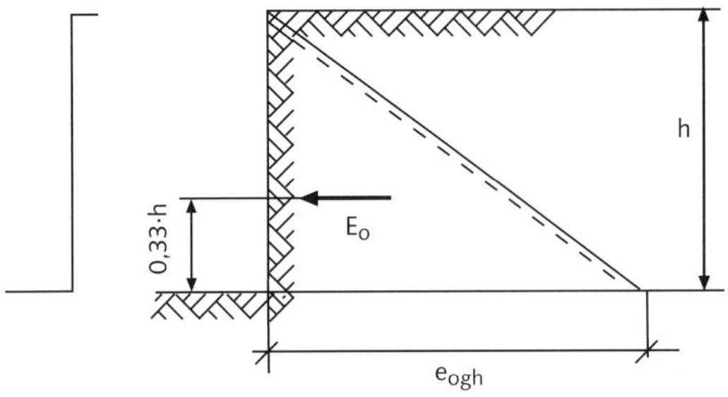

$e_{ogh} = \gamma \cdot h \cdot K_o$ [kN/m²]

γ = const.
φ = const.
c = 0

Erdruhedruckbeiwert

zwei in der Praxis benutzte Formeln

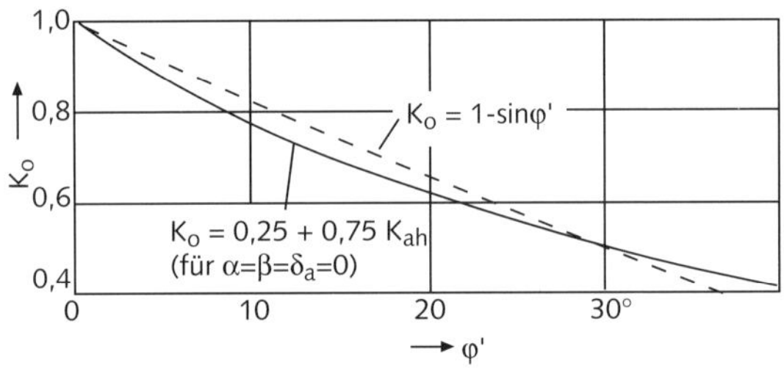

[39]

Passiver Erddruck – Bodeneigenlast

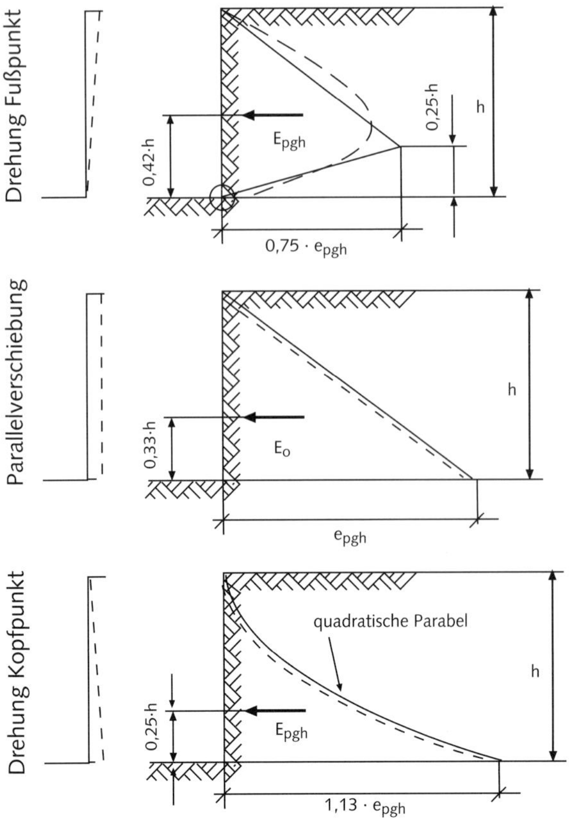

Erddruckordinate infolge Bodeneigenlast

$e_{pgh} = \gamma \cdot h \cdot K_p$ [kN/m²]

γ = const.
φ = const.
c = 0

Aktiver Erddruck bei gleichmäßiger Auflast p

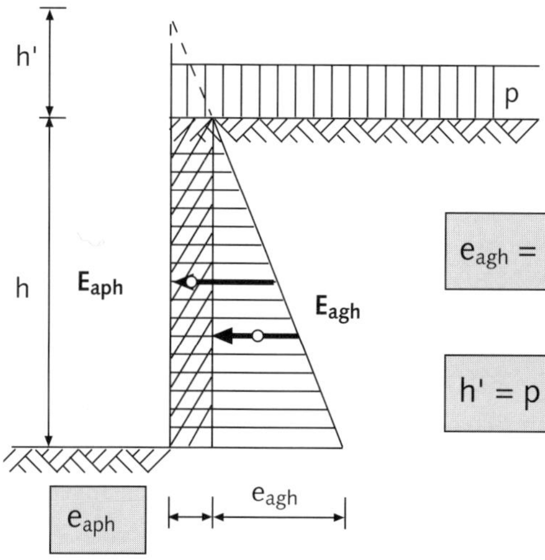

$$e_{agh} = \gamma \cdot h \cdot K_a$$

$$h' = p / \gamma$$

$$e_{aph} = p \cdot K_a \quad [kN/m^2]$$

andere Auflasten siehe [39], [40]
(z.B. begrenzte Flächenlasten)

Aktiver Erddruck mit Kohäsion C

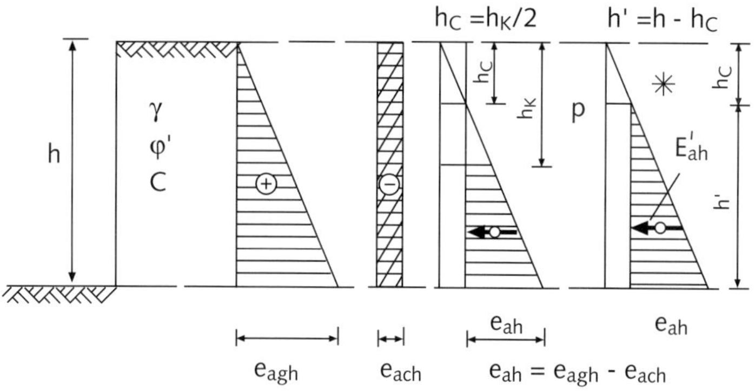

$$e_{ach} = p \cdot K_{ac} \quad [kN/m^2] \qquad K_{ac} = 2 \cdot \sqrt{K_a}$$

$$h_K = \frac{4c}{\gamma \cdot \sqrt{K_a}}$$

Empfehlung von Ohde [41]
Ansatz E'_{ah} über die Höhe h'

∗

$$E'_{ah} = \frac{1}{2}\, e_{ah} \cdot h'$$

Achtung! Kohäsion nur ansetzen, wenn dauerhaft wirksam!

Siloerddruck (bei $b < h/\tan\vartheta_a$)

- Erdkeil (Gleitkeil) kann sich nicht voll ausbilden
- Gleitflächenwinkel ϑ_a siehe Tabellenbücher

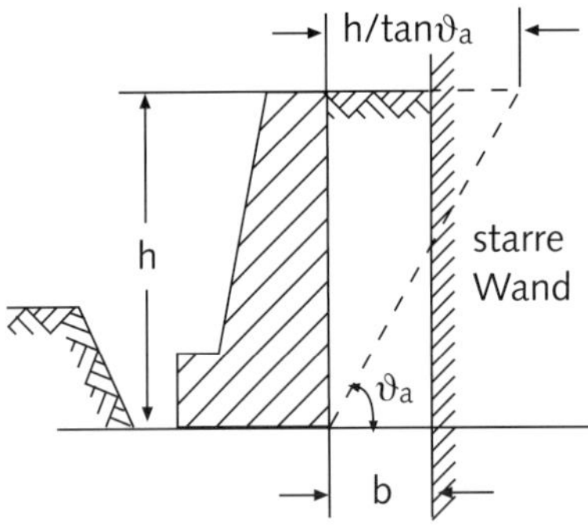

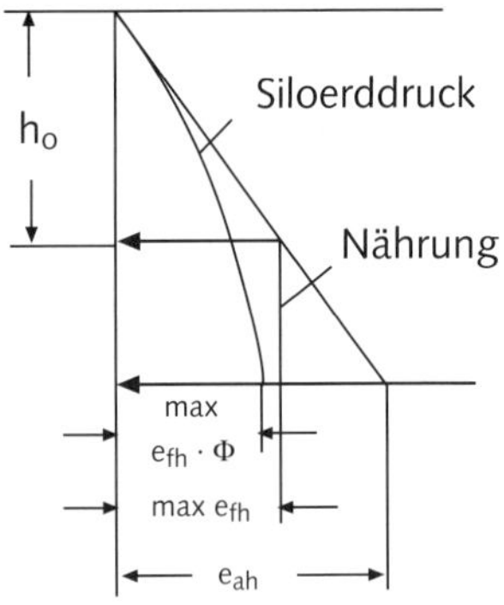

$K_{fh} = K_{ah}$ nachgiebige Wand

$K_{fh} = K_o$ starre Wand

$$h_o = \frac{0{,}5b}{K_{fh} \cdot \tan\delta} \quad [m]$$

$$\max.\ e_{fh} = \gamma \cdot h_o \cdot K_{fh} = \frac{0{,}5 \cdot b \cdot \gamma}{\tan\delta} \quad [kN/m^2]$$

Wandreibung
$\mu = \tan\delta$

DIN 1055 T6, Silodruck $e_{fh} = \max e_{fh} \cdot \Phi$
$\Phi = (1 - e^{-h/h_o})$ [39]

Erddruck bei geschichtetem Baugrund (hier E_a)

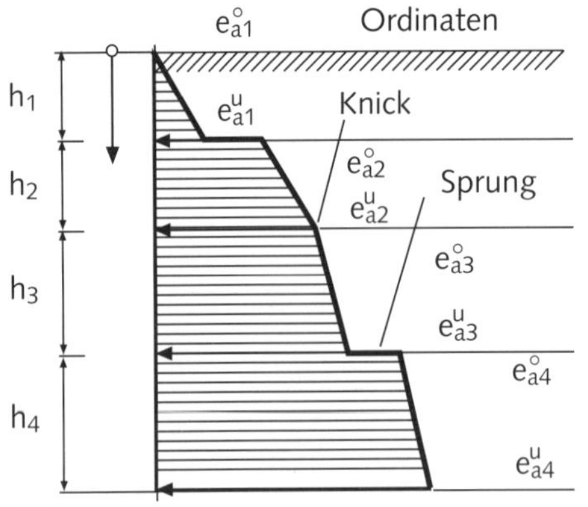

Kennwerte

γ_1 φ'_1 K_{a1}

γ_2 φ'_2 K_{a2}

γ_3 φ'_3 K_{a3}

γ_4 φ'_4 K_{a4}

$e^{o}_{a1} = 0$ $e^{u}_{a1} = \gamma_1 \cdot h_1 \cdot K_{a1}$	Schicht 1
$e^{o}_{a2} = \gamma_1 \cdot h_1 \cdot K_{a2}$ $e^{u}_{a2} = (\gamma_1 \cdot h_1 + \gamma_2 \cdot h_2) \cdot K_{a2}$	Schicht 2
$e^{o}_{a3} = (\gamma_1 \cdot h_1 + \gamma_2 \cdot h_2) \cdot K_{a3}$ $e^{u}_{a3} = (\gamma_1 \cdot h_1 + \gamma_2 \cdot h_2 + \gamma_3 \cdot h_3) \cdot K_{a3}$	Schicht 3
usw.	

Knick = Änderung γ
Sprung = Änderung φ' bzw. K_a **!**

γ = Wichte, Raumeinheitslast [kN/m³]
φ' = Winkel der inneren Reibung

Temperatur

- für die Untersuchung von Temperatureinflüssen sind Differenzen maßgebend
- Differenz gleichförmig:
  Veränderung der Mitten/Schwerpunkttemperatur gegenüber der Herstellungstemperatur
- Differenz ungleichförmig:
  Temperaturunterschied der Bauteiloberflächen
- die Differenzen sind maßgebend durch den konstruktiven Wandaufbau beeinflußbar (Wanddicke, Wärmedämmung...)
- Ursachen Temperatureinwirkungen:
  - Klimabedingt
  - Nutzungsbedingt (z.B. Kühlräume)
  - Hydratation (Abbindewärme)
  - Brand (Sondereinwirkungen)

Ermittlung klimabedingter Temperaturspannen

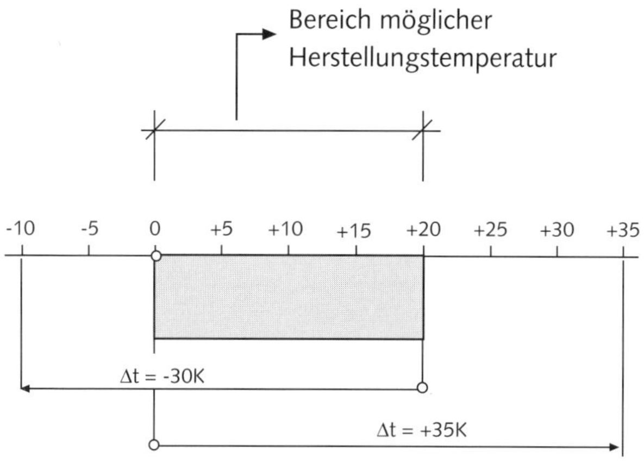

Richtwerte:
- extreme Bauteiltemperaturen
  -10K und +35K
- extreme gleichförmige Temperaturdifferenzen
  -30K und +35K

Achtung! Im Endzustand geschützte Bauteile nicht den extremen Differenzen aussetzen! (z.B. Behälter mit Erdanschüttung)

[37]
[80]

Wärmezufuhr senkrechte Wandflächen/Flachdach (Julitag 50° n.B.)

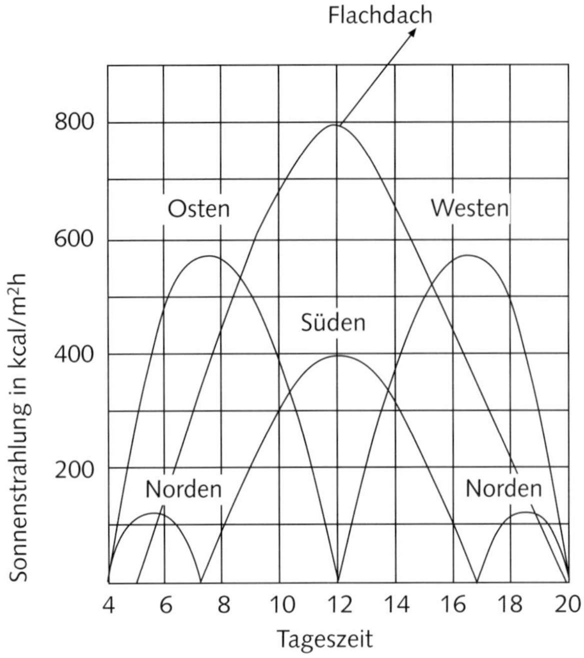

Temperaturverlauf

Flachdach Stahlbetonplatte (Sommertag Deutschland)

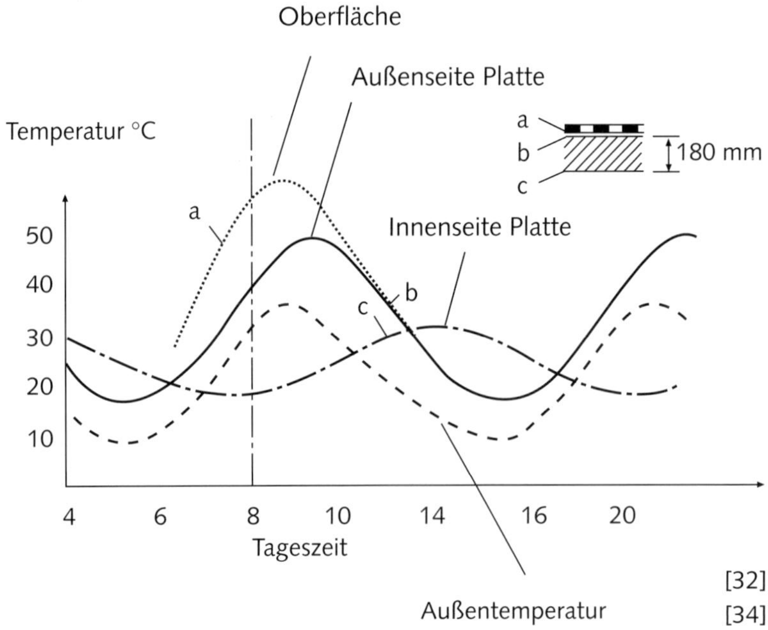

[32]
[34]

Temperaturverlauf

Außenwandoberflächen (Mitteleuropa)

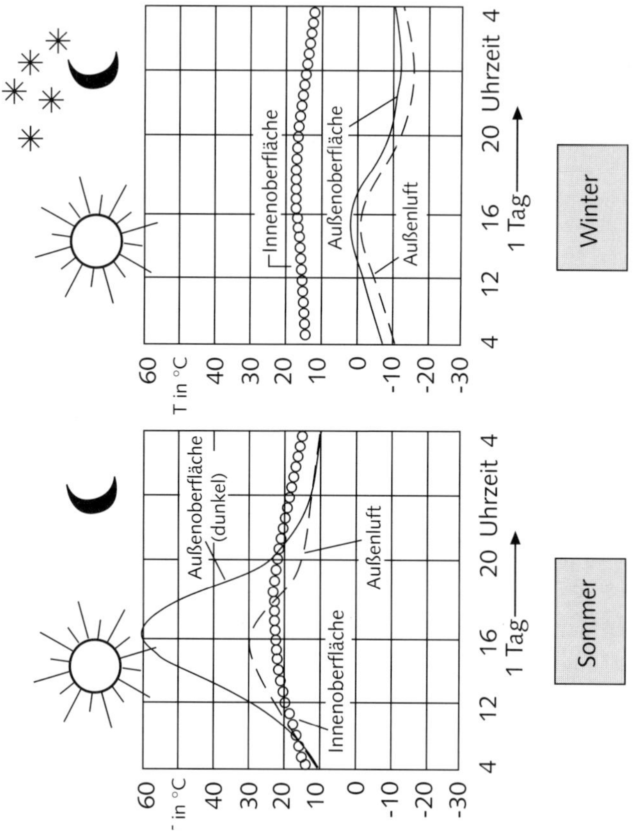

Temperaturrichtwerte

Außenwand (Δt und Wölbverformungen)

Phase	Sommer – bewölkt	Sommer – sonnig	Winter ✱✱✱ – bewölkt	Winter ✱✱✱ – sonnig
			beheizter Innenraum	
Tag	+20° / +20°	+25° / hell +55°, dunkel +70°	+20° / -20°	+20° / +25°
	Δt=±0K	Δt=+30…45K	Δt=-40K	Δt=+5K
Nacht	+16° / +10°		+20° / -25°	
	Δt=-6K		Δt=-45K	
			unbeheizter Innenraum	
Tag	———		-5° / -25°	-5° / +25°
			Δt=-15K	Δt=+30K
Nacht	———		±0° / -25°	
			Δt=-25K	

[80]

Fahrbahnplatten ca. ⊥ Sonneneinstrahlung

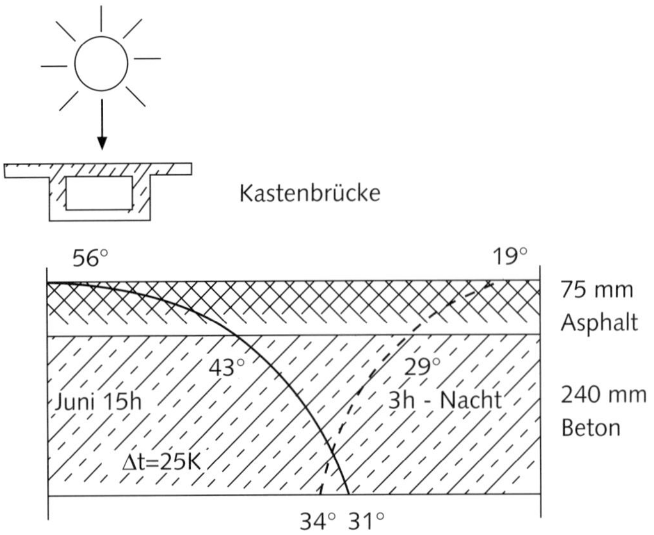

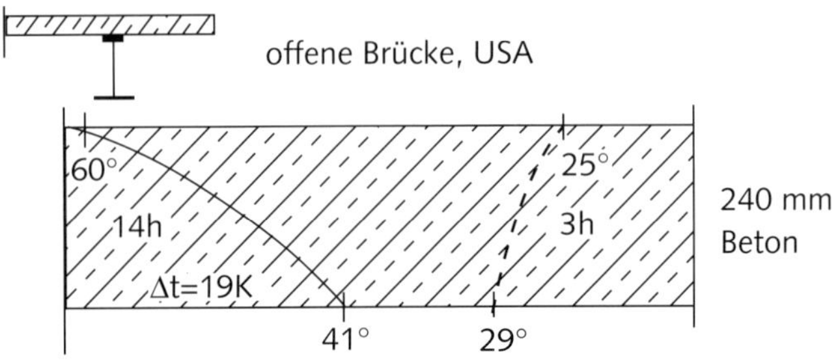

Stege von Brücken seitliche Sonneneinstrahlung

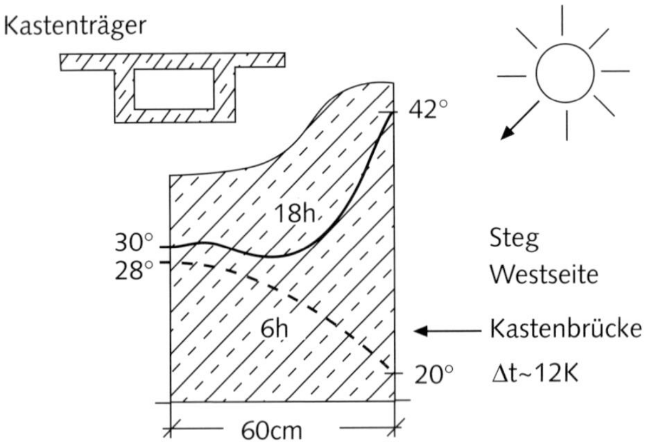

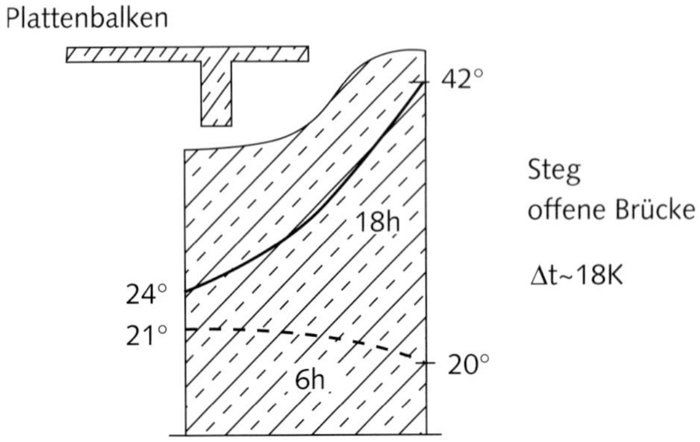

[34]

Oberflächentemperaturen (Klima Mitteleuropa)

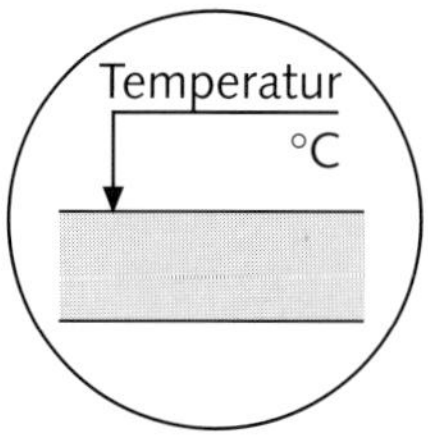

Bauteil	Temperatur in °C Sommer	Winter
Dachoberfläche		
schwarze Dachfläche	+65...+90	-25
graue Dachfläche	+45...+80	-25
Kiesschicht	+35...+60	-25
rechnerischer Grenzwert	+70	-25
Wandoberfläche		
schwarze Fläche: Westseite	+50...+70	-30
schwarze Fläche: Nordseite	+35...+45	-20
weiße Fläche: Westseite	+35...+55	-25
weiße Fläche: Nordseite	+25...+35	-20
rechnerischer Grenzwert	+60	-25
Betonfahrbahnen	+45	-20

→ Einfluß heller Wandflächen ist auf längere Zeit unbedeutend

Ausgangswerte für Ermittlung der Schwerpunkt-temperatur und der Temperaturdifferenz

Temperaturrichtwerte

Grenzwerte im Schwerpunkt der Bauteile

mittige Längsverformung

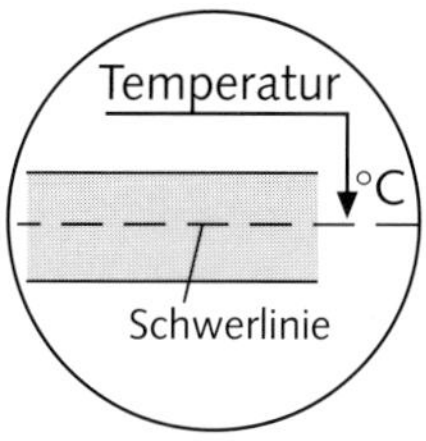

Bauteile Beeinflußung	Maximal-temp. im Sommer in °C	Minimaltemp. im Winter in °C zentral-beheizt	unterbrochener Heizbetrieb
Dachdecke, gedämmt			
mildes Klima	+30	+5	-5
strenges Klima	+35	-5	-15
Geschoßdecke und Innenwand			
mildes Klima	+25	+15	+5
strenges Klima	+30	+15	±0
Außenwand			
mildes Klima	+32	+8	±0
strenges Klima	+40	±0	-10
Bauteil ≥ 700 mm Dicke oder erdüberschüttetes Bauwerk			
mildes Klima	+20	+15	±0
strenges Klima	+25	+10	-5
Bauteile geschlossener Behälter mit hoher Luftfeuchte			
im Freien	+20	–	-15
angeschüttet	+15	–	-5

[80]

Differenzen Δt der Bauteiloberflächen

Krümmung (Wölbverformung)

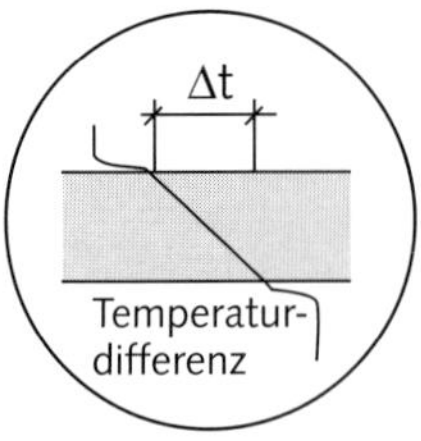

Bauteile Beeinflußung	zentralbeheizt	unterbrochener Heizbetrieb
Gebäude		
mildes Klima		
allgemein	+20 -10	±20
Dachdecke	+25 -15	±15
strenges Klima		
allgemein	+25 -10	±25
Dachdecke	+30 -15	±30
Bauteil ≥ 700 mm Dicke oder erdüberschüttete Bauwerke		
mildes Klima	+15 -10	±15
strenges Klima	+20 -15	±20
Bauteil geschlossener Behälter		
im Freien	–	±20
angeschüttet	–	±15

[80]

Prinzipielle Veränderung der Schwerpunkttemperatur und der Temperaturdifferenz

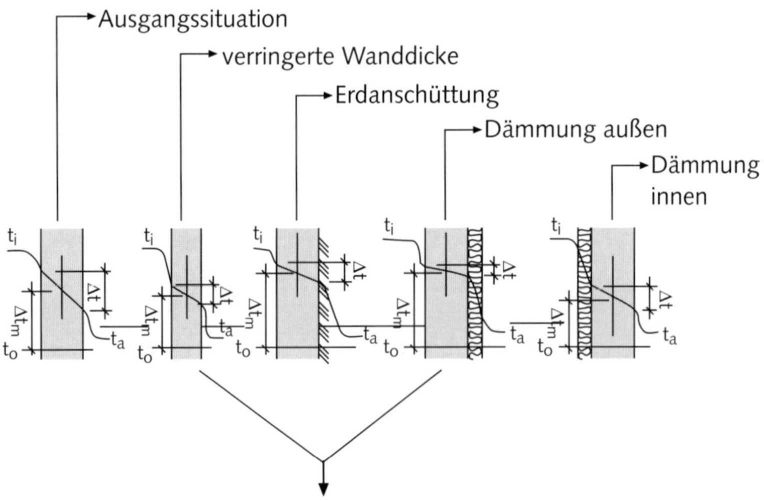

Verringerung von Δt (innen-außen)

Günstige konstruktive Lösungen für die Verkleinerung der Temperaturbeanspruchung von Tragwerken

Maßgebende Temperaturdifferenzen

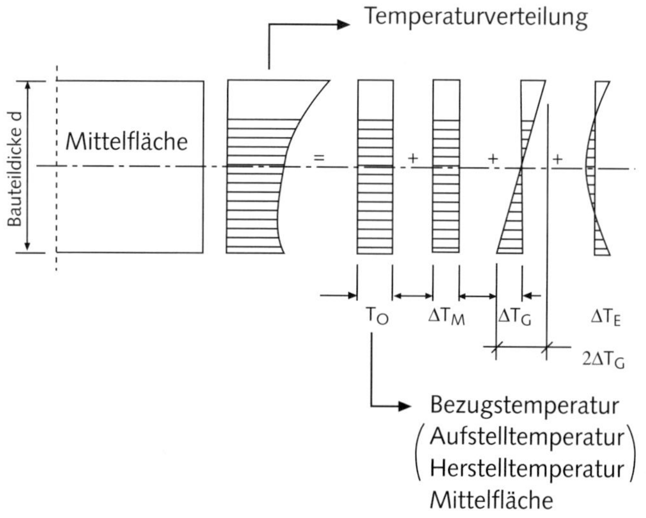

Ansatz in Statik:

ΔT_M	= Änderung (Differenz) gleichförmig Mittelfläche
$2\Delta T_G$	= Lineare Differenz über Bauteildicke

ΔT_E = nichtlinearer Anteil → wird in Praxis oft vernachlässigt

Hydratation

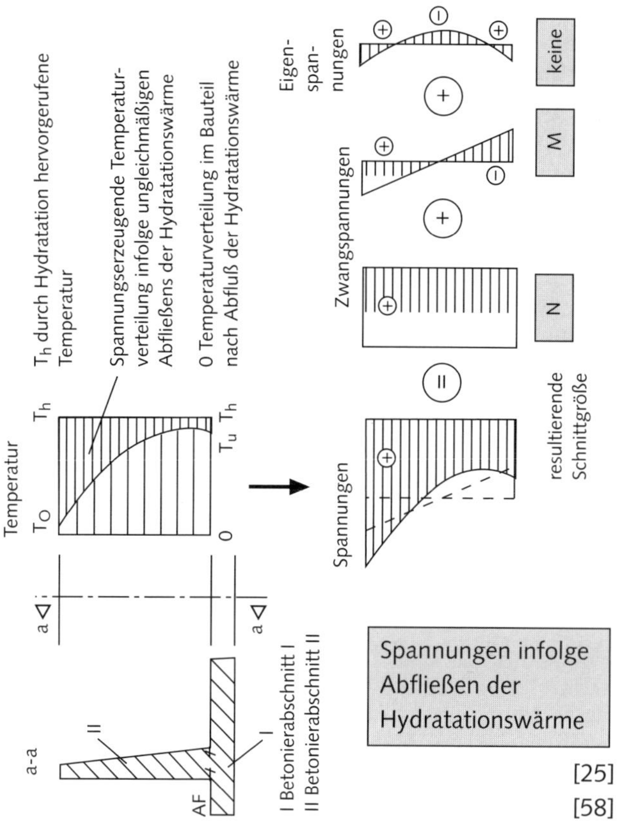

[25]
[58]

Schalungsdruck nach DIN 18218

Druck des frischen Betons auf lotrechte Schalungen

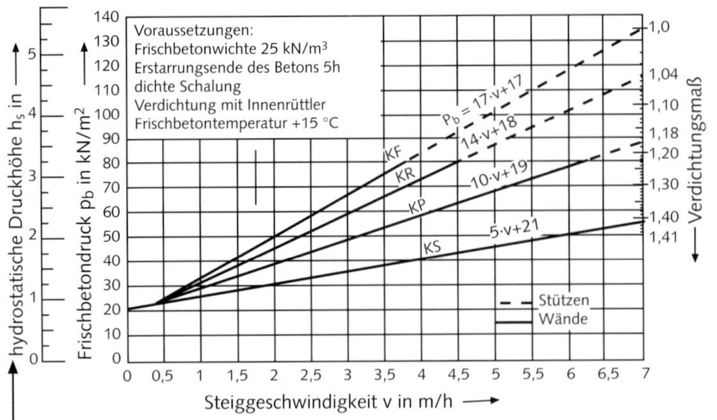

Schalungshöhe	Konsistenz		Schalungshöhe
$h \leq 5 \cdot v_b$	KS	Steif	$h > 5 \cdot v_b$
	KP	Plastisch	
	KR	Weich	
	KF	Fließfähig	
	(DIN 1045)		

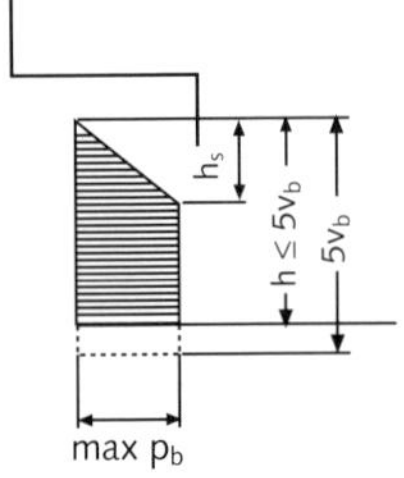

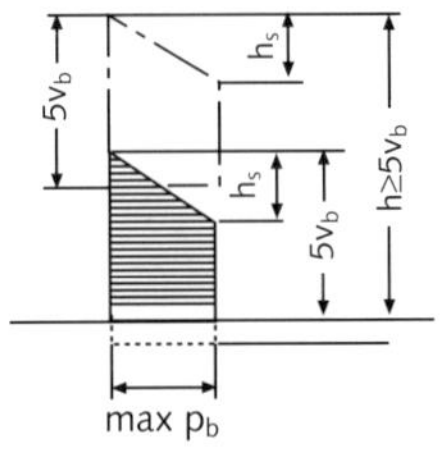

Grenzwerte

max. $p_b = \gamma_b \cdot h$
= 80 kN/m² bei Wänden
= 100 kN/m² bei Stützen

Beispiel

Betonierleistung	$Q_b = 25\ m^3/h$	Wanddicke 35 cm
Konsistenz	KR (weich)	Wandlänge 18 m

Steiggeschwindigkeit für 2 Wandabschnitte $v_b = \dfrac{Q_b}{2 \cdot l \cdot b} = \dfrac{25}{2 \cdot 18 \cdot 0{,}35} \sim 2\ m/h$

Frischbetondruck $p_b = 14 \cdot v_b + 18 = 14 \cdot 2 + 18 \sim 46\ kN/m^2$

Hinweise
siehe DIN 18218 für
- Frischbetontemperatur ≠ 15°
- $\gamma_{Beton} \neq 25\ kN/m^3$
- Einfluß von Erstarrungsverzögerern

[25]

Prinzip der Entstehung von Trägheitskräften

Ursache = Beschleunigung von Massen
– Bremsen = Negativbeschleunigung

Prinzip von D´Alembert
– dynamische Massenkräfte auf statische Kräfte zurückführen

$H = m \cdot b$ = Masse · Beschleunigung

Beschleunigung (Bremsen) und Kräfte am Fahrzeug

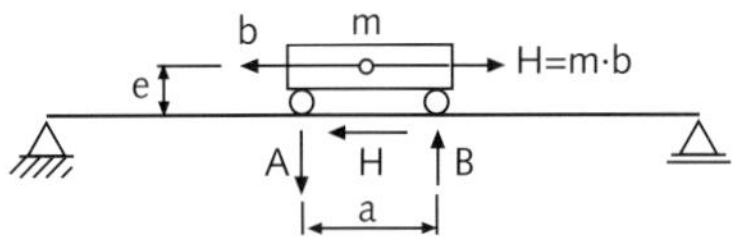

Belastung (Kräfte) am Tragwerk (Fahrbahn)

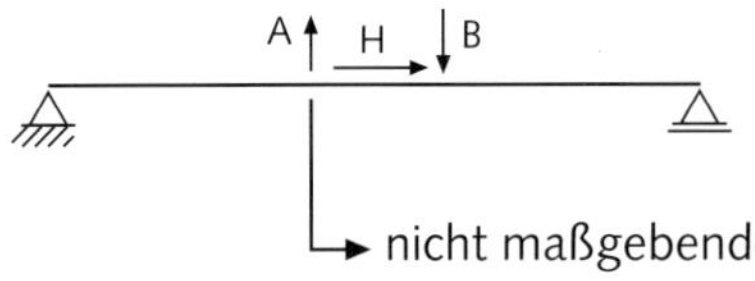

[50]

Trägheitskräfte rotierender Massen

ω = const.

gleichförmige Bewegung
Zentrifugalkraft

ω = Winkelgeschwindigkeit
v = Tangentialgeschwindigkeit

$$H_n = m \cdot b_n = m \cdot \omega^2 \cdot r$$

$$b_n = \frac{v^2}{r} = \omega^2 \cdot r$$

Zentripedal-beschleunigung

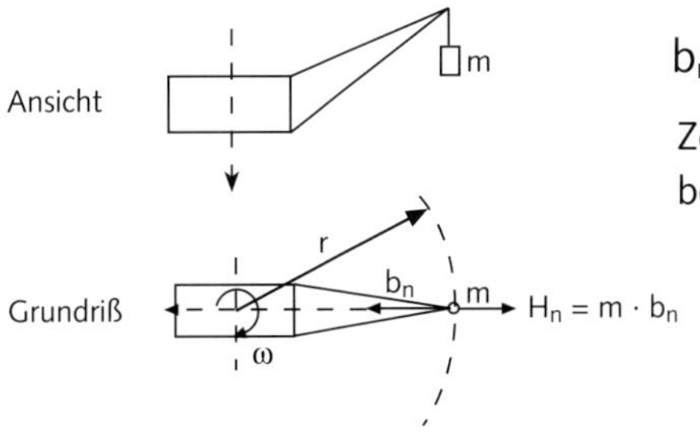

$\omega = \omega_0 \pm \varepsilon \cdot t$

beschleunigte Bewegung
tangentiale Trägheitskraft

$$H_t = m \cdot b_t = m \cdot \varepsilon \cdot r$$

$$b_t = \varepsilon \cdot r$$

Tangential-beschleunigung

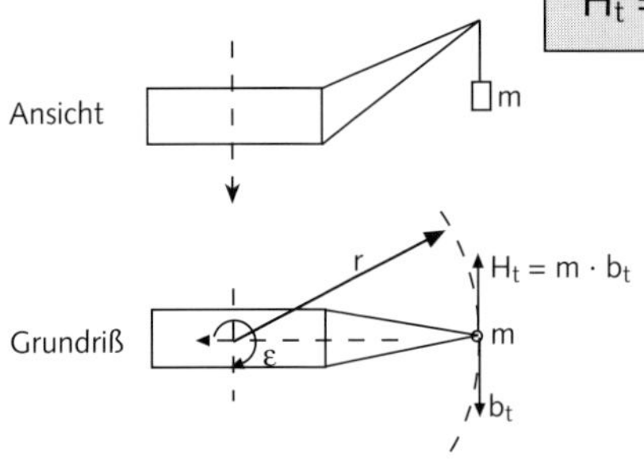

Weiträumige Silos (Bunker)

$h < b$

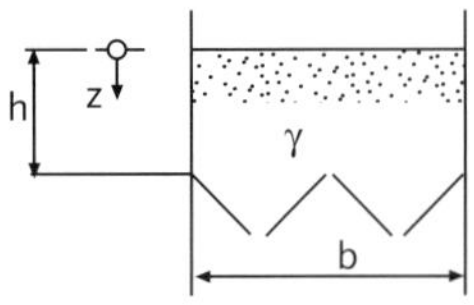

- Gleifflächen im Füllgut können sich voll ausbilden
- Ansatz der aktiven Erddrucktheorie

h = Schütthöhe

vertikaler Druck (Bodendruck)

$p_v = \gamma \cdot z$

horizontaler Druck (Seitendruck)

$p_h = \gamma \cdot z \cdot k \quad = p_v \cdot k$

γ: Raumeinheitslast, Wichte

k: Seitendruckbeiwert $\widehat{=} K_a$, Beiwert des aktiven Erddruckes

$K = \tan^2 (45° - \frac{\varphi'}{2})$

Engräumige Silos

$h > b$

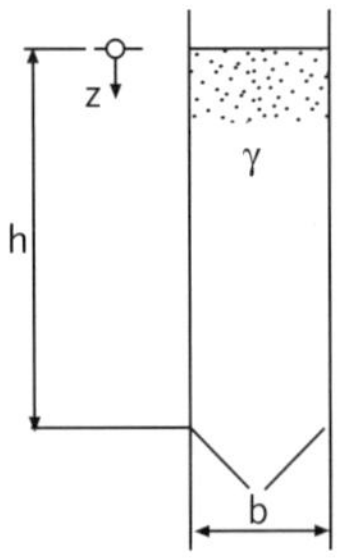

- Gleitflächen können sich nicht voll ausbilden
- Füllgut hängt sich an den Seitenwänden auf (Reibung)

Hilfswert

$z^* = \frac{A}{\mu \cdot k \cdot u}$

A: Fläche Siloquerschnitt

u: Umfang Siloquerschnitt

vertikaler Druck

$p_v(z) = \gamma \cdot z^* \cdot (1 - e^{\frac{-z}{z^*}}) \qquad \max p_v = \gamma \cdot z^*$

horizontaler Druck

$p_h(z) = k \cdot \gamma \cdot z^* \cdot (1 - e^{\frac{-z}{z^*}}) \qquad \max p_h = \gamma \cdot z^* \cdot k$

k: Seitendruckbeiwert

$\mu = \tan \delta$ = Reibungswert Wand-Füllung

[50]

Bunker (rechteckige Behälter mit pyramidenförmigem Trichter)

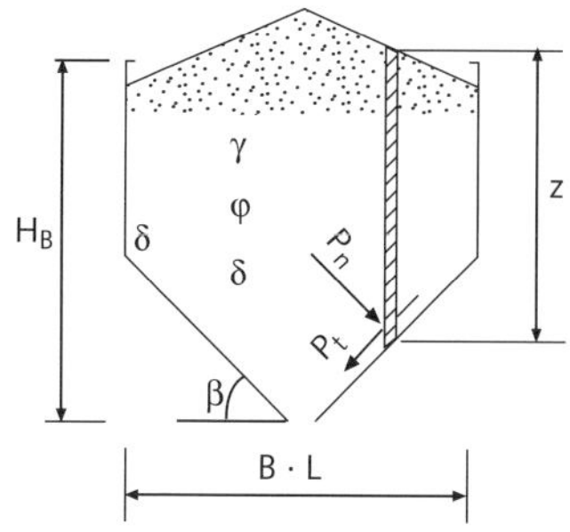

Silodruck
siehe DIN 1055 T6

[12]

Bunkerwand

$$p_v = \gamma \cdot z$$
$$p_h = \lambda \cdot p_v$$

$\lambda = 0{,}45$ beim Füllen
$\lambda = 0{,}75$ beim Entleeren

Trichterwand

$$p_n = p_v \cdot \cos^2\beta + p_h \cdot \sin^2\beta$$
$$= \gamma \cdot z \cdot (\cos^2\beta + \lambda \cdot \sin^2\beta)$$
$$p_t = (p_v - p_h) \cdot \sin\beta \cdot \cos\beta$$
$$= \gamma \cdot z \cdot (1 - \lambda) \cdot \sin\beta \cdot \cos\beta$$

[50]

Kennwerte einiger Schüttgüter

Alte Einheit ←	[Mp/m³]	[°]	[-]	[-]
Neu: 1Mp = 10 kN	γ	φ'	μ	K
Braunkohle	0,6...0,9	35	0,30	0,271
Braunkohlen-Schwelkoks	1,0	40	0,40	0,217
Steinkohle	0,7...1,2	30	0,30	0,333
Koks	0,5...0,6	45	0,40	0,172
Eisenerz	2,5...3,5	40	0,30	0,217
Hochofen-Stückschlacke	1,5	40	0,30	0,217
Hochofen-Schlackensand	1,1	25	0,30	0,406
Gips, Kalk und Zement	1,2...1,6	25	0,30	0,406
Karbid	0,9	30	0,30	0,333
Salz	1,2	40	0,30	0,217
Kunstdünger	1,2...2,2	40	0,30	0,217
Holzschnitzel und Sägespäne	0,1...0,3	45	0,40	0,172
Getreide und Hülsenfrüchte	0,5...0,8	30	0,40	0,333
Kartoffeln und Rüben	0,75	30	0,30	0,333
Kleie und Mehl	0,5	45	0,40	0,172
Zucker	0,75	35	0,30	0,271
Silage	≈ 1,0	(0)	(0)	(1,000)

Kräfte an gekrümmten Rohrleitungen

Hintergrund: Durchflußmenge $Q = v_1 \cdot A_1 = v_2 \cdot A_2 = \text{const.}$

Impuls $m \cdot v = \frac{\gamma}{g} Q \cdot v \cdot t = \rho \cdot Q \cdot v \cdot t$

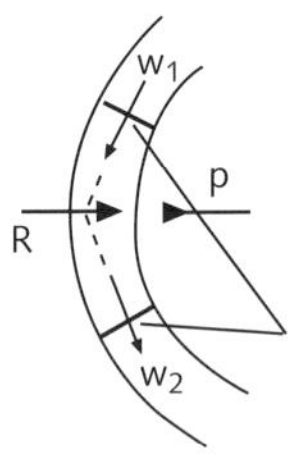

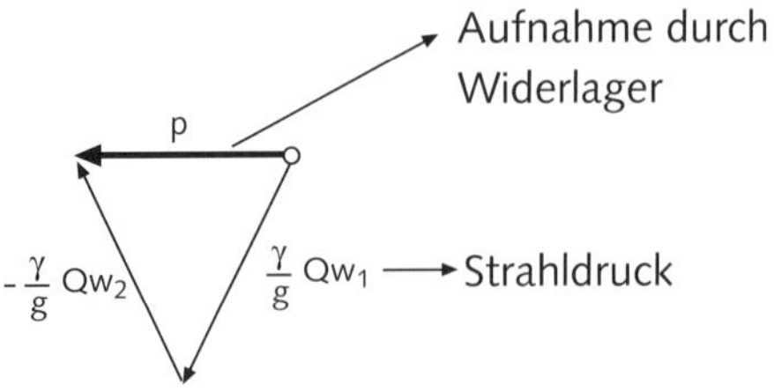

Rohrquerschnitt A_1 bzw. A_2
Geschwindigkeit v_1 bzw. v_2
Durchflußmenge pro Zeiteinheit $Q_1 = v_1 \cdot A_1$
$Q_2 = v_2 \cdot A_2$

$$P = -K = \frac{\gamma}{g} Q (v_1 - v_2)$$

Achtung!
Auch bei constanter Geschwindigkeit $v_1 = v_2$ (constanter Rohrquerschnitt $A_1 = A_2$) ergibt sich ein Kraftvektor P infolge der Richtungsänderung der Geschwindigkeit!

Hydrodynamische Kräfte

Strahldruck

$\frac{\gamma}{g} \approx 7 \frac{kNs^2}{m^4}$

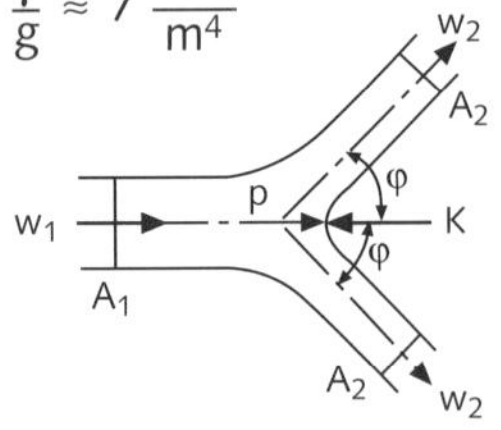

allgemein für
$A_1 = 2A_2 ; v_1 = v_2 = v$

$$P = \frac{\gamma}{g} \cdot Q \cdot v(1 - \cos\varphi)$$

Sonderfälle

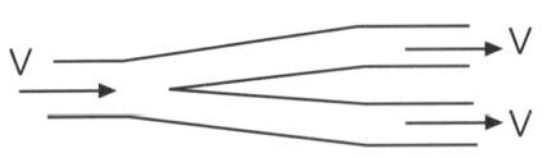

$$P = 0$$

$\varphi = 0$
$\cos\varphi = 7$

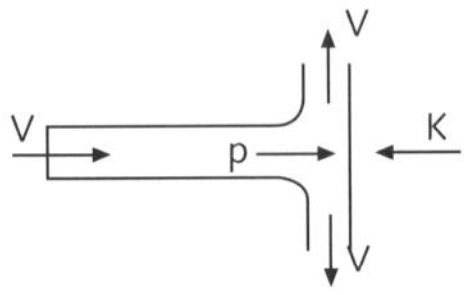

*

$$P = \frac{\gamma}{g} \cdot Q \cdot v$$

$\varphi = \pi/2$
$\cos\varphi = 0$

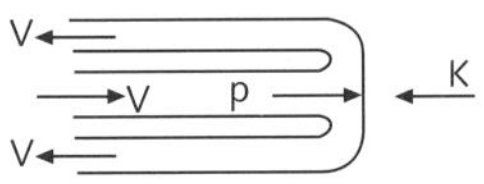

$$P = 2 \frac{\gamma}{g} \cdot Q \cdot v$$

$\varphi = \pi$
$\cos\varphi = -7$

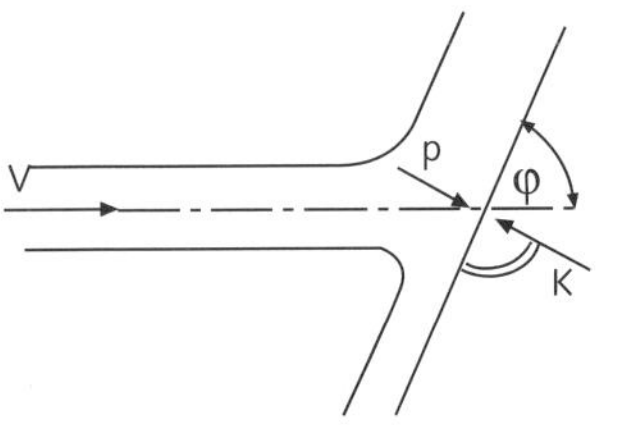

schräger Aufprall

$$P = \frac{\gamma}{g} \cdot Q \cdot v \cdot \sin\varphi$$

[38]
[50]

* P= Rückstoßkraft bei Strahlaustritt aus Rohrende

Fachwerkbinder/Knotenlast

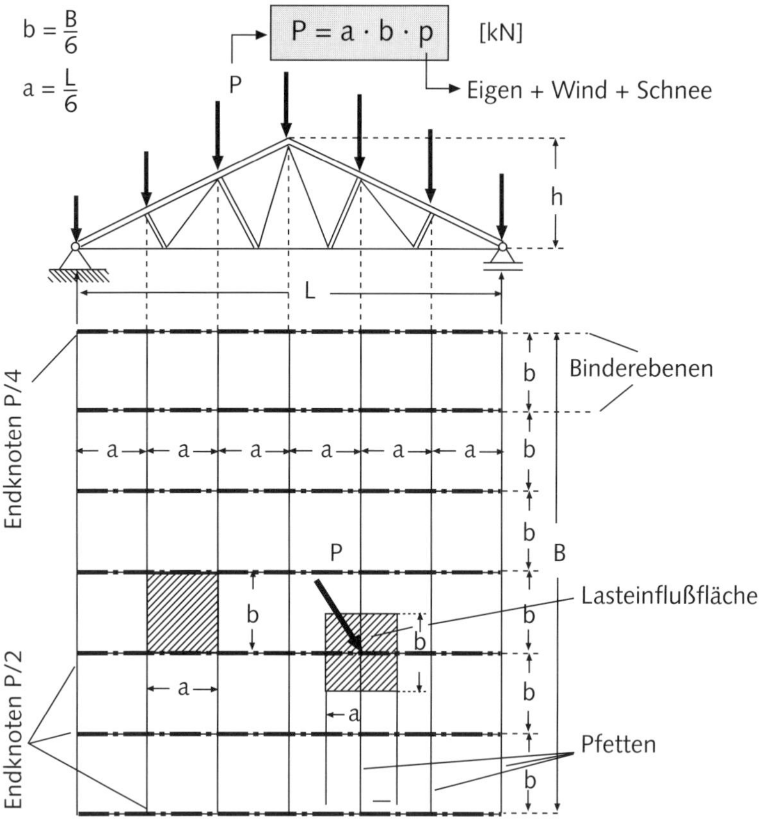

Dächer

Kombination Wind- und Schneelasten

1. $\alpha > 45°$ → keine Kombination (außer bei Schneesackbildung)
2. $\alpha \leq 45°$ → ungünstige Kombination in den LF H und LF HZ + ständige Lasten

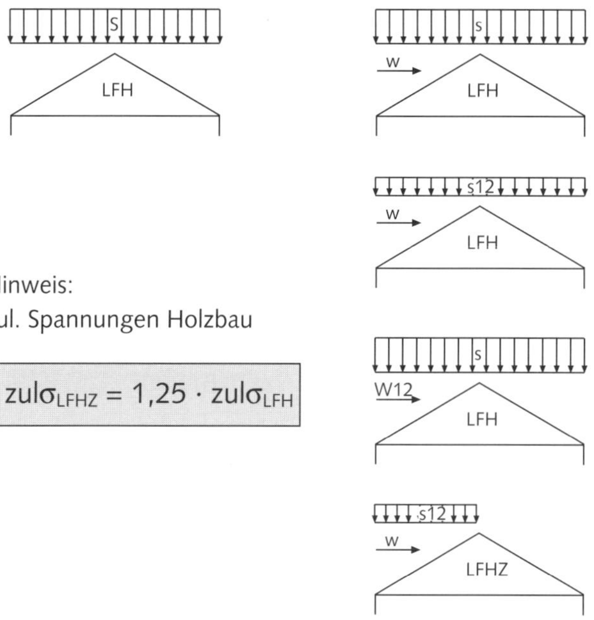

Hinweis:
zul. Spannungen Holzbau

$$zul\sigma_{LFHZ} = 1{,}25 \cdot zul\sigma_{LFH}$$

Lasteinflußflächen

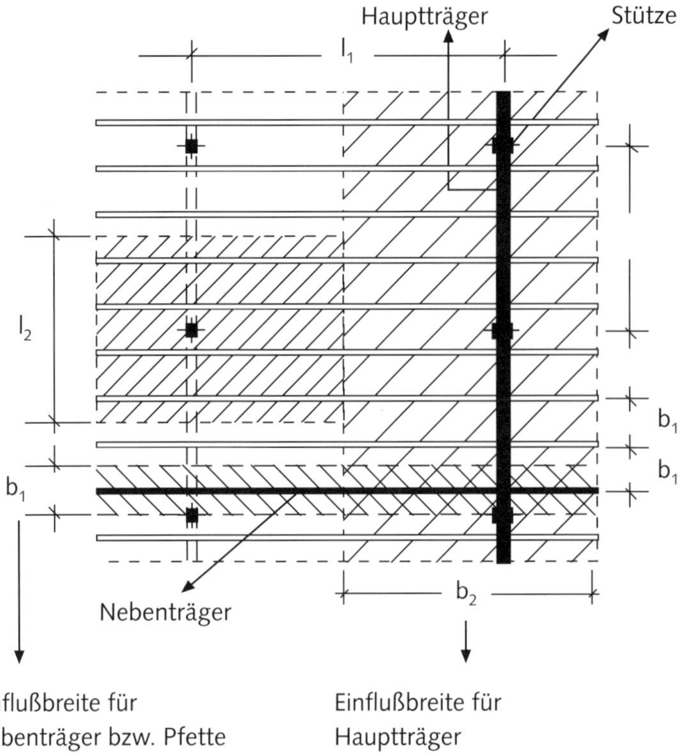

Lasteinflußfläche

Beispiel Massivkonstruktion

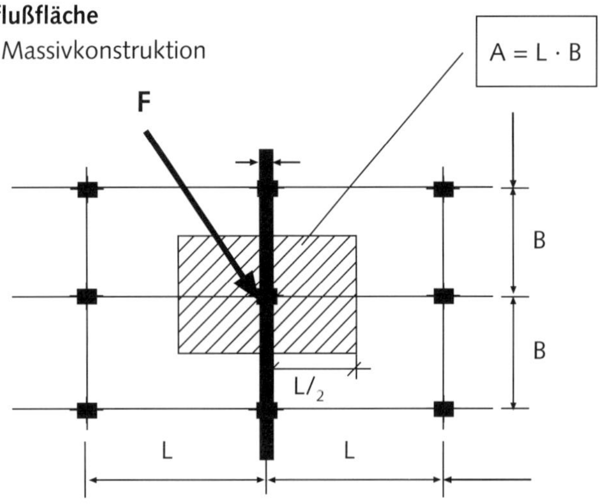

ca. Stützlast mit Wandlast

$$F = A \cdot q \cdot n \cdot f + A_w \cdot q_w \cdot n \quad \text{[kN]}$$

- A_w: Wandfläche m^2
- $A \cdot q$: Gesamtlast Decke 8...10 kN/m^2
- f: Faktor ≈ 1,2...1,4 Stützen/Unterzüge
- q_w: Wandlast ≈4...5 kN/m^2
- n: Deckenanzahl Geschoßzahl

Lasteinflußflächen

Unterzüge bei zweiachsig gespannten Plattensystemen

Prinzip

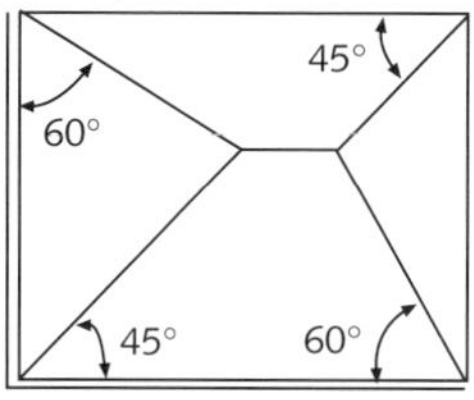

gleichartige Ränder: **45°**

ungleichartige Ränder: Eingespannt **60°**

frei aufliegend **30°**

Beispiel

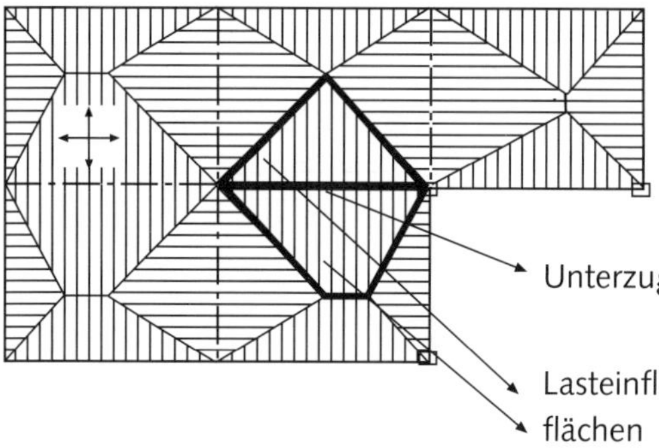

Wände

Lasteinfluß auf Wände || Deckenspannrichtung

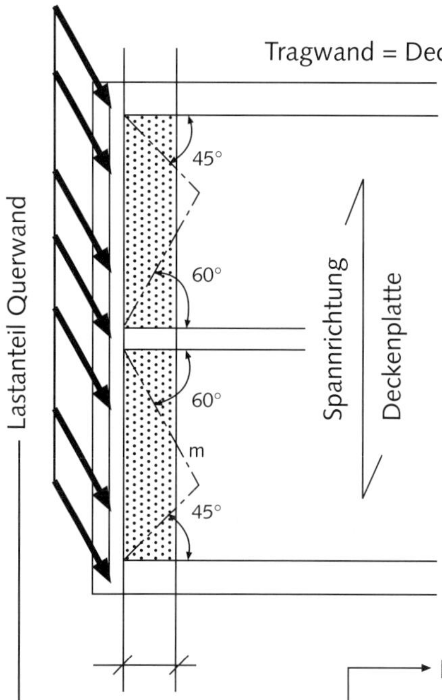

einachsig gespannte Deckenplatten

B = 1m

Deckenlastanteil ist auf die Querwand anzusetzen

[3]
[26]
[35]

Erd-/Wasserdruck für eine Stahlbetonwand

z.B. Kelleraußenwand oder Stahlbetonwanne

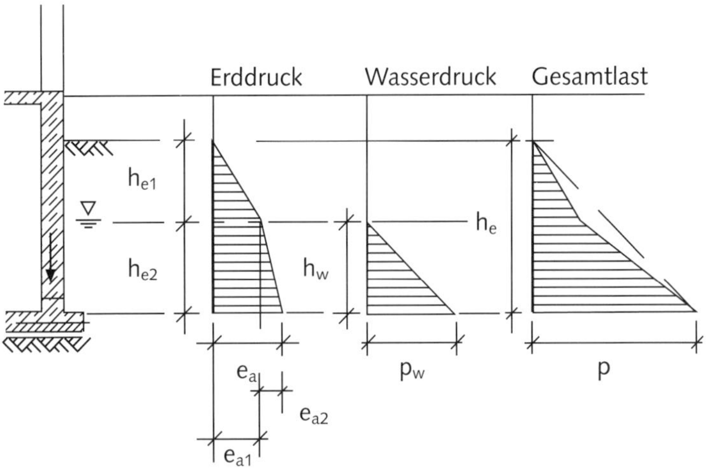

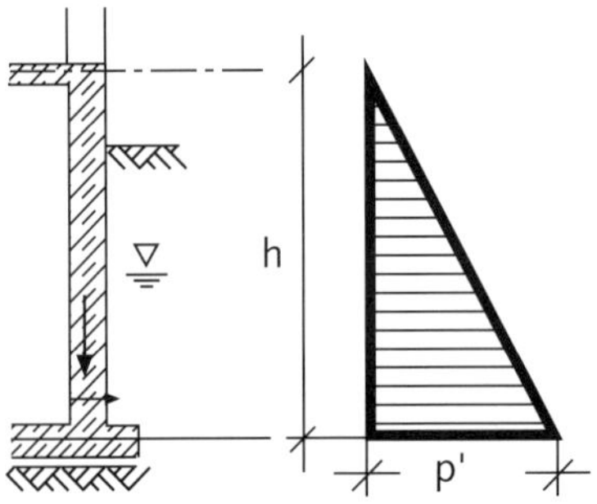

vereinfachter Lastansatz für Bemessung der Wand

$$p' = p \cdot \frac{h_e}{h}$$

$$\frac{p' \cdot h}{2} \overset{!}{=} \frac{p \cdot h_e}{2}$$

[39]

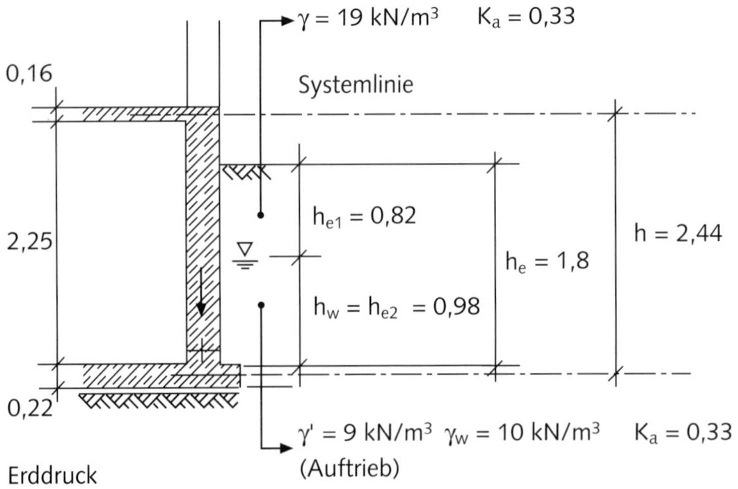

Erddruck

$e_{a1} = \gamma \cdot h_{e1} \cdot ka = 19 \cdot 0,82 \cdot 0,33 = 5,2$ kN/m²

$e_{a2} = \gamma' \cdot h_{e2} \cdot ka = 19 \cdot 0,98 \cdot 0,33 = 2,9$ kN/m²

$e_a = e_{a1} + e_{a2}$ $= \underline{8,1 \text{ kN/m}^2}$

Wasserdruck

$p_w = \gamma_w \cdot h_w = 10 \cdot 0,98$ $= \underline{9,8 \text{ kN/m}^2}$

Gesamtlast

$p = e_a + p_w = 8,1 + 9,8$ $= 17,9$ kN/m² → für Höhe h_e

$p' = p \cdot h_e / h = 17,9 \cdot 1,8/2,44$ $= \underline{13,2 \text{ kN/m}^2}$ → Näherung für Höhe h

[15] Dierks, Schneider, Wormuth:
Baukonstruktion
Düsseldorf: Werner-Verlag, 1993

- **Grundlagen**
  Belastungen
  Standsicherheit
  Mauerwerksbau
  Holzbau
  Stahlbau
  Stahlbetonbau
- **Gründungen**
- **Wände**
- **Decken**
- **Treppen**
- **Dächer**

[25] Lohmeyer:
Weisse Wannen
Düsseldorf: Beton-Verlag, 1985

- **Beton/Stahlbeton**
  Temperaturverläufe,
  Temperaturdifferenzen in Stahlbetonwänden
  Eigenspannungen
  Zwangsspannungen

  Verhalten des Betons
  Beton und Bewehrung
  Beton und Schalung
  Verarbeitung des Betons
  Konstruktionen für Keller und Becken aus Stahlbeton

[38] Preißler, Bollrich:
Technische Hydromechanik
Berlin: Verlag für Bauwesen, 1985

- **Hydrostatik**
  Druck auf ebene Flächen
  Druck auf gekrümmte Flächen
  Auftrieb
  Schwimmstabilität
- **Hydrodynamik**
  Flüssigkeitsbewegung
  Energiegesetze

[39] Simmer:
Grundbau Teil 1
Stuttgart: Taubner, 1987

- **Baugrund**
  Gesteine
  Böden
  Kenngrößen
  Festigkeitseigenschaften
  Formänderungseigenschaften
  Verbesserung der Eigenschaften

[40]	Türke: Statik im Erdbau Berlin: Ernst und Sohn, 1990	• **Erdbausysteme** Böschungen Stützmauern Schüttungen • **Berechungsverfahren** Sohldrücke Erddrücke Grundbruch Geländebruch • **Beispiele** Stützmauern Dämme
[59]	Rübener: Grundbautechnik für Architekten Düsseldorf: Werner-Verlag, 1985	• **Baugrund** • **Wasser im Boden** Wasserhaltung • **Stützwände** Belastungen Beanspruchungen Standsicherheitsnachweise • **Gründungen** Flachgründungen Tiefgründungen

Kräftelehre

Der Begriff Kraft

Kraft = Physikalische Größe, die nur in ihren Wirkungen begreifbar ist
Kraftwirkungen am Bauwerk:
- Gravitation (Schwere)
  Eigenlasten, Schneelasten…
- Bewegungsänderungen
  Windkräfte, Bremskräfte…
- Formänderungen/Zerstörungen
  Durchbiegung, Verdrehung

Actio = Reactio (Gleichgewichtsproblem)
Mit einer Kraft tritt immer eine gleichgroße Gegenkraft auf (3. Newton'sches Gesetz)

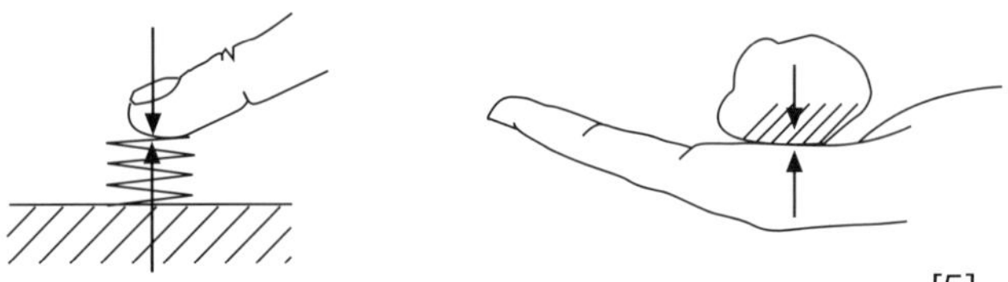

[5]
[20]
[43]

Darstellung von Kräften

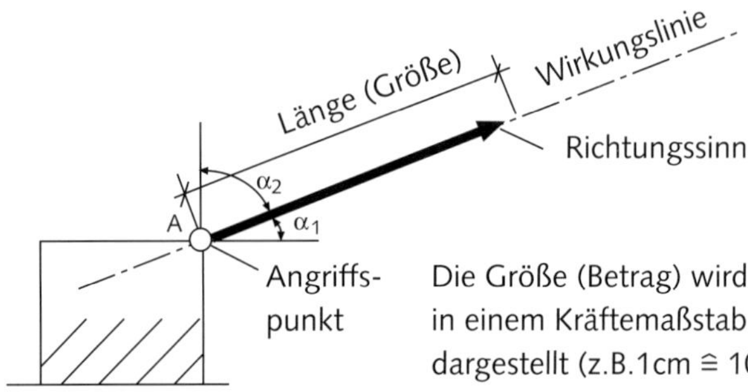

Die Größe (Betrag) wird in einem Kräftemaßstab dargestellt (z.B. 1cm ≙ 10 kN)

Kraft = gerichtete Größe = Vektor

3 Bestimmungsstücke

1. Größe, Betrag = Skalarer Wert + Einheit
2. Richtung (Wirkungslinie, Lage, Winkel)
3. Richtungssinn (Pfeilspitze)

Kräfte können auf ihrer Wirkungslinie verschoben werden. (Veränderungen des Angriffspunktes)

Die Newtonschen Gesetze in der Kräftelehre

1. Newtonsches Gesetz = Trägheitsgesetz
Jeder Körper bleibt im Zustand der Ruhe oder gleichförmigen Bewegung, solange keine einwirkenden Kräfte diesen Zustand ändern

2. Newtonsches Gesetz = Grundgesetz der Mechanik
Kraft = Masse · Beschleunigung

$$F = m \cdot a$$

3. Newtonsches Gesetz
'Actio est reactio'
Zwei Kräfte, gleiche Wirkungslinie, gleich groß, entgegengesetzt gerichtet

(Isaac Newton, britischer Physiker 1643 - 1727)

Axiome in der Kräftelehre

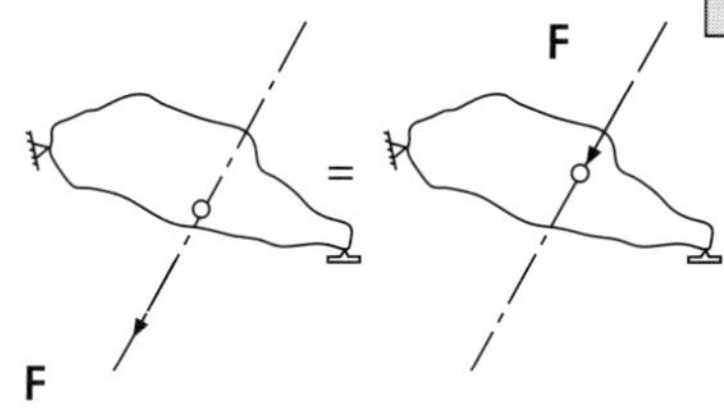

Äquivalenzaxiom = Verschiebungsaxiom

Kräfte sind äquivalent, wenn sie die gleiche Wirkung ausüben ⟶ z.B. auf Wirkungslinie verschieben

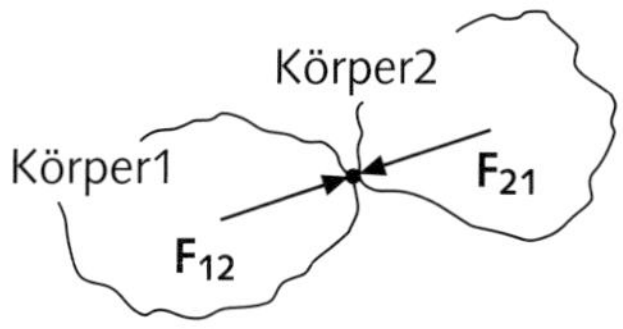

Reaktionsaxiom

Action = Reactio

$F_{12} = F_{21}$

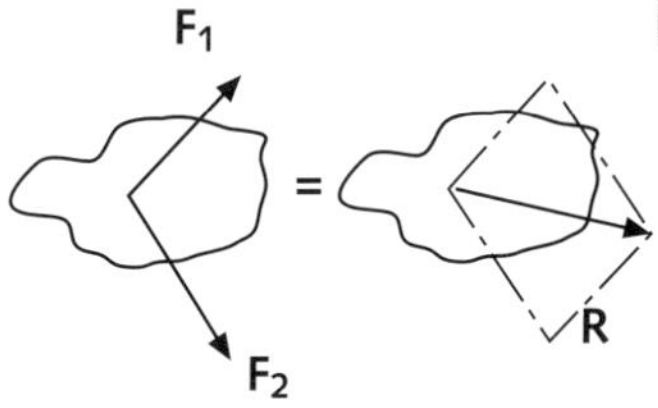

Parallelogrammaxiom

Die Wirkung zweier Kräfte mit gleichem Angriffspunkt ist gleich der Wirkung ihrer vektoriellen Summe

[71]

Dimension/Einheit von Kräften

Körper - Masse - Erdanziehung (Schwerefeld) - **Kraft** → Last

Kraft = Masse · Beschleunigung

$$F = m \cdot a$$ 2. Newtonsches Gesetz

→ Erdbeschleunigung $9{,}81 \approx 10\ m{\cdot}s^{-2}$

Gewichtskraft einer Masse von 1 kg:
$F = 1 \cdot 9{,}81\ kg \cdot ms^{-2} \approx 10\ kgms^{-2}$

Einheit der Kraft $1N = 1\ Kgms^{-2}$ Newton

1N = 1 Newton

In der Praxis: 1 kN = 1 Kilonewton = 10^3 Newton

1 MN = 1 Meganewton = 10^6 Newton

Alte Einheit: 1 kp = 1 Kilopond = 10 Newton

Hauptaufgaben der Kräftelehre

1. Die Wirkung von Einzelkräften zu einer resultierenden Gesamtwirkung zusammenfassen

Prinzip: **Äquivalenz** → Resultierende

2. Für Standsicherheit/Bemessung eines Bauwerkes/Bauteils das Gleichgewicht untersuchen

Prinzip: **Gleichgewicht** → Stützgrößen → Schnittgrößen

Zusammenhang Einwirkung – Last – Kraft

- keine eindeutige Zuordnung
- Einwirkung = Oberbegriff ≙ ≈ Belastung
- Last = Kraft, die von außen auf ein System wirkt [DIN 1080]
- Last = Einwirkung (Belastung) infolge Erdanziehung, alle anderen Fälle = Kräfte [5]

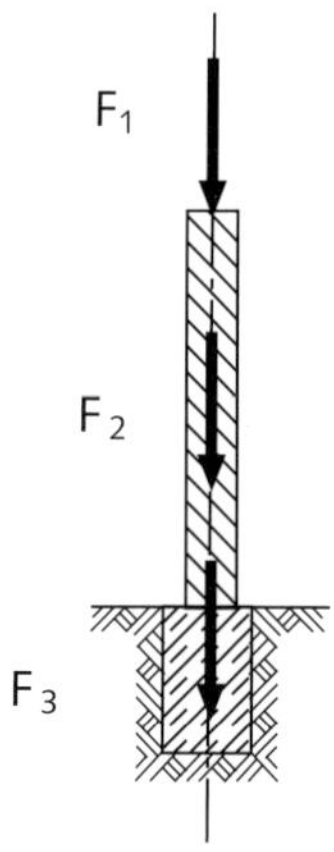

Lineares Kräftesystem

- mehrere Kräfte mit einer gemeinsamen Wirkungslinie

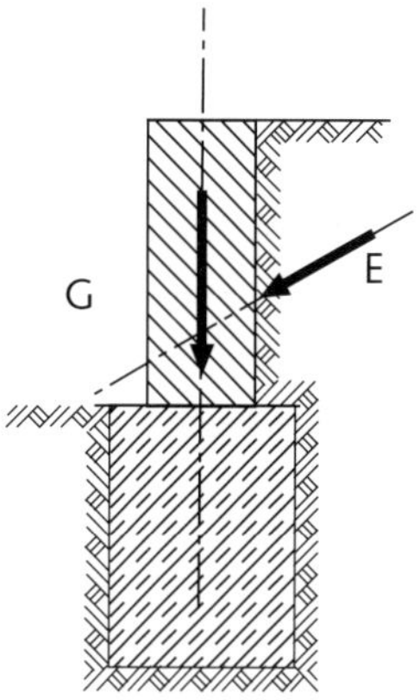

Zentrales ebenes Kräftesystem

- mehrere Kräfte in einer Ebene
- Wirkungslinien schneiden sich in einem Punkt

Kräftelehre

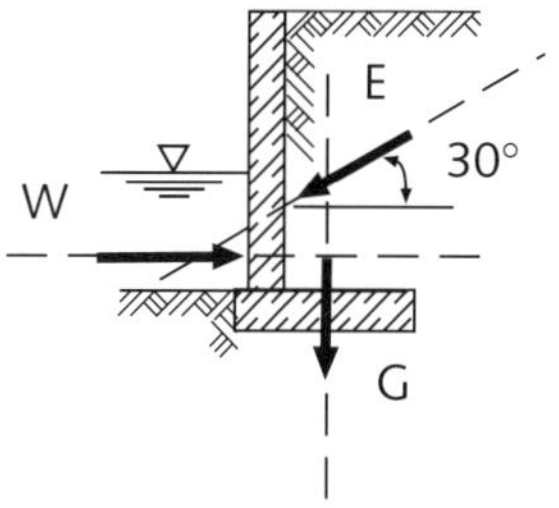

Allgemeines ebenes Kräftesystem

- mehrere Kräfte in einer Ebene

1. Mehrere Schnittpunkte oder
2. Kein Schnittpunkt der Wirkungslinien (parallele Kräfte)

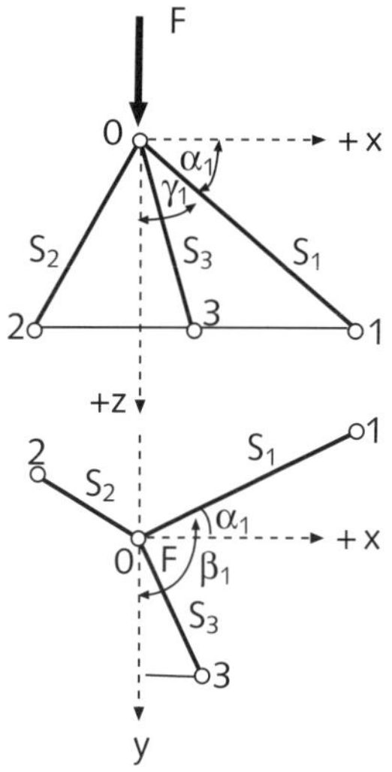

Allgemeines bzw. zentrales räumliches Kräftesystem

- mehrere Kräfte im Raum
- mit oder ohne Schnittpunkte

→ in der Praxis i.d.R. auf ebene oder lineare Systeme zurückgeführt

Kräftezusammensetzung – grafisch

gemeinsame Wirkungslinie

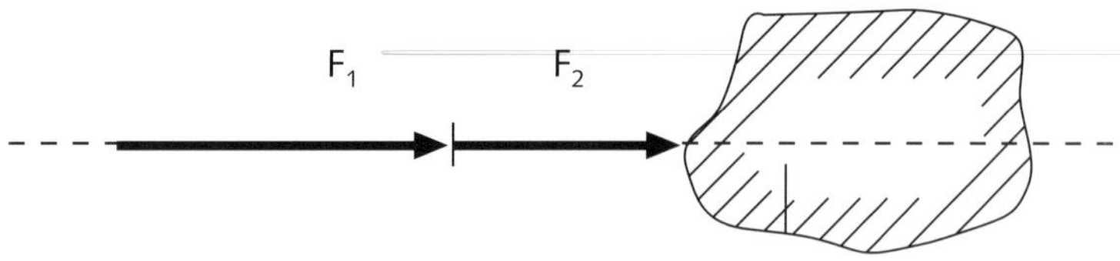

Lageplan

Wirkungslinie von F_1, F_2, R

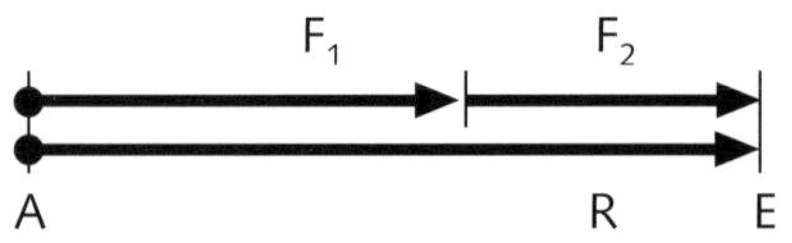

Kräfteplan

1 cm ≙ …kN R = Entfernung AE [43]

Kräftezusammensetzung – analytisch

gemeinsame Wirkungslinie

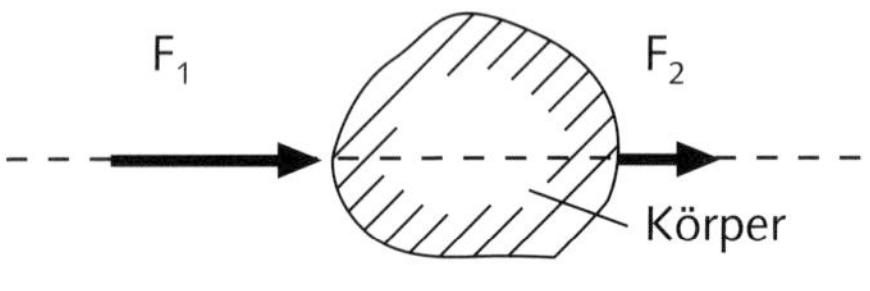

Kräfte/Lageskizze

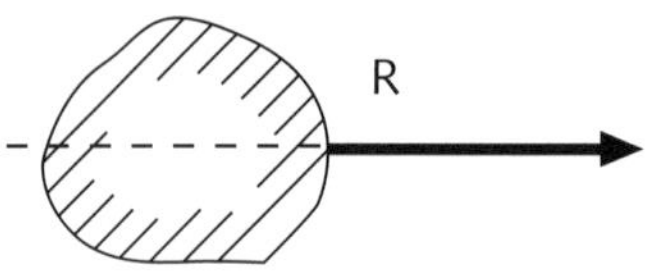

Resultierende

$$R = F_1 + F_2$$

Richtung =
Richtung der größeren Kraft bzw. der Summe

Kräftezusammensetzung – grafisch
verschiedene Wirkungslinien
schiefwinklig

R = Entfernung AE

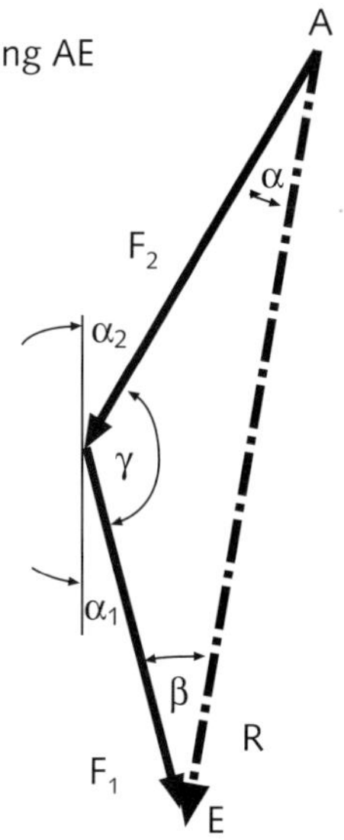

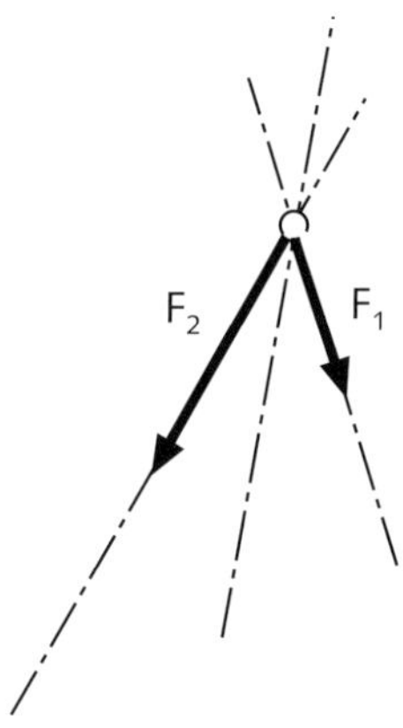

Kräfte/Lageskizze

1 cm ≘ …kN

└→ Größe der Kräfte

Lageplan

└→ Wirkungslinien der Kräfte

Grundlagen

Kräftezusammensetzung – analytisch
verschiedene Wirkungslinien
schiefwinklig

Kräfte/Lageskizze

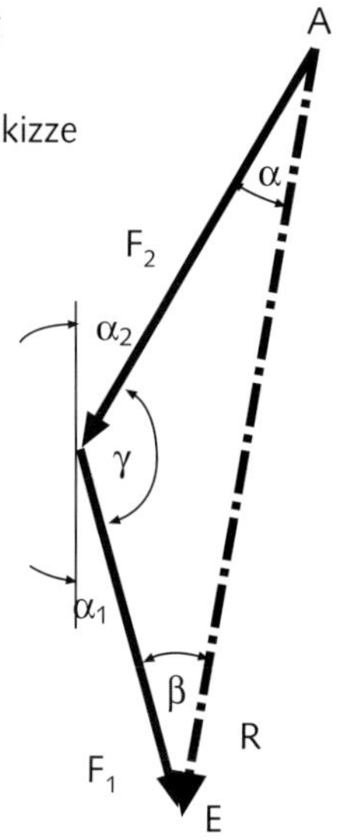

Resultierende

$$R^2 = F_1^2 + F_2^2 - 2F_1F_2 \cdot \cos\gamma$$

Richtung

$$\sin\alpha = \sin\gamma \cdot F_1/R$$
$$\sin\beta = \sin\gamma \cdot F_2/R$$

Hintergrund:

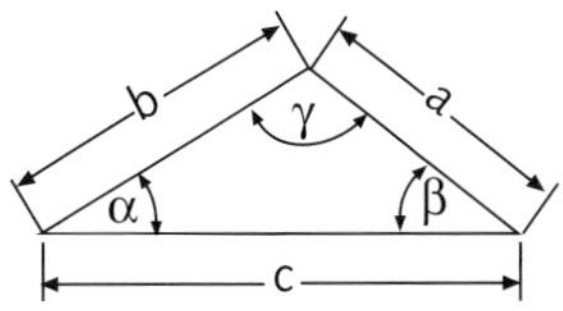

Kosinussatz

$c^2 = a^2 + b^2 - 2ab \cdot \cos\gamma$

Sinussatz

$$\frac{a}{\sin\alpha} = \frac{b}{\sin\beta} = \frac{c}{\sin\gamma}$$

Kräftezusammensetzung – grafisch

verschiedene Wirkungslinien
rechtwinklig

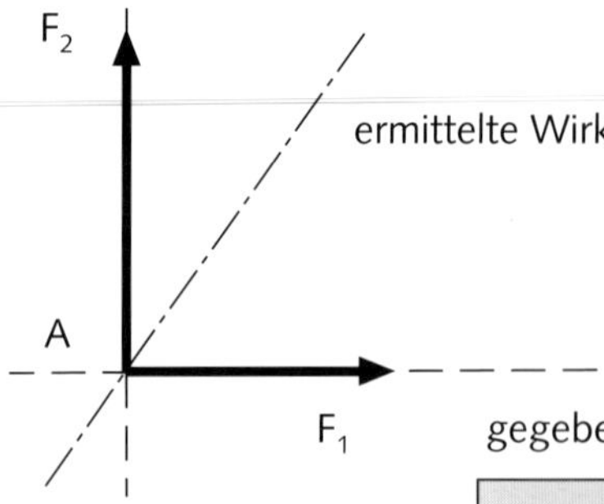

ermittelte Wirkungslinie von R

gegebene Wirkungslinien F_1, F_2

Lageplan

Dreieck im Kräfteplan
≙ Schnittpunkt A im Lageplan

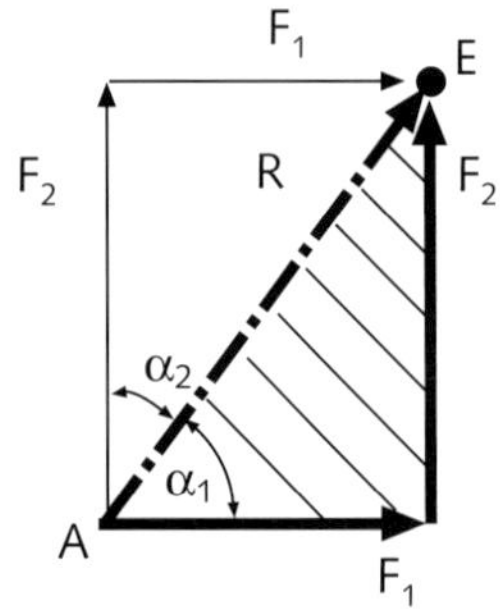

maßstäblich dargestellte Kräfte F_1, F_2 und ermittelte resultierende R

R = Entfernung AE

Kräfteplan (Kräftedreieck) 1 cm ≙...kN

Kräftezusammensetzung – analytisch

verschiedene Wirkungslinien
rechtwinklig

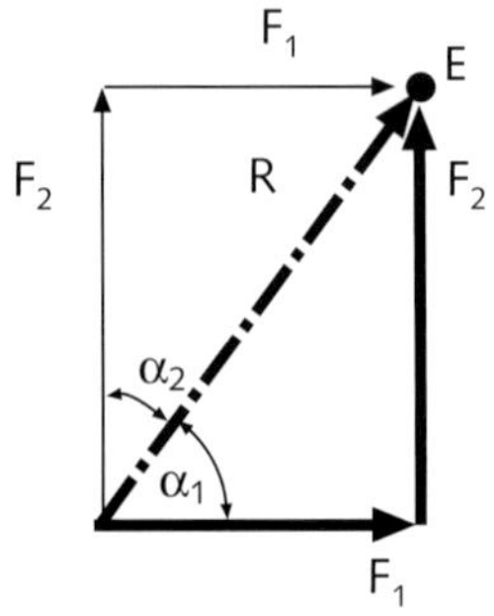

Kräfte/Lageskizze

Resultierende

$R = \sqrt{F_1^2 + F_2^2}$

Richtung

$\tan\alpha_1 = F_2/F_1$
$\tan\alpha_2 = F_1/F_2$

Hintergrund:

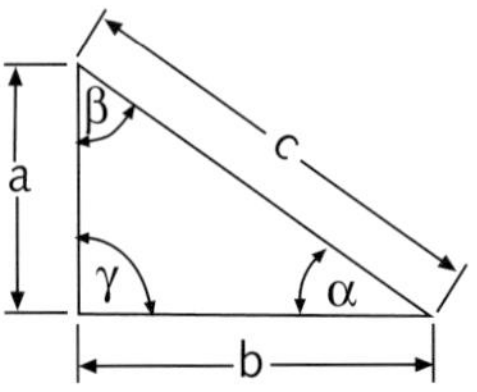

Satz des Pythagoras

$c^2 = a^2 + b^2$

Kraftzerlegung – grafisch

zwei schiefwinklige Wirkungsrichtungen

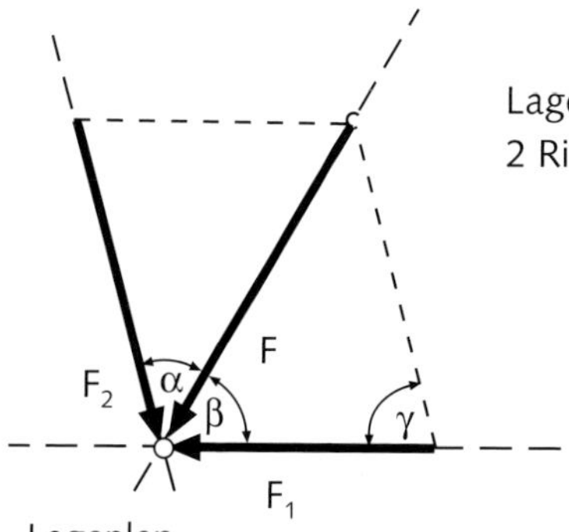

Lageplan

Lage der Komponenten
2 Richtungen

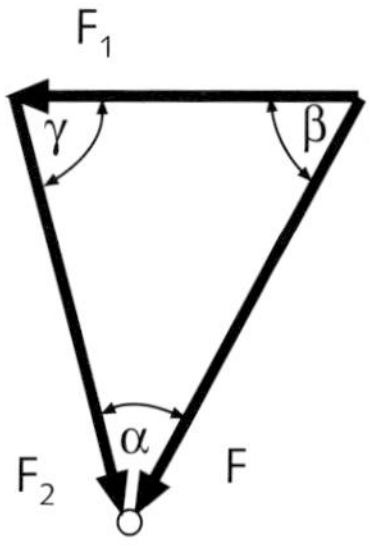

Größe der Komponenten

Kräfte/Lageskizze 1 cm ≙ …kN

Kraftzerlegung – analytisch

zwei schiefwinklige Wirkungsrichtungen

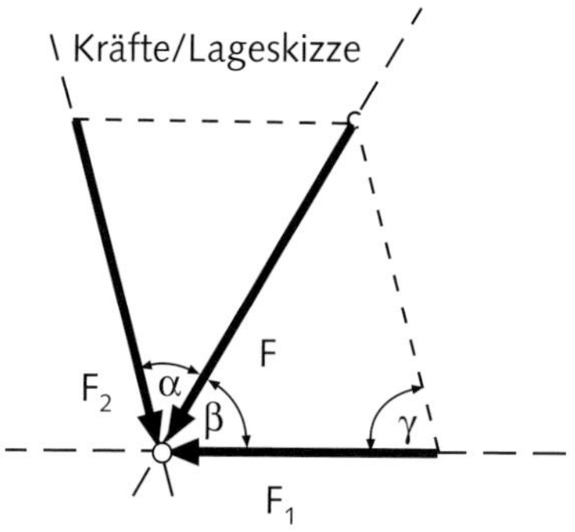

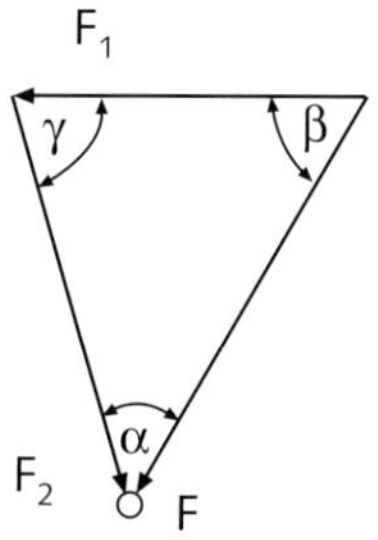

Komponenten

$$F_1 = F \cdot \frac{\sin\alpha}{\sin\gamma} \qquad F_2 = F \cdot \frac{\sin\beta}{\sin\gamma}$$

Hintergrund:

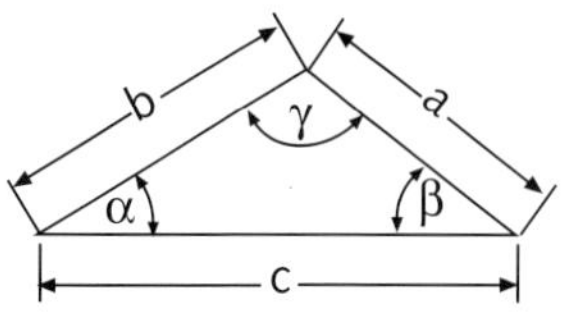

Sinussatz

$$\frac{a}{\sin\alpha} = \frac{b}{\sin\beta} = \frac{c}{\sin\gamma}$$

Kraftzerlegung – analytisch
zwei rechtwinklige Wirkungsrichtungen

Kräfte/Lageskizze

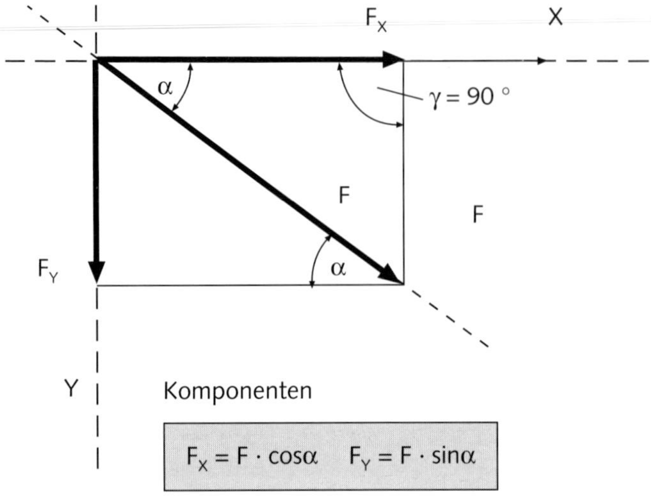

Komponenten

$F_X = F \cdot \cos\alpha \quad F_Y = F \cdot \sin\alpha$

Mit Sinussatz: $\dfrac{F_Y}{\sin\alpha} = \dfrac{F}{\sin\gamma}$ $\qquad F_Y = F \cdot \dfrac{\sin\alpha}{\sin\gamma}$

$\sin\gamma = 1{,}0$

Kraftzerlegung – grafisch
drei Wirkungsrichtungen

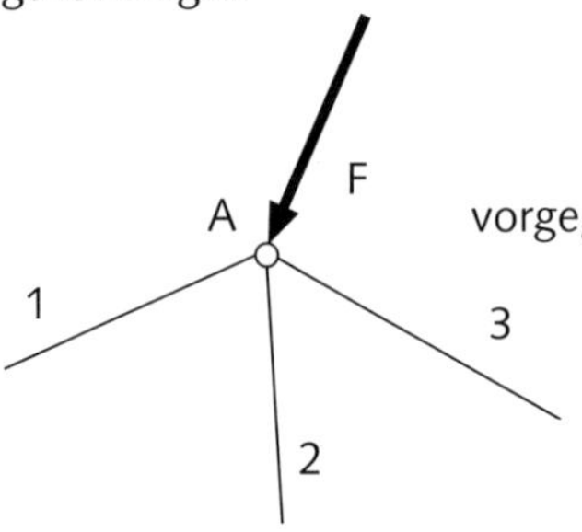

vorgegebene Richtungen 1,2, 3

Lageplan

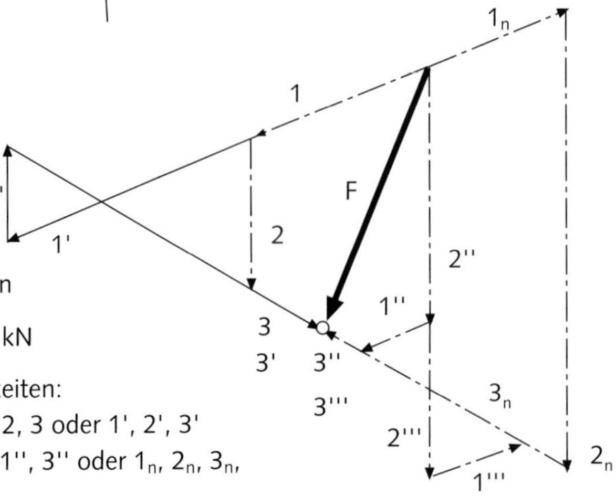

Kräfteplan

1 cm ≙...kN

Möglichkeiten:
Kräfte 1, 2, 3 oder 1', 2', 3'
oder 2'', 1'', 3'' oder 1_n, 2_n, 3_n,

⟶ nicht eindeutig lösbar!

[20]

Resultierende – grafisch

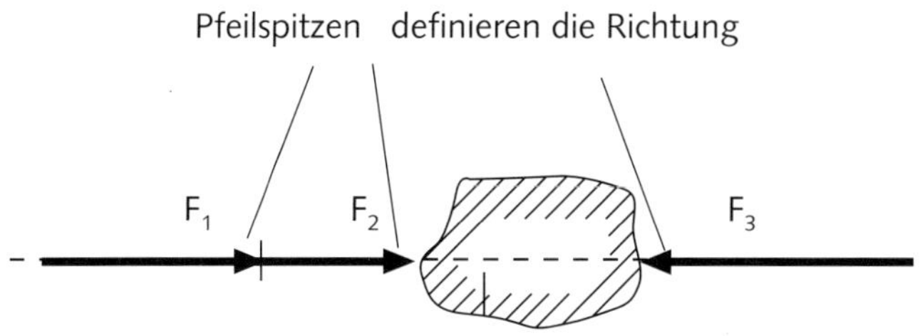

Lageplan

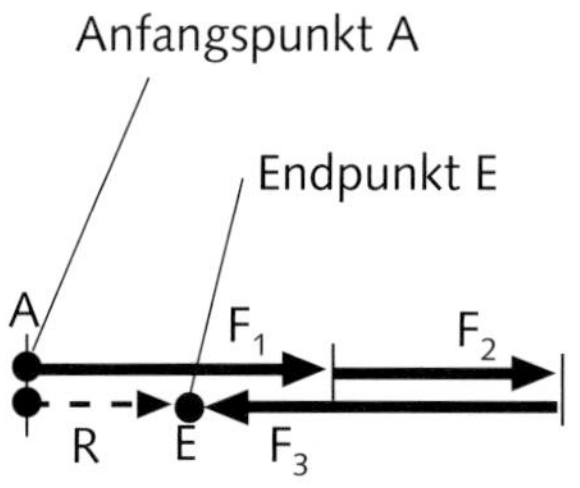

Resultierende = Entfernung AE

Kräfteplan

1 cm ≙ …kN

Resultierende – analytisch

Lage/Kräfteskizze

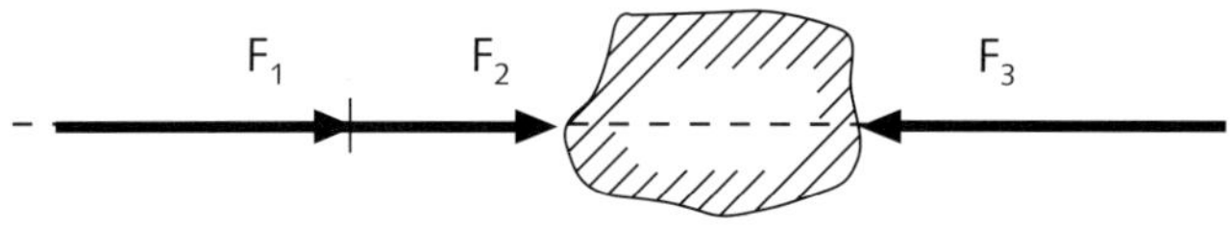

$$R = F_1 + F_2 + F_3$$

Allgemein

$$R = \Sigma F_i$$

Richtung
Einen Richtungssinn positiv (+)
definieren, z.B. nach rechts
$R = F_1 + F_2 - F_3$ [43]

Gleichgewicht – grafisch

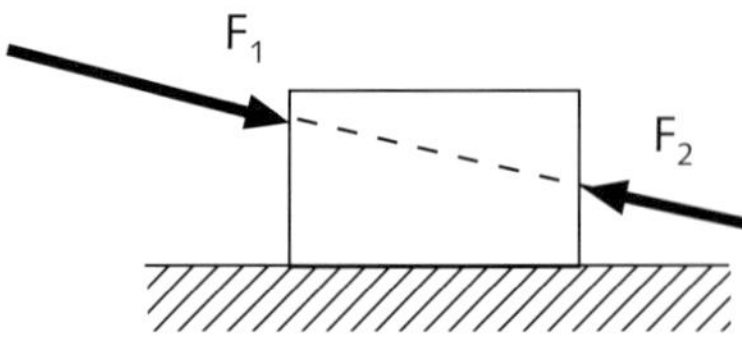

Alle Kräfte sind auf gleicher Wirkungslinie

Lageplan

Der Kräfteplan ist geschlossen
→ Anfangspunkt = Endpunkt

Kräfteplan

1 cm ≙ …kN

Gleichgewicht – analytisch

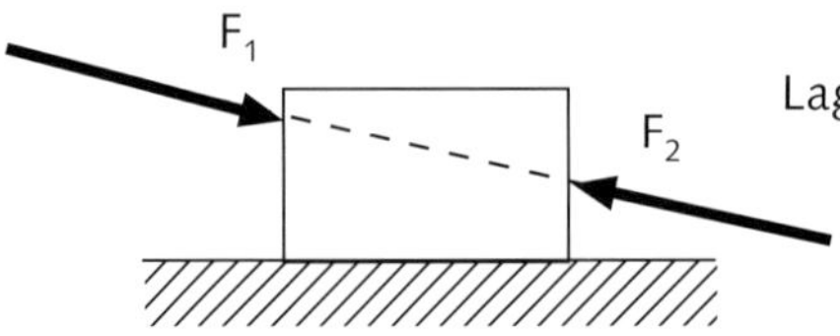

Lage/Kräfteskizze

$\Sigma F_i = 0$

F_i Kräfte auf einer Wirkungslinie

einen Richtungssinn (z.B. nach rechts unten) positiv definieren

Zentrales ebenes Kräftesystem

Resultierende – grafisch

Lageplan

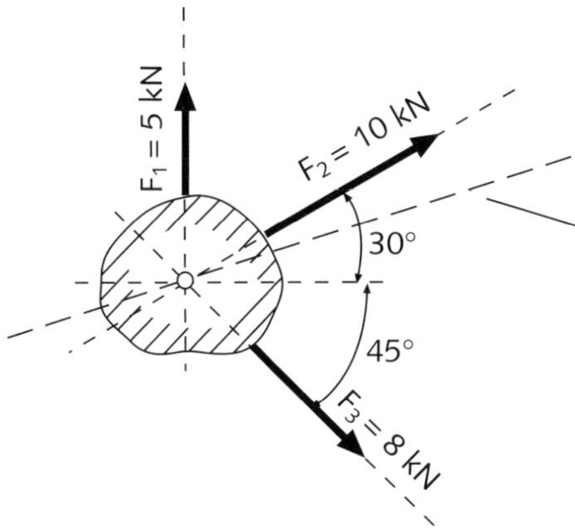

ermittelte Wirkungslinie von R

Kräfteplan

1 cm ≙ 5 kN

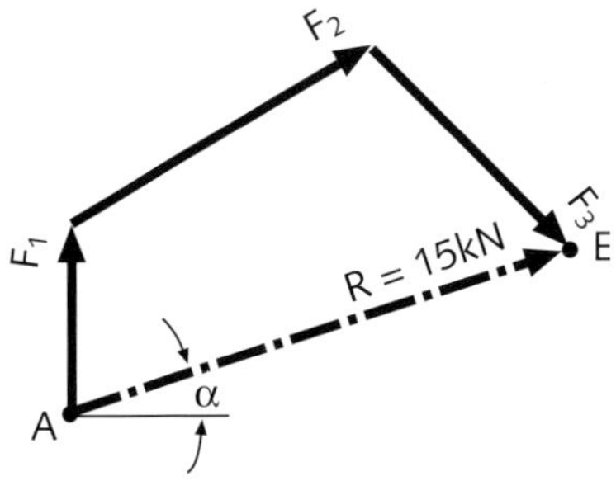

R = Entfernung AE im o. g. Maßstab

[43]

Zentrales ebenes Kräftesystem

Resultierende – analytisch

Lageplan

alle Kräfte in x-y-Komponenten zerlegen

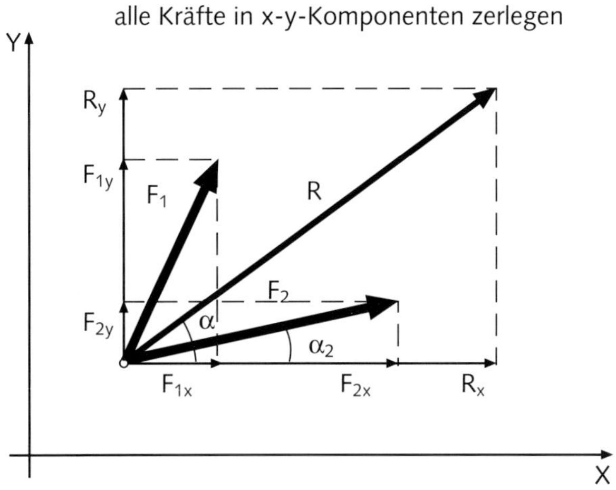

$R = \sqrt{R_x^2 + R_y^2}$

$\tan\alpha = R_y / R_x$

$R_x = \Sigma F_{ix}$ $R_y = \Sigma F_{iy}$

Komponenten für F_{ix}, F_{iy}
z.B. für F_2

$F_{2x} = F_2 \cdot \cos\alpha_2$ $F_{2y} = F_2 \cdot \sin\alpha_2$

[5]

Gleichgewicht – grafisch

Größe und Richtung von G für Gleichgewicht?

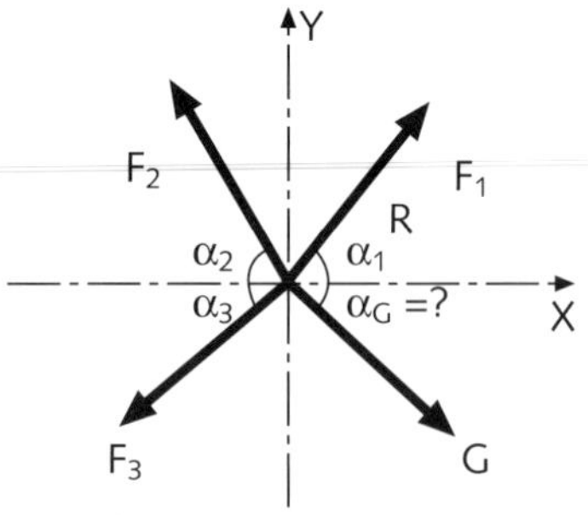

Lageplan

Alle Wirkungslinien müssen sich in einem Punkt schneiden

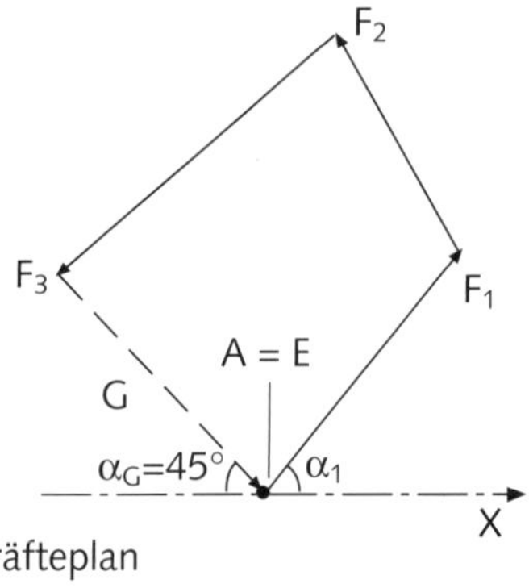

Kräfteplan
1 cm ≙...kN

Der Kräfteplan (das Krafteck) muß geschlossen sein
→ Anfangspunkt A = Endpunkt E

Gleichgewicht – analytisch

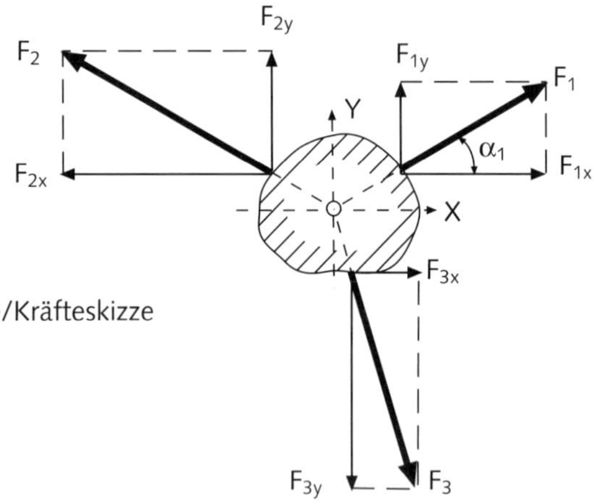

Lage/Kräfteskizze

$\Sigma F_{ix} = \Sigma H_i = 0$ Summe aller Hz-Kräfte

$\Sigma F_{iy} = \Sigma V_i = 0$ Summe aller V-Kräfte

Komponenten
z.B. für F_1 :

$F_{1x} = F_1 \cdot \cos\alpha_1 \quad F_{1y} = F_1 \cdot \sin\alpha_1$

Resultierende – grafisch

System ohne Schnittpunkt bzw. außerhalb Zeichenfläche

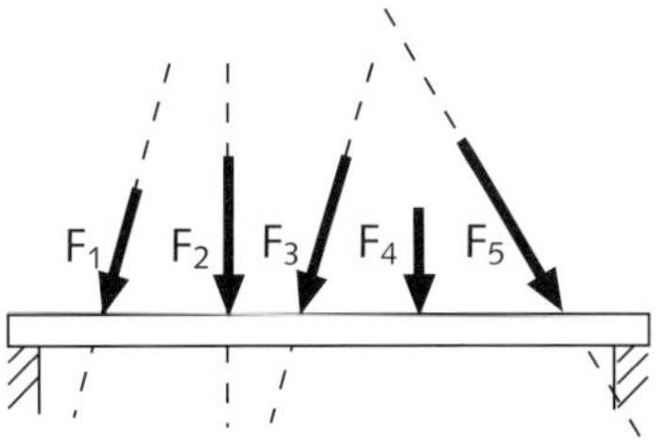

Lageplan

z.B. Dreieck 5-F_5-6 $\widehat{=}$ Schnittpunkt P_2

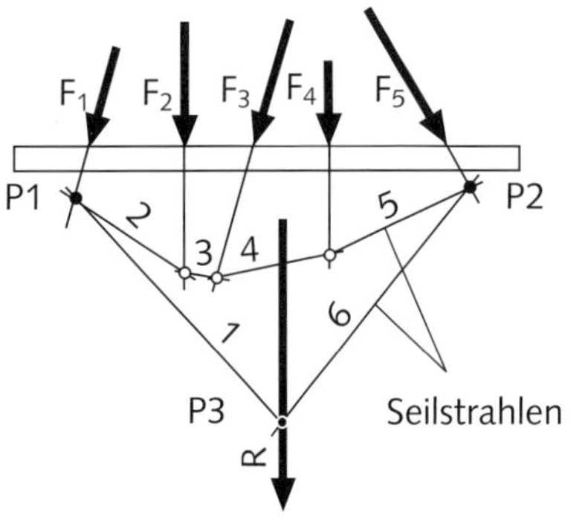

Seilfigur (Seileck)

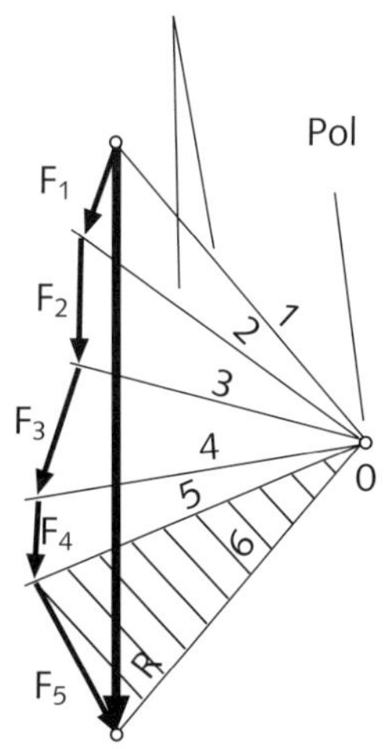

Polfigur (Poleck)
Kräfteplan

1 cm $\widehat{=}$...kN [43]

Resultierende – grafisch

Entwicklung Seilfigur/Polfigur (Seileckverfahren)

1. Kräfteplan zeichnen ↘ Größe von R
2. Seitlich neben dem Kräfteplan einen beliebigen Punkt 0 als Pol wählen
3. Verbindungslinien der Kraftvektoren F_i mit dem Pol ↘ Polstrahlen 1...n
4. Polstrahlen schrittweise parallel in den Lageplan übertragen ↘ Seilstrahlen/Seilfigur

   Prinzip: Dreieck im Kräfteplan $\widehat{=}$ Schnittpunkt im Lageplan bzw. Seilfigur, d.h. Polstrahlen werden als Kräftekomponenten aufgefaßt.

   Punkt P1 $\widehat{=}$ Dreieck 1-F_1-2

   Punkt P2 $\widehat{=}$ Dreieck 5-F_5-6

   Punkt P3 $\widehat{=}$ Dreieck 1-R-6

   ↘ Lage der Resultierenden R:
   R wird von den äußeren Polstrahlen 1 und 6 eingeschlossen

Allgemeines ebenes Kräftesystem

Resultierende – grafisch

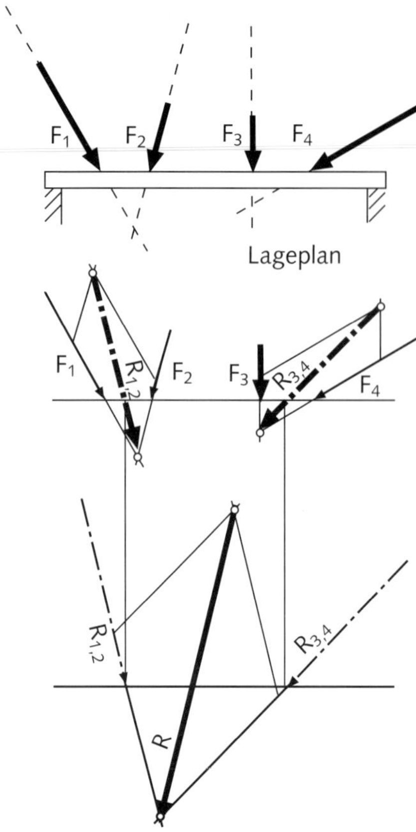

System mit mehreren Schnittpunkten

Schrittweise Teilresultierende bilden
F_1, F_2 ⟶ $R_{1,2}$
F_3, F_4 ⟶ $R_{3,4}$

siehe zentrales ebenes Kräftesystem

Kräftepläne
1 cm ≙...kN [43]

Allgemeines ebenes Kräftesystem

Resultierende – analytisch

– Größe und Anstieg (tanα) siehe Resultierende
 – im zentralen ebenen Kräftesystem

$$R = \sqrt{R_x^2 + R_y^2}$$

$$\tan\alpha = R_y / R_x$$

$R_x = \Sigma F_{ix}$ $R_y = \Sigma F_{iy}$

– zusätzlich erforderlich: Ein Punkt für die Lage der Resultierenden
Ermittlung über Äquivalenzbedingung (Momentensatz):

$$\Sigma(F_i \cdot a_i) = R \cdot a_R$$

Summe aller Momente der Kräfte
Fi = Moment der Resultierenden um einen beliebigen Punkt

Gleichgewicht – grafisch

- siehe grafische Ermittlung der Resultierenden
  - Gleichgroße Gegenkraft antragen
  - Geschlossenes Krafteck (Kräfteplan) Anfangspunkt A = Endpunkt E (siehe zentrales ebenes Kräftesystem)
- zwei Möglichkeiten der Kräftekonstellation
  1. System mit mehreren Schnittpunkten auf der Zeichenfläche
     - Schrittweise Resultierende bzw. Gleichgewichtskraft ermitteln
  2. System ohne Schnittpunkt auf der Zeichenfläche bzw. parallele Kräfte
     - Arbeit mit Seilverfahren (Seilfigur, Polfigur)
- siehe auch Ermittlung der Stützgrößen (Auflagerkräfte)

Gleichgewicht – analytisch

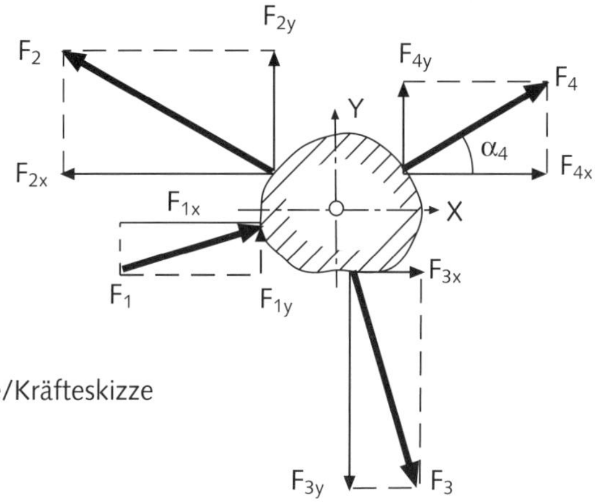

Lage/Kräfteskizze

$\Sigma F_{ix} = \Sigma H_i = 0$	Summe aller Hz-Kräfte
$\Sigma F_{iy} = \Sigma V_i = 0$	Summe aller V-Kräfte
$\Sigma M_i = 0$	Summe aller Momente (beliebiger Drehpunkt)

Komponenten, z.B. für F_4 :

$F_{4x} = F_4 \cdot \cos\alpha_4$ $\quad$ $F_{4y} = F_4 \cdot \sin\alpha_4$

Gleichgewicht – grafisch
Culmann'sche Aufgabe

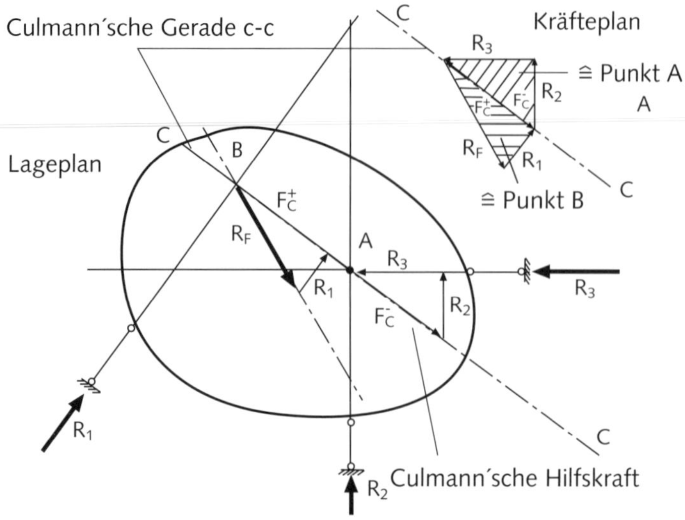

4 Kräfte ins Gleichgewicht setzen

→ Ermittlung von 3 Stützgrößen (Stat. best. TW)

1. R_F (z.B. resultierende Last) mit einer beliebigen Kraft R_1, R_2 oder R_3 und einer Hilfskraft F_C ins Gleichgewicht bringen (hier R_1)
2. Gegenkraft $-F_C$ und Restkräfte (R_2 und R_3) ins Gleichgewicht bringen ↘ A,B und C-C [5]

Gleichgewicht – allgemeine Betrachtungen

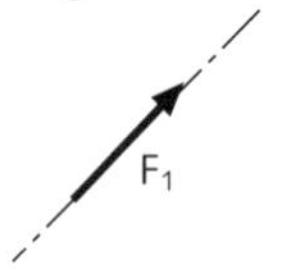

1 Kraft

- unmöglich!
- 1 Kraft existiert nicht (Actio = Reactio)

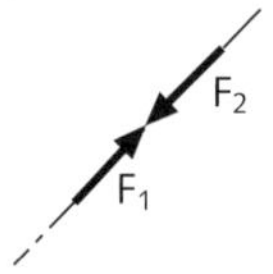

2 Kräfte

- gleich groß
- entgegengesetzt
- gleiche Wirkungslinie

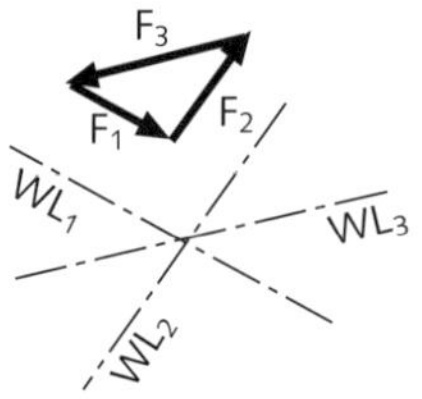

3 Kräfte

- Krafteck geschlossen
- 1 gemeinsamer Schnittpunkt

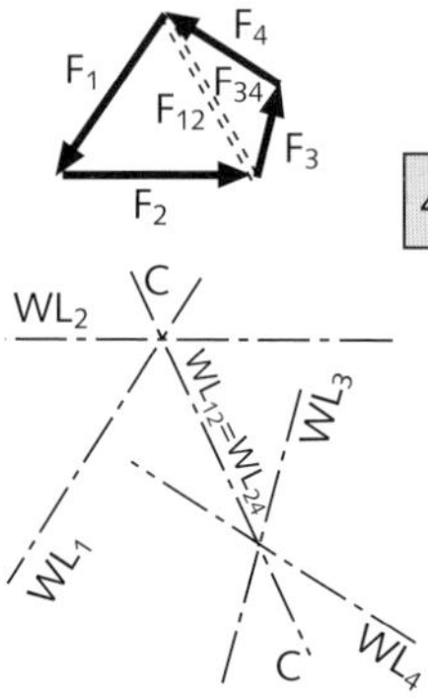

4 Kräfte

- Culmann'sches Problem
- Krafteck (Kräftepolygon) geschlossen
- mit Culmann'scher Hilfskraft Rückführung auf 2 Gleichgewichtsprobleme mit 3 Kräften
- wichtig für Ermittlung Stützgrößen/Stabkräfte

Moment einer Kraft

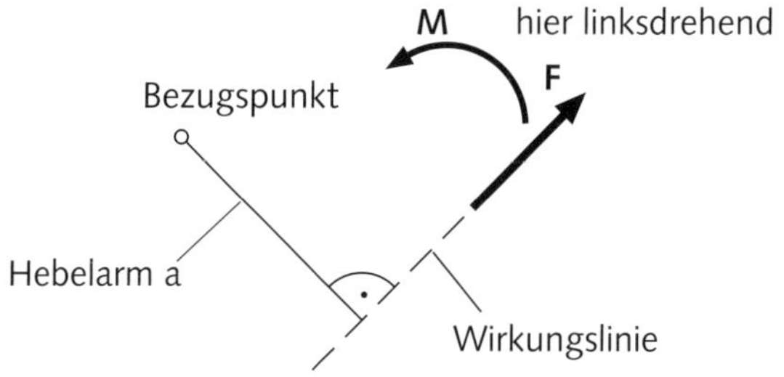

$M = F \cdot a$ = Kraft · Hebelarm

└→ Hebelarm: rechtwinkliger Abstand vom Bezugspunkt

Kraft → Richtungssinn (Pfeilspitze)
Moment → Drehsinn (z.B. linksdrehend positiv)

Kräftepaar = 2 gleichgroße Kräfte
parallele Wirkungslinien
entgegengesetzt gerichtet

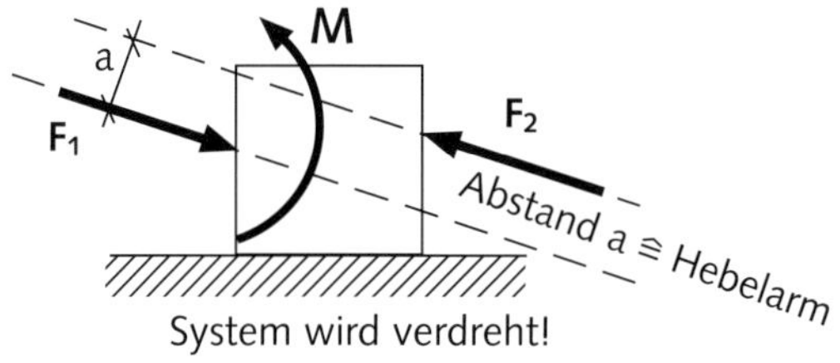

System wird verdreht!

$F_1 = F_2 = F$

$\Sigma F_i = 0$

Moment (Drehmoment) eines Kräftpaares
ein Kräftepaar besitzt ein Drehvermögen M
= Drehmoment, unabhängig vom Drehpunkt

$M = F \cdot a$ = Kraft · Abstand der Wirkungslinien

Versetzungsmoment

Parallelverschieben einer Kraft

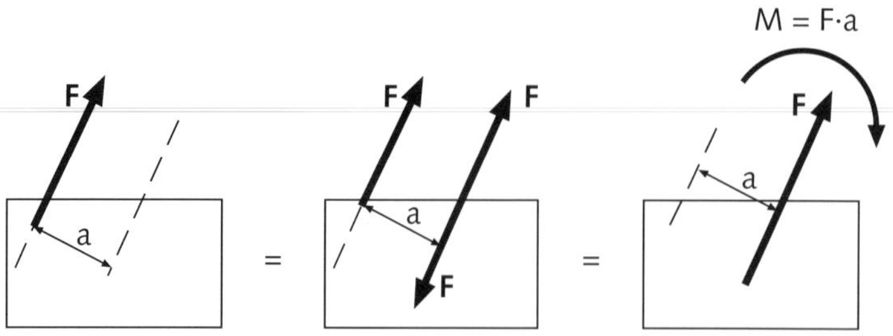

Die Gesamtwirkung einer um a parallel verschobenen Kraft F ändert sich nicht, wenn zusätzlich das Versetzungsmoment $M = F \cdot a$ angebracht wird

– siehe Kapitel "Spannungen"
Biegung + Längskraft (versagende Zugzone)

Momentsatz (Äquivalenz der Momente)

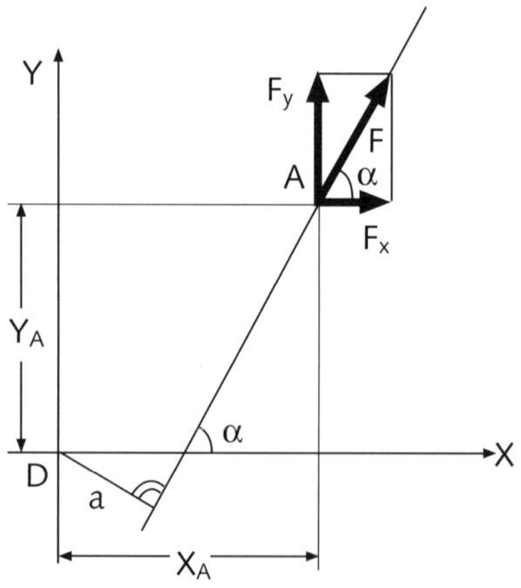

Moment um den Punkt D

$$M = F \cdot a = F_y \cdot X_A - F_x \cdot Y_A$$

Das Moment einer Kraft ist gleich der Summe der Momente der rechtwinkligen Komponenten dieser Kraft

[20]

Anwendung Versetzungsmoment

z.B. bei Spannungsermittlung exzentrisch gedrückter Stützen

Moment + mittige Längskraft ≡ ausmittige Längskraft

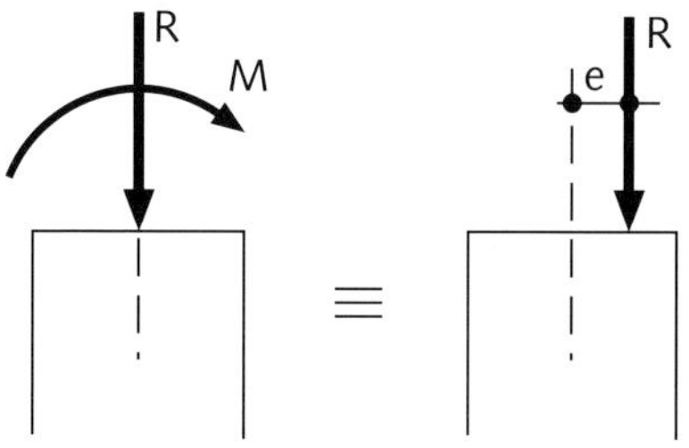

$$e = \frac{M}{R}$$

Allgemeines ebenes Kräftesystem

Anwendung Kräftepaar

z.B. Einspannung einer Stütze (Hülsenfundament)

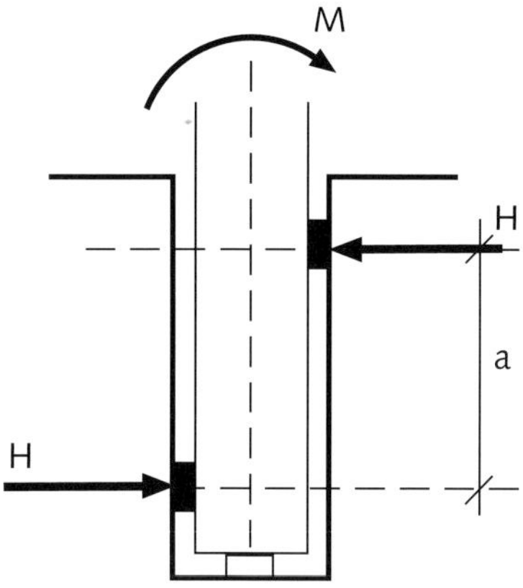

$$M = H \cdot a$$

Räumliche Kräfteprobleme liegen vor, wenn:

1. Die Wirkungslinien der Kräfte nicht alle in einer Ebene liegen (Stäbe nicht alle in einer Ebene) →"echtes" räumliches Tragwerk
2. Stäbe in einer Ebene, Belastung nicht → ebenes Tragwerk räumlich belastet

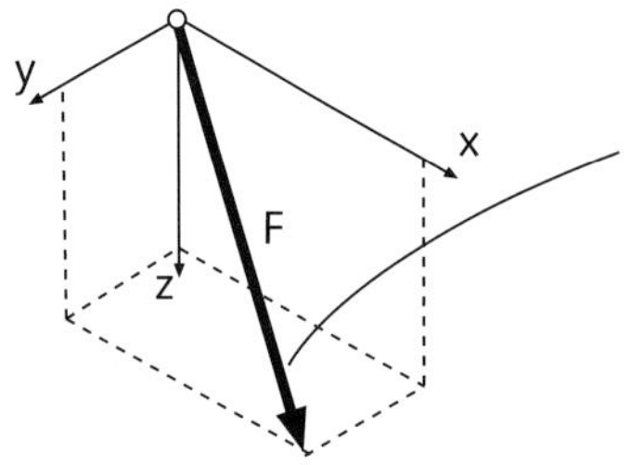

Raumvektor (Raumdiagonale) im Koordinatensystem xyz

- zunächst prüfen, ob ebene Behandlung (Lösung ebener oder linearer Teilaufgaben)
- Hinweise zu räumlichen Problemen in [5, 20, 43, 44]
  - Resultierende
  - Gleichgewicht

Beschreibung einer Kraft im Raum (Komponenten)

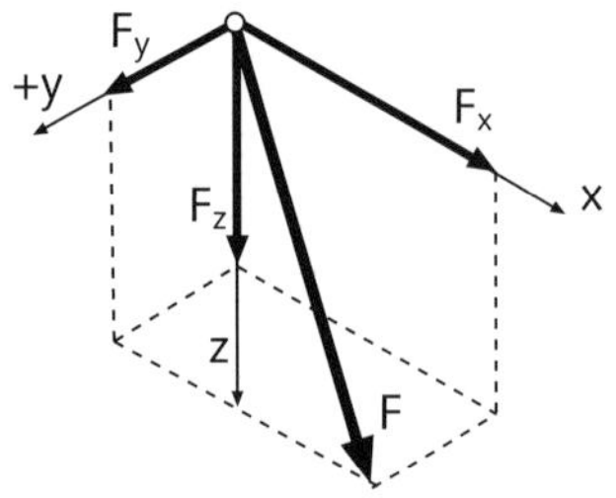

Lageplan

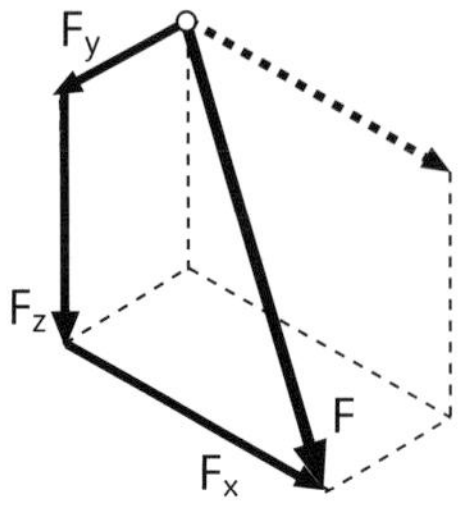

Kräfteplan
1 cm ≙...kN

Größe

$$F = \sqrt{F_x^2 + F_y^2 + F_z^2}$$

Richtung

$$\cos\alpha_X = \frac{F_X}{F};\ \cos\alpha_Y = \frac{F_Y}{F};\ \cos\alpha_Z = \frac{F_Z}{F}$$

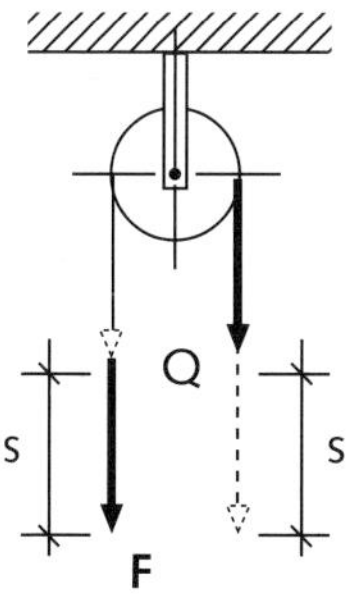

feste Rolle

$$F = Q$$

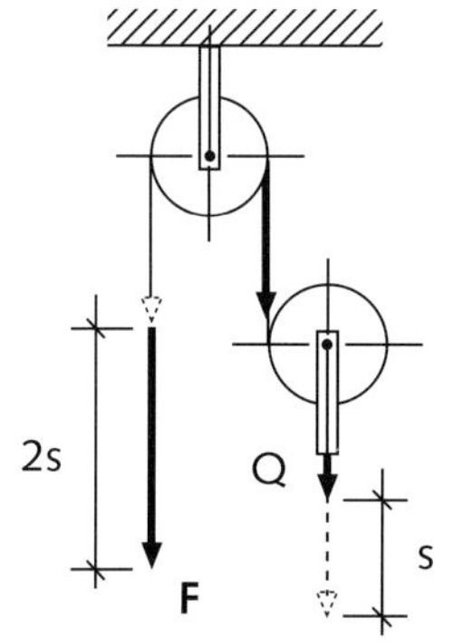

lose Rolle

$$F = \frac{1}{2} \cdot Q$$

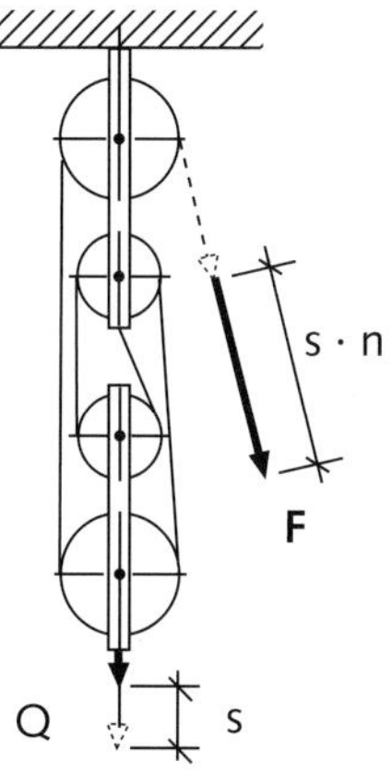

Seilflaschenzug

$$F = \frac{1}{n} \cdot Q$$

n = Anzahl der Rollen

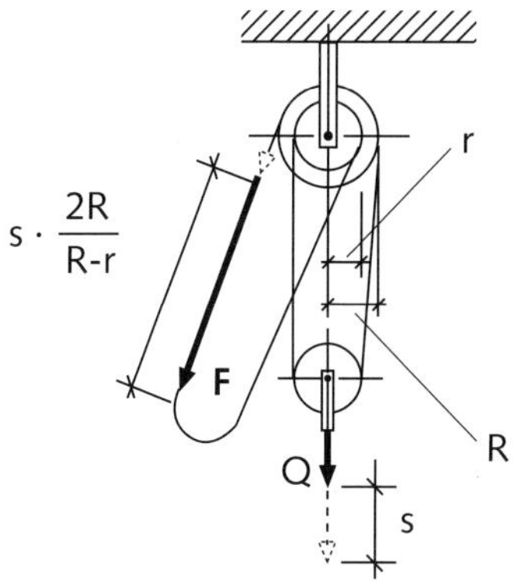

Differentialflaschenzug

$$F = \frac{R-r}{2R} \cdot Q$$

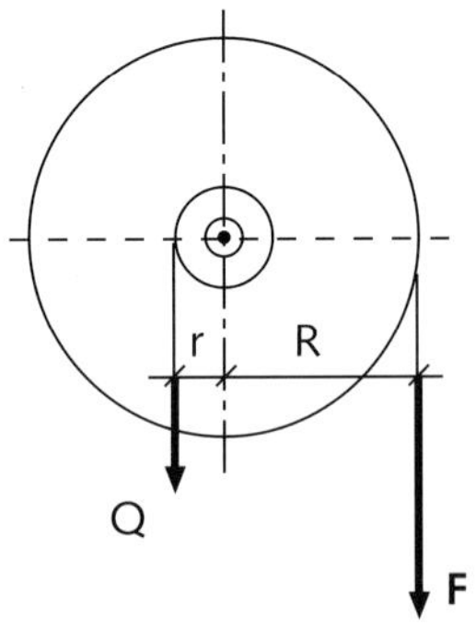

Wellrad

$$F = \frac{r}{R} \cdot Q$$

Hinweis:
pro Übersetzung
5…10% Reibungsverlust

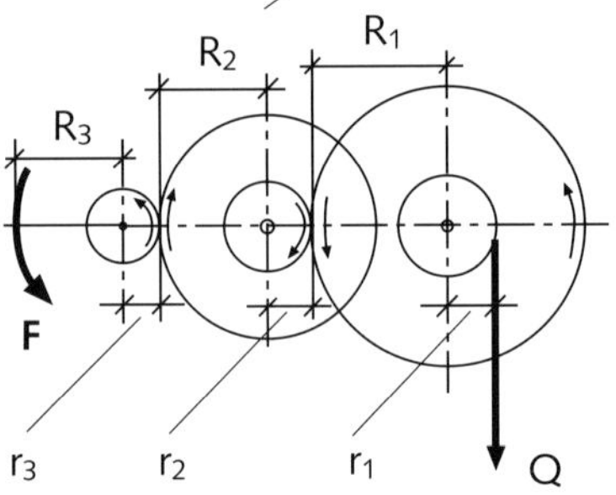

Wellrad mit doppelter Übersetzung

$$F = \frac{r_1 \cdot r_2 \cdot r_3}{R_1 \cdot R_2 \cdot R_3} \cdot Q$$

Praktische Anwendungen

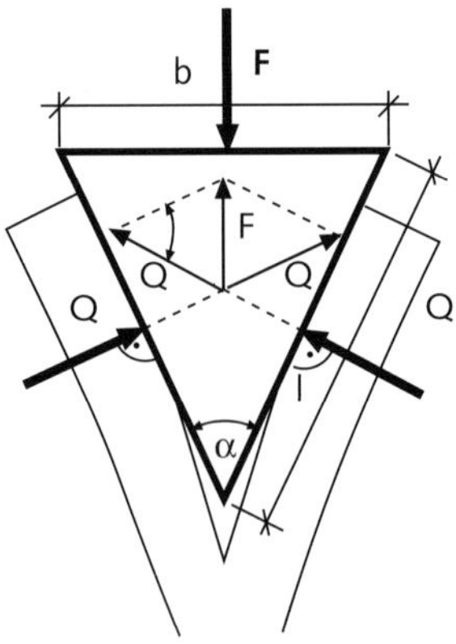

Keil

$$F = \frac{b}{l} \cdot Q$$

$F = 2 \cdot Q \sin\alpha/2$

Kraft · Kraftweg = Last · Lastweg ⟶ Schraube

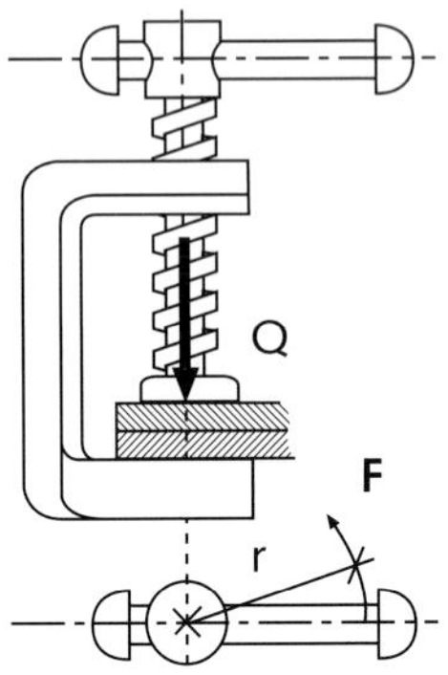

$$F = \frac{Q \cdot s}{2\pi r}$$

1 Umdrehung

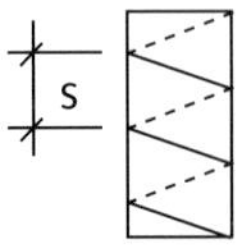

eingängige Schraube

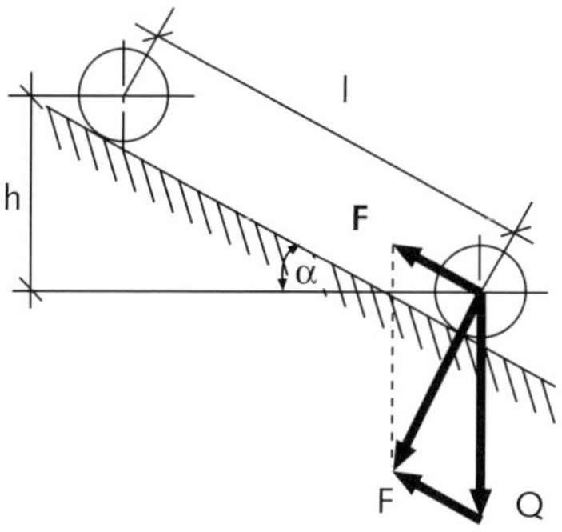

schiefe Ebene
Ruhezustand

$$F = \frac{h}{l} \cdot Q$$

$F = Q \sin\alpha$

$\bar{F} = N \cdot \mu \pm F$

→ Reibungsbeiwert

→ $N = \frac{b}{l} \cdot Q$

schiefe Ebene
Aufwärtsbewegung

$$\bar{F} = \frac{(b \cdot \mu + h)}{l} \cdot Q$$

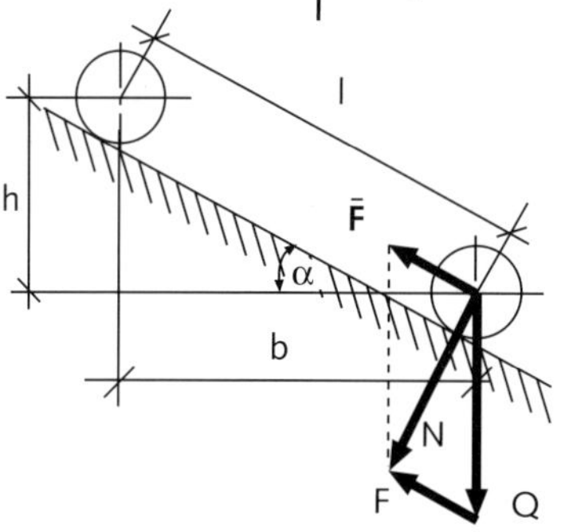

Abwärtsbewegung

$$\bar{F} = \frac{(b \cdot \mu - h)}{l} \cdot Q$$

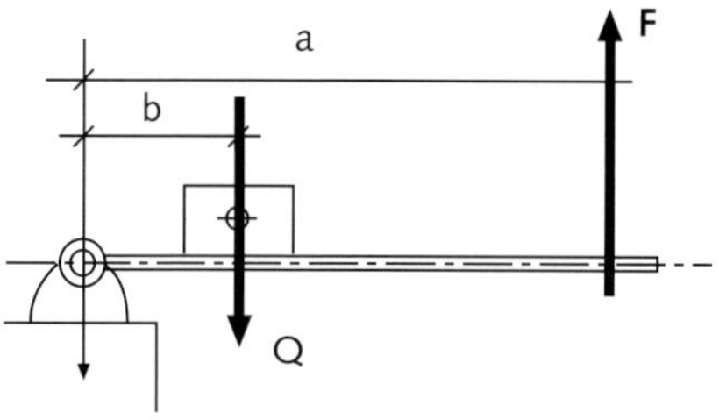

$R = Q - P$

einarmiger
Hebel

$$F = \frac{b}{a} \cdot Q$$

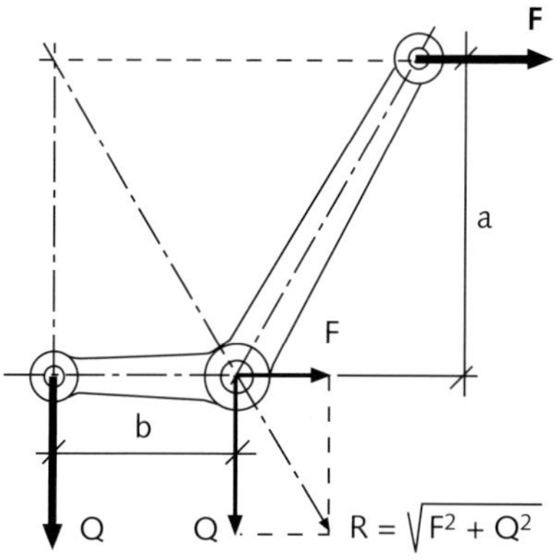

zweiarmiger
Hebel

$$F = \frac{b}{a} \cdot Q$$

[4]	Schulze, Lange, Wanner: Kleine Baustatik Stuttgart: Teubner, 1994	• **Kräfte am Bauwerk** Gleichgewicht Lasten • **Kräftearten** Druckkräfte Zugkräfte Scherkräfte Biegekräfte • **Kräftedarstellung** Zusammensetzen von Kräften Zerlegen von Kräften
[5]	Hugi: Einführung in die Statik der Tragkonstruktionen Zürich: Verlag der Fachvereine Zürich, 1992	• **Elementare Begriffe** Kraft Moment Auflager • **Belastung von Tragwerken** Verteilte Kräfte Lasten • **Gleichgewicht/Äquivalenz** Gleichgewichtsbedingungen Auflagerreaktionen
[20]	Wagner, Erlhof: Praktische Baustatik Teil 1 Stuttgart: Teubner, 1994	• **Kräfte und Lasten** Lastannahmen Sicherheitskonzept • **Zusammensetzen und Zerlegen von Kräften** Kräfte in der Ebene Kräfte im Raum Kräftepaar • **Gleichgewicht** Gleichgewichtsbedingungen Arten des Gleichgewichts

[43]	Lohmeyer:
	Baustatik Teil 1 Grundlagen
	Stuttgart: Teubner, 1985
		• **Wirkung der Kräfte**
		Zusammensetzen von Kräften
		Zerlegen einer Kraft
		Gleichgewicht
		Kräftesysteme
		  Linear
		  Zentral eben
		  Allgemein eben
		  Räumlich
		• **Belastung der Bauwerke**
		Lastannahmen
		Lastermittlung

[44]	Dankert: Technische Mechanik Stuttgart: Teubner, 1994	• **Grundlagen** Kraft Axiome der Statik Schnittprinzip • **Äquivalenz (Ebene)** Parallele Kräfte Kräftepaar/Moment Versetzungsmoment • **Gleichgewicht (Ebene)** Gleichgewichtsbedingungen • **Räumliche Kräftesysteme** Äquivalenz Gleichgewicht
[60]	Dreyer: Graphostatik Leipzig: Fachbuchverlag, 1954	• **Allgemeines** Grafisches Rechnen Darstellung der Kräfte • **Ruhende Lasten** Gleichgewicht im ebenen Kräftebüschel Anwendungen des Kraftecks Anwendungen des Seilecks • **Bewegliche Lasten** Einflußlinien Beanspruchungen Standsicherheitsnachweise

Stützgrößen

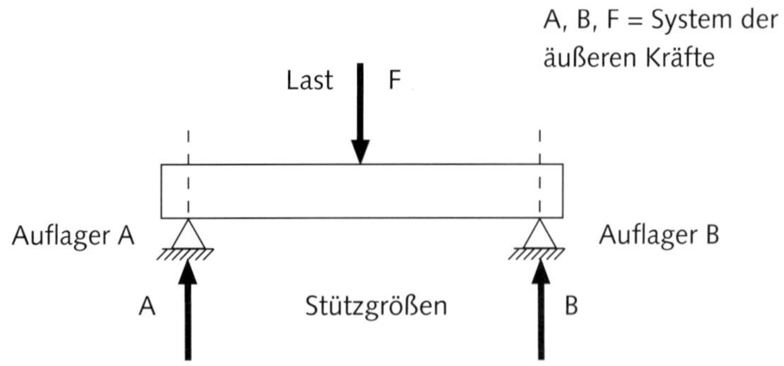

Auflager (Stützung)

- Bindeglied zwischen Tragwerken oder Tragwerk und Baugrund
- ein Tragwerk muß Lasten aufnehmen und weiterleiten
- keine Bewegungen des Tragwerkes
  - Bewegungsbehinderung (Bindung) durch Aufnahme von Kräften in den Auflagern
  - zwischen Lasten und Stützgrößen muß Gleichgewicht herrschen
    Actio = Reactio
- Auflagerarten je nach Bewegungsbehinderung (Bindung)
  beweglich–fest–eingespannt

Auflager/Stützungen

3 Bewegungsmöglichkeiten eines Körpers in der Ebene

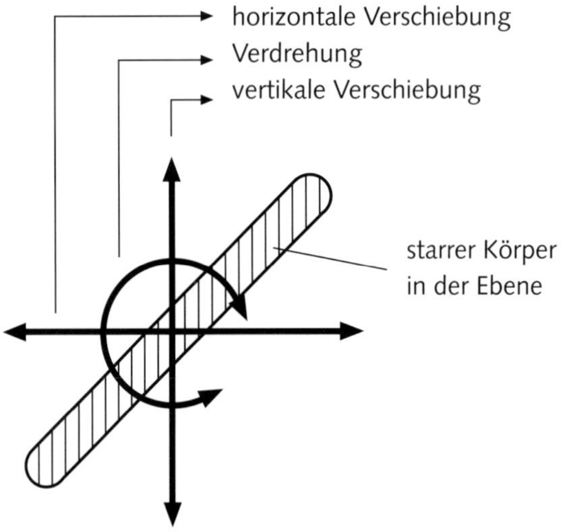

Auflager (Stützung)

Wichtige Begriffe:

Freiheitsgrad	= Bewegungsmöglichkeit des Lagers
Bindung	= verhinderte Bewegungsmöglichkeit
Stützgröße	= durch eine Bindung verursachte Kraft bzw. Moment
Wertigkeit	= Anzahl der Bindungen eines Lagers
Auflagerreaktion	= Stützgröße
	= Auflagerkraft oder -moment

[5]

Bewegliche Auflager

Symbol/Sinnbild

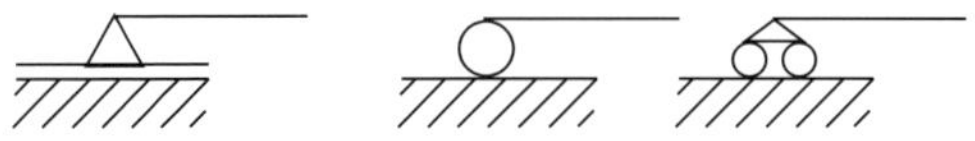

Mögliche Stützgrößen (Auflagerkräfte)

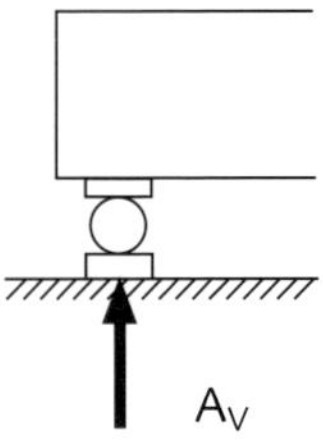

V-Stützkraft A_V

1-wertiges Lager

Bewegungsmöglichkeiten

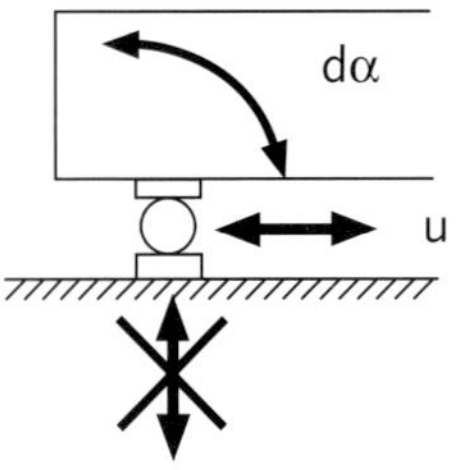

Verdrehung dα
HZ-Verschiebung u

1-fache Bindung

Bewegliche Auflager

Konstruktive Ausbildung

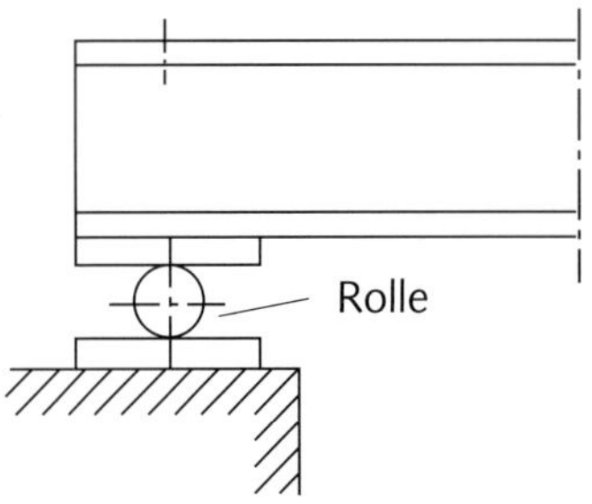

Rollenlager

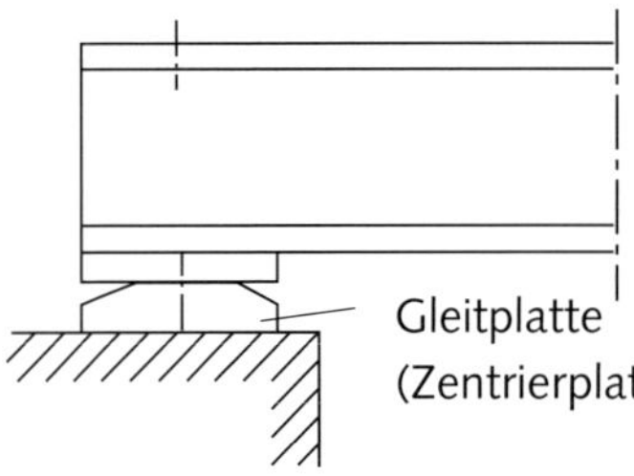

Gleitplattenlager

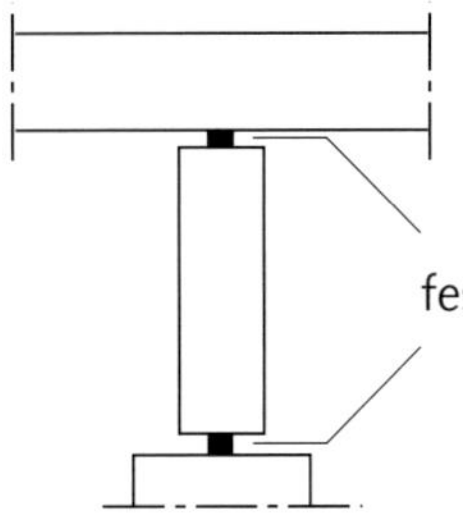

Pendelstütze

Bewegliche Auflager

Achtung! Bei beweglichen Auflagern Reibungskräfte infolge Zwang berücksichtigen!

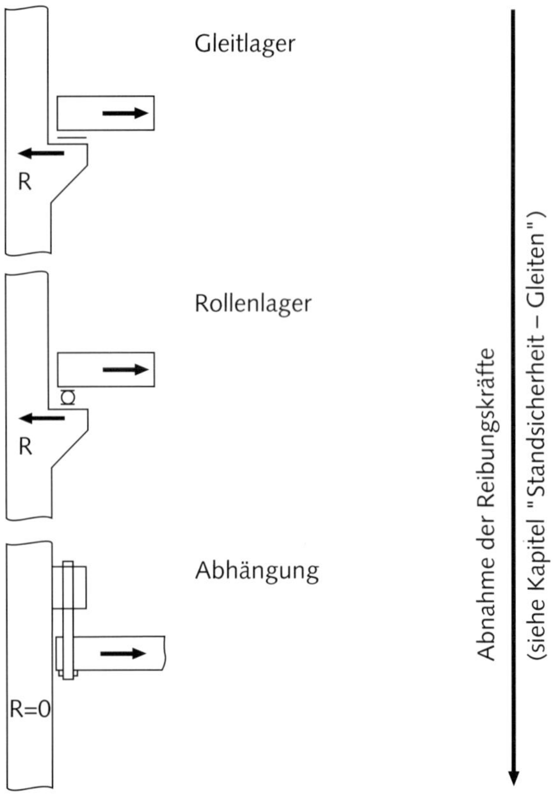

Feste Auflager

Wirkungsweise festes Auflager = Gelenk

gelenkige Stützenfüße

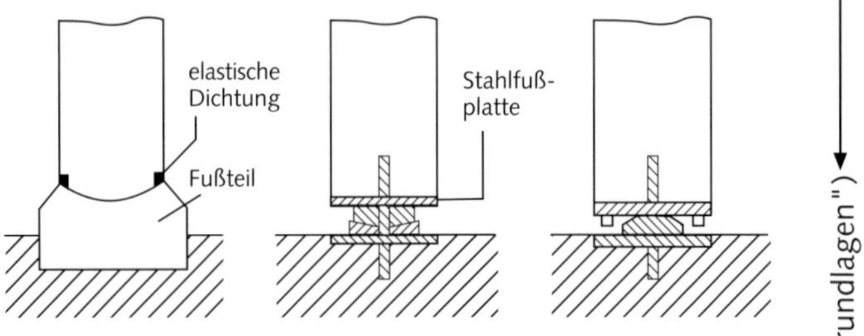

gelenkige Stützenstöße

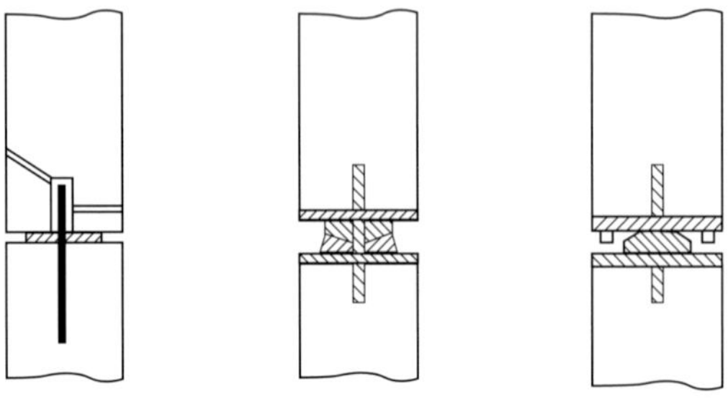

[80]

Feste Auflager

Symbol/Sinnbild

Mögliche Stützgrößen (Auflagerkräfte)

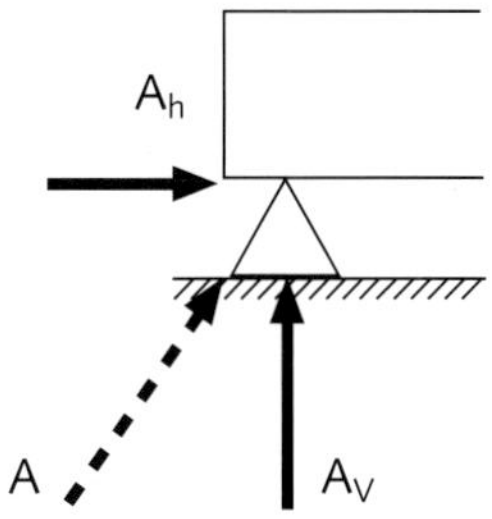

HZ-Stützkraft A_h
V-Stützkraft A_V

2-wertiges Lager

Bewegungsmöglichkeiten

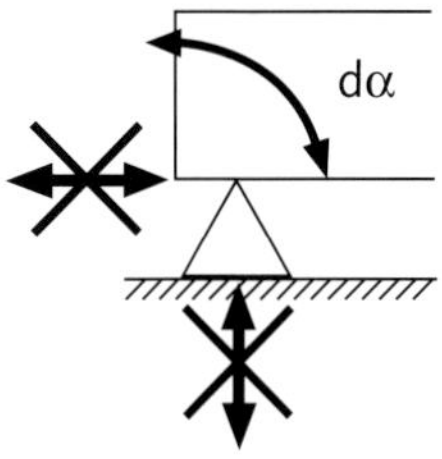

Verdrehung dα

2-fache Bindung

Feste Auflager

Konstruktive Ausbildung

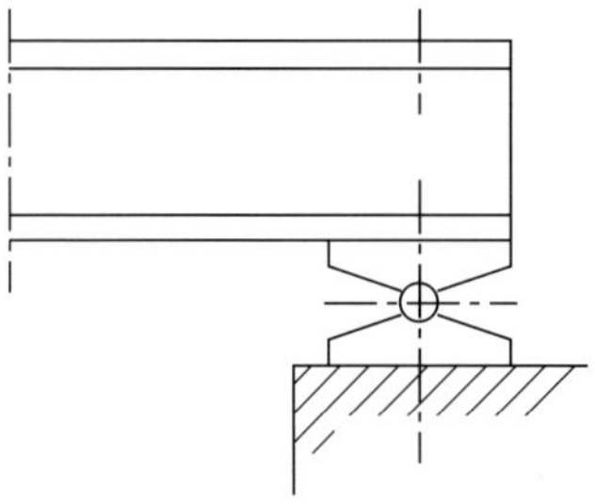

Auflager mit Zentrierwalze

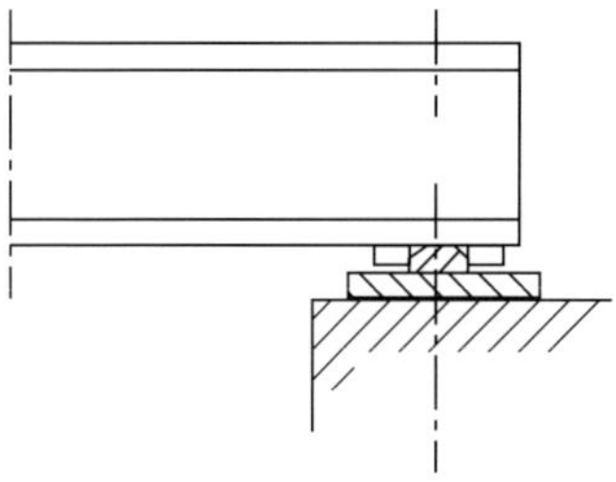

Auflager mit Zentrierleiste

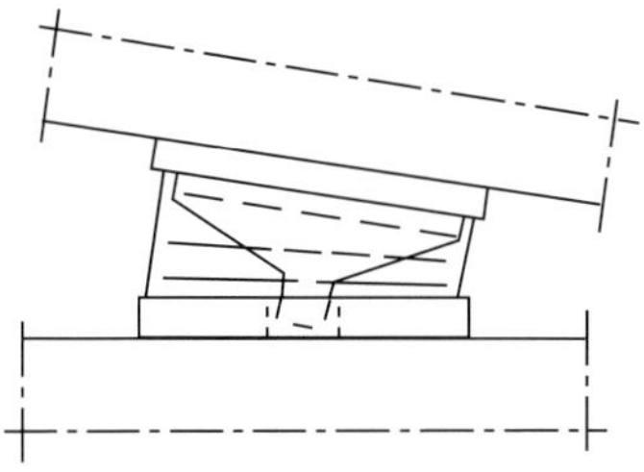

Elastomerlager mit Zentrierbolzen

Einspannung

Symbol/Sinnbild

Mögliche Stützgrößen (Auflagerkräfte)

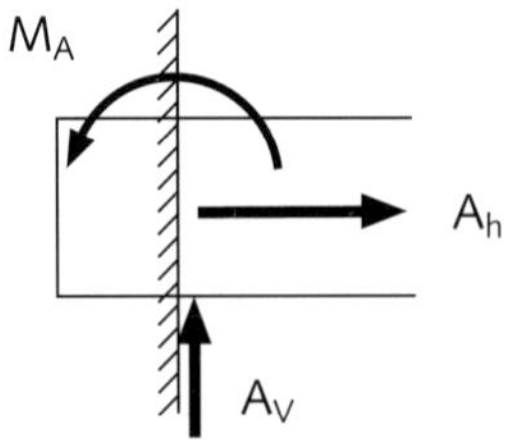

Eispannmoment M_A
HZ-Stützkraft A_h
V-Stützkraft A_V

3-wertiges Lager

Bewegungsmöglichkeiten

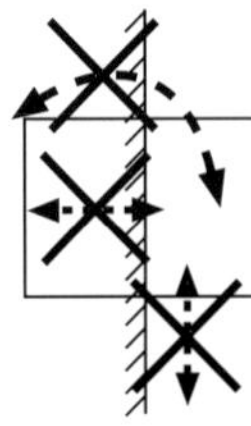

Keine!

3-fache Bindung

Einspannung

Konstruktive Ausbildung

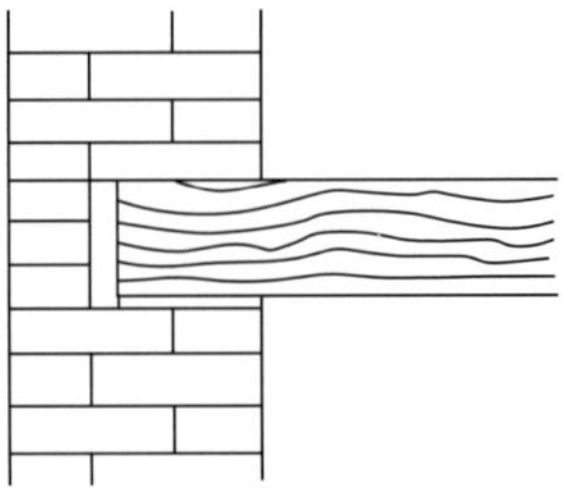

Einspannung
Holzbalken-Mauerwerk

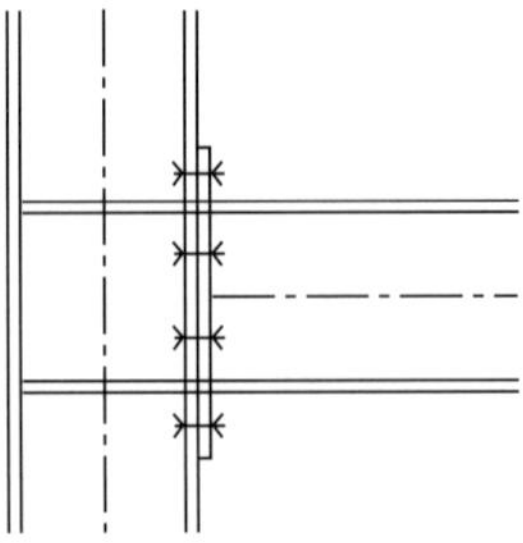

Einspannung
Stahl – Stahl
(Geschraubt)

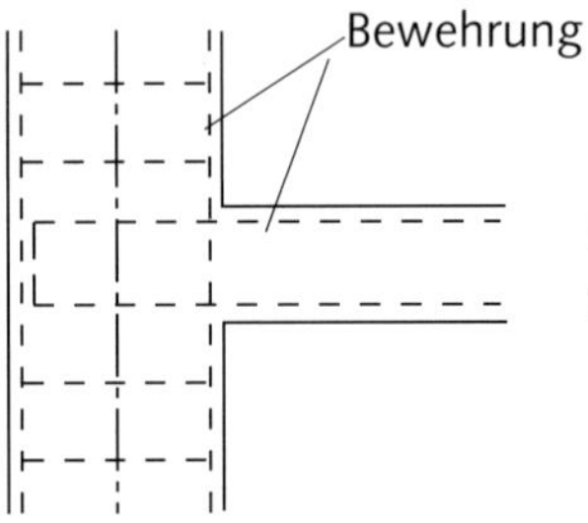

Einspannung
Stahlbeton

Einspannung

Prinzipielle Lösungen einer Einspannung
Wie wird das Moment M aufgenommen?

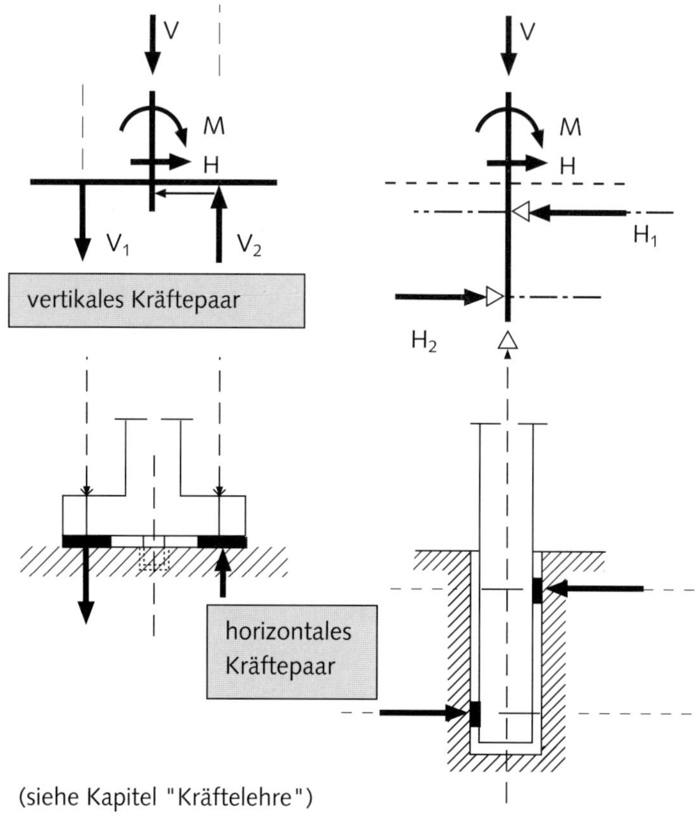

(siehe Kapitel "Kräftelehre")

Einspannung

Holzmastenbauart = Beispiel Einspannung über horizontales Kräftepaar

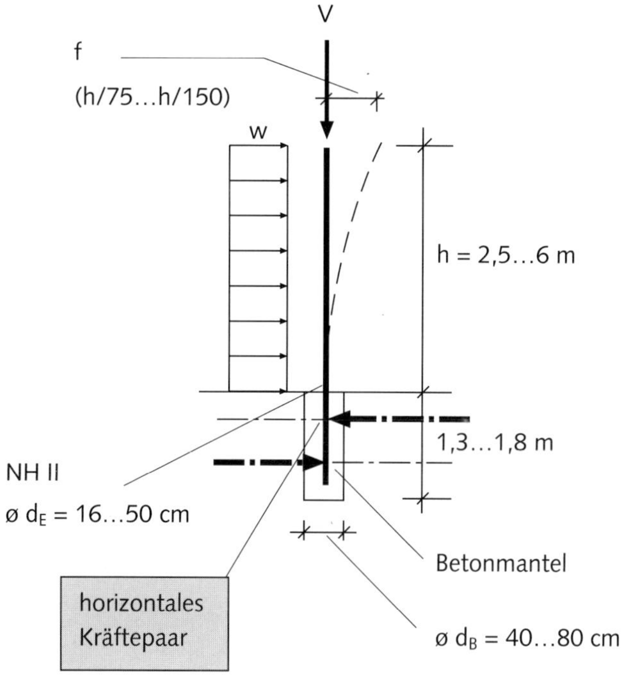

[82]

Statisch bestimmte Lagerung

statisch bestimmte Lagerung	=	Anzahl der Bindungen ist gleich 3 (mögl. Freiheitsgrade in Ebene)

- Stützgrößen (Auflagerreaktionen) können allein aus den 3 Gleichgewichtsbedingungen
  $\Sigma H=0 \quad \Sigma V=0 \quad \Sigma M=0$ ermittelt werden.
- Fertigungsungenauigkeiten führen nicht zu Spannungen
- Verformungen (z.B. Temperaturdehnungen) können sich frei ausbilden und führen nicht zu Spannungen
- relativ einfache Ermittlung der Schnittgrößen und damit Dimensionierung der Tragwerksteile
- Querschnittsverlauf hat keinen Einfluß auf Stütz- und Schnittgrößen

Statisch bestimmte Lagerung

Kragarm (Konsole)

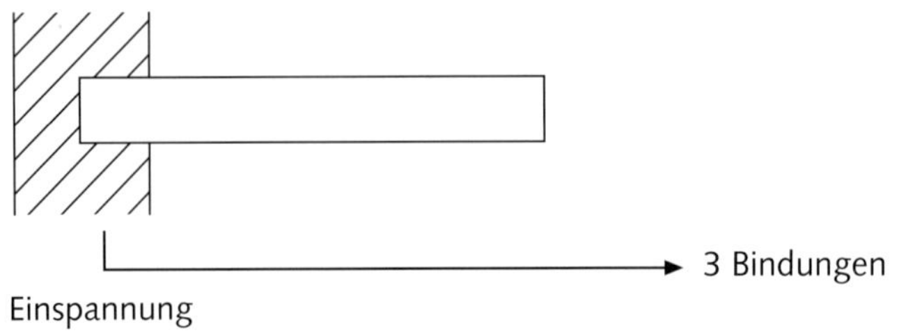

Träger auf 2 Stützen (einfacher Balken)

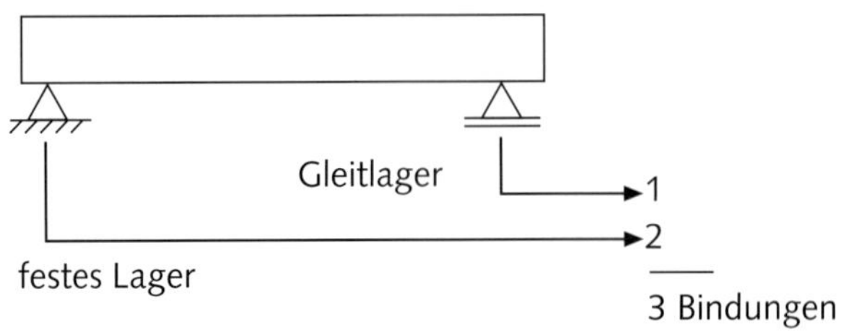

statisch unbestimmte Lagerung	=	Anzahl der Bindungen ist größer als 3 (ebene Systeme)

- Stütz- und Schnittgrößen können nur aus Gleichgewichts- + Formänderungsbetrachtungen ermittelt werden

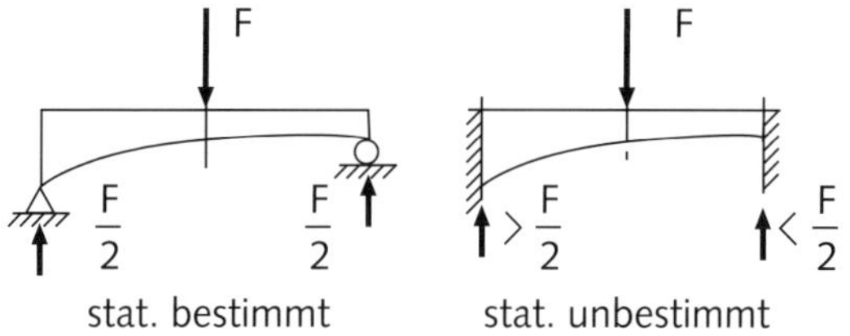

- Querschnitts- und Baustoffeigenschaften (Steifigkeiten) beeinflussen das Kräftespiel. 'Steife' Bereiche ziehen Schnittgrößen an
- Zwängungsspannungen durch behinderte Formänderungen (z.B. Temperatur, Schwinden)
- Grad der statischen Unbestimmtheit siehe Kapitel "Schnittgrößen"

Statisch unbestimmte Lagerung

Dreifeldträger (Durchlaufträger auf 4 Stützen)

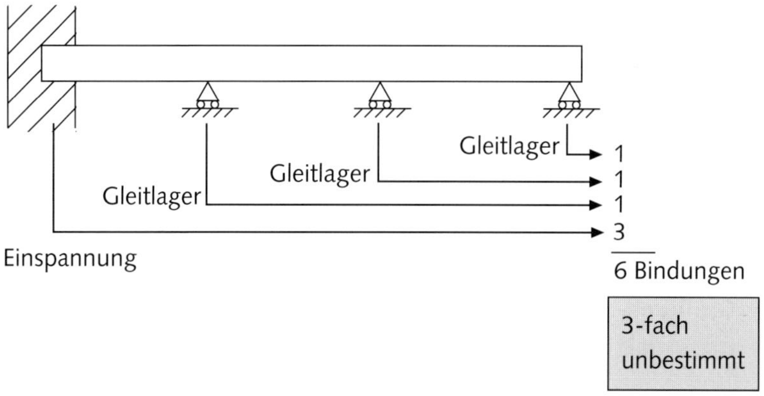

Zweigelenkbogen

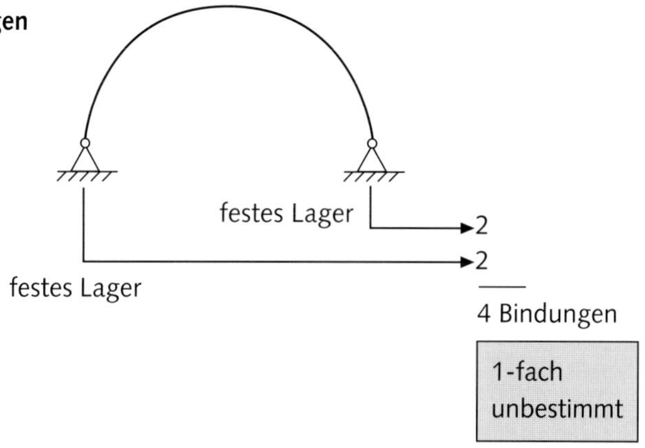

Instabile Lagerung

Pendel

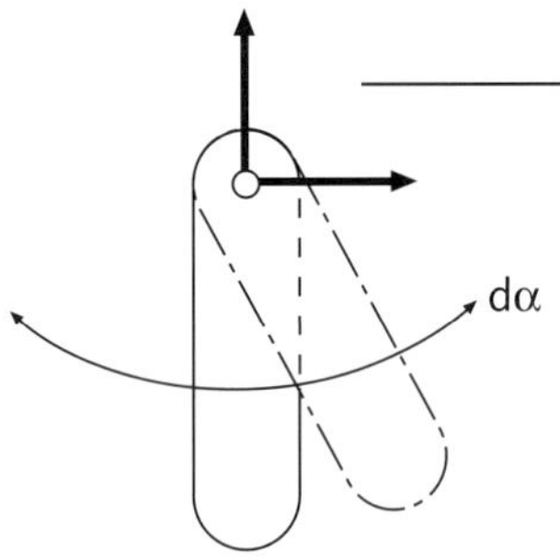

→ 2 Bindungen

1 Freiheitsgrad

instabil = Anzahl Bindungen < Anzahl der Bewegungsmöglichkeiten (in Ebene = 3)

Seil

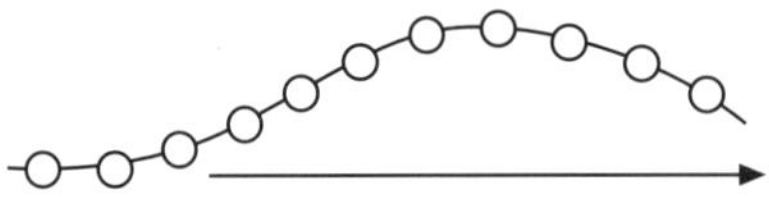

→ Aneinanderfügung von Gelenken

- keine Druckkräfte
- keine Biegemomente

hochgradig instabil

Unzulässige Lagerung

3 Gleitlager statisch bestimmt
- statisch zulässig
- in Praxis keine Bedeutung

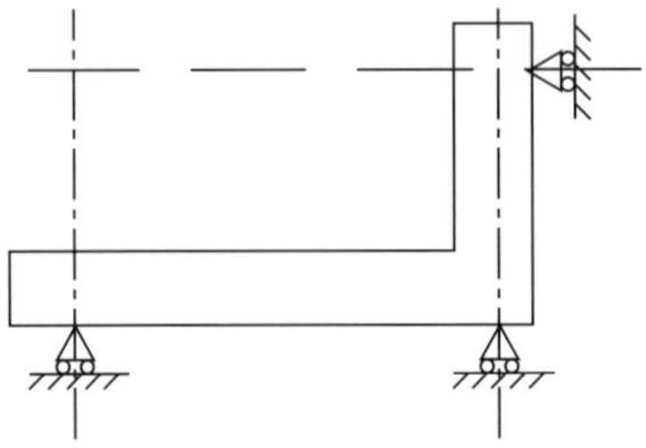

3 Gleitlager – Schnittpunkt der Wirkungslinie der Auflagerkräfte

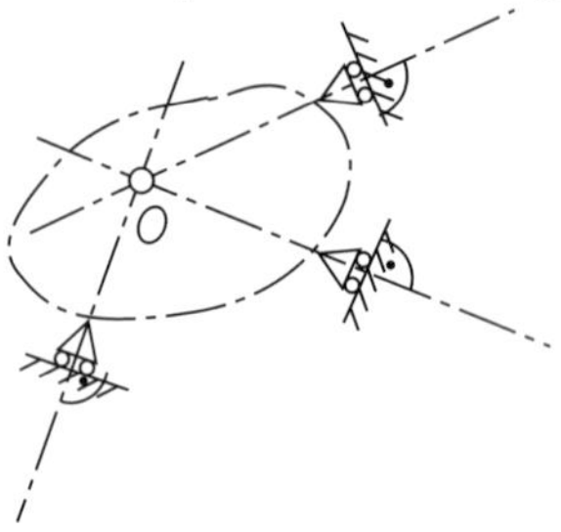

Rotation

3 Gleitlager in einer Richtung

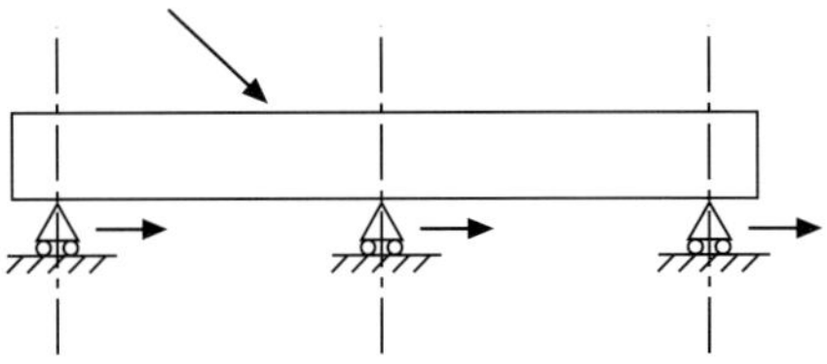

Verschiebung

[5]

Auflagertiefe/Stützweite

Bewegliches Auflager

Holzträger (Stahlträger)

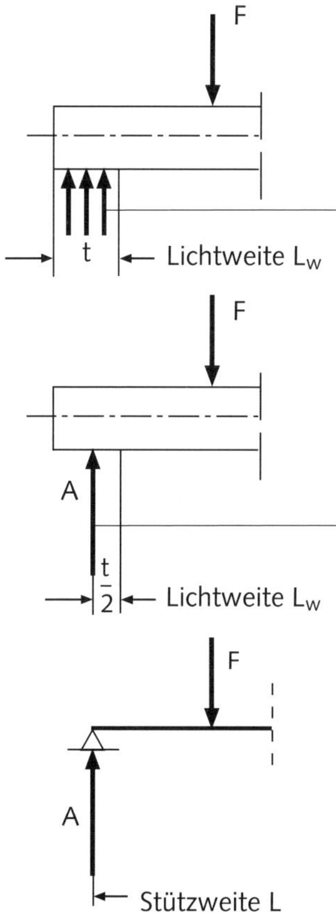

Flächenlager: gleichmäßig verteilte Stützkraft (Auflagerpressung)

Idealisierung: resultierende Stützkraft

$$L = L_W + t \qquad [43]$$

Auflagertiefe/Stützweite

Bewegliches Auflager

Stahlbetonträger

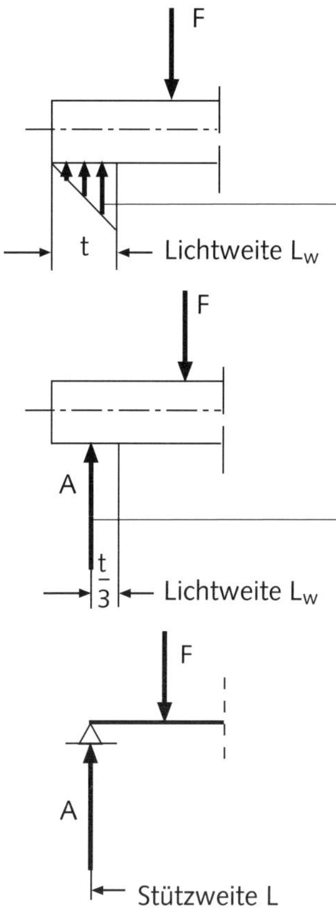

Flächenlager: dreieckförmig verteilte Stützkraft (Auflagerpressung)

Idealisierung: resultierende Stützkraft

$$L = L_W + \frac{2}{3}t$$

Praktische Annahmen für Stützweite L

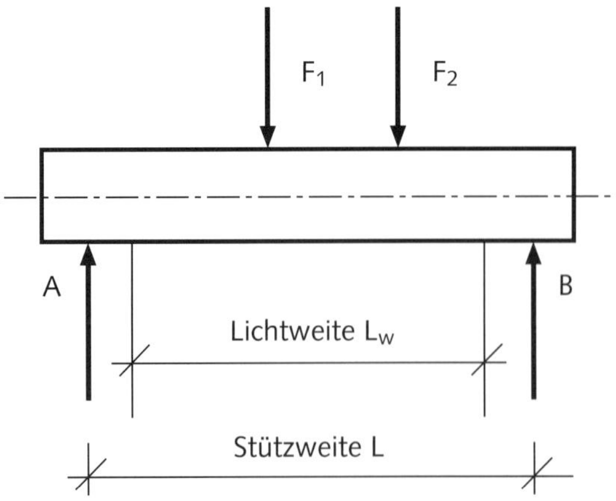

allgemein	$L = 1{,}05 \cdot L_W$
Vollwandträger Stahl	$L = 1{,}05 \cdot L_W \geq L_W + 12$ cm
Holzträger	$L = L_W + t \leq 1{,}05\ L_W$
Stahlbetonträger	$L = L_W + \frac{2}{3}t$

Praktische Annahmen für Auflagertiefe t

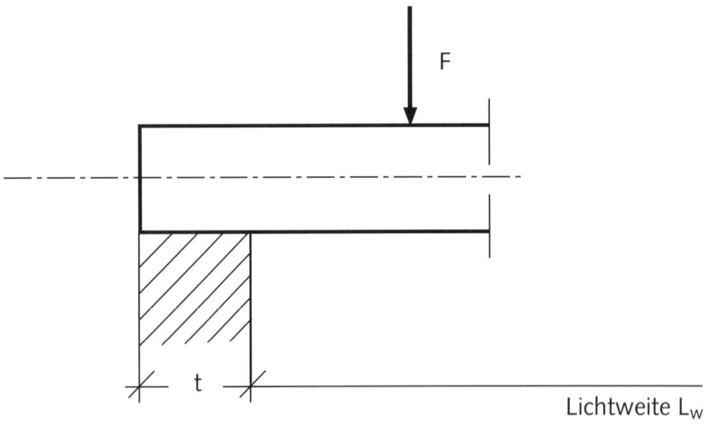

Holzbalken	$t \geq 10$ cm
Stahlbetonbalken	$t \geq 10$ cm
Stahlbetonplatten	$t \geq 7$ cm
	auf Mauerwerk, B5, B10
	$t \geq 5$ cm
	auf Stahl, $\geq$ B15
Stahlträger normal	$t \geq 12$ cm $\geq h$
Stahlträger hoch	$t \leq h/3 + 10$ cm

[43]

Grafische Ermittlung

Siehe Kapitel "Kräftelehre"
z.B. Gleichgewicht: zentrales ebenes Kräftesystem

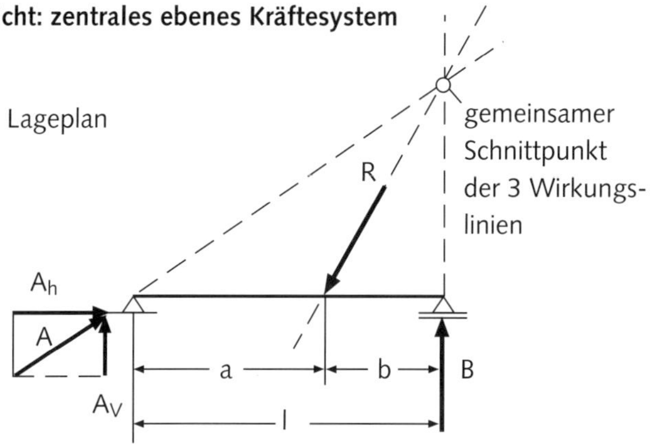

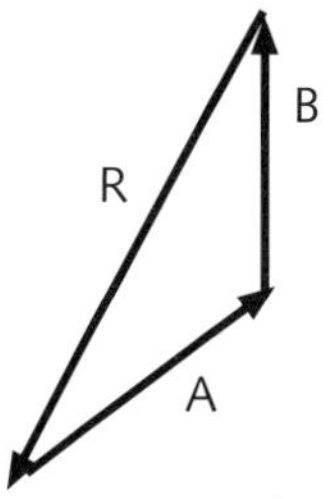

Kräfteplan A, B, R
– Ermittlung Stützkräfte A, B

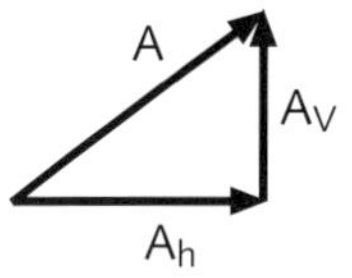

Kräfteplan A_h, A_V, A
– Zerlegung A in A_h und A_V

1 cm ≘ …kN

[43]

Analytische Ermittlung

Allgemein – Analyse Gleichgewicht

$\Sigma H_i = 0$	Summe horizontale Kräfte = 0
$\Sigma V_i = 0$	Summe vertikale Kräfte = 0
$\Sigma M_i = 0$	Summe Momente = 0

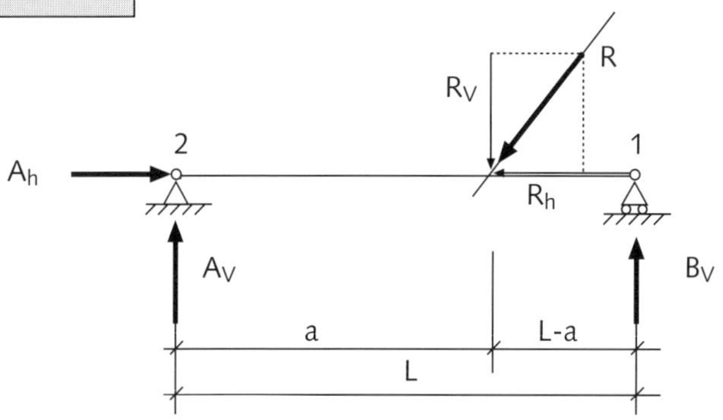

Beispiel:

$\underset{2}{\Sigma M} = 0 \quad R_V \cdot a - B_V \cdot L = 0 \quad \curvearrowright + \quad B_V = \frac{R_V \cdot a}{L}$

$\underset{1}{\Sigma M} = 0 \quad A_V \cdot L - R_V\,(L-a) = 0 \quad \curvearrowright + \quad A_V = \frac{R_V\,(L-a)}{L}$

$\Sigma H = 0 \quad A_h - R_h = 0 \quad \xrightarrow{+} \quad A_h = R_h$

Kontrolle:

$\Sigma V = 0 \quad A_V + B_V - R_V = 0 \quad \uparrow +$

Rahmenwirkung abhängig von HZ-Stützung

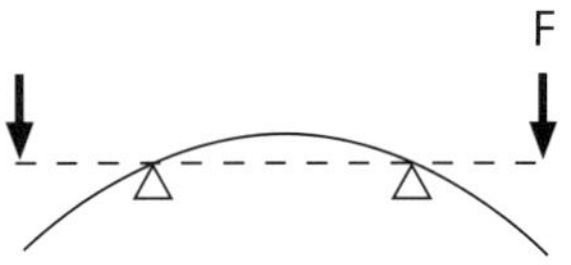

Verformung infolge F
Träger mit Kragarm

≡ ≡

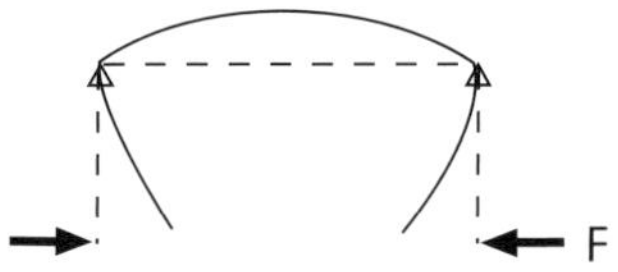

geknickter Stabzug

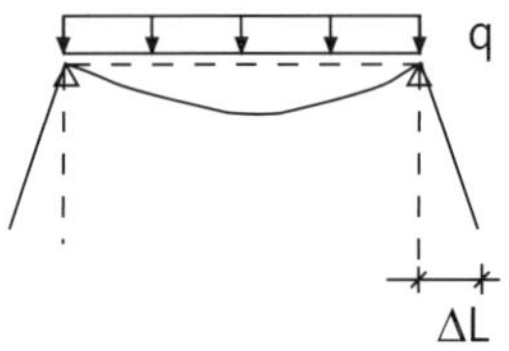

Verformung infolge q
geknickter Stabzug

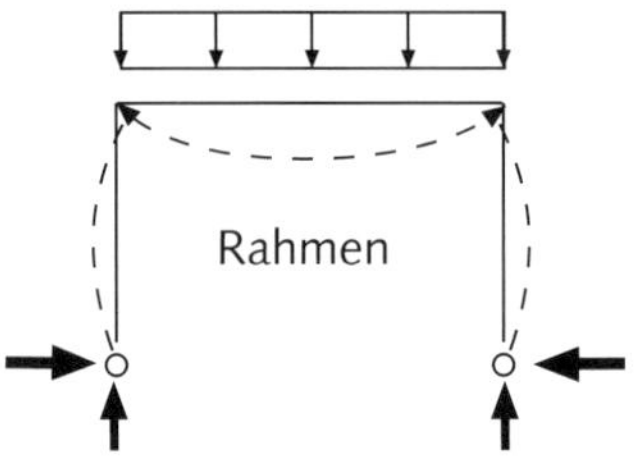

Rahmenwirkung erst durch Aktivierung einer horizontalen Stützreaktion
= Verschiebung ΔL auf $\Delta L = 0$ zurückführen
= Gelenk bzw. Einspannung

[1] [2] [5]

Prinzip der Stützgrößenermittlung (Dreigelenkrahmen)

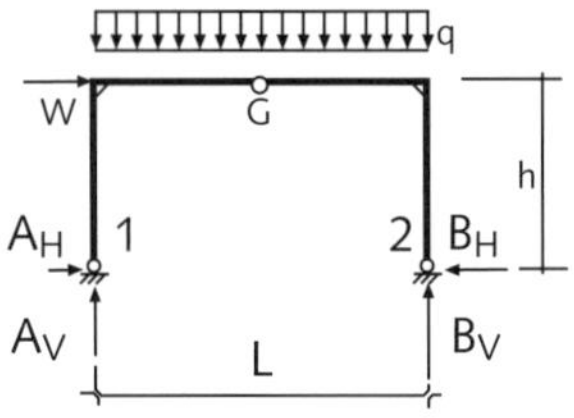

Gesamtsystem

$\Sigma M_1 = 0 \rightarrow B_V$

$\Sigma M_2 = 0 \rightarrow A_V$

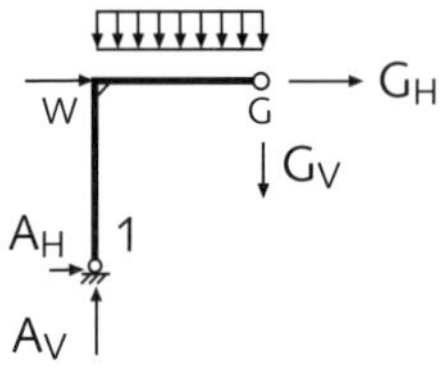

linke Seite

$\Sigma M_G = 0 \rightarrow A_H$

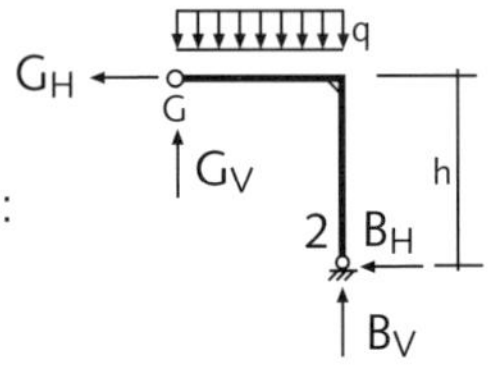

Gelenk:
$M = 0$

rechte Seite

$\Sigma M_G = 0 \rightarrow B_H$

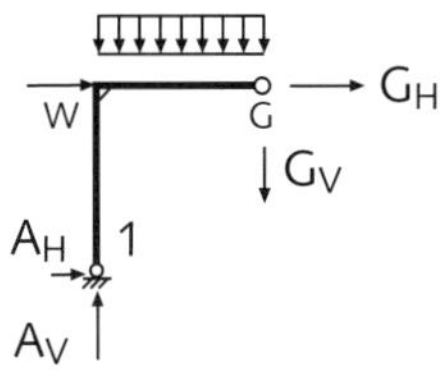

linke oder rechte Seite (hier linke)

$\Sigma V = 0 \rightarrow G_V$

$\Sigma H = 0 \rightarrow G_H$

Stützgrößen (Auflagerreaktionen)

Gelenkkräfte

→ Voraussetzung für Ermittlung Schnittgrößen

Beispiele

Dreigelenkrahmen ohne Zugband

Übersicht Stützgrößenermittlung

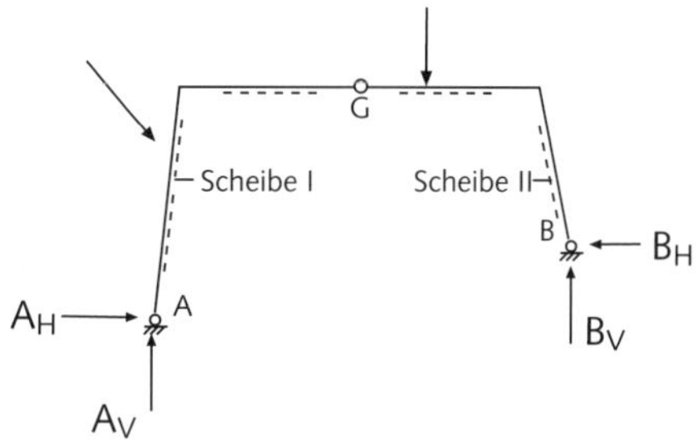

→Gleichgewichtsbedingungen

→Tragwerksteil

$\Sigma M_B = 0$	Gesamttragwerk	A_H, A_V
$\Sigma M_g = 0$	Scheibe I	
$\Sigma H = 0$	Gesamttragwerk	B_H
$\Sigma M_g = 0$	Scheibe II	B_V
$\Sigma V = 0$	Gesamttragwerk	Kontrolle

Scheibe = in sich steifer Tragwerksteil

Ergebnisse

Beispiele

Dreigelenkrahmen mit Zugband

Übersicht Stützgrößenermittlung

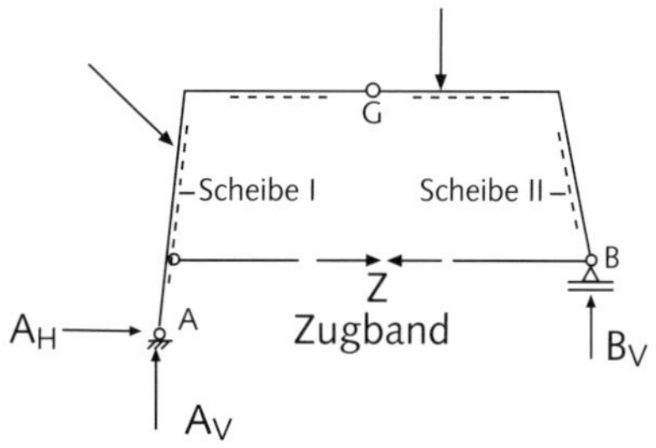

→Gleichgewichtsbedingungen

→Tragwerksteil

$\Sigma H = 0$	Gesamttragwerk	A_H
$\Sigma M_B = 0$	Gesamttragwerk	A_V
$\Sigma M_A = 0$	Gesamttragwerk	B_V
$\Sigma M_g = 0$	Scheibe I oder II	Z
$\Sigma V = 0$	Gesamttragwerk	Kontrolle

Ergebnisse

[71]

Zweigelenksysteme

Zweigelenkrahmen

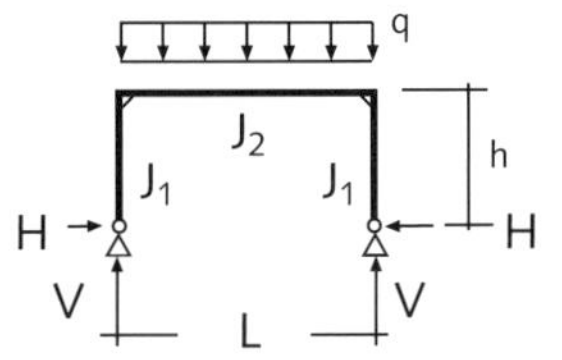

HZ-Stützgröße

$$H = \frac{q \cdot L^2}{4h(2K + 3)}$$

$$K = \frac{J_2 \cdot h}{J_1 \cdot L}$$

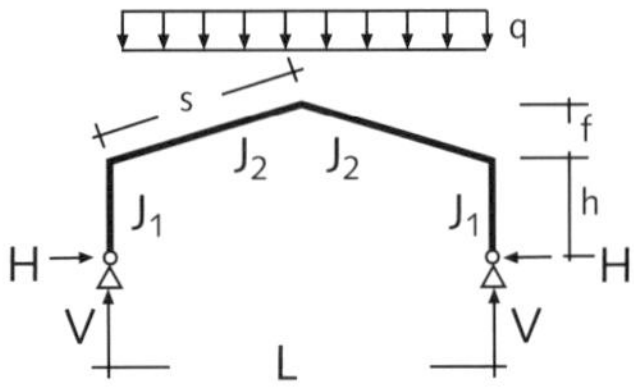

$$H = \frac{q \cdot L^2}{32} \cdot \frac{8h + 5f}{h^2(K + 3) + f(3h + f)}$$

$$K = \frac{J_2 \cdot h}{J_1 \cdot s}$$

Zweigelenkbogen

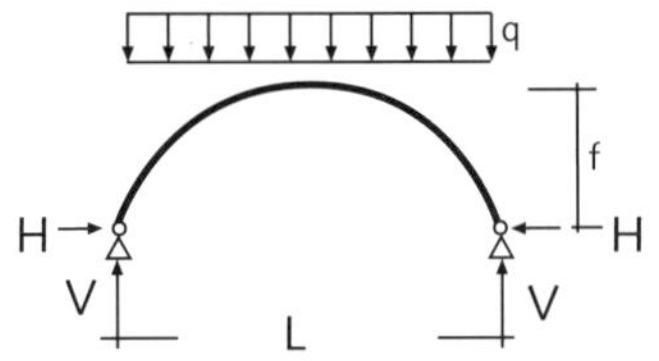

$$H = \frac{q \cdot L^2}{8f}$$

V-Stützgröße

$$V = \frac{q \cdot L}{2}$$

Dreigelenksysteme

Dreigelenkstabzug

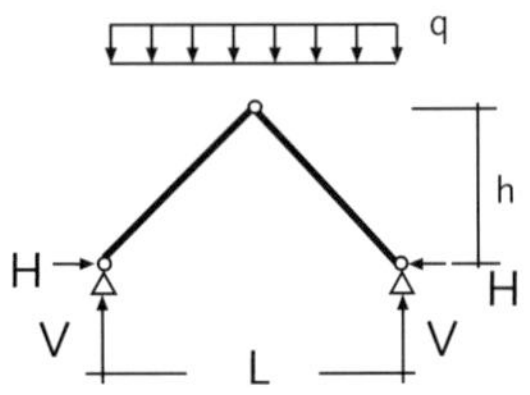

Dreigelenkrahmen

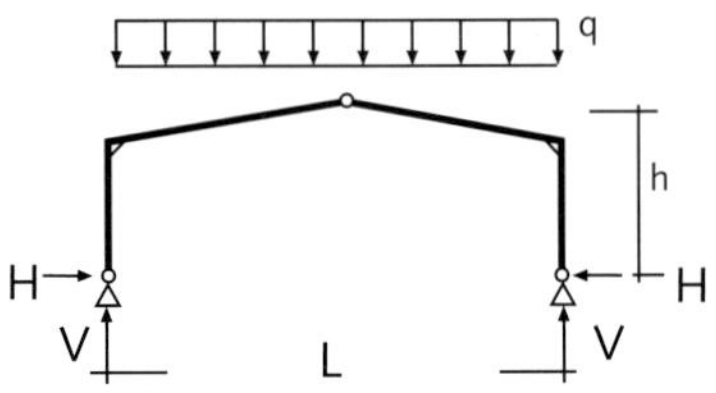

Dreigelenkbogen

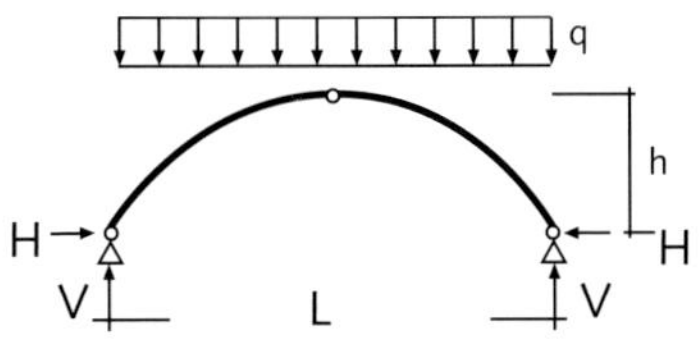

V-Stützgröße

$$V = \frac{q \cdot L}{2}$$

HZ-Stützgröße

$$H = \frac{q \cdot L^2}{8h}$$

→ weitere Formeln siehe "Kleinlogel" [49]

[5] Hugi:
Einführung in die Statik der Tragkonstruktionen
Zürich: Verlag der Fachvereine Zürich, 1992

- **Fachwerke**
  Inneres Gleichgewicht
  Stabkräfte
- **Ebene Stabtragwerke**
  Einfacher Balken
  Kragarm
  Belastung/Querkraft/Moment
- **Gerberträger**
  Berechnung
- **Dreigelenkkonstruktionen**
  Berechnung
  Stützlinie
- **Statisch unbestimmte Systeme**
  Kräftemethode

[20] Wagner, Erlhof:
Praktische Baustatik Teil 1
Stuttgart: Teubner, 1994

- **Stabwerke**
  Kragträger
  Einfeldträger
  Gelenkträger
  Dreigelenksysteme
- **Fachwerke**
  Bildungsgesetze
  Ermittlung der Stabkräfte
  Raumfachwerke
- **Gemischte Systeme**
  Unterspannte Träger
  Langerscher Balken
  (Versteifter Stabbogen)

[43] Lohmeyer:
Baustatik Teil 1 Grundlagen
Stuttgart: Teubner, 1985

- **Statisch bestimmte Tragwerke**
  Normaler Träger
  Schräge Träger
  Geknickte Träger
  Freiträger
  Gelenkträger
  Fachwerkträger
- **Statisch unbestimmte Tragwerke**
  Durchlaufträger nach Clapeyron, Cross, Winkler und Mensch
  Eingespannte Einfeldträger
  Einfache Rahmen
  Kehlbalkendach
  (Dreigelenkrahmen mit horizontalem Druckstab)

[48] Heide:
Praktische Statik nach Cross, Steinmann und Kani
Leipzig: Teubner, 1977

- **Cross-Verfahren**
  Durchlaufträger
  Rahmen
- **Steinmann-Verfahren**
  Durchlaufträger
  Stockwerkrahmen
- **Kani-Verfahren**
  Rahmen
  Rahmen mit teilweiser Einspannung

[49] Kleinlogen, Haselbach:
Rahmenformeln
Berlin: Ernst und Sohn, 1992

- **Rahmen**
  Einhüftig
  Dreieckrahmen
  Mit/ohne Zugbänder
  Lotrechte Stiele
  Geneigte Stiele
  Horizontale Riegel
  Bereichsweise geneigte Riegel
  Sattelförmige Riegel
  Bogenförmige Riegel
  Geschlossene Rahmen mit Rechteck- oder Dreieckform

[52] Rothe:
Stabstatik für Bauingenieure
Berlin: Verlag für Bauwesen, 1984

- **Statisch bestimmte Stabtragwerke**
  Bildungsgesetze
  Stabwerke
  Fachwerke
  Gemischtsysteme
- **Statisch unbestimmte Stabtragwerke**
  Lösungsverfahren
  Kraftgrößen-Methode
  Weggrößen-Methode

[68] Hirschfeld:
Baustatik
Berlin: Springer, 1984
Reprint

- **Statisch bestimmter ebener Träger**
  Vollwandträger
  Fachwerkträger
- **Verfahren der Kinematik**
- **Formänderungen**
  Elastische Formänderungen
  Formänderungsarbeit
- **Statisch unbestimmte Systeme**
  Kraftgrößenverfahren
  Formänderungsverfahren
  Iterationsverfahren
- **Sonderfälle der Statik**
  Vierendeelträger
  Elastisch gebetteter Balken u.a.

[69] Bochmann: Statik im Bauwesen Band 1 und 2 Berlin: Verlag für Bauwesen, 1968	• **Einfache statische Systeme** Träger auf 2 Stützen Freiträger Gelenkträger Fachwerke Statisch bestimmte einteilige Rahmen Dreigelenktragwerke Durchlaufträger Einfache statisch unbestimmte Rahmen
[71] Krätzig, Wittek: Tragwerke 1 Berlin: Springer, 1995 [72] Krätzig, Wittek: Tragwerke 2 Berlin: Springer, 1995	• **Statisch bestimmte Stabtragwerke** Das Gleichgewichtsproblem Das kinematische Problem Grundgleichungen der Stabtheorie Das Tragwerksmodell der Statik Methoden der Kraftgrößen-ermittlung Schnittgrößen Formänderungsarbeit Verformungen, Biegelinien • **Statisch unbestimmte Stabtragwerke** Kraftgrößenverfahren Kraftgrößenverfahren Matrizen Weggrößenverfahren Computerbasierte Tragwerks-analysen

Schnittgrößen

Wichtiger Lehrsatz in der Baustatik:

> Befindet sich ein statisches Gesamtsystem im Gleichgewicht, so muß auch jedes abgeschnittene Teilsystem im Gleichgewicht sein!
> Die das Gleichgewicht haltenden Kräfte an der Schnittstelle sind die inneren Kräfte N und Q und das Moment M = Schnittgrößen N, Q, M

Prinzipiell 3 Gleichgewichtsbereiche:

1. Gleichgewicht der äußeren Kräfte am Gesamtsystem (Lasten, Stützgrößen)
2. Gleichgewicht der äußeren und inneren Kräfte am beliebig abgeschnittenen Teilsystem (Lasten, Stützgrößen, Schnittgrößen)
3. Gleichgewicht der inneren Kräfte (Schnittgrößen positives und negatives Schnittufer)

F_1, F_2, F_3 = Lasten

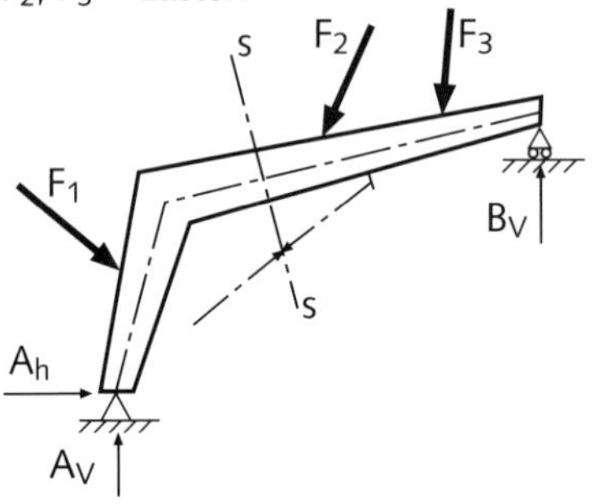

Gesamttragwerk

↓

Gleichgewicht der äußeren Kräfte (Lasten/Stützgrößen)

$\Sigma H = 0$

$\Sigma V = 0$

$\Sigma M = 0$

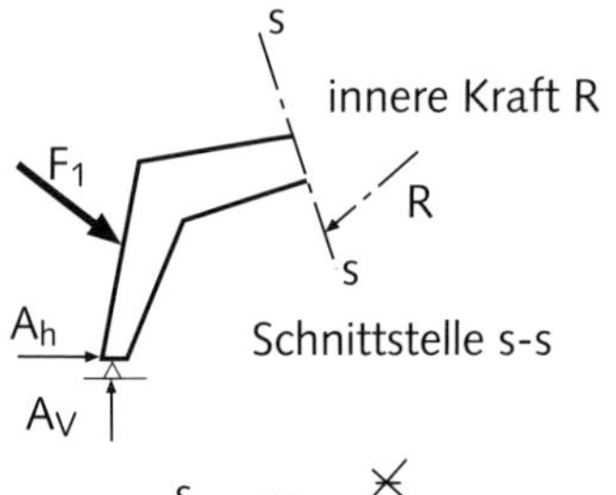

z.B. linker Teil

↓

Gleichgewicht äußere Kräfte F_1, A_h, A_V mit innerer Kraft R im Schnitt s-s

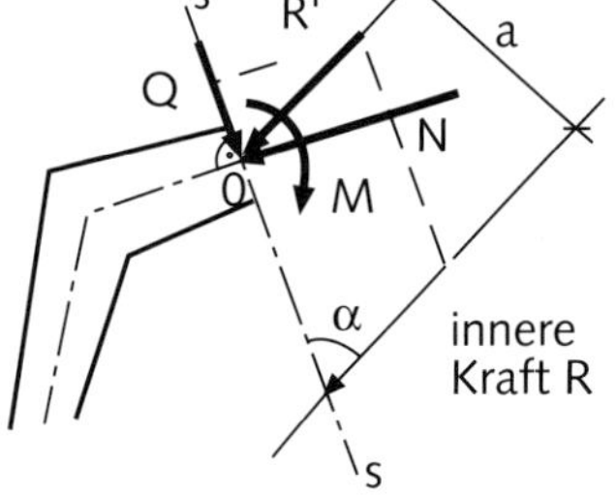

Schnittstelle s-s

Schnittgrößen M, N, Q
– äquivalent R', M
– äquivalent R

Zerlegung R' in N, Q [5]

Vorzeichenregelung

Koordinaten/Vorzeichen nach DIN 1080

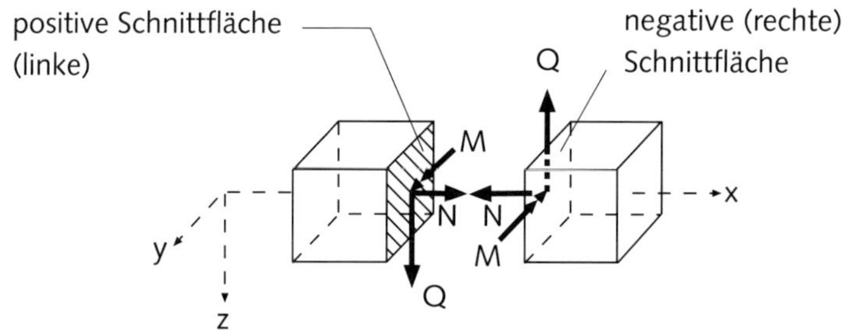

Biegemomente/Momentenvektor

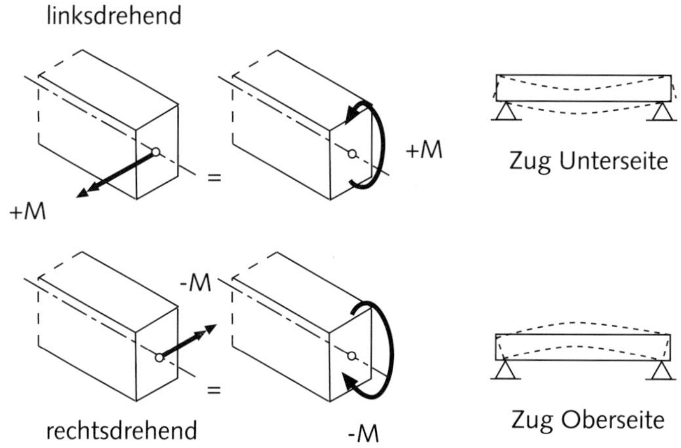

Schnittprinzip

Gesamttragwerk im Gleichgewicht

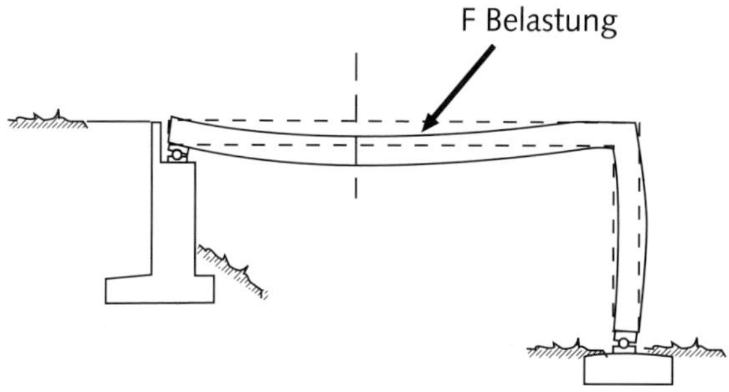

Abgetrennter Tragwerksteil im Gleichgewicht

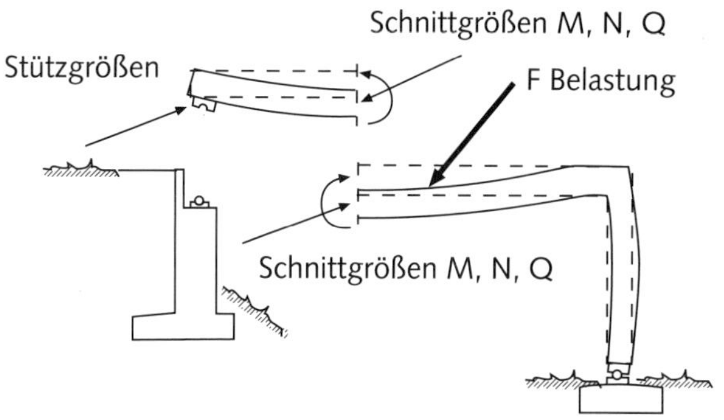

[71]

Grafische Darstellung der Schnittgrößen M, N, Q

- Wahl eines Maßstabes für M, N, Q
  z.B. 1 cm ≙ 10 kN
- getrennte Abtragung von M, N, Q senkrecht zur Stabachse an der jeweiligen Stelle x,
  es entsteht ein Verlauf, eine Übersicht der Schnittgrößen längs der Stabachse:
  M, N, Q - Flächen = Beanspruchsflächen
  = Zustandsflächen
  = Schnittgrößenlinien

Beanspruchung eines Tragwerkes

- Gesamtheit der Schnittgrößen – Verläufe M, N, Q
- Grundlage für die Bemessung (Dimensionierung) des Tragwerkes

Schnittgrößenverläufe/Schnittgrößenflächen

- Übersicht über innere Beanspruchung des Tragwerkes
- Übersicht Max/Min–Werte für Bemessung

Beispiel Freiträger

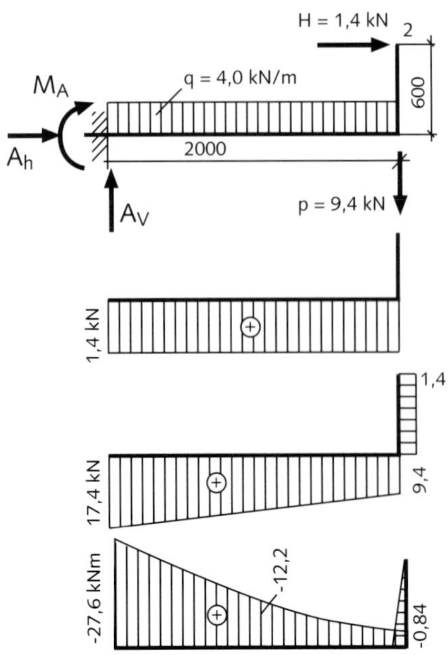

Belastung

N-Fläche
Normalkraft

Q-Fläche
Querkraft

M-Fläche
Moment

[69]

Gelenk = "Interne" Verbindung zwischen Tragwerksteilen

Symbol/Sinnbild

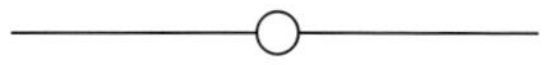

Wirkungsweise wie festes Lager

Mögliche Schnittgrößen

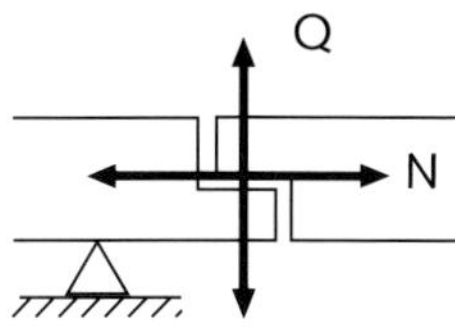

Normalkraft N
(Längskraft)
Querkraft Q

Bewegungsmöglichkeiten

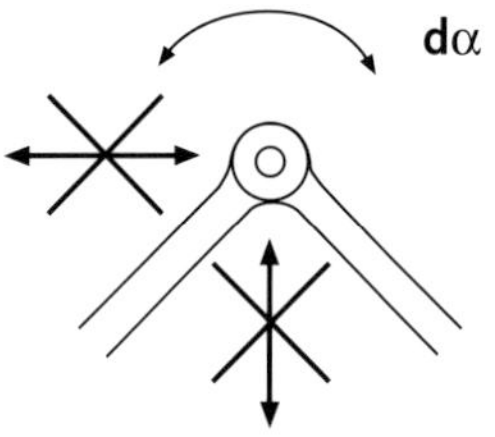

Verdrehung dα

↓

Reduktion der Bindungen um 1

Das Gelenk

Konstruktive Ausbildung – Beispiele

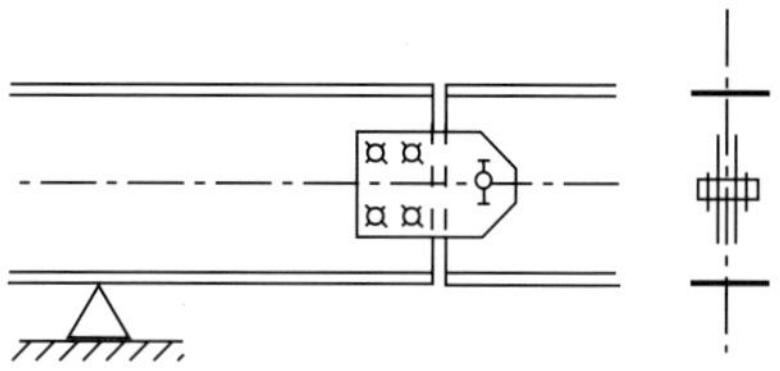

Bolzengelenk
Stahlträger

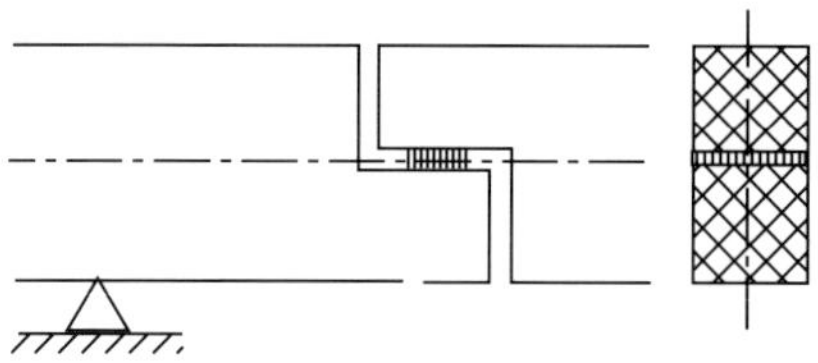

Konsolgelenk
Stahlbetonträger

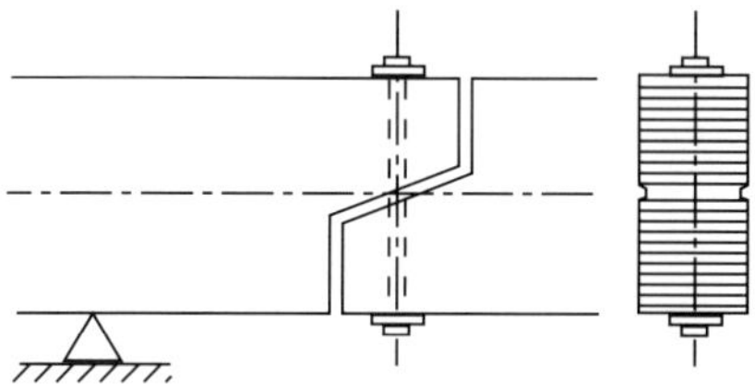

Gelenk
Holzträger

Bestimmung Grad der statischen Unbestimmtheit

Solange Schnittgrößen und Bindungen entfernen,
bis statisch bestimmte Systeme entstehen!

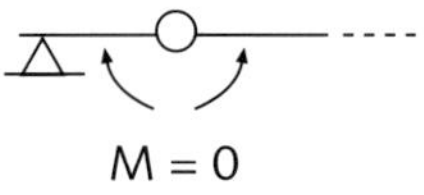

Gelenk einfügen

Reduktion um 1

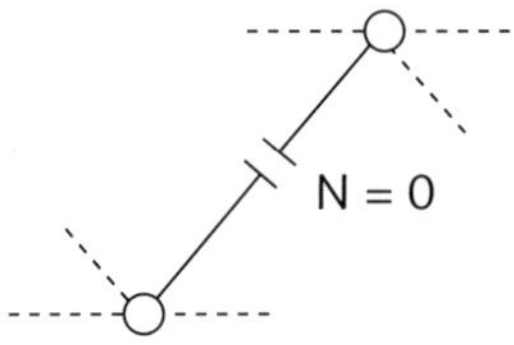

Fachwerkstab schneiden

Reduktion um 1

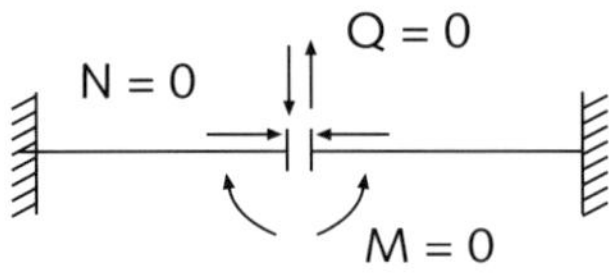

Biegestab schneiden

Reduktion um 3

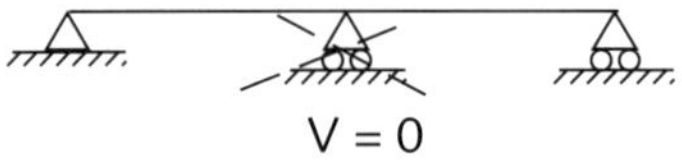

z.B. Gleitlager entfernen

Reduktion um 1

Abzählkriterien siehe [50, 52, 71]

Beidseitig eingespannter Balken

M, N, Q lösen = 1 · 3 Schnittgrößen

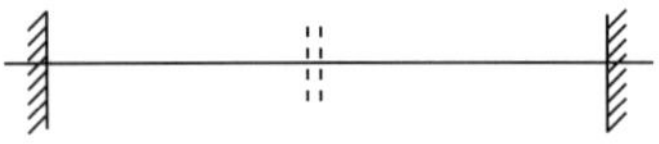

→2 Kragarme horizontal

3-fach unbestimmt

Durchlaufträger

2 Bindungen lösen

→Einfeldträger

2-fach unbestimmt

Mehrfeld/Geschoß-Rahmen

9-fach M, N, Q lösen = 9 · 3 = 27 Schnittgrößen

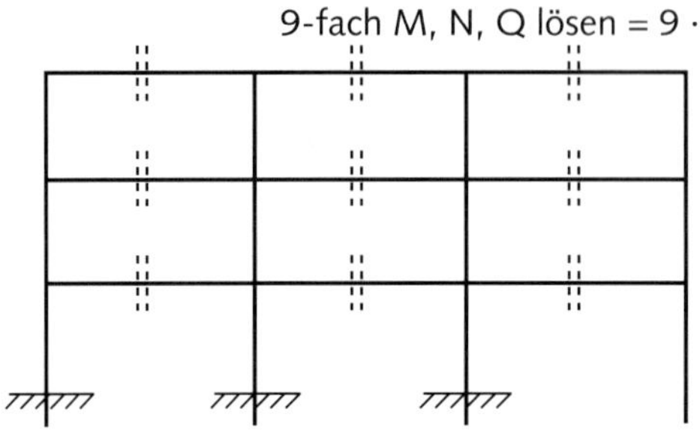

27-fach unbestimmt

→4 Kragarme vertikal

[5]

Prinzipielle Verfahrensweise Schnittgrößenermittlung

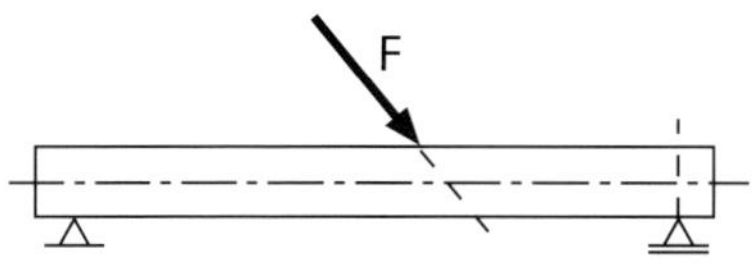

gegebener Träger mit Last F

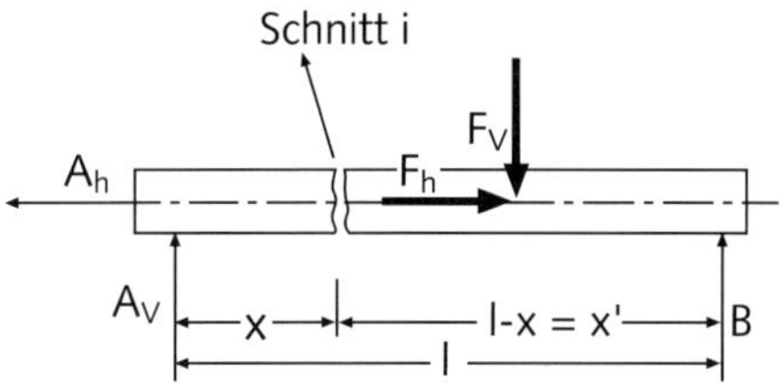

Gesamtsystem mit Komponenten der Belastung und Stützgrößen

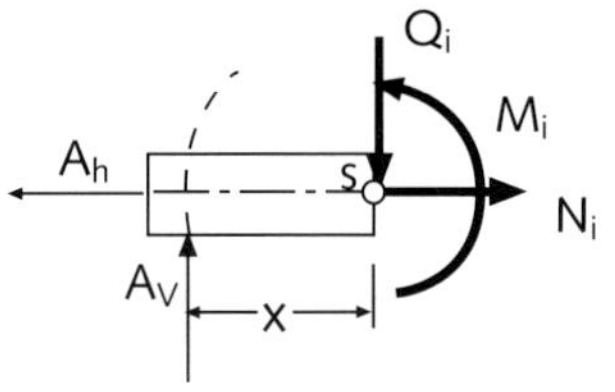

linker Trägerteil mit positiv angesetzten Schnittgrößen M_i, N_i, Q_i

Ermittlung Schnittgrößen

$\Sigma H = 0$ $\quad N_i - A_h = 0$

$\Sigma V = 0$ $\quad Q_i - A_V = 0$

$\Sigma_s M = 0$ $\quad M_i - A_V \cdot x = 0$

Gleichgewicht linker Trägerteil

$N_i = A_h$
$Q_i = A_V$
$M_i = A_V \cdot x$

[20]

Analytische Ermittlung

1. Ermittlung der Stützgrößen (Auflagerreaktionen) am Gesamtsystem
   $\Sigma H = 0 \quad \Sigma V = 0 \quad \Sigma M = 0$
2. An der zu untersuchenden Stelle einen gedachten Schnitt ⊥ zur Trägerachse führen
3. Wahl des linken oder rechten Trägerteiles (i.d.R. der Teil mit weniger Kräften)
4. Ansetzen aller Lasten (auch zerschnittene Linienlasten), Stützgrößen (i.d.R. in H- und V-Komponenten) und Schnittgrößen entsprechend der Vorzeichenregelung (Biegeträger: M, N, Q, Fachwerk: N)
5. Ermittlung der unbekannten Schnittgrößen mit den Gleichgewichtsbedingungen
   $\Sigma H = 0 \quad \Sigma V = 0 \quad \Sigma M = 0$
6. Mit weiteren Schnitten entsprechend verfahren
7. Evtl. Schnittgrößen ⊥ Stabachse abtragen
   → M, N, Q-Flächen

Wichtige Zusammenhänge

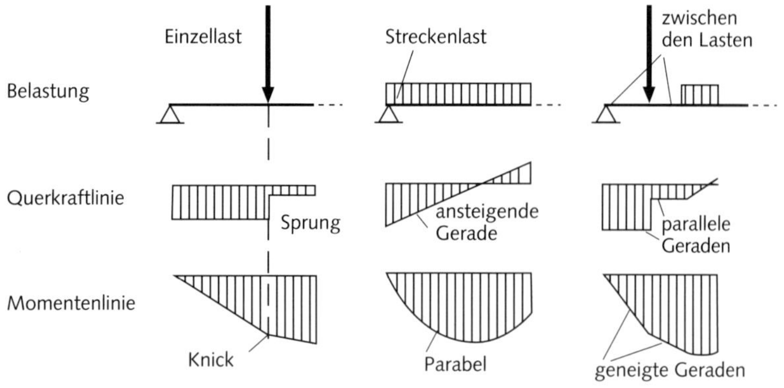

Querkräfte Q

- in Bereichen ohne Streckenlast konstant
- in Bereichen konstanter Linienlast ist die Querkraft linear veränderlich
- Einzelkraft ≘ Sprung im Querkraftverlauf
- sprungartige Änderung der Linienlast = Knick in Querkraftlinie
- am Auflager ist Querkraft = Stützkraft

Wichtige Zusammenhänge

Biegemomente M

- in Bereichen ohne Streckenlast linear veränderlich
- Einzelkraft ≘ Knick im Momentenverlauf
- Sprungstellen nur dort, wo äußere Momente eingeleitet werden
- Moment = 0 an Gelenken und am Trägerrand (außer Einspannung bzw. äußeres Moment)
- Maximalmoment = Nullpunkt Querkraftlinie

Normalkräfte N

- bereichsweise konstant bzw. Null, wenn keine Last in Längsrichtung des Trägers wirkt (z.B. vertikale Trägerabschnitte)
- rechtwinklige Ecken:
  Querkraft wird zur Normalkraft im Anschlußbereich

[17, 20, 43, 44]

Schnittgrößen – Zustandslinien (Verläufe) bei Einzelwirkungen (Kraft, Moment)

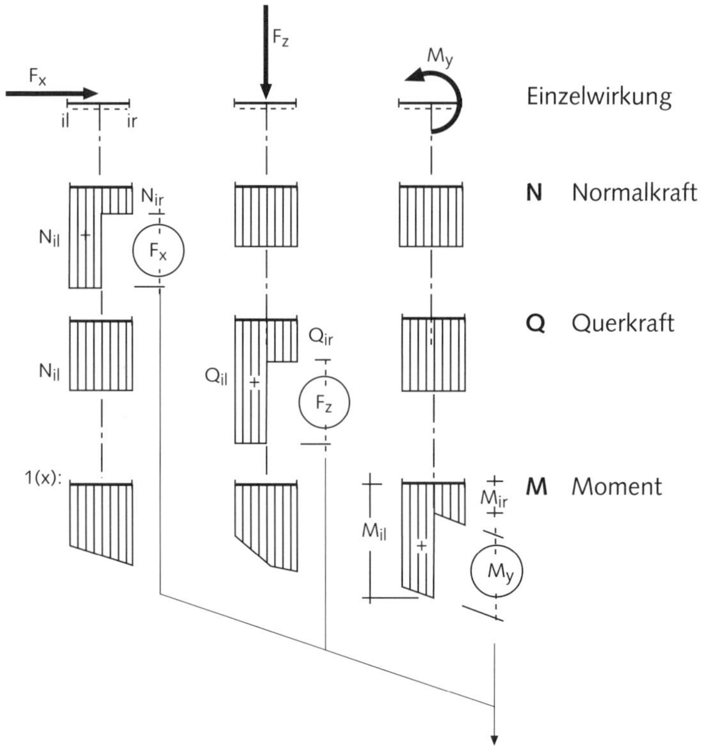

Sprung entspricht der Größe der Einzelwirkung

Reduzierung der Schnittgrößen durch Verteilung von Einzelwirkungen

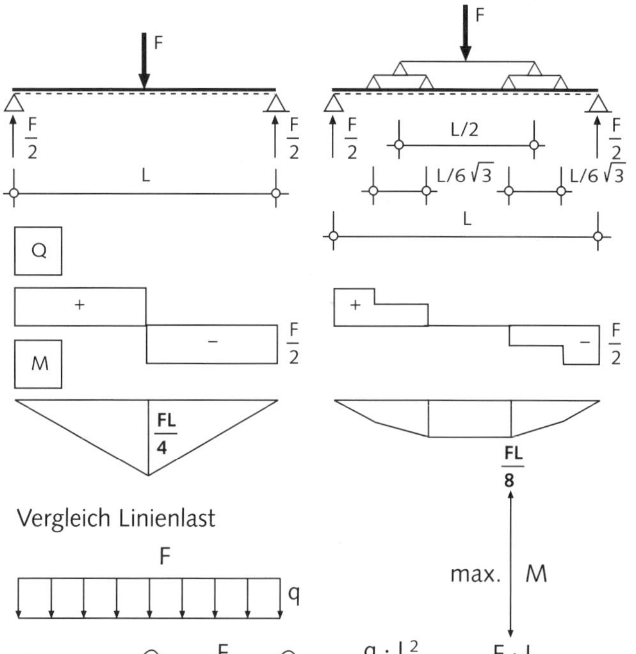

$F = q \cdot L \quad \curvearrowright q = \frac{F}{L} \quad \curvearrowright M = \frac{q \cdot L^2}{8} = \frac{F \cdot L}{8}$

[71, 81]

Tragstrukturelemente
Zuordnung Steifigkeit, Krümmung, Dimension

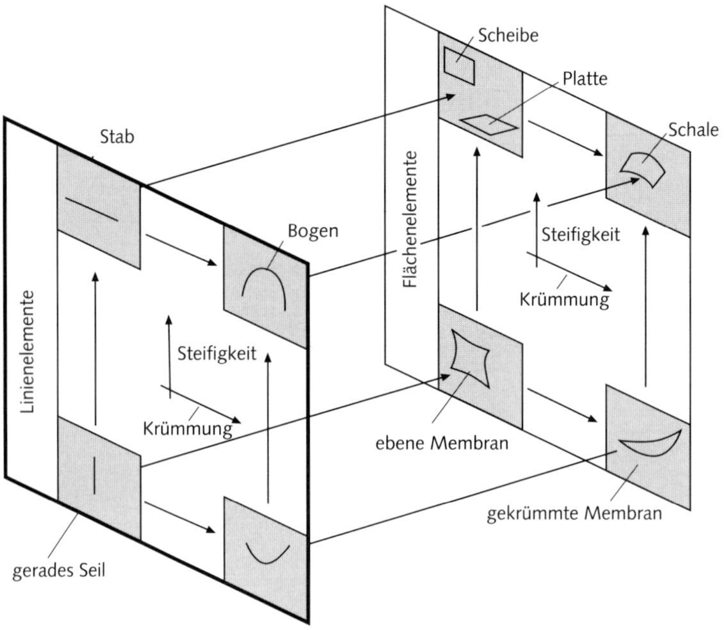

Übersicht Tragstrukturen

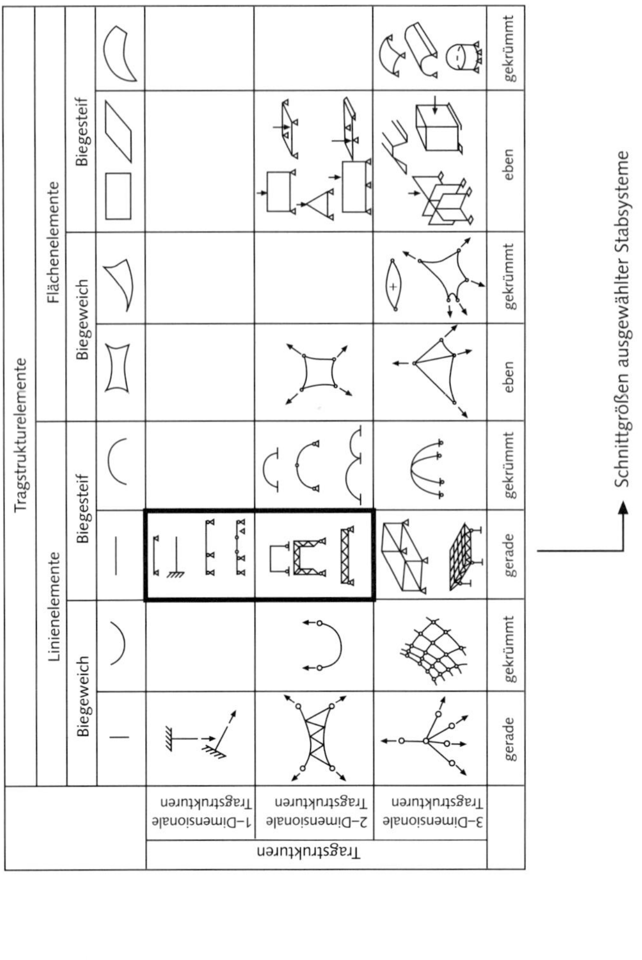

Klassifizierung Stabtragwerke (nach Rothe)

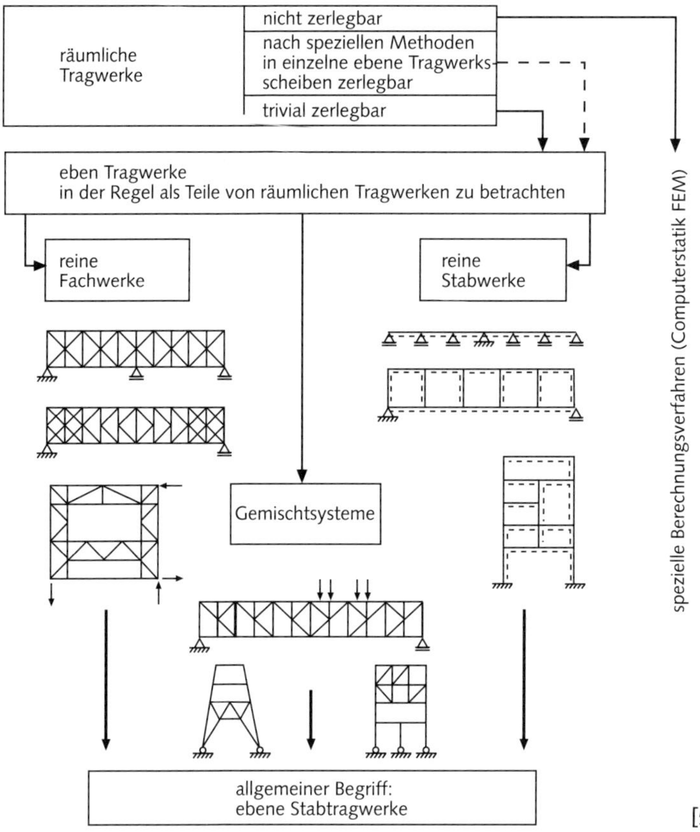

[52]

Im folgenden werden aus der Vielfalt der Tragstrukturen einige, für die Praxis wichtige Stabtragwerke ausgewählt.

Für die Interpretation von Computerergebnissen oder für die überschlägige Dimensionierung von Tragwerken, sowie für die Beurteilung des Tragverhaltens, ist die Kenntnis einiger grafischer und analytischer Prinzipien für die Schnittgrößenermittlung sehr wesentlich!

Beispiel Einfeldträger mit konst. Linienlast

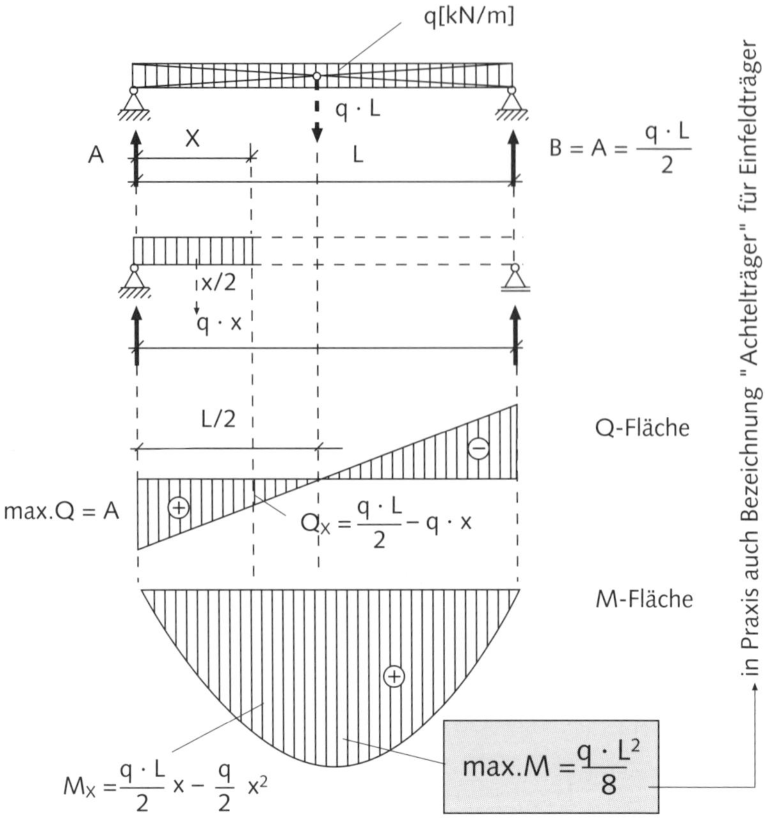

Einflußlinien – Prinzip am Einfeldträger erläutert

ortsfeste Lasten ⟶ Zustandslinien M, N, Q
ortsveränderliche Lasten ⟶ Einflußlinien M, N, Q
⟶ z.B. Brücken, Kranbahnen, befahrener Hochbau

wandernde (bewegliche) Last P = 1kN

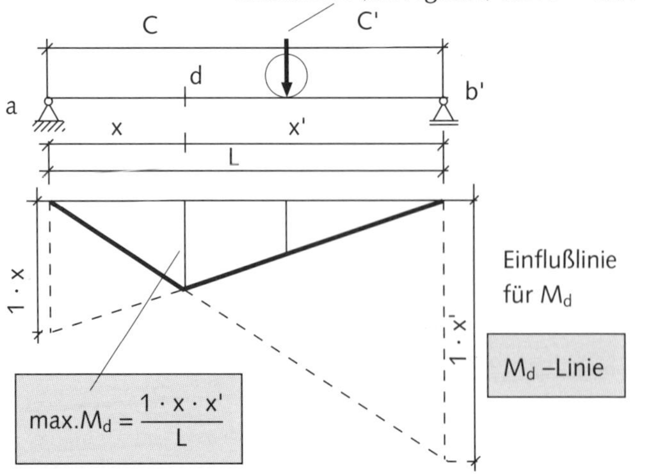

Wenn P in d steht!

Prinzip
– Last über den Träger wandern lassen
– jeweilige Stütz- oder Schnittgröße an der Laststellung antragen z.B. $M_d = 0$, wenn p in a [68, 69, 71]

Beispiel Einfeldträger mit einseitigem Kragarm

Belastung des Feldes

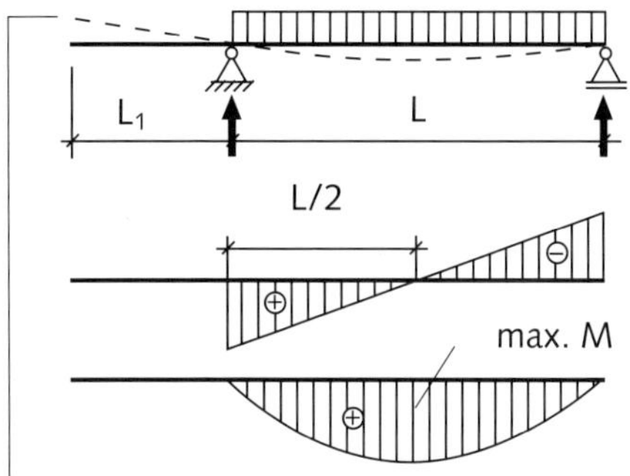

Q-Fläche

M-Fläche

Entgegengesetzt verlaufende Biegelinien!

Belastung des Kragarms

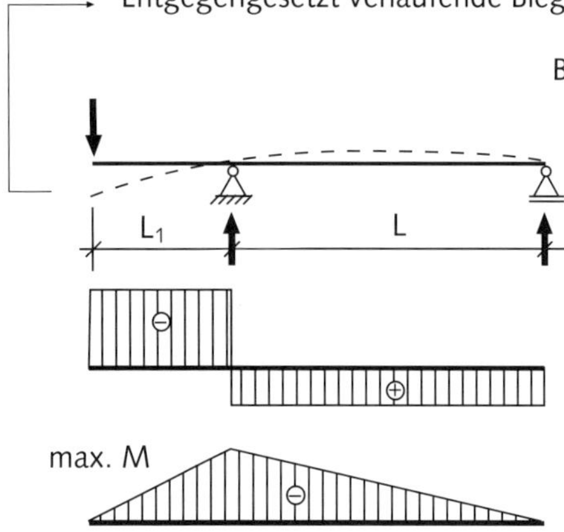

Q-Fläche

M-Fläche [69]

Beispiel Einfeldträger mit beidseitigem Kragarm

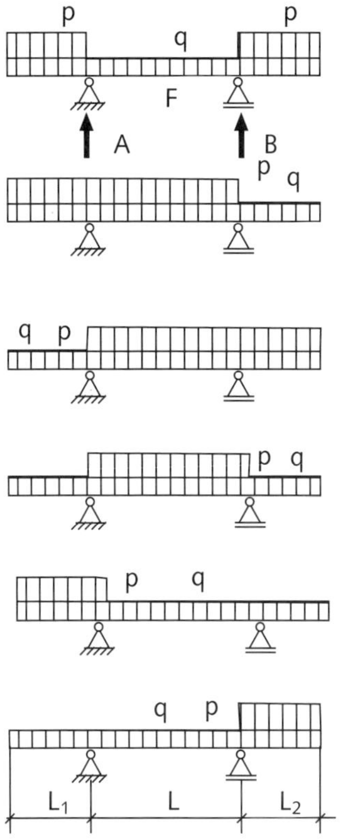

ungünstige M, A, B

min. M_a
min. M_b
min. M_F

max. A
min. M_a

max. B
min. M_b

max. M_F

min. M_a
max. B

min. M_b
max. A

– Mehrfache Berechnung des Trägers!
– Verkehrslasten p so ansetzen, daß ungünstige Wirkung erfolgt ⟶ max/min Schnittgrößen

Geometrische Beziehungen

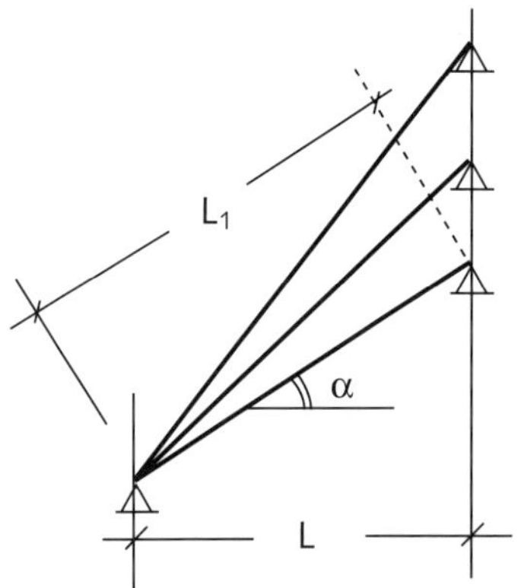

normale Winkel α

$$L = L_1 \cdot \cos\alpha$$

$$L_1 = \frac{L}{\cos\alpha}$$

je größer die Neigung α, um so größer der Anteil pro m oder m² Grundriß

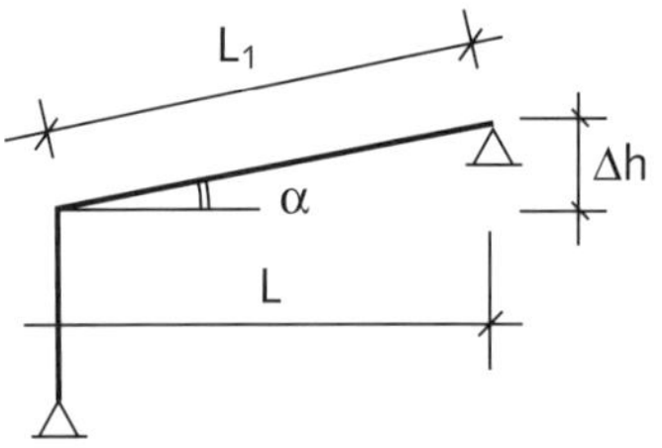

kleine Winkel α

$$\sin\alpha \approx \tan\alpha = \frac{\Delta h}{L}$$

$$\cos\alpha = 1$$

$$L \approx L_1$$

Kraftkomponenten/Schnittgrößen

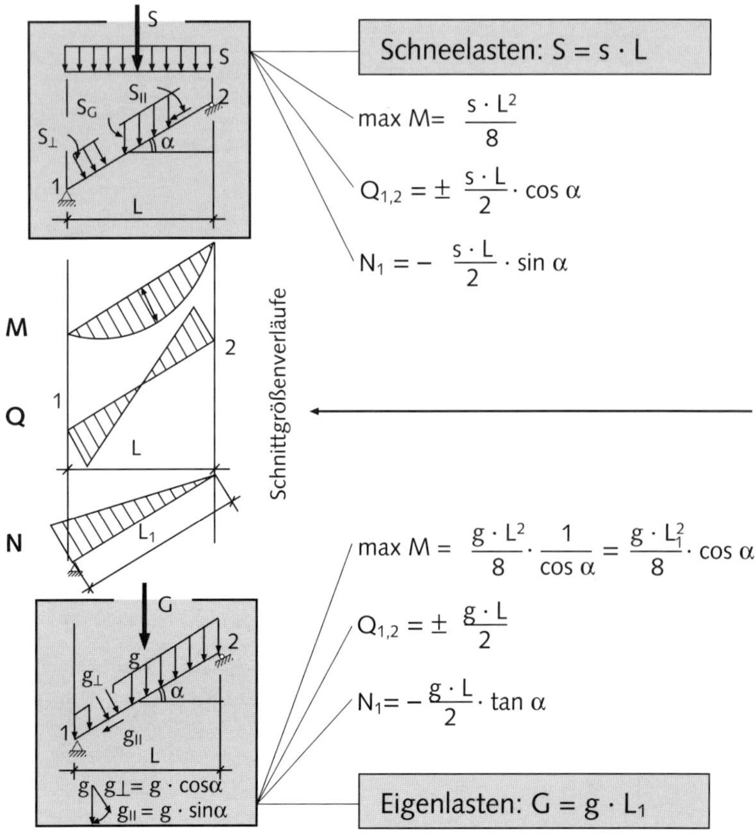

Schneelasten: $S = s \cdot L$

$$\max M = \frac{s \cdot L^2}{8}$$

$$Q_{1,2} = \pm \frac{s \cdot L}{2} \cdot \cos\alpha$$

$$N_1 = - \frac{s \cdot L}{2} \cdot \sin\alpha$$

$$\max M = \frac{g \cdot L^2}{8} \cdot \frac{1}{\cos\alpha} = \frac{g \cdot L_1^2}{8} \cdot \cos\alpha$$

$$Q_{1,2} = \pm \frac{g \cdot L}{2}$$

$$N_1 = - \frac{g \cdot L}{2} \cdot \tan\alpha$$

Eigenlasten: $G = g \cdot L_1$

Die Stütz- und Schnittgrößen geneigter Träger sind abhängig von der Anordnung des beweglichen Lagers

= Richtung der Stützung des beweglichen Lagers

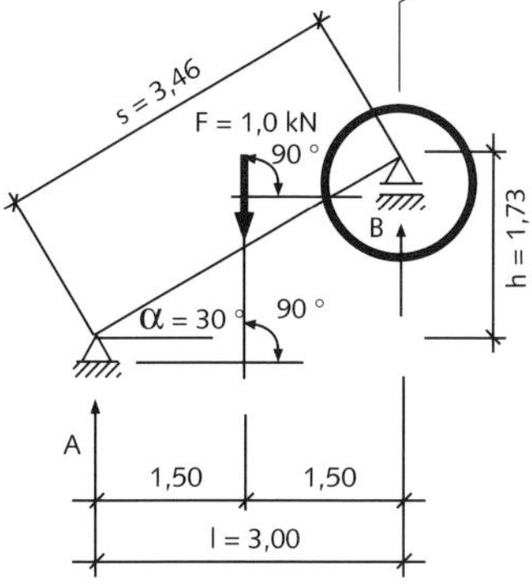

Stützung B vertikal angeordnet

$\Sigma M_A = 0 \quad \Sigma V = 0$

$-B \cdot 3 + F \cdot 1{,}5 = 0$

A = 0,50 kN
B = 0,50 kN

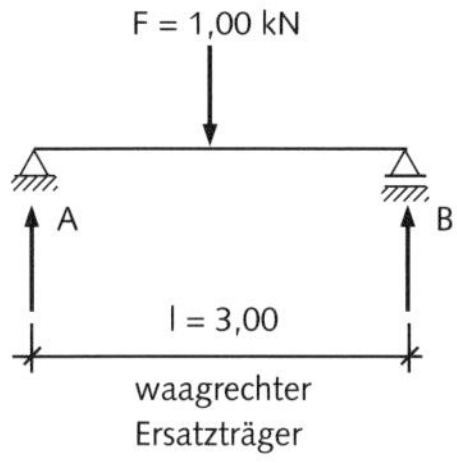

Waagrechter Ersatzträger möglich, wenn die Auflagerflächen ⊥ zur Richtung der Last verlaufen!

[61]

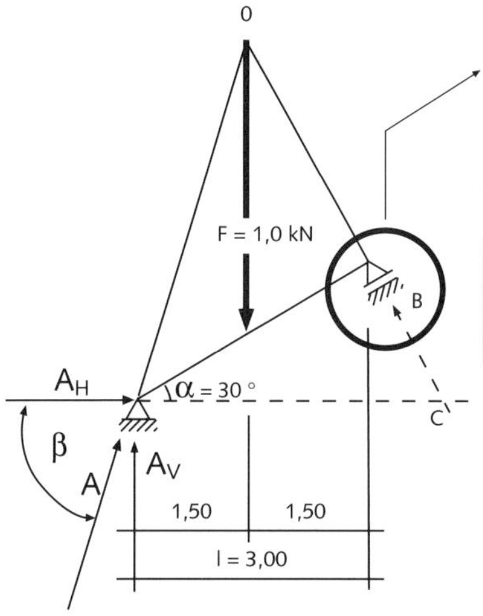

Stützung B schräg angeordnet = ⊥ zur Stabachse

$\Sigma M_A = 0 \qquad \Sigma M_C = 0$

A = 0,67 kN
B = 0,43 kN

β = 71°

$A_V = 0{,}63$ kN
$A_H = 0{,}22$ kN

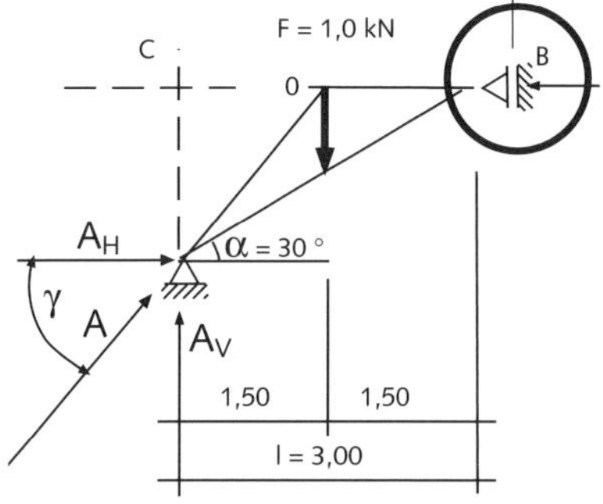

Stützung B horizontal angeordnet

$\Sigma M_A = 0 \qquad \Sigma M_C = 0$

A = 1,33 kN
B = 0,87 kN

γ = 49°

$A_V = 1{,}0$ kN
$A_H = 0{,}87$ kN
$A_H = B$
$A_V = F$

Schnittkraftverläufe

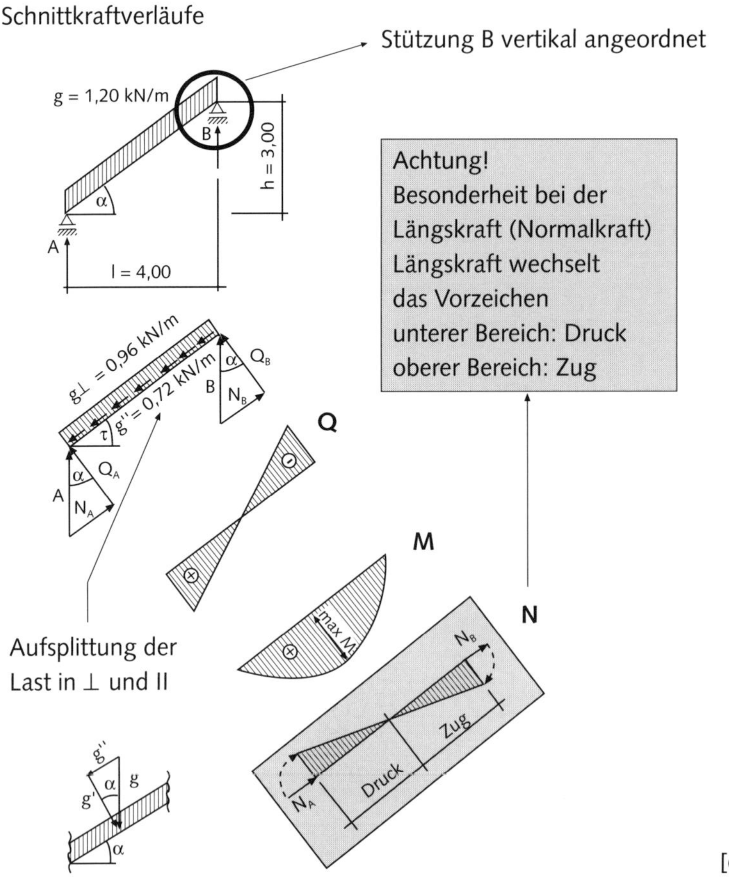

Achtung!
Besonderheit bei der Längskraft (Normalkraft)
Längskraft wechselt das Vorzeichen
unterer Bereich: Druck
oberer Bereich: Zug

[61]

Schnittkraftverläufe Belastung vertikal + ⊥ Stabachse

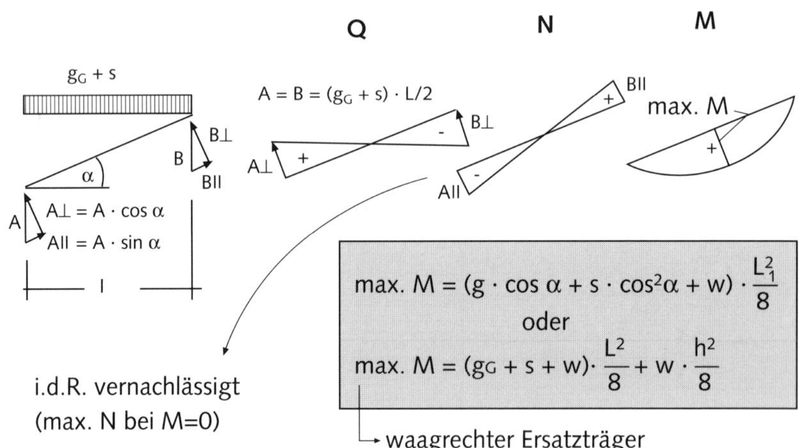

i.d.R. vernachlässigt
(max. N bei M=0)

$$\text{max. } M = (g \cdot \cos\alpha + s \cdot \cos^2\alpha + w) \cdot \frac{L_1^2}{8}$$

oder

$$\text{max. } M = (g_G + s + w) \cdot \frac{L^2}{8} + w \cdot \frac{h^2}{8}$$

waagrechter Ersatzträger

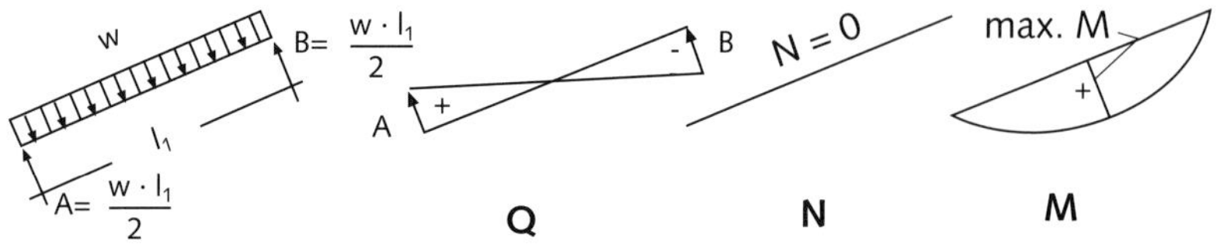

[24]

Geneigte Träger

Vertikale Belastung (Eigenlast/Schnee)

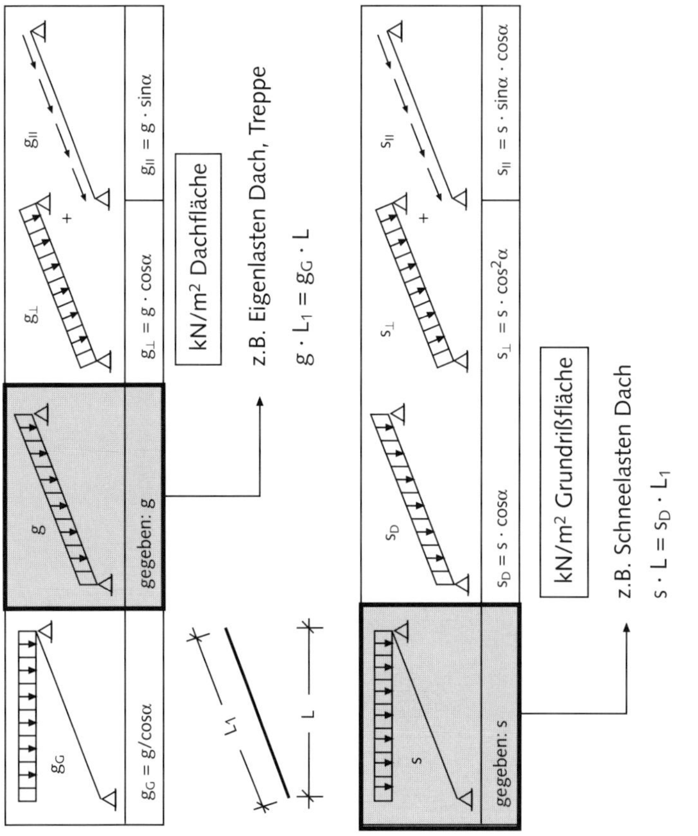

[24]

Geneigte Träger

Belastung ⊥ Stabachse (Wind)

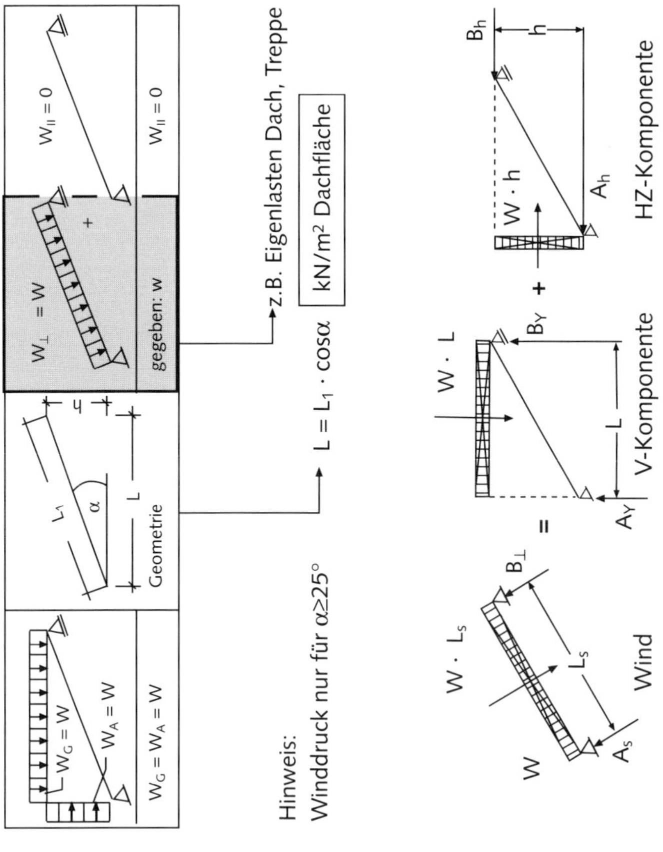

Sonderfall: geknickter Träger = statisch bestimmtes System mit geknickter Stabachse

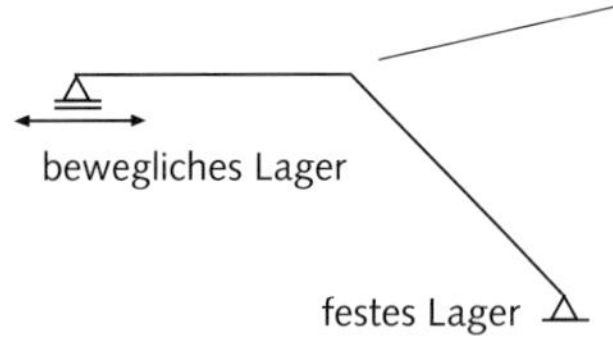

- z.B. Treppenläufe in Verbindung mit Podesten
- in der Regel Näherungsberechnungen am waagrechten Ersatzträger

- in der Praxis oft statisch unbestimmte Ausführung mit 2 festen Lagern

> Achtung!
> Zusätzliche Druck- oder Zugkräfte in den Auflagern

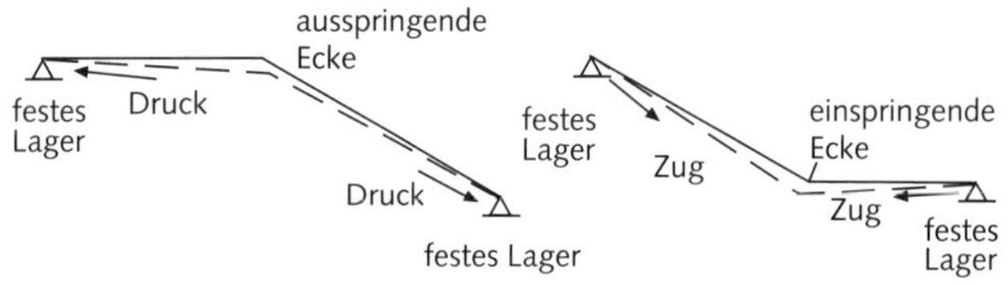

[43]

Sonderfall: geknickter Träger

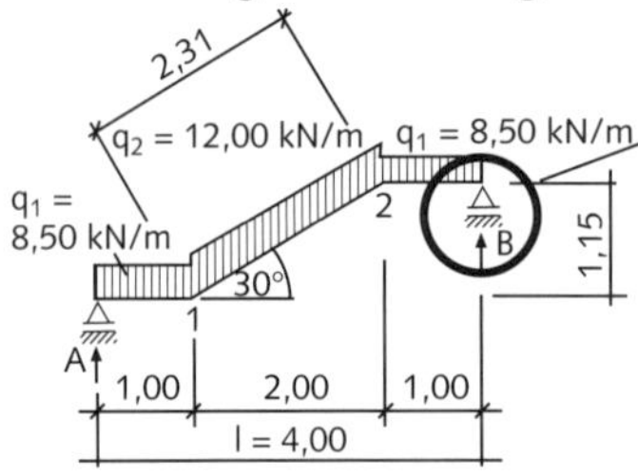

Stützung B vertikal
Auflagerfläche ⊥ Last

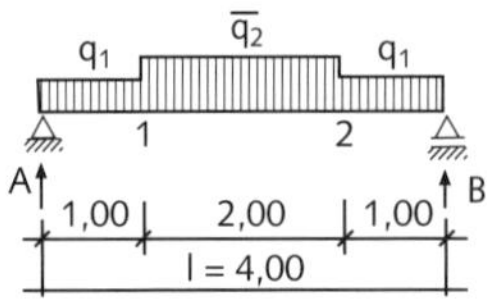

Stützgrößenermittlung waagrechter Ersatzträger mit

$$\bar{q}_2 = \frac{q_2}{\cos\alpha} = \frac{12}{0{,}87} = 13{,}9\ \frac{\text{kN}}{\text{m}}$$

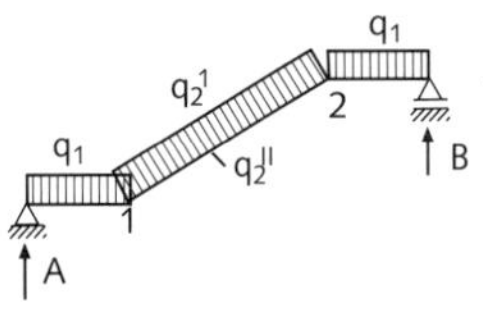

Schnittgrößen M, N, Q mit

$q_{2\perp} = q_2 \cdot \cos\alpha$

$q_{2\parallel} = q_2 \cdot \sin\alpha$

prinzipielle Schnittgrößenverläufe

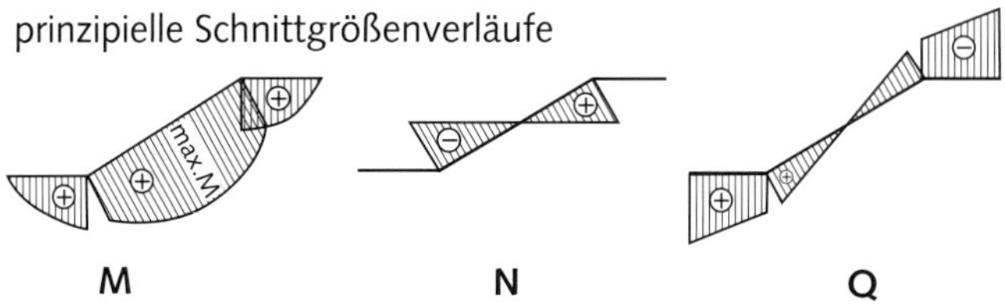

[61]

Kragträger/Freiträger

Kragträger/Freiträger = Träger mit nur einem Auflager, das als Einspannung (M, N, Q) ausgebildet sein muß

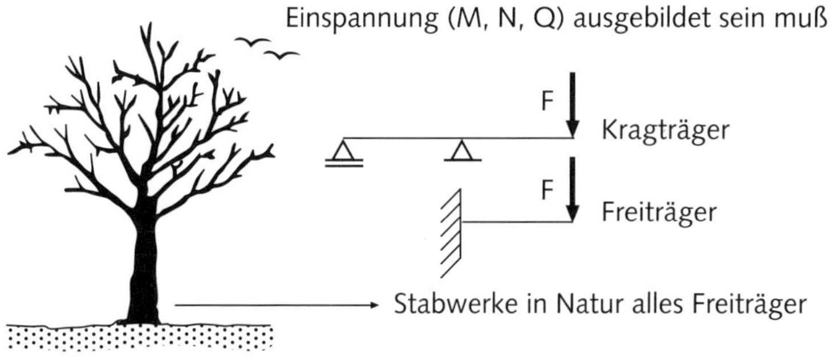

statische Länge (Stützweite) L

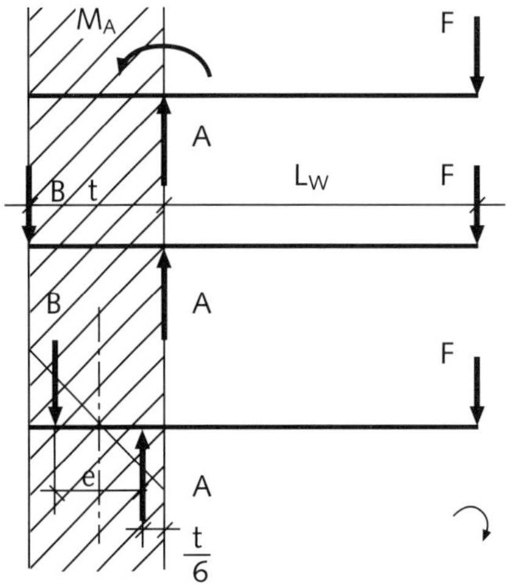

reine Stahlkonstruktion

$$L = L_W$$

$M_A = B \cdot t = F \cdot L$

Auflager Mauerwerk/Beton

$$L = L_W + \frac{1}{6} \cdot t$$

$M_A = B \cdot e = F \cdot L$

Moment und A bzw. B größer!

[5]

Kragträger/Freiträger

Beispiel: Freiträger mit Brüstung (Balkonträger)

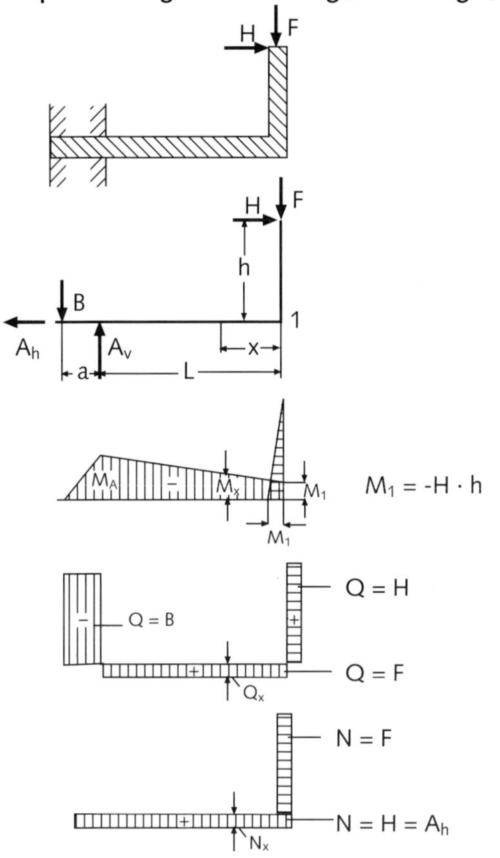

Querschnitt

statisches System

M

Q

N

[43]

Gelenkträger

Überspannung mehrerer Stützweiten

① **Kette von Einfeldträgern**

- große Biegemomente bzw. Durchbiegungen
- Baustoffausnutzung nur in Feldmitte
- unempfindlich gegen Zwängungen, Setzungen
- leichte Montage

② **Gelenkträger = Gerberträger**

- kleinere Momente bzw. Durchbiegungen als ①
- bessere Baustoffausnutzung als ①
- unempfindlich gegen Zwängungen/Setzungen
- Gelenke sind Schwachstellen und teuer

③ **Durchlaufträger**

- kleinere Momente bzw. Durchbiegungen als ①
- bessere Baustoffausnutzung als ①
- empfindlich gegen Zwängungen/Setzungen
- schwierige Herstellung aus Fertigteilen [20]

Gelenkträger

- statisch bestimmter Mehrfeldträger mit sinnvoller Gelenkanordnung → Biegemomente abmindern!

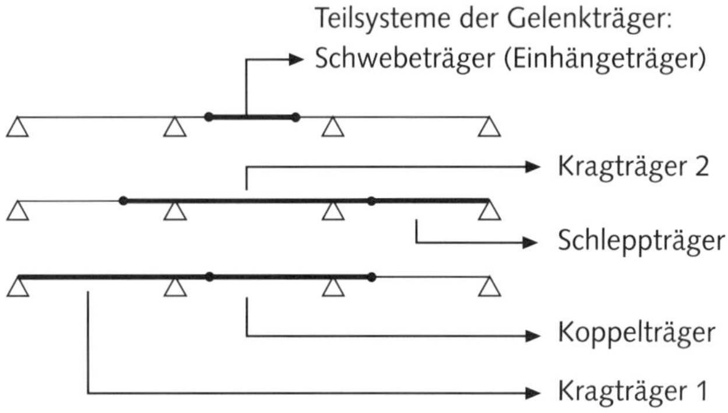

Bildungsprinzipien

> - Anzahl der Gelenke = Anzahl der Innenstützen (Mittelstützen)
> - in End/Randfeldern nur 1 Gelenk
> - Innenfelder 2 Gelenke, wenn Nachbarfelder kein Gelenk
> - 1 festes Lager, alle anderen beweglich

Gelenkträger = "Gerberträger" - Patent 1866
(Heinrich Gerber, 1832-1912)

Anordnung der Gelenke

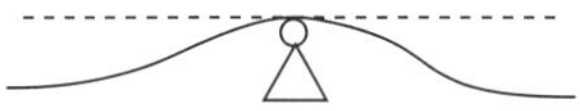

→ unter Stabachse
Durchlaufwirkung

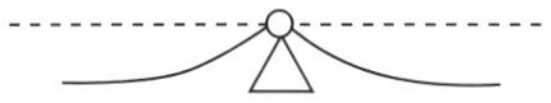

→ in Stabachse
Reduktion der Bindungen um 1
M = 0

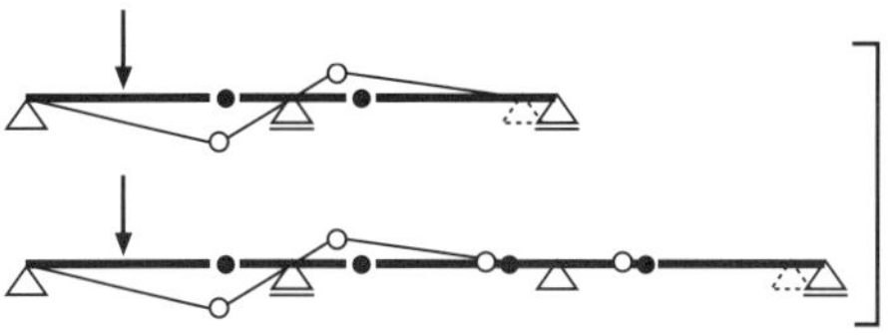

instabile Systeme!
zuviele Gelenke

Schadensfall:

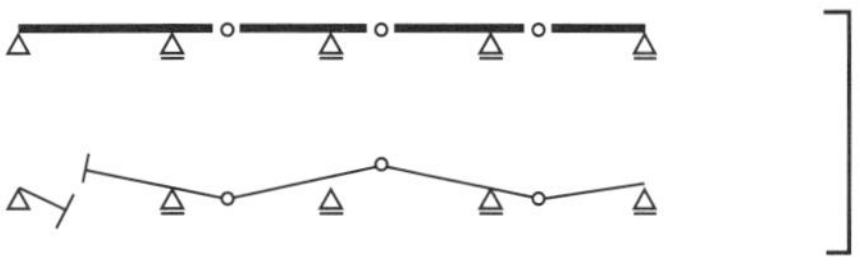

schlecht → Gesamtsystem versagt!

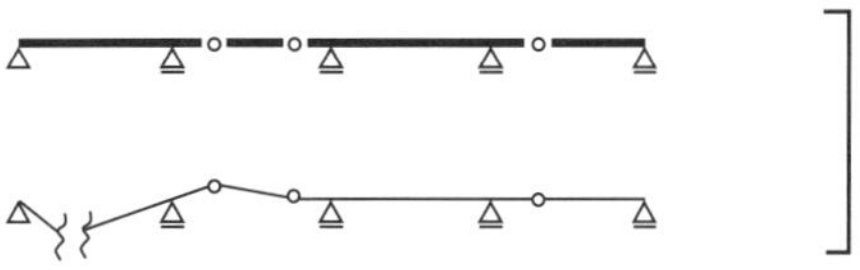

gut

[17]
[46]

Prinzip einer Gerberpfette

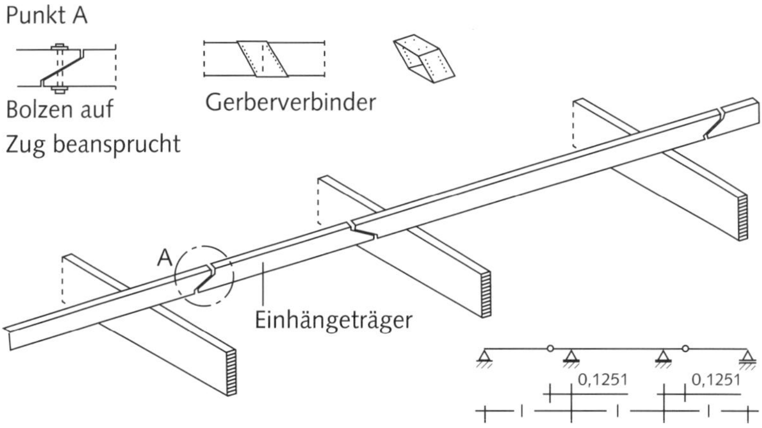

– ähnliches Tragverhalten wie ein Durchlaufträger
– Abminderung der maßgebenden Biegemomente und bessere Baustoffausnutzung durch Kombination verschieden langer Gelenkbalken [15]

Berechnungsverfahren – Typ A

Anwendung in der Regel bei Dachpfetten

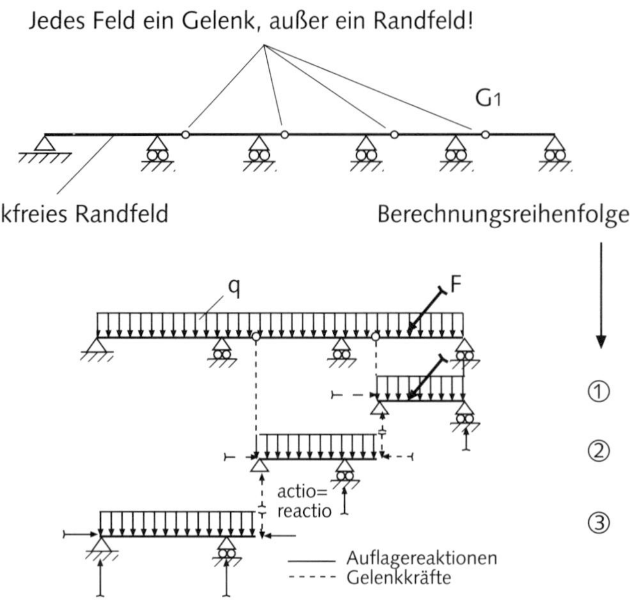

① Beginn im Randfeld mit einem Gelenk (Schleppträger)
↘ Gelenkkräfte G1

② Berechnung Nachbarträger
Ansatz G1 mit umgekehrten Vorzeichen (actio = reactio)

③ Berechnung der restlichen Träger [5]

Gelenkträger

Berechnungsverfahren – Typ B

Anwendung früher im Brückenbau

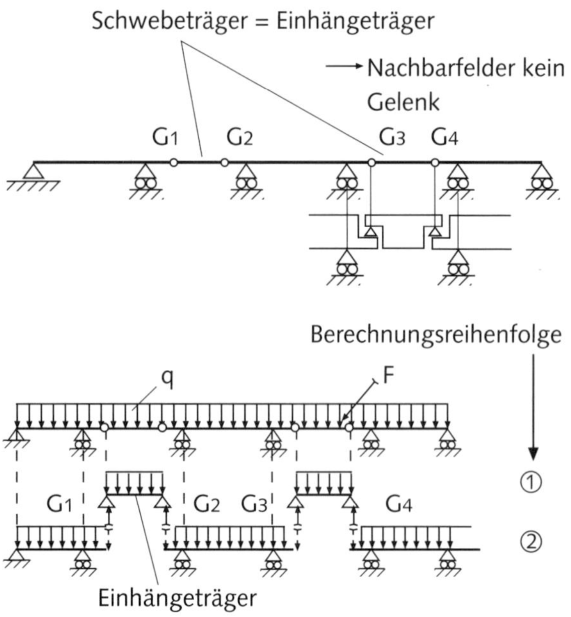

① Beginn mit den Einhängeträgern
↘ Gelenkkräfte G1…G4

② Berechnung der restlichen Träger = Einfeldträger mit Kragarmen
Ansatz G1…G4 mit umgekehrten Vorzeichen

Gleiche Stützweiten

unterschiedliche Biegebeanspruchung

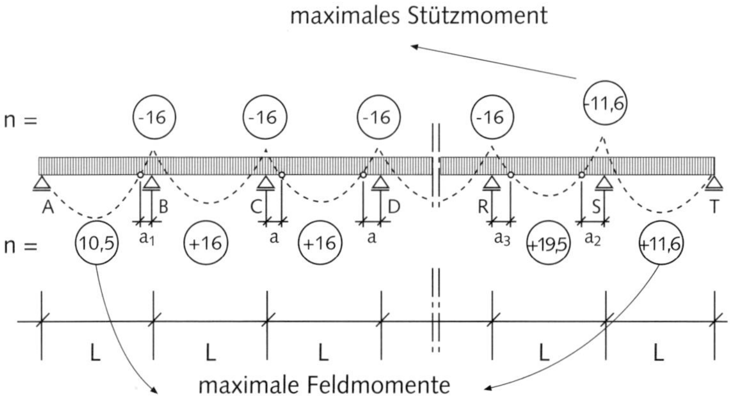

Lage der Gelenke

$a = 0{,}146 \cdot L$	$a_1 = 0{,}125 \cdot L$	$a_2 = 0{,}203 \cdot L$	$a_3 = 0{,}157 \cdot L$

Stützgrößen

$A \approx T = 0{,}42 \cdot q \cdot L$	$B \approx S = 1{,}08 \cdot q \cdot L$	$C \approx R = 1{,}0 \cdot q \cdot L$

maßgebende Biegemomente

$\min M_S = -\, q \cdot L^2/n$	$\max M_F = +q \cdot L^2/n$

[3]

Verkürzte Endfelder

gleiche Biegebeanspruchung
in den Feldern und über den Stützen

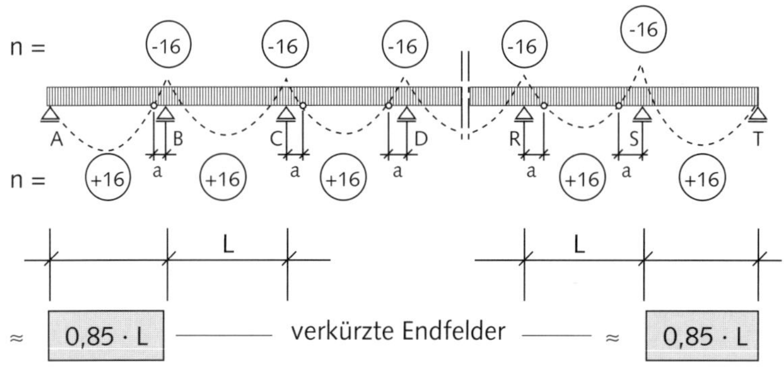

Lage der Gelenke

$a = 0{,}146 \cdot L$

Stützgrößen/Biegemomente

$A = T = 0{,}35 \cdot q \cdot L$	$B \ldots S = 1{,}0 \cdot q \cdot L$

$\min M_S = -\, q \cdot L^2/16$	$\max M_F = +q \cdot L^2/16$

[2]
[20]

Beispiel Fabrikhalle

Grundriß mit Gelenkpfetten

Auflagertiefe: 20 cm

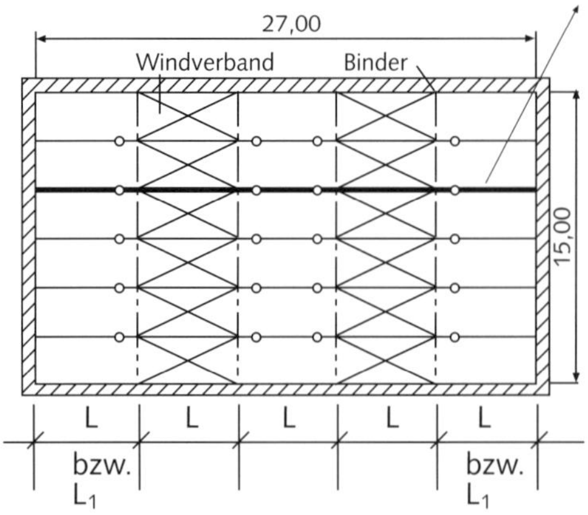

Gegeben:
4 Binder, d.h.
5 Felder
Gesamtlast Pfette:
6,5 kN/m

Stützweiten bei gleicher Biegebeanspruchung

$2 \cdot 0{,}85 \cdot L + 3 \cdot L + 2 \cdot \frac{0{,}20}{2}$

$L = 27{,}2/4{,}707 = 5{,}78$ m

$L1 = (27{,}2 - 3 \cdot 5{,}78)/2 = 4{,}93$ m

Stützweiten bei gleichem Binderabstand

$L = 27{,}2/5 = 5{,}44$ m

[20]

gleiche Biegebeanspruchung

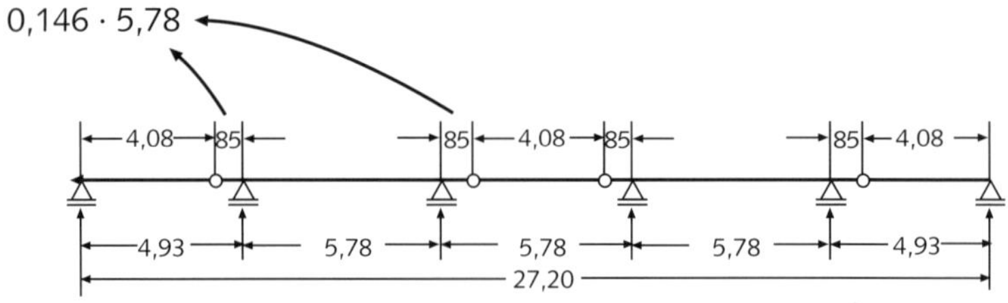

$$\max. M_F = -M_s = \frac{6{,}5 \cdot 5{,}78^2}{16} \approx 13{,}6 \text{ kNm}$$

gleich große Binderfelder
verstärkte Endfelder

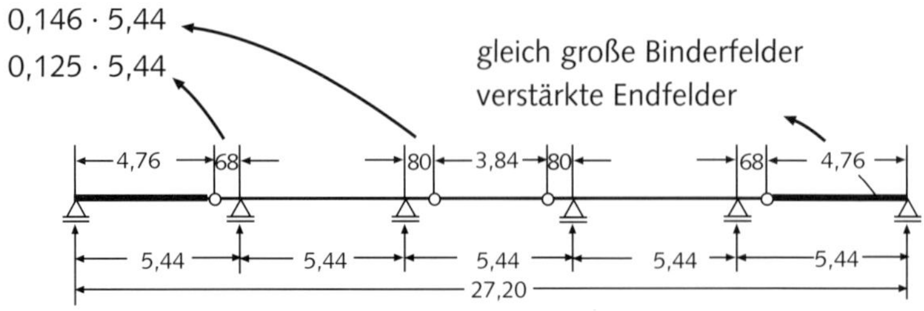

$$\max. M_F = -M_s \approx \frac{6{,}5 \cdot 5{,}44^2}{16} \approx 12 \text{ kNm}$$

Innenfelder

$$\max. M_F \approx \frac{6{,}5 \cdot 5{,}44^2}{10{,}5} \approx 18{,}3 \text{ kNm} \;!$$

Endfeld

Prinzip einer Koppelpfette

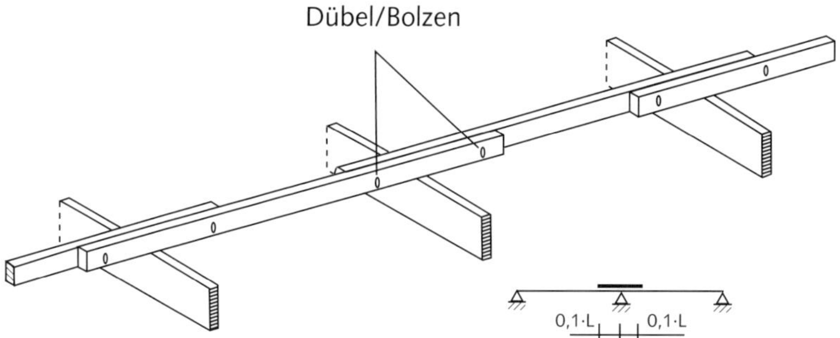

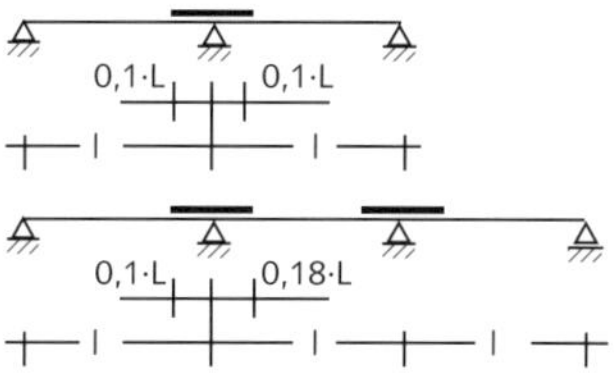

Achtung!
Nicht mit Gelenkträger verwechseln!

- Einfeldträger, die nachträglich durch Dübel/Bolzen zu einem Durchlaufsystem verbunden werden
- für die Aufnahme der großen Stützmomente stehen 2 Balkenquerschnitte zur Verfügung

[15]

Koppelträger mit gleichen Stützweiten

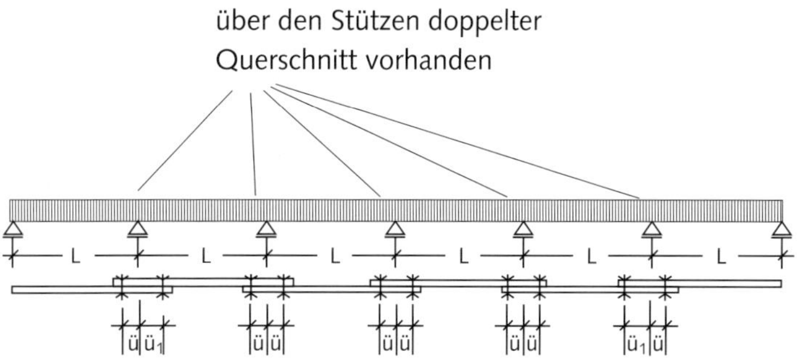

Lage der Kopplungsbolzen

$ü = L/8$	$ü_1 = L/5$

maßgebende Feldmomente

Endfelder	Innenfelder
$M_F = q \cdot L^2/12$	$M_F = q \cdot L^2/22$

Hinweis:
Stützmomente M_s durch die 2 Querschnitte ohne Nachweis aufnehmbar

[3]

Rahmen (Dreigelenkrahmen)

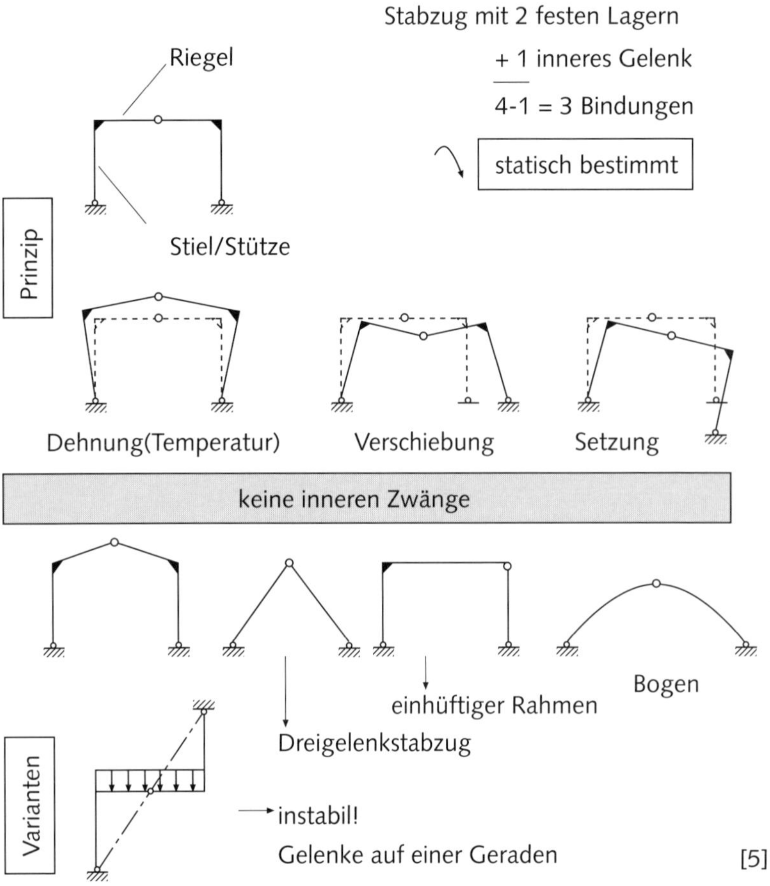

[5]

Rahmen

Prinzipielles Verformungsverhalten

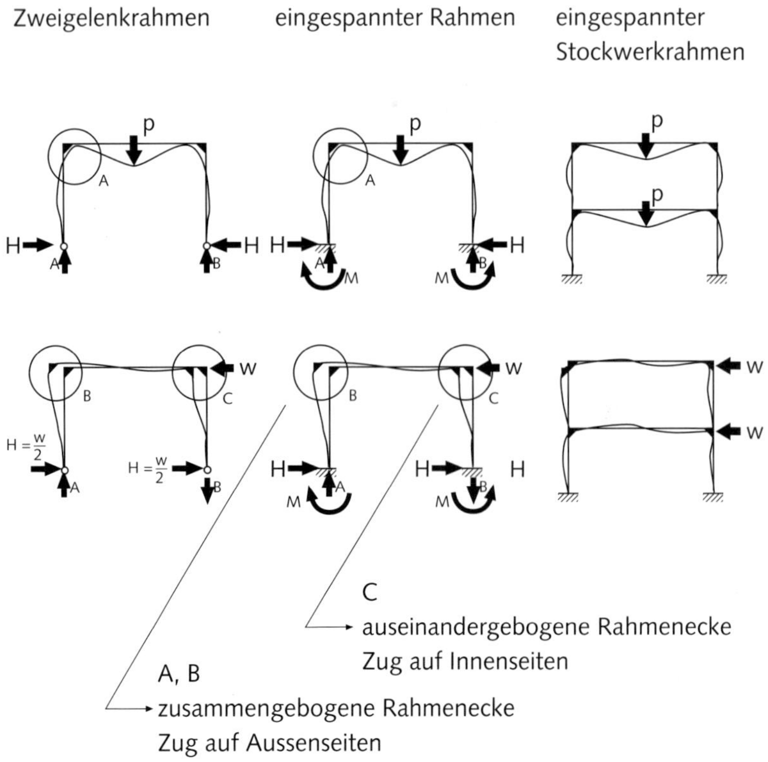

[29]

Rahmen = geknickter oder gekrümmter Träger, dessen Fußpunkte horizontale Kräfte aufnehmen können

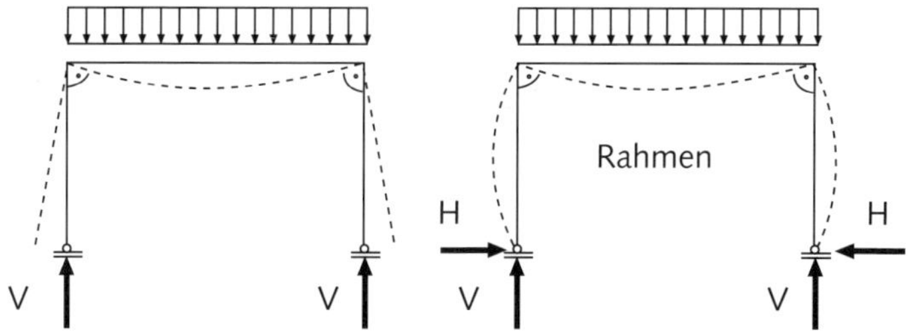

freie Horizontalverschiebung der Auflager

bei gleicher geometrischer Struktur entsteht die Rahmenwirkung erst durch den Horizontalschub

Die Rahmenwirkung

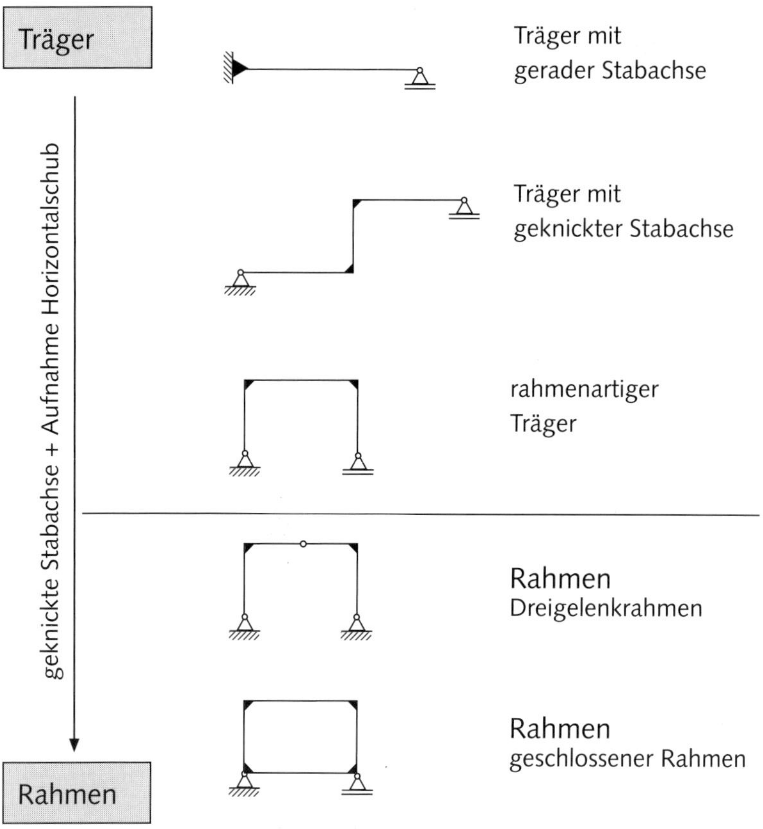

Rahmen – die 3 statischen Grundsysteme

statisch unbestimmt

eingespannter Rahmen

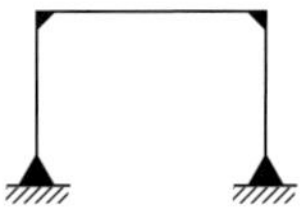

Zweigelenkrahmen

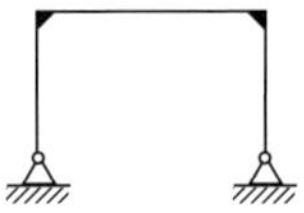

Stütz- und Schnittgrößen

Gebrauchsformeln siehe Tabellenbücher bzw. Fachliteratur, z.B. [33, 34, 49]

statisch bestimmt

Dreigelenkrahmen

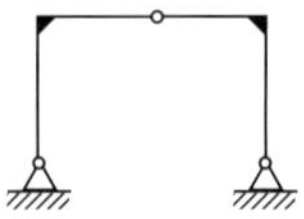

Stütz- und Schnittgrößen

Ermittlung aus

$\Sigma H = 0$

$\Sigma V = 0$

$\Sigma M = 0$

Rahmen – spezielle Systeme

in der Regel mehrfach statisch unbestimmt

Rahmenträger
Vierendeelträger

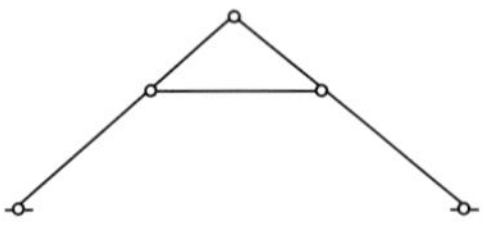

Kehlbalkendach [43]

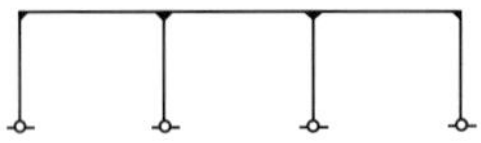

mehrstielige Rahmen [48]

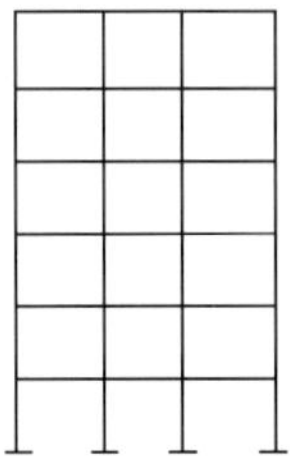

Stockwerkrahmen [53]

Sprengwerk [48]

[68]

Statisch unbestimmte Rahmen (z.B. Zweigelenkrahmen)
Beeinflußung der Schnittgrößenverteilung durch unterschiedliche Biegesteifigkeiten EJ

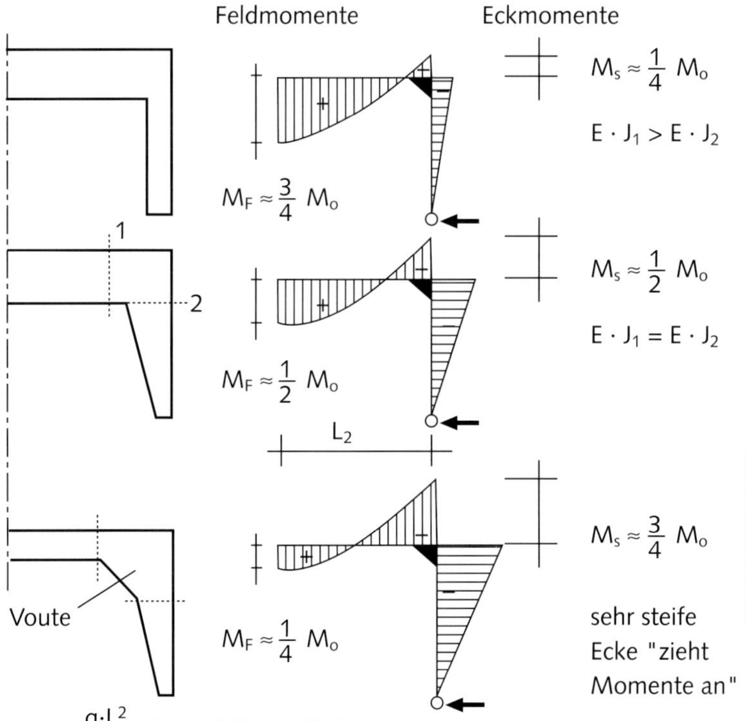

z.B. $M_o = \frac{q \cdot L^2}{8}$ für

[46]

Vergleich Lastabtragung durch Biegung bzw. Normalkraft

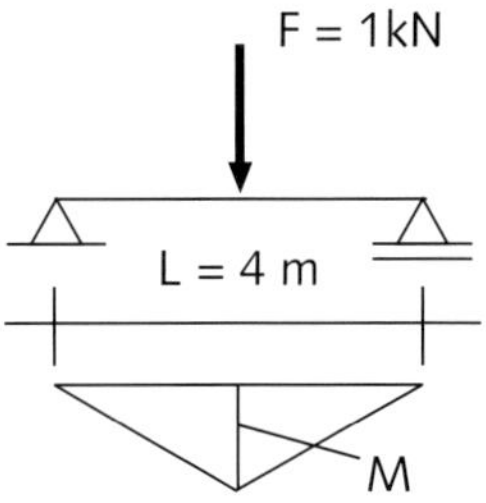

Lastabtragung durch Biegung

$M = \frac{F \cdot L}{4} = 1 \text{ kNm}$

max. $\sigma_M = \frac{M}{W_y} = 0{,}29 \text{ kN/cm}^2$

Annahme: Querschnitt 8/16 $A = 128 \text{ cm}^2$ $W_y = 341 \text{ cm}^3$

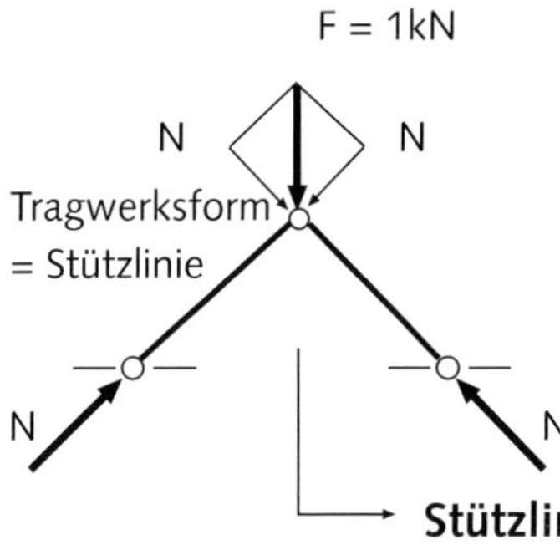

Lastabtragung durch Normalkraft

$N = \frac{F}{2}\sqrt{2} = 0{,}71 \text{ kN}$

max. $\sigma_N = \frac{N}{A} = 0{,}0055 \text{ kN/cm}^2$

$\sigma_M \approx 52 \cdot \sigma_N$

Stützlinie anstreben!

[17]

Bogen/Beispiele

Dreigelenkbogen

ebene Systeme

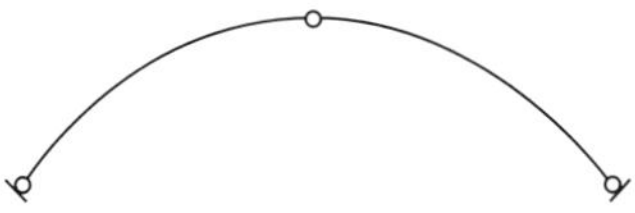

ohne Zugband
zwei feste Lager

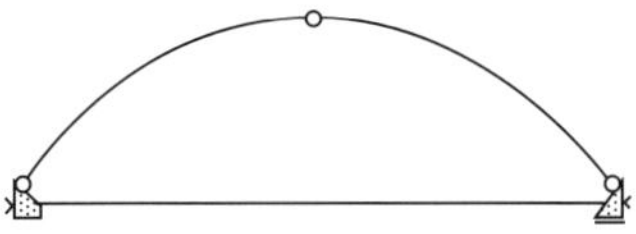

mit Zugband

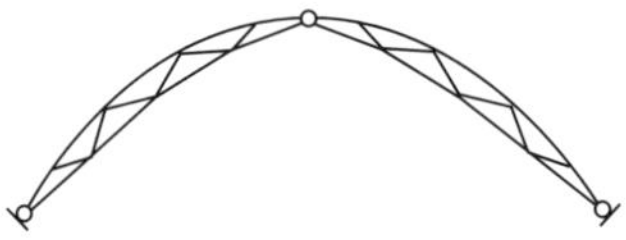

Fachwerksystem

räumliche Systeme

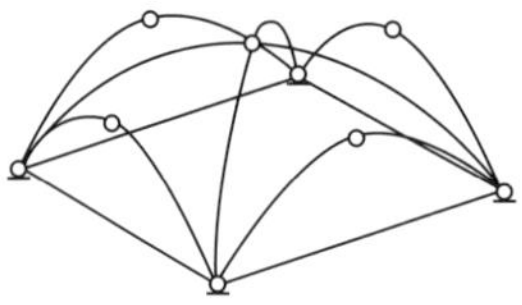

Quadratgrundriß
mit äußeren
Zugbändern

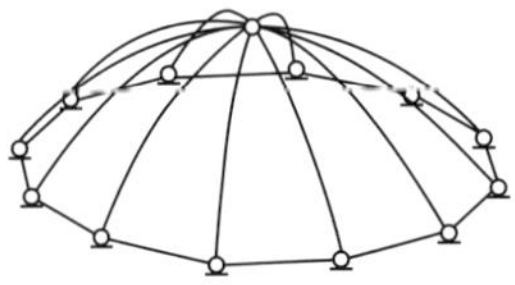

Kreisgrundriß
ohne Zugbänder

Rahmen/Beispiele

Dreigelenkrahmen

ebene Systeme

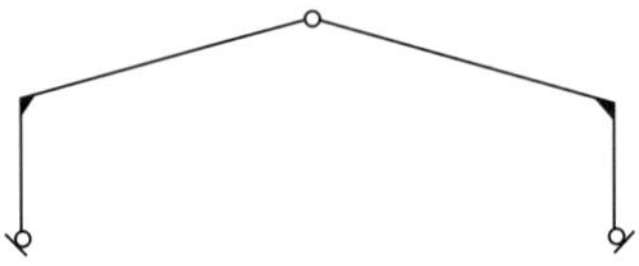

Vollwandsystem
ohne Zugband

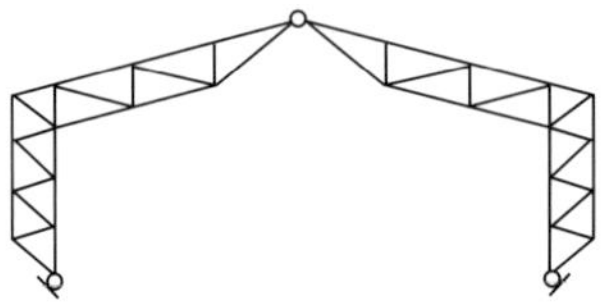

Fachwerksystem
ohne Zugband

räumliche Systeme

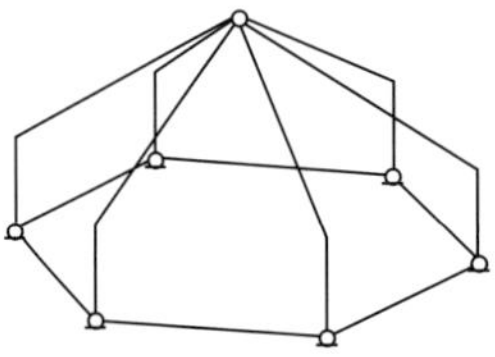

radial-symetrische
Anordnung

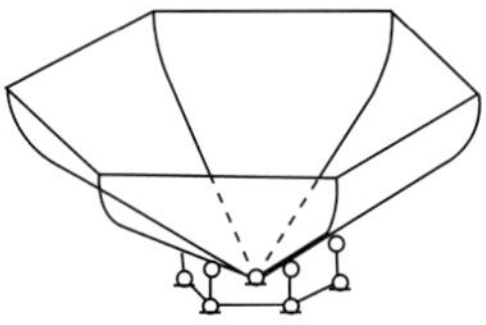

Mit oben liegendem
Zugband!
(umgekehrtes System)

[62]

Dreigelenkstabzüge

ebene Systeme

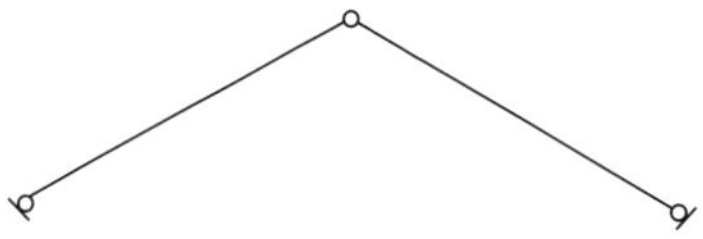

ohne Zugband
zwei feste Lager

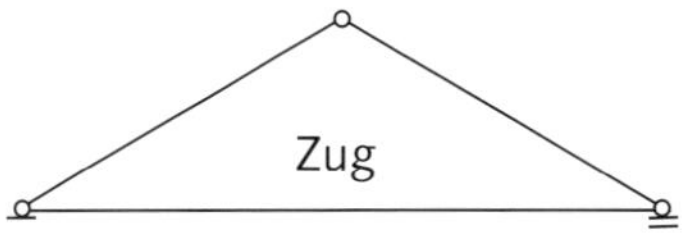

mit Zugband
ein festes Lager
ein bewegliches Lager

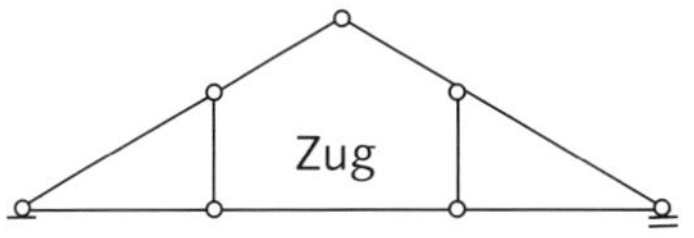

mit abgehängtem Zugband

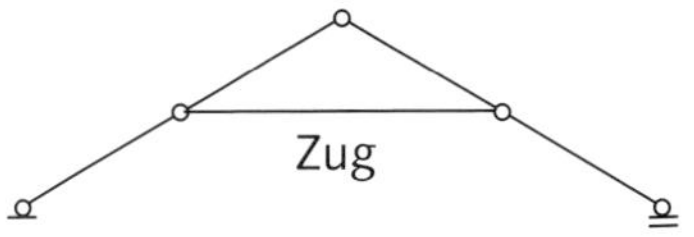

mit Kehlzugband

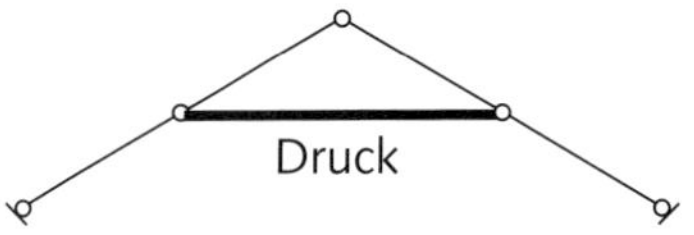

mit Druckstab
= Kehlbalkendach

Stabzüge/Beispiele

Dreigelenkstabzüge

ebene Systeme

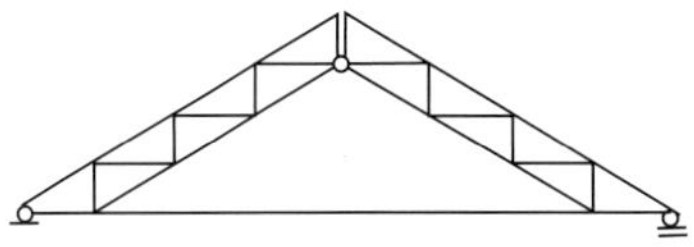

Fachwerkträger
mit Zugband

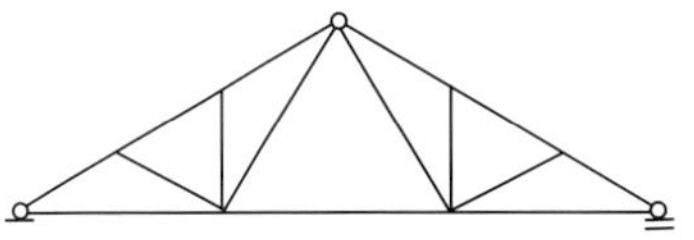

Polonceau-System

räumliche Systeme

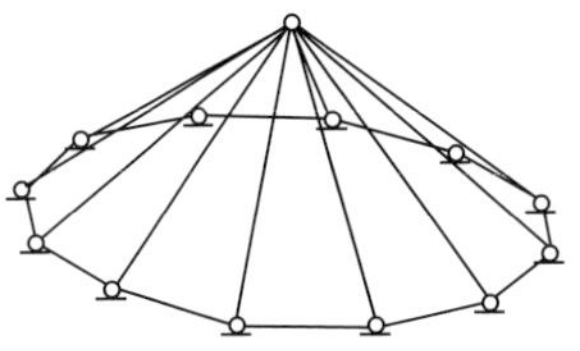

ohne Zugband

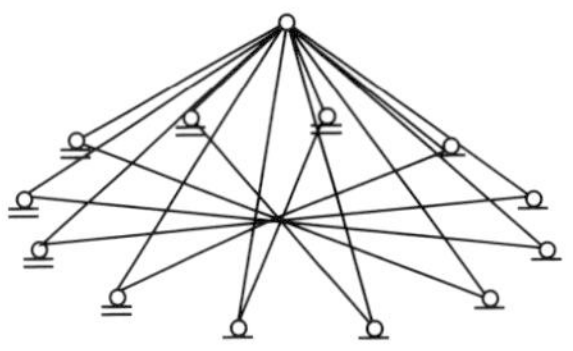

mit Zugband

4
Schnittgrößen
Rahmen/Bogen

Dreigelenkrahmen – prinzipielle Schnittgrößenverläufe

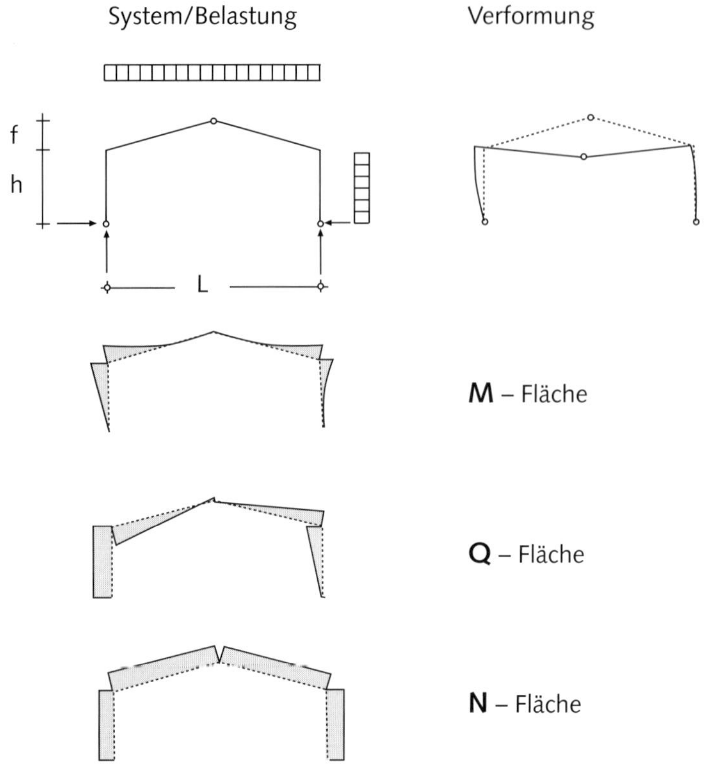

Dreigelenkrahmen mit Zugband – prinzipielle Schnittgrößenverläufe

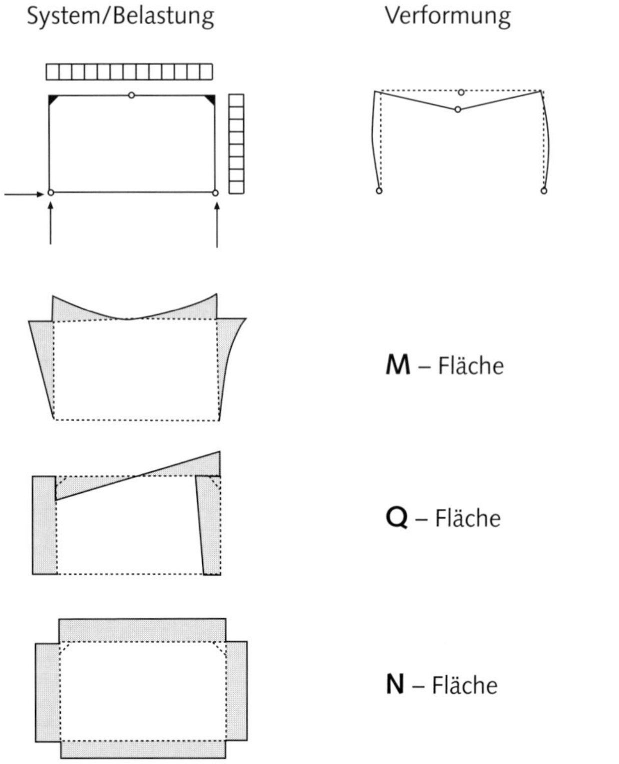

[62]

Dreigelenkstabzug – prinzipielle Schnittgrößenverläufe

System/Belastung

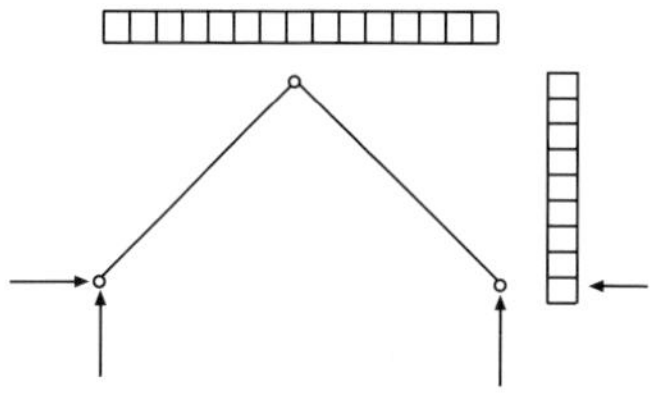

Verformung

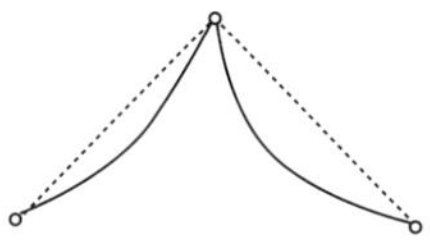

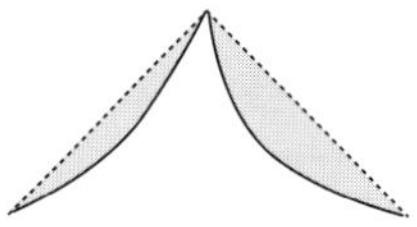

M – Fläche

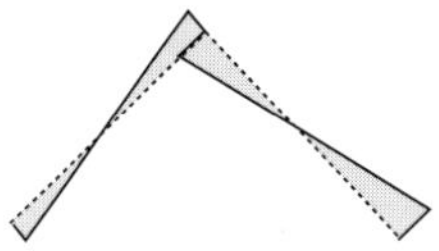

Q – Fläche

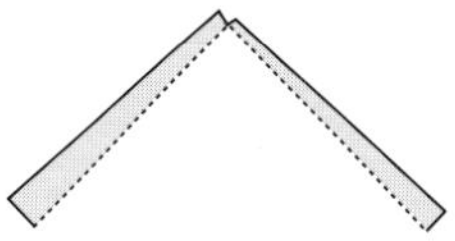

N – Fläche

Stabzüge/Verläufe

Dreigelenkstabzug mit Zugband = Sparrendach

System/Belastung

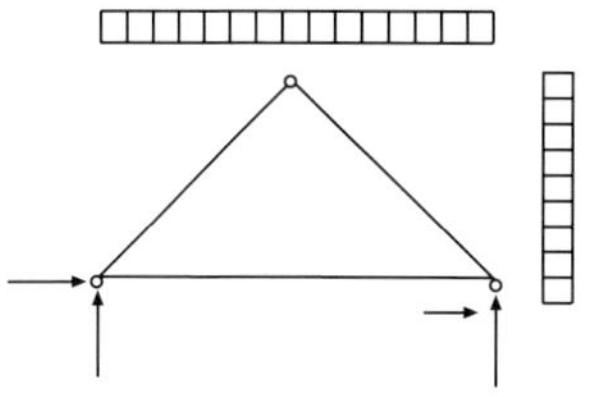

Verformung

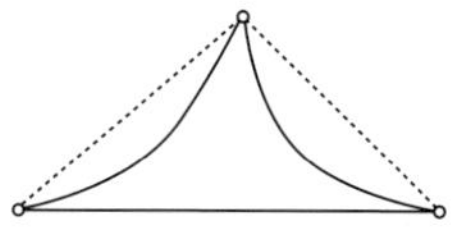

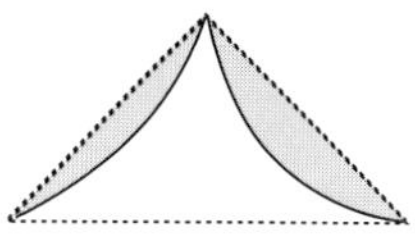

M – Fläche

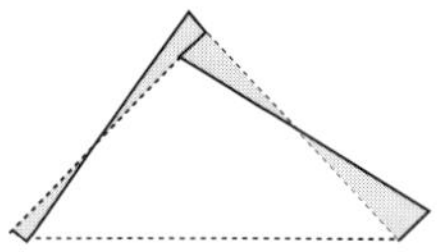

Q – Fläche

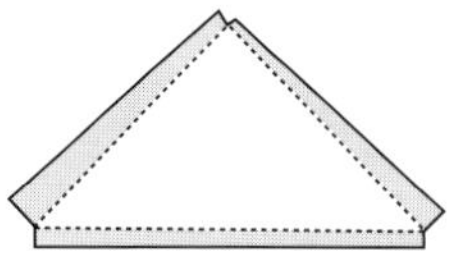

N – Fläche

Stützlinie und Momentenlinie

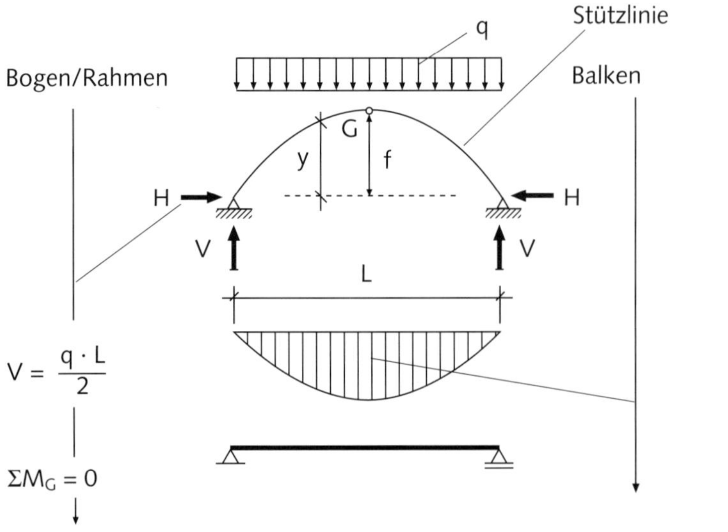

$H = \frac{q \cdot L^2}{8f}$

$H = \frac{M_o}{f}$

$M_O = \frac{q \cdot L^2}{8}$

Die Stützlinie ist affin zur Momentenlinie des einfachen Balkens

$$y = \frac{M}{H}$$

[5]

Seilinie/Momentenlinie/Stützlinie

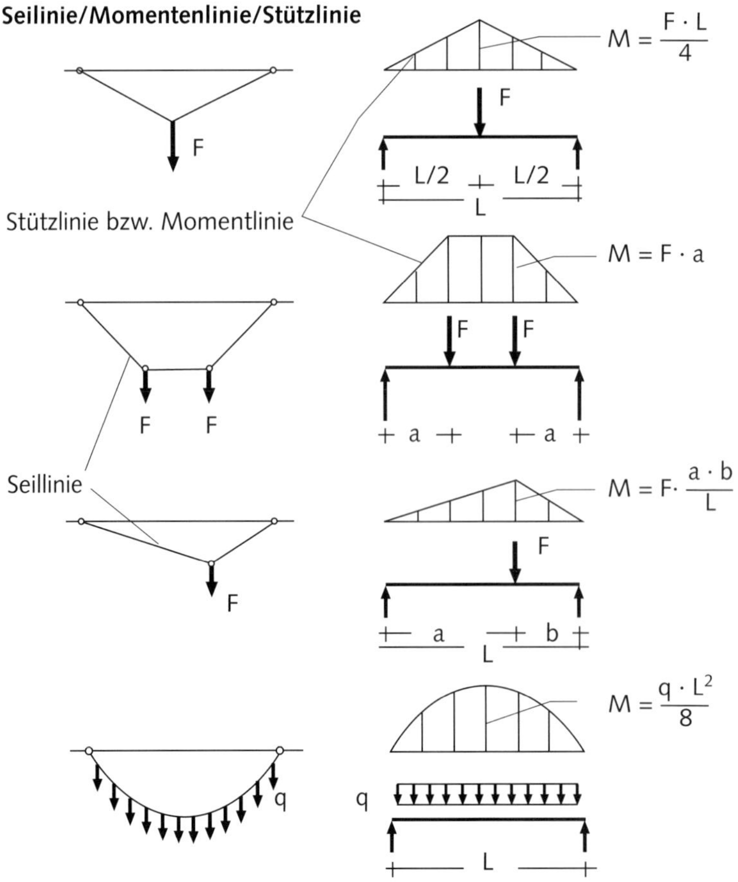

Prinzip Seillinie – Stützlinie

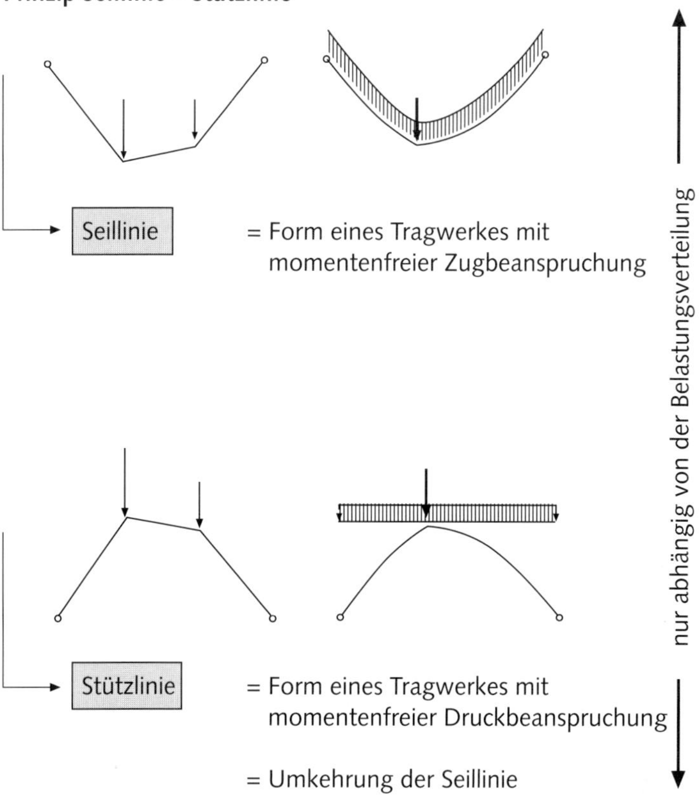

[47]

Stützlinie und Systemlinie eines Tragwerkes

N = Normalkraft (Druckkraft) in Stützlinie

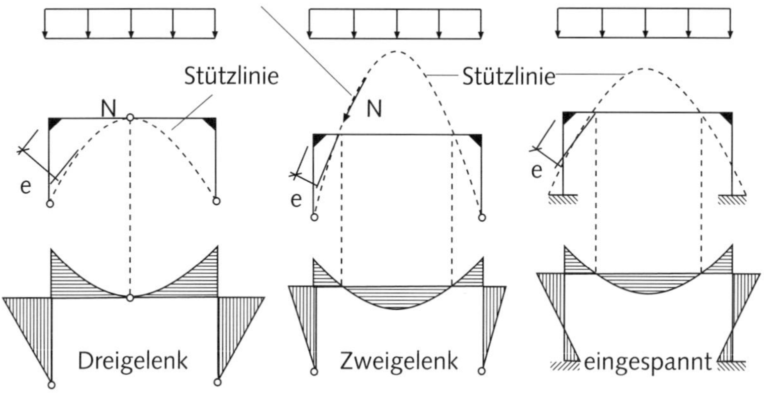

Jede Abweichung der Systemlinie von der Stützlinie bewirkt ein Biegemoment ⟶ $M = N \cdot e$

M = 0 Schnittpunkt Stützlinie-Systemlinie
M = max. in Rahmenecke (größter Abstand Stützlinie-Systemlinie)

[2]

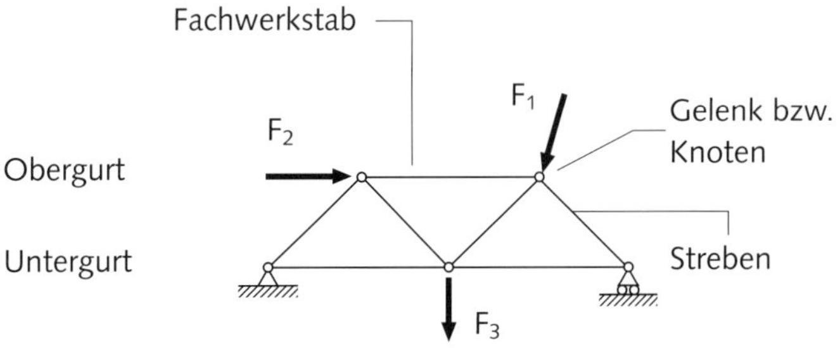

Voraussetzungen/Bildungsprinzipien

- die Belastung darf nur über die Knoten eingeleitet werden (keine Biegewirkung)
- starre Stäbe mit gerader Stabachse
- gelenkige Verbindung der Stäbe in den Knotenpunkten → kein Gelenkviereck!
- zentrischer Anschluß = Stabachsen schneiden sich in einem Punkt
- statisch bestimmte Lagerung (3-wertig)

$s = 2k - 3$	s = Anzahl Stäbe k = Anzahl Knoten incl. Lager

- Eigenlast wird näherungsweise den Knotenlasten angerechnet

[5, 20]

Innere und äußere statische Bestimmtheit

→ Stützgrößen mit $\Sigma H = 0$ $\Sigma V = 0$ und $\Sigma M = 0$ ermittelbar

→ Stabkräfte mit $\Sigma H = 0$ $\Sigma V = 0$ und $\Sigma M = 0$ ermittelbar

$s < 2k - 3$	Fachwerk verschieblich, instabil
$s = 2k - 3$	FW **un**verschieblich, stat. bestimmt
$s > 2k - 3$	FW **un**verschieblich, stat. **un**bestimmt

s = 11
k = 6

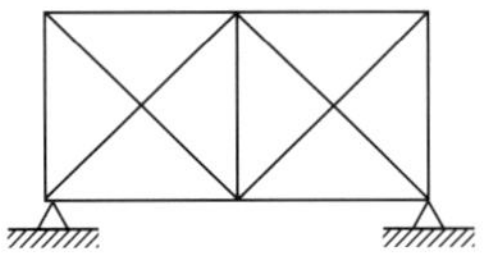

11>9 2-fach unbestimmt

s = 9
k = 6

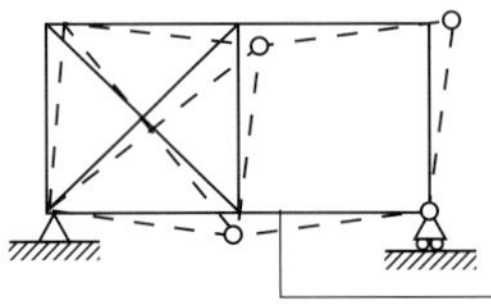

instabiles Fachwerk!
9 = 9 stat. bestimmt

→ Gelenkviereck

s = 9
k = 6

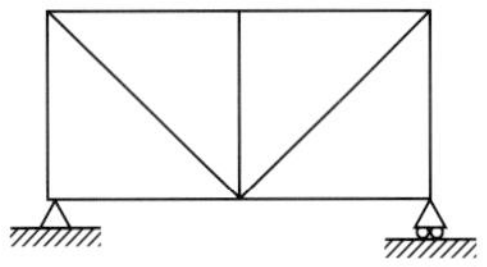

stabiles Fachwerk
9 = 9 stat. bestimmt

[71]

Einteilung der Fachwerke/Bezeichnungen

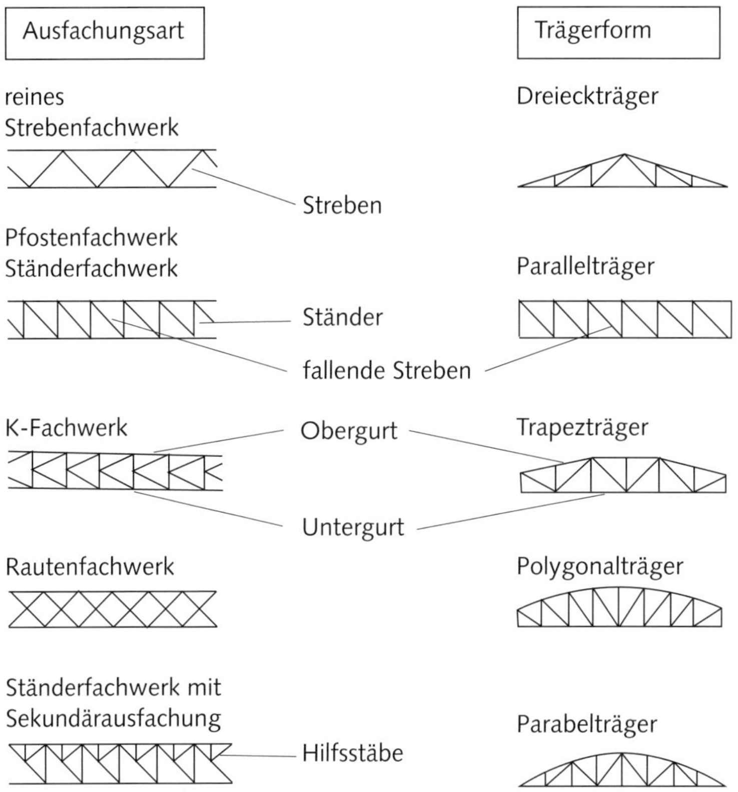

Fachwerkträger als Dachbinder

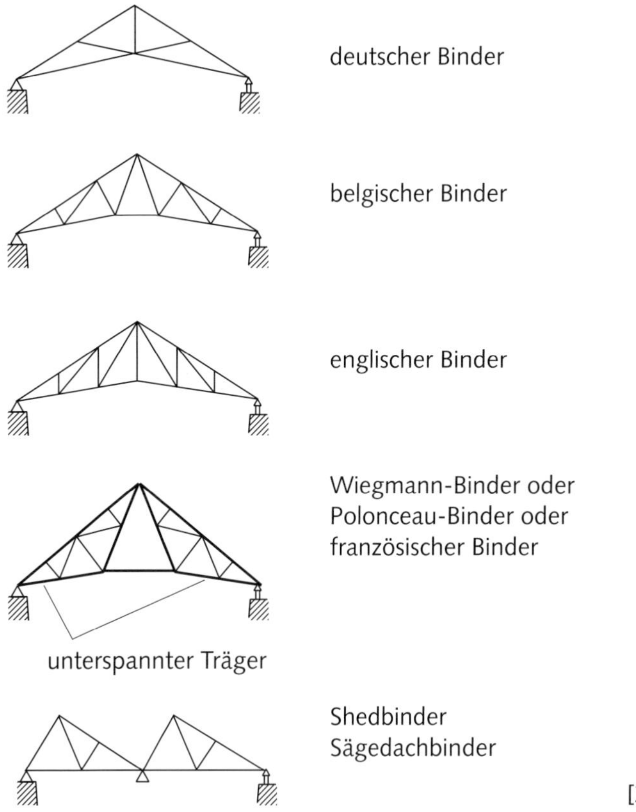

[20]

Stahlbetonträger (Prinzipien der Schubbewehrung)

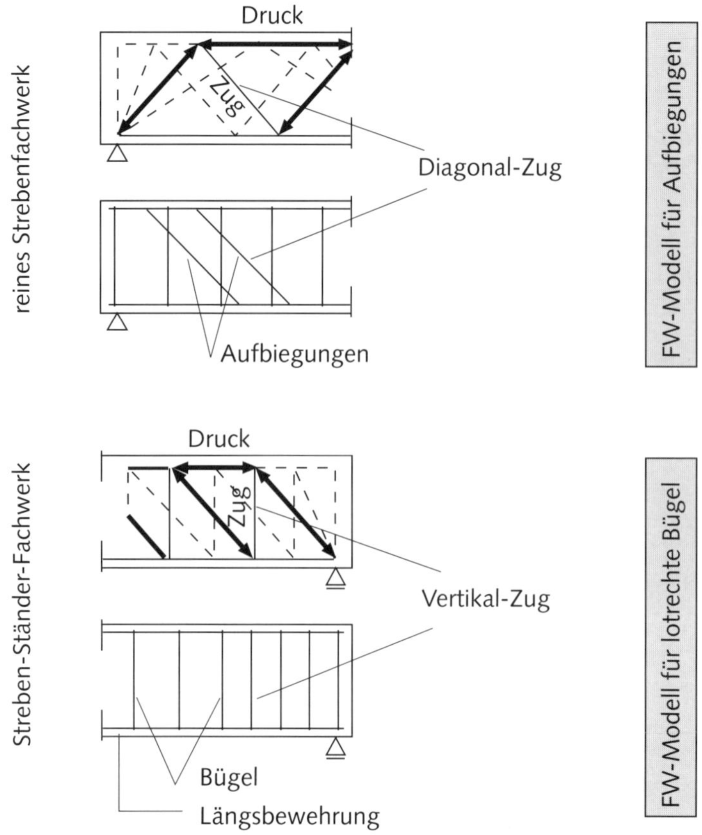

Konsolträger

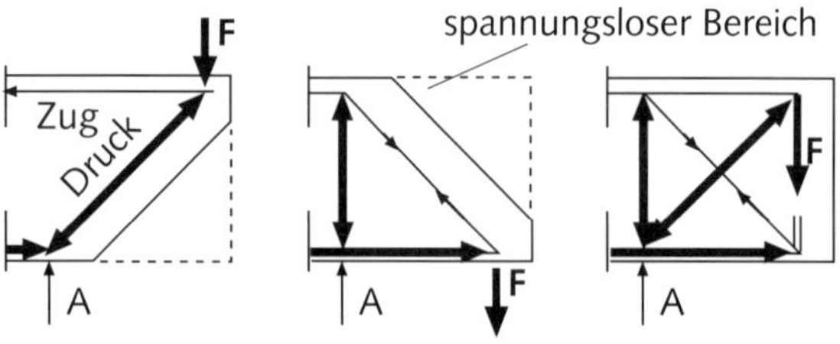

Auflager

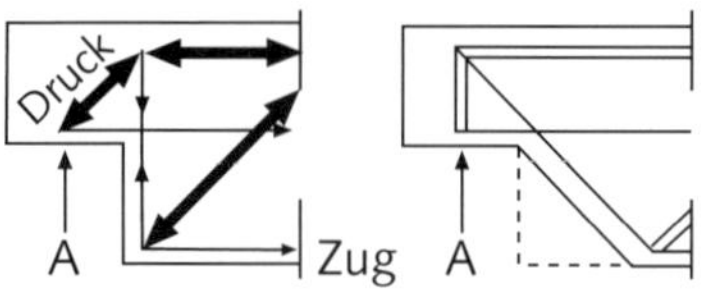

Geneigte Auskragung (Oberschenkelknochen)

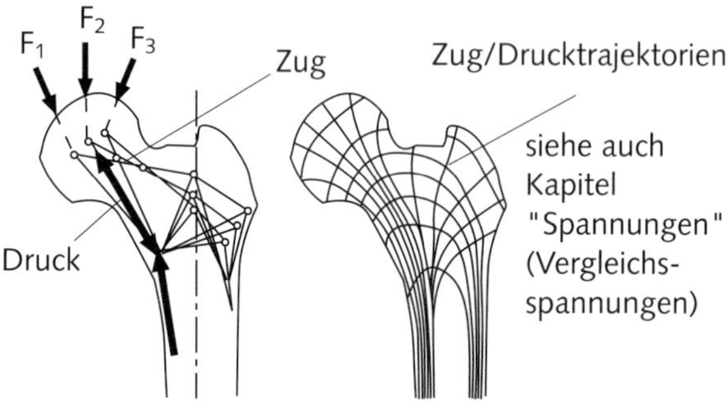

Historische Entwicklung Fachwerkträger

um 1800 Vereinigung mehrerer Hängewerke

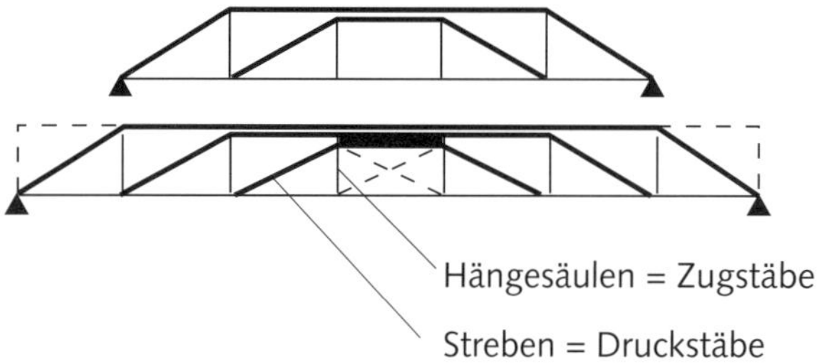

um 1830 Träger von Long

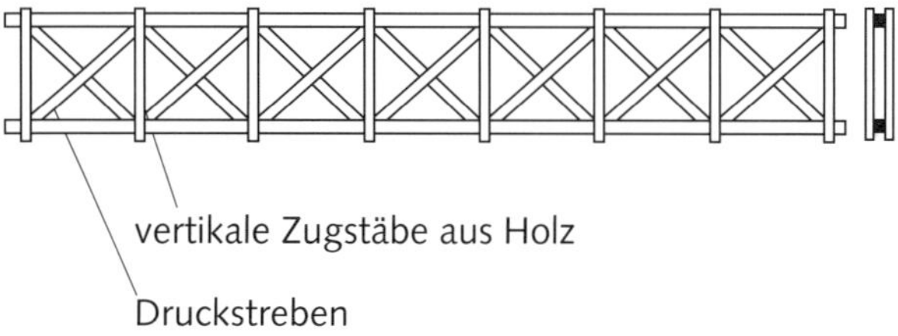

um 1840 Träger von Howe

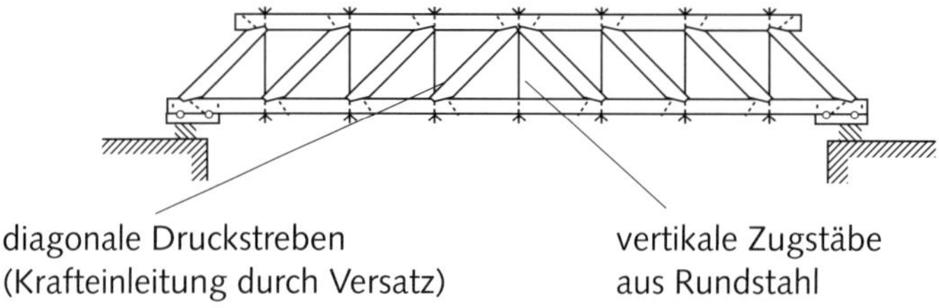

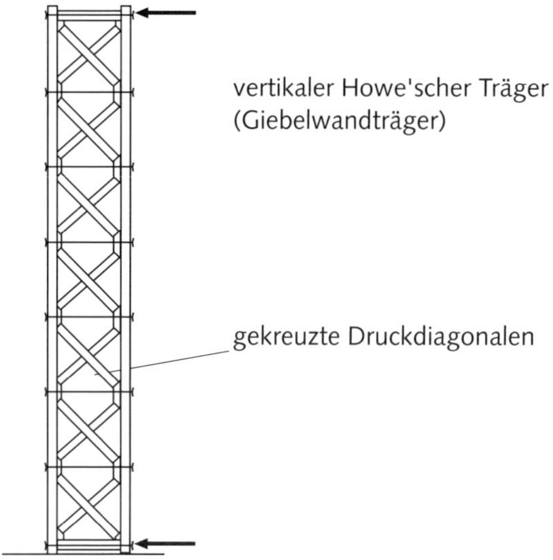

[57]

Bildungsregeln für Fachwerke

Instabil!

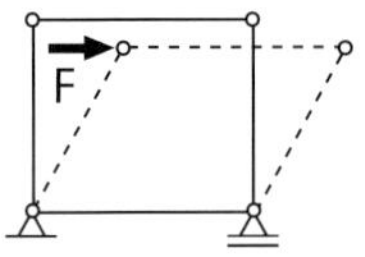

Gelenkviereck

Bei gelenkiger Verbindung verschieblich!

Stabil!

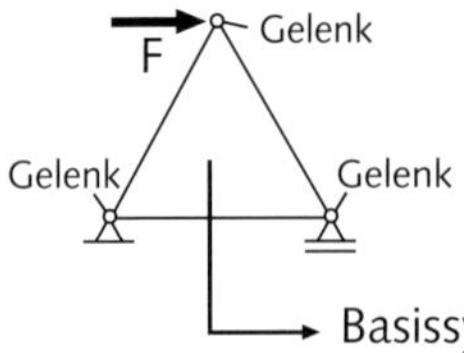

Basissystem aller Fachwerke

Gelenkdreieck

Bei gelenkiger Verbindung **un**verschieblich!

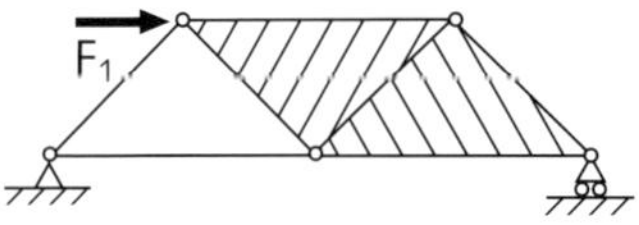

1. Bildungsregel

2 Stäbe + 1 Knoten
= weiteres Gelenkdreieck

Fachwerke

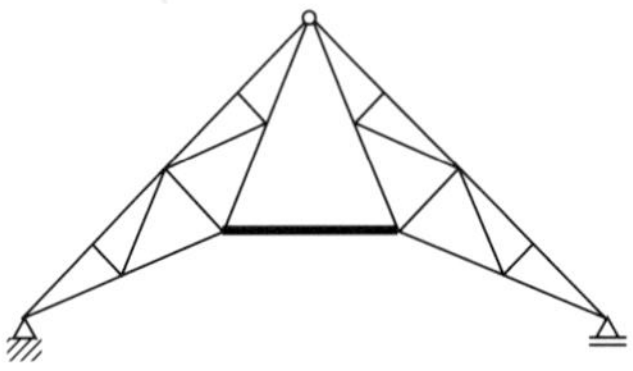

2. Bildungsregel

2 Fachwerke + 1 Gelenk
+ 1 Stab

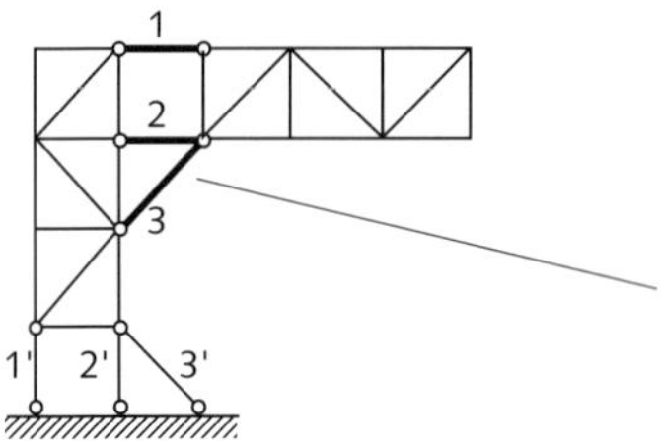

3. Bildungsregel

2 Fachwerke + 3 Stäbe
nicht parallel
kein gemeinsamer
Schnittpunkt

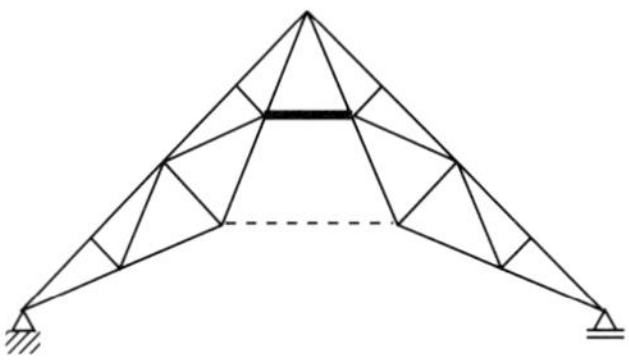

4. Bildungsregel

Stabvertauschung

[5]
[20]
[43]

Fachwerkarten (nach Systematik des Knotenanschlusses)

statisch (innerlich) bestimmt und kinematisch starr

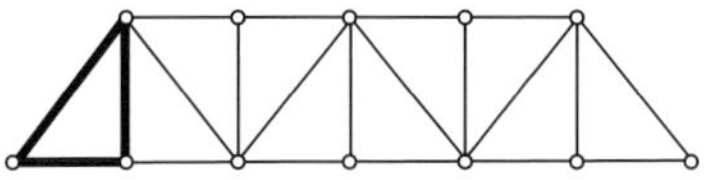

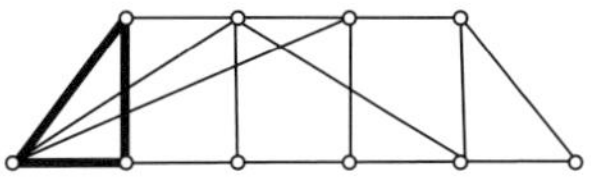

ideale ebene Fachwerke

einfache Fachwerke bzw. Fachwerke 1. Art

Fachwerke aus Stabdreiecken + neuen Knoten mit je 2 Stäben, die nicht in einer Geraden liegen (1. Bildungsregel)

in der Regel innerlich statisch unbestimmt

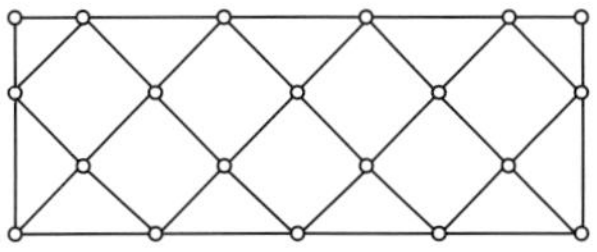

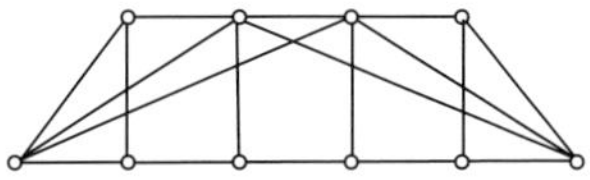

komplexe Fachwerke bzw. Fachwerke 2. Art

Fachwerke, die nicht zur 1. Art gehören

→ siehe Fachliteratur

Übersicht Berechnungsverfahren für statisch bestimmte Fachwerke (Fachwerke 1. Art)

Gleichgewichtsbedingungen

↓

an Tragwerksknoten
Gleichungssystem aller unbekannten Stab- und Auflagerkräfte

numerische Lösung für beliebige Fachwerke	grafische Lösung für einfache, ebene Fachwerke
Knotengleichgewichtsbedingungen	**Cremonaplan**

↓

an Teilsystemen
Entkopplung der Teilsysteme für die unbekannten Stabkräfte

numerische Lösung für beliebige Fachwerke	grafische Lösung für einfache, ebene Fachwerke
Rittersches Verfahren	**Culmannsches Verfahren**

[5]
[50]
[68]
[71]
[52]

Berechnungsverfahren

1. Gleichgewicht am Knoten (Rundschnitt)

Lageplan

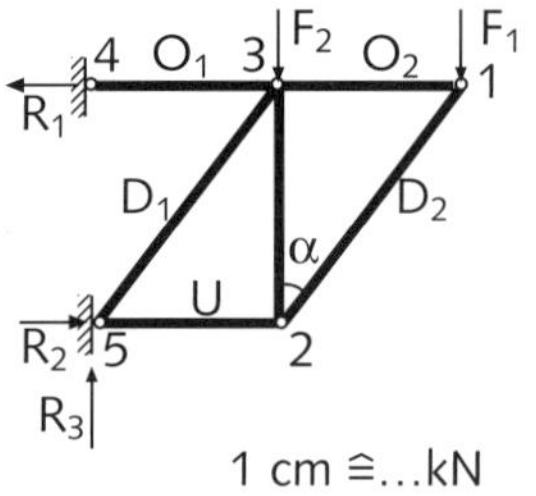

1 cm ≙...kN

Kräftepläne

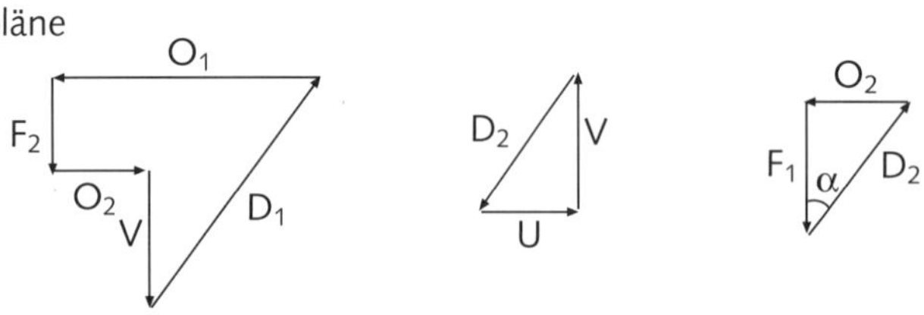

Knoten 3 Knoten 2 Knoten 1

Prinzip:
- jeder Knoten muß für sich im Gleichgewicht sein
- max. 2 unbekannte Stabkräfte pro Knoten
- grafische oder analytische Lösung
- siehe "Kräftelehre"
  - zentrales ebenes Kräftesystem

[5]

2. Verfahren nach Ritter (Ritterscher Schnitt)

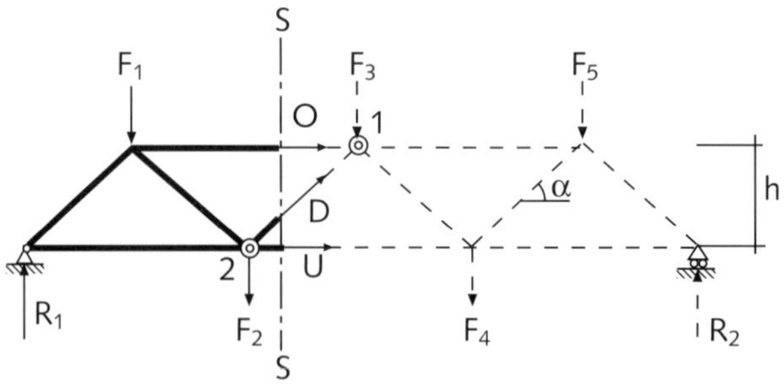

Prinzip:
- Stabkräfte wahlweise mitten im Fachwerk bestimmen
- System in 2 Teile schneiden, nachdem Stützgrößen bestimmt wurden
- max. 3 Stäbe schneiden
- Gleichgewichtsbedingungen aufstellen:

$\Sigma M_1 = 0$ → Stabkraft U

$\Sigma M_2 = 0$ → Stabkraft O

$\Sigma V = 0$ → Stabkraft D

Hinweis:
- gesuchte Stabkräfte zunächst als Zugkräfte ansetzen/einzeichnen

Berechnungsbeispiel

- Rundschnitt = Gleichgewicht am Knoten (Schnitt b–b)
- Ritterschnitt = Gleichgewicht am Teilsystem (Schnitt a–a)

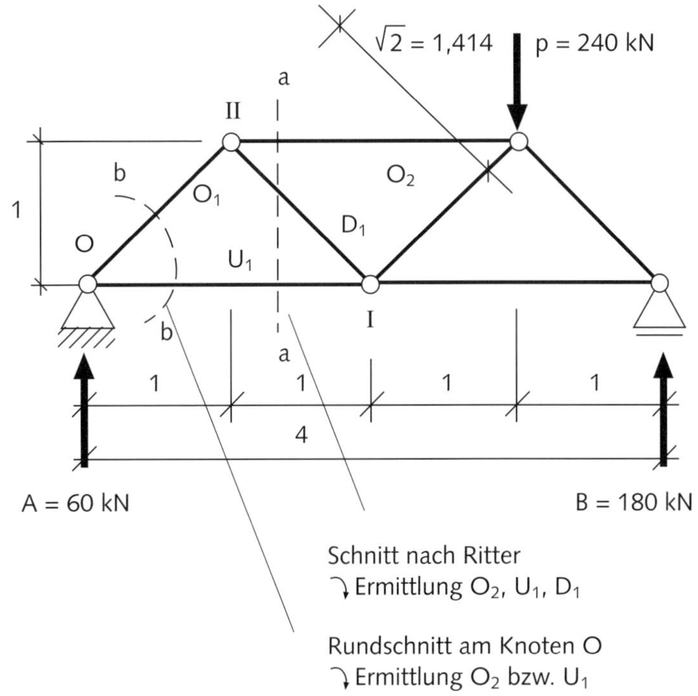

[69]

Ritterisches Verfahren

$\Sigma M_I = 0$: $A \cdot 2{,}0 + O_2 \cdot 1{,}0 = 0$ $O_2 = -120$ kN (Druck)
→ Ermittlung O_2

$\Sigma M_{II} = 0$: $A \cdot 1{,}0 - U_1 \cdot 1{,}0 = 0$ $U_1 = +60$ kN (Zug)
→ Ermittlung U_1

$\Sigma M_O = 0$: $D_1 \cdot 1{,}41 + O_2 \cdot 1{,}0 = 0$ $D_1 = +85$ kN
$\Sigma V = 0$: $A - D_1 \cdot \sin 45° = 0$ $D_1 = +85$ kN (Zug)
→ Ermittlung D_1

Schnitt a–a

Rundschnittverfahren = Gleichgewicht am Knoten

$O_{1V} = O_1 \sin\alpha$
$O_{1h} = O_1 \cos\alpha$

Kräftegleichgewicht:
→ Ermittlung O_1

$\Sigma V = 0$: $A - O_{1v} = 0$ ↷ $O_1 = \dfrac{O_{1V}}{\sin\alpha} = -85$ kN (Druck)
$\Sigma H = 0$: $U_1 + O_{1h} = 0$
→ Ermittlung U_1 mit O_{1h}

Momentengleichgewicht:
→ Ermittlung O_1

$\Sigma M_I = 0$: $A \cdot 2{,}0 + O_1 \cdot 1{,}41 = 0$ $O_1 = -85$ kN (Druck)
$\Sigma M_{II} = 0$: $A \cdot 1{,}0 - U_1 \cdot 1{,}00 = 0$ $U_1 = +60$ kN (Zug)
→ Ermittlung U_1

Schnitt b–b

Berechnungsverfahren

3. Cremonaplan

Lageplan

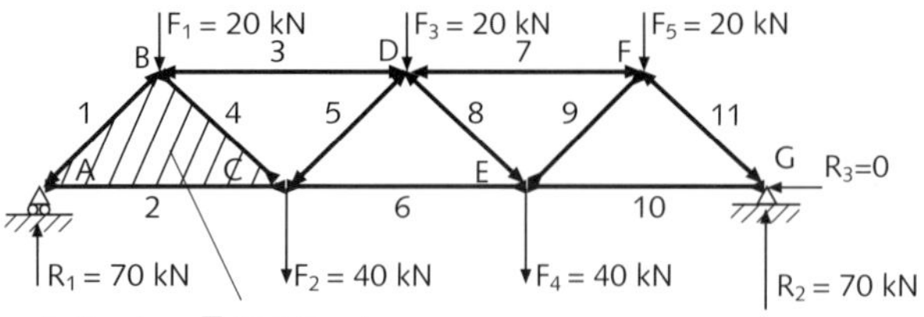

≙ Knoten Ā Kräfteplan

Umlaufsinn — Druckstab — Zugstab

└→ für jeden Knoten gleicher Umlaufsinn

Kräfteplan
1 cm ≙...kN

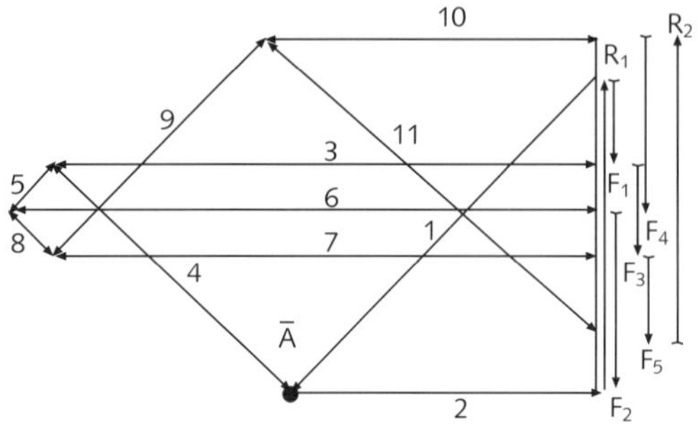

Prinzip:
- fortschreitende grafische Gleichgewichtsbetrachtungen an den Knoten
- zunächst Stützgrößen bestimmen (grafisch oder analytisch)

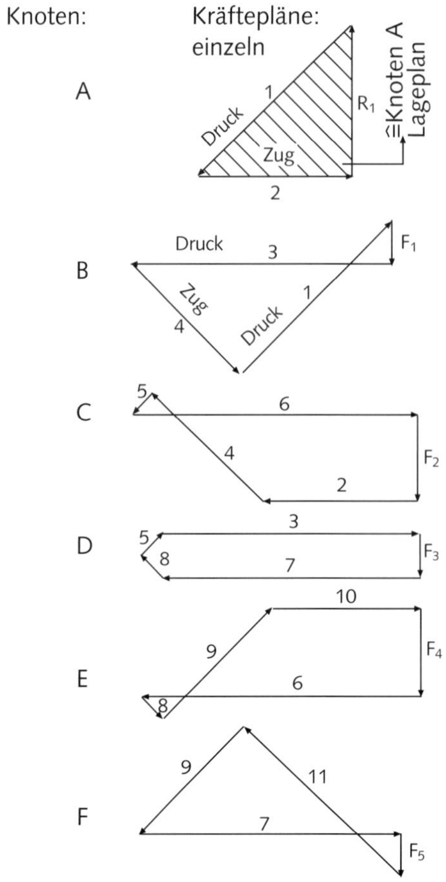

Prinzip (Fortsetzung):
- Gleichgewicht Knoten A
- jeder Kräfteplan muß geschlossen sein
- Kraftrichtungen (Zug oder Druck) sofort vom Kräfte- in den Lageplan übertragen

- Achtung! Pfeilrichtung am Nachbarknoten entgegengesetzt
- im Kräfteplan unbek. Stabkräfte am Schluß antragen

Lösung
- Betrag aus Kräfteplan
- Richtung (Zug/Druck) aus Lageplan

[5]

Berechnungsverfahren

4. Verfahren nach Culmann

(grafische Lösung des Ritterschen Schnittes)

Lageplan

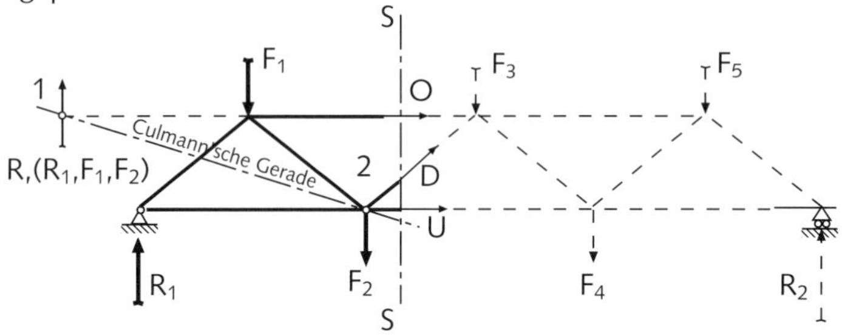

Kräfteplan 1 cm ≙...kN

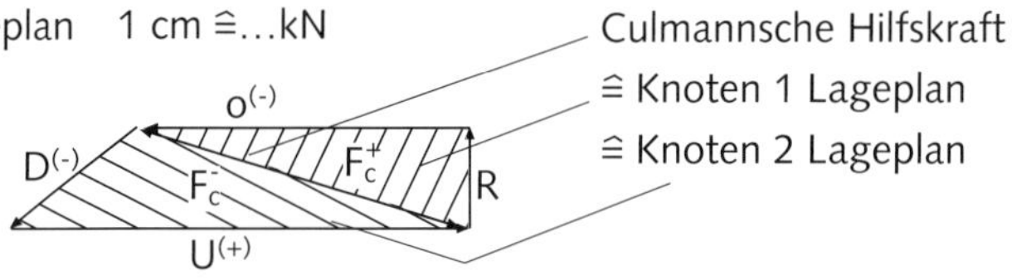

Prinzip:
- zunächst aus allen äußeren Kräften des abgeschnittenen Teiles die Resultierende R bilden
- R mit den 3 Stabkräften O, U, D ins Gleichgewicht setzen (Culmann'sche Aufgabe) ⟶ siehe "Kräftelehre"
- allgemeines ebenes Kräftesystem

Stabkräfte (Zug/Druck) in Regelfachwerken

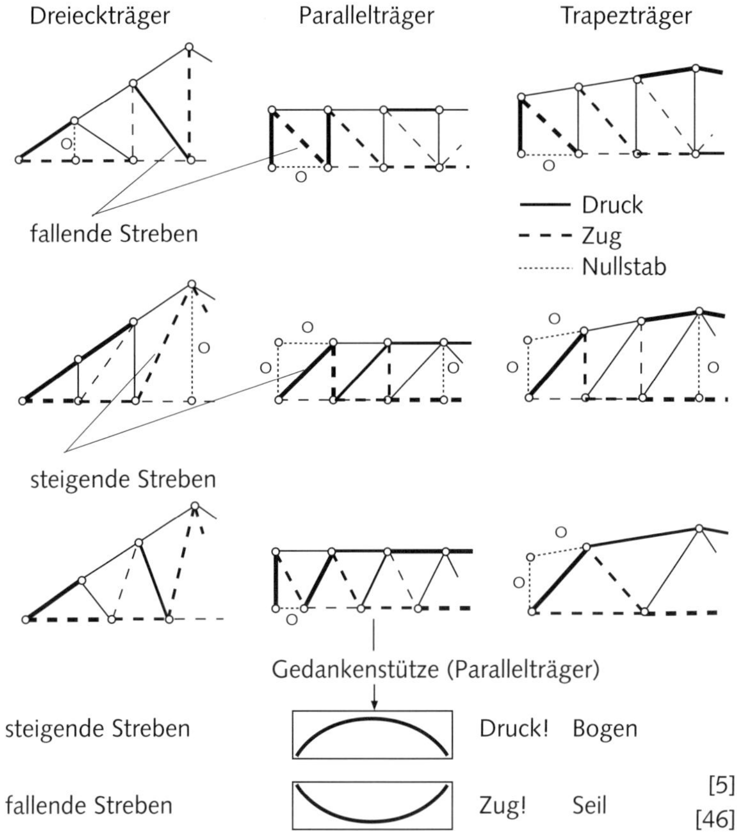

[5]
[46]

Nullstäbe **Längskraft N = 0**

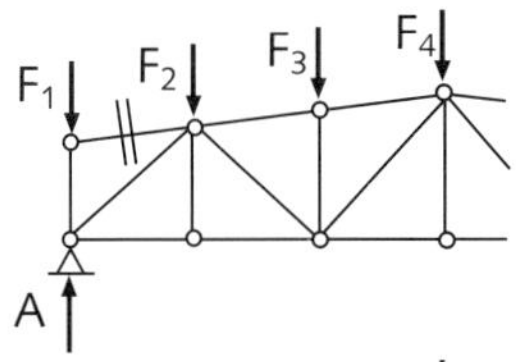

Regel 1

- belasteter Knoten
- 2 Stäbe
- Last in Richtung eines Stabes

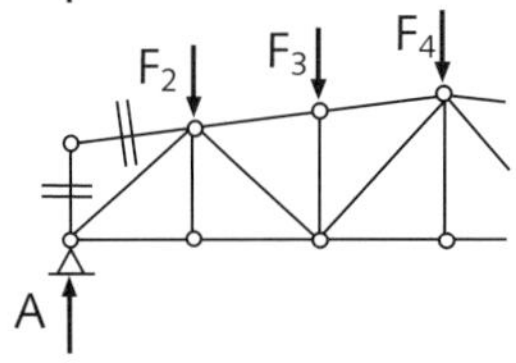

Regel 2

- unbelasteter Knoten
- 2 Stäbe
- Last in Richtung

→ beide Stäbe N = 0

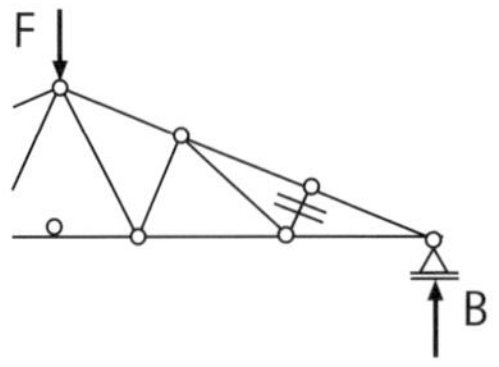

Regel 3

- unbelasteter Gurtknoten
- 1 Füllstab
- Gurtstäbe gleiche Wirkungslinie

→ Füllstab N = 0

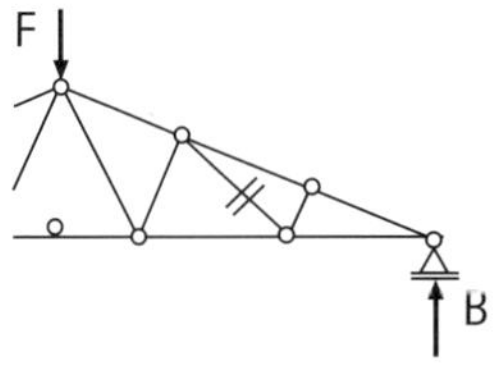

Regel 4

- unbelasteter Gurtknoten
- 2 Füllstäbe
- ein Füllstab N = 0 (aus Regel 3)

→ Gurtstäbe gleiche Wirkungslinie

Nullstäbe

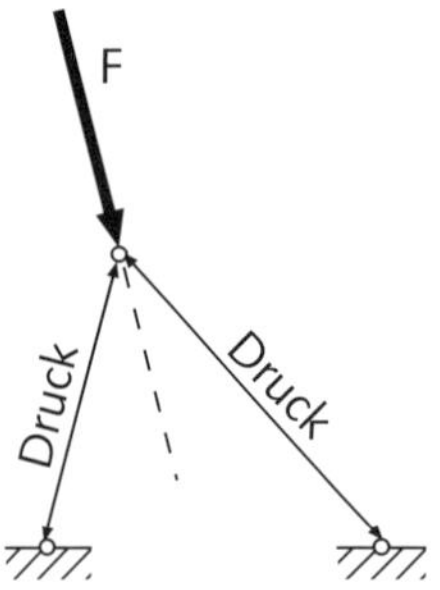

Symbol für Nullstab

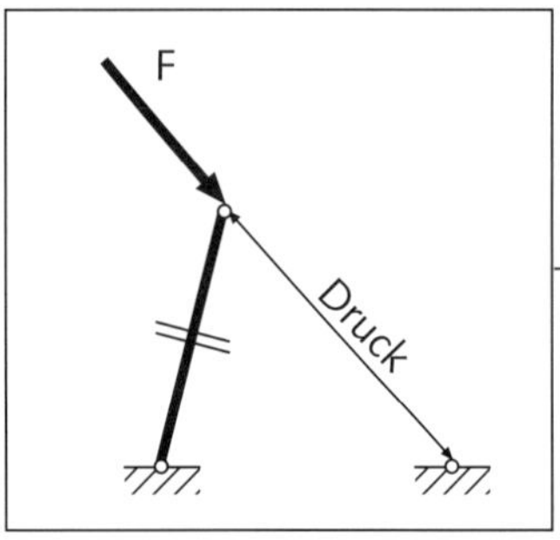

Achtung!

→ Nullstäbe dürfen nicht in jedem Fall entfallen! Evtl. Stabilitätsprobleme!

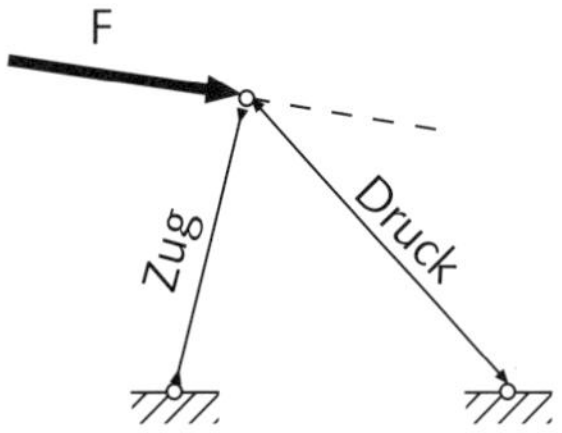

[5]
[43]

Stabkräfte Dreieckbinder

Binderhöhe $h \geq L/8$

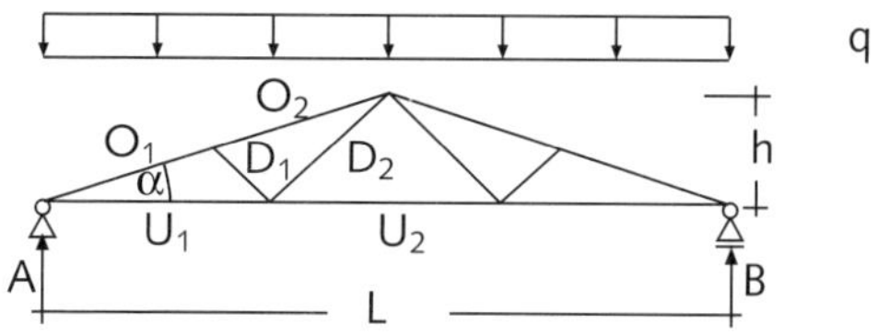

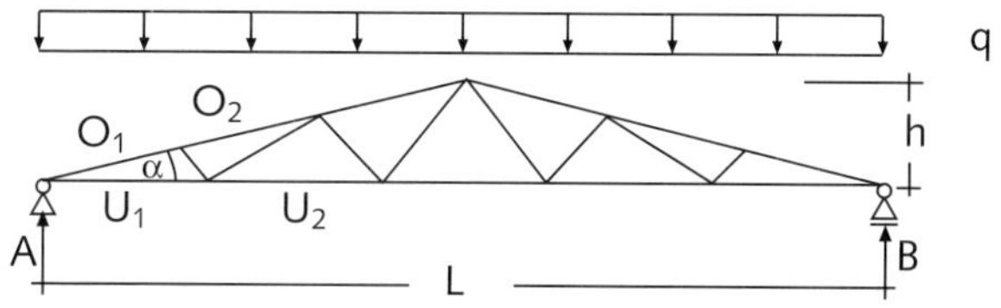

$$A = B = \frac{q \cdot L}{2}$$ Auflager

$$\max O = O_1 \approx -\frac{q \cdot L}{2 \cdot \sin\alpha}$$ Obergurt

$$\max U = U_1 \approx -\frac{q \cdot L^2}{4h}$$ Untergurt

Stabkräfte Dreieck/Trapezbinder

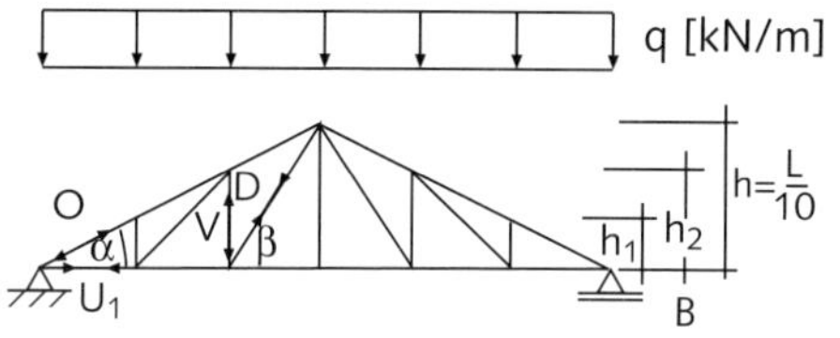

$$O = -\frac{Q_{max}}{\sin\alpha}$$

$$U = +\frac{Q_{max}}{\tan\alpha}$$

$$V = Q_2 - \frac{M_2 \cdot \tan\alpha}{h_2}$$

$$D = \frac{M_2 \cdot \tan\alpha / h_2 - Q_2}{\sin\beta}$$

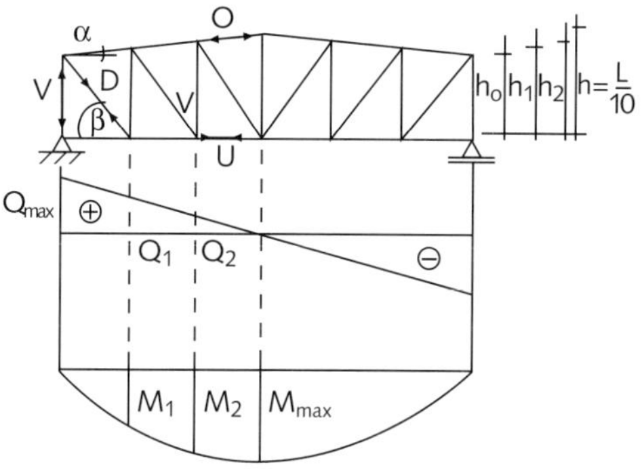

$$V = -A = \frac{q \cdot l}{2}$$

$$D = +\frac{Q_{max}}{(\tan\alpha + \tan\beta) \cdot \cos\beta}$$

$$U = +\frac{M_2}{h_2}$$

$$O = \frac{M_{max}}{h \cdot \cos\alpha}$$

$M_{max} = \frac{q \cdot l^2}{8}$; $M_1 = Q_{max} l_1$ $\quad Q_{max} = A - F_1$; $Q_1 = Q_{max} - F_2$

$M_2 = Q_{max}(l_1 + l_2) - F_2 \cdot l_2$ $\quad Q_2 = Q_{max} - (F_2 + F_3)$

[22]
[27]

Stabkräfte parallelgurtige Träger

Binderhöhe $h \geq L/10$

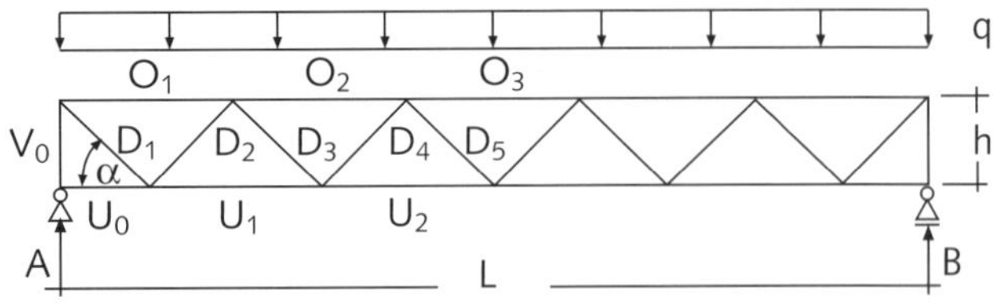

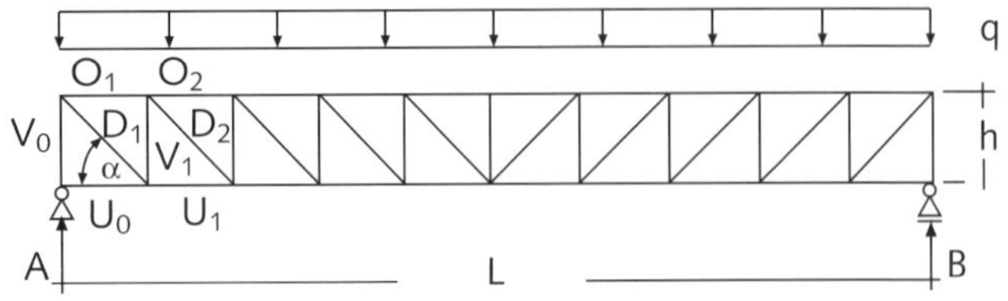

$$A = B = \frac{q \cdot L}{2}$$

Auflager

$$\max U = -\max O = \frac{q \cdot L^2}{8h}$$

Obergurt

Untergurt

$$\max D = D_1 = \frac{A}{\sin\alpha}$$

Diagonalen

Stabkräfte parallelgurtige Träger

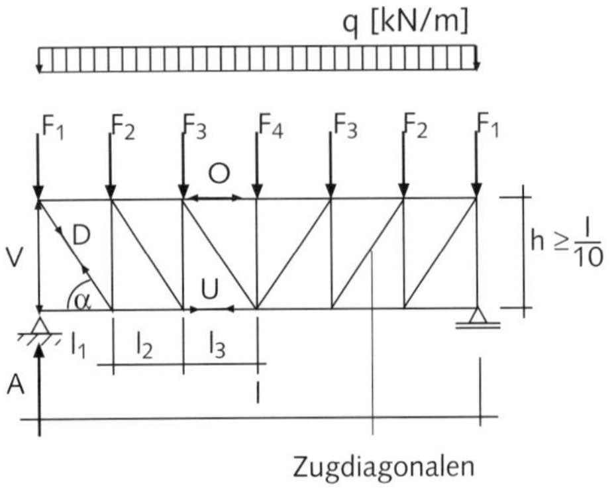

$$V = -A - \frac{q \cdot l}{2}$$

$$D = +\frac{Q_{max}}{\sin\alpha}$$

$$O = -\frac{M_{max}}{h}$$

$$U = +\frac{M_2}{h}$$

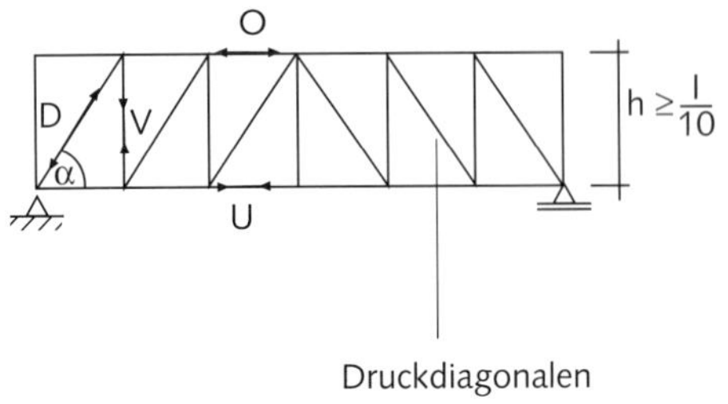

$$D = -\frac{Q_{max}}{2\sin\alpha}$$

$$V = Q_{max} - F_2$$

$$O = -\frac{M_2}{h}$$

$$U = +\frac{M_{max}}{h}$$

$M_{max} = \frac{q \cdot l^2}{8}$; $M1 = Q_{max} l_1$ $Q_{max} = A - F_1$; $Q_1 = Q_{max} - F_2$

$M_2 = Q_{max}(l_1 + l_2) - F_2 \cdot l_2$ $Q_2 = Q_{max} - (F_2 + F_3)$

[22]

[27]

Lastebene/Lastableitung

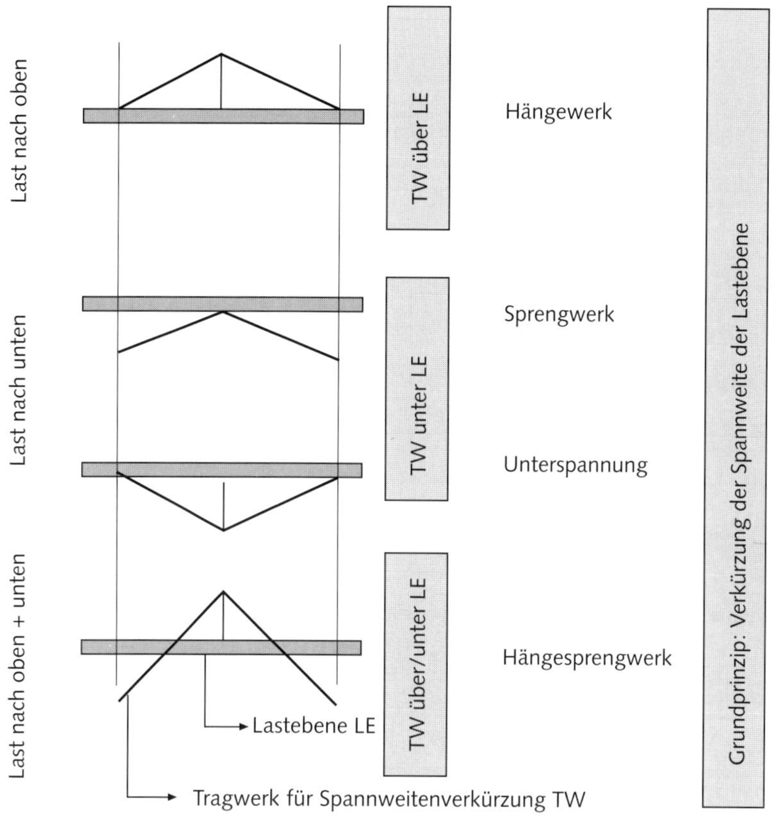

Unterspannung/Abhängung

Prinzipien der Spannweitenverkürzung

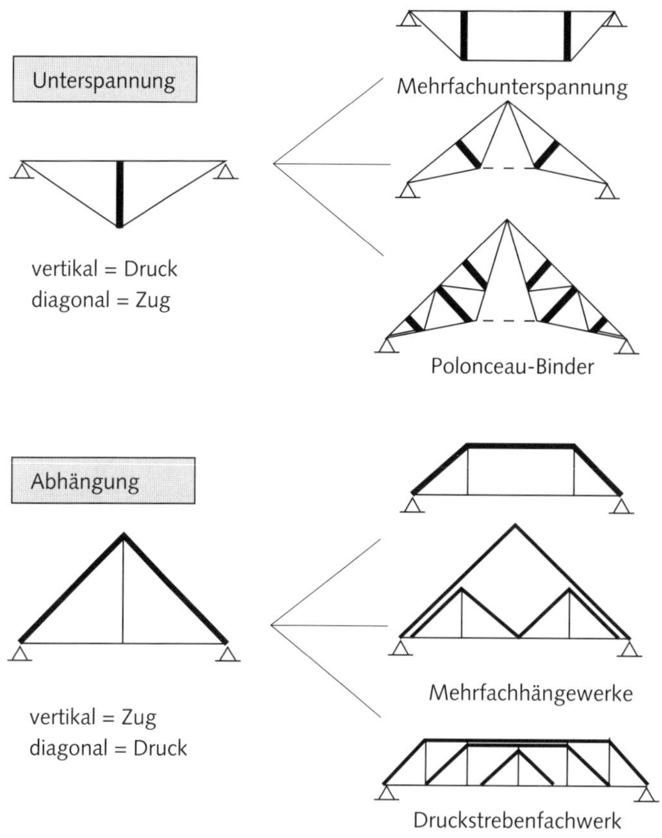

Prinzipien/Varianten der Spannweitenverkürzung

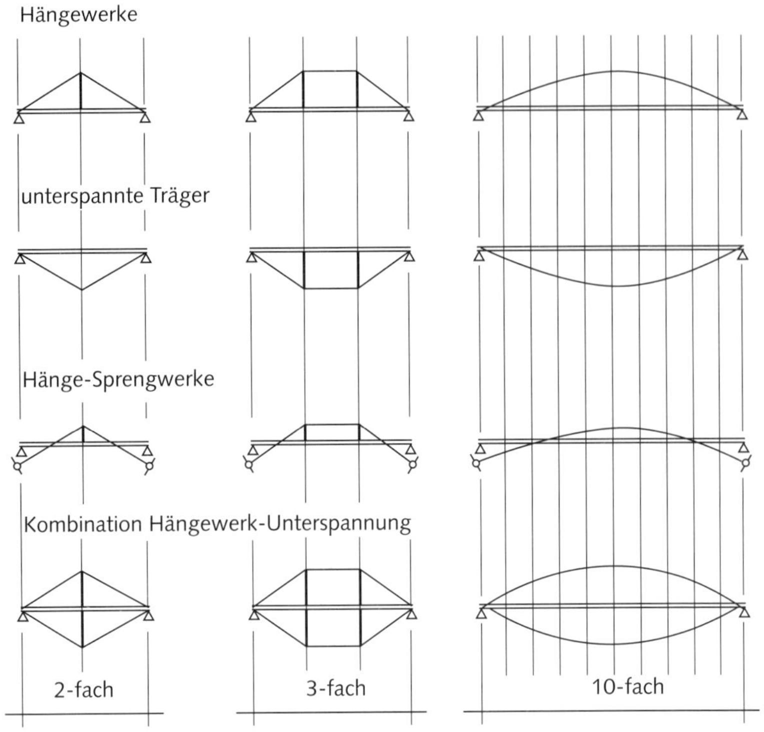

Entwicklung Sprengwerk – Polonceau-Binder

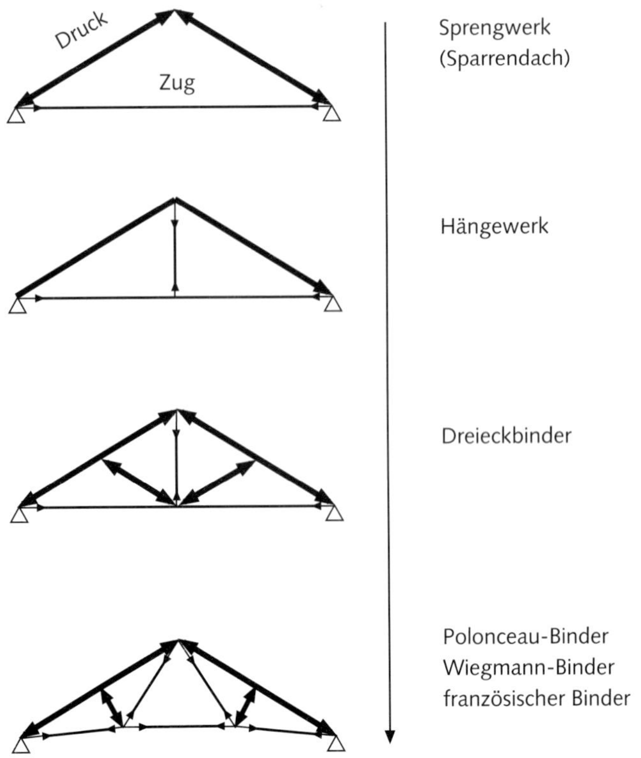

Hängewerk (prinzipielle Tragwirkung)

symmetrische Lasten

- Lastabtragung über die Streben (Druck)
- Stiele unbelastet oder Zug, wenn Decke angehängt

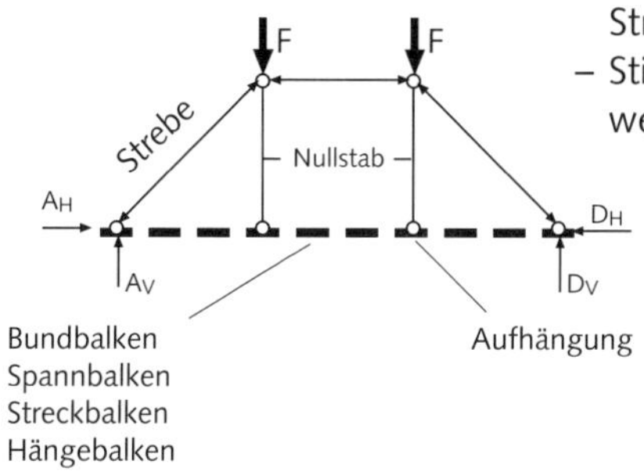

unsymmetrische Lasten

- Stütze unter Last unbelastet
- Zug in lastfreier Stütze

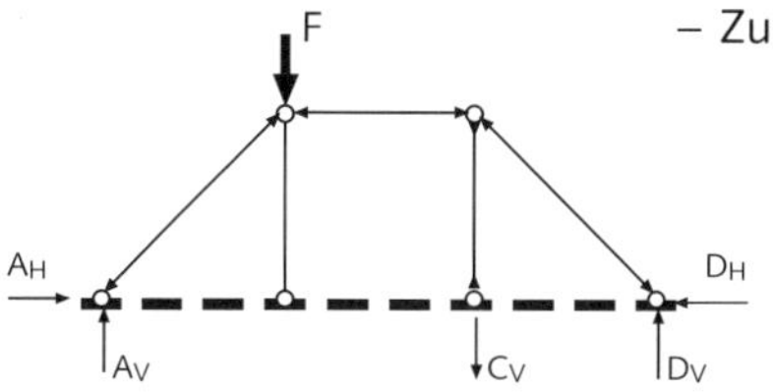

Tragverhalten wie abgestrebter Dachstuhl
Biegesteifigkeit des Bundbalkens wichtig

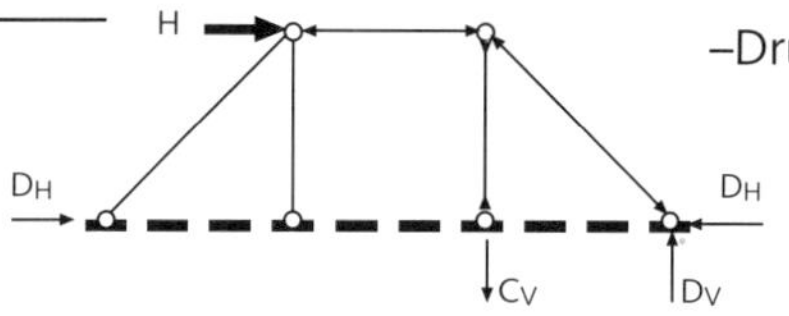

–Druck in den Streben

Hängewerk (Prinziplösungen)

Lasten nach oben abhängen

einfaches Hängewerk

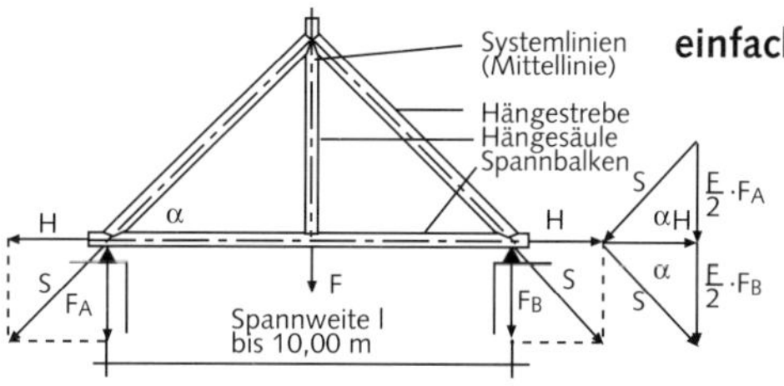

$S = F/2 \cdot \sin\alpha$	$F_A = F_B = F/2$	$H = F/2 \cdot \tan\alpha$

doppeltes Hängewerk

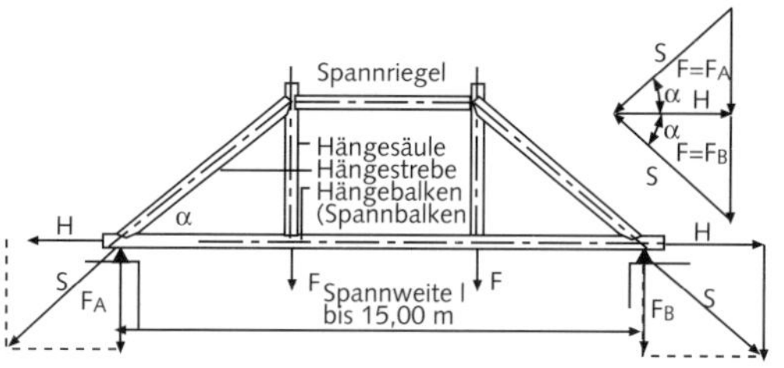

$S = F/\sin\alpha$	$F_A = F_B = F$	$H = F/\tan\alpha$

[1] [14]

Sprengwerk (Prinziplösungen)

Lasten werden nach unten abgesprengt

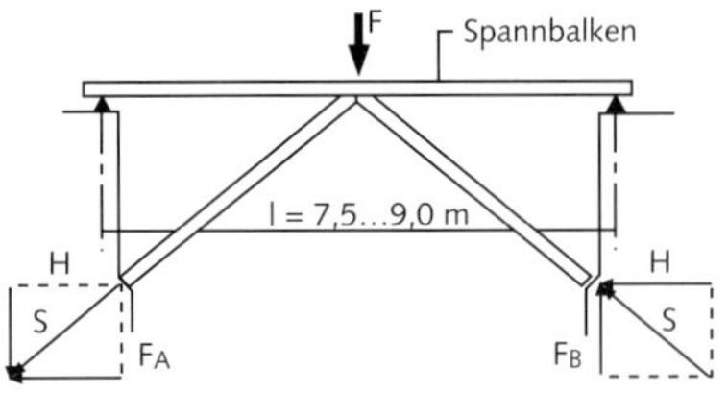

einfaches Sprengwerk

doppelte Sprengwerke

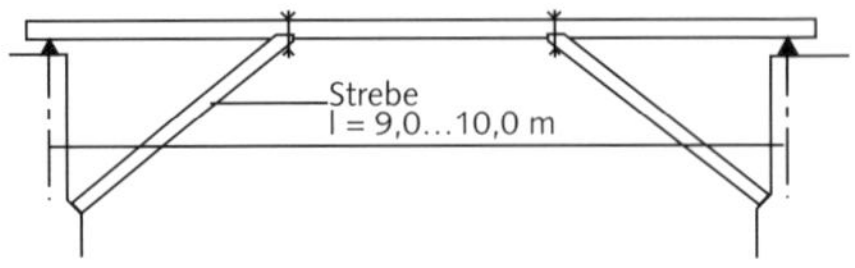

– ohne Spannriegel

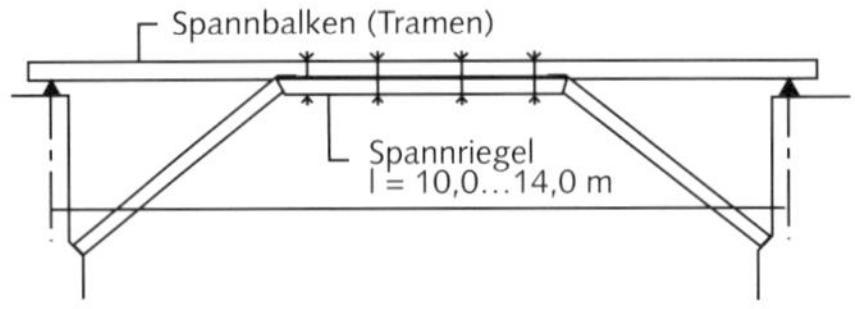

– mit Spannriegel (bei großen Lasten)

[14]

Sprengwerk (Turnhalle, Hannover 1868, Architekt: Hauers)

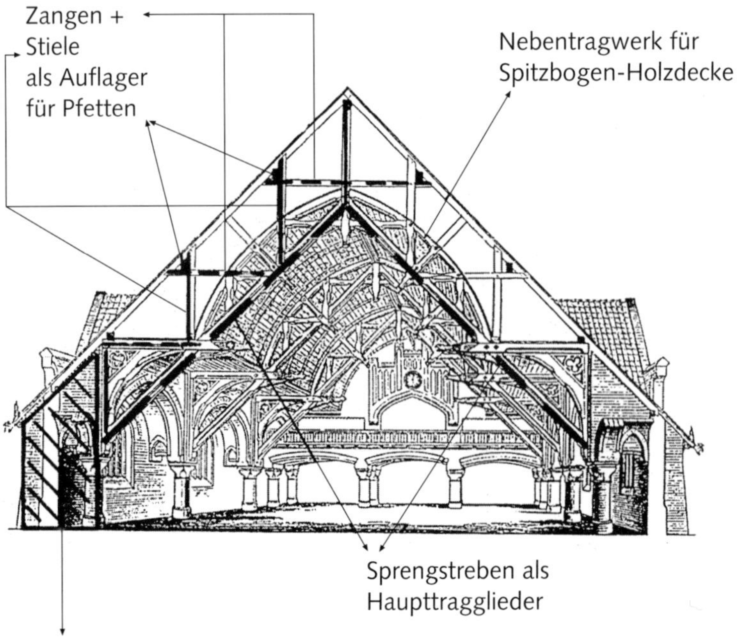

Pfeiler und Säulen als Widerlager zur Aufnahme des großen Horizontalschubes

[17]

Sprengwerk mit schwebenden Stützen (prinzipielle Tragwirkung)

Verformungsweiche Gelenkkonstruktion
Entspricht nicht mehr heutigen Sicherheitsanforderungen!

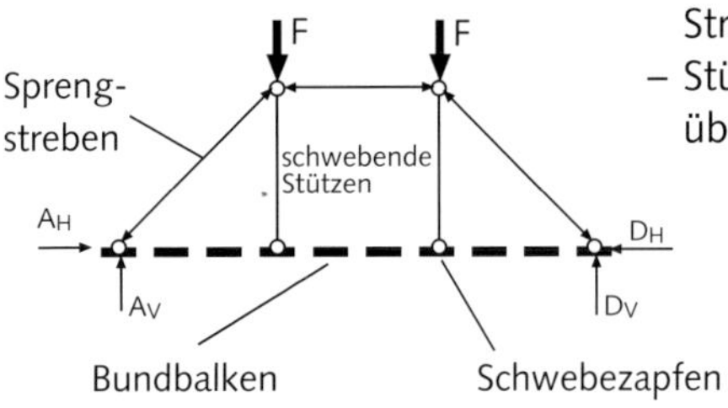

symmetrische Lasten

- Lastabtragung über die Streben
- Stützen "schweben" über Bundbalken

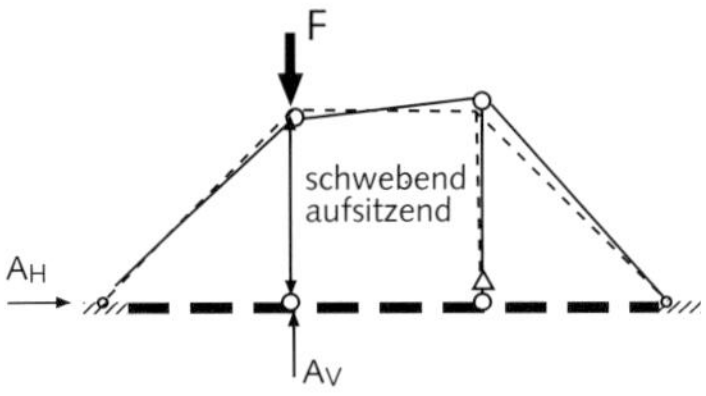

unsymmetrische Lasten

- Kraftschluß der Stütze unter Last mit Bundbalken
  ↘ Biegung im Bundbalken

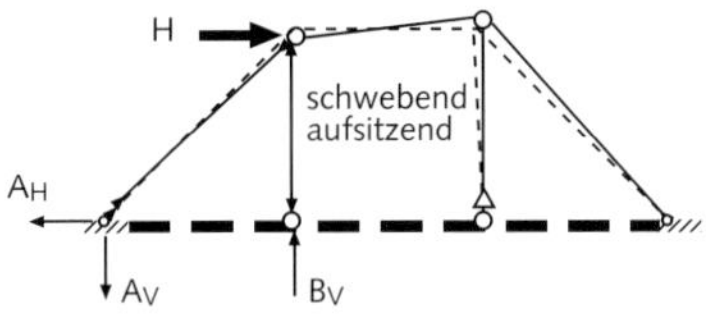

- "Abheben" der lastfreien Stütze

Sprengwerk mit schwebenden Stützen (prinzipielle Tragwirkung)

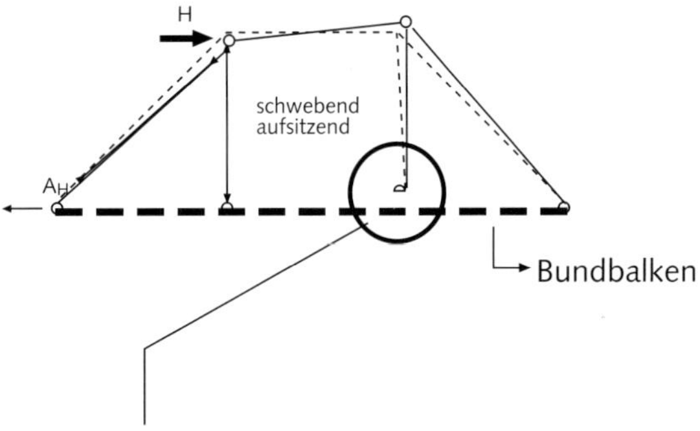

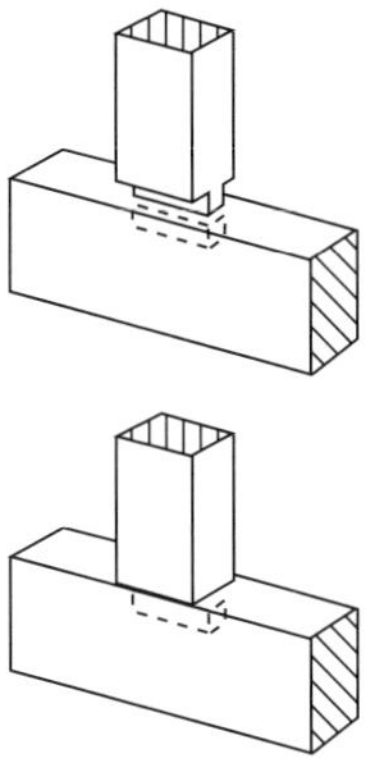

Schwebezapfen

Prinzip:
- schwebend unter großen symmetrischen Lasten (Eigenlasten, Schnee)
- aufsitzend unter kleineren unsymmetrischen Lasten (Wind)
- geringe Biegebeanspruchung des Bundbalkens (Deckenbalken)

[1]

Trägerkreuz = Grundform der Trägerroste

Längsträger
Querträger

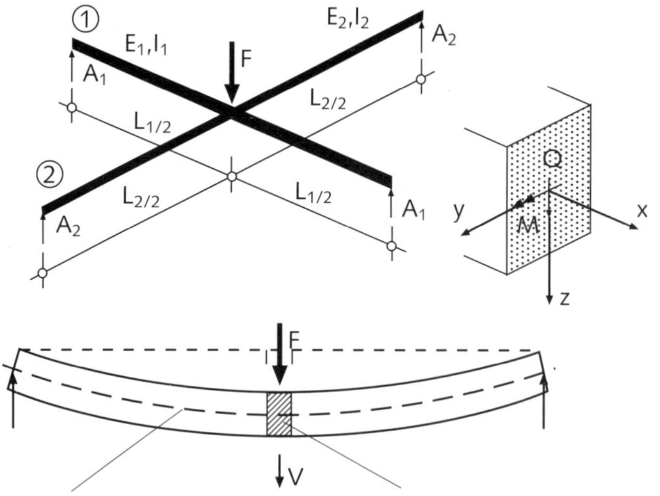

Beteiligung an Lastabtragung entsprechend der Stabsteifigkeit → = f (Querschnitt, Material, Länge, Lagerung)

Verbindung so, daß gemeinsame Durchbiegung bei Lastangriff oben oder unten!

Beanspruchung: **Q, M_y**

Trägerroste

Einfacher Trägerrost (mehrere Querträger)

Längsträger
Querträger

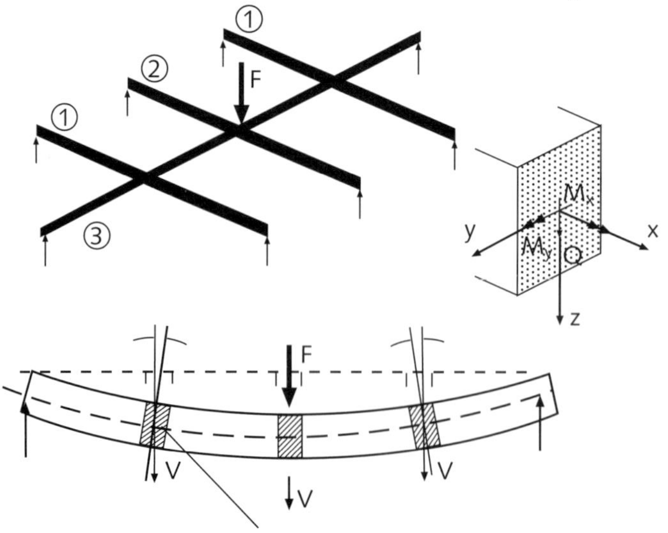

Verdrehung der vom Lastangriff abliegenden Querträger

Beanspruchung: **Q, M_y, M_x** (Torsion, wenn Behinderung)

Trägerroste < torsionsweich (Holz, Stahl) [68]
torsionssteif (Stahlbeton) [56]

Tragverhalten Einzelträger/Trägerroste

Annahme: gleiche Querschnittsbiegesteifigkeit EJ

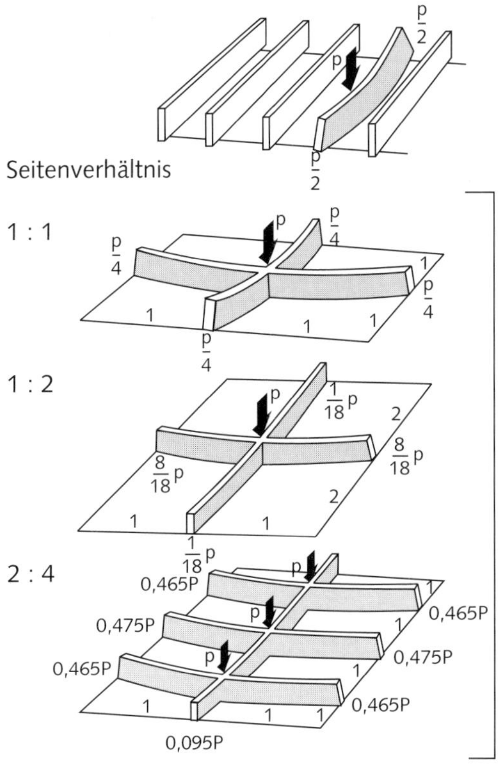

Nur der belastete Träger wird beansprucht!

Lastbeteiligung abhängig von Steifigkeit der einzelnen Stäbe

Prinzipielle Schnittgrößenverläufe

Orthogonal – Trägerrost

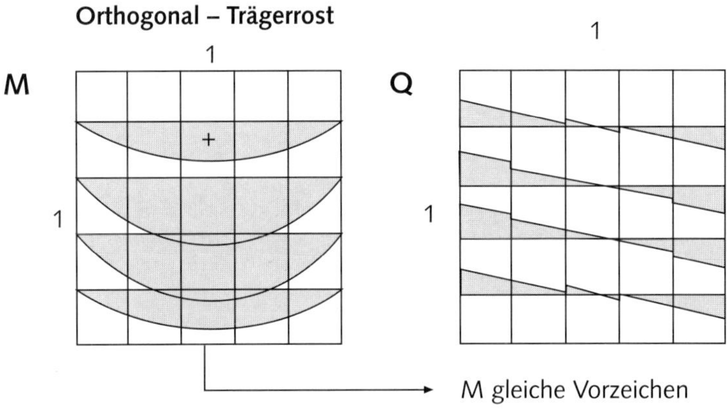

M gleiche Vorzeichen

Diagonal – Trägerrost

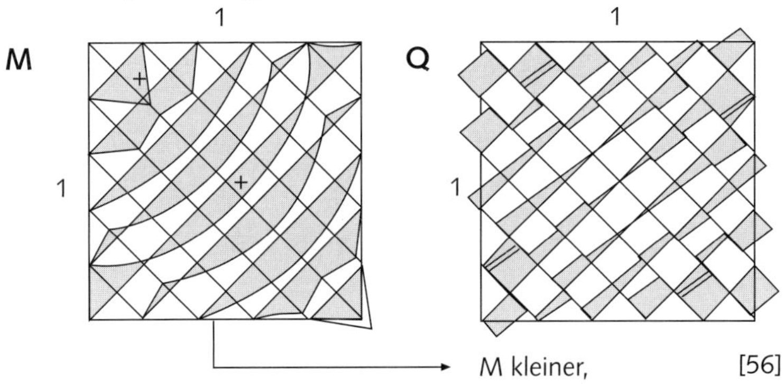

M kleiner, [56]
Steifigkeit größer [62]

Trägerlage – Trägerrost – Platte

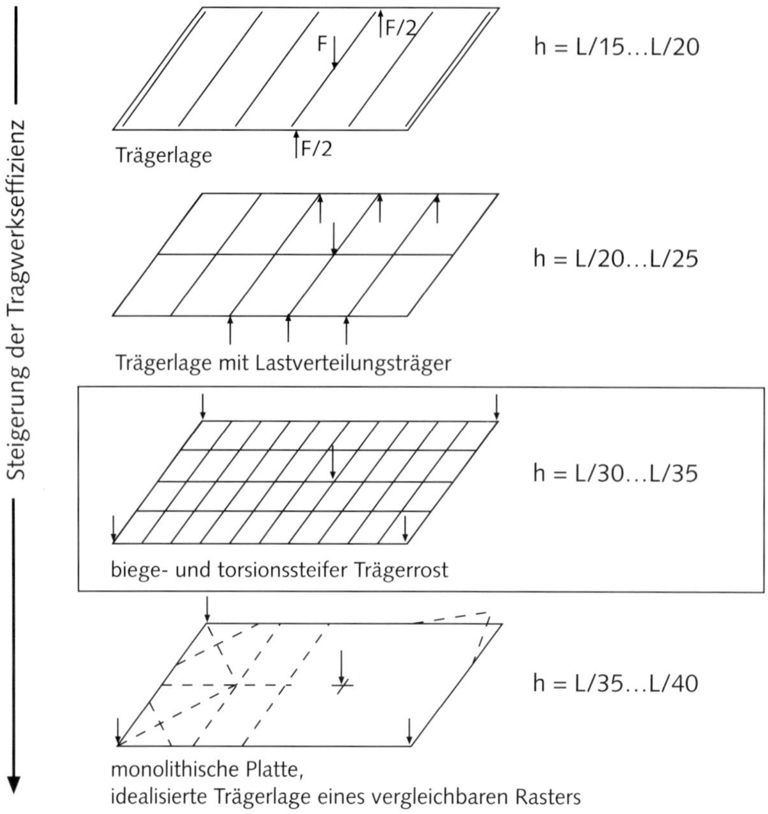

Trägerroste

Trägerlage – Trägerroste – Lagerungsbeispiele

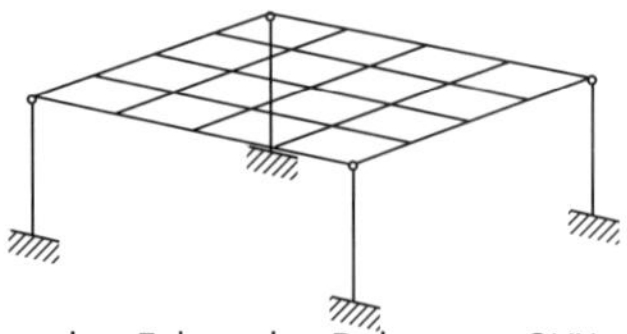

an den Ecken des Rahmens, Stützen
eingespannt in Rost oder Fundament

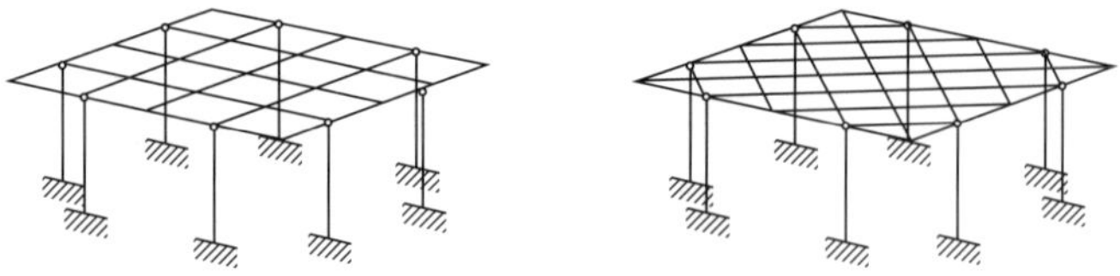

an den Kreuzungspunkten des Trägerrost-Rahmens
Stützen eingespannt in Rost oder Fundament

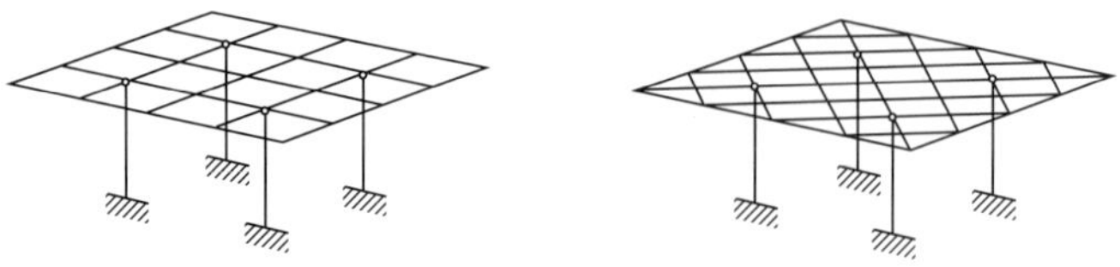

an Kreuzungspunkten des Trägerrostes mit Auskragung, [62]
Stützen eingespannt im Rost oder Fundament [68]

Berechnung

- in der heutigen Praxis: Computerstatik
  - finite Elemente
  - Matritzenstatik (Kraftgrößenmethode)

Literaturhinweise

Durchlaufsysteme, Rahmen:

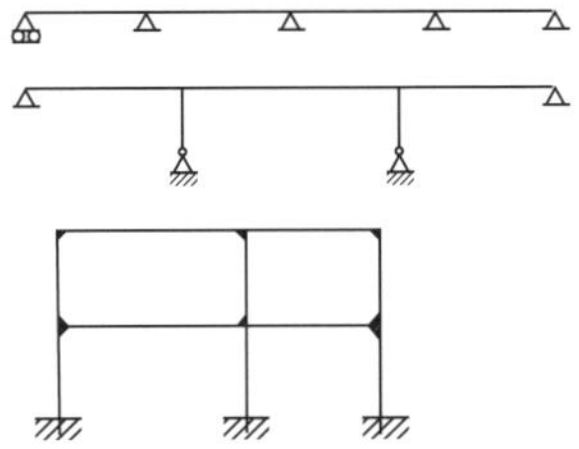

- Rothe [50, 51, 52]
- Heide [48]
  praktische Verfahren nach Cross, Kani und Steinmann

Rahmen 1-geschossig, 1-Feld:

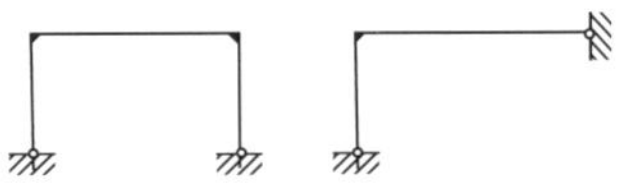

- Kleinlogel [49]
  gebrauchsfertige Formeln

hochgradig unbestimmte Systeme:

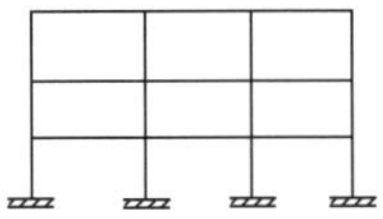

- Baldauf [53]
  Kraft- und Weggrößenverfahren

Prinzipielle Feststellungen

- statisch unbestimmt heißt nicht, daß die Schnittgrößen nicht eindeutig bestimmbar sind!
- mit den 3 Gleichgewichtsbedingungen $\Sigma M = 0$ $\Sigma V = 0$ $\Sigma H = 0$ sind ebene Systeme mit genau 3 unbekannten Stützgrößen berechenbar = statisch bestimmte Systeme
- eine mehr als 3-wertige Lagerung macht ein System statisch unbestimmt
- für die Berechnung sind erforderlich:
  1. die 3 Gleichgewichtsbedingungen
  2. Formänderungsbedingungen je nach Grad der statischen Unbestimmtheit

  → immer abhängig von Steifigkeiten, wie z.B. Biegesteifigkeit $E \cdot J$
  - J → Querschnittswert
  - E → Materialwert

> Bei statisch unbestimmten Systemen ist das Kräftespiel abhängig von Querschnitts- und Baustoffeigenschaften des Tragwerkes!

Berechnungsverfahren

Weggrößen (Verrückungsgrößen)-Verfahren
– siehe Fachliteratur

– Kraftgrößenverfahren (Kräftemethode)

– Berechnung in 3 Schritten:

① das stat. unbestimmte System durch Entfernen von Lagerreaktionen stat. bestimmt machen
– Hauptsystem oder Nullsystem
– Schnittgrößen M_0, N_0, Q_0 und Verformungen δ_{i0} am Hauptsystem bestimmen

② am Hauptsystem anstelle der entfernten Lagerreaktionen überzählige Kräfte bzw. Momente X_i ansetzen
– Schnittgrößen Mi, Ni, Qi und Verformung δ_{ii} am Hauptsystem bestimmen
– Elastizitätsgleichungen (Verformungsbed.) aufstellen = Erfüllung der tatsächlichen Lagerungsbedingungen z.B. $X_1 \cdot \delta_{11} + \delta_{10} = 0$

③ Superposition Schnittgrößen und Verformungen, z.B. $M = M_0 + X_1 \cdot M_1$

Stockwerkrahmen

– Tragsystem für Näherungslösung
Vordimensionierung Randeinsparung der Riegel

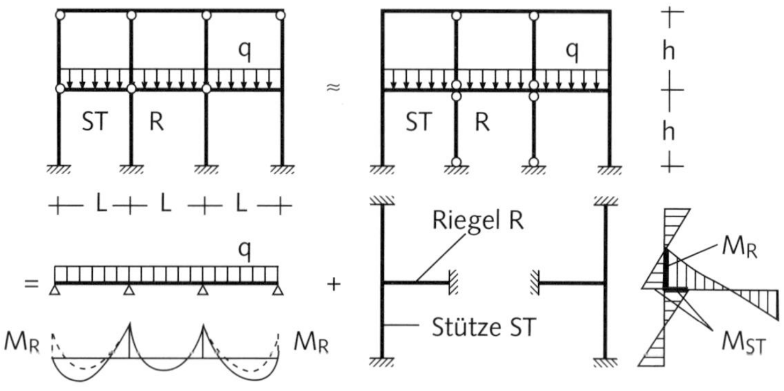

Annahme:

Durchlaufträger + Randeinspannung

$$M_{Ro} = \frac{q \cdot L^2}{12} \qquad C = \frac{J_{ST} \cdot L}{J_R \cdot h}$$

Näherung →

$$M_R \approx M_{Ro} = \frac{2C}{1 + C}$$

$$M_{ST} \approx 0{,}5 \cdot M_{Ro}$$

M_{Ro} = Volleinspannmoment

[17]

Prinzipbeispiel Kraftgrößen–Verfahren

Einfeldträger 1–fach unbestimmt

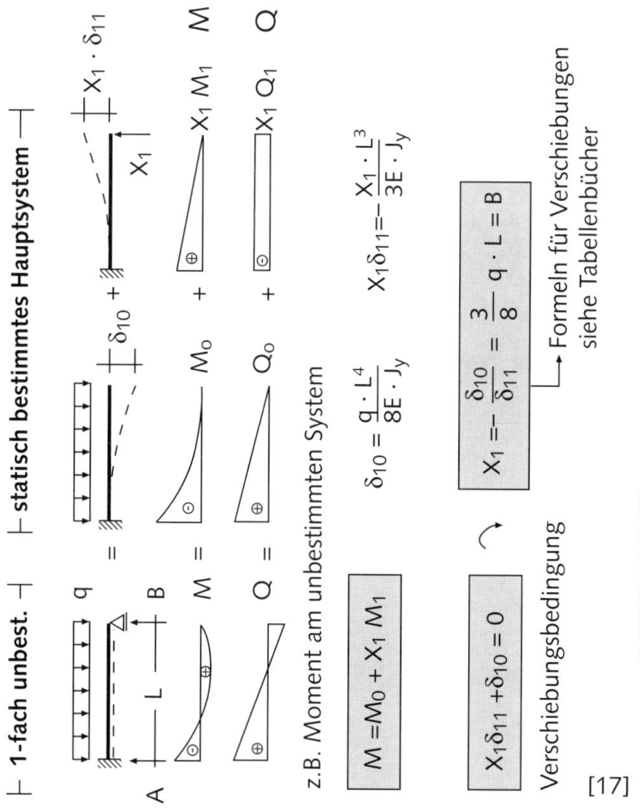

[17]

4

Schnittgrößen
Statisch unbestimmte Systeme

Durchlaufträger ⟶ Laststellungen

max. Schnittgrößen abhängig von Laststellung

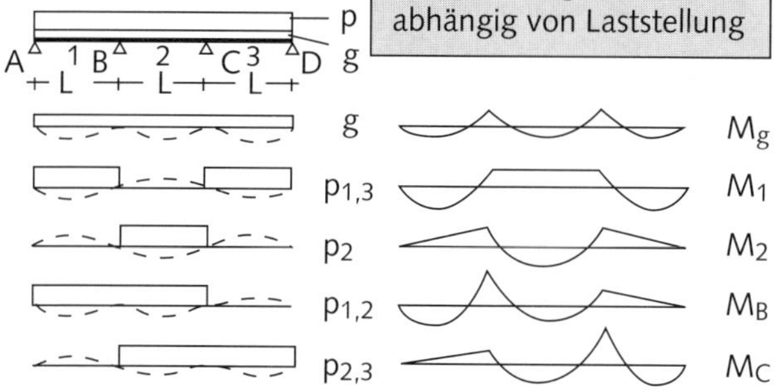

$M_i = (a_i \cdot g_i + b_i \cdot p) \cdot L^2$

⟶ siehe Tabellenbücher

ungünstige Laststellungen ⟶ max. Schnittgrößen

max. Auflager- und Schnittgrößen	a b c d e f / 1 2 3 4 5 / A B C D E F
M_b Q_{bl} Q_{br} B	
M_c Q_{cl} Q_{cr} C	
M_d Q_{dl} Q_{dr} D	
M_e Q_{el} Q_{er} E	
M_1 M_3 M_5 A, F	
M_2 M_4	

[5]
[17]
[33]

[5] Hugi:
Einführung in die Statik der Tragkonstruktionen
Zürich: Verlag der Fachvereine Zürich, 1992

- **Fachwerke**
  Inneres Gleichgewicht
  Stabkräfte
- **Ebene Stabtragwerke**
  Einfacher Balken
  Kragarm
  Belastung/Querkraft/Moment
- **Gerberträger**
  Berechnung
- **Dreigelenkkonstruktionen**
  Berechnung
  Stützlinie
- **Statisch unbestimmte Systeme**
  Kräftemethode

[20] Wagner, Erlhof:
Praktische Baustatik Teil 1
Stuttgart: Teubner, 1994

- **Stabwerke**
  Kragträger
  Einfeldträger
  Gelenkträger
  Dreigelenksysteme
- **Fachwerke**
  Bildungsgesetze
  Ermittlung der Stabkräfte
  Raumfachwerke
- **Gemischte Systeme**
  Unterspannte Träger
  Langerscher Balken
  (Versteifter Stabbogen)

[43] Lohmeyer:
Baustatik Teil 1 Grundlagen
Stuttgart: Teubner, 1985

- **Statisch bestimmte Tragwerke**
  Normaler Träger
  Schräge Träger
  Geknickte Träger
  Freiträger
  Gelenkträger
  Fachwerkträger
- **Statisch unbestimmte Tragwerke**
  Durchlaufträger nach Clapeyron, Cross, Winkler und Mensch
  Eingespannte Einfeldträger
  Einfache Rahmen
  Kehlbalkendach
  (Dreigelenkrahmen mit horizontalem Druckstab)

[48] Heide:
Praktische Statik nach Cross, Steinmann und Kani
Leipzig: Teubner, 1977

- **Cross-Verfahren**
  Durchlaufträger
  Rahmen
- **Steinmann-Verfahren**
  Durchlaufträger
  Stockwerkrahmen
- **Kani-Verfahren**
  Rahmen
  Rahmen mit teilweiser Einspannung

[49] Kleinlogel, Haselbach:
Rahmenformeln
Berlin: Ernst und Sohn, 1992

- **Rahmen**
  Einhüftig
  Dreieckrahmen
  Mit/ohne Zugbänder
  Lotrechte Stiele
  Geneigte Stiele
  Horizontale Riegel
  Bereichsweise geneigte Riegel
  Sattelförmige Riegel
  Bogenförmige Riegel
  Geschlossene Rahmen mit Rechteck- oder Dreieckform

[52] Rothe:
Stabstatik für Bauingenieure
Berlin: Verlag für Bauwesen, 1984

- **Statisch bestimmte Stabtragwerke**
  Bildungsgesetze
  Stabwerke
  Fachwerke
  Gemischtsysteme
- **Statisch unbestimmte Stabtragwerke**
  Lösungsverfahren
  Kraftgrößen-Methode
  Weggrößen-Methode

[68] Hirschfeld:
Baustatik
Berlin: Springer, 1984
Reprint

- **Statisch bestimmter ebener Träger**
  Vollwandträger
  Fachwerkträger
- **Verfahren der Kinematik**
- **Formänderungen**
  Elastische Formänderungen
  Formänderungsarbeit
- **Statisch unbestimmte Systeme**
  Kraftgrößenverfahren
  Formänderungsverfahren
  Iterationsverfahren
- **Sonderfälle der Statik**
  Vierendeelträger
  Elastisch gebetteter Balken u.a.

[69] Bochmann: Statik im Bauwesen Band 1, 2
Berlin: Verlag für Bauwesen, 1968

- **Einfache statische Systeme**
  Träger auf 2 Stützen
  Freiträger
  Gelenkträger
  Fachwerke
  Statisch bestimmte einteilige Rahmen
  Dreigelenktragwerke
  Durchlaufträger
  Einfache statisch unbestimmte Rahmen

[71] Krätzig, Wittek: Tragwerke 1
Berlin: Springer, 1995

[72] Krätzig, Wittek: Tragwerke 2
Berlin: Springer, 1995

- **Statisch bestimmte Stabtragwerke**
  Das Gleichgewichtsproblem
  Das kinematische Problem
  Grundgleichungen der Stabtheorie
  Das Tragwerksmodell der Statik
  Methoden der Kraftgrößenermittlung
  Schnittgrößen
  Formänderungsarbeit
  Verformungen, Biegelinien
- **Statisch unbestimmte Stabtragwerke**
  Kraftgrößenverfahren
  Kraftgrößenverfahren Matrizen
  Weggrößenverfahren
  Computerbasierte Tragwerksanalysen

Querschnittseigenschaften

Koordinaten/Achsenbezeichnung – Koordinaten nach DIN 1080

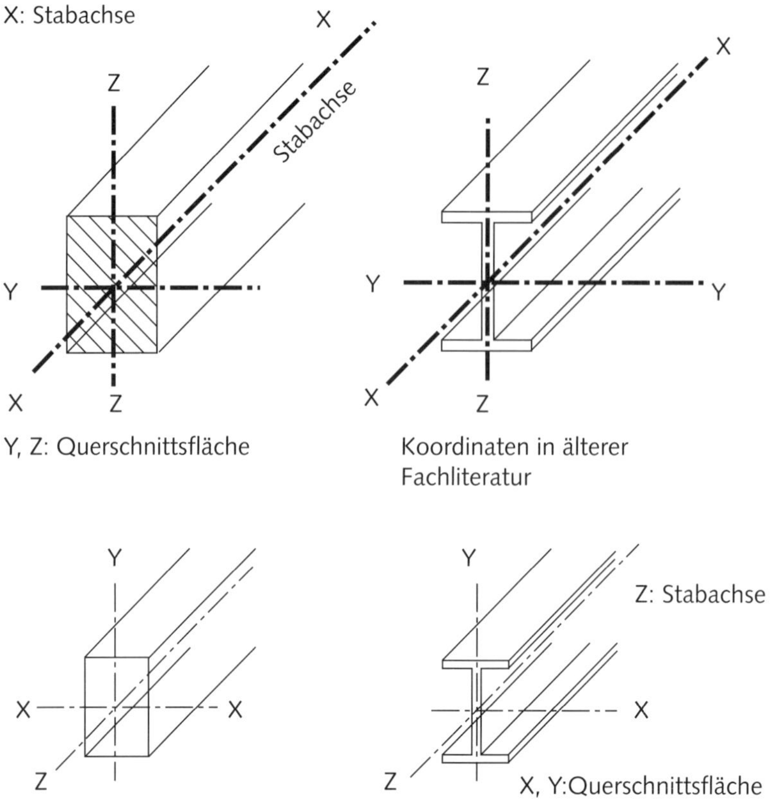

Bezeichnungen

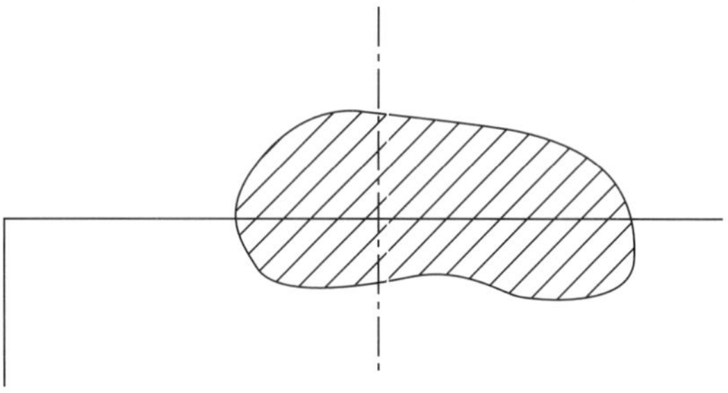

- – A Querschnittsfläche
- – b Breite Querschnitt
- – c Abstände, Hebelarm
- – d Dicke Querschnitt, Durchmesser
- – e Exzentrizität, Durchmesser
- – h Höhe, Dicke Querschnitt, Nutzhöhe
- – J Trägheitsmomente, Flächenmomente 2.Grades
- – i Trägheitsradius, Trägshalbmesser
- – K Kernweite, Kernpunktabstand
- – t Dicke von Querschnittsstellen z.B. Steg
- – S statisches Moment, Flächenmoment 1. Grades
- – X,Y,Z Koordinaten, Achsenbezeichnung
- – η,ξ Koordinaten, Bezeichnung Hauptachsen

Spezielle Querschnittseigenschaften bei Torsionsbeanspruchung

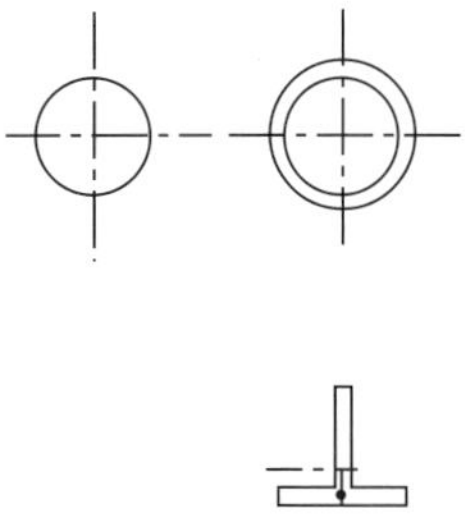

→ **wölbfreie Querschnitte**
St.-Venantsche Torsion
reine Torsion (Schubspannungen)

→ siehe Fachliteratur z.B. [14]

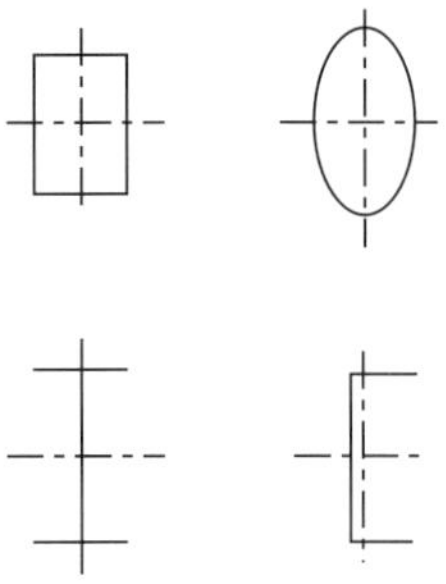

→ **nicht wölbfreie Querschnitte**
Wölbkrafttorsion
(Schub- und Normalspannung)

→ spezielle Eigenschaften:
Wölbwiderstand
Hauptverwölbung
u.a.

Steifigkeiten

Einige Querschnittseigenschaften spielen in Kombination mit den Baustoffeigenschaften E-Modul und G-Modul eine besondere Rolle in der Statik (Stabilität bzw. Formänderungsberechnungen)

Querschnittsflächen
- → Dehnsteifigkeit $E \cdot \mathbf{A}$
- → Schubsteifigkeit $G \cdot \mathbf{A'}$

Flächenmomente 2. Grades
- → Biegesteifigkeit $E \cdot \mathbf{J}_y$
- → Drillsteifigkeit $G \cdot \mathbf{J}_D$
  = Torsionssteifigkeit $G \cdot \mathbf{J}_T$

Prinzip

Prinzip

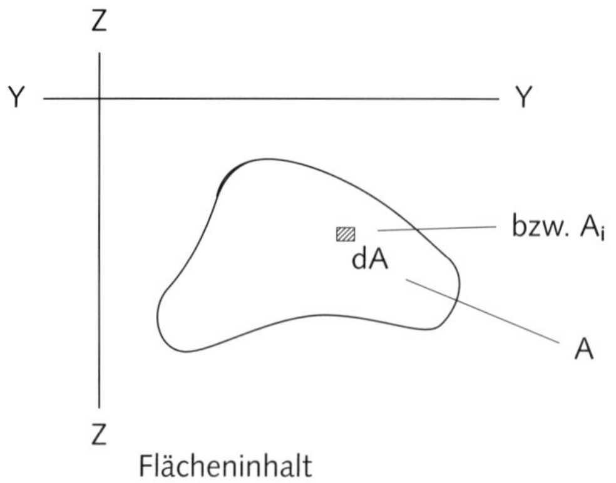

Flächeninhalt

$$A = \int dA = \Sigma\, A_i$$ [m², cm², mm²]

- einfache ebene Flächen siehe Tabellenbücher
- unregelmäßige Flächen
  - in regelmäßige Flächen unterteilen
- krummling begrenzte Flächen
  - siehe unten aufgeführte 4 Varianten [4]

[5]
[66]

Anwendungen

Anwendungen (ausgewählte Beispiele)

⟶ Schwerpunktermittlung

$$x_s = \frac{\Sigma x_i \mathbf{A}_i}{\Sigma \mathbf{A}_i}$$ statische Momente

⟶ Spannungen

$$\sigma = \frac{F}{A}$$ Zug/Druckspannung

⟶ Formänderungen/Dehnungen)

$$\varepsilon = \frac{F}{E \cdot \mathbf{A}}$$ Dehnsteifigkeit E · A

⟶ Trägheitsradius/Schlankheit
z.B. für Knickspannungen

$$i = \sqrt{\frac{J}{\mathbf{A}}}$$ Trägheitsradius

$$\lambda = \frac{S_k}{i}$$ Schlankheit

Krummlinig begrenzte Flächen

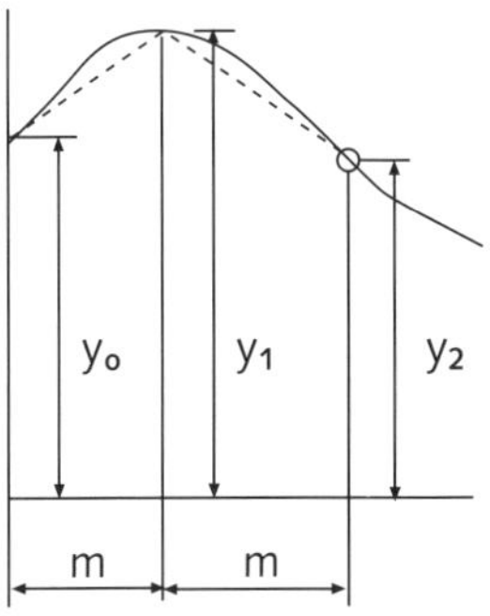

Trapez-Regel

$$A = m\left(\frac{y_0}{2} + y_1 + \frac{y_2}{2}\right)$$

Ersatz durch Geraden = Kurve 1. Grades

2 Streifen

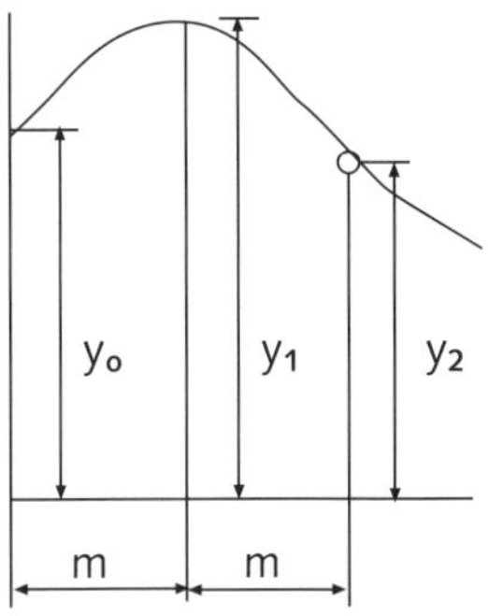

Simpson-Verfahren

$$A = \frac{m}{3}\,(y_0 + 4y_1 + y_2)$$

Ersatz durch Kurve 2. Grades, z.B. Parabel

[66]

3 Streifen

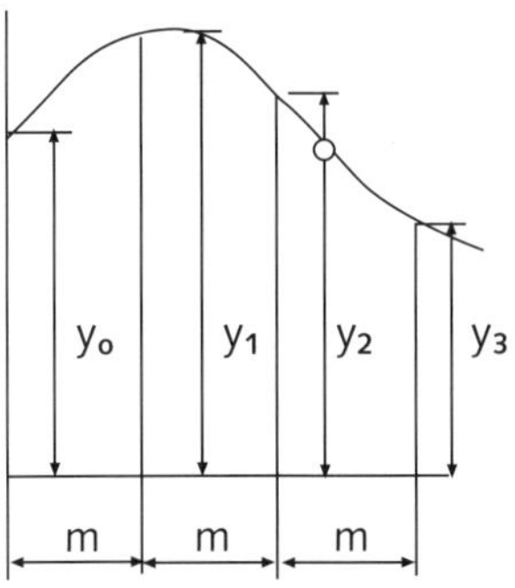

Newton-Verfahren

$$A = \frac{3}{8}\,m\,(y_0 + 3y_1 + 3y_2 + y_3)$$

Ersatz durch Kurve 3. Grades

6 Streifen

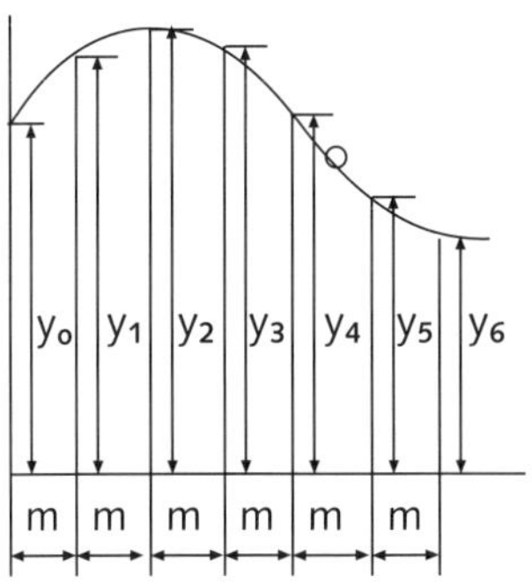

Weddle-Verfahren

$$a = \frac{3}{10}\,m$$

$$b = y_0 + 5y_1 + y_2 + 6y_3 + y_4 + 5y_5 + y_6$$

$$A = a \cdot b$$

Ersatz durch Kurve 6. Grades

Beispiel für Simpson-Verfahren

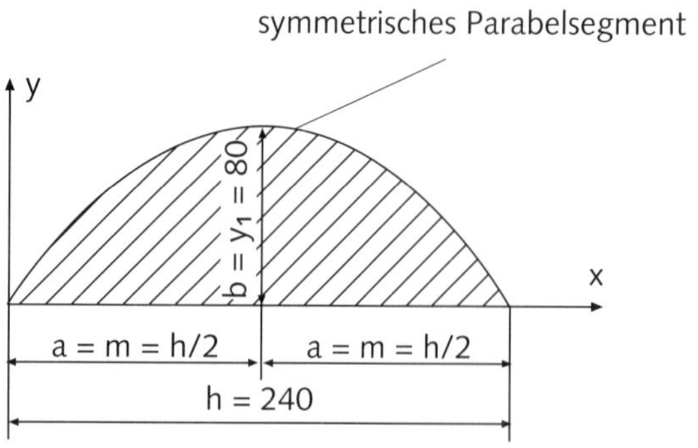

① 2 Streifen a = m = h/2 = 120 mm

② $A = \frac{m}{3}(y_o + 4y_1 + y_2)$

$= \frac{a}{3}(0 + 4b + 0)$

$= \frac{12}{3}(0 + 4 \cdot 8 + 0)$

A' = 128 cm²

[66]

Beispiel für unregelmäßige Flächen

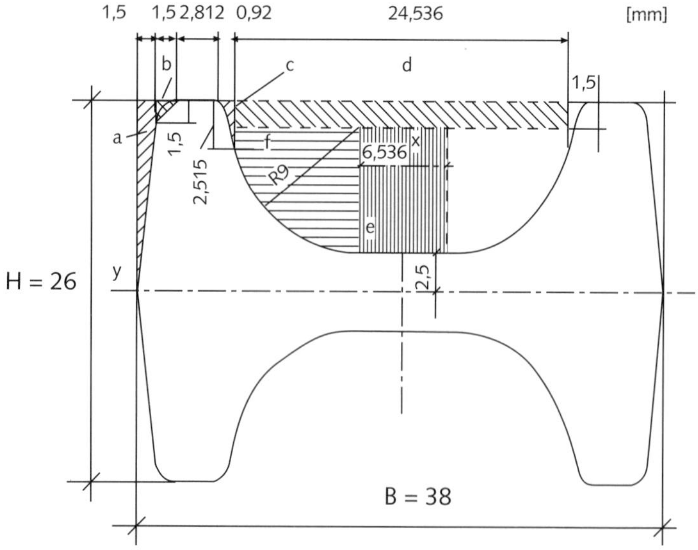

A = B · H – (4a +4b + 4c + 2d + 4f + 2e)

A = 494,28 mm² → zerlegen in regelmäßige Einzelflächen

Prinzip

Prinzip

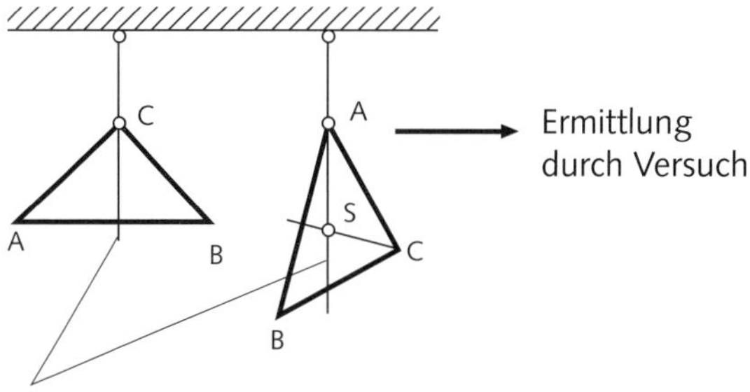

Schwerlinien
jeder Körper hat ∞ viele Schwerlinien

> Schwerpunkt = Schnittpunkt der Schwerlinien
>
> Ein im Schwerpunkt unterstützter Körper (Fläche oder Linie) ist in jeder beliebigen Lage im Gleichgewicht!

[43]
[44]

Anwendungen

Anwendungen (ausgewählte Beispiele)

→ Zusammenfassung von Lasten im Schwerpunkt der Belastungsfläche

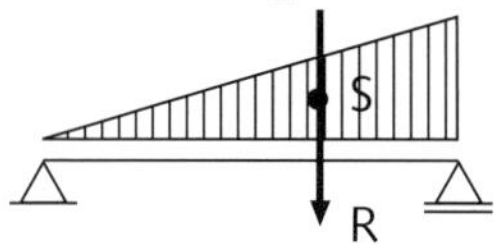

→ Standsicherheitsuntersuchungen (Kippen)

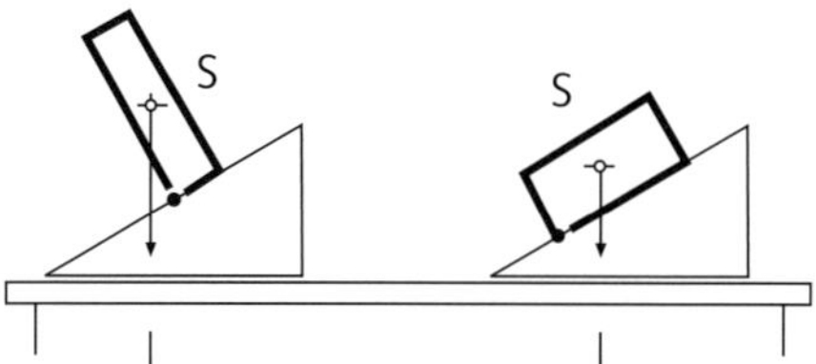

→ Körper kippt nicht

→ Schwerpunkt nicht unterstützt – Kippen!

→ Ermittlung der Lage der Gesamtlast = Schwerlinie

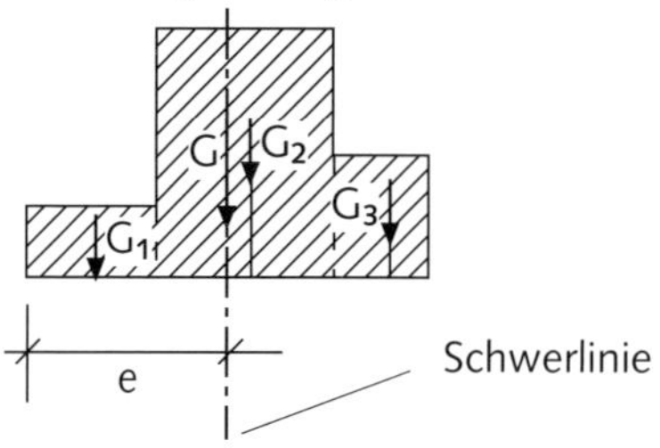

Einfache Flächen

Mehrere Symmetrieachsen

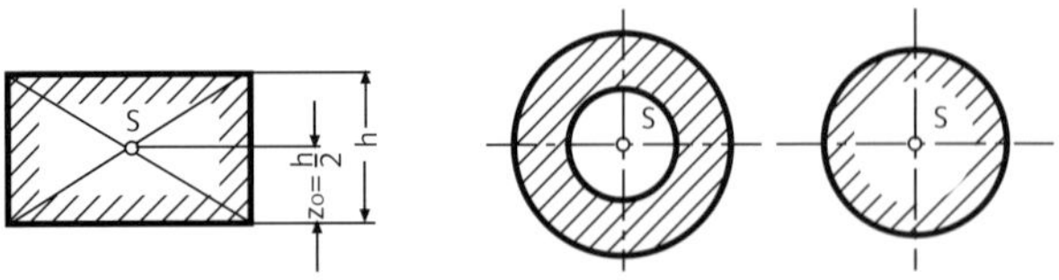

→ S = Schnittpunkt der Symmetrieachsen

Eine Symmetrieachse

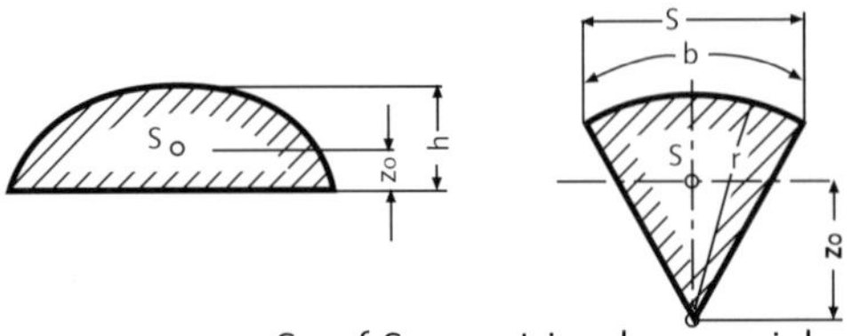

→ S auf Symmetrieachse z_0 siehe Tabellenbücher

Keine Symmetrieachse

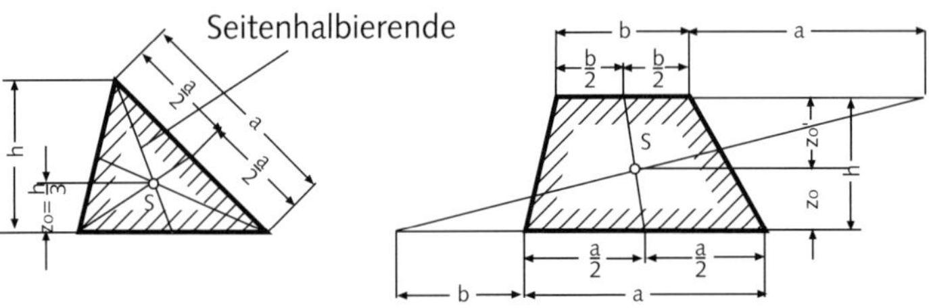

→ S siehe Tabellenbücher bzw. Hilfskonstruktionen [43]

Zusammengesetzte Flächen

Mehrere Symmetrieachsen

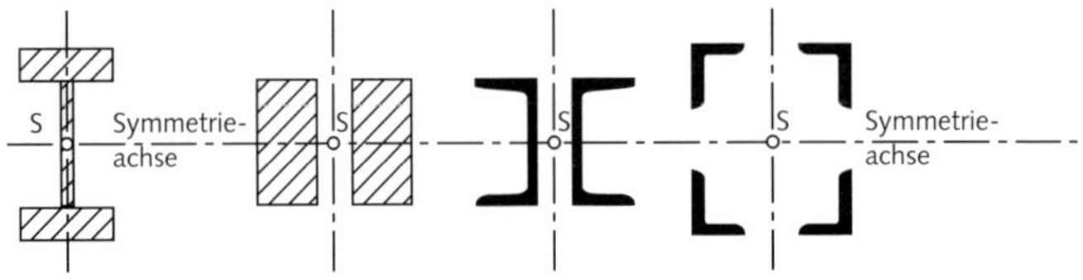

→ S = Schnittpunkt der Symmetrieachsen

Eine Symmetrieachse

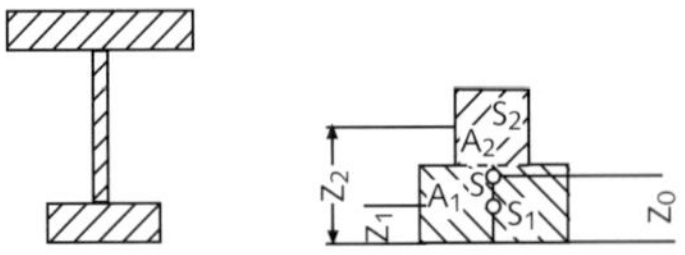

→ S auf Symmetrieachse

Z_0 ermitteln

↓

siehe statisches Moment

Keine Symmetrieachse

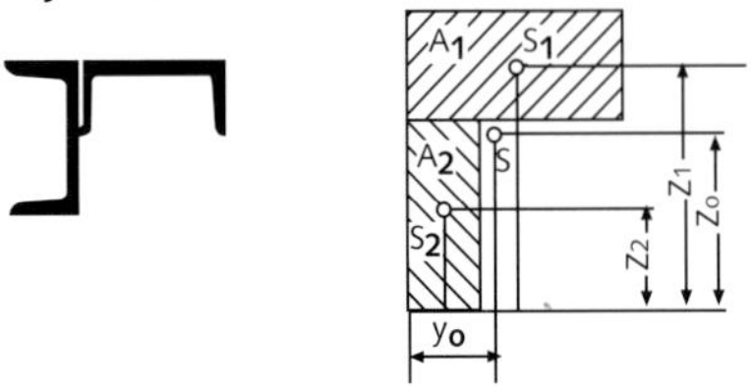

→ z_0 und y_0 ermitteln

Prinzipielle Vorgehensweise

$A = \Sigma A_i = A_1 + A_2$

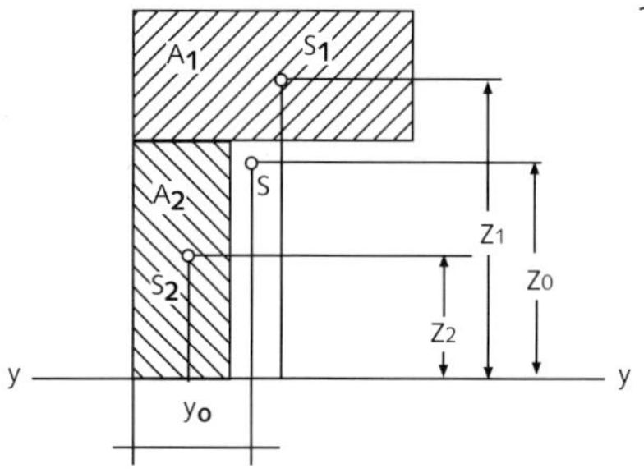

für y-Achse:

$A \cdot Z_0 = \Sigma A_i Z_i$

$$Z_0 = \frac{\Sigma A_i Z_i}{A}$$

analog für z-Achse:

$$y_0 = \frac{\Sigma A_i y_i}{A}$$

Summe der statischen Momente der Teilflächen = statisches Moment der Gesamtfläche für gleiche Bezugsachse

→ oft auch Interpretation als Gleichgewichtsaufgabe – Anwendung des Hebelgesetzes (siehe Beispiel)

[4]

Beispiel (Anwendung des Hebelgesetzes)

$A_1 = 5 \qquad A_2 = 8 \qquad A_3 = 10\ m^2$

$A = \sum_1^3 A_i = 23\ m^2$

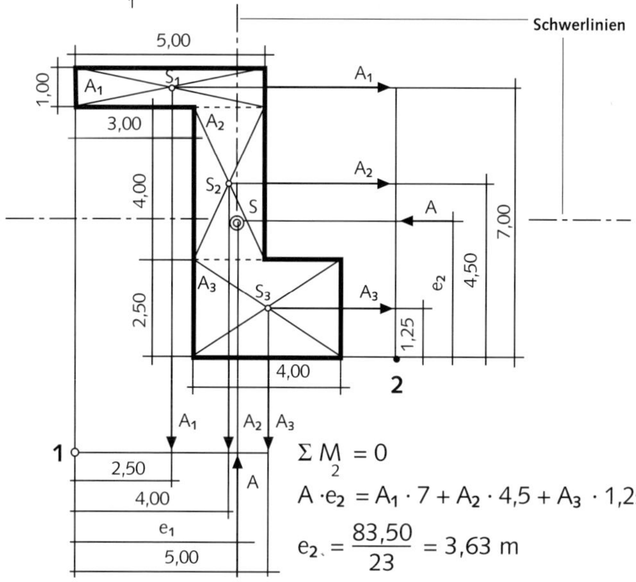

$\Sigma M_2 = 0$

$A \cdot e_2 = A_1 \cdot 7 + A_2 \cdot 4{,}5 + A_3 \cdot 1{,}25$

$$e_2 = \frac{83{,}50}{23} = 3{,}63\ m$$

$\Sigma M_1 = 0$

$A \cdot e_1 = A_1 \cdot 2{,}5 + A_2 \cdot 4 + A_3 \cdot 5$

$$e_1 = \frac{94{,}50}{23} = 4{,}10\ m$$

[43]

Prinzip der Schwerpunktermittlung
(Betrachtung in der Ebene)

Hinweis: Koordinaten x_o, y_o oft auch x_s, y_s

$$x_o = \frac{\Sigma L_i x_i}{\Sigma L_i}$$

ΣL_i — Gesamtlänge des Linienzuges

$$y_o = \frac{\Sigma L_i y_i}{\Sigma L_i}$$

$\Sigma L_i y_i$ — statische Momente der Teillinien

Summe der statischen Momente der Teillinien= statisches Moment der Gesamtlinienlänge für gleiche Bezugsachse

Ausgewählte Beispiele

		Linienlänge	Schwerpunktlage
rechter Winkel mit gleichen Schenkeln	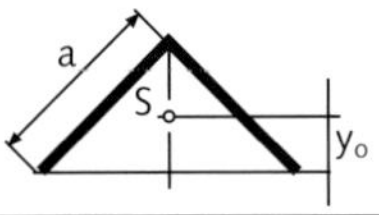	$l = 2 \cdot a$	$y_o = \frac{a}{\sqrt{2}}$
Dreieck	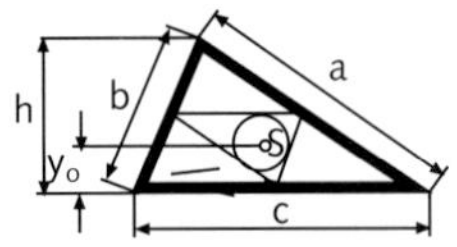	$l = a + b + c$	$y_o = \frac{h}{2} \cdot \frac{a+b}{a+b+c}$
Halbkreisbogen	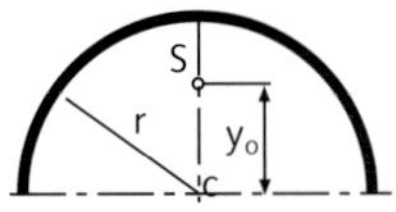	$l = \pi \cdot r$	$y_o = 0{,}637 \cdot r$
Viertelkreisbogen	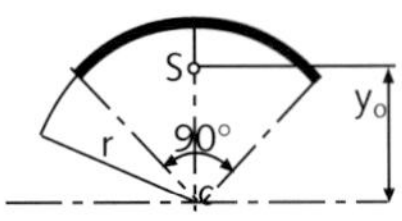	$l = \frac{\pi \cdot r}{2}$	$y_o = 0{,}900 \cdot r$
beliebiger Kreisbogen	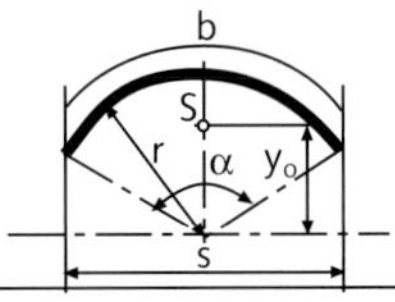	$l\,(b) = 2\pi \cdot r \frac{\alpha}{360}$	$y_o = \frac{r \cdot s}{b}$

[67]

Prinzip der Schwerpunktermittlung

Hinweis: Koordinaten x_o, y_o, z_o oft auch x_s, y_s, z_s

allgemein

$$x_o = \frac{\Sigma m_i x_i}{\Sigma m_i}$$

$\Sigma m_i x_i$: statische Momente der Teilmassen

Σm_i: Gesamtmasse des Körpers

analog für y_o, z_o

homogenes Material (Dichte ρ = const)

$$x_o = \frac{\Sigma V_i x_i}{\Sigma V_i}$$

$\Sigma V_i x_i$: statische Momente der Teilvolumen

ΣV_i: Gesamtvolumen des Körpers

analog für y_o, z_o

Summe der statischen Momente der Teilvolumen = statisches Moment des Gesamtvolumens für gleiche Bezugsachse

Ausgewählte Beispiele

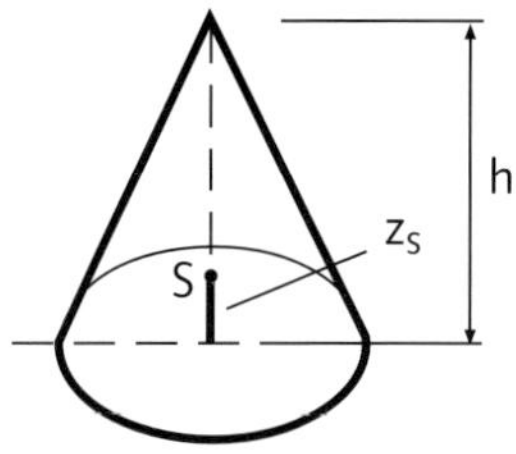

Kegel

$$z_s = \frac{1}{4} h$$

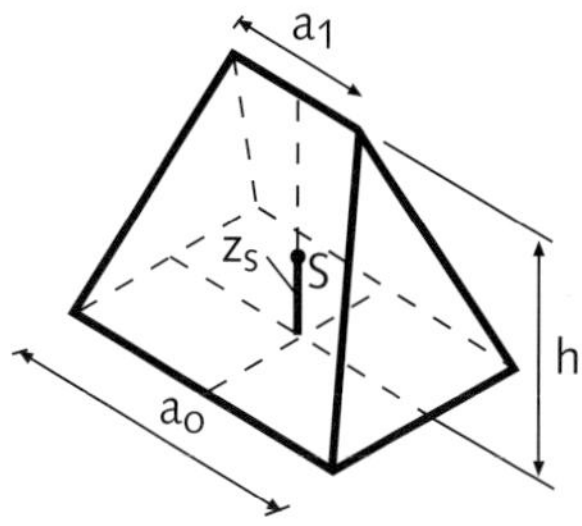

Keil

$$z_s = \frac{a_o a_1}{2a_o + a_1} \cdot \frac{h}{2}$$

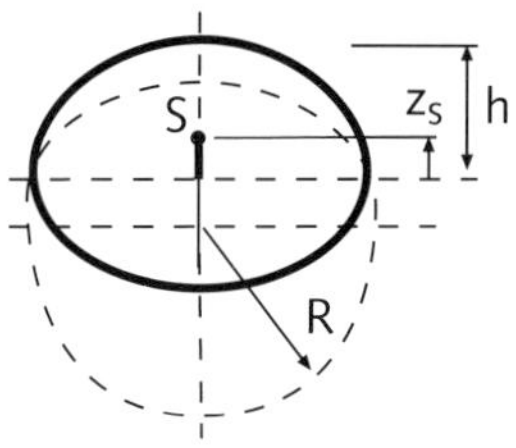

Kugelabschnitt

$$z_s = \frac{4R - h}{3R - h} \cdot \frac{h}{4}$$

[44]

Prinzip

Prinzip

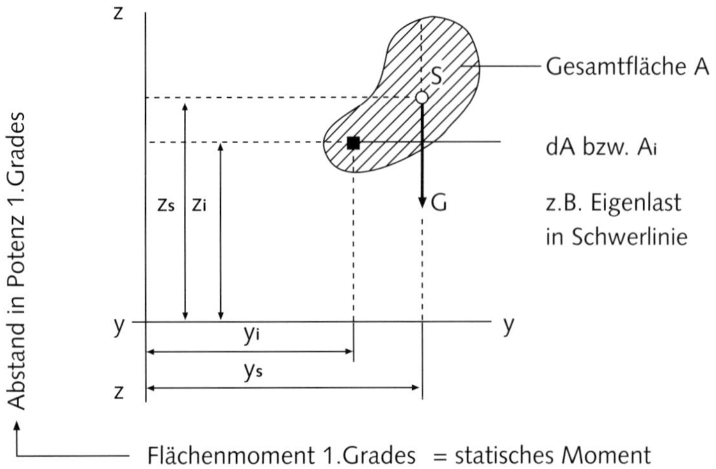

Flächenmoment 1.Grades = statisches Moment
= Fläche · Abstand zur Bezugsachse

statische Momente

$$S_y = A \cdot z_s = \Sigma A_i\, z_i$$

bezogen auf y-Achse [m^3, cm^3, mm^3]

$$S_z = A \cdot y_s = \Sigma A_i\, y_i$$

bezogen auf z-Achse

[4]
[5]
[43]
[44]

Anwendungen

Anwendungen (ausgewählte Beispiele)

→ Ermittlung der Schwerpunktlage zusammengesetzter Flächen

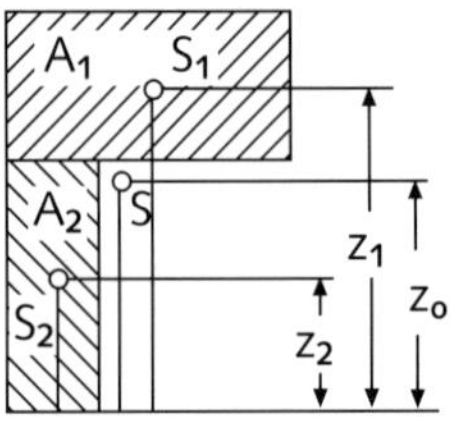

z.B. für z_o:

$$z_o = \frac{\Sigma A_i\, z_i}{A}$$

→ $= \mathbf{S}_i$

→ Ermittlung der Schubspannungen biegebeanspruchter Querschnitte

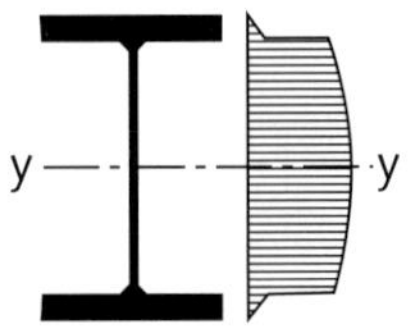

$$\tau = \frac{Q \cdot \mathbf{S_y}}{b \cdot J_y}$$

Prinzip

$$J = \int y^2 dA = \Sigma A_i y_i^2$$

Abstand in Potenz 2. Grades →

Flächenmomente
2. Grades = Flächenmomente 2. Ordnung
= Trägheitsmomente
= quadratische Momente
= Fläche · Abstand · Abstand

4 Arten Flächenmomente 2. Grades

① axiales Trägheitsmoment J_y, J_z

② polares Trägheitsmoment J_p

③ Zentrifugalmoment J_{yz}

④ Torsionsträgheitsmoment J_T

in Padia nur Prinzip erläutert (② – ④)

Prinzipien siehe unten

Anwendungen (ausgewählte Beispiele)

→ Formänderungen (Krümmung-Biegung)

$$\frac{1}{\rho} = \frac{M}{E \cdot \mathbf{J_y}}$$

→ Formänderungen (Durchbiegung)

$$f = \frac{1}{384} \cdot \frac{q \cdot l^4}{E \cdot \mathbf{J_y}}$$

→ Knicklasten

$$F_{ki} = \frac{\pi^2}{S_k^2} \cdot E \cdot \mathbf{J_y}$$

$E \cdot J_y$	= Biegesteifigkeit
$G \cdot J_p$	= Torsionssteifigkeit
$G \cdot J_T$	

→ Schubspannungen bei Biegung

$$\tau = \frac{Q \cdot S_y}{b \cdot \mathbf{J_y}}$$

→ Formänderungen (Drillung-Torsion)

$\vartheta = M_T / G \cdot \mathbf{J_p}$ für J_p auch J_T

→ Lage Hauptachsen, Hauptträgheitsmomente

$\tan\varphi = \mathbf{J_{yz}} / (J_z - J_u)$

Prinzip

Axiales Trägheitsmoment (äquatoriales Trägheitsmoment)

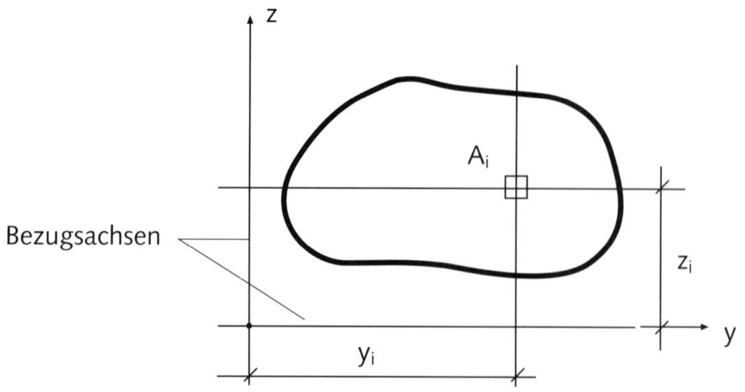

$$J_y = \Sigma A_i z_i^2 \quad [m^4, cm^4] \quad J_z = \Sigma A_i y_i^2$$

Summe der Produkte aus Fläche und Quadrat des Abstandes von einer Bezugsachse

Prinzip

Polares Trägheitsmoment

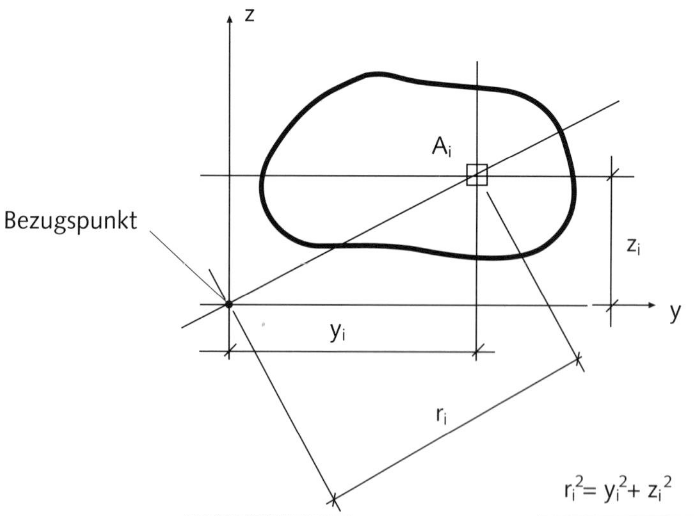

$$r_i^2 = y_i^2 + z_i^2$$

$$J_p = \Sigma A_i r_i^2 \quad [m^4, cm^4, mm^4] \quad J_p = J_y + J_z$$

Summe der Produkte aus Fläche und Quadrat des Abstandes von einem Bezugspunkt

Prinzip

Zentrifugalmoment (Deviationsmoment)

Achtung! Vorzeichenabhängig

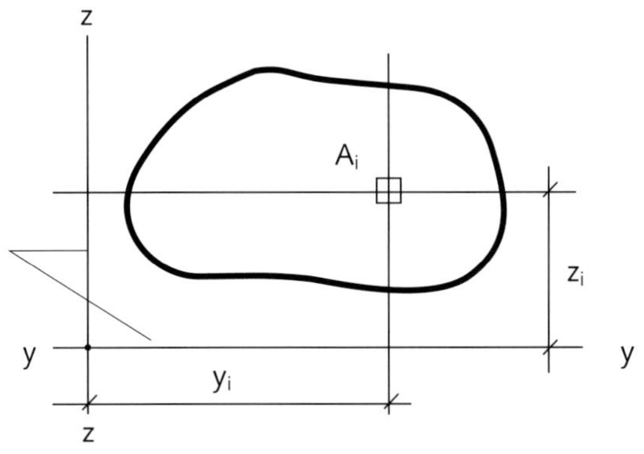

$J_{yz} = \Sigma A_i y_i z_i$ [m⁴, cm⁴]

Summe der Produkte aus Fläche und Abständen von Bezugsachsen

$J_{yz} = 0$ wenn y oder z Symmetrieachse!

Prinzip

Torsionsträgheitsmoment (Drillungswiderstand)

Kreisquerschnitt

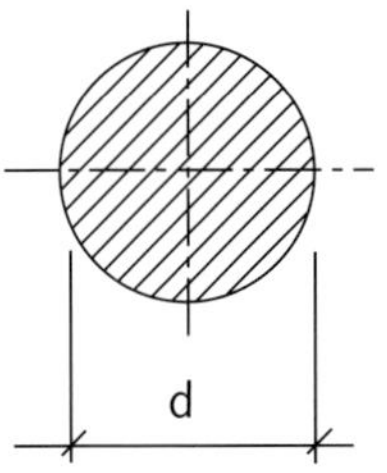

$J_T = J_p = \frac{\pi d^4}{32}$ [m^4, cm^4]

→ siehe polares Trägheitsmoment

andere Querschnitte
- komplizierte Berechnungen oder Versuche
- siehe Tabellenbücher/Fachliteratur

z.B.

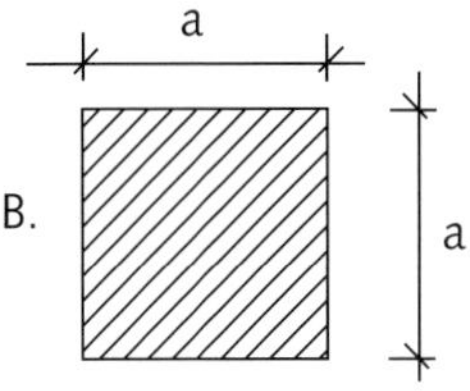

$J_T = \frac{a^4}{7{,}11}$

Zusammengesetzte Querschnitte – Sonderfall 1 nach [7]

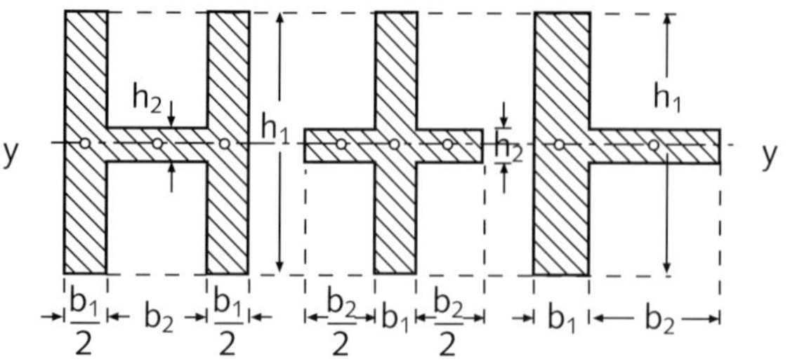

→ Zerlegung der Fläche in Rechtecke, deren Schwerpunkte in der selben Achse liegen

$$J_y = \frac{1}{12}\Sigma bh^3$$

Zusammengesetzte Querschnitte – Sonderfall 2 nach [7]

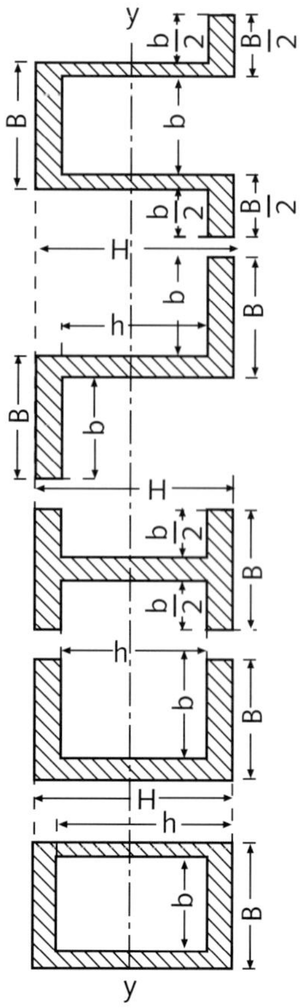

→ Verschiebung einzelner Rechtecke parallel zur x-Achse, so daß ein hohes Rechteck entsteht

$$J_y = \frac{1}{12}(BH^3 - bh^3)$$

Zusammengesetzte Querschnitte – Sonderfall 3 nach [7]

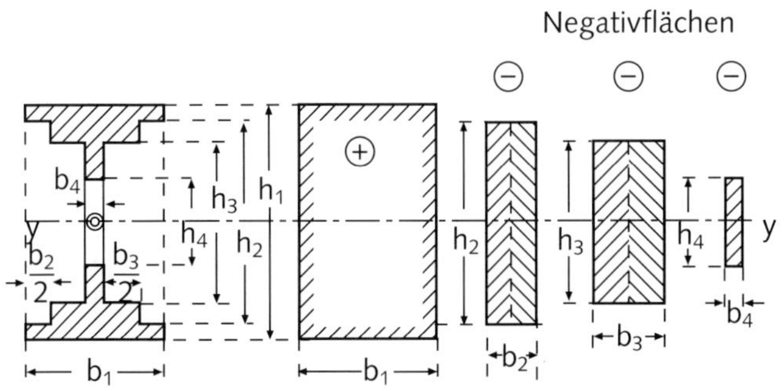

→ Zerlegung der Fläche in positive und negative Rechtecke, deren Schwerpunkte in der gemeinsamen Symmetrieachse liegen

$$J_y = \frac{1}{12}\Sigma bh^3$$

Zusammengesetzte Querschnitte – Sonderfall 4 nach [7]

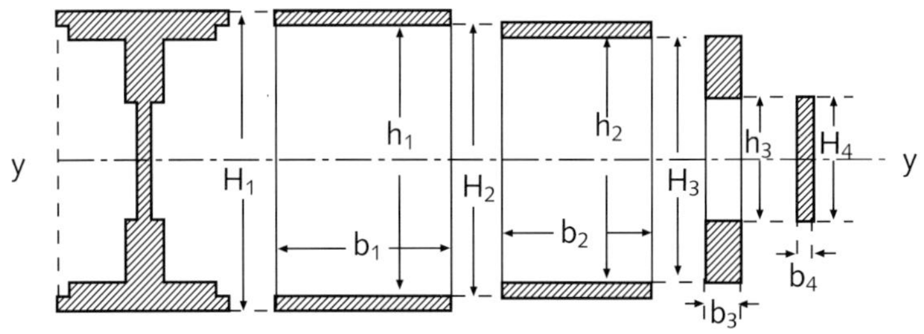

→ Fläche zurückführen auf ineinander geschachtelte hohle Rechtecke mit gemeinsamer Symmetrieachse und innerer Breite = äußerer Breite

$$J_y = \frac{1}{12}\Sigma b(H^3 - h^3)$$

Der Satz von Steiner

Prinzip

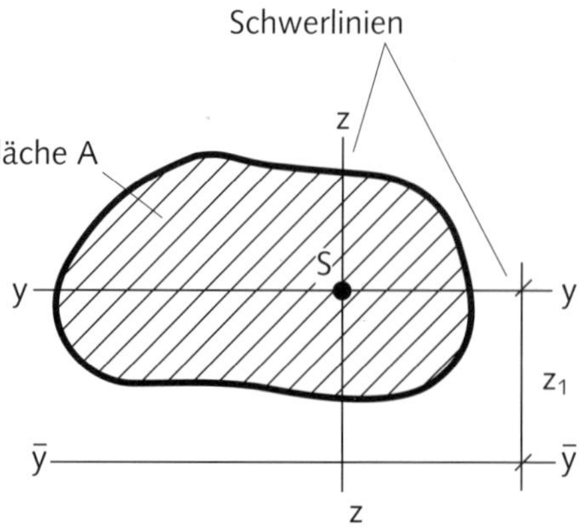

Satz von Steiner $J_{\bar{y}} = J_y + Az_1^2$ [cm^4]

Eigenträgheitsmoment +
Fläche · Quadrat des Abstandes der Bezugsachsen

→ Hilfsmittel für die Ermittlung der Trägheitsmomente zusammengesetzter Querschnitte (aus einfachen Formen, wie Rechteck, Kreis, Dreieck...)

Der Satz von Steiner

Beispiel

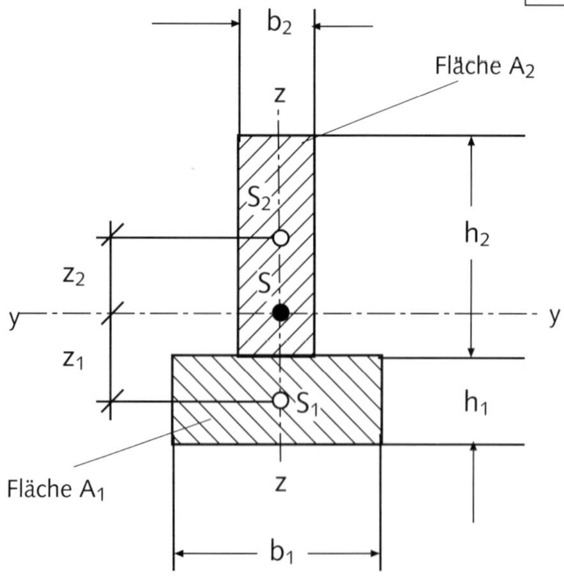

$$J_y = J_{y1} + A_1 z_1^2 + J_{y2} + A_2 z_2^2$$ [cm^4]

$$J_y = \underbrace{\frac{b_1 h_1^3}{12} + A_1 z_1^2}_{\text{Anteile Fläche1}} + \underbrace{\frac{b_2 h_2^3}{12} + A_2 z_2^2}_{\text{Anteile Fläche2}}$$

Prinzip

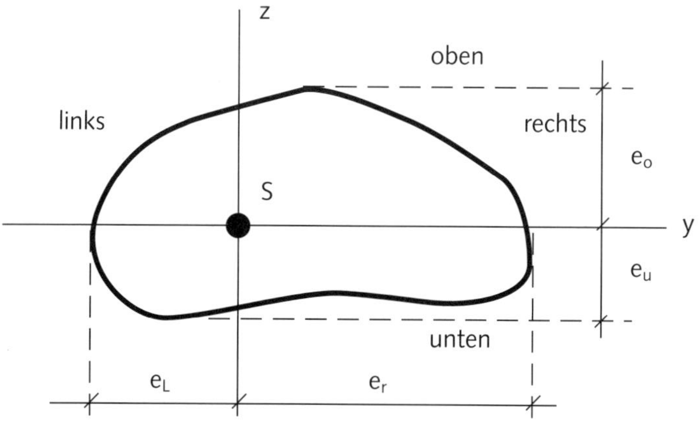

$$W_{yo} = \frac{J_y}{e_o} \qquad W_{yu} = \frac{J_y}{e_u}$$

$$W_{zL} = \frac{J_z}{e_L} \qquad W_{zr} = \frac{J_z}{e_r}$$

[cm^3] bzw. [mm^3]

Axiales Trägheitsmoment dividiert durch den Abstand von der Schwerlinie bis zur äußersten Randfaser

Anwendungen (ausgewählte Beispiele)

→ Ermittlung der maximalen Spannung (Randspannung) infolge eines Biegemomentes

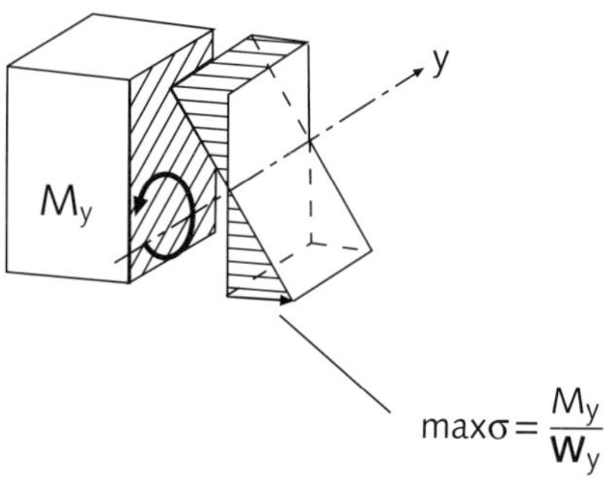

analog zur Fläche A bei Zug/Druckbeanspruchung
→ $\sigma = F/A$, ist W maßgebend bei Biegebeanspruchung
→ $\sigma = M/W$

→ Dimensionierung von Querschnitten (Biegung)
erf. **W** = M/zul.σ

→ Maß für Querschnittsqualität bei Biegung
vorh. **W** bei gleichem Flächeninhalt A

Rechteckquerschnitt

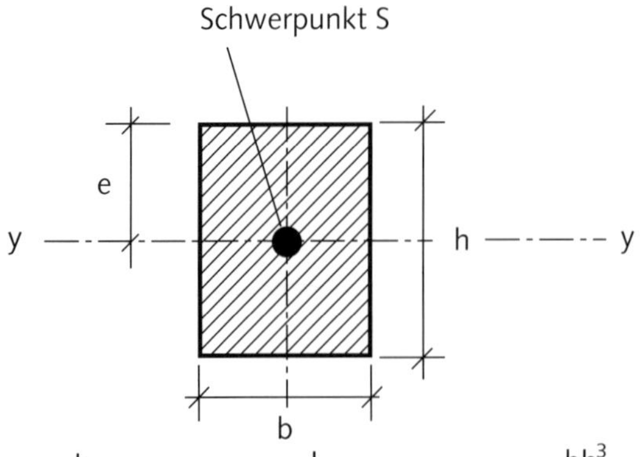

$e = \frac{h}{2}$ $W_y = \frac{J_y}{e}$ $J_y = \frac{bh^3}{12}$

$$W_y = \frac{b \cdot h^2}{6}$$

Quadratquerschnitt

$e = \frac{h}{2}$ $J_y = \frac{h^4}{12}$ $e = \frac{h}{2}\sqrt{2}$

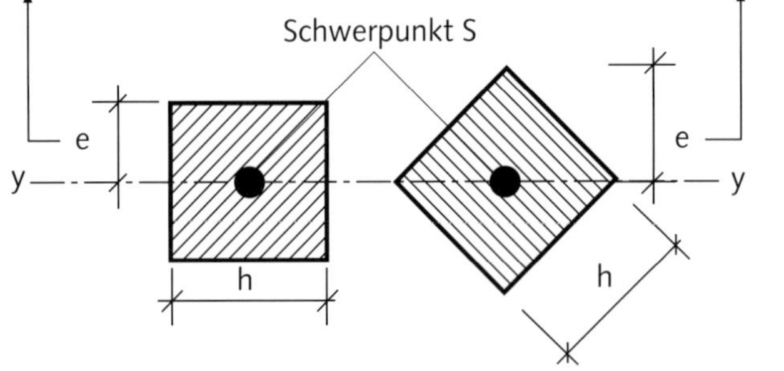

$$W_y = \frac{h^3}{6}$$ $$W_y = \sqrt{2} \cdot \frac{h^3}{12}$$ [cm³]

$W_{\diamond} \approx 0{,}7\, W_{\square}$

Beispiele

Zusammengesetzte Querschnitte

addierte bzw. subtrahierte Flächen

Achtung!

> Im Gegensatz zu Flächeninhalten und Flächenmomenten sind die Widerstandsmomente keine additiven Größen.
> Sie sind abgeleitete Größen und dürfen nicht addiert oder subtrahiert werden!

– siehe folgendes Beispiel

Beispiele

Zusammengesetzter Querschnitt (Hohlquerschnitt)

$J_{\square} = \frac{a^4}{12}$ $\quad J_{\bigcirc} = \frac{\pi}{64} d^4$ $\quad \boxed{J_y = J_{\square} - J_{\bigcirc}}$

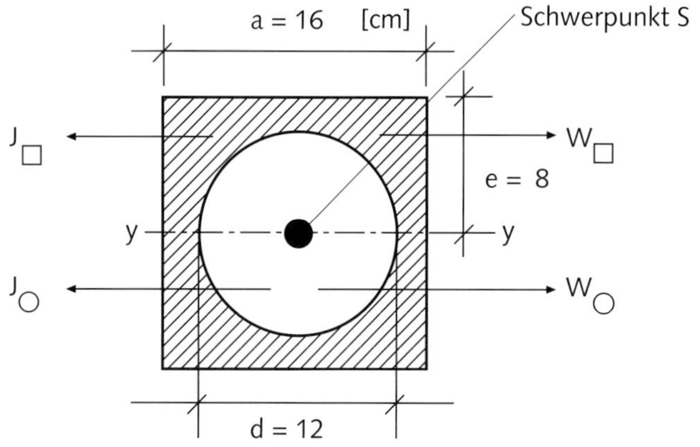

Falsch!

$W_y = W_{\square} - W_{\bigcirc}$ (durchgestrichen)

$J_y = \frac{16^4}{12} - \frac{\pi}{64} 12^4 = \underline{4443{,}4}$

$W_y = \frac{4443{,}4}{8} = \underline{\underline{555{,}4 \ \text{cm}^3}}$ $\quad \boxed{W_y = \frac{J_y}{e}}$

Rechteckquerschnitt Flachkant/Hochkant

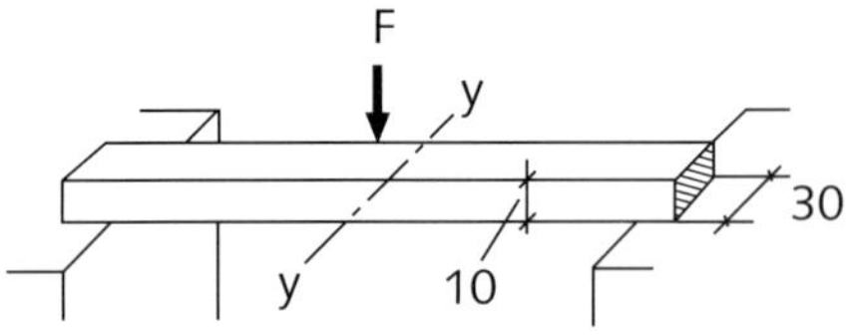

Flachkant gelagert

e = 5 cm
Randfaserabstand

$$J_y = \frac{30 \cdot 10^3}{12} = 2500\ \text{cm}^4$$

$$W_y = \frac{2500}{5} = \underline{500\ \text{cm}^3}$$

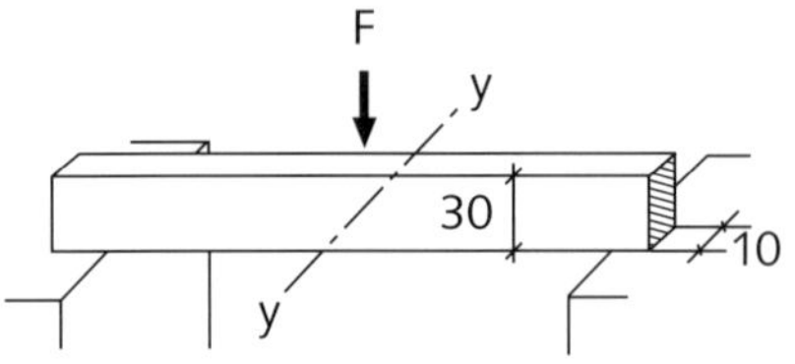

Hochkant gelagert

e = 15 cm
Randfaserabstand

maßgebend für Durchbiegung (Biegesteifigkeit)

$$J_y = \frac{10 \cdot 30^3}{12} = 22500\ \text{cm}^4 \quad = 9\text{-fach } J_y \text{ Flachkant}$$

$$W_y = \frac{22500}{15} = 1500\ \text{cm}^3 = 3\text{-fach } W_y \text{ Flachkant}$$
$$= 3\text{-fache Tragfähigkeit}$$

W genormte Träger (aufgetragen über Fläche)

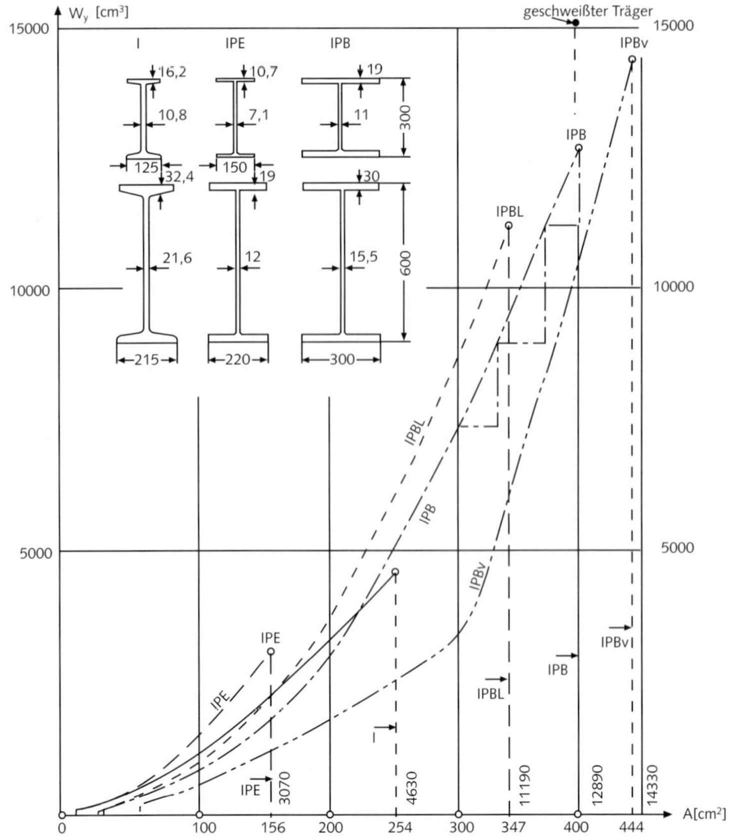

[73]

Prinzip

Prinzip

Kreisquerschnitt (analog W bei Biegung)

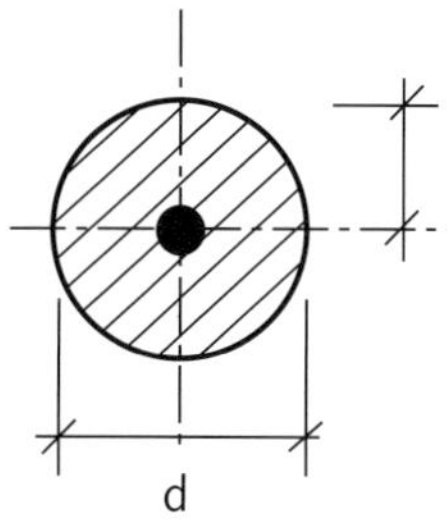

$$e = \frac{d}{2} \qquad J_T = \frac{\pi d^4}{32}$$

$$W_T = \frac{J_T}{e} \qquad W_T = \frac{\pi d^3}{16}$$

andere Querschnitte
– komplizierte Berechnungen oder Versuche
– siehe Tabellenbücher bzw. Fachliteratur

Anwendungen

Anwendungen (ausgewählte Beispiele)

Ermittlung der maximalen Spannung (Randspannung) infolge eines Torsionsmomentes

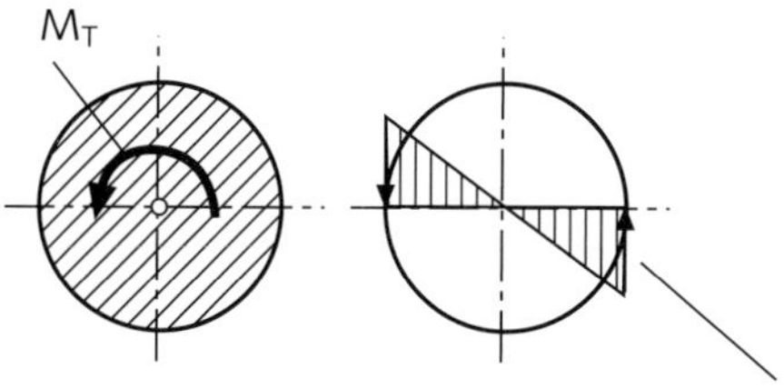

$$\max\tau = \frac{M_T}{\mathbf{W_T}}$$

Dimensionierung von Querschnitten unter Torsionsbeanspruchung
erf. $\mathbf{W_T} = M_T/\text{zul.}\tau$
Maß für Querschnittsqualität bei Torsion
vorh. $\mathbf{W_T}$ bei gleichem Flächeninhalt A

Rechteckquerschnitt

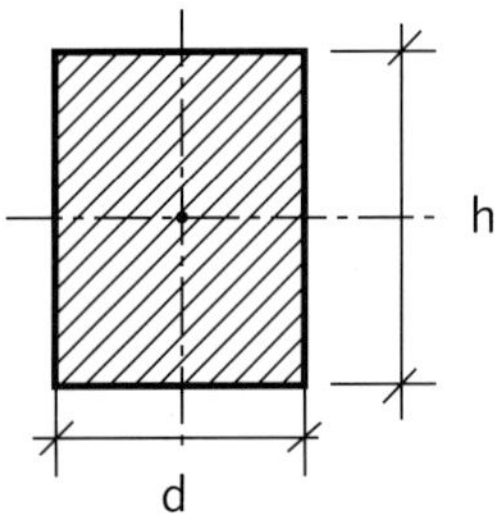

$$W_T = \beta_T \cdot b^2 \cdot h \quad [cm^3]$$

h/b	1,0	1,25	1,5	2,0	3,0	4,0	6,0	10,0	∞
β_T	0,208	0,221	0,231	0,246	0,267	0,282	0,299	0,313	0,333

Beispiele

Querschnittsqualität bei Torsion

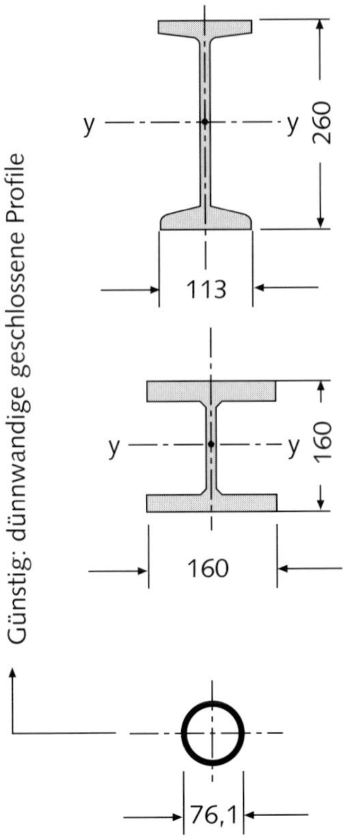

I 260 $A = 53,3\ cm^2$ $W_T \approx 24\ cm^3$

IPB 160 $A = 54,3\ cm^2$ $W_T \approx 24\ cm^3$

R 76,1x2,9 $A = 6,7\ cm^2$ $W_T \approx 24\ cm^3$

[19]

Beispiele

Profile dünnwandig geschlossen

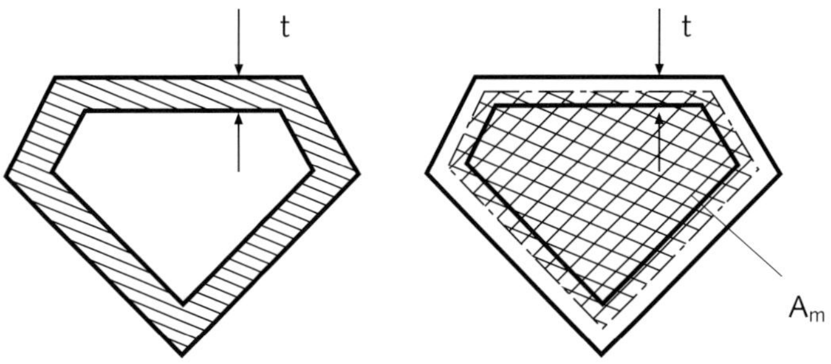

$$W_T = 2 \cdot A_m \cdot t \quad [cm^3]$$

Fläche um Mittellinie der Wandung

Beispiele

Profile dünnwandig offen

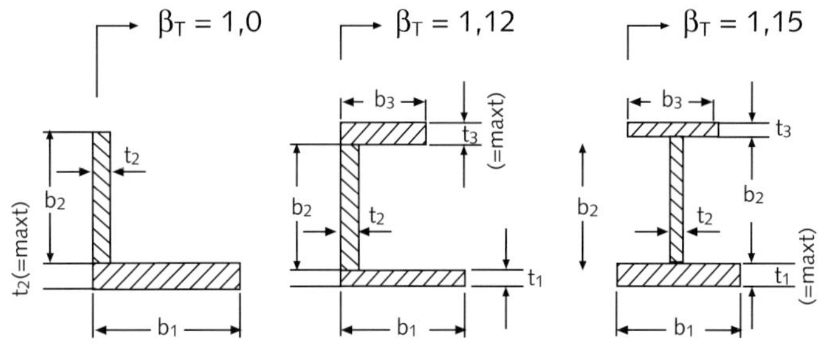

$$W_T = \frac{\beta_T}{maxt} \cdot \Sigma \frac{b_i \cdot t_i^3}{3} \quad [cm^3]$$

[19]

Prinzip

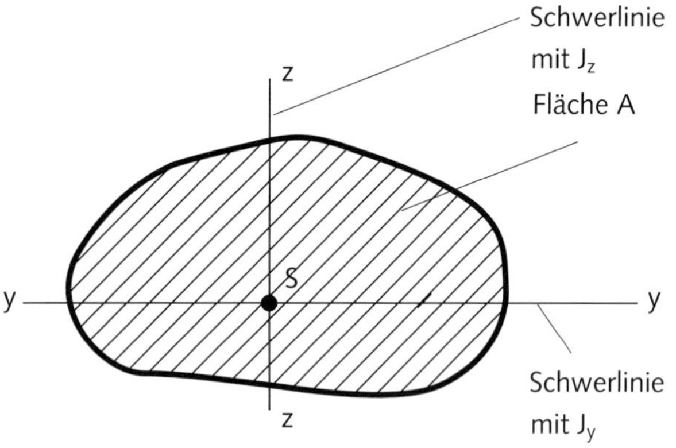

Trägheitsradius (auch Trägheitshalbmesser)

$$i_y = \sqrt{\frac{J_y}{A}} \qquad i_z = \sqrt{\frac{J_z}{A}} \quad [\text{cm}]$$

→ auch interpretiert als Anteil aus dem Satz von Steiner mit dem ideelem Abstand i

$$J_y = A \cdot i_y^2 \qquad J_z = A \cdot i_z^2$$

Anwendungen

Anwendungen (ausgewählte Beispiele)

Ermittlung der Schlankheit für Nachweis der Knickspannungen (Biegeknicken)

$$\sigma_{ki} = \frac{\pi^2 \cdot E}{\lambda^2}$$ Eulersche Knickspannung

$$\lambda = \frac{S_k}{\mathbf{i}}$$ Schlankheit

i = Maß für Steifigkeit gegen Knicken

Profilierungsfaktor = Formkennwert für Querschnittsqualität unter Biegebeanspruchung

$$c' = \frac{\mathbf{i}^2}{h^2}$$

Beispiele:

schlecht 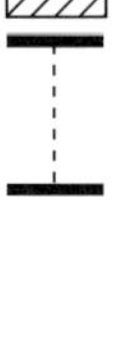 c' = 0,08

gut c' = 0,25 theoretischer Grenzwert (Steg materiallos)

[47]

Rechteckquerschnitt

$$J_y = \frac{b \cdot h^3}{12}$$

$$J_z = \frac{h \cdot b^3}{12}$$

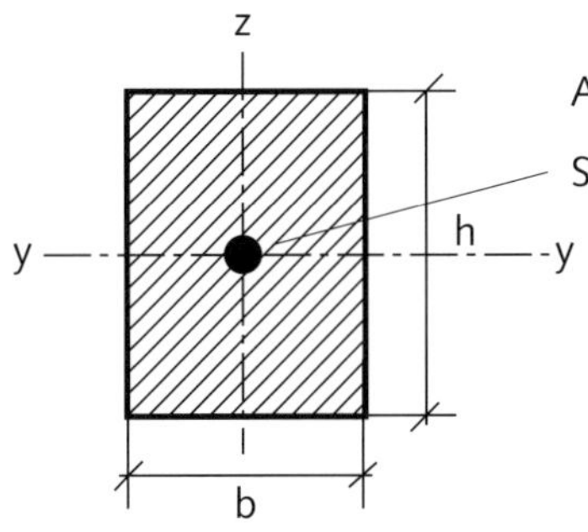

$$i_y = \sqrt{\frac{J_y}{A}} = \sqrt{\frac{h \cdot b^3}{12 \cdot b \cdot h}} = \sqrt{\frac{h^2}{12}}$$

$i_y = 0{,}289 \cdot h$	[cm]
$i_z = 0{,}289 \cdot b$	

Beispiele

Kreisquerschnitt

$$J = \frac{\pi r^4}{4} = \frac{\pi d^4}{64}$$

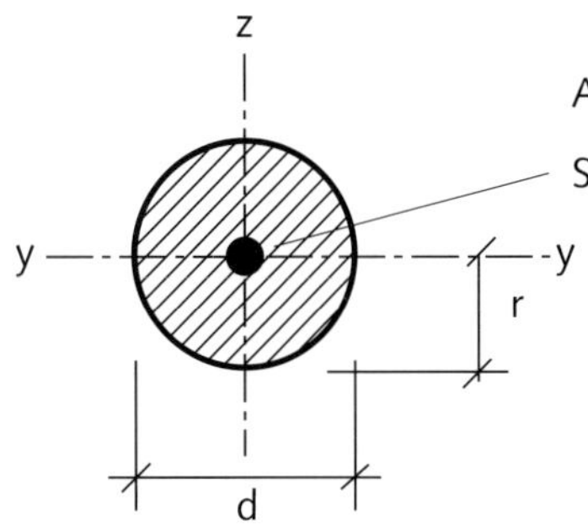

$$i = \sqrt{\frac{J}{A}} = \sqrt{\frac{\pi r^4}{4 \pi r^2}}$$

$$i_y = i_z = \frac{r}{2} = \frac{d}{4} \quad \text{[cm]}$$

Beispiele

Trägheitskreise

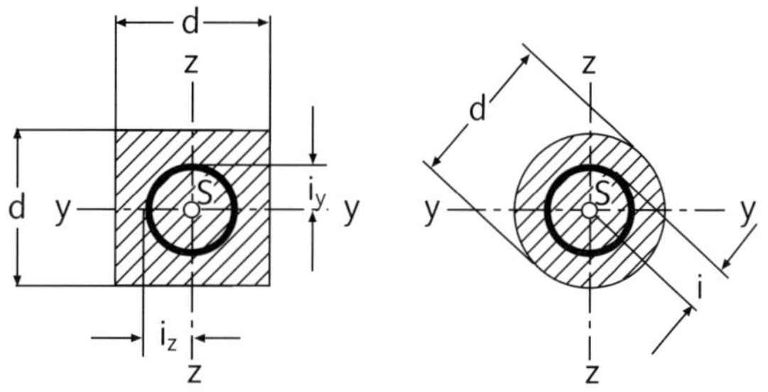

Trägheitskreise
bei Querschnitten mit gleichen Trägheitsradien
(Bezug y-und z-Achse)
=
Querschnitte mit **gleicher** Steifigkeit
gegen Knicken

[19]

Beispiele

Trägheitsellipsen

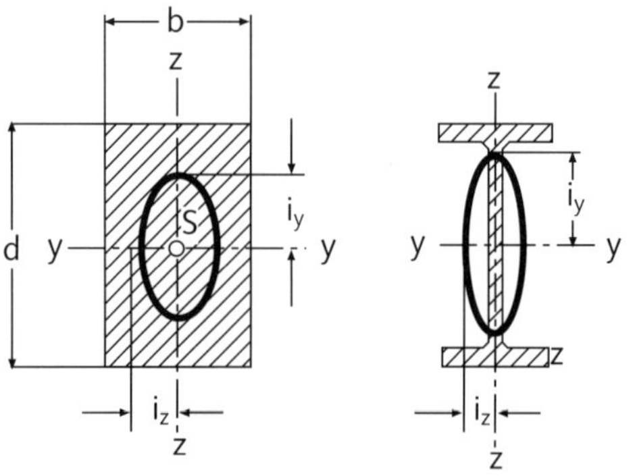

Trägheitsellipsen
bei Querschnitten mit ungleichen Trägheitsradien
(Bezug y-und z-Achse)
=
Querschnitte mit **ungleicher** Steifigkeit
gegen Knicken

Prinzip

Prinzip

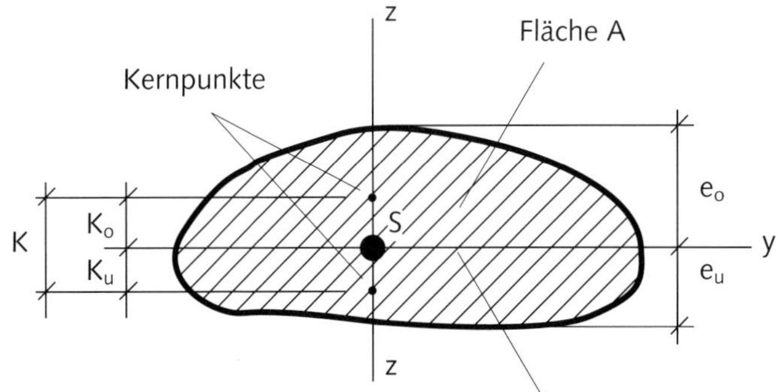

$$W_{yo} = \frac{J_y}{e_o} \qquad W_{yu} = \frac{J_y}{e_u}$$

siehe Widerstandsmomente-Biegung

Kernpunktabstände — Kernweite

$$K_o = \frac{W_{yu}}{A} \qquad K_u = \frac{W_{yo}}{A} \qquad K = K_o + K_u \quad \text{[cm]}$$

Widerstandsmoment dividiert durch Querschnittsfläche

Anwendungen

Anwendungen (ausgewählte Beispiele)

Angriffspunkt einer Kraft bei versagender Zugzone (Mauerwerk, Gründungsfuge)
– Randspannung = 0

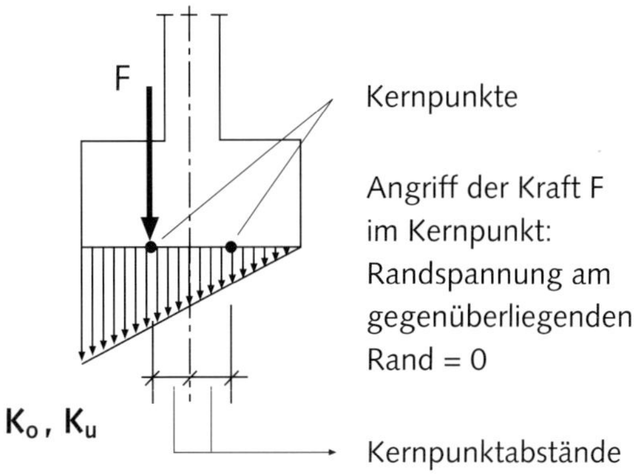

Formkennwert für Querschnittsqualität unter Biegebeanspruchung $\mathbf{K} = \frac{W_o + W_u}{A}$

Beispiele:

schlecht 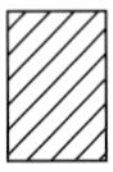 $\mathbf{K} = \frac{2W}{A} = 0{,}33 \cdot h$ [5]

gut  $\mathbf{K} = \frac{2W}{A} = 0{,}77 \cdot h$ für HEA260 Profil

Beispiele

Rechteckquerschnitt

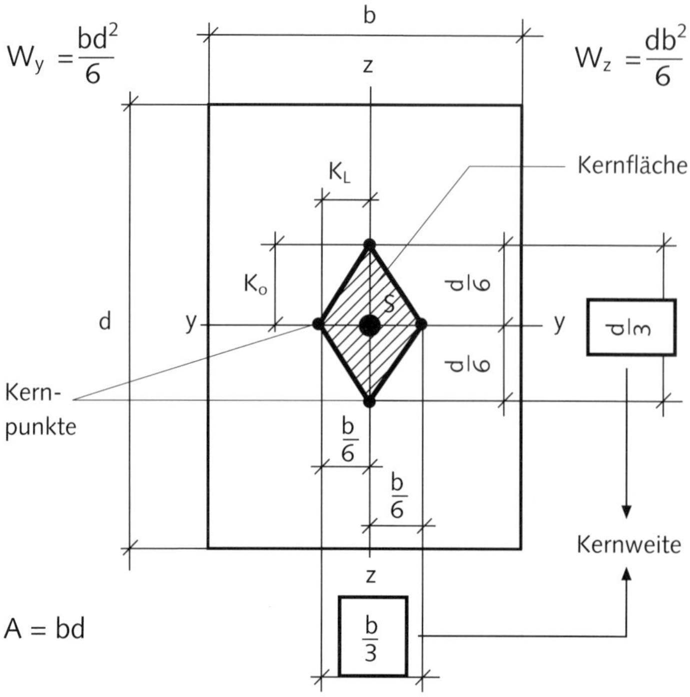

$$K_{o,u} = \frac{d}{6} \qquad K_{L,r} = \frac{b}{6} \qquad [\text{cm}]$$

Beispiele

Kreisquerschnitt

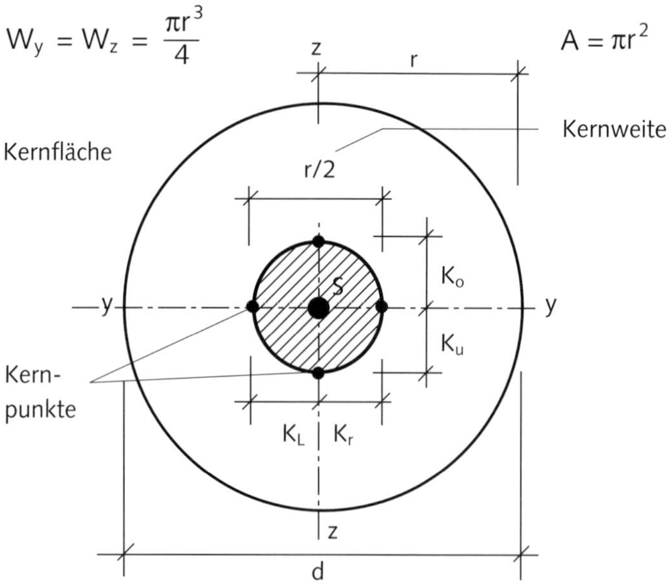

Kernpunktabstand

$$K_o = K_u = K_L = K_r = \frac{\pi r^3}{4\pi r^2} = \frac{r}{4} \qquad [\text{cm}]$$

Prinzip

Prinzip

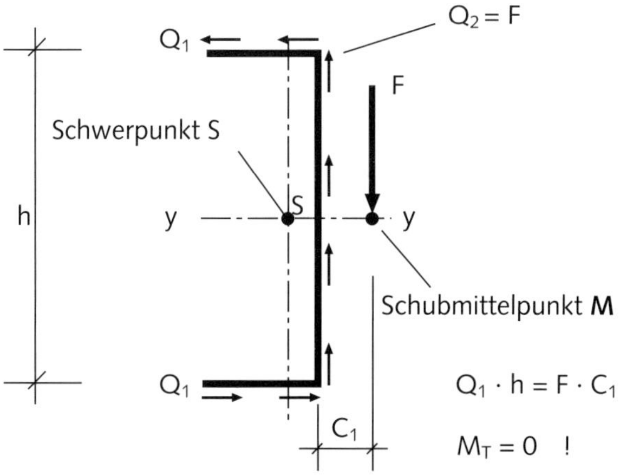

> Verläuft die Wirkungslinie einer beliebig gerichteten Kraft F durch den Schubmittelpunkt M eines Querschnittes, erfolgt keine Verdrehung des Querschnittes!
> ⟶ torsionsfreie Biegung (Doppelbiegung)

Anwendungen

Anwendungen (ausgewählte Beispiele)

⟶ Lage Schubmittelpunkt – Kraftangriffspunkt
– maßgebend für Beanspruchung des Querschnittes

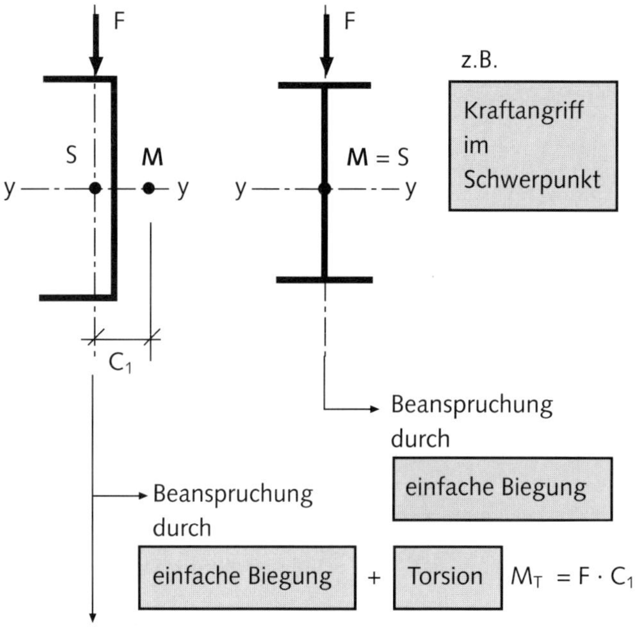

siehe auch Biegedrillknicken, wenn $M \neq S$
DIN 4114 BL.2

Ausgewählte Querschnitte

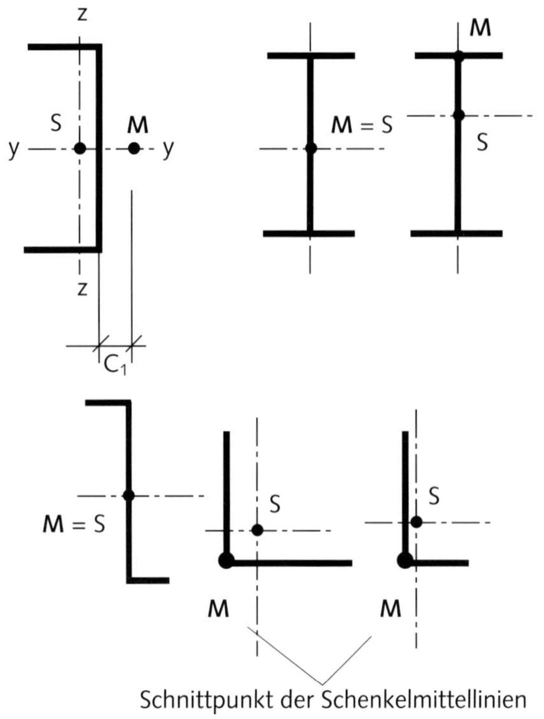

Beispiele

[–Querschnitte

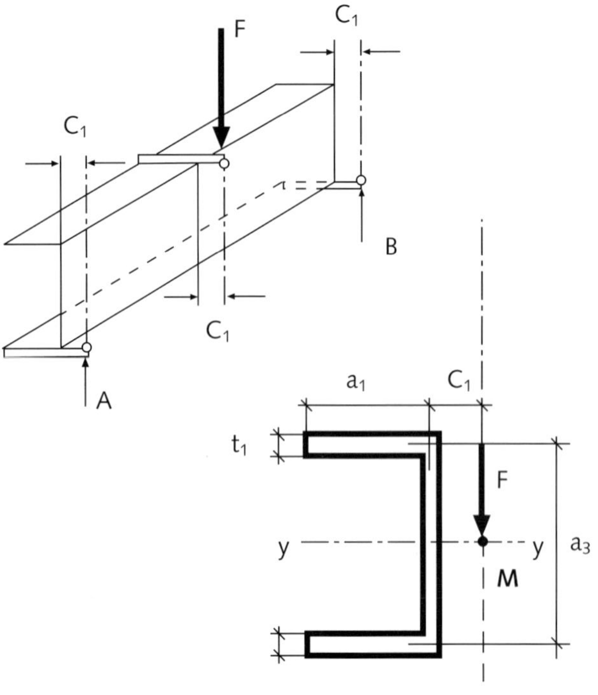

Lage des Schubmittelpunktes

$$C_1 = \frac{a_1^2 \cdot a_3^2 \cdot t_1}{4J_y} \quad \text{[cm]}$$

[14]

Prinzip

Prinzip

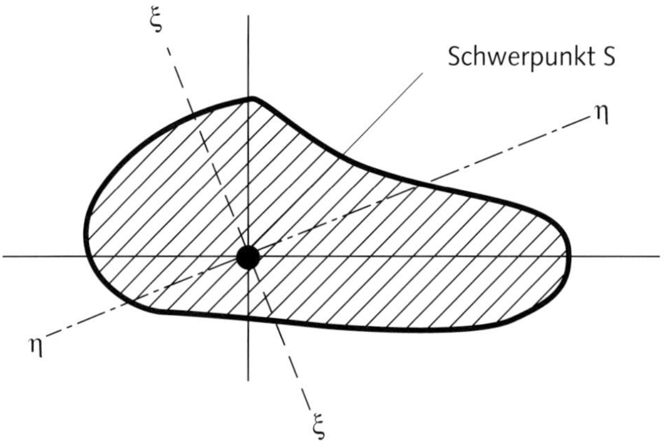

Hauptachsen η und ξ

> Achsen eines Querschnittes mit folgenden Eigenschaften:
> - Achsenpaar steht senkrecht aufeinander (im Schwerpunkt)
> - Zentrifugalmoment $J_{\eta\xi} = 0$
> - axiale Trägheitsmomente erreichen Extremwerte (maximal, minimal)

Anwendungen

Anwendungen (ausgewählte Beispiele)

→ Knicklasten druckbeanspruchter Bauteile mit asymmetrischem Querschnitt

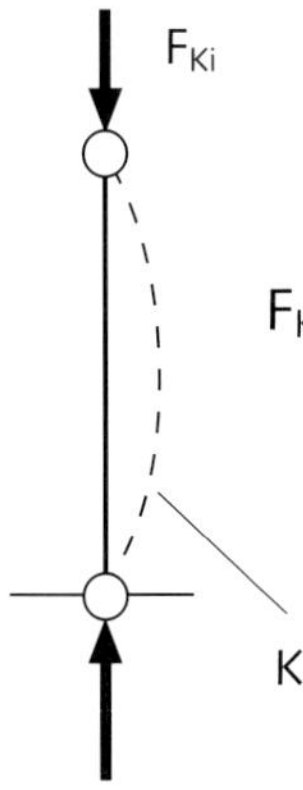

$$F_{Ki} = \frac{\pi^2 \cdot E \cdot \min J}{S_K^2}$$

→ minimales Trägheitsmoment $\mathbf{J}_\xi$

Knicken um die Hauptachse ξ

→ schiefe Biegung (Doppelbiegung)
(symmetrische und asymmetrische Querschnitte)
- Zerlegung der Last in Richtung der Hauptachsen und Anwendung der Formeln für einfache Biegung

$$\sigma = \pm \frac{M_y}{W_y} \pm \frac{M_z}{W_z} \quad \text{bzw.} \quad \sigma = \pm \frac{M_\eta}{W_\eta} \pm \frac{M_\xi}{W_\xi}$$

Beispiele

Rotationssymmetrische Querschnitte

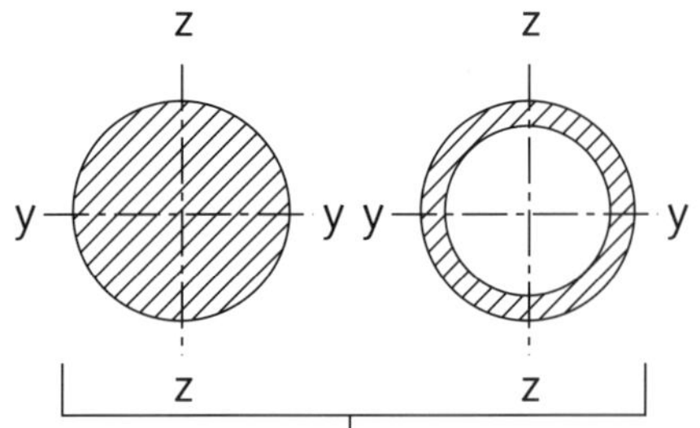

jeder Durchmesser = Hauptachse

$$\max J = \min J = J$$

Doppeltsymmetrische Querschnitte

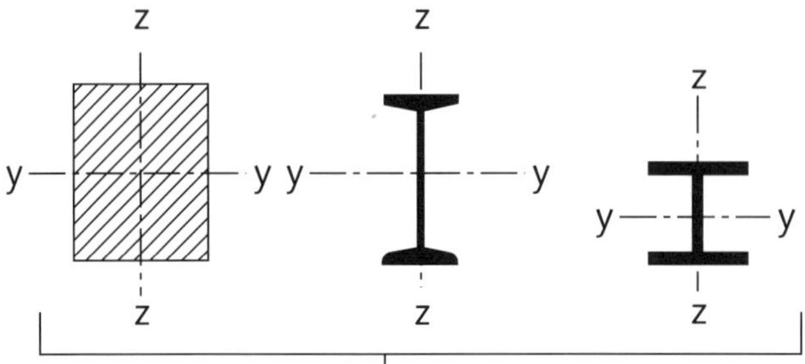

2 Hauptachsen = Symmetrieachsen

$$\max J = J_y \qquad \min J = J_z$$

Beispiele

Einfachsymmetrische Querschnitte

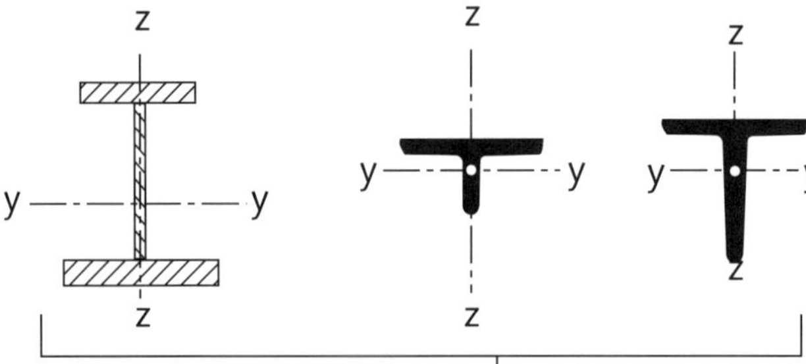

$$\max J = J_y \qquad \min J = J_z$$

Hauptachse 1 = Symmachse

Hauptachse 2 ⊥ 1

Asymmetrische Querschnitte

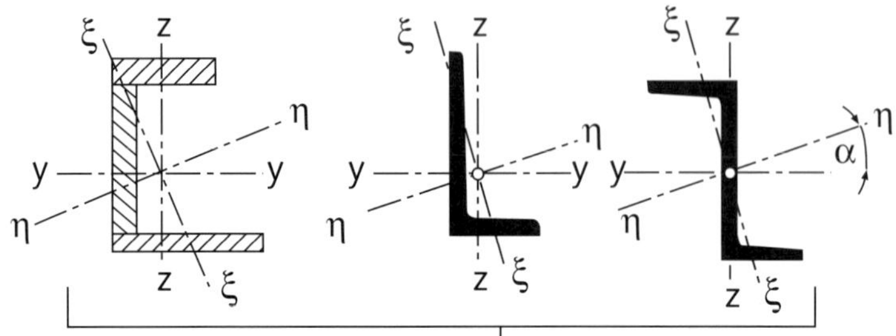

$$\max J = J_\eta \qquad \min J = J_\xi$$

Lage der Hauptachsen α und J_η, J_ξ berechnen!

Asymmetrische Normprofile (Walzprofile)

– Lage der Hauptachsen (α, V_1, V_2, V_3, W, W_1, W_2) und Werte J_η, J_ξ siehe Tabellenbücher!

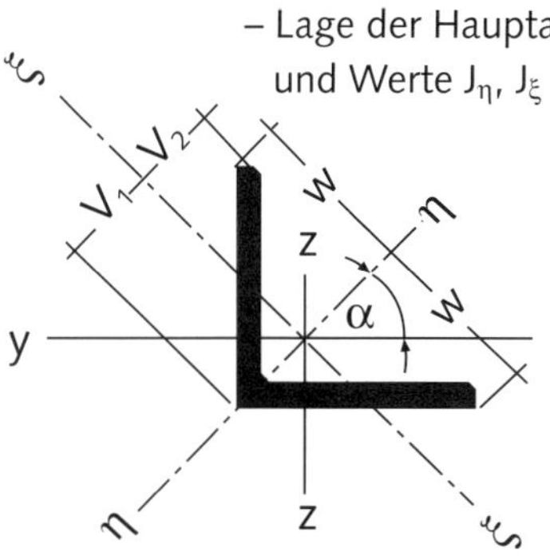

gleichschenkliger Winkelstahl (DIN1028)

$\alpha = 45°$

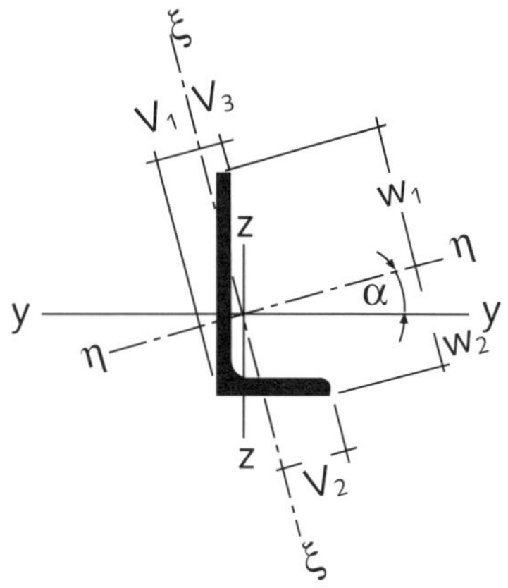

ungleichschenkliger Winkelstahl (DIN1029)

z.B.

L 200x100x10

$\alpha \approx 15°$

Beispiele

Asymmetrische Querschnitte

– Lage der Hauptachsen
– Hauptträgheitsmomente

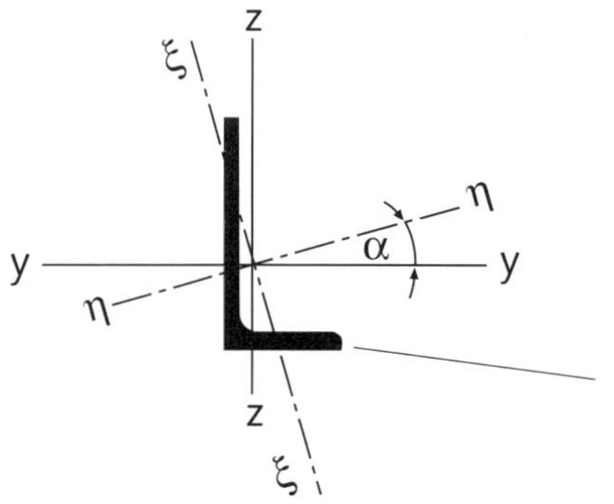

Lage = Winkel α

$$\tan 2\alpha = \frac{2 I_{yz}}{I_y - I_z}$$

Beispiel ungleichschenkliger Winkel

Hauptträgheitsmomente

$$I_\eta = \frac{I_y + I_z}{2} + \sqrt{\left(\frac{I_y - I_z}{2}\right)^2 + I_{yz}^2} \quad = \max J$$

$$I_\xi = \frac{I_y + I_z}{2} - \sqrt{\left(\frac{I_y - I_z}{2}\right)^2 + I_{yz}^2} \quad = \min J$$

Kontrollberechnung

$$I_y + I_z = I_\eta + I_\xi = I_p$$

polares Trägheitsmoment

[5] Hugi:
Einführung in die Statik der Tragkonstruktionen
Zürich: Verlag der Fachvereine Zürich, 1992

- **Exkurse Festigkeitslehre**
  Fläche
  Schwerpunkt
  Statisches Moment
  Trägheitsmomente
  Widerstandsmomente
  Satz von Steiner
  Kernweiten
  Schubmittelpunkte
  Hauptachsen

[7] Dreyer:
Festigkeitslehre und Elastizitätslehre
Leipzig: Fachbuchverlag, 1952

- **Flächenmomente**
  Statisches Moment
  Trägheitsmomente
  Geometrische Darstellung der Flächenmomente
  Zentrifugalmoment
  Trägheitshalbmesser
  Hauptachsen

[14] Wagner, Erlhof:
Praktische Baustatik Teil 2
Stuttgart: Teubner, 1991

- **Einfache Biegung**
  Flächenmomente 2. Grades
  Widerstandsmomente
  Steinerscher Satz
  Trägheitshalbmesser
  Trägheitskreis
- **Schiefe Biegung**
  Zentrifugalmoment
  Trägheitsellipse
  Hauptachsen
  Hauptflächenmomente
- **Ausmittiger Kraftangriff**
  Querschnittskern

[29] Hart, Henn, Sontag:
Stahlbauatlas
München: Institut für internationale Architektur-Dokumentation, 1982

- **Biegespannungen**
  Flächenmomente
  Widerstandsmomente
  Biegesteifigkeit
- **Torsionsspannungen**
  Widerstandsmoment – Torsion
  Torsionssteifigkeit
  Wölbprobleme
- **Knickspannungen**
  Trägheitsradius
- **Spannungen bei Längskraft mit Biegung**
  Ausmittigkeiten
  Kernweiten

[68] Hirschfeld:
Baustatik
Berlin: Springer, 1984
Reprint

- **Grundlagen der Baustatik**
  Trägheitsmoment
  Zentrifugalmoment
  Schwerpunkt
  Linien
  Zusammengesetzte Flächen
  Parabelfläche

[70] Bochmann:
Statik im Bauwesen Band 2
Berlin: Verlag für
Bauwesen, 1968

- **Flächenmomente**
  Flächenmomente 1. Grades
  Flächenmomente 2. Grades
  Polares Flächenmoment
  Flächenzentrifugalmoment
  Hauptachsen
  Hauptflächenmomente
- **Schubspannungen**
  Schubmittelpunkt
- **Biegung mit Längskraft**
  Kern des Querschnittes
- **Drillspannungen**
  Torsionsträgheitsmomente
  Widerstandsmoment Drillung

Baustoffeigenschaften

Klassifizierung

Einteilung nach der Entstehung

natürliche Baustoffe – Natursteine, Kies, Sande – Holz, Bambus	stoffl. Beschaffenheit bleibt
künstliche Baustoffe – Stahl – Beton, Keramik, Glas	stoffl. Beschaffenheit der Rohstoffe verändert

Einteilung nach der Verarbeitung

ungeformte Baustoffe – Frischbeton – Harze, Klebstoffe	gestaltlos
geformte Baustoffe – Holzbalken – Metallprofile – Wandbausteine – Platten, Träger	Halbzeuge, Bauelemente

Klassifizierung

Einteilung nach der stofflichen Beschaffenheit

anorganische Baustoffe

- mineralische
  - Natursteine
  - Glas
  - Beton/Mörtel
  - keramische Baustoffe
- metallische
  - Gußeisen
  - Stahl
  - Aluminium, Kupfer...

organische Baustoffe

- Holz
- Holzwerkstoffe
- Kunststoffe
- bituminöse Baustoffe

Klassifizierung

Einteilung nach innerer Struktur

homogene Baustoffe — Einkomponenten

- Metalle
- Glas
- Ziegel, Naturstein (Basalt)

inhomogene Baustoffe — Mehrkomponenten

- Holz
- Beton, Stahlbeton
- Naturstein (Granit)

Einteilung nach Gefügeaufbau

amorphe Baustoffe — isotrop, keine Kristallgitter

- Glas
- Kunststoff

kristalline Baustoffe — isotrop

- Beton, Keramik, Ziegel

fasrige Baustoffe — anisotrop

- Holz
- Stahlbeton

Klassifizierung

Erläuterungen der Begriffe: homogen, isotrop

homogen (stoffbezogen) = gleichartig bezüglich innerer Struktur

homogen

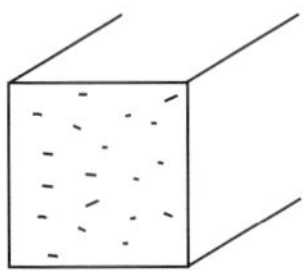

Stahl

inhomogen

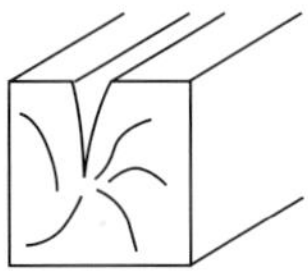

Holz mit/ohne Riß (Brettschichtholz nahezu homogen möglich)

isotrop (verhaltensbezogen) = gleichartig bezüglich mechanischer Eigenschaften in verschiedene Richtungen

isotrop

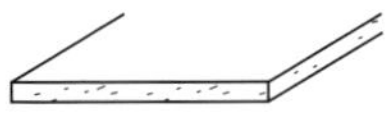

Stahlblech

anisotrop (orthotrop)

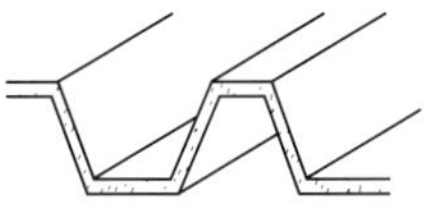

Stahltrapezblech
Wellpappe

→ Anisotropie homogen und inhomogen möglich!

Klassifizierung

Einteilung nach dem Bruchverhalten

zähe Baustoffe — angestrebtes Verhalten

- bleibende Verformung vor dem Bruch
- elastisch-plastisches Verhalten
- Verschiebungsbruch, Gleitbruch, Verformungsbruch
- Beschreibung des Bruchverhaltens mit der Hypothese der größten Formänderungsarbeit

spröde Baustoffe

- plötzlicher Bruch ohne bleibende Verformung
- Trennbruch ⊥ Hauptzugspannung
- Beschreibung des Bruchverhaltens mit der Hypothese der größten Normalspannung

siehe Kapitel "Spannungen"-Vergleichsspannungen

Klassifizierung

Einteilung nach dem Bruchverhalten

zäh | **spröde** = Bruch nach geringer Formänderung

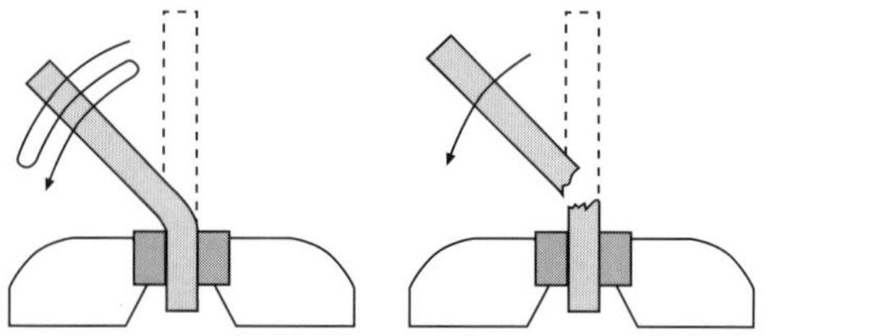

Stahl, Kupfer, Alu | Beton, Stein, Glas, Keramik

Dehnbarkeit (Zähigkeit)
- Eigenschaft, sich umformen zu lassen, ohne, daß innerer Zusammenhang verloren geht (Bruch)

Elastizität
- Eigenschaft, nach Aufhebung einer Kraftwirkung, in die Ausgangsform zurückzukehren (Hookesches Gesetz)

Plastizität
- Eigenschaft, in der Form zu bleiben, die durch eine Kraftwirkung erzeugt wurde

Übersicht

Gestalt/Maße

- Toleranzen
- Baurichtmaße, Nennmaße

Dichte/Porosität

– Masse, Eigengewicht, Wichte – Dichte, Rohdichte, Schüttdichte	Statik: Grundlage für Eigenlasten (Nutzlasten)

Eigenschaften gegenüber Wasser

- Feuchtegehalt
- Dampfdiffusion, Tauwasser
- Wasseraufnahme
- Wasserundurchlässigkeit
- Schwinden, Quellen

Festigkeiten

– Festigkeitsklassen (Beton) – Zug/Druck/Biegefestigkeit – Scher/Haft/Torsionsfestigkeit – Spaltzugfestigkeit – Dauerstand/Dauerschwing-festigkeit – Schlagfestigkeit (Zähigkeit)	Statik: Grundlage für zul. Spannungen (Bemessung der Tragwerksteile)

Übersicht

Härte/Verschleißwiderstand

- Härtegrad 1...10
- Eindruckwiderstand (Kugelprüfung)
- Abnutzwiderstand

Beständigkeit gegen

- chemische Einwirkungen
- Wasser, Frost
- Alterung
- Korrosion
- Feuer, Hitze, Schädlinge

Formänderungseigenschaften

– E-Modul, Querdehnzahl, G-Modul (elastisches Verhalten) – Wärmedehnzahl (Verhalten bei Temperaturänderung) – Schwind-/Quellmaß (Verhalten bei Feuchtigkeitsänderung) – Kriechzahl, Relaxationszahl (Verhalten bei Langzeit-beanspruchung)	Statik: Grundlage für Berechnung von Spannungen und Formänderungen

[22]

Wärmeschutz – Eigenschaften

- Wärmeleitfähigkeit
- Wärmedurchlaßwiderstand
- Wärmedurchgangswiderstand

Schallschutz – Eigenschaften

- Luftschall/Körperschall, Trittschall
- Schallpegel, Schalldämmung
- Schalldämm-Maß R
- Normtrittschallpegel Ln
- Schallabsorption
- Trittschallschutzmaß TSM

Emissions-/Strahlenschutz – Eigenschaften

- Radioaktivität
- Asbest
- Formaldehyd
- Feinstäube
- Lösungsmittel

Anwendungsbereiche

Dichte (Wichte)
- Ermittlung Eigenlasten (Nutzlasten) $\gamma \cdot d$
- Wasserdruck, Erddruck $\gamma_W \cdot h$, $\gamma_E \cdot h$

Festigkeit
- Ermittlung zu Spannungen β_R / ν

zul. Spannung
- Dimensionierung von Tragwerksteilen M/zul. σ
- Nachweis Tragfähigkeit vorh. $\sigma \leq$ zul. σ

E-Modul | G-Modul siehe Steifigkeit
- Steifigkeiten, Verformungsberechnungen $E \cdot J$
- Stabilität (Knicklasten) F_{ki}

Querdehnzahl
- G-Modul, Schnittgrößen Flächentragwerke

Wärmedehnzahl | Schwindmaß
- Spannungen/Formänderungen infolge Temperatur/Feuchtigkeit

Kriechzahl | Relaxationszahl
- Spannungen/Formänderungen infolge Langzeitlast

Steifigkeit

> Steifigkeit = Kombination von Materialqualität und Querschnittsqualität

Anwendung bei Formänderungsberechnungen

Materialqualität (Baustoffeigenschaft)

- Elastizitätsmodul (E-Modul) **E**
- Gleitmodul, Schubmodul (G-Modul) **G**

Querschnittsqualität (Querschnittseigenschaft)

- Fläche, reduzierte Fläche **A, A'**
- Trägheitsmomente
  - Flächenmomente 2. Grades **J**
  - Torsionsträgheitsmomente **J_T, J_d**

– siehe Kapitel "Querschnittseigenschaften"

Steifigkeit

→ Biegebeanspruchung → Zug/Druckbeanspruchung	}	**E-Modul** maßgebend
Dehnung;	EA	: Dehnungssteifigkeit
Krümmung;	EI	: Biegesteifigkeit
Schiebung;	GA'	: Schubsteifigkeit
Drillung;	GI_d	: Drillsteifigkeit
→ Torsionsbeanspruchung → Schubbeanspruchung	}	**G-Modul** maßgebend

– siehe auch Kapitel "Formänderungen"

Körperlast/Raumlast/Wichte

Jeder Körper
- nimmt Raum/Volumen ein
- besteht aus einem Stoff
- besitzt eine Masse

Erdanziehung auf die Masse

Dichte Wichte Körperlast Raumlast	– Eigenlast der Körper – vom Schwerefeld auf den Körper ausgeübte Kraft – Masse pro Volumeneinheit – Kraft pro Volumeneinheit

Beispiel Stahlbeton

Dichte ρ
2,5 kg/dm³

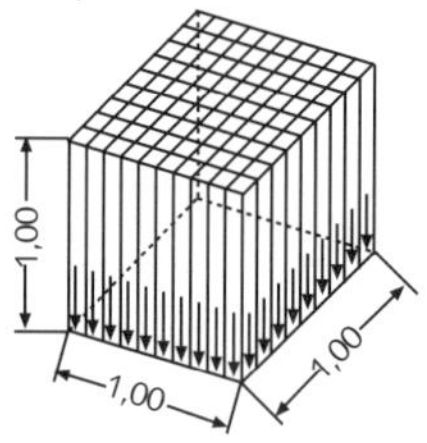

Raumlast γ
25 kN/m³

– siehe auch Kapitel "Lastannahmen/Ermittlung"

Werte ausgewählter Baustoffe

Dichte/Raumlast ausgewählter Baustoffe

	Dichte ρ t/m³ kg/dm³	Raumlast γ kN/m³
Stahl	7,85	**78,5**
Stahlbeton	2,50	**25**
Aluminium	2,70	**27**
Gußeisen	7,25	**72,5**
Kupfer	8,90	**89**
Blei	11,30	**113**
Glas	2,60	**26**
Holz:		
Nadelhölzer lufttrocken	0,55	**5,5**
Laubhölzer lufttrocken	0,80	**8**
Mauerwerk aus:		
Naturstein	2,65	**26,5**
Normalbackstein	1,60	**16**
Kalksandstein	1,80	**18**
Verputz:	1,50	**15**
zum Vergleich: Wasser	1,00	**10**

Wichtige statische Festigkeitsarten

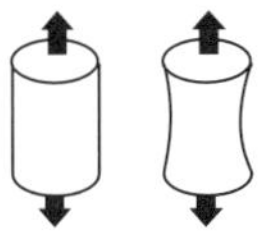

Zugfestigkeit
der Körper wird gedehnt
der Abstand benachbarter Querschnitte wird vergrößert

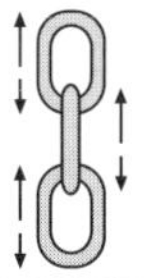

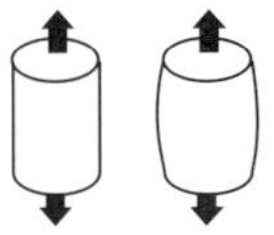

Druckfestigkeit
der Körper und der Abstand benachbarter Querschnitte werden verkürzt

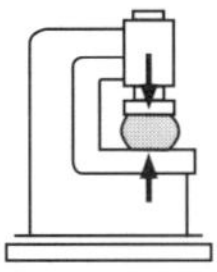

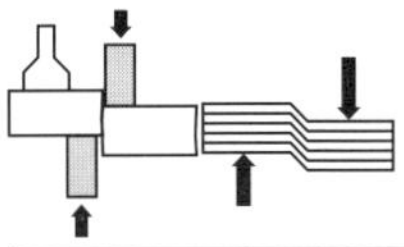

Scherfestigkeit/Schubfestigkeit
zwei aneinanderliegende Querschnitte werden gegeneinander verschoben

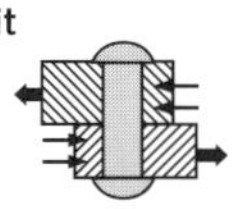

Biegefestigkeit
der Körper wird gebogen
Randschichten werden gestaucht bzw. gestreckt

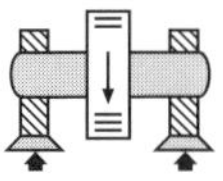

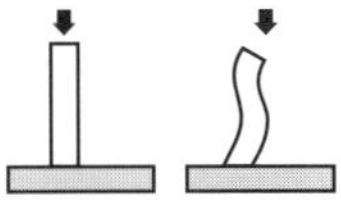

Knickfestigkeit
der Körper wird seitlich ausgebogen

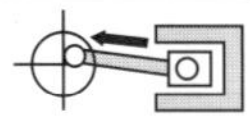

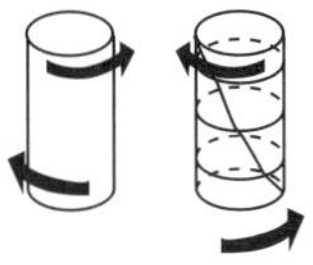

Torsionsfestigkeit
der Körper und die benachbarten Querschnitte werden gegeneinander verdreht

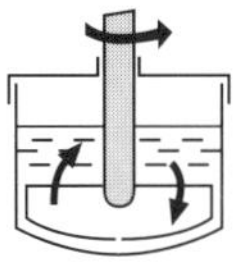

[83]

Dauerfestigkeiten

Wichtige dynamische Festigkeitsarten

Dauerschwingfestigkeit

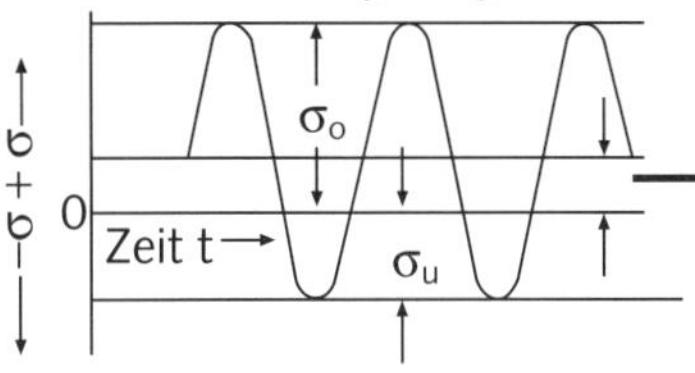

$$\sigma_m = \frac{\sigma_o + \sigma_u}{2}$$

Zug **und** Druck

Wechselfestigkeit

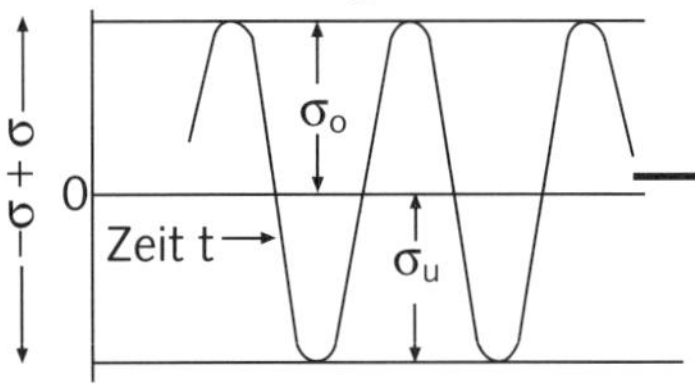

$$\sigma_m = 0$$

Schwellfestigkeit (hier Zugbereich)

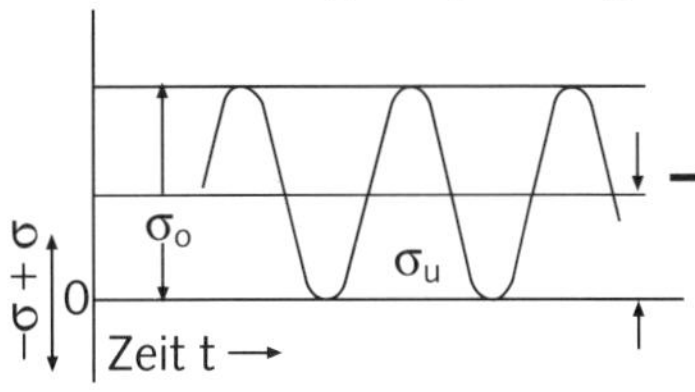

$$\sigma_m = \frac{\sigma_o + \sigma_u}{2}$$

Zug **oder** Druck

Festigkeitsarten um 1900

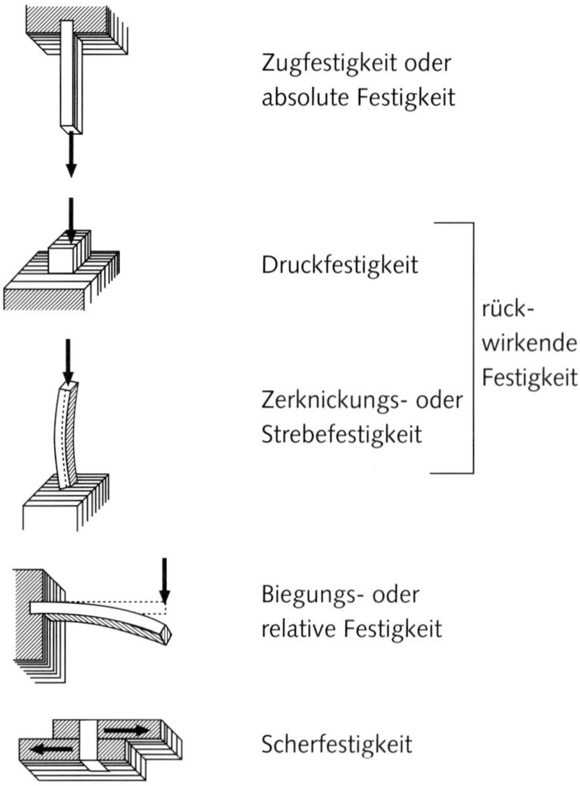

[42]

Traglänge/Reißlänge

Reißlänge = auf die Wichte bezogene Zugfestigkeit
Traglänge = auf die Wichte bezogene zuläßige Spannung (Zugspannung)

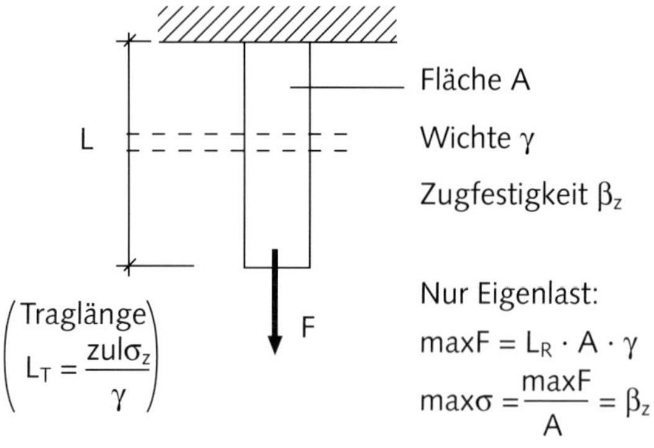

Reißlänge $L_R = \frac{\beta_z}{\gamma}$ [km]

→ Maß für Materialqualität bei Textilfasern
Naturseide $L_R = 45$ km
Viskoseseide $L_R \approx 25$ km
Stahl St 38 $L_R \approx 5$ km

[42]

Druckfestigkeit = f (Holzart, Feuchte%)

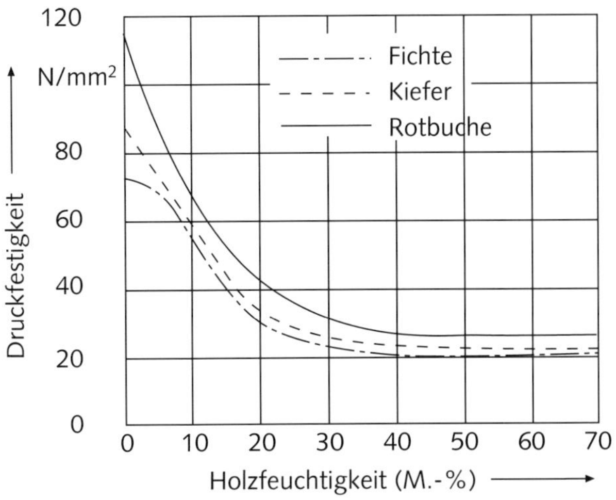

Nach DIN 4074 werden unterschieden (Feuchtigkeit in Massen-%):
Frisches Holz mit über 30%, bei Querschnitten über 200 cm^2 35% Feuchtigkeit
Halbtrockenes Holz mit höchstens 30 bzw. 35% Feuchtigkeit
Trockenes Holz mit höchstens 20% Feuchtigkeit

Holz

Festigkeit = f (Winkel zwischen Faser-und Kraftrichtung)

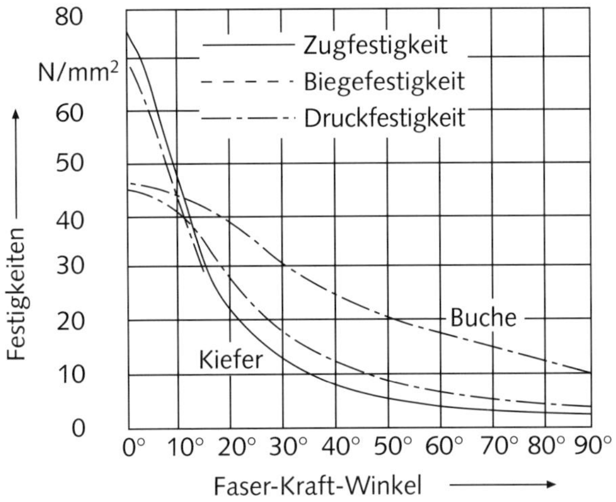

– siehe "zulässige Spannungen"

[22]

Druckfestigkeit = f (w/z-Wert, Zementfestigkeit)

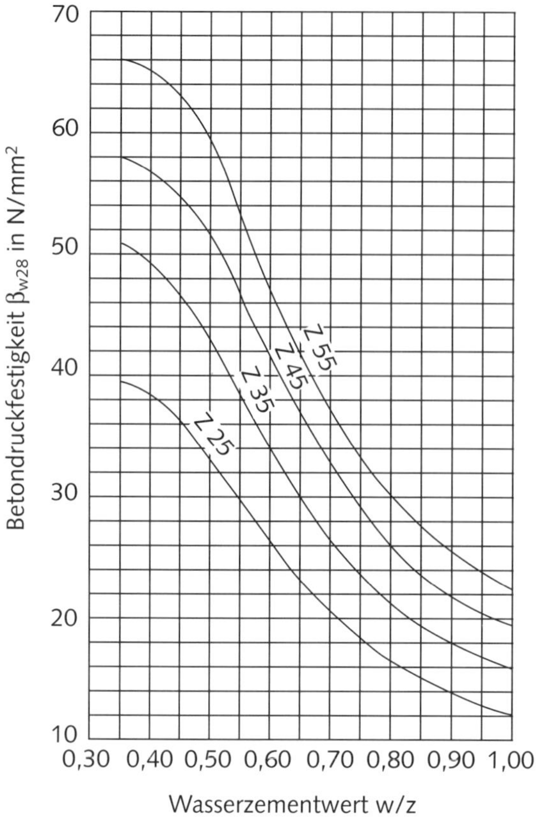

Beton

Druckfestigkeit = f (Betonalter)

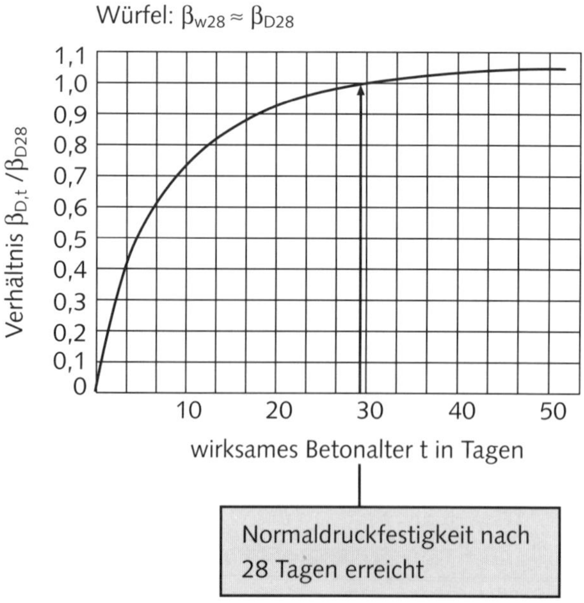

[25]

zul. Spannung = Materialqualität (Baustoffeigenschaft) = auf einen Sicherheitsbeiwert bezogene Festigkeit

abhängig von
- Baustoff (Material)
- Beanspruchungsart
- Beanspruchung zeitabhängig

$$\text{zul. Spannung} = \frac{\text{Festigkeit}}{\text{Sicherheitsbeiwert}}$$

abhängig von
- Baustoff (Material)
- Beanspruchungsart
- Bauwerksart
- Lastkombination

Wandel der Sicherheitskonzepte

Zulässige Spannung

$$\text{vorh. } \sigma \leq \text{zul. } \sigma \qquad \text{vorh. } \tau \leq \text{zul. } \tau$$

- "veraltetes" Verfahren
- Anwendung in Holzbau, Stahlbau, Mauerwerksbau
- für Vordimensionierung immer gültig

Globaler Sicherheitsfaktor

$$\nu \cdot P_{vorh} \leq P_{Bruch}$$

- noch in Benutzung
- Anwendung im Stahlbetonbau, Mauerwerksbau (DIN 1053 T2)

Teilsicherheitsfaktoren

$$\nu_G \cdot G + \nu_P P \leq R/\nu_R$$

- wirklichkeitsnäheres Konzept
- zukünftige Normen (Eurocode)

Zulässige Spannungen ausgewählter Baustoffe

[N/mm²]	Baustoffbezeichnung/ Baustoffgüte			Biegung (Druck bzw. Zug)		Druck (ohne Stabilitätseinfluß)	Zug	Schub (Abscheren)
				σ_{Bd} bzw. σ_{Bz}		σ_D	σ_z	τ
Mauerwerk (künstliche Steine)	FKL (Festigkeitsklasse)	2	II	zulässiger Biegedruck unter Zugspannungsausschluß	0,5	0,5	–	max. τ = 0,3 MN/m² (siehe DIN 1053)
			III		0,6	0,6	–	
		2	II		0,7	0,7	–	
			III		0,8	0,8	–	
		6/8	II		0,9	0,9	–	
			III		1,0	1,0	–	
		12	II		1,2	1,2	–	
			III		1,4	1,4	–	
		20	II		1,6	1,6	–	
			III		1,9	1,9	–	

1) Bei Bruch mit Vorankündigung durch Rißbildung für einen Sicherheitsbeiwert von γ = 1,75
2) Bei reinem Zug für einen Sicherheitsbeiwert von γ = 1,75
3) Für Stahlbeton
4) Gilt nur für Stahlbeton. Für unbewehrte Bauteile reduzieren sich die angegebenen Werte um den Faktor 2,1/2,5 = 0,84

[31]

[N/mm²]	Baustoffbezeichnung/ Baustoffgüte	Biegung (Druck bzw. Zug)		Druck (ohne Stabilitätseinfluß)		Zug		Schub (Abscheren)	
		σ_{Bd} bzw. σ_{Bz}		σ_D		σ_z		τ	
Stahl		σ_F	zul.σ_{Bz}	zul.σ		zul.σ		zul.τ	
	St 37 (LF H)	240	160	160		160		92	
	St 52 (LF H)	360	240	240		240		104	
Bauholz		zul.σ_B		zul. $\sigma_{D\parallel}$	zul. σ_{DL}	zul. $\sigma_{z\parallel}$	zul. σ_{zL}	zul.$\tau_{\parallel}$	
	NH GKl I	13,0		11,0	2,0	10,5	0	0,9	
	NH GKl II	10,0		8,5	2,0	8,5	0	0,9	
	NH GKl III	7,0		6,0	2,0	0	0	0,9	
	BschH GKl I	14,0		11,0	2,0	10,5	0	0,9	
	BschH GKl II	11,0		8,5	2,0	8,5	0	0,9	
Beton-/ Stahlbeton		β_S	zul.$\sigma^{1)}$	zul.σ		zul.$\sigma^{2)}$		zul.τ	
	BSt 240/340 (I)	220	125,7	104,8		125,7		–	
	BSt 240/500 (III)	420	240,0	200,0		240,0		–	
		zul.σ		β_R	zul.$\sigma^{4)}$	zul.σ		$\tau_{012}{}^{3)}$	$\tau_{03}{}^{3)}$
	B 15	–		10,5	5,0	–		0,5	2,0
	B 15	–		17,5	8,33	–		0,75	3,0
	B 15	–		23,0	10,95	–		1,0	4,0
	B 15	–		27,0	12,86	–		1,1	4,5

Zulässige Druckspannung = f (Winkel Faser-Kraft)

LF HZ: 15% Erhöhung

Zul. Druckspannungen in N/mm² bei Kraftangriff ∡Fa im Lastfall H

∡ α	0°	10°	20°	30°	40°	50°	60°	70°	80°	90°
NH II[1]	8,5	7,4	6,3	5,2	4,3	3,5	2,9	2,4	2,1	2,0
	–	–	–	5,5[2]	4,6[2]	3,9[2]	3,3[2]	2,9[2]	2,6[2]	2,5[2]
EI, BU	10,0	8,8	7,6	6,5	5,5	4,6	3,9	3,4	3,1	3,0
	–	–	–	7,0[2]	6,1[2]	5,4[2]	4,8[2]	4,4[2]	4,1[2]	4,0[2]

[1] auch für GK I [2] Eindrückungen beachten

$$zul\sigma_{\sphericalangle\alpha} = zul\sigma_{D\parallel} - (zul\sigma_{D\parallel} - zul\sigma_{D\perp}) \cdot \sin\alpha$$

α = Winkel zwischen Faser- und Kraftrichtung [23]

Zulässige Druckspannung = f (Winkel Faser-Kraft)

Beispiel: NH II α = 30°

Fuge	I	II	III	
∡ α	60°	30°	0°	
$zul\sigma_{D\sphericalangle\alpha}$	2,9	5,2	8,5	[N/mm²]

Vergleich: $zul\sigma_{D\perp}$ = 2,0 α = 90°

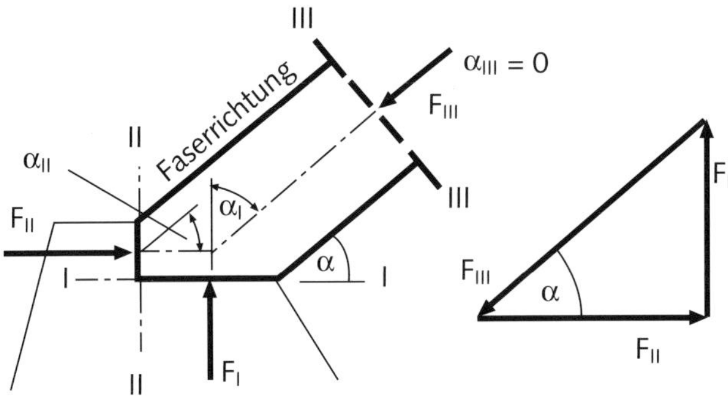

Robert Hooke (1655 – 1703)

c e i i i n o s s s t t u v

↓

Inhalt eines Kapitels einer wissenschaftlichen Arbeit aus dem Jahr 1675 von Robert Hooke

↓

14 lateinische Buchstaben!

↓

Anagramm zu einem der Grundpfeiler der modernen Technik, dem Hookeschen Gesetz

Das Hookesche Gesetz (1675)

ut tensio sic vis

↓

Wie die Dehnung, so die Kraft

oder

Die Dehnungen sind den Spannungen proportional

Dehnung $\varepsilon = \frac{1}{E} \cdot \sigma$ [kN/cm²]

↓

Elastizitätsmodul

[21]

Elastischer Bereich (Hookesche Gerade)

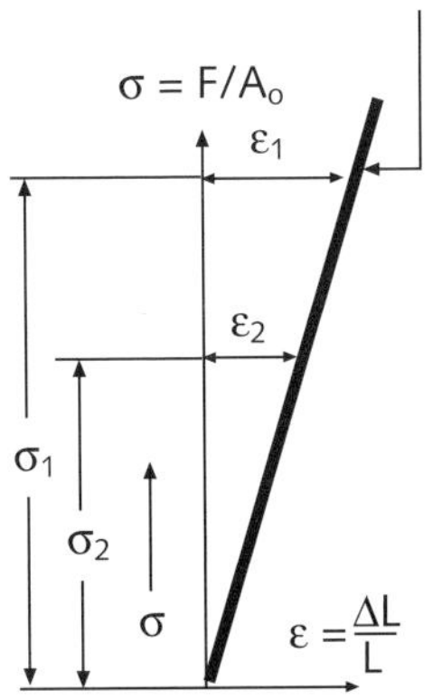

Dehnungen

$$\frac{\varepsilon_1}{\varepsilon_2} = \frac{\sigma_1}{\sigma_2}$$

Spannungen

ungebräuchliche, ältere Größe

$$E = \frac{1}{\alpha} = \frac{\sigma}{\varepsilon}$$ [kN/cm²]

Dehnzahl, Dehnkoeffizient

Elastizitätsmodul = Materialkennwert
= Proportionalitätsfaktor

Hookesches Gesetz

Wertebereiche E-Modul ausgewählte Baustoffe

	[N/mm²]
Natursteine	5000 bis 100000
Holz (in Faserrichtung)	8000 bis 13000
Normalbeton	15000 bis 40000
Leichtbeton	1000 bis 28000
Stahl	210000
Aluminium	70000
Kunststoffe	1 bis 4000

Mauerwerk

SFK 2…6 MG IIa	2… 5
SFK 12…28 MG III	7…10
SFK 36…60 MG III	14…24

Beton

B25	30000
B35	34000
B45	37000
B55	39000

Bezeichnungen

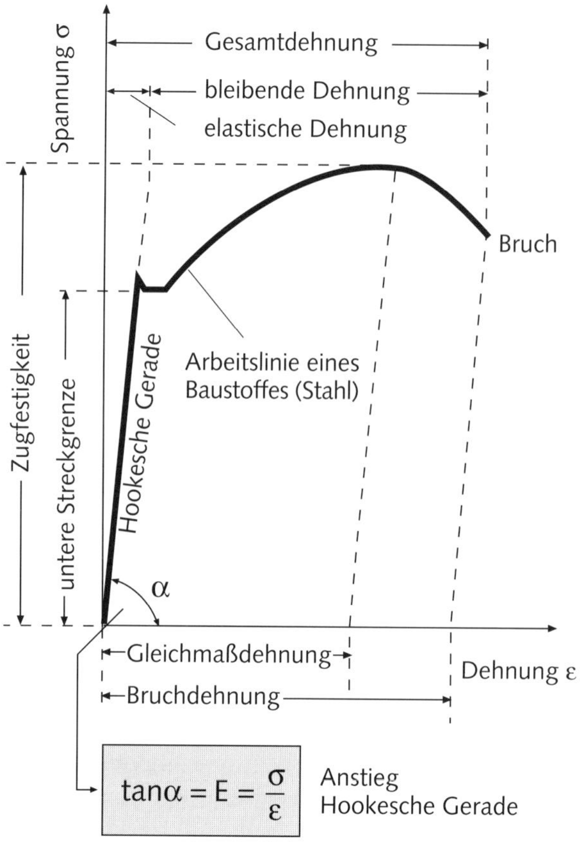

Spannung/Dehnung verschiedene Baustoffe

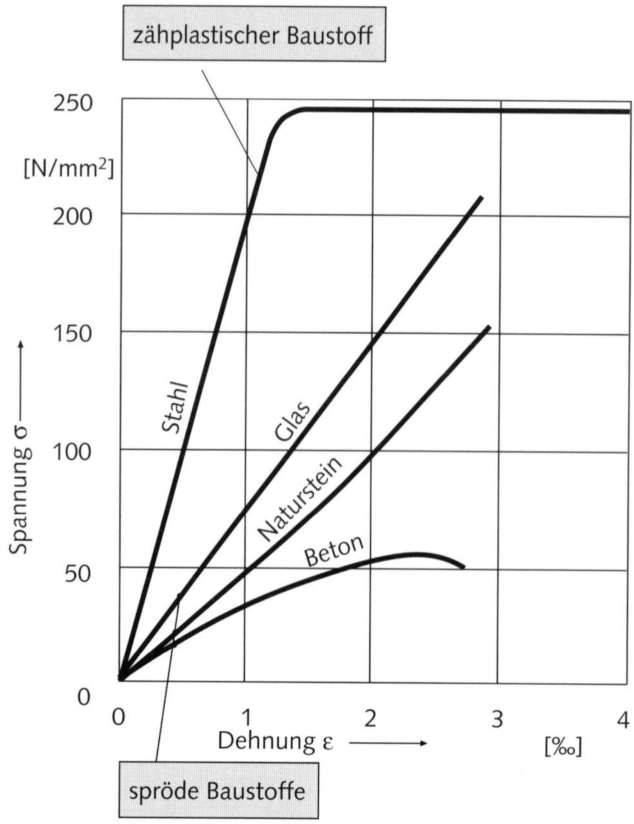

Spannung/Dehnung verschiedener Stähle – homogen – isotrop – elastisch bei Zug

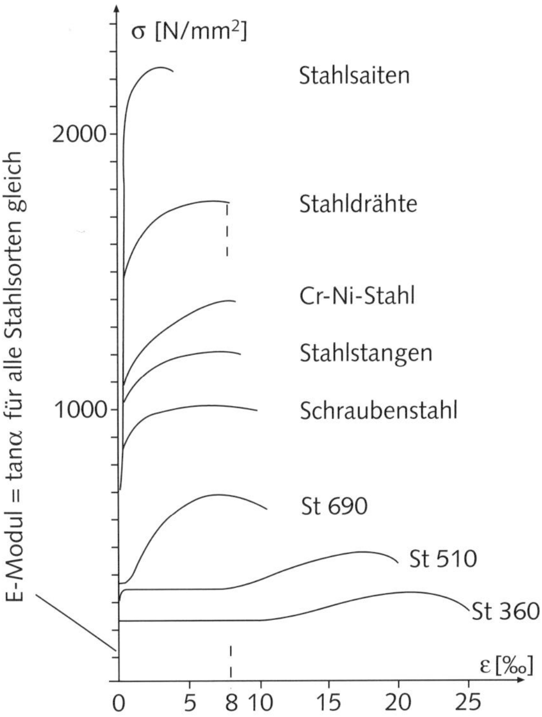

Arbeitslinien

Spannung/Dehnung Alu-Legierungen – homogen – isotrop – elastisch

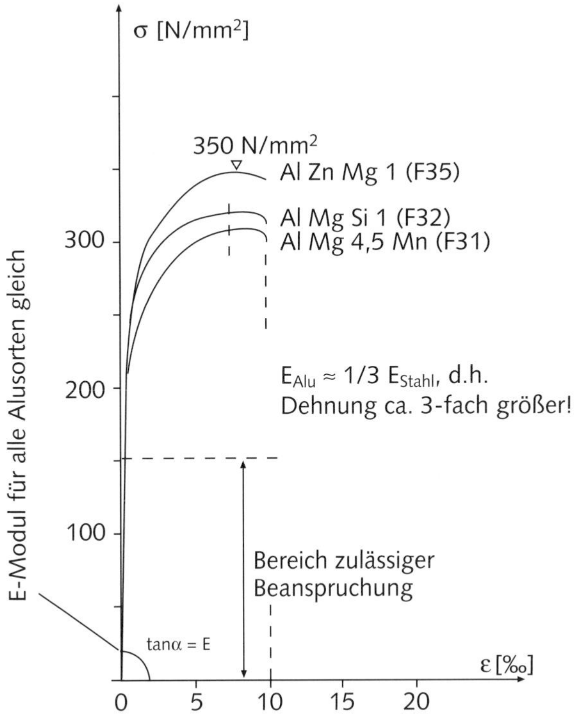

[81]

Spannung/Stauchung Stahl – im elastischen Bereich
hier idealisiert für St 360 Druckverhalten = Zugverhalten
(Österreich)

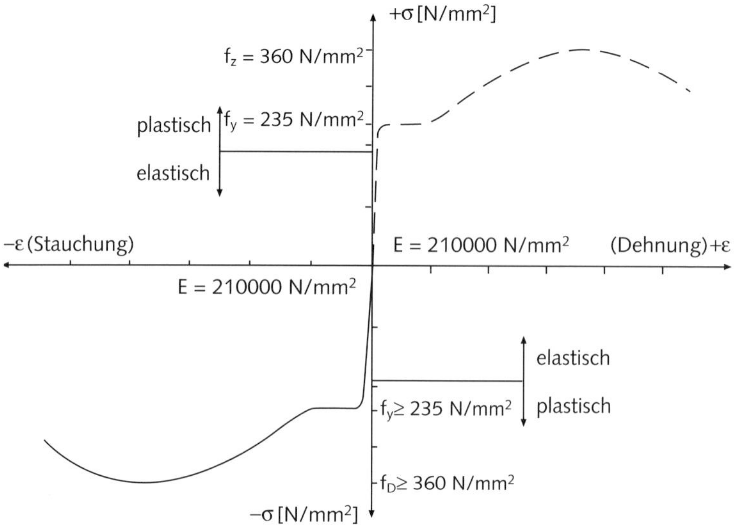

f_y = Streckgrenze

Arbeitslinien

Spannung/Stauchung verschiedene Betone – quasihomogen
– isotrop/anisotrop (Beton/Stahlbeton)
– elastisch/plastisch

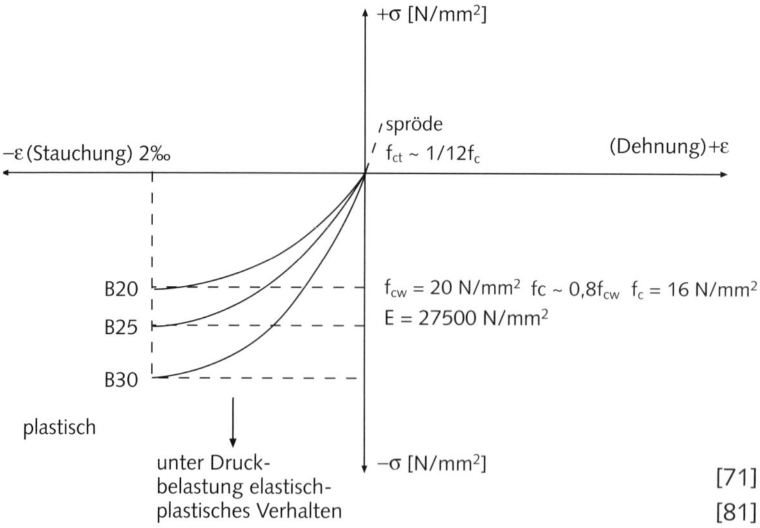

[71]
[81]

Prinzip

→ Verformungsmodul unter Schub- und Torsionsbeanspruchung

→ Proportionalitätsfaktor analog dem E-Modul im Hookeschen Gesetz

Hookesches Gesetz

$$\gamma = \frac{\tau}{G}$$ Gleitung oder Schiebung

G → Schub/Gleitmodul

$$\varepsilon = \frac{\sigma}{E}$$ Dehnung

E → E-Modul

$$G = \frac{E}{2(1+\mu)} \quad [kN/cm^2]$$

μ → Querdehnzahl

– siehe auch Kapitel "Spannungen/Formänderungen"

Prinzip/Näherungswerte

Gleitwinkel = "Schiebung" = "Gleitung"

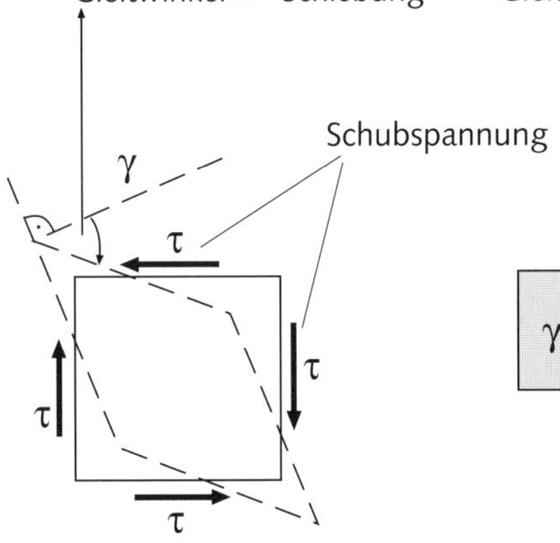

$$\gamma = \frac{\tau}{G}$$

$$G = \frac{E}{2(1+\mu)} \approx 0{,}4\ E$$

homogene und isotrope Baustoffe
– Stahl

$$G \approx 0{,}05 \cdot E \approx 5000\ N/mm^2$$

anisotroper Baustoff
– Holz

Die elastischen Eigenschaften eines isotropen Baustoffes werden durch den E-Modul und die Querdehnzahl μ beschrieben

[5]

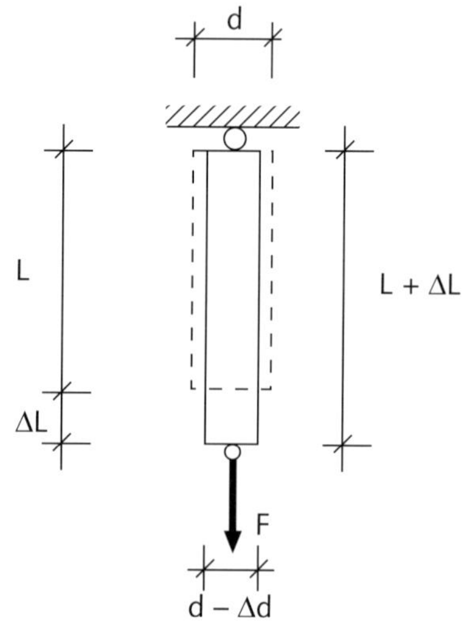

Dehnung	$\Delta l/L = \varepsilon$
Querdehnung	$\Delta d/d = \varepsilon_q$
Querdehnzahl	$\varepsilon_q/\varepsilon = \mu$

Bei Druckkraft: Dehnung ⟶ Stauchung

Werte

Querdehnzahlen verschiedener Baustoffe

Beton bei Zug	$\mu = 0{,}10$ bis $0{,}125$
Beton bei Druck	$\mu = 0{,}16$ bis $0{,}20$
Beton nach DIN 1045, Abschn.16.2.2	$\mu = 0{,}20$
Glas	$\mu = 0{,}24$
natürliche Steine	$\mu = 0{,}25$
Stahl und Eisen	$\mu = 0{,}30$
Blei	$\mu = 0{,}43$

$$\mu = \frac{\varepsilon_q}{\varepsilon}$$

ε_q Querdehnung
[–]
ε Längsdehnung

– in Literatur auch Poissonzahl $\nu = \frac{1}{\mu}$
– siehe Kapitel "Spannungen/Formänderungen"

Prinzip

Jeder Baustoff hat das Bestreben, sich infolge Temperaturänderung zu verformen

Dehnung

– infolge Erwärmung

Verkürzung

– infolge Abkühlung

Eine Behinderung dieser Verformungen erzeugt Spannungen!

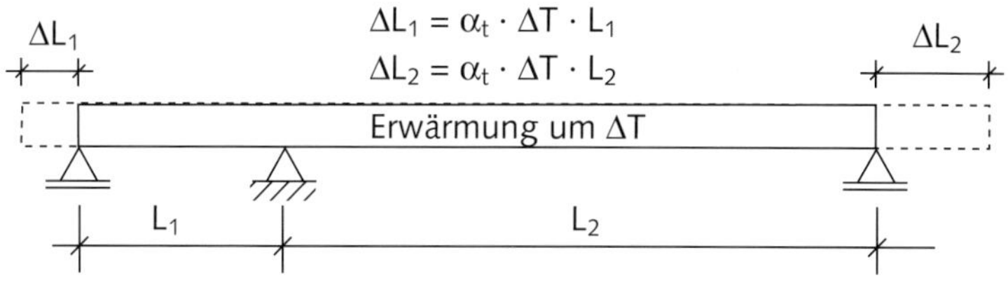

Dehnung infolge Temperaturänderung

$$\Delta L = \boxed{\alpha_t} \cdot \Delta T \cdot L$$

α_t
- = Proportionalitätsfaktor
- = Wärmedehnzahl
- = Wärmedehnungskoeffizient
- = Temperaturdehnzahl

Werte

Wärmedehnzahlen (Temperaturdehnzahlen) ausgewählter Baustoffe

Stoff	Temperaturdehnzahl α mm/m · K	Stoff	Temperaturdehnzahl α mm/m · K
Mauerwerk		Metalle	
Ziegel	0,006...0,08	Stahl	0,012
Klinker	0,01	Aluminium	0,02
Kalksandstein	0,008	Kupfer	0,02
		Grauguß	0,01
Putz		Kunststoffe	
Kalkputz	0,009	PVC (Polyvinylchlorid)	0,08
Zementputz	0,01	PE (Polyäthylen)	0,2
Gipsputz	0,018...0,025	Polyester	0,02
Beton		Dämmstoffe	
Stahlbeton	0,01	Leichtbauplatten	0,01
Gasbeton	0,008	PS-Hartschaum	0,05...0,08
		Holz	
Glas	0,008	in Faserrichtung	0,0037...0,0054
Steingut, Steinzeug	0,008	senkrecht zur Faserrichtung	0,034...0,054

– siehe auch Kapitel "Spannungen" bzw. "Formänderungen"

$$\sigma = \pm E \cdot \alpha_t \cdot \Delta T \qquad \Delta L = \pm \alpha_t \cdot \Delta T \cdot L_o$$

Schwinden → Rißgefahr

Verkürzung eines Bauteiles infolge Wasserabgabe (Austrockung)

- in der Praxis wird Schwinden auch durch eine Temperaturabnahme simuliert
- eine Schwindbehinderung erzeugt Zugspannungen → Risse!

Quellen

Verlängerung eines Bauteiles durch Wasseraufnahme

- eine Quellbehinderung erzeugt Druckspannungen Risse werden evtl. wieder geschlossen

Schwinden (Quellen), maßgebend bei Holz, Beton, Mauerwerk

Werte

Schwindmaße ausgewählter Baustoffe

Beton[1]) → ε_{so}	Grundschwindmaße ε_{so} in mm/m Konsistenzbereich des Frischbetons		
	KS	KP	KP
im Wasser	+0,08	+0,10	+0,13
in sehr feuchter Luft	–0,10	–0,13	–0,16
im Freien	–0,26	–0,32	–0,40
in trockener Luft	–0,37	–0,46	–0,58
Mauerwerk aus	Endschwindmaße ε_s in mm/m		
Porenbetonstein	–0,2		
Kalksandstein	–0,2		
Leichtbetonstein	–0,2		
Bimsbetonstein (Naturbims)	–0,4		
Ziegelstein	(–0,1 bis +0,2 möglich)		
Holz	mittlere Schwind- und Quellmaße ε_s in mm/m		
	Nadelholz	Eiche und Buche	
tangential zum Jahresring	±2,4 [2])	±4,0 [2])	
radial zum Jahresring	±1,2 [2])	±2,0 [2])	
in Faserrichtung	±0,1	±0,1	

[1]) siehe DIN 4227, [2])Änderung Holzfeuchte um 1%

siehe "Spannungen" $\sigma = \varepsilon_s \cdot E$

siehe "Formänderungen" $\Delta L = \varepsilon_s \cdot L_o$

Schwinden = f(Alter, d_{ef}, k_s, ε_{so})

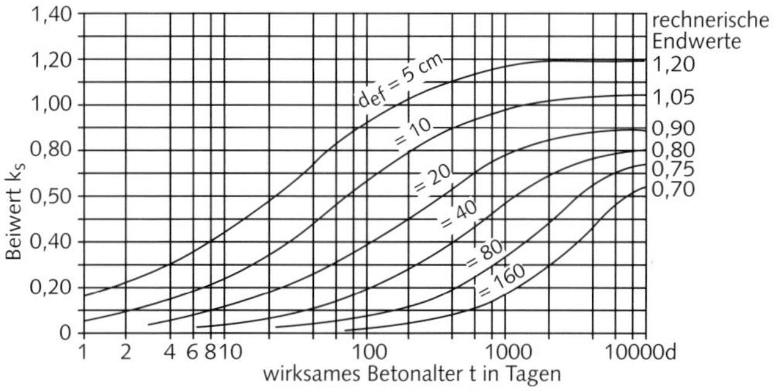

Gesamtschwinden εs
nach Zeit t [Tage]

$$\varepsilon_s = \varepsilon_{so} \cdot k_{so}$$

$$d_{ef} = k_{ef} \cdot \frac{2A}{U}$$

k_{ef}:
- 30 im Wasser
- 5 sehr feuchte Luft
- 1,5 allgemein im Freien
- 1,0 trockene Luft

A: Fläche Betonquerschnitt [cm²]

U: Abwicklung (Umfang) der Randflächen, die der Austrocknung ausgesetzt sind

ε_{so} = Grundschwindmaß
d_{ef} = wirksame Körperdicke

Schwinden **Beispiel:**

Stahlbetonwand B25, d = 40 cm, h = 3 m, L = 12 m
Konsistenz KP allgemein im Freien
relative Luftfeuchte ~70%

wirksames Betonalter	Schwindverkürzung	prozentualer Anteil
Anfang bis 14 Tage	-0,2 mm	7%
14 Tage bis 180 Tage (6 Monate)	-0,6 mm	20%
180 Tage bis 6000 Tage (16 1/2 Jahre)	-2,2 mm	73%
Anfang bis Ende (gesamt)	-3,0 mm	100%

Achtung!

ca. 75% des Schwindens nach Abschluß der Rohbauarbeiten

↘ evtl. Risse im Nutzungszustand [25]

Charakteristische Schwindverformungen

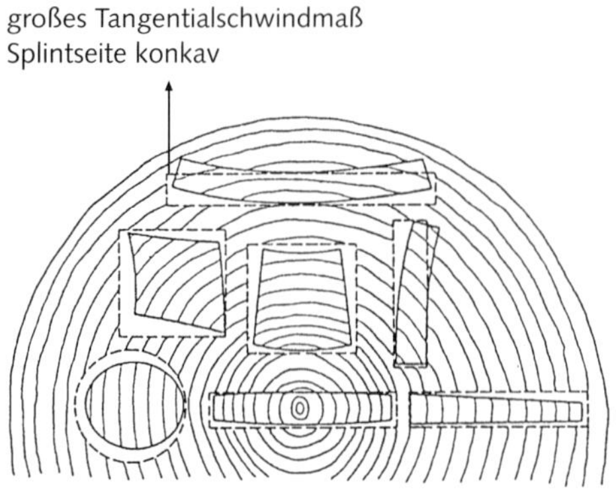

Einbaulagen Holzbauteile

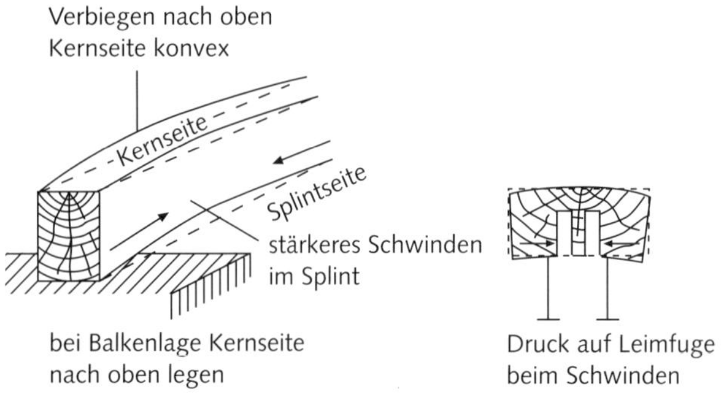

[22, 23]

Einbaulagen Holzbauteile (BSH)

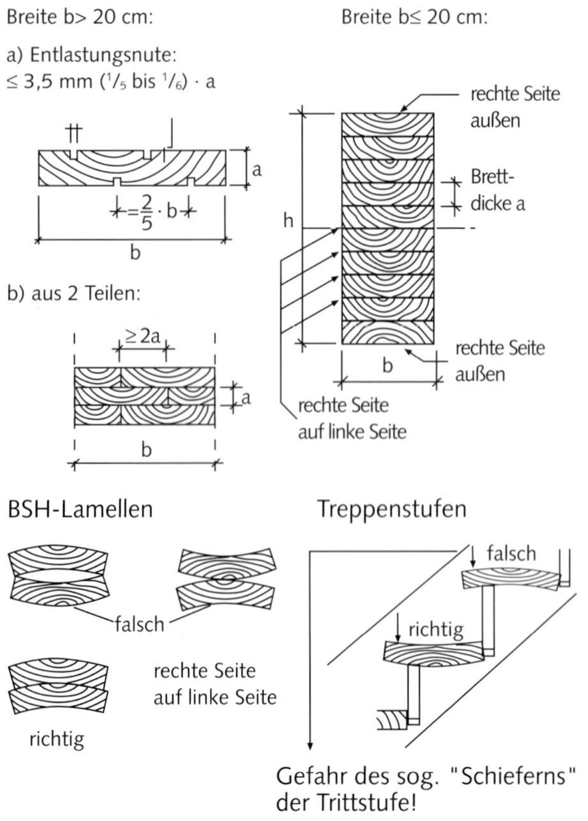

Kiefernholz

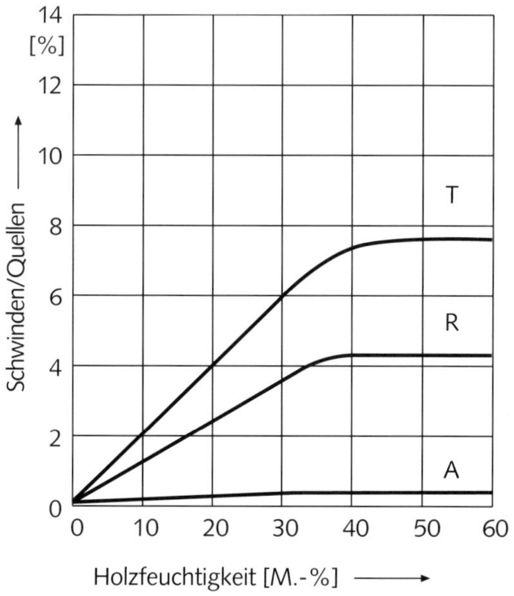

T = tangential (Richtung der Jahresringe)
R = radial (Richtung der Markstrahlen)
A = axial (Richtung der Holzfasern)

Buchenholz

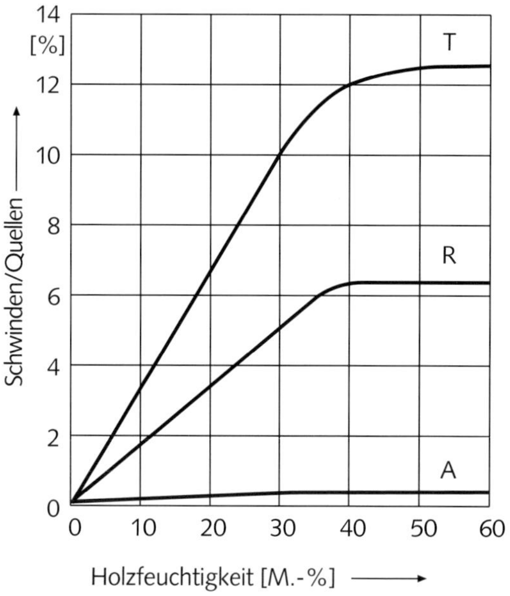

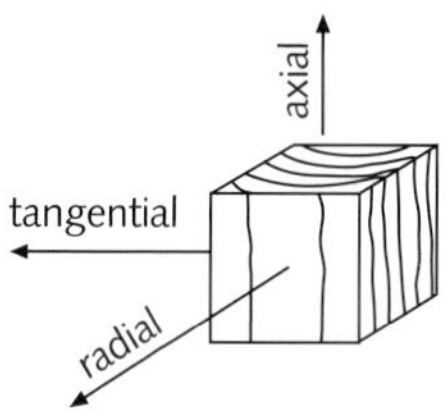

Zeitabhängige Formänderung unter konstanter Spannung

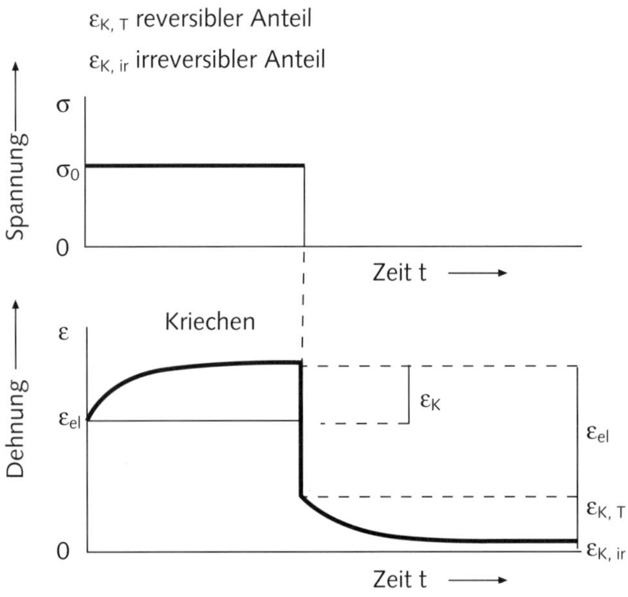

Kriechzahl $\varphi = \frac{\varepsilon_k}{\varepsilon_{el}}$ [–]

- ε_k → Kriechdehnung
- ε_{el} → elastische Dehnung

Werte

Kriechzahlen ausgewählter Baustoffe

Mauerwerk DIN 1053 Teil 2

Mauerwerk aus	Endkriechzahl φ_∞ für Steinfestigkeit 2 bis 6	12 bis 60
Porenbetonstein Kalksandstein Leichtbetonstein Bimsbetonstein	2,0	1,5
Ziegelstein	0,75	

Stahlbeton/Spannbeton DIN 4227
max. Werte bis $\varphi_\infty = 5$ f(Bauteildicke, Lagerung)

Holz DIN 1052 Teil 1, wenn
ständige Lasten > 50% der Gesamtlast

siehe "Formänderungen"

$$\Delta L = \varphi \cdot \frac{\sigma}{E} \cdot L_o$$

Qualitative Einflüße auf die Kriechzahl

Nach DIN 4227 werden die Rechenwerte für die Kriechzahl $\varphi = \varepsilon_k/\varepsilon_{el}$ durch folgende Faktoren beeinflußt:

Kriechzahl φ wird	kleiner	größer
Zement	frühhochfest	langsam erhärtend
Konsistenz	KS	KR
Betonalter[1)]	hoch	gering
Reifegrad R	groß	klein
Bauteilquerschnitt	groß	klein
Lage des Bauteils	unter Wasser oder in feuchter Luft	in trockener Luft

[1)] bei Belastungsbeginn

Prinzip der Gesamtformänderungen

Elastisch – Kriechen – Schwinden

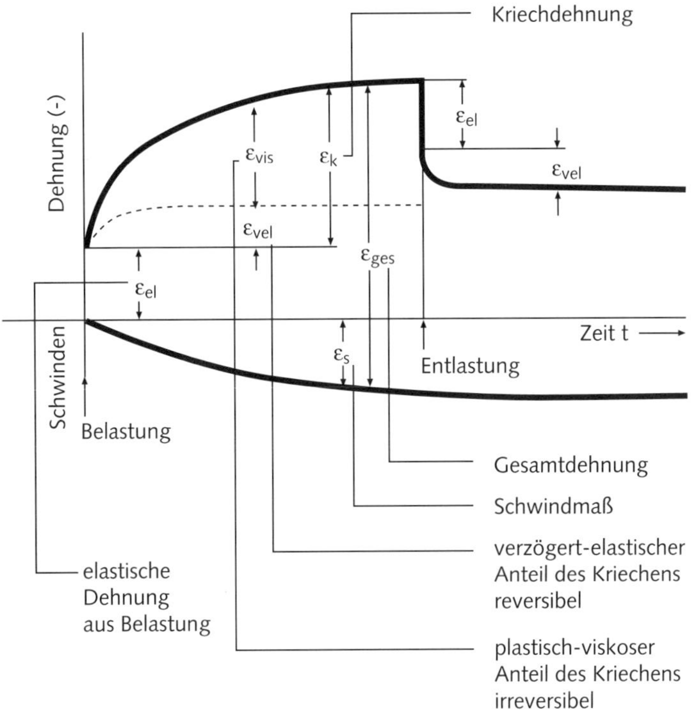

[22]

Zeitabhängige Spannungsabnahme unter konstanter Dehnung

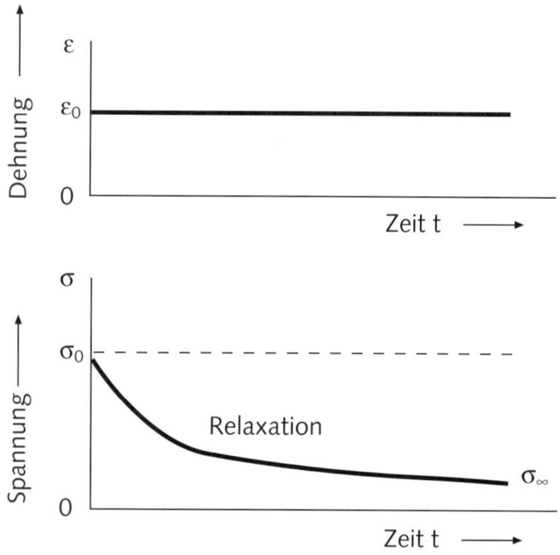

Relaxation – eine der "schlechtesten" Eigenschaften von Beton bzw. Stahlbeton

Spannbeton
- nachlassen der Spannkräfte
- nachlassen der Tragfähigkeit

Relaxation Beton

$$\sigma_t = \sigma_0 \cdot \left(1 - \frac{\varphi_t}{1 + \varphi_t \cdot \rho_t}\right)$$

Näherungsberechnung

σ_t Spannung nach Ablauf der Zeit t, während der die Relaxation wirkte

σ_0 Spannung zum Zeitpunkt t=0 bei Beginn der aufgezwungenen Verformung

φ_t Kriechzahl des Betons

ρ_t Relaxationszahl zwischen 0,5 bis 1,0, für wasserundurchlässigen Beton mit w/z = 0,55 kann angenommen werden $\rho \approx 0{,}60$

Relaxation = zeitabhängige Spannungsänderung unter konstanter Dehnung (Verformung)

[25]

Prinzip

Gleitende Reibung

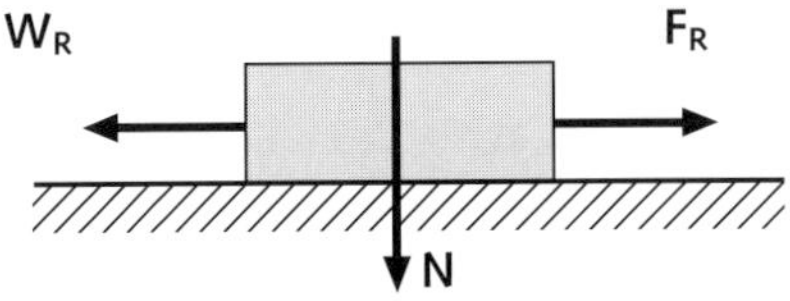

$$F_R = \mu \cdot N = W_R$$

- W_R → Reibungswiderstand
- N → Normalkraft
- μ → Reibungszahl, Reibungsbeiwert
- F_R → Reibungskraft

Reibung = Kraft, die erforderlich ist, um eine Bewegung (Verschiebung) aufrecht zu halten
- Gleitreibung: Flächenberührung
- Rollreibung: Punkt/Linienberührung
- Reibung der Ruhe = Anfangsreibung F_{R1}
- Reibung der Bewegung = Gleit/Rollreibung F_{R2}

$F_{R1} > F_{R2}$!

Werte

Reibungszahlen der Gleitreibung (Richtwerte)

Material		Reibungszahl μ trockene Oberfläche	Reibungszahl μ feuchte Oberfläche
Beton auf	Beton	0,70	0,70
	Mauerwerk	0,76	0,76
	Kies	0,87	0,87
	Sand	0,60	0,50
	Lehm	0,55	0,30
	Ton	0,50	0,30
	Kohle	0,40	0,30
	Asphalt	0,60	0,50
Mauerwerk auf	Beton	0,76	0,60
	Mauerwerk	0,70	0,60
	Kies oder Sand	0,60	0,55
	gewachsenem, mittelfestem Boden	0,65	0,35
	Lehm	0,55	0,30
	Ton	0,50	0,30
Stahl auf	Beton	0,45	0,35
	Mauerwerk	0,45	0,35
	Stahl	0,60 (rostig)	0,15
	Kies, Stein	0,50	0,35
	Holz	0,60	0,50
	Eis	0,03	0,01
	Gußeisen	0,33	0,15
Holz auf	Holz	0,70	0,60
	Mauerwerk	0,70	0,50
	Beton	0,60	0,50
	Metall	0,60	0,40
Bitumen zwischen	Feinsand	–	0,75
	Paraffin	–	0,30
	Alufolie	–	0,35
Papplagen, wellig		2,00	1,00

siehe auch Kapitel "Standsicherheit-Gleiten"

Hinweis: in einigen Bereichen (z.B. Straßenbau) wird unterschieden zwischen Reibungszahlen bei Erstbewegung und wiederholter Bewegung [80]

Vollholz Nadelhölzer

– Güteklassen I/II/II nach DIN 4074
Sortierklassen S7…S13

Vollholz Laubhölzer

– Holzartgruppen
A – Eiche, Buche, Teak
B – Afzelia, Merbau
C – Bongossi, Greenhart

Brettschichtholz aus Nadelhölzern

– Güteklassen I/II DIN 1074
Sortierklassen S10, S13

Holz für Tragwerke

Bau – Furniersperrholz DIN 68705

– Lagenzahl 3/≥5

Flachpressplatten, Strangpressplatten

– Plattendicken 6…50 mm
– hart/mittelhart DIN 68754

[16]

Querschnitt durch einen Holzstamm

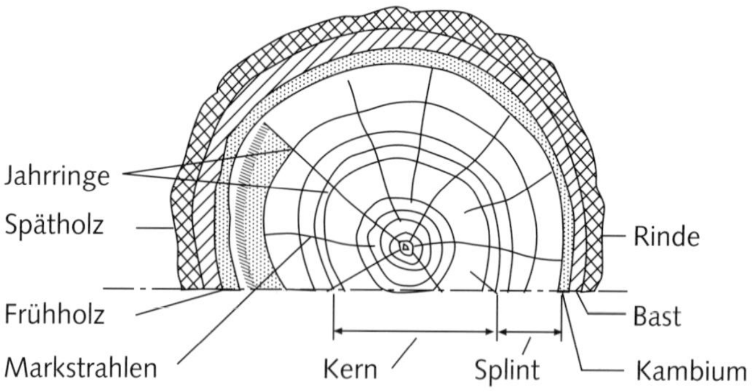

Kernholz
- innerer Stammteil
- weniger Wasser
- höhere Dichte und Härte
- geringere Schwindneigung

Splintholz
- äußerer Stammteil
- größere Beteiligung am Stoffwechsel
- mehr Wasser
- weicher + heller

Baustähle

- St37, St52 normale Baustähle
- nichtrostende/wetterfeste Stähle
- hochfeste Feinkornstähle (Brückenbau)
- Formen: Flachzeug, Stabstahl, Hohlprofile, Sonderprofile, Kaltprofile

Betonstähle

- BSt 420, BSt 500 (BSt III, BSt IV)
- Formen: Stabstahl, Matten, Drähte

Spannstähle

- F-Klassen z.B. 835/1030...1570/1770
- naturhart, vergütet, kaltgezogen
- Formen: Stäbe, Drähte, Litzen

Betonstähle

standardisierte Durchmesser

DIN [mm]	–	6	8	10	12	14	16	–	20	–	25	–	28	–	32	–	36	40	–
Schweiz [mm]	–	6	8	10	12	14	16	18	20	22	–	26	–	30	–	34	–	40	–
Euronorm [mm]	(5)	6	8	10	12	(14)	16	(18)	20	(22)	25	–	(28)	–	32	–	(36)	40	(50)

min. Krümmungsdurchmesser

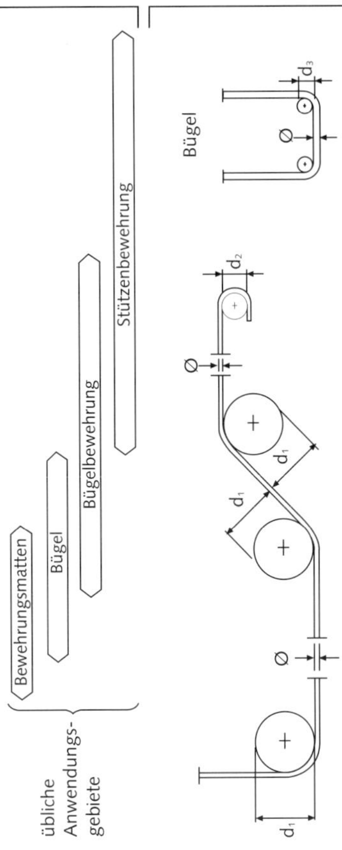

- Aufbiegung von Stäben: $d_1 = 15$ Ø
- Haken, Winkelhaken, Schlaufen: $d_2 = 6$ Ø für Stäbe mit Ø ≤ 20 mm
  $d_2 = 8$ Ø für Stäbe mit 20 mm < Ø ≤ 30 mm
  $d_2 = 10$ Ø für Stäbe mit 30 mm < Ø ≤ 40 mm
- Bügel: $d_3 = 4$ Ø für Stäbe mit Ø ≤ 16 mm

[88]

Einteilung nach der Dichte

Beton/Normalbeton	ρ = 2,0…2,8 kg/dm³
Leichtbeton	$\rho \leq 2{,}0$ kg/dm³
Schwerbeton	$\rho > 2{,}8$ kg/dm³

- Schwerzuschläge $\rho > 3{,}2$ kg/dm³ (Schwerspat, Eisenerz, Stahlsand)
- Strahlenschutzbeton

Einteilung nach Festigkeitsklasse

Betongruppe BI	B5, B10, B15, B25
Betongruppe BII	B35, B45, B55

Betone nach DIN 1045

B60…B140

neuartige hochfeste Betone,
z. B. im Hochhausbau

Festigkeitsklassen DIN 1045

Betongruppe	Festigkeitsklasse des Betons	Nennfestigkeit β_{WN} (Mindestwert für die Druckfestigkeit β_{W28} jedes Würfels N/mm²)	Herstellung	Anwendung
Beton BI	B5	5,0	mit Gütenachweis	nur für unbewehrten Beton
	B10	10		
	B15	15		für unbewehrten und bewehrten Beton
	B25	25		
Beton BII	B35	35	mit Eigen- und Fremdüberwachung	
	B45	45		
	B55	55		

B15 Stahlbeton nur Innenbauteile
B25 i.d.R. für Außenbauteile $\beta_{w28} \geq 32$ N/mm², außer w/z ≤ 0,60

↓

d.h. ≥ B35

Rezeptmauerwerk nach DIN 1053 T1

Rezept = Kombination Stein-Mörtel

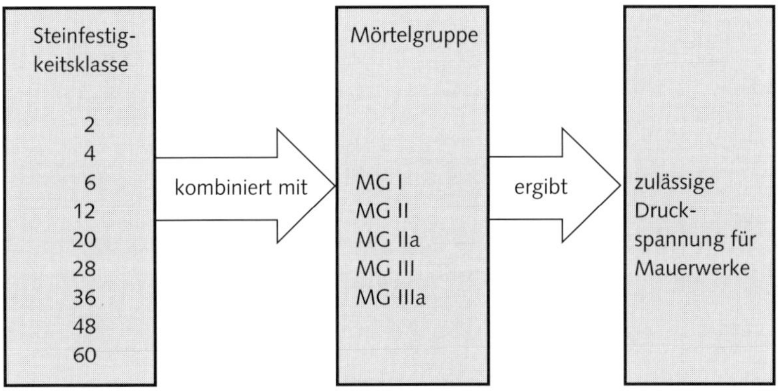

- Mauerwerk aus künstlichen Steinen
  - Mauerziegel
  - Kalksandsteine
  - Porenbeton
  - Beton/Leichtbeton

- Güteklassen N1...N4 bei Mauerwerk aus Natursteinen
  - Kalkstein, Travertin

[27]

Natursteinmauerwerk – Zuordnung Güteklassen

Bruchsteinmauerwerk — Gk N1

hammerrechtes Schichtenmauerwerk — Gk N2

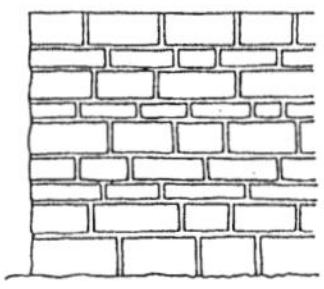
regelmäßiges Schichtenmauerwerk — Gk N3

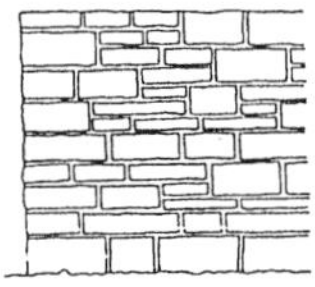
unregelmäßiges Schichtenmauerwerk — Gk N3

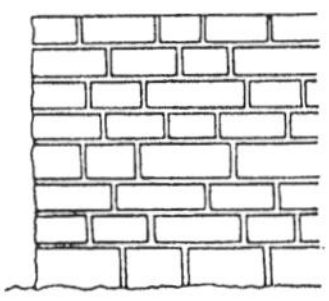
Quadermauerwerk — Gk N4 DIN 1053 T1

Klassifizierung Bauglas

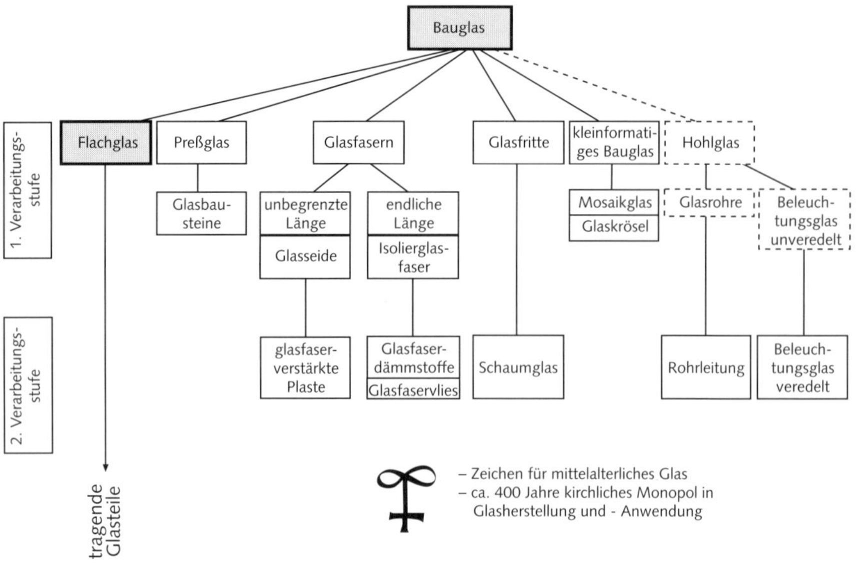

Allgemeines/Übersicht

Klassifizierung Flachglas

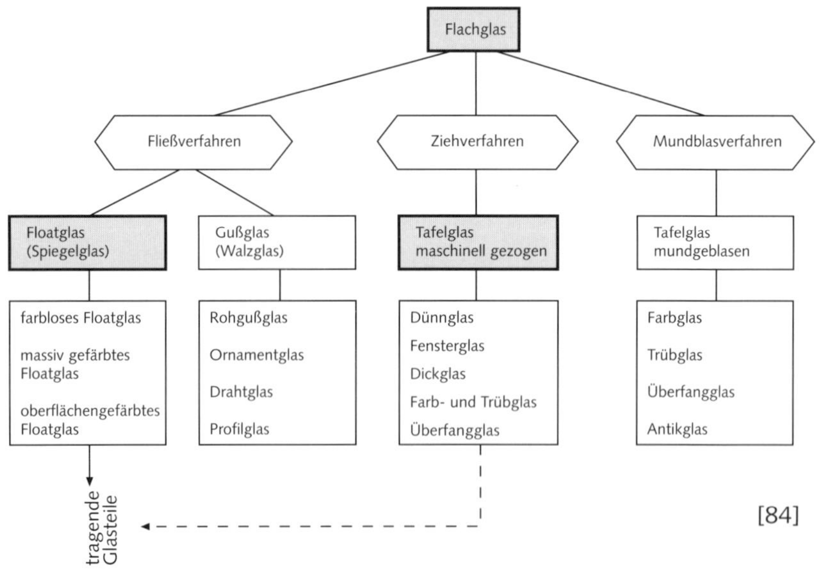

[84]

Glasarten

Floatglas – Quarzsand, Kalk, Soda
- ca. 1600° C auf Zinnbad
- absolut planparallel (Spiegelglas)
- ca. 600° C Abziehen Glasband

Verbund-Sicherheitsglas VSG
- 2 oder mehr Floatglasscheiben werden mit hochelastischen Folien oder Gießharz verbunden
  ↓
  erh. Schallschutz

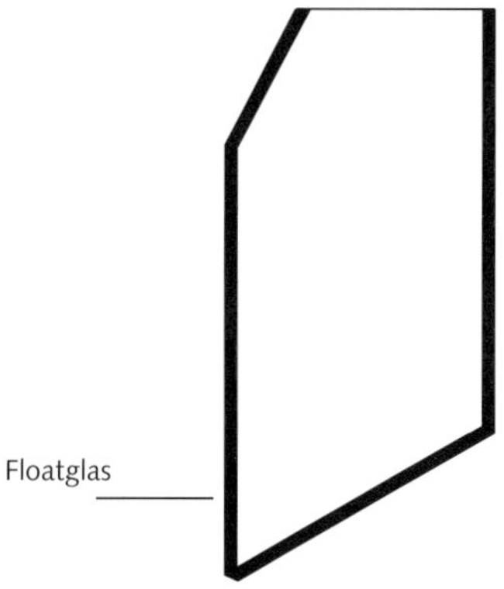

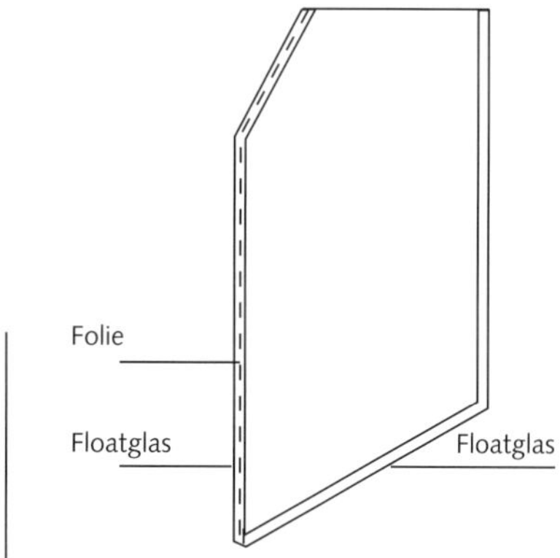

Einscheiben-Sicherheitsglas ESG
- Floatglas thermisch vorgespannt

→ Folie = Splitterbindung
= Durchdringungshemmung (Einbruch, Durchschuß)

Bruchverhalten

Bruchbilder normal gekühltes Glas (Floatglas)

scharfkantige, dolchartige Glassplitter

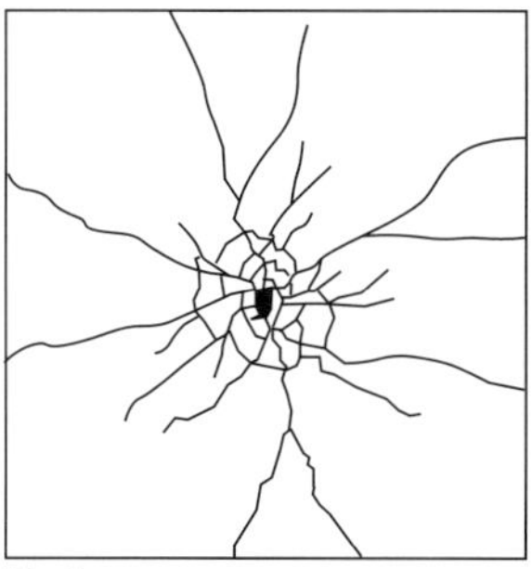
Stoß

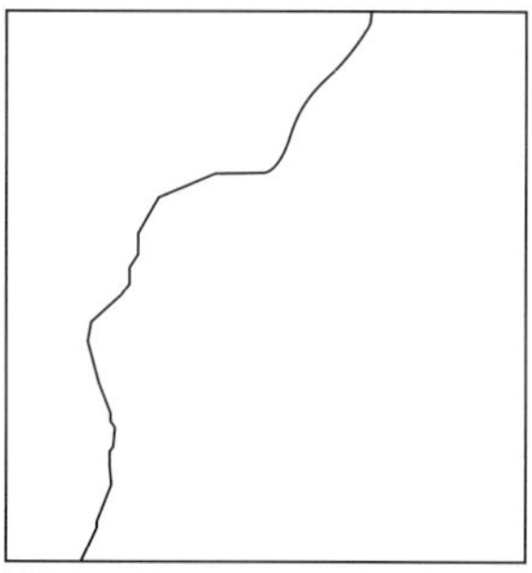
Hitzesprung

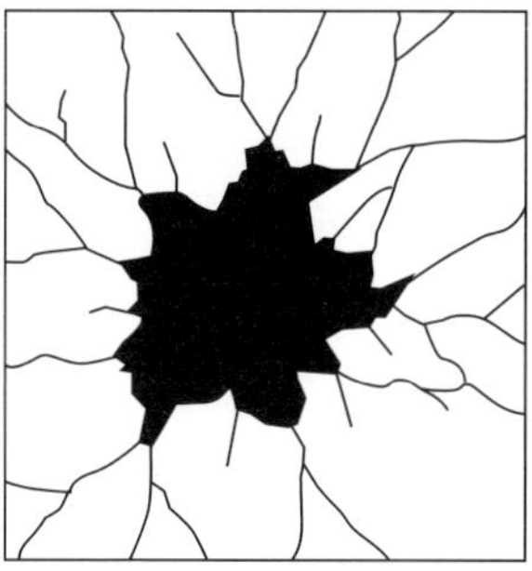
Bersten

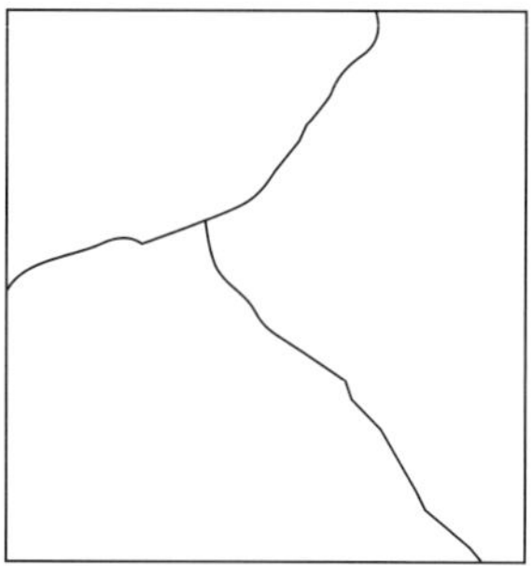
Biegung

Bruchbilder Einscheiben-Sicherheitsglas ESG

kleine stumpfkantige Glaskrümel

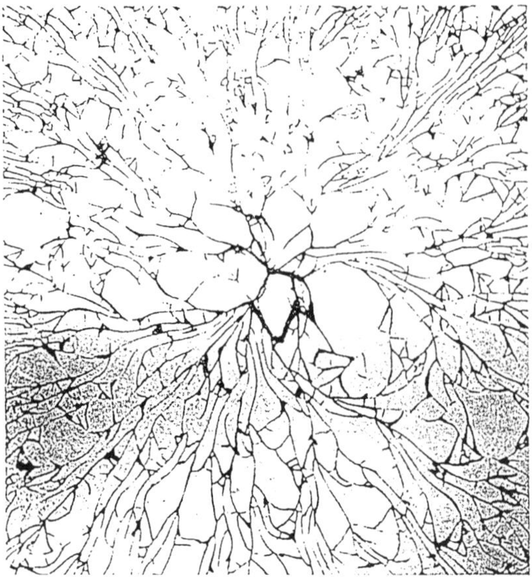

Bruchbilder Verbundsicherheitsglas VSG

- Splitterbindung
- scharfkantige Splitter haften an Folie
- raumabschließende Wirkung bleibt im Wesentlichen erhalten

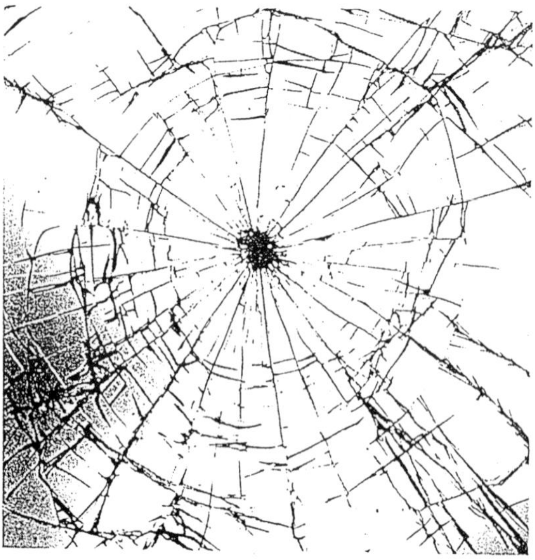

[2]

Glasaufbau

- 2 oder mehr Scheiben (Float, ESG, VSG)
- 2 oder mehr Zwischenräume mit Luft- oder Gasfüllung (z.B. Argon)
  - erhöhte Wärmedämmung

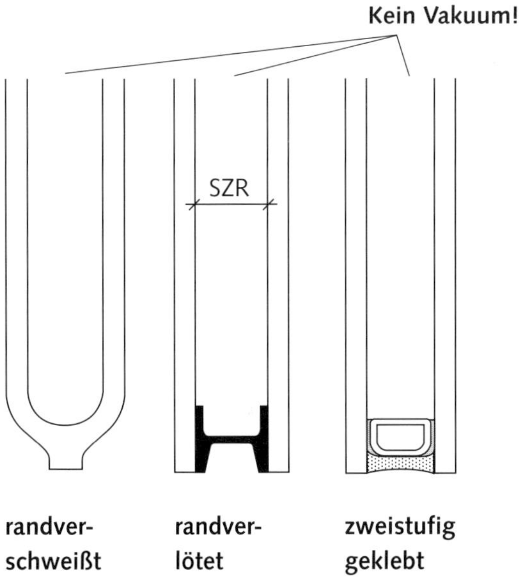

mögliche Randausbildung
SZR = Scheibenzwischenraum in der Regel 12...16 mm

Doppelscheibeneffekt = Isolierglaseffekt

- Luftdruck- und Temperaturänderung
- Volumenänderung SZR
  - Durchbiegung der Scheiben
  - Verzerrungen bzw. Spiegelbilder
- besonders ausgeprägt bei 3-fach-Isolierglas

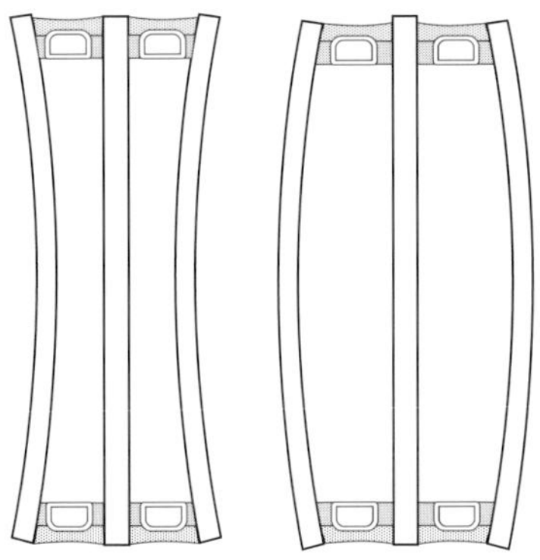

Kopplungseffekt:
- Füllung des SZR wirkt wie Federpaket
- Last auf eine Scheibe beansprucht auch die anderen Scheiben

Nicht anwenden bei:
- HZ/Schrägverglasungen (Eigenlast, Schnee, Eis)
- asymmetrischer Aufbau, außer $d_{innen} > d_{außen}$

Eigenschaften

Allgemeine mechanische Eigenschaften

Eigenschaften	Richtwerte technisch entspanntes Glas	Richtwerte thermisch vorgespanntes Glas
Dichte	2,5 · 10^3 kg/m^3	2,5 · 10^3 kg/m^3
Dichte für Gläser mit Drahtnetzeinlage	2,6 · 10^3 kg/m^3	
Ritzhärte nach Mohs	5 bis 6	5 bis 6
Knoop-Härtewert	470 HK 0,1/20	470 HK 0,1/20
Elastizitätsmodul (statisch)	7,3 · 10^4 N/mm^3	7,0 · 10^4 N/mm^3
Poissonzahl	0,23	0,23
Druckfestigkeit	700 bis 900 N/mm^2	700 bis 900 N/mm^2

Biegefestigkeit

Glaserzeugnisse	Biegefestigkeit N/mm^2 min.
Spiegelglas	45
Fensterglas	45
Gußglas	25
Profilglas	45
Spiegelglas mit Drahtnetzeinlage	25
Gußglas mit Drahtnetzeinlage	25
Einscheiben-Sicherheitsglas	120
Verbund-Sicherheitsglas	je nach Einzelscheibe

Thermische Eigenschaften

Wärmedehnung $9 \cdot 10^{-6}\ K^{-1}$

zul. Spannungen

Max. zulässige Biegezugspannung

Einscheibenglas
bzw. Einzelscheibe Isolierglas

Floatglas	$\sigma_{zul} = 30\ N/mm^2$
Einscheiben-Sicherheitsglas	$\sigma_{zul} = 50\ N/mm^2$
Gußglas	$\sigma_{zul} = 20\ N/mm^2$
Drahtglas	$\sigma_{zul} = 20\ N/mm^2$
(nach DIN 1249, Teil 10)	

Verbundsicherheitsglas VSG

$$\sigma_{zul\ VSG} = \frac{\sigma_{zul\ einzel}}{n}$$

n → Anzahl der zum Verbund gehörenden Scheiben

[85]

Einscheiben-Sicherheitsglas ESG

- rasches Erhitzen auf ca. 600° C
- Abschrecken durch Anblasen mit kalter Luft
- Verfestigung der äußeren Zonen

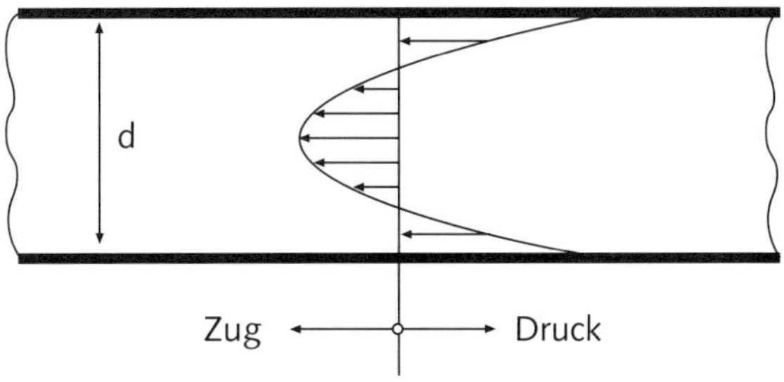

- Abkühlen des Scheibenkerns (langsam)
  - Zusammenziehung Kern
    Behinderung durch feste Randzonen
  - Druck außen | thermische Vorspannung
    Zug innen |

Eigenspannungen

Teilvorgespanntes Glas TVG

- wie ESG
- langsame Abkühlung

Eigenspannungen verschiedener Gläser

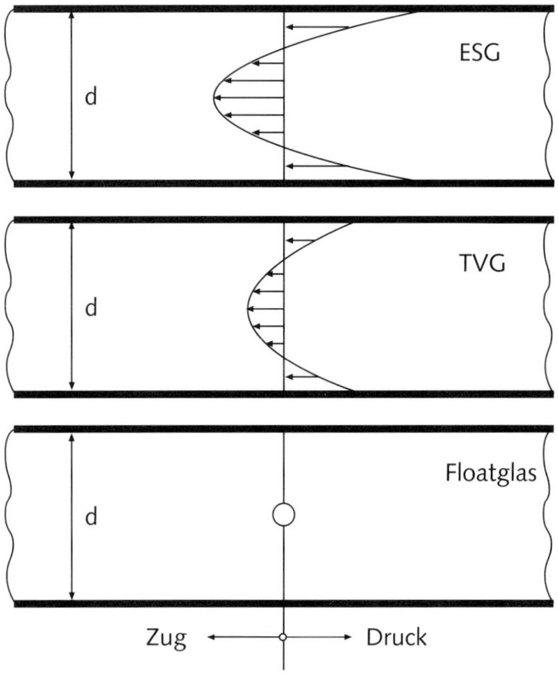

Einteilung der Lehmbauverfahren

nach statischem System/Konstruktion

- tragende Bauweise (Massivbau)
  - Lehmsteinbau
  - Stampfbau
- Skelettbauweise (Fachwerkbau)
  - tragende Gerippe aus Holz, Beton, Stahl
  - raumabschließende Funktion des Lehms

nach der Dichte

– Schwerlehm	2000–2400	kg/m^3
– Massivlehm	1700–2000	kg/m^3
– Faserlehm	1200-1700	kg/m^3
– Leichtlehm	300–1200	kg/m^3
– Lehmstroh	150–300	kg/m^3

Einteilung der Lehmbauverfahren

nach der Verarbeitung

- Trockenlehm
  - vorgetrocknete Fertigteile
- erdfeuchter Lehm
  - Lehmstampfwände
  - gepresste Lehmsteine
- feuchter Lehm
  - Faserlehmsteine/Stürze
- naßer Lehm
  - zäh- bis weichplastische Formlinge
  - Lehmbatzenbau
- flüssiger Lehm
  - Leichtlehm
  - Lehmmörtel

Statisch-konstruktive Hinweise

- keine Naßlehmbauweise als tragende BT
  Lehmbau als Stampfbau, Steinbau, Skelettbau
- Wandhöhe ≤ 4m (außer Giebelwand)
  max. 1 Vollgeschoß mit Kniestock
- unter Fachbetreuung max. 2 Geschosse
- Mindestrohdichte für statische Belastung:
  1700 kg/m^3
- Skelettbau $\rho \geq 800$ kg/m^3
  Druckfestigkeit ≥ 0,1 N/mm^2
- tragende Wände Wanddicke
  innen d ≥ 24 cm
  außen d ≥ 38 cm
- Lehmwände $\rho \geq 1800$ kg/m^3 d ≥ 24 cm gelten als feuerbeständig
- Holzteile
  keine Abbranddimensionierung, wenn Lehmüberdeckung ≥ 5 cm

Statisch-konstruktive Hinweise

- Massivdecken auf Lehmwänden nicht zulässig
- Schornsteine aus Lehm nicht zulässig
- Abminderung der Festigkeiten mit einem Sicherheitsfaktor 1,7…2,0 (zul.Spannungen), in ungünstigen Fällen (Festigkeit schlecht bestimmbar) Sicherheit bis 4,0
- Skelettbau
  - kein Knicknachweis der Stützen
    - in Wandebene, wenn Druckfestigkeit ≥ 1,5 N/mm^2
    - $\perp$Wandebene, wenn Deckung ≥ 10 cm und Biegezugfest. ≥ 2 N/mm^2
  - Wand als Windscheibe, wenn Stützen in Lehmwand mit beidseitiger Deckung ≥ 10 cm und Druckfest. ≥ 1,5 N/mm^2

[30]

Druckfestigkeit Strohlehm

Rohdichte kg/m³	Druckfestigkeit N/mm²
850	1,74
ca. 1600	> 2,5

Druckfestigkeit Massivlehm nach DIN 18954

Dichte kg/m³	Druckfestigkeit N/mm²
1600	2,0
1900	3,0
2200	4,0

Druckfestigkeit Ziegelrohlinge

Format (bxlxh) cm	Dichte kg/m³	Druckfestigkeit N/mm²
NF 12x25x6,5	1790	8
ÖF 14,5x30x6,5	1790	8
Hohlblock 30x25x22	1450	5

Festigkeiten/zul. Spannungen

Zulässige Druckspannung Lehmbauteile nach DIN 18954

Dichte des Bauteils kg/m³	Druck-festigkeit N/mm²	Zul. Druckspannung [N/mm²]					
		Wände	Pfeiler mit Schlankheit h/d				
			11	12	13	14	15
1600	2,0	0,3	0,3	0,2	0,1	–	–
1900	3,0	0,4	0,4	0,3	0,2	0,1	–
2200	4,0	0,5	0,5	0,4	0,3	0,2	0,1

Zugfestigkeit = ca. 1/6 Druckfestigkeit

Biegezugfestigkeit Strohleichtlehm

Dichte kg/m³	Fasern und Bewehrung	σ [N/mm²]
ca. 800	Roggenstroh, Holzeinlage	1,2
700	Preßstroh ohne Armierung	1,7

[30]

Schwinden/Porenbildung durch Wasserabgabe

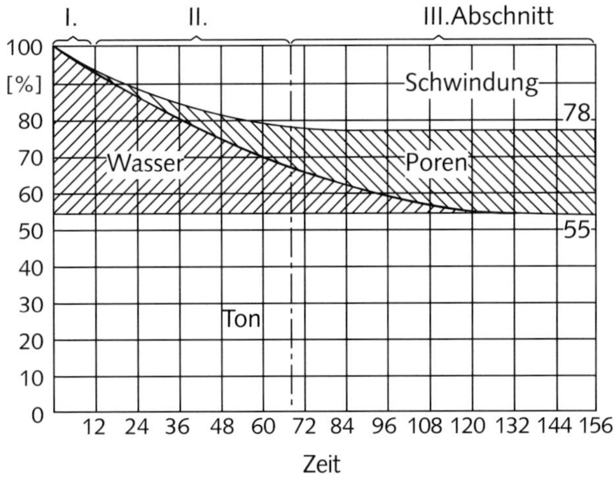

Schwinden erdfeuchter Lehme

Bezeichnung nach der Bindigkeit	Schwindmaß %
magere Lehme	1 – 2,5
mittlere Lehme	2 – 3,5
fette Lehme	3,5 – 5,5
Tone	4,5 – 7,5

E-Modul/Wärmedehnungszahl

E-Modul

$E \approx 4350\ N/mm^2$

trockener, gut verdichteter
Massivlehm $\rho \approx 1700\ kg/m^3$

Wärmedehnungszahl

$\alpha_T \approx 5 \cdot 10^{-6}\ K^{-1}$

unterhalb 40° C [30]

Einteilung nach Korngröße/Verteilung

Korngrößen in mm		Bezeichnungen		
	>63	Steine und Blöcke		
Siebkorn	63,0 bis 20,0 20,0 bis 6,3 6,3 bis 2,0	Kies	grob mittel fein	nichtbindiger Boden
	2,0 bis 0,6 0,6 bis 0,2 0,2 bis 0,06	Sand	grob mittel fein	
Schlämmkorn	0,06 bis 0,02 0,02 bis 0,006 0,006 bis 0,002	Schluff	grob mittel fein	bindiger Boden
	< 0,002	Feinstkorn oder Ton		

bindige Böden	– Korndurchmesser < 0,06 mm – Quellen bei Wasseraufnahme – Schwinden bei Wasserabgabe – undurchlässig bei Wasseraufnahme
nichtbindige Böden	– Korngröße > 0,06 mm – keine Volumenänderung bei Wasseraufnahme/Abgabe
gemischte Böden	– Mischungen von Korngrößen < und > 0,06 mm
Felsböden	– Urgestein/Sedimentgestein in verschiedenen Zuständen

Tragfähigkeit maßgebend von innerer Reibung abhängig

Tragfähigkeit ~ innere Reibung

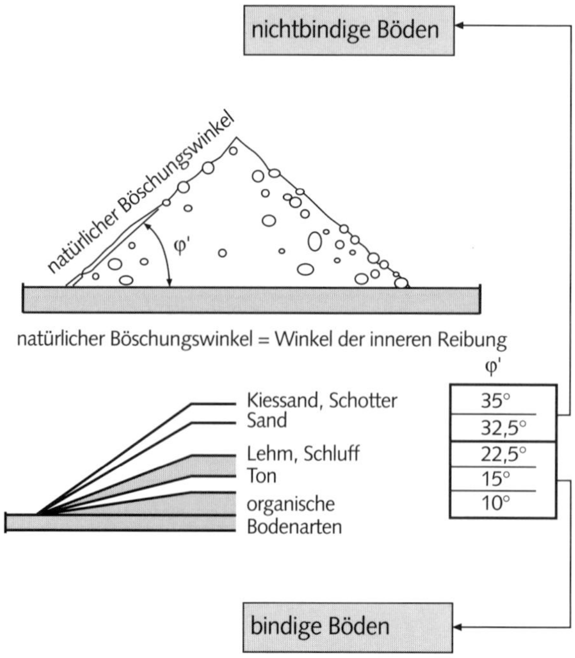

Tragfähigkeit maßgebend vom Wassergehalt abhängig

$$\text{Tragfähigkeit} \sim \frac{1}{\text{Wassergehalt}}$$

Wichte

- Raumlast kN/m³ ähnlich wie bei Baustoffen
- für Eigenlasten und Erddrücke
- Unterscheidung Wichte über/unter Wasser

Zulässige Bodenpressung

- aus Zusammenwirkung Bauwerk-Baugrund
- Festlegung zul. Werte
  1. Vermeidung unzulässig großer Setzungen
  2. ausreichende Sicherheit gegen Grundbuch

Wasserdurchlässigkeit

- abhängig von Kornzusammensetzung
- Geschwindigkeitswert, z.B.
  Feinsand ≈ 10^{-4} m/s
  Ton ≈ 10^{-10} m/s
- große Bedeutung für zeitlichen Verlauf von Setzungen

Innere Reibung/Kohäsion

- Ursache der Festigkeit der Böden

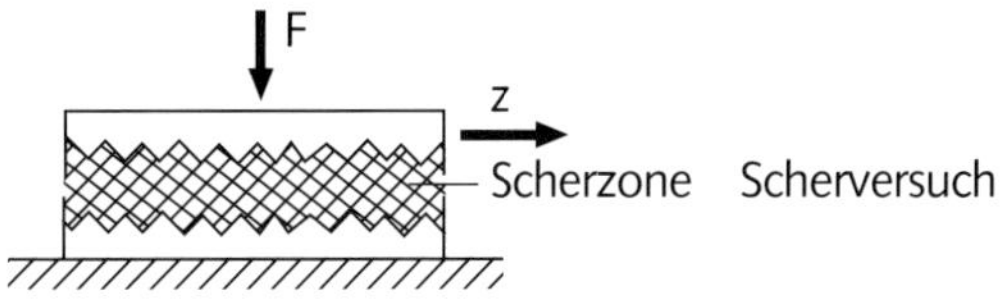

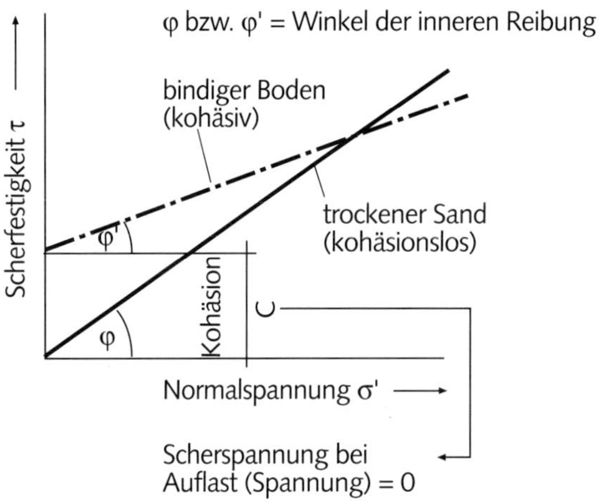

- wichtig für Erddruckberechnungen und Standsicherheitsuntersuchungen

Steifemodul

"Hookesches Gesetz des Baugrundes"

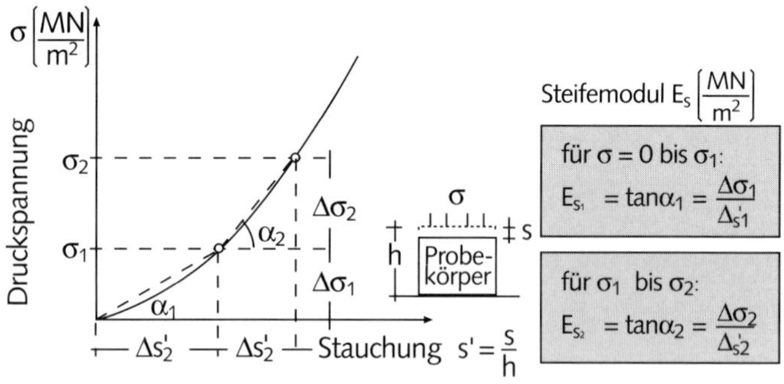

- Formänderungseigenschaft
- Baustoff
  - Spannungs-Dehnungs-Linie
- Baugrund
  - Druck-Setzungs-Kurve i.d.R. nichtlinear
    - in mehrere lineare Bereiche E_{s1}, E_{s2}... aufteilen
- Steifemodul wichtig für Setzungsberechnungen

Lagerungsdichte

- nichtbindige Böden sind unterschiedlich dicht gelagert
- Relation von min./max./vorh. Porenräumen
- sehr lockere bis dichte Lagerung
- maßgebend für zulässige Bodenpressung

Zustandsform

- bindige Böden
- durch unterschiedlichen Wassergehalt unterschiedliche Konsistenz
- fest, halbfest, plastisch...flüssig
- Thixotropie = Änderung der Zustandsform durch mechanische Einwirkungen

Proctordichte

- Größe für die Nachprüfung des Verdichtungsgrades von Böden
- Proctordichte = f (Wassergehalt)

Übersicht

Spezifische Oberfläche

- Maß für die Bindewirksamkeit der Bodenteilchen
- verantwortlich für Kapillarität und Kohäsion

Bezeichnung	Korngröße mm	spez. Oberfläche cm^2/g
Kies	2 – 20	20
Sand	0,06 – 2	200
Schluff	0,002 – 0,06	2000
Ton	< 0,002	>20000

↓

Tonminerale, Kaoline
bis 100 000 cm^2/g!
≘ 10 m^2/g

[30]

Übersicht

Kapillarität

- Oberflächenspannung in feinen Poren
- Hubmaß über Grundwasserspiegel

Kies	bis 3 cm	kapillare Steighöhe
Mittelsand	20 bis 40 cm	
Feinsand	40 bis 80 cm	
Lehm, Löß	1 m bis mehrere Meter	
Ton	bis 100 m	

- durch 10...20 cm Kiesschicht die Kapillarströmung unterbrechen

Frostempfindlichkeit

- Eisbildung in Porenwasser
- 9%ige Volumenvergrößerung
- bindige Böden: frostgefährdet
- nichtbindige Böden: frostsicher
- Frostschäden
  1. Frosthebung beim Gefrieren
  2. Bildung eines Bodenbreis beim Auftauen
     - plastische Zustandsform durch Wasserüberschuß

Richtwerte Kohäsion/Steifemodul

bindige Böden	Kohäsion		Steifemodul
	Endfestigkeit c' [kN/m²]	Anfangsfestigkeit c_u [kN/m²]	E_u [MN/m²]
Ton, halbfest	25	50 bis 100	5 bis 10
Ton, schwer knetbar, steif	20	25 bis 50	2 bis 5
Ton, leicht knetbar, weich	10	10 bis 25	1 bis 2,5
Geschiebemergel, fest	25	200 bis 700	30 bis 100
Lehm, halbfest	10	50 bis 100	5 bis 20
Lehm, weich	–	10 bis 25	4 bis 8
Schluff	–	10 bis 50	3 bis 10
Klei, org., tonarm, weich	10	10 bis 25	2 bis 5
Klei, stark org., tonreich, weich, Darg	15	10 bis 20	0,5 bis 3
Torf	5	–	0,4 bis 1
Torf unter mäßiger Vorbelastung	10	–	0,8 bis 2

[10]

Richtwerte Wichte/Reibungswinkel

bindige Böden	Wichte		Reibungswinkel: Endfestigkeit
	über Wasser γ [kN/m³]	unter Wasser γ' [kN/m³]	φ bzw φ' [Grad]
Ton, halbfest	19,0	9,0	25
Ton, schwer knetbar, steif	18,0	8,0	20
Ton, leicht knetbar, weich	17,0	7,0	17,5
Geschiebemergel, fest	22,0	12,0	30
Lehm, halbfest	21,0	11,0	27,5
Lehm, weich	19,0	9,0	27,5
Schluff	18,0	8,0	27,5
Klei, org., tonarm, weich	17,0	7,0	20
Klei, stark org., tonreich, weich, Darg	14,0	4,0	15
Torf	11,0	1,0	15
Torf unter mäßiger Vorbelastung	13,0	3,0	15

[10]

Richtwerte Wichte/Steifemodul/Reibungswinkel

nichtbindige Böden	Wichte über Wasser γ [kN/m³]	Wichte unter Wasser γ' [kN/m³]	Reibungswinkel: Endfestigkeit φ bzw φ' [Grad]
Sand, locker, rund	18,0	10,0	30
Sand, locker, eckig	18,0	10,0	32,5
Sand, mitteldicht, rund	19,0	11,0	32,5
Sand, mitteldicht, eckig	19,0	11,0	35
Kies ohne Sand	16,0	10,0	37,5
Naturschotter, scharfkantig	18,0	11,0	40

[10]

nichtbindige Böden	Kohäsion Endfestigkeit c' [kN/m²]	Kohäsion Anfangsfestigkeit c_u [kN/m²]	Steifemodul E_u [MN/m²]
Sand, locker, rund	–	–	20 bis 50
Sand, locker, eckig	–	–	40 bis 80
Sand, mitteldicht, rund	–	–	50 bis 100
Sand, mitteldicht, eckig	–	–	80 bis 150
Kies ohne Sand	–	–	100 bis 200
Naturschotter, scharfkantig	–	–	150 bis 300

Bindige/Nichtbindige Böden

Richtwerte zulässige Bodenpressungen [kN/m²]

bindige Böden	120...200	steif
	170...280	halbfest
	200...400	fest
nichtbindige Böden	200...400	BW setzungsempfindlich
	200...700	BW nicht setzungsempfindlich
Mischböden	150...500	steif...fest
Felsböden	1000...1500	brüchig
	2000...4000	nicht brüchig

allgemein zulässige Bodenpressung
~ Konsistenz Boden
~ Einbindetiefe Fundament
~ Fundamentbreite bei nicht setzungsempfindlichem BW

$$\sim \frac{1}{\text{Fundamentbreite } b > 1\text{m}}$$

bei setzungsempfindlichem BW

[15] Dierks, Schneider, Wormuth: Baukonstruktion Düsseldorf: Werner-Verlag, 1993

- **Mauerwerksbau**
  Künstliche Steine
  Natürliche Steine
  Mörtel
- **Holzbau**
  Vollholz
  Brettschichtholz
  Spannplatten/Sperrholzplatten
- **Stahlbau**
  Stahlsorten
  Profilstähle
  Flachstähle
- **Stahlbetonbau**
  Beton
  Betonstahl

[22] Schäffler, Bruy, Schelling: Baustoffkunde Würzburg: Vogel Buchverlag, 1993

- **Grundlagen**
  Einteilung der Baustoffe
- **Eigenschaften der Baustoffe**
- **Baustoffe**
  Natursteine
  Holz/Holzwerkstoffe
  Keramische Baustoffe
  Zemente/Betone/Mörtel
  Metalle
  Kunststoffe

[26] Belz, Gösele: Mauerwerk-Atlas München: Institut für internationale Architektur-Dokumentation, 1984

- **Technische Grundlagen/ Baustoffe**
  Ziegel
  Kalksandsteine
  Gasbetonsteine
  Betonsteine
  Leichtbetonsteine
  Wandbauplatten
  Hüttensteine
  Mörtel
  Mauerwerk

[57] Thiele, Lose: Stahlbau 1 Stuttgart: Teubner, 1993

- **Werkstoffe**
  Roheisen
  Gußeisen
  Stahl
- **Eigenschaften**
  Werkstoffkennwerte
  Schweißeignung
- **Walzerzeugnisse**
  Form/Stab/Flachstähle
  Bleche
  Hohlprofile
  Kaltprofile

[58] Avak:
Stahlbetonbau in Beispielen
Düsseldorf: Werner-Verlag, 1994

- **Baustoffe**
  Beton
  Frischbeton
  Festbeton
  Festigkeitsklassen
  Wasserzementwert/
  Betonqualität
  Betonstahl
  Werkstoffkennwerte
  Stahlbeton
  Karbonatisierung
  Betonkorrosion

[62] Natterer, Herzog, Volz:
Holzbauatlas Zwei
München: Institut für internationale Architektur-Dokumentation, 1991

- **Grundlagen Baustoff Holz**
  Vollholz
  Nadelholz
  Laubholz
  Holzwerkstoffe
  Holzschutz
  Werkstoffkennwerte
  Gütebedingungen

Spannungen

Definition

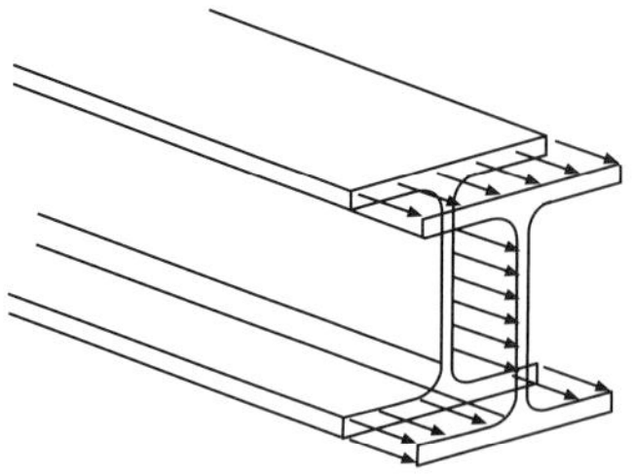

Eine Spannung ist ein rechnerisches Maß für die Größe einer inneren Beanspruchung.

Spannung ist eine innere Kraft
bezogen auf eine Querschnittsfläche

Anwendungsziele

Spannungskontrolle

$$\sigma_{vorh} = \frac{F}{A} \leq \sigma_{zul} \qquad [kN/cm^2]$$

Dimensionierungsberechnungen

$$A_{erf} = \frac{F}{\sigma_{zul}} \qquad [cm^2]$$

Tragfähigkeitsberechnungen

$$F_{zul} = A_{vorh} \cdot \sigma_{zul} \qquad [kN]$$

– σ_{zul} siehe "Baustoffeigenschaften"

Arten/Richtung

Normalspannung

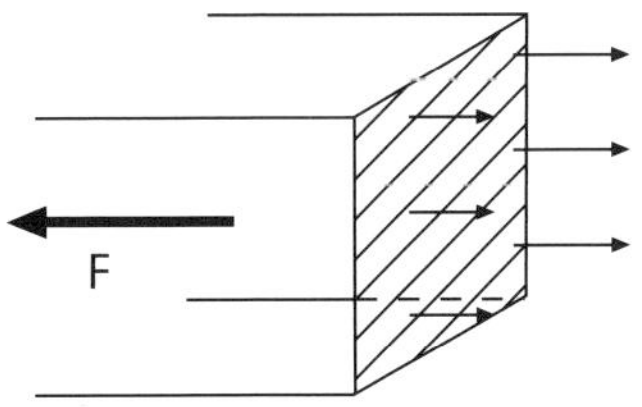

σ

Zug
Druck
Biegung

senkrecht zum Querschnitt

Tangentialspannung

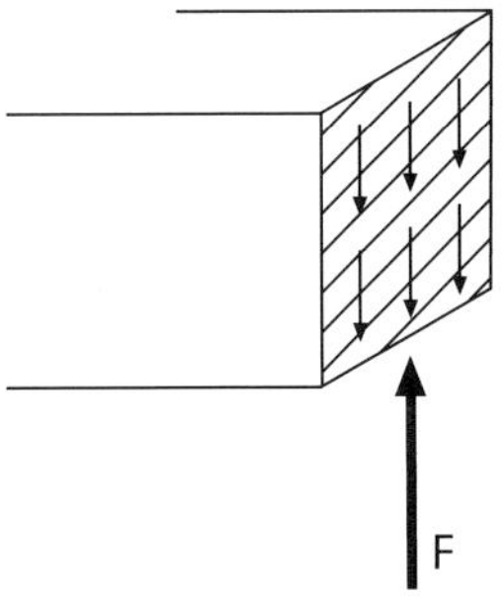

τ

Scherung
Schub
Torsion

parallel zum Querschnitt

Arten/Richtung

Resultierende Spannungen

gleichzeitige Wirkung von Normal- und Tangentialspannungen

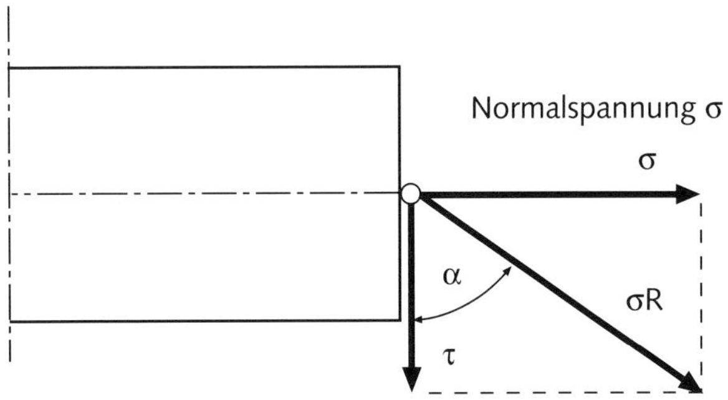

$$\sigma_R^2 = \sigma^2 + \tau^2$$

$$\sigma_R = \sqrt{\sigma^2 + \tau^2} \qquad \tan\alpha = \frac{\sigma}{\tau}$$

– siehe auch "Zusammengesetzte Beanspruchungen"

Sicherheitskonzept alt

Festigkeit ≙ Erschöpfungszustand

$$\sigma_{zul} = \frac{\beta}{\gamma} \quad [N/mm^2] \quad \rightarrow \quad \sigma_{vorh} \leq \sigma_{zul}$$

zulässige Spannung
≙ Gebrauchszustand

		Sicherheitsbeiwert
Betonbau	Zug/Biegung	$\gamma = 1{,}75$
	Druck/Knicken	$\gamma = 2{,}10$
Stahlbau		$\gamma = 1{,}3 \ldots 2{,}3$
Holzbau		$\gamma = 1{,}9 \ldots 5{,}0$
Mauerwerk		$\gamma = 2{,}0 \ldots 2{,}7$
Grundbau		$\gamma = 1{,}05 \ldots 2{,}0$ → Auftrieb

Sicherheitskonzept neu

$$S_d \leq R_d$$

Beanspruchungen S_d
- Schnittgrößen
- Spannungen
- Dehnungen
- Durchbiegungen

Einwirkungen und Lasten
mit Teilsicherheitsbeiwert γ_F
und Kombinationswerten ψ

Faktor!
0,9…1,5

Beanspruchbarkeiten R_d
- Grenzschnittgrößen
- Grenzspannungen
- Grenzdehnungen

Widerstandsgrößen wie
Festigkeiten oder Steifigkeiten
mit Teilsicherheitsbeiwert γ_M

in der Regel. 1,10
Divisor!

Hauptspannungen

- größte Normalspannung bei gleichzeitiger Wirkung von Normalspannungen σ und Schubspannungen τ
- praktische Bedeutung im Spannbeton

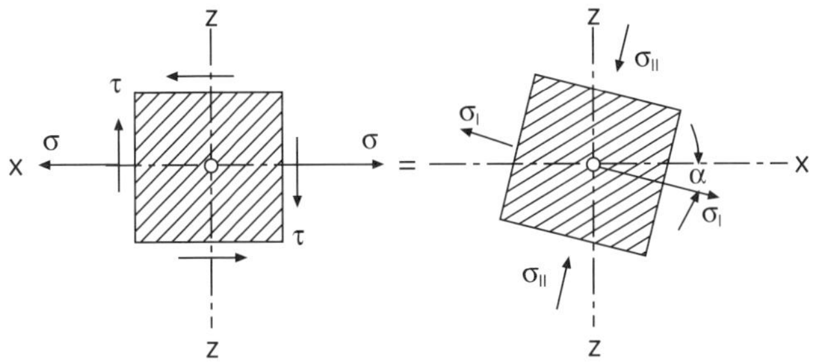

Prinzip

Hauptspannungen

$$\sigma_I = \frac{\sigma}{2} + \sqrt{\left(\frac{\sigma}{2}\right)^2 + \tau^2}$$

$$\sigma_{II} = \frac{\sigma}{2} - \sqrt{\left(\frac{\sigma}{2}\right)^2 + \tau^2}$$

$$\tan 2\alpha = \frac{\tau}{\frac{1}{2}\sigma} = \frac{2\tau}{\sigma}$$

Hauptspannungen

- Kurven der Richtungen der Hauptzug- und Hauptdruckspannungen
  = **Spannungstrajektorien**

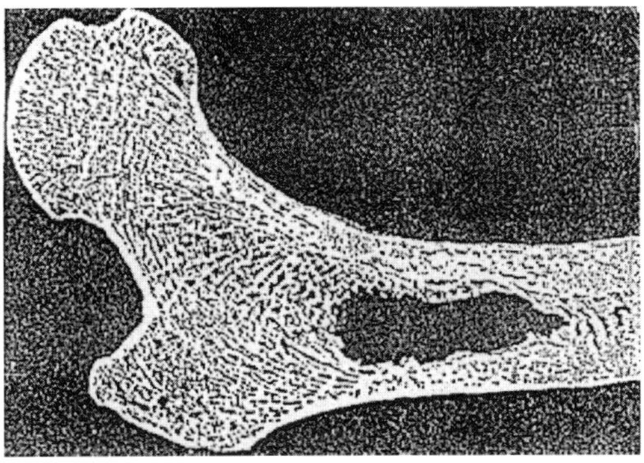

Knochengerüst

oberes Ende Oberschenkelknochen

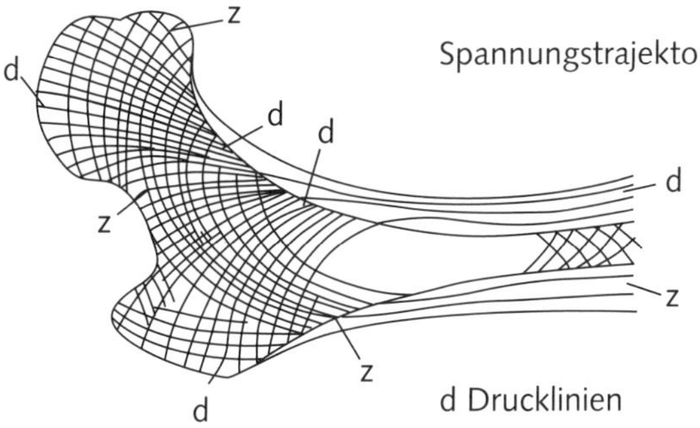

Spannungstrajektorien

d Drucklinien
z Zuglinien [14]

Bruchbilder

Trennbruch

Bruchfläche senkrecht zu Hauptzugspannung

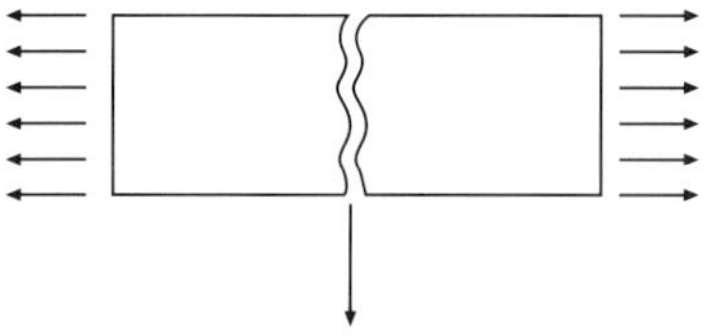

sprödes Material

Hypothese der größten Normalspannung (Spannbeton)

Verschiebungs-/Gleitbruch

Bruchfläche 45° gegen Kraftrichtung

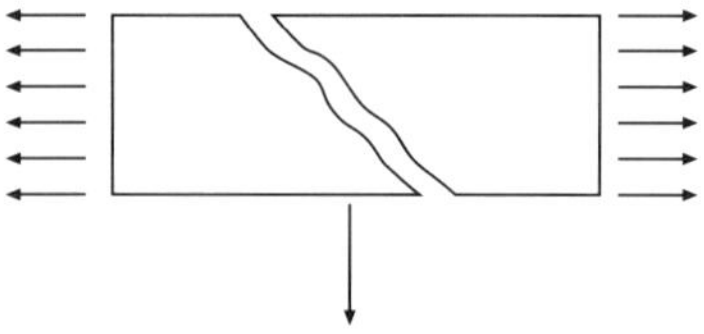

zähplastisches Material

Hypothese der größten Formänderungsarbeit (Stahl)

Bruchhypothesen

① **Hypothese der größten Normalspannung**

$$\sigma_v = \sigma_{max} = \frac{\sigma}{2} \pm \frac{1}{2}\sqrt{\sigma^2 + 4\tau^2}$$

- spröde Baustoffe
- Hauptspannungen

Stahlbeton
Spannbeton
Stein
Glas
Gußeisen

② Hypothese der größten Dehnung

$$\sigma_v = \sigma_I = 0{,}35\,\sigma \pm 0{,}65\sqrt{\sigma^2 + 4\alpha_0^2\tau^2}$$

$$\alpha_0 = \frac{\sigma_{zul}}{1{,}3\tau_{zul}}$$ → theoretische Bedeutung

③ Hypothese der größten Schubspannung

$$\sigma_v = \pm\sqrt{\sigma^2 + 4\tau^2}$$ → theoretische Bedeutung

④ **Hypothese der größten Formänderungsarbeit**

$$\sigma_v = \pm\sqrt{\sigma^2 + 3\tau^2}$$

Stahl

- zähplastische Baustoffe

Zugband eines Kehlbalkendaches

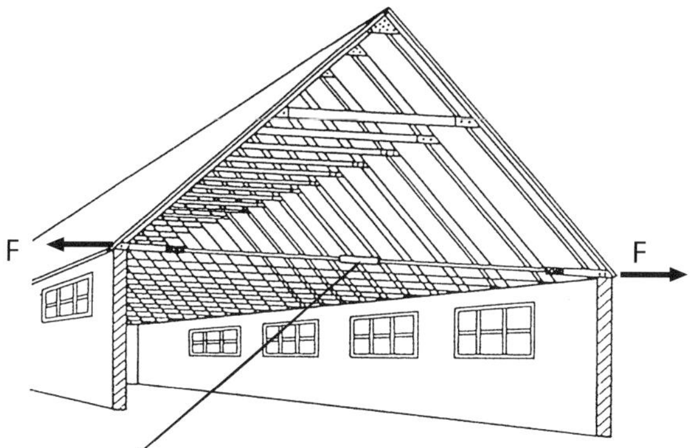

$$\sigma_{Zug} = \frac{F}{A}$$

- F → Zugkraft [N, kN]
- [N/mm²]
- A → wirksame, gezogene Querschnittsfläche [mm², cm²]

[4]

ungestörter Querschnitt

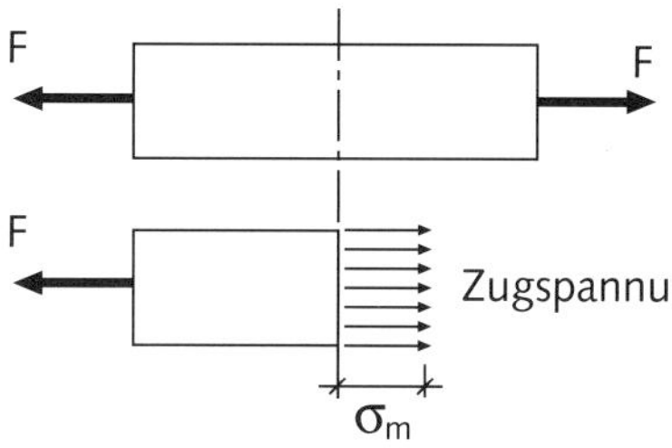

$$\sigma_m = \frac{F}{A}$$

Kerbung (plötzliche Querschnittsänderung)

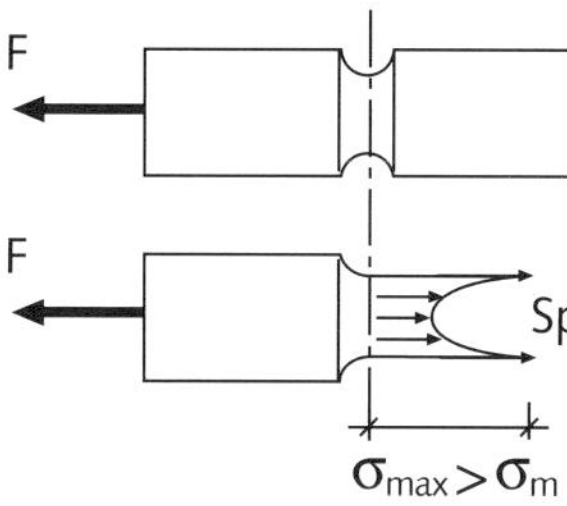

$$\sigma_m = \sigma_m \cdot \alpha_k$$

α_k → Formzahl siehe z.B. → [67] bzw. zul. σ kleiner annehmen

Tragwerksteile unter Zugbeanspruchung

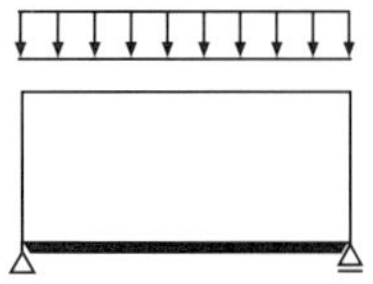

Zugband eines Rahmens mit einem Gleitlager

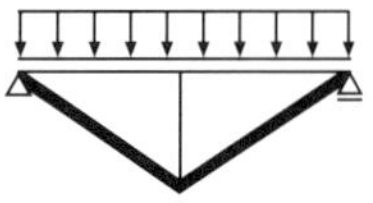

Unterspannung eines Trägers

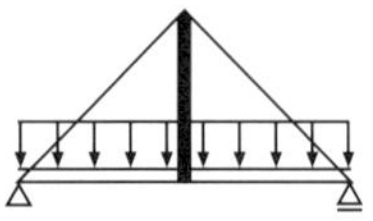

Hängesäule eines Hängewerkes

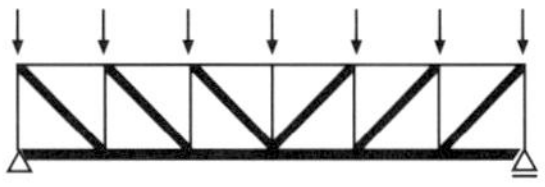

Zugdiagonalen und Untergurt eines Fachwerkträgers

Beispiele

Querschnitte für Zugbeanspruchung

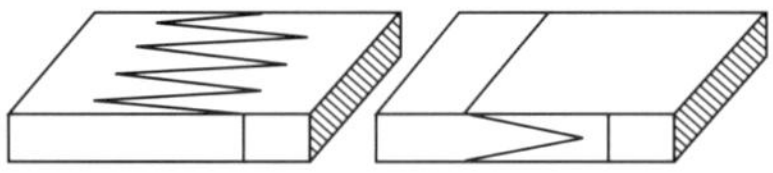

Nadelholz Brettschichtholz (Keilzinkung

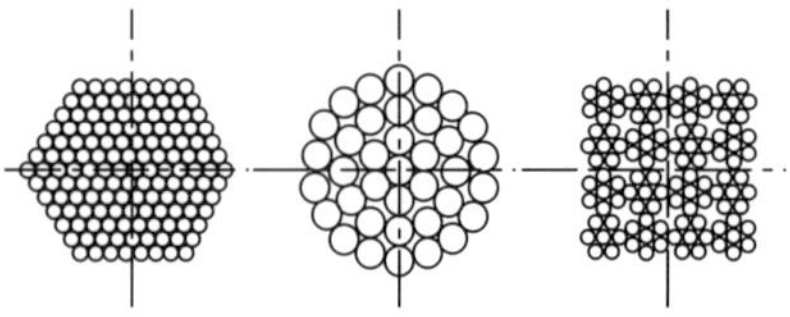

Stahlseile/Litzen

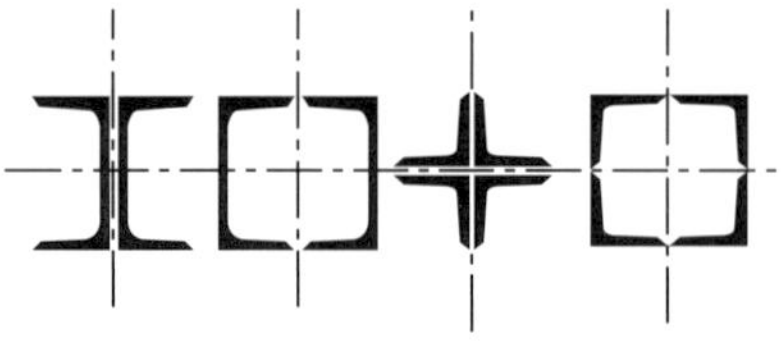

Stahlwalzprofile

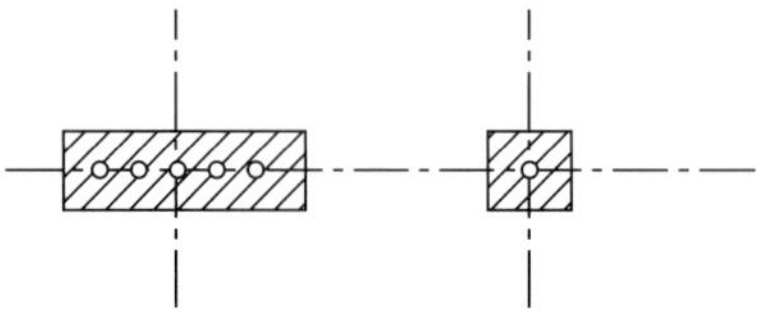

Spannbeton-elemente

Lotrechtes Seil – vorgespannt/nicht vorgespannt

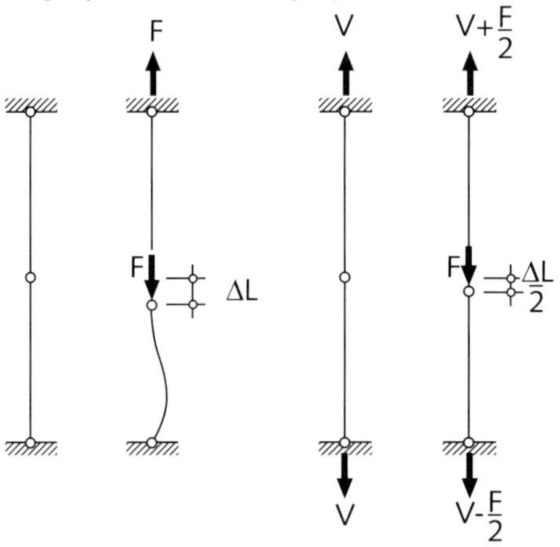

nicht vorgespannt	vorgespannt (vorgedehnt)

- gesamte Last F hängt sich nach oben
- oben Dehnung, unten schlaff

- Last F/2 nach oben und nach unten
- damit kein Systemwechsel zum nicht vorgespannten Seil eintritt:

Vorspannung V > F/2

[81]

Lotrechtes Seil – vorgespannt

- Stabilisierung von Geschoßbauten

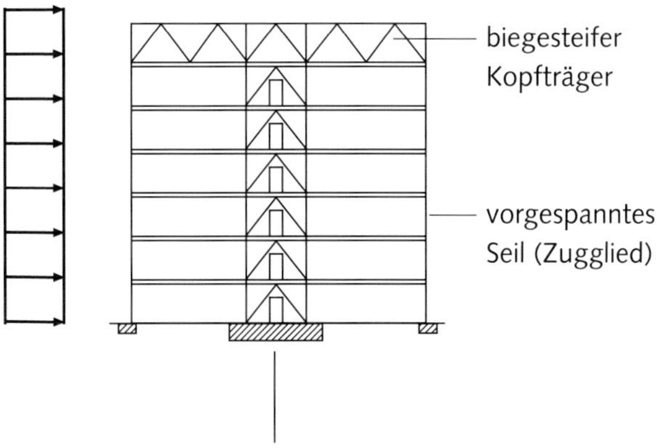

statische Modellierung

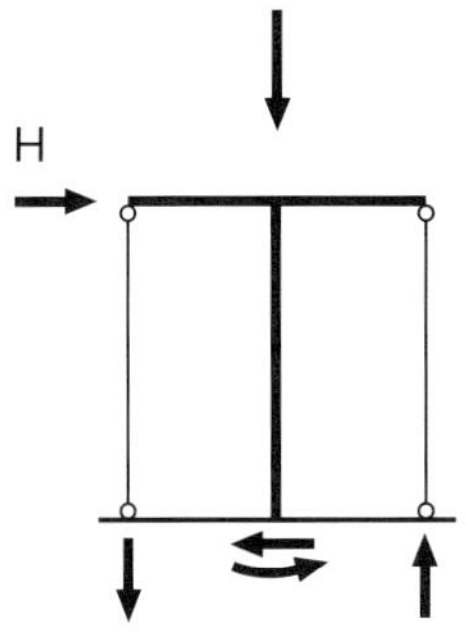

Dünnwandige Kugel mit Innendruck

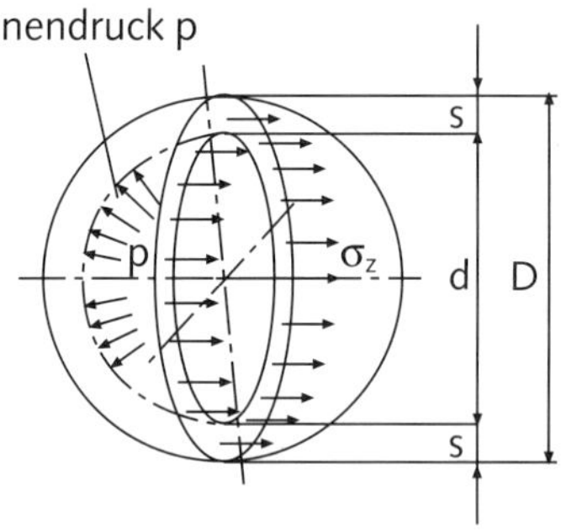

$$\sigma_z = \frac{d}{4s} \cdot p \quad [N/mm^2]$$

resultierende Kraft $F = p \cdot \frac{\pi d^2}{4}$ [kN]

⟶ Zugspannung in allen Richtungen gleich!

Dünnwandiges Rohr mit Innendruck

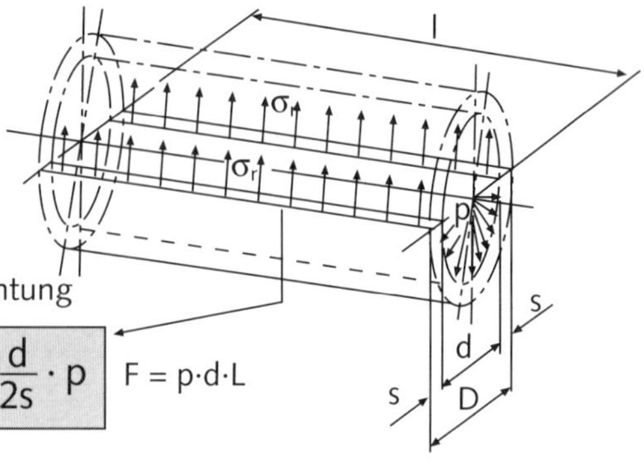

Ringrichtung

$$\sigma_r = \frac{d}{2s} \cdot p \qquad F = p \cdot d \cdot L$$

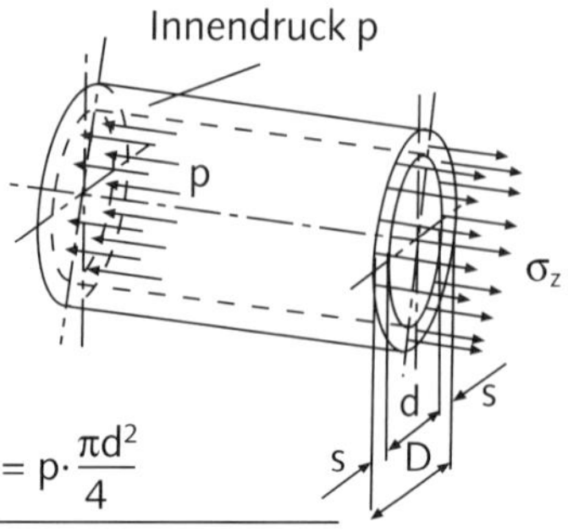

Längsrichtung

$$\sigma_z = \frac{d}{4s} \cdot p \qquad F = p \cdot \frac{\pi d^2}{4}$$

Hinweis: $\sigma_r = 2 \cdot \sigma_z$

"Bockwurst" reißt längs auf!

[8]

Geschwächter Querschnitt – Hängewerk

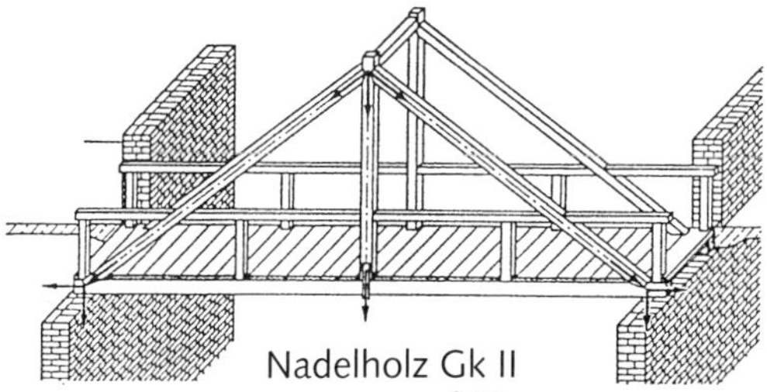

Nadelholz Gk II

$\sigma_{zul} = 0{,}85 \frac{kN}{cm^2}$

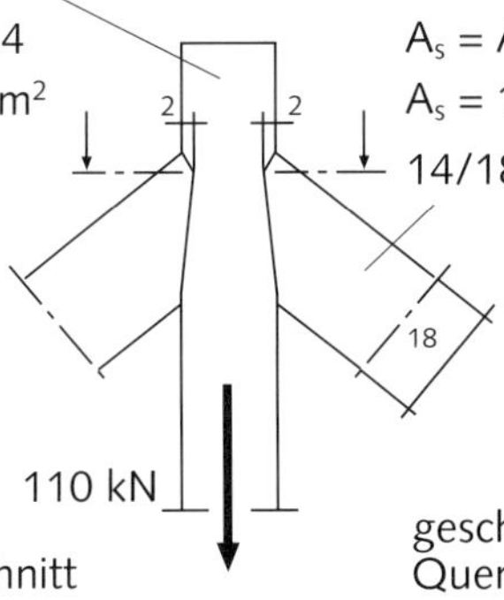

$A_v = 12 \cdot 14$

$A_v = 168\ cm^2$

Schwächung

$2 \cdot 2 \cdot 14 = 56\ cm^2$

$A_s = A_v - 56$

$A_s = 112\ cm^2$

Vollquerschnitt

$\sigma_{vorh} = \frac{110}{168}$

$\sigma_{vorh} = 0{,}65\ kN/cm^2$

geschwächter Querschnitt

$\sigma_{vorh} = \frac{110}{112}$

$\sigma_{vorh} = 0{,}98\ kN/cm^2$!

Tragwerk überschreitet zulässige Beanspruchung

[4]

Ketten

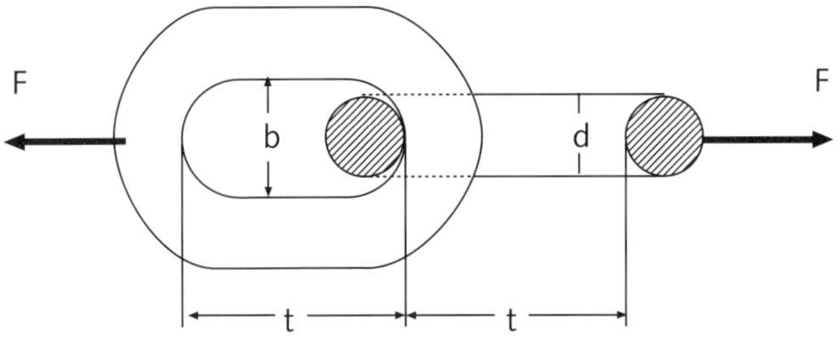

$$\sigma_z = \frac{F}{2\frac{\pi d^2}{4}} \quad [N/mm^2]$$

Faustformeln

Kraft max $F \sim 800\ d^2$ [1/100 kN]
Eigenlast $g \sim 2{,}3\ d^2$ [1/100 kN/m]
d [cm]

Stahlseile

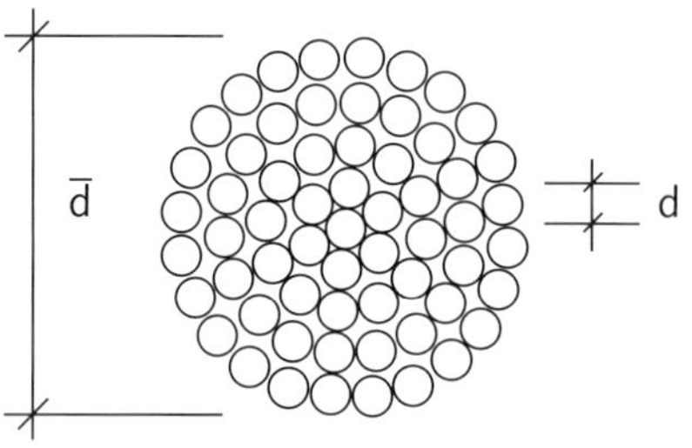

$$\sigma_z = \frac{F}{n\frac{\pi d^2}{4}} \quad [\text{N/mm}^2]$$

→ Anzahl der Drähte d

Faustformel
Eigenlast $g \approx 0{,}95n\,\frac{\pi d^2}{4}$ [$\frac{1}{100}$ kN/m]
Rollendurchmesser $D = 20\bar{d} \ldots 30\bar{d}$
→ keine Biegung
8…11-fache Bruchsicherheit auf Zug

Hanfseile

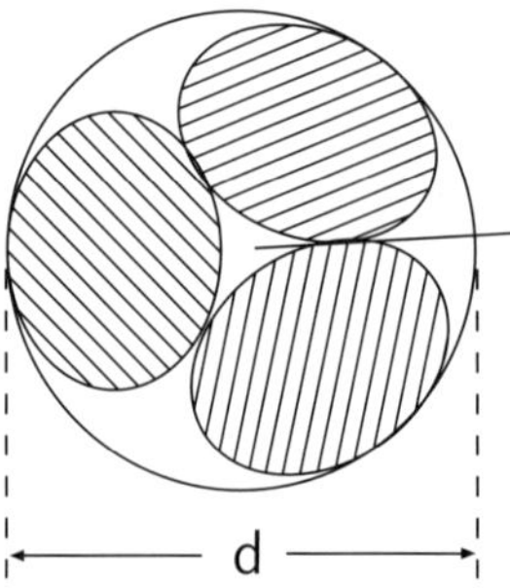

$$A \approx 0{,}66\,\frac{\pi d^2}{4}$$

Faustwerte (8-fache Bruchsicherheit auf Zug)

Betriebslasten für Hanfseile

Seil-Ø d mm	S-Gewicht g kg/m	Betriebslast kg	Seil-Ø d mm	S-Gewicht g kg/m	Betriebslast kg
13	0,14	125…150	26	0,51	525…600
16	0,21	200…225	29	0,67	650…750
18	0,25	250…275	33	0,80	850…950
20	0,31	300…350	36	0,96	1000…1150
23	0,39	400…475	39	1,15	1200…1350

Rollendurchmesser $D \geq 10$ d keine Biegung

[7]

Im Körper/Querschnitt

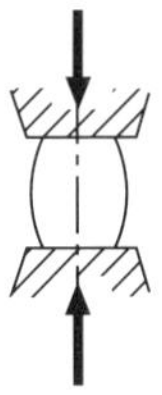

Druckstäbe

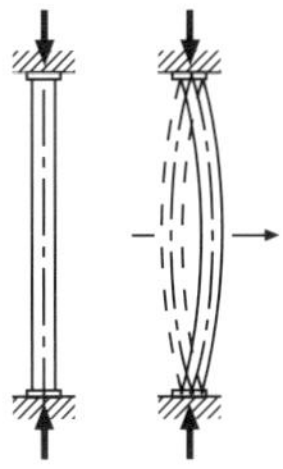

siehe Knick-
spannungen

Zwischen Körpern

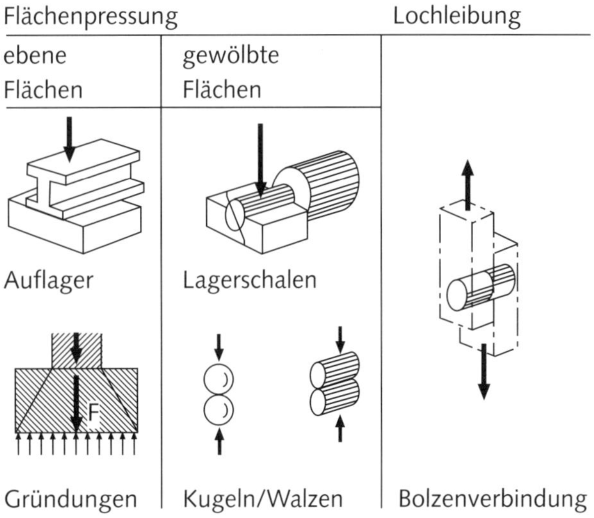

[8]

Prinzip

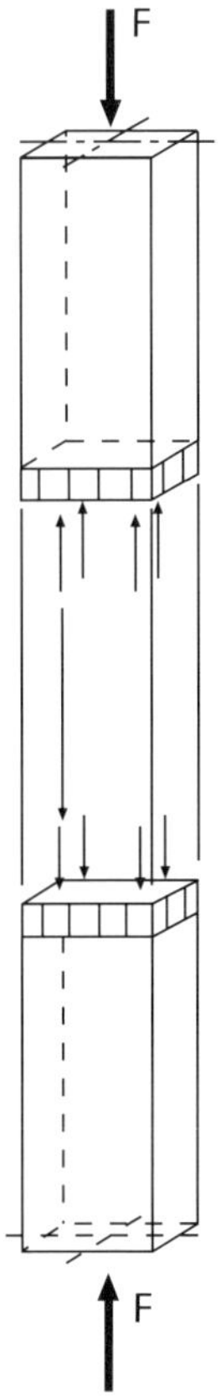

Druckspannungen im Körper
Druckstäbe

Druckkraft [kN]

$$\sigma_d = \frac{F}{A} \quad [\text{N/mm}^2]$$

Fläche [cm^2]

siehe auch "Knickspannungen"
bzw. Kapitel "Stabilität"

[8]

Tragwerksteile unter Druckbeanspruchung

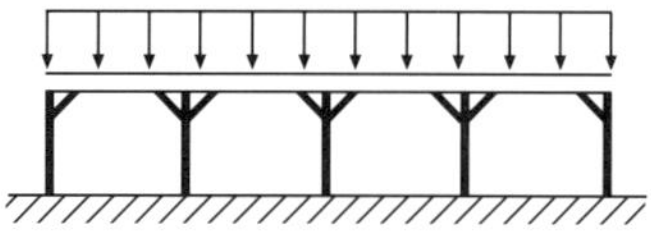

Stützen (Pfettendach)

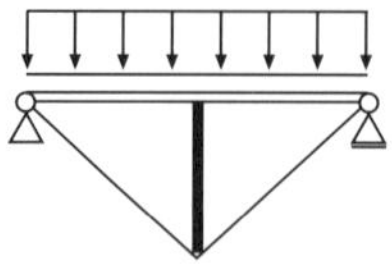

Druckstrebe unterspannter Träger

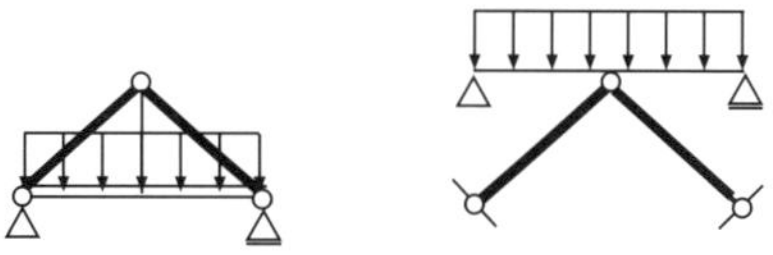

Druckstreben in Hänge- und Sprengwerken

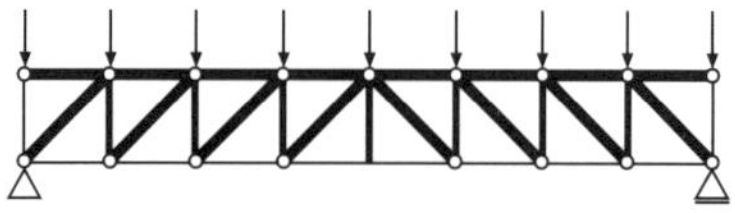

Druckdiagonalen und Obergurt eines Fachwerkträgers

Querschnitte für Druckbeanspruchung

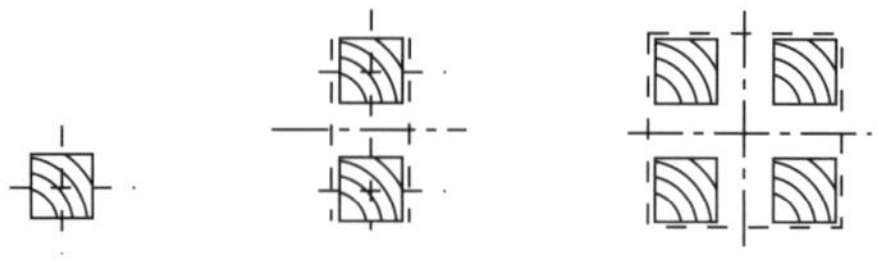

Holz

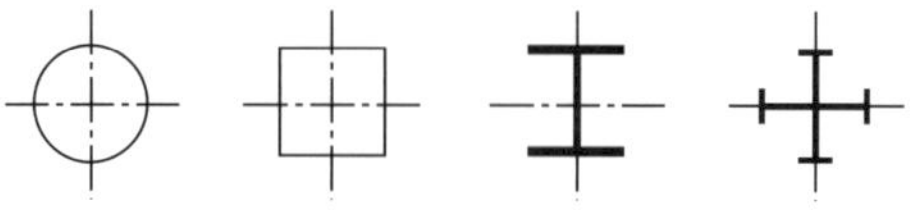

Stahl

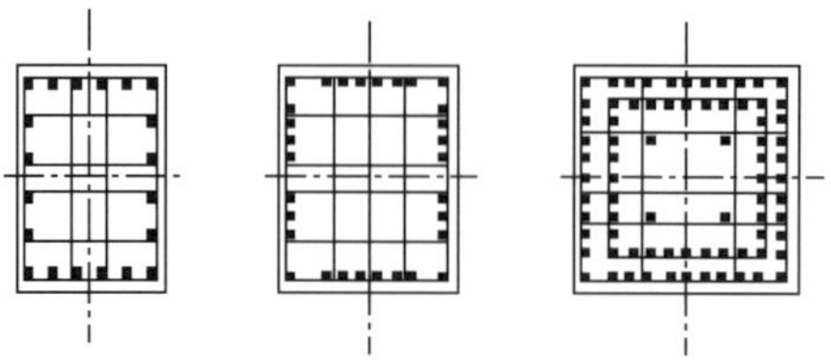

Stahlbeton

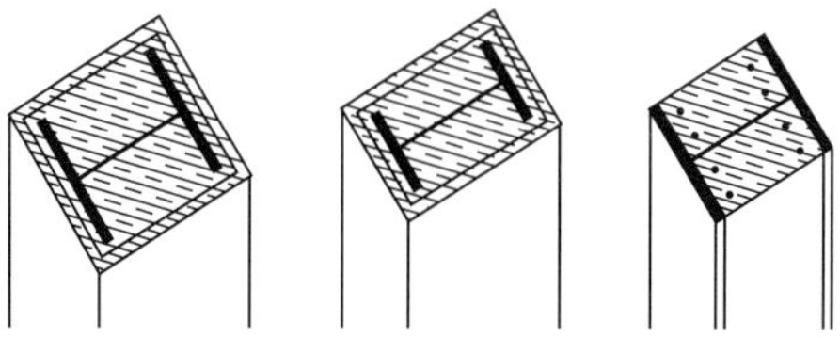

Verbund Stahl/Stahlbeton

Beispiele

Bodenpressungen – Prinzip

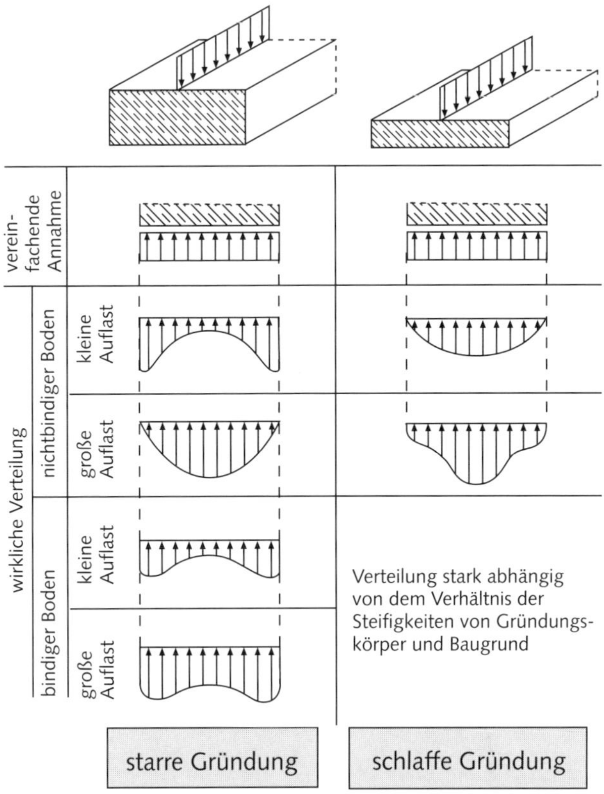

[15]

Beispiele

Starrer Gründungskörper

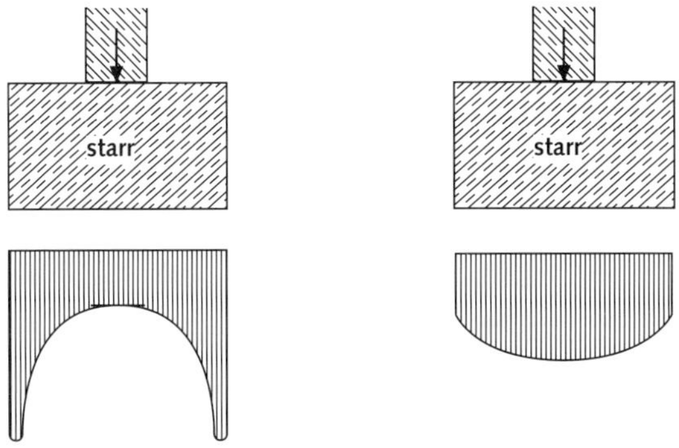

Schlaffer (biegeweicher) Gründungskörper

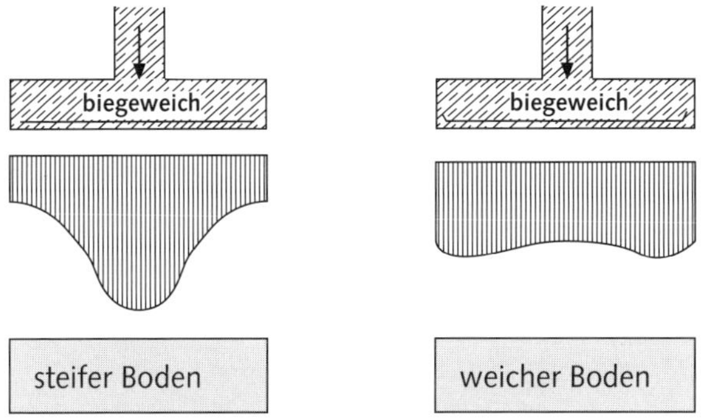

Beton – Mauerwerk

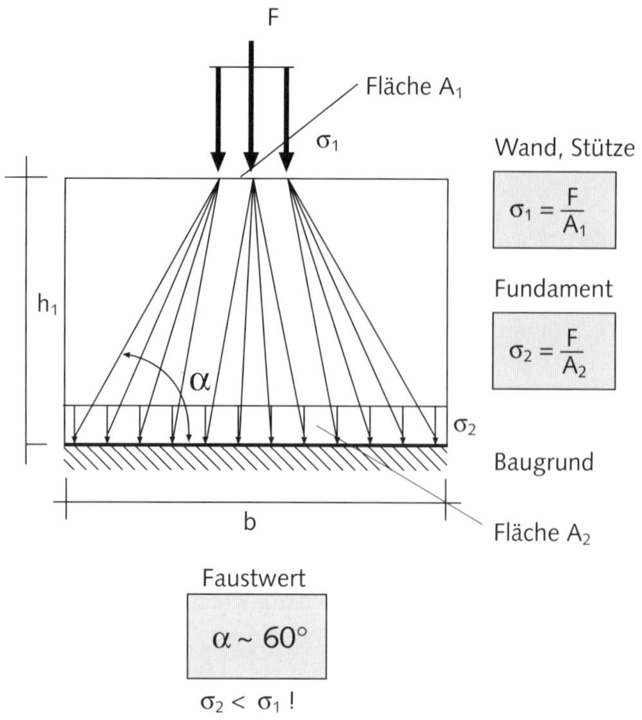

Baugrund – Erdreich

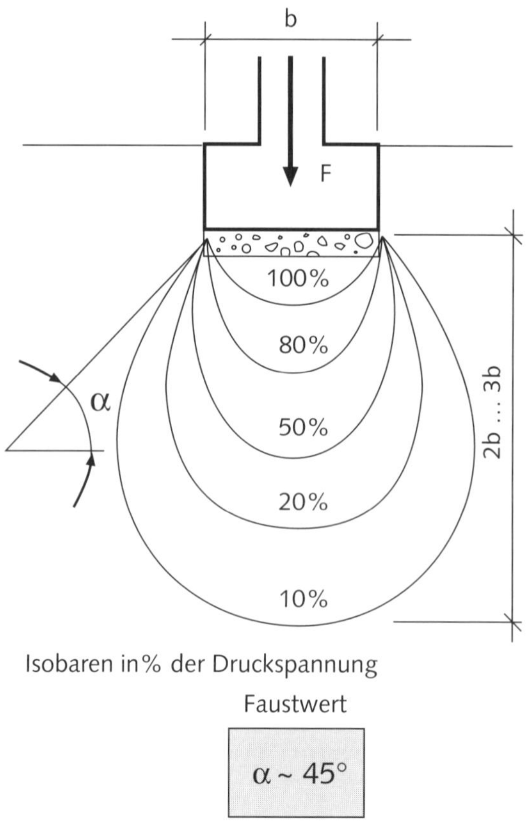

Beispiele

Lastverteilung

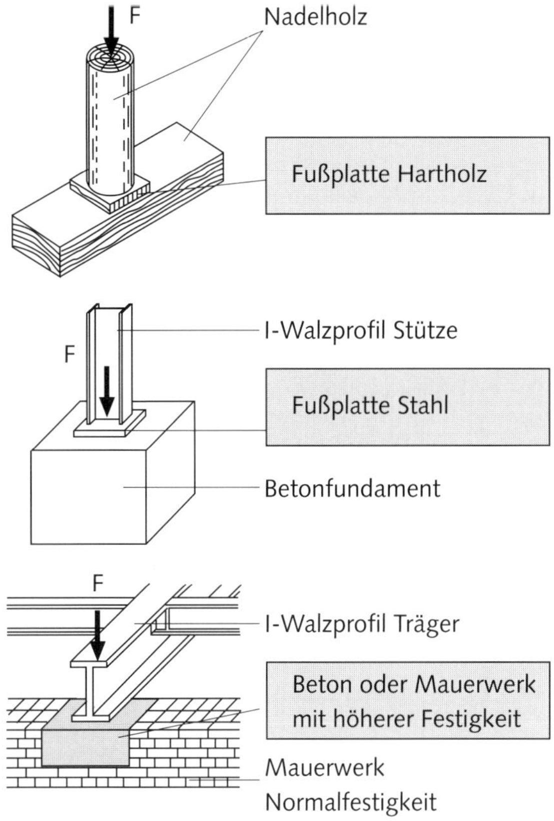

Beispiele

Körper gleicher Festigkeit

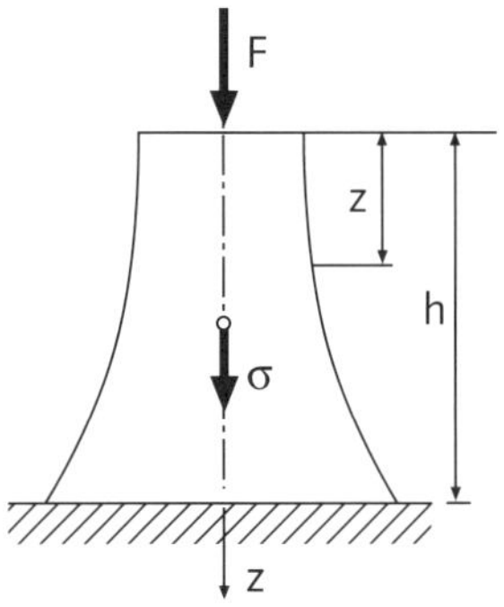

$$A(z) = \frac{F + G(z)}{\sigma_{zul}}$$

e = 2,718
Eulerzahl

Fläche

$$A(z) = \frac{F}{\sigma_{zul}} e^{\frac{\gamma}{\sigma_{zul}} z} \quad [m^2]$$

in jedem Querschnitt gleiche Spannung σ_{zul}
– gilt auch für Zugspannungen [8]

Beispiele

Walzenpressung

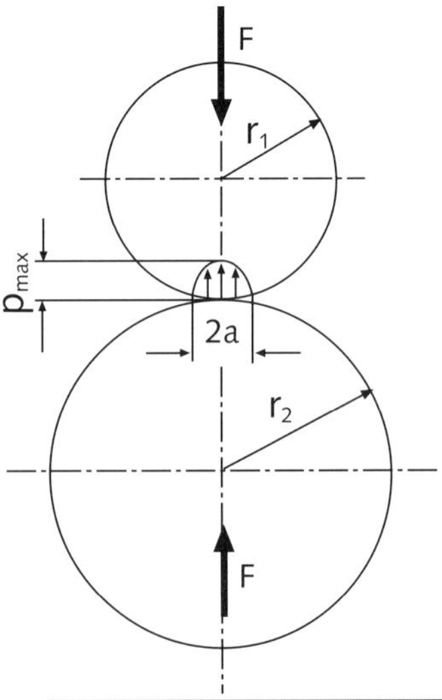

für $r_1 \neq r_2$:

$$r = \frac{r_1 \cdot r_2}{r_1 + r_2}$$

für $E_1 \pm E_2$:

$$E = 2\,\frac{E_1 \cdot E_2}{E_1 + E_2}$$

max. Walzenpressung $p_{max} = 0{,}418\sqrt{\frac{FE}{r \cdot L}}$

halbe Formänderungsbreite $a = 1{,}52\sqrt{\frac{Fr}{E \cdot L}}$

Beispiele

Kugelpressung

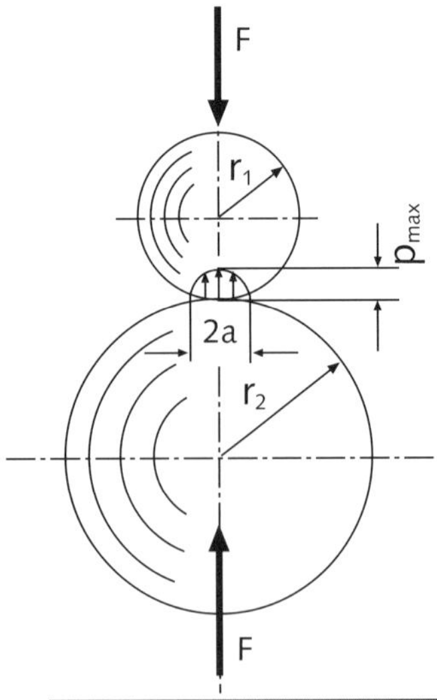

für $r_1 \neq r_2$:

$$r = \frac{r_1 \cdot r_2}{r_1 + r_2}$$

für $E_1 \pm E_2$:

$$E = 2\,\frac{E_1 \cdot E_2}{E_1 + E_2}$$

max. Kugelpressung $p_{max} = 0{,}288\sqrt[3]{\frac{FE^2}{r^2}}$

Formänderungshalbmesser $a = 1{,}11\sqrt[3]{\frac{Fr}{E}}$

[8]

Prinzip

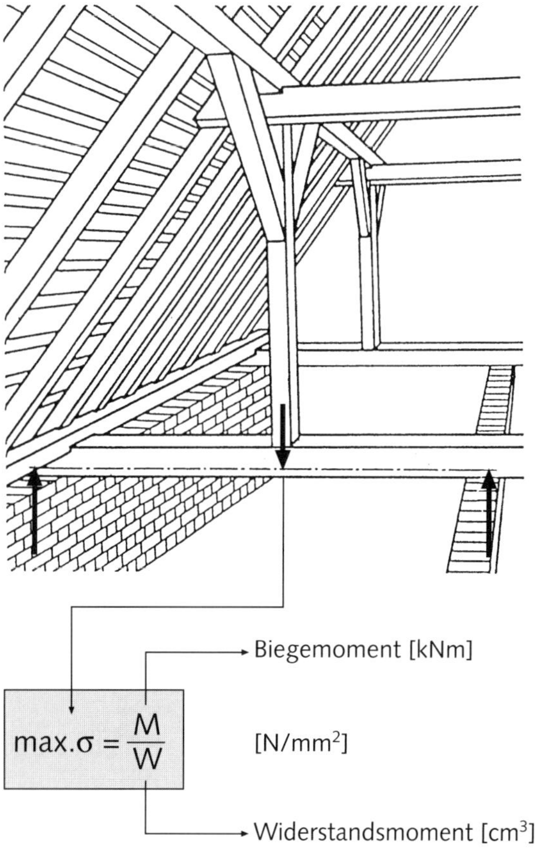

[4]

Prinzip

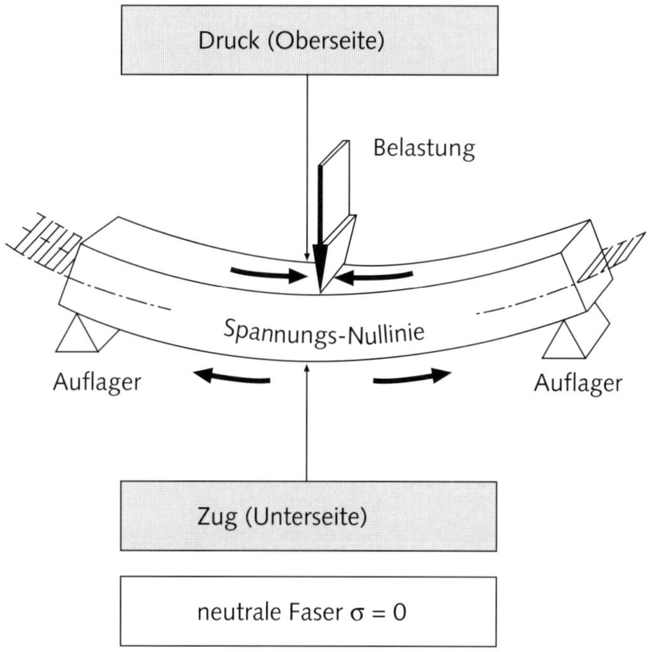

Prinzip

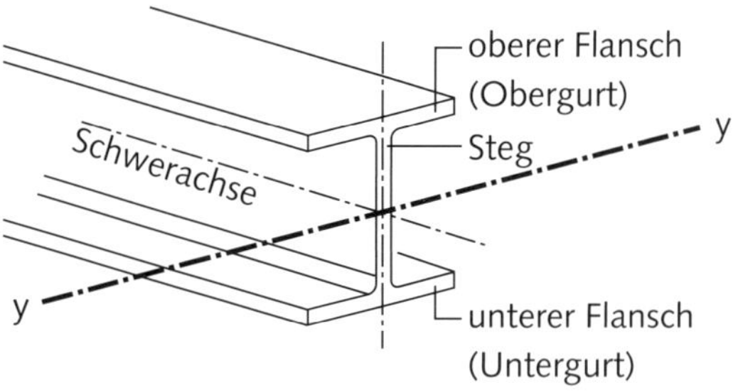

einachsige Biegung

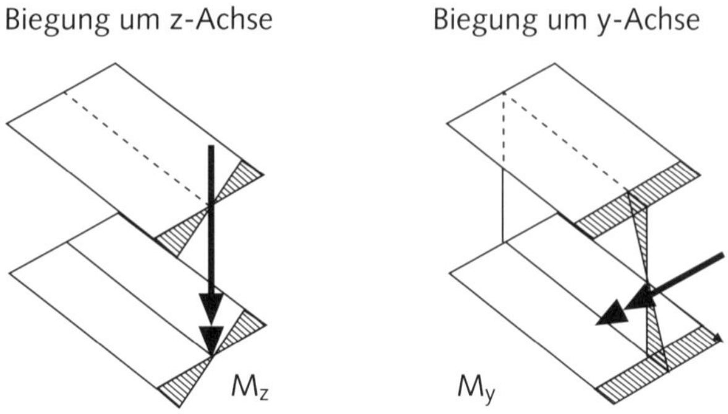

$$\sigma = \frac{M_z}{W_z}$$

$$\sigma = \frac{M_y}{W_y}$$

Prinzip

Prinzipielle Biegebeanspruchungen am Tragwerk

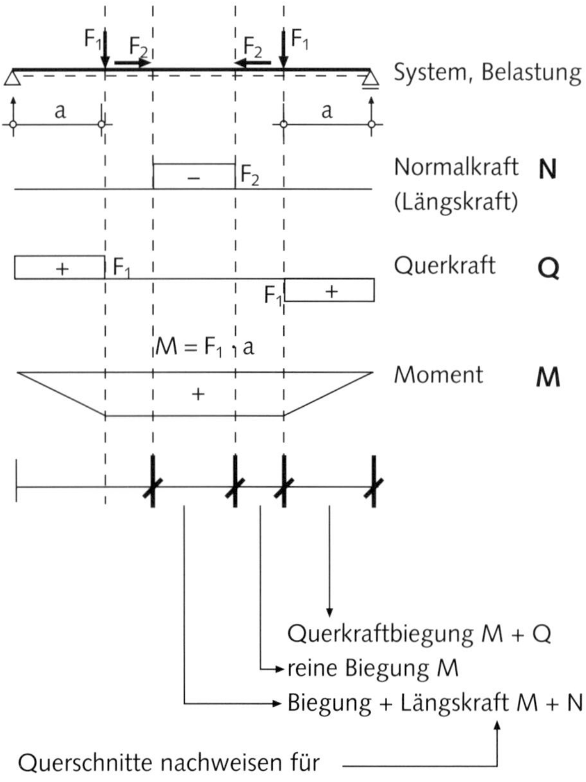

Homogener Baustoff – einfache Biegung

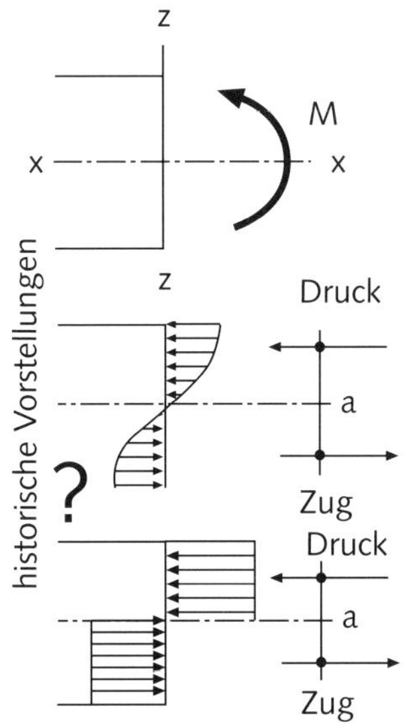

z.B. Stahl
– Wirklichkeitsnahe Spannungsverteilung nur durch Experiment zu ermitteln!

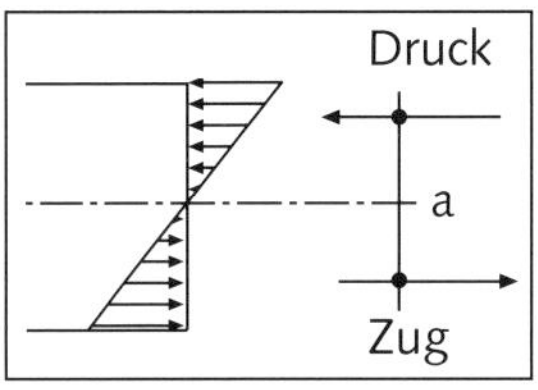

Hypothesen

Bernoulli	$\varepsilon \sim z$
Ebenbleiben Querschnitt	
Hooke	$\sigma \sim \varepsilon$
Proportionalität Spannung und Dehnung	
Navier	$\sigma \sim z$
ebene Spannungsverteilung	

Spannungsverteilung

Randspannung oben

$$\sigma_o = \frac{M_y \cdot z_o}{J_y} = \frac{M_y}{W_{yo}}$$

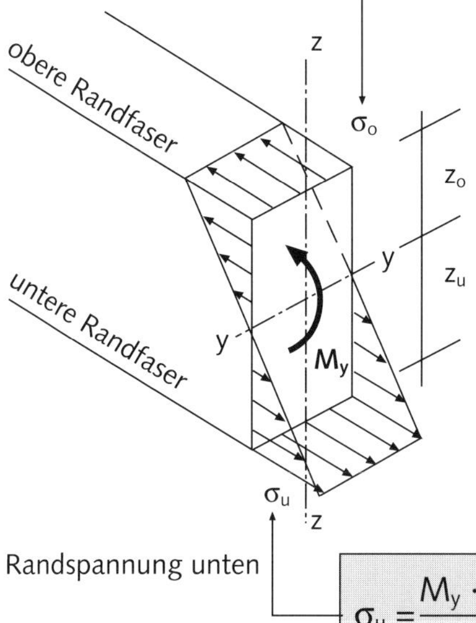

$$W_{yo} = \frac{J_y}{z_o}$$

$$W_{yu} = \frac{J_y}{z_u}$$

Randspannung unten

$$\sigma_u = \frac{M_y \cdot z_u}{J_y} = \frac{M_y}{W_{yu}}$$

[5]

Nichthomogener Baustoff

z.B. Stahlbeton

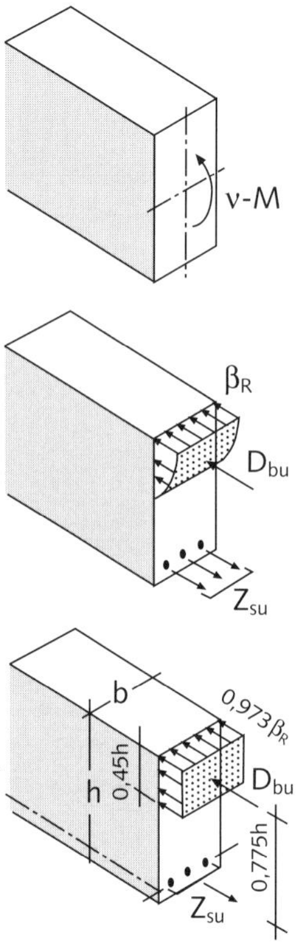

Bruchmoment

Betondruckkraft im Bruchzustand

Stahlzugkraft im Bruchzustand

vereinfachtes Modell für überschlägliche Bemessung

[15]

Beispiele

Vollquerschnitt

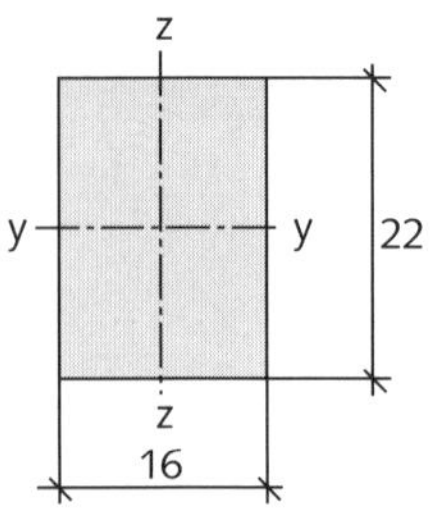

Zapfenlöcher im Ingenieurholzbau vermeiden!

geschwächter Querschnitt
(Zapfenloch in Träger)

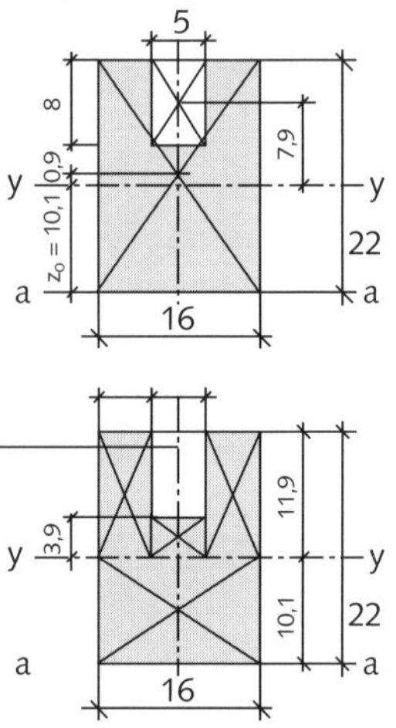

Schwerpunkt

$$z_o = \frac{16 \cdot 22 \cdot 11 - 5 \cdot 8 \cdot 18}{16 \cdot 22 - 5 \cdot 8} = 10{,}10 \text{ cm}$$

Flächenmoment

$$J_y = \frac{16 \cdot 22^3}{12} = 14197 \text{ cm}^4 \qquad J_y = \frac{16 \cdot 10{,}1^3 + 2 \cdot 5{,}5 \cdot 11{,}9^3 + 5 \cdot 3{,}9^3}{3} = 11773 \text{ cm}^4$$

Widerstandsmoment

$$J_y = \frac{14197}{17} = 1291 \text{ cm}^3 \qquad \min. W_y = \frac{11773}{11{,}9} = 989 \text{ cm}^3$$

⟶ **Tragfähigkeitsminderung** $v = \frac{1291 - 989}{1291} \triangleq 23{,}3\ \%$

[14]

Beispiele

Tragwerksteile unter Biegebeanspruchung

Einfeldträger

Mehrfeldträger

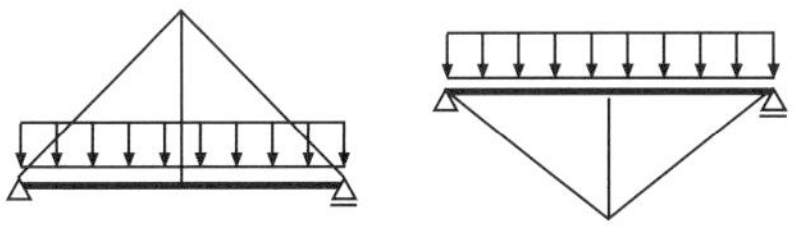

Balken eines Hängewerkes

unterspannter Träger

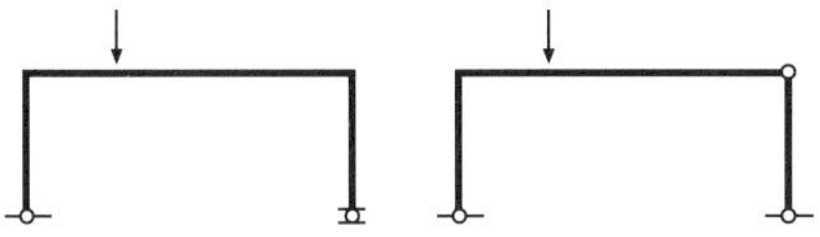

Rahmen

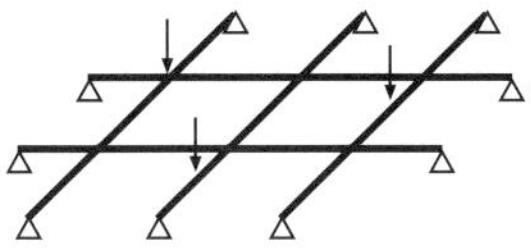

Trägerrost

Beispiele

Querschnitte für Biegebeanspruchung

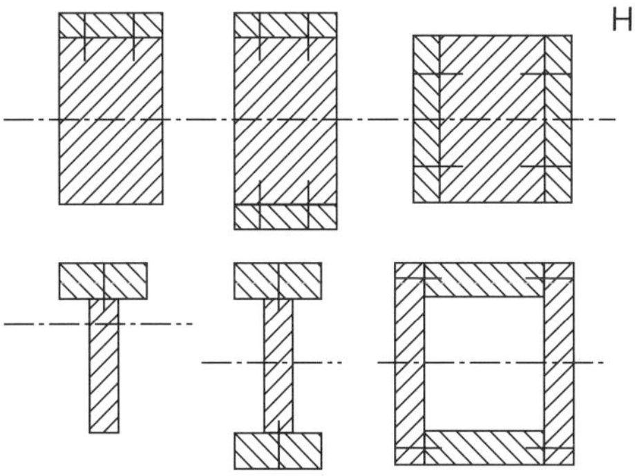

Holz

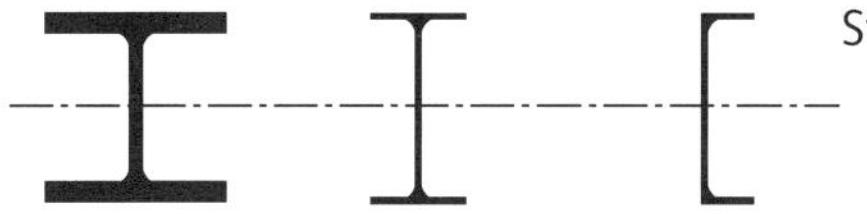

Stahl

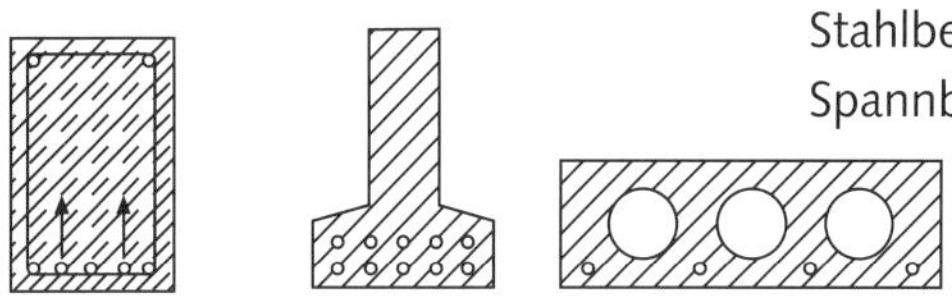

Stahlbeton
Spannbeton

Rechteck, Einzellast

Höhe konstant, Breite veränderlich
– "Dreieckfeder"

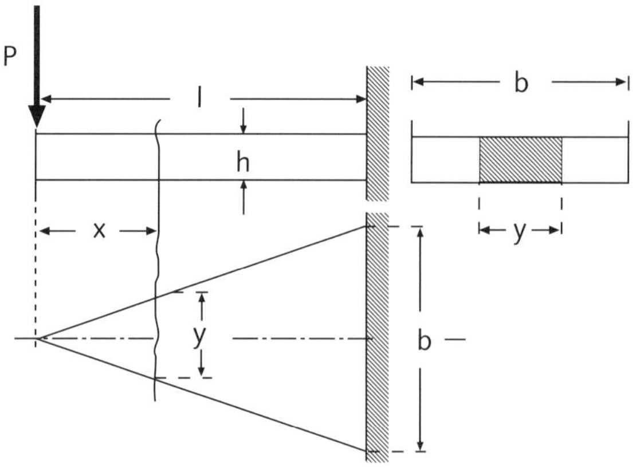

$$y_{max} = b = \frac{6 \cdot P \cdot L}{h^2 \cdot \sigma_{zul}}$$ [cm] $$y = \frac{6 \cdot P}{h^2 \cdot \sigma_{zul}} \cdot x$$

– Anwendung in Praxis: Blattfeder

Träger gleicher Spannung

Rechteck, Linienlast q

Breite konstant, Höhe veränderlich
$P = q \cdot L$

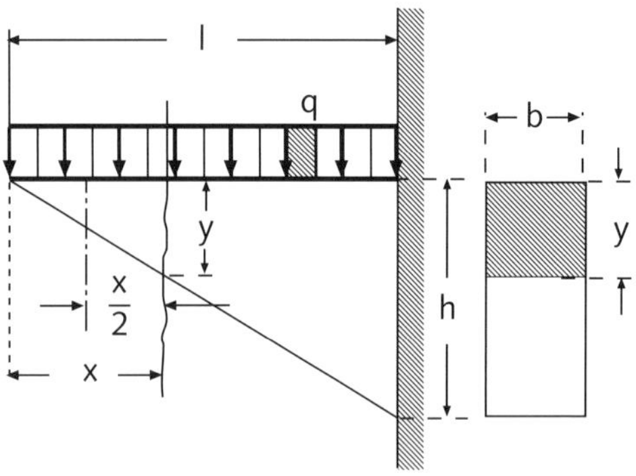

$$y_{max} = h = L \cdot \sqrt{\frac{3 \cdot q}{b \cdot \sigma_{zul}}}$$ [cm] $$y = x \cdot \sqrt{\frac{3 \cdot q}{b \cdot \sigma_{zul}}}$$

[7]

Rechteck, Einzellast

Breite konstant, Höhe veränderlich

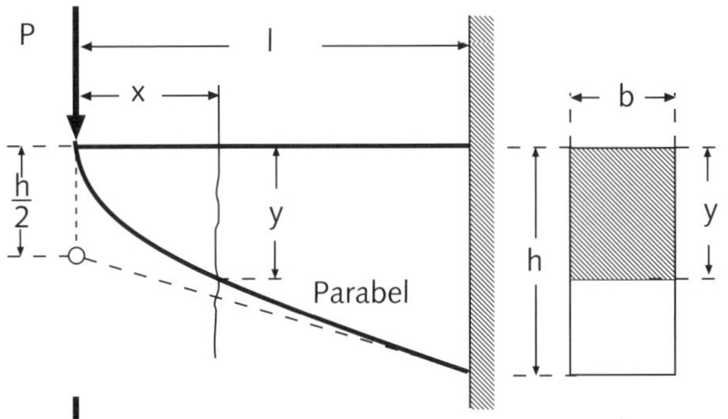

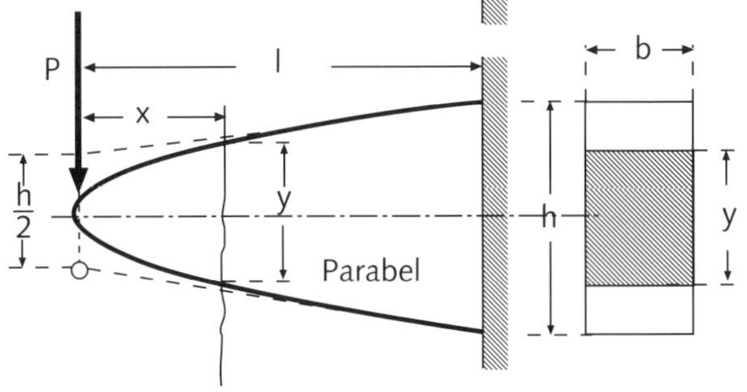

$$y_{max} = h = \sqrt{\frac{6 \cdot P \cdot L}{b \cdot \sigma_{zul}}} \quad [cm] \quad y^2 = \frac{6 \cdot P}{b \cdot \sigma_{zul}} \cdot x$$

Träger gleicher Spannung

Kreis, Einzellast

Durchmesser veränderlich

max M = P · L

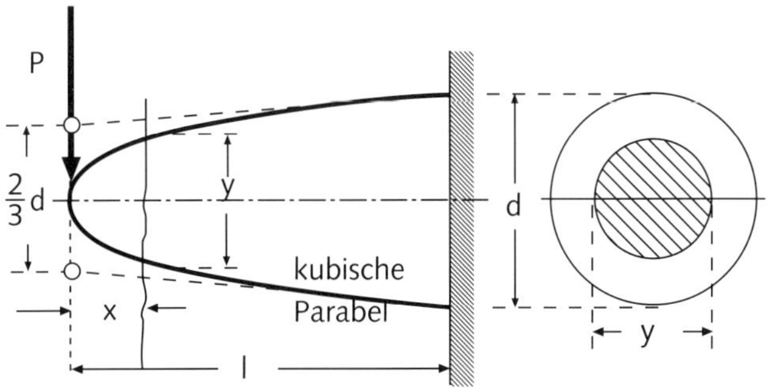

$$y_{max} = d = \sqrt[3]{\frac{32 \cdot P \cdot L}{\pi \cdot \sigma_{zul}}} \quad [cm] \quad y^3 = \frac{32 \cdot P}{\pi \cdot \sigma_{zul}} \cdot x$$

$$y_{max} \sim \sqrt[3]{\frac{P \cdot L}{0{,}1 \cdot \sigma_{zul}}}$$

[7]

Anwendung Blattfeder

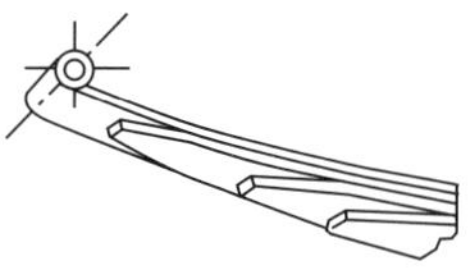

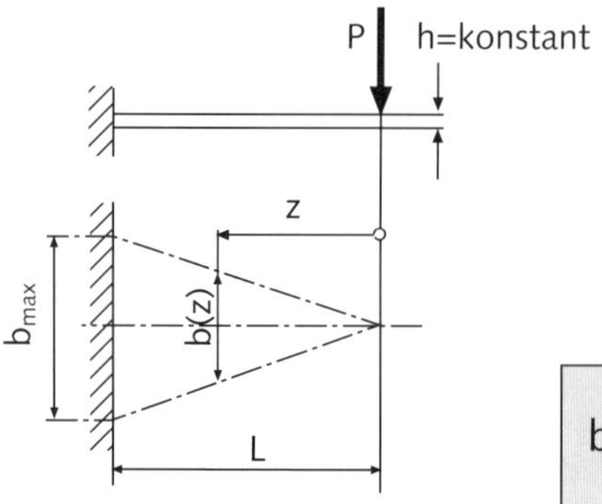

$$b(z) = \frac{6 \cdot P \cdot z}{h^2 \cdot \sigma_{zul}}$$

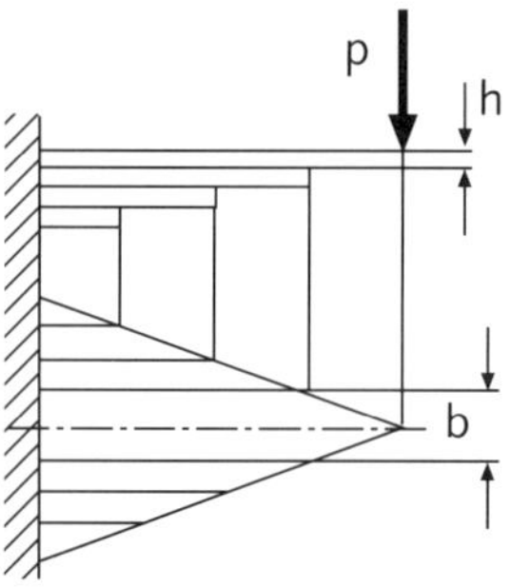

n – Anzahl Federlagen

$$W = \frac{n \cdot b \cdot h^2}{b}$$

Anwendung Achsen

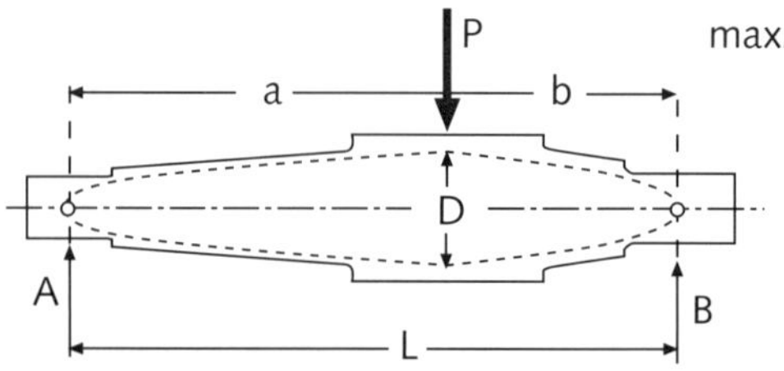

$\max M = A \cdot a$

$$D = \sqrt{\frac{A \cdot a}{0{,}1 \cdot \sigma_{zul}}} \quad [cm] \qquad [7]$$

$$A \cdot a = 0{,}1 D^3 \cdot \sigma_{zul} \qquad [8]$$

Prinzip

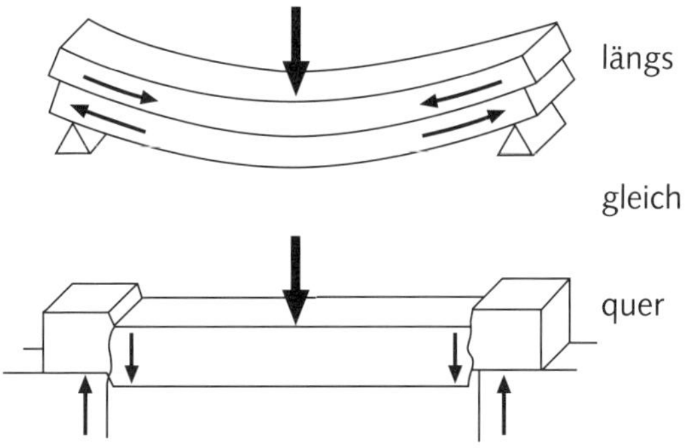

$$\tau = \frac{Q \cdot S}{b \cdot J} \quad [N/mm^2]$$

- Q: Querkraft [kN, N]
- S: statisches Moment der oberhalb der untersuchten Faser liegenden Fläche, bezogen auf die Nullinie [cm^3, mm^3]
- J: Trägheitsmoment der Gesamtfläche, bezogen auf die Nullinie [cm^4, mm^4]
- b: Breite Querschnitt in der untersuchten Faser [cm, mm]

Prinzip

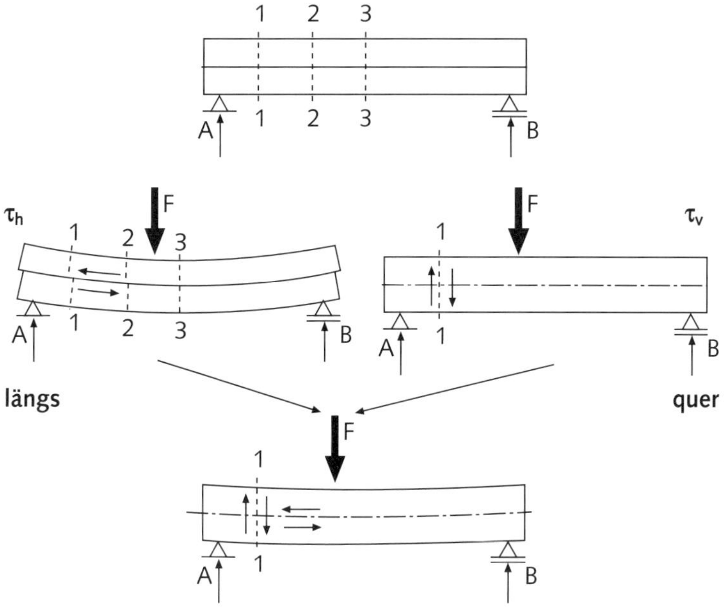

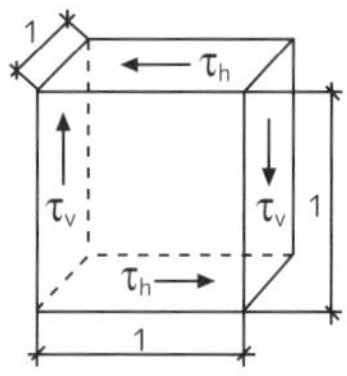

$$\tau_h = \tau_v$$

Schubspannungen längs (horizontal)
gleich
Schubspannungen quer (vertikal)

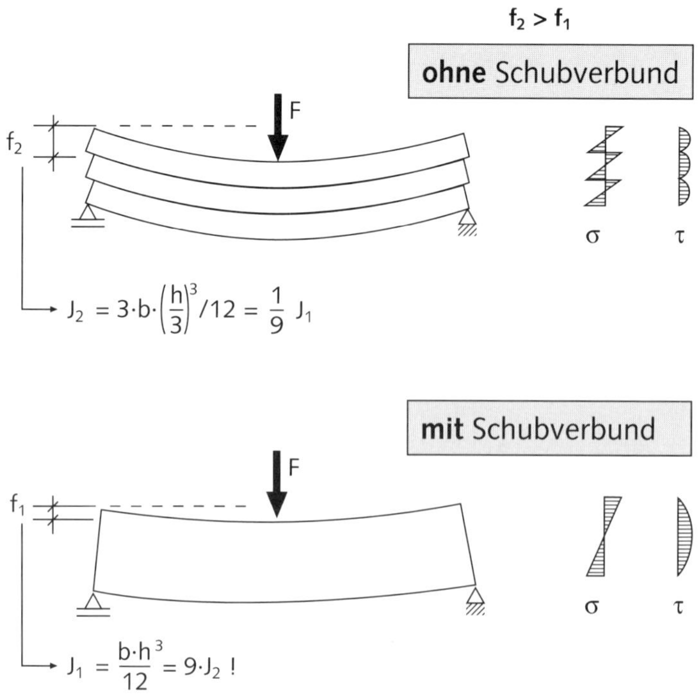

Schubverbund

Konstruktive Varianten für schubfeste Verbindungen von übereinanderliegenden Holzträgern

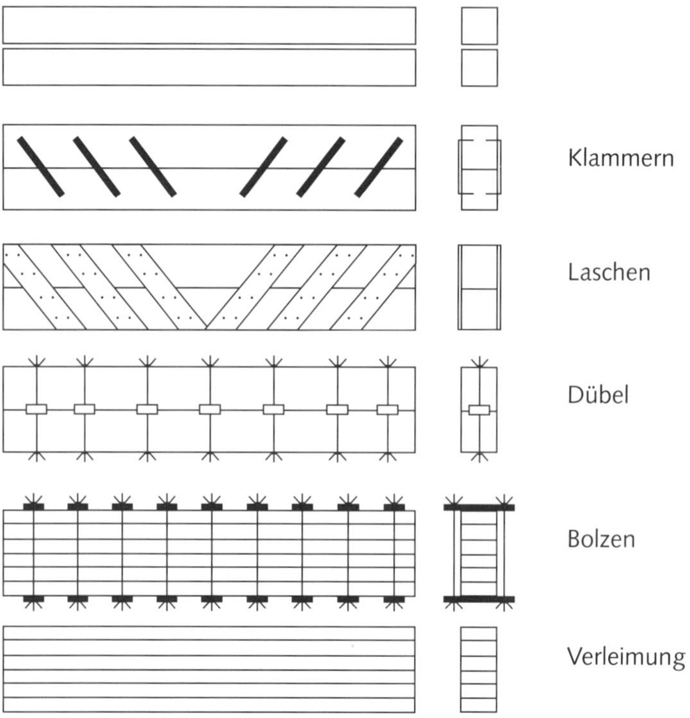

[13]
[81]

Rechteck/Quadrat

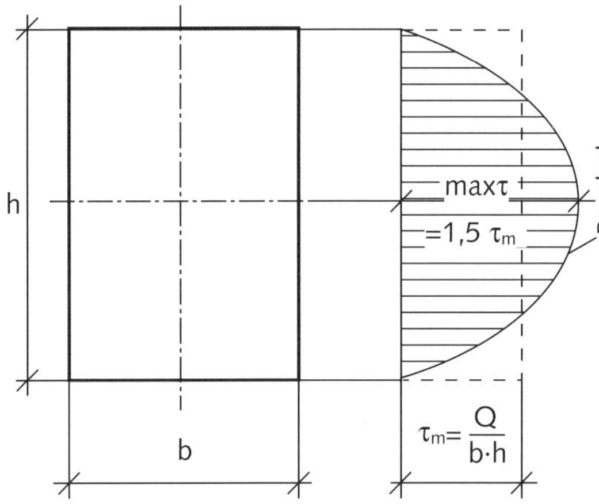

$$\max\tau = 1{,}5\ \frac{Q}{b \cdot h} \qquad [\mathrm{N/mm^2}]$$

Kreis

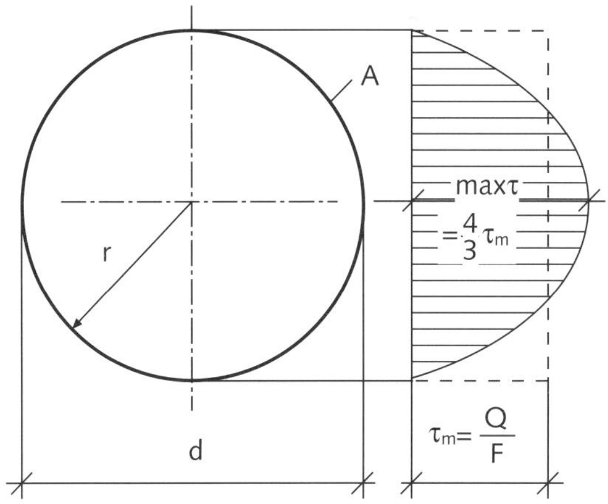

$$\max\tau = \frac{4}{3} \cdot \frac{Q}{\pi r^2} \qquad [\mathrm{N/mm^2}]$$

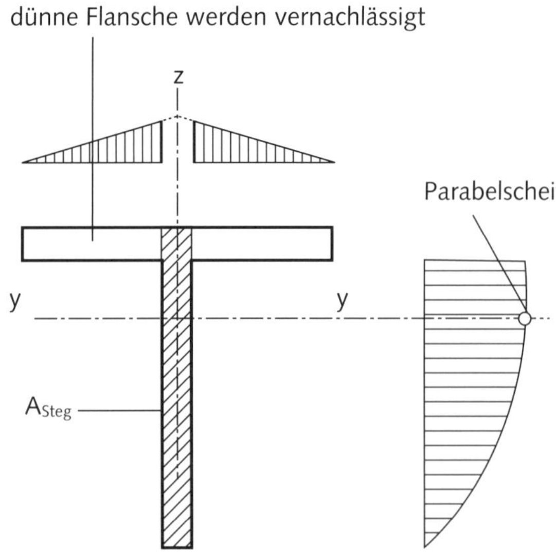

$$\max\tau \approx \frac{Q}{A_s}$$ [N/mm²]

→ Fläche Steg

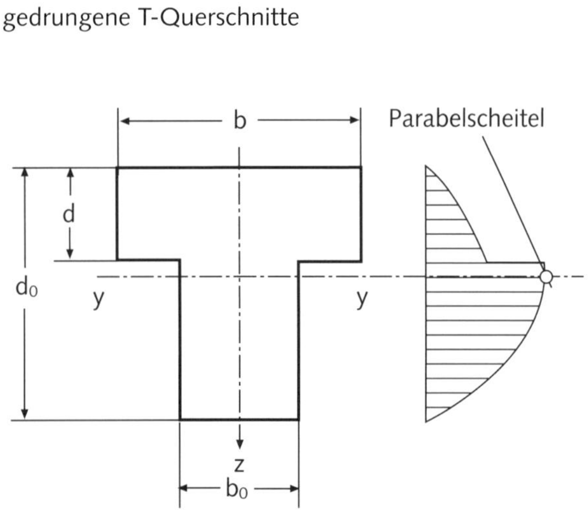

$$\tau = \frac{Q \cdot S}{b \cdot J_y}$$ [N/mm²]

→ Flansch **nicht** vernachlässigen!

I-Querschnitt

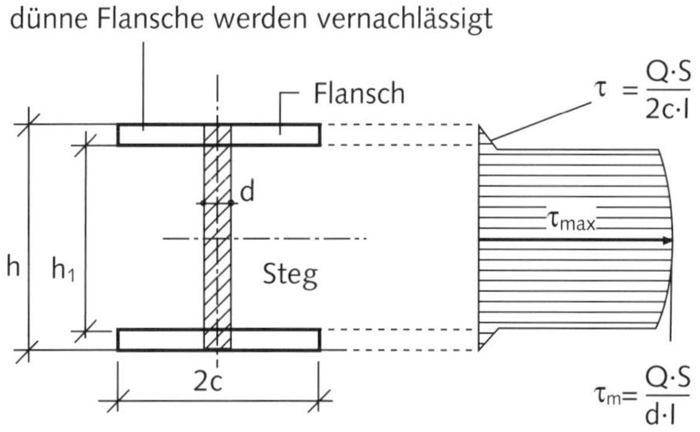

$$\max\tau \approx \frac{Q}{A_{Steg}} \quad [N/mm^2]$$

A_{Steg} → Fläche Steg

Holz/Stahl/Stahlbeton

Prinzipielle Verläufe

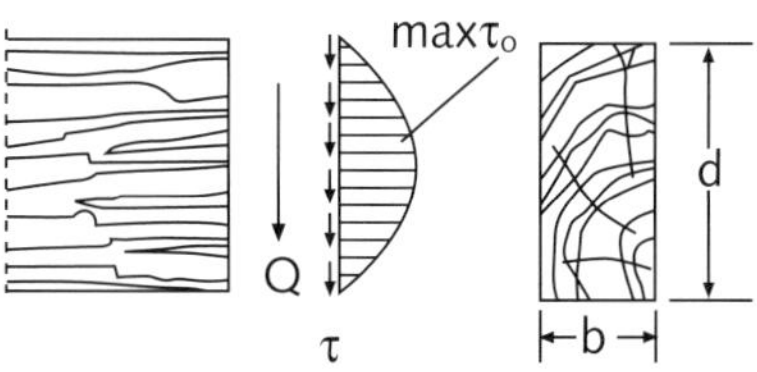

Holz

$$\max\tau_o = \frac{1{,}5 \cdot Q}{A}$$

$A = b \cdot d$

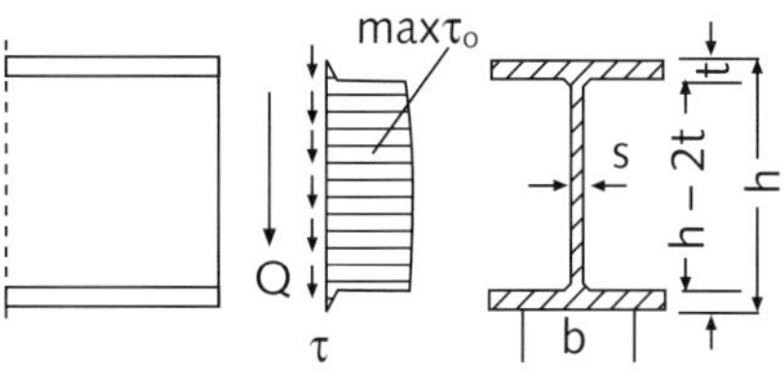

Stahl

$$\max\tau_o = \frac{Q}{A_{St}}$$

$A_{St} = s \cdot (h - 2t)$

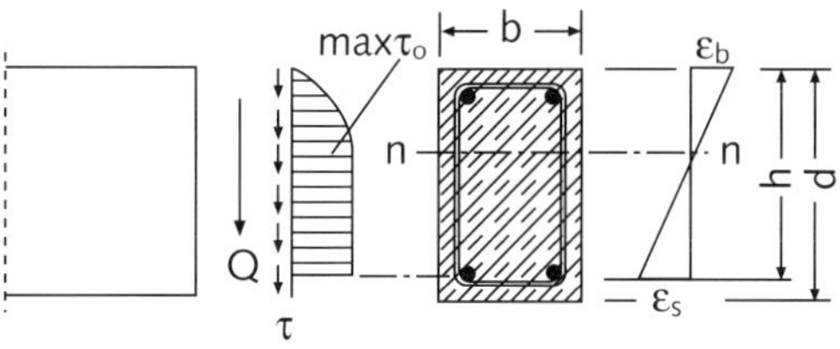

Stahlbeton

$$\max\tau_o = \frac{Q}{b \cdot z}$$

$z \approx 0{,}8 \cdot h$

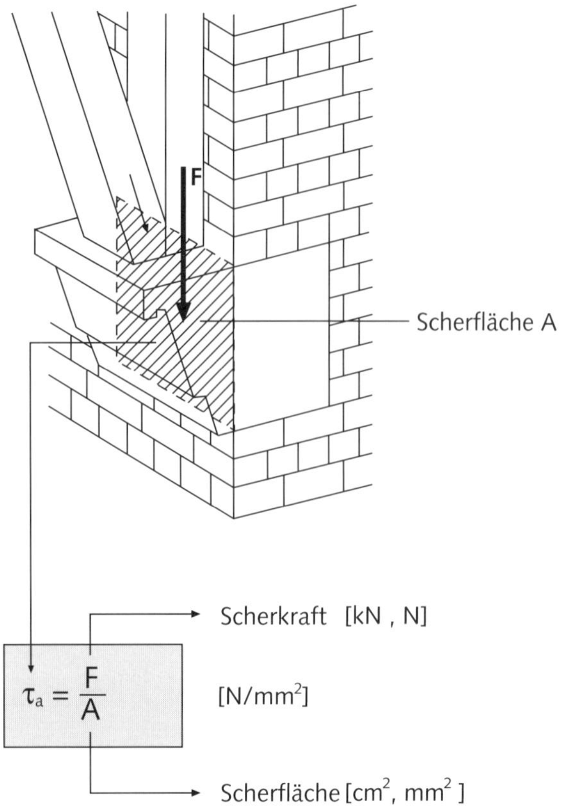
F
Scherfläche A
Scherkraft [kN , N]
$\tau_a = \frac{F}{A}$
[N/mm²]
Scherfläche [cm², mm²]

[4]

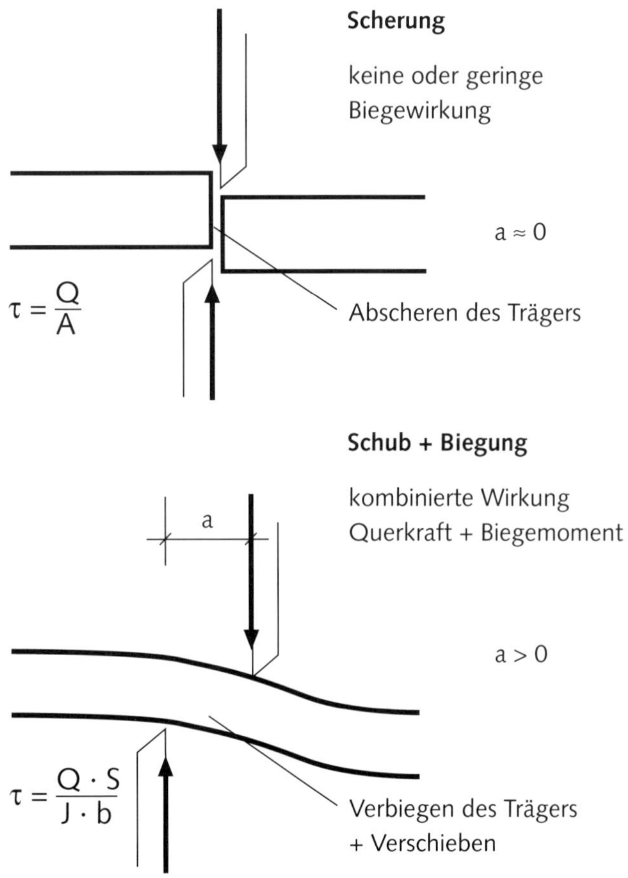
Scherung
keine oder geringe Biegewirkung
a ≈ 0
$\tau = \frac{Q}{A}$
Abscheren des Trägers
Schub + Biegung
kombinierte Wirkung Querkraft + Biegemoment
a
a > 0
$\tau = \frac{Q \cdot S}{J \cdot b}$
Verbiegen des Trägers + Verschieben

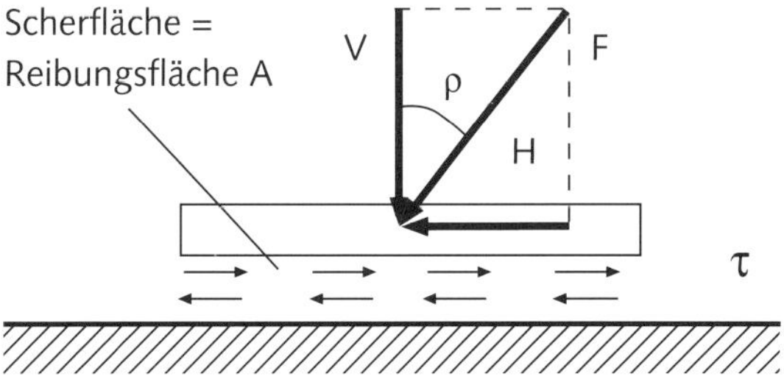

Coulombsche Reibung

$$\tau = k \cdot \mu \cdot \sigma \quad [N/mm^2]$$

Kohäsion
i.d.R. K=0

Reibungsbeiwert
$\mu = \frac{H}{V} = \tan\rho$
(bei k=0)
Reibungskraft $R = \tau \cdot A$

Druckspannung
$\sigma = \frac{V}{A}$

[17]

Abscheren + Lochleibung

– Kombination Abscheren + Lochleibung
– in der Regel Stahlbau/Holzbau
– Niet/Schraub- bzw. Nagel/Dübelverbindungen

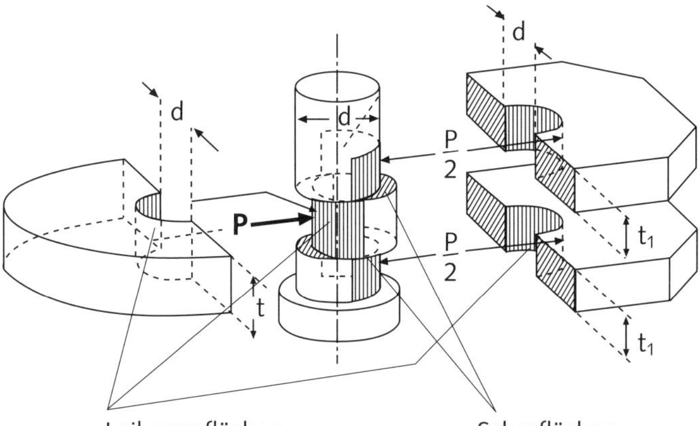

$$P = 2 \cdot \frac{\pi d^2}{4} \cdot zul\tau_a$$ Abscheren

$$P = d \cdot t \cdot zul\sigma_L$$ Lochleibung

Torsionsarten

wesentlich abhängig vom Wölbverhalten der Querschnitte

Schubkraft-Torsion

freie Torsion
Saint-Venantsche Torsion
- Torsion bei unbehinderter Verwölbung
- Torsionsschubspannungen

Wölbkraft-Torsion

- Torsion bei Wölbbehinderung
- Wölbspannungen = Schubspannung + Längsspannung
- Wirkung eines sog. Bimomentes

gemischte Torsion

- Zusammenwirkung von Schubkrafttorsion und Wölbkrafttorsion
- die Querschnittsart bestimmt welche Torsionsart maßgebend ist

Wölbverhalten

Verwölbung = Gedachte oder reale gegenseitige Verschiebung einzelner Stabfasern in Längsrichtung
- Querschnitt ist nicht mehr eben

keine Verwölbung

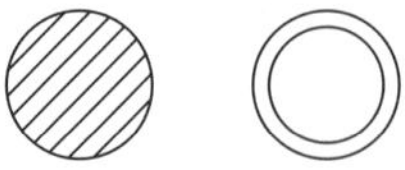

schwache Verwölbung

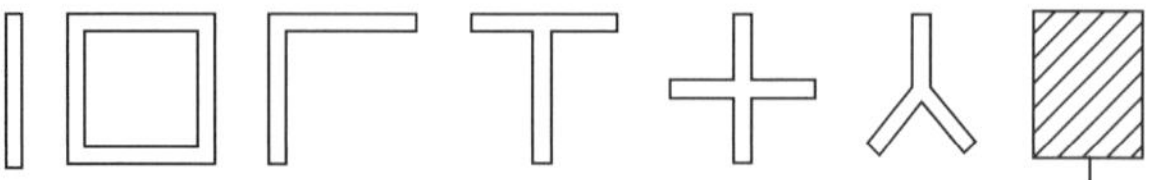

starke Verwölbung

Verwölbung abhängig vom Seitenverhältnis

Prinzip

Schubkrafttorsion

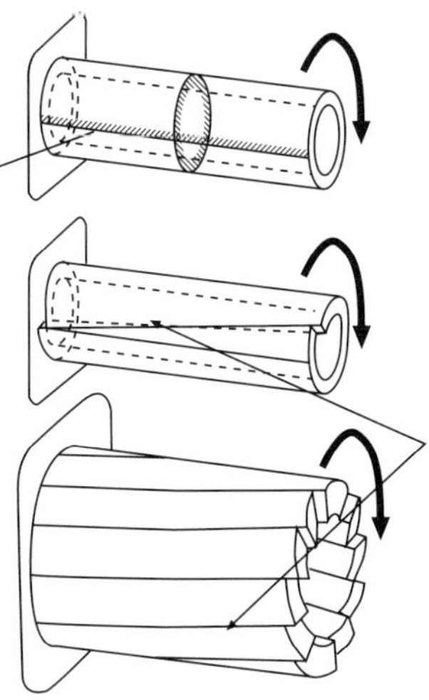

Torsionsmoment [kNm]

$$\max\tau_T = \frac{M_T}{W_T} \quad [N/mm^2]$$

Torsionswiderstandsmoment [cm³]
– siehe "Querschnittseigenschaften"

Prinzip

Wölbkrafttorsion

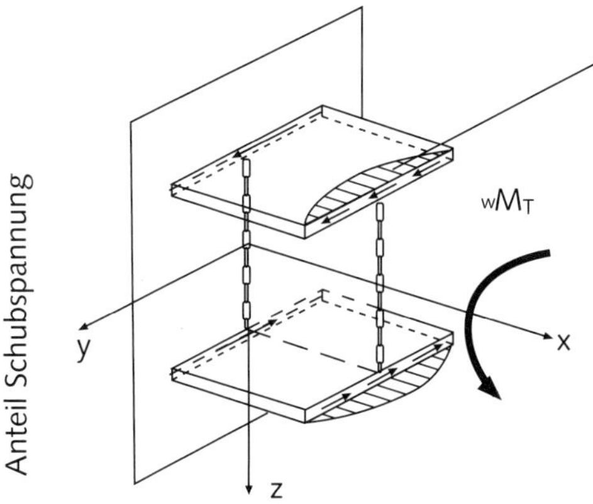

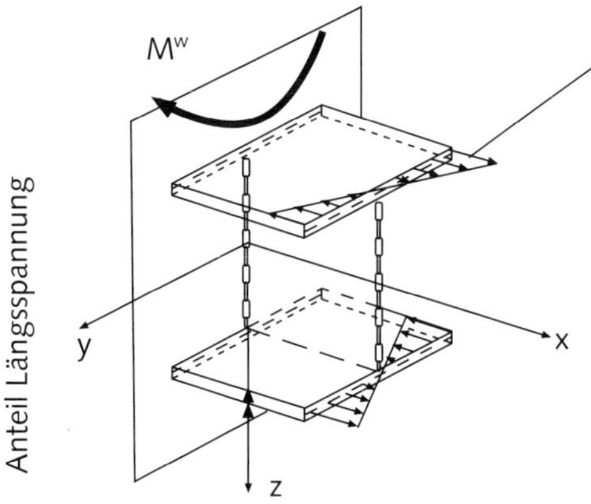

Gemischte Torsion – abhängig vom Beiwert K

Beiwert

$$K = L \cdot \sqrt{\frac{G \cdot J_T}{E \cdot C_M}}$$

L = Stablänge
$G \cdot J_T$ = Schubtorsionssteifigkeit [kN/m²]
$E \cdot C_M$ = Wölbtorsionssteifigkeit [kN/m⁴]

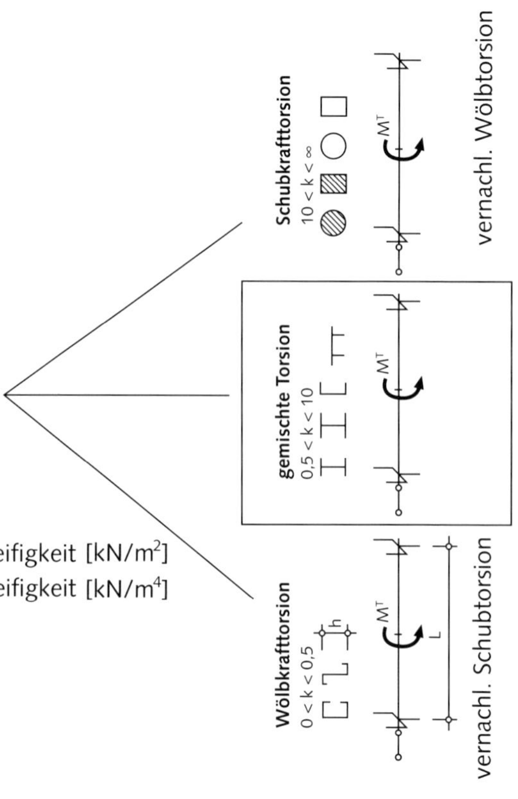

[81]

Querkraftanalogie bei Verlauf der Torsionsmomente

Querkraftverlauf infolge F

Torsionsmomentenverlauf infolge M_T

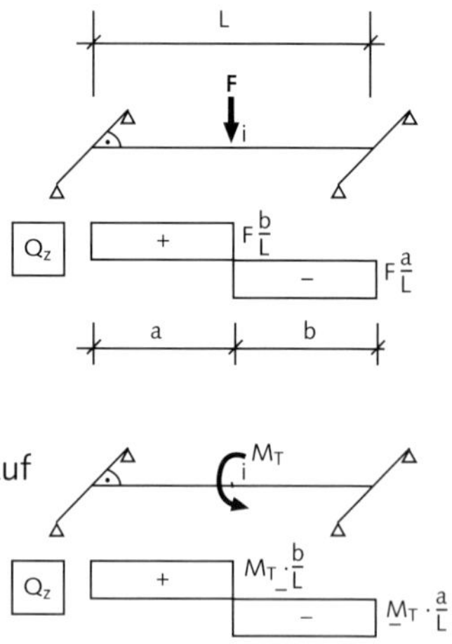

Der Verlauf des Torsionsmomentes M_x infolge M_T ist analog dem Verlauf der Querkraft Q_z infolge F

Beispiele

Lasttorsion

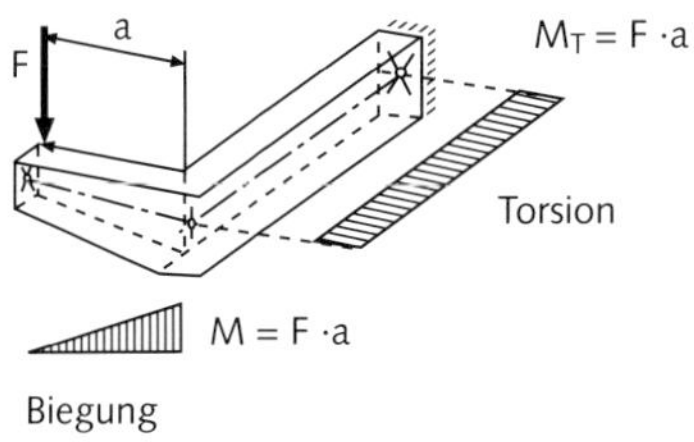

exzentrisch belasteter Kragarm

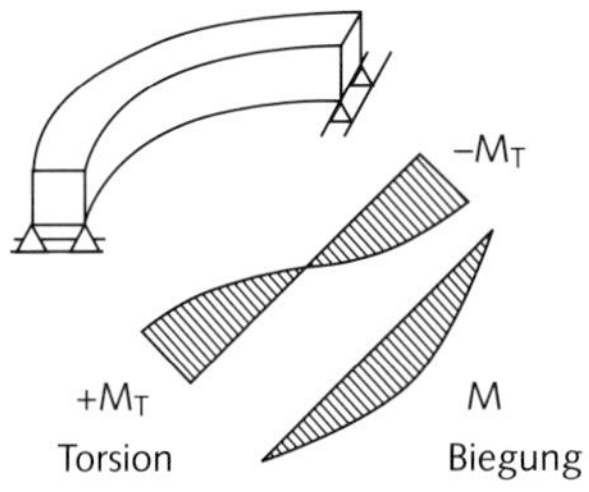

gekrümmter Träger

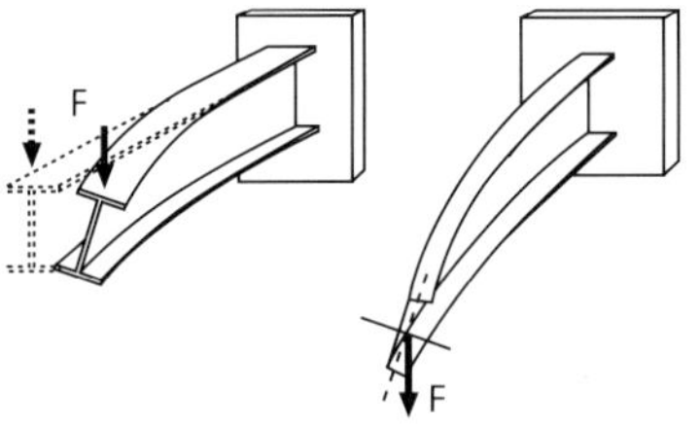

Torsion beim Kippen
I- und [-Träger
↓
Lastangriff nicht im Schubmittelpunkt

Beispiele

Zwangstorsion – Randbalken

erhöhtes Biegemoment, falls m = 0 = t
(Gelenklager Decke)

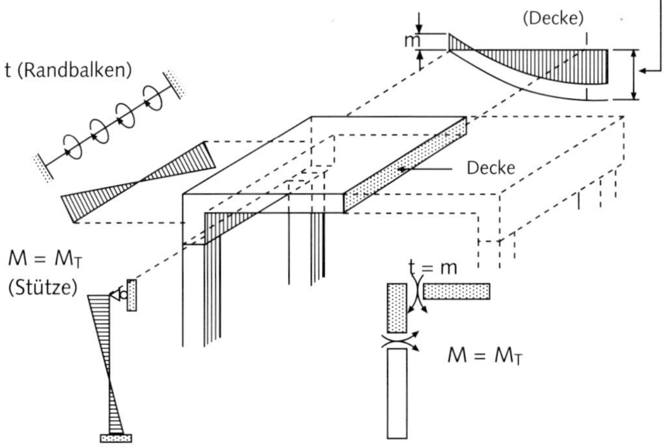

Torsion des Randbalkens infolge
- Einspannung Decke in Randbalken
- Einspannung Randbalken in Stütze

[69]
[81]
[88]

Schubkrafttorsion – Rechteck

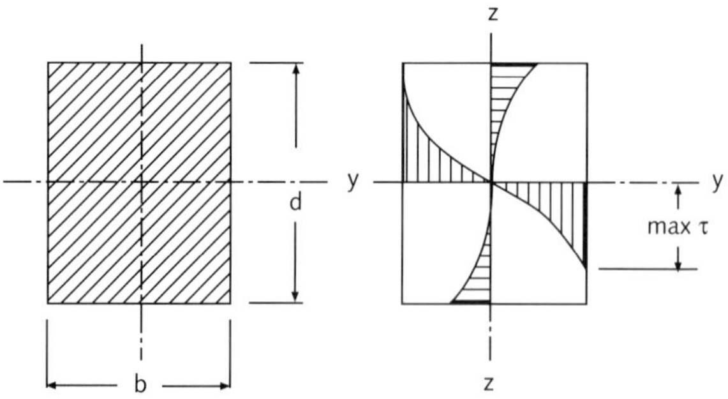

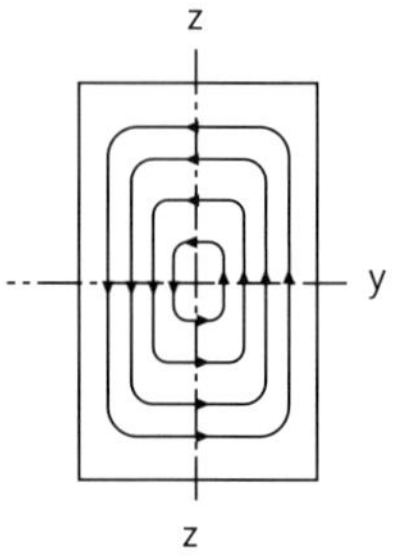

$$\max\tau_T = \frac{M_T}{\beta_T \cdot b^2 \cdot d} \quad [\text{N/mm}^2]$$

$\max\tau_T = \dfrac{M_T}{W_T}$ – Beiwert siehe "Querschnittseigenschaften"

Quadrat

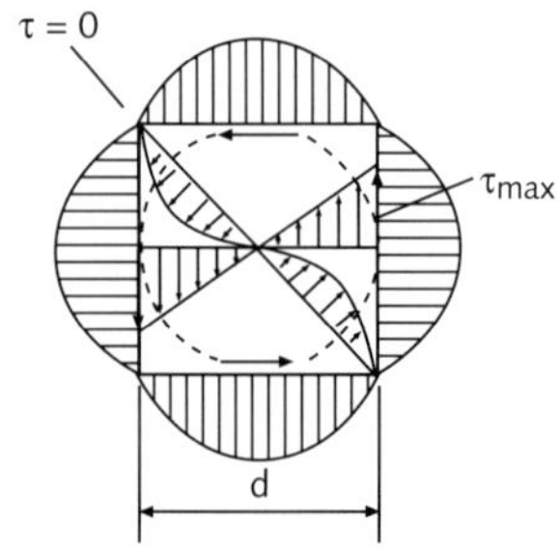

$$\max\tau_T = \frac{5M_T}{d^3} \quad [\text{N/mm}^2]$$

$\max\tau_T = \dfrac{M_T}{W_T}$ – Gleichung gilt auch für eingeschriebenen Kreis

Beispiele

Schubkrafttorsion – Kreis

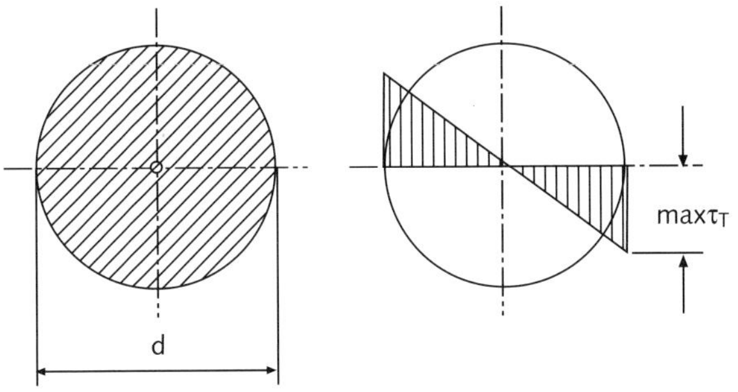

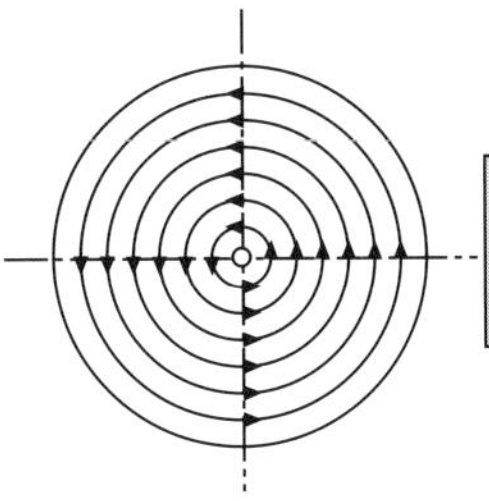

$$\max\tau_T = \frac{16 \cdot M_T}{\pi^3 \cdot d^3} \quad [N/mm^2]$$

$$\max\tau_T = \frac{M_T}{W_T}$$

Beispiele

Gedrungener Kreisring

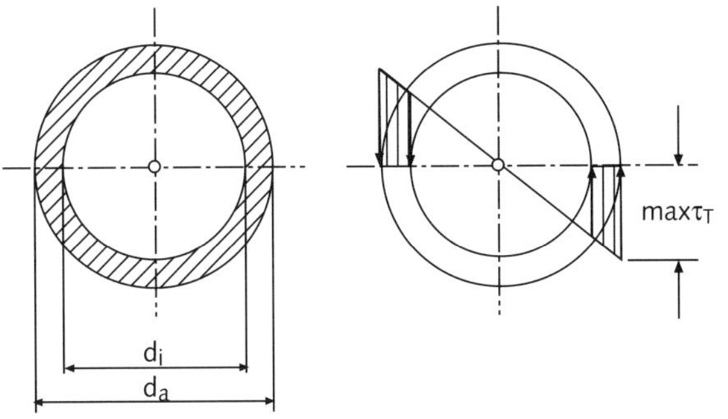

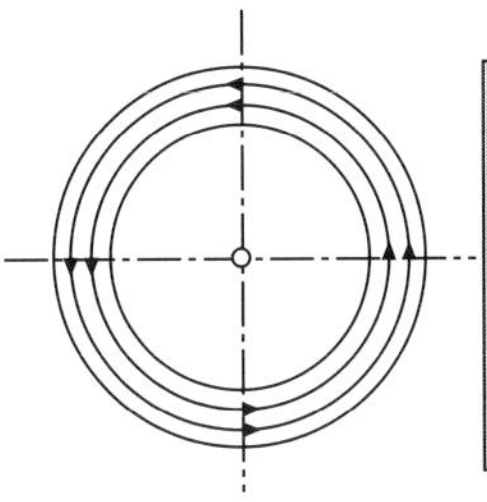

$$\max\tau_T = \frac{M_T}{W_T}$$

$$W_T = \frac{\pi}{16} \cdot \frac{d_a^4 - d_i^4}{d_a} \quad [N/mm^2]$$

Stahlrohre $W_T = 2 \cdot W$

Schubkrafttorsion – Hohlquerschnitt

dünnwandig geschlossen

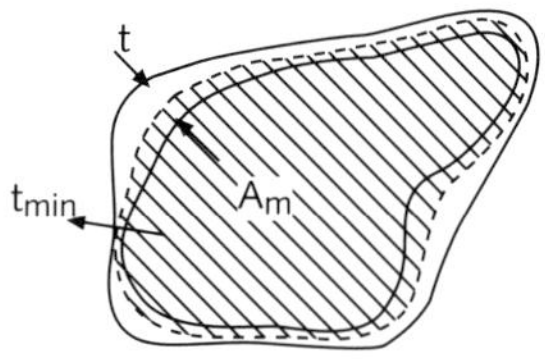

Bredtsche Formel

$$\max\tau_T = \frac{M_T}{2 \cdot t \cdot A_m} \quad [N/mm^2]$$

Wanddicke groß
↘ Torsionsspannung klein [5]

Kreisring

dünnwandig geschlossener Querschnitt

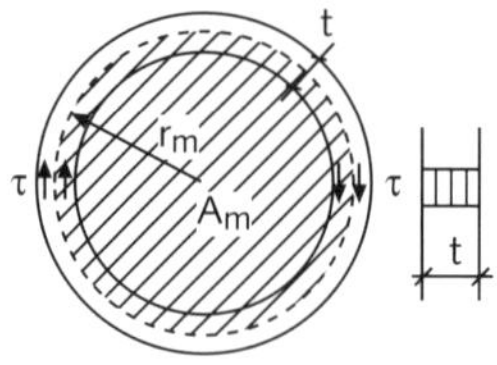

$$\max\tau = \frac{M_T}{2 \cdot t \cdot \pi \cdot r_m^2}$$

dünnwandig offener Querschnitt

$$\max\tau = \frac{3 \cdot M_T}{t^2 \cdot 2\pi \cdot r_m}$$

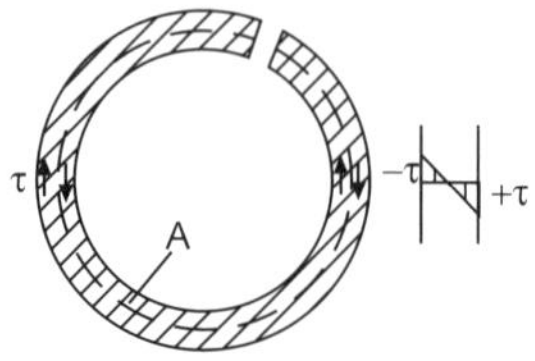

offener Querschnitt **sehr** ungünstig!

Prinzip

$$F_{ki} = \frac{\pi^2 \cdot EJ}{S_k^2}$$

Eulersche Knicklast (1744)
= theoretische Grenzlast vor dem Ausknicken

- A = Querschnittsfläche
- $i^2 = \frac{J}{A}$ Trägheitsradius i
- $\lambda = \frac{S_k}{i}$ Schlankheit
- $S_k = \beta \cdot L$ Knicklänge

$$\sigma_{ki} = \frac{\pi^2 \cdot EJ}{A \cdot S_k^2}$$

$$\sigma_{ki} = \frac{\pi^2 \cdot E}{\lambda^2}$$

"idealer Stab":
Eulersche Knickspannung (Biegeknicken)

– abhängig von Schlankheit und E-Modul
– unabhängig von Materialfestigkeit

Allgemeines

– in der Praxis werden Knicknachweise in der Regel durch eine rechnerische Abminderung der zulässigen Druckspannungen geführt

Holzbau (DIN 1052)
– Abminderung mit $1/\omega$

Stahlbau (DIN 4114, DIN 18800)
– $1/\omega$ bzw κ

Betonbau (DIN 1045)
– κ (unbewehrt)

Mauerwerk (DIN 1053)
– k_1, k_2, k_3

Weitere Hinweise siehe PADIA 1, Kapitel "Stabilität" oder PADIA 2

Prinzip

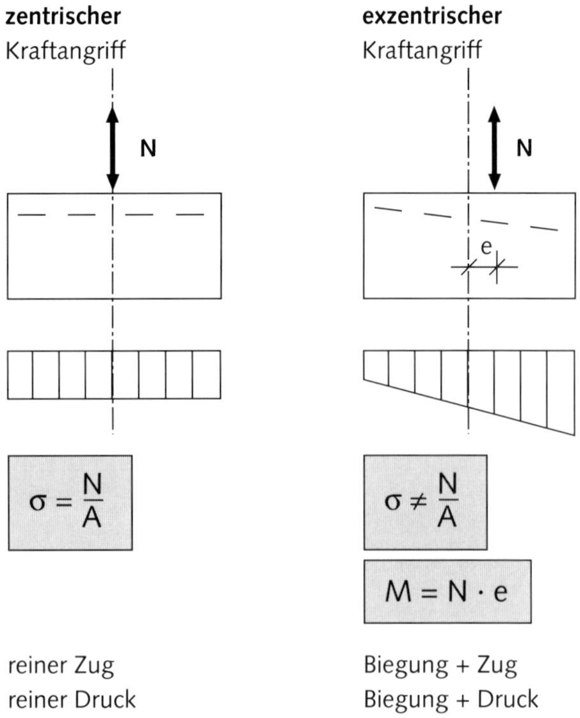

Prinzip

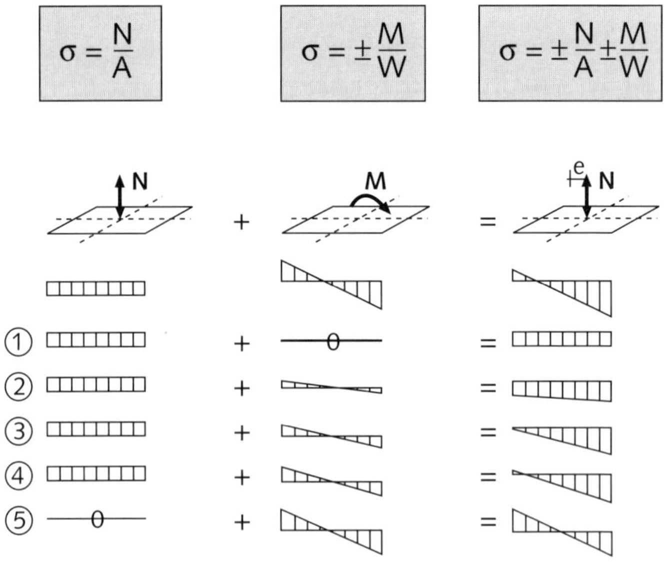

① $e = 0$ reiner Zug/Druck, zentrischer Zug/Druck

② $e < d/6$

③ $e = d/6$ Kraft am Kernrad

④ $e > d/6$

⑤ $e = \infty$ reine Biegung bzw. $N = 0$

evtl. klaffende Fuge

Holz

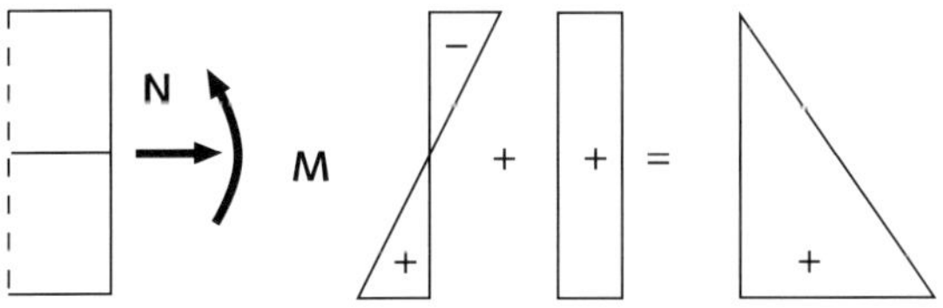

→ zulässige Spannungen Zug bzw. Biegung

$$\sigma_{NB} = \frac{N}{A_n} + \frac{zul\sigma_{zII}}{zul\sigma_B} \cdot \frac{M}{W_n} \qquad \frac{\sigma_{NB}}{zul\sigma_{zII}} \leq 1{,}0$$

→ Fläche, Widerstandsmoment geschwächter Querschnitt

[14]
[19]

Stahl

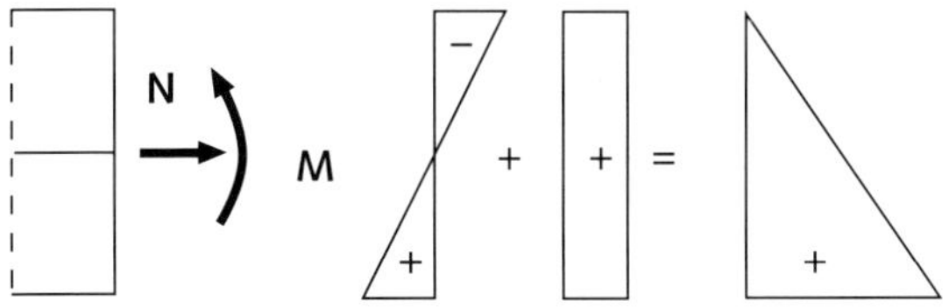

$$\sigma_{NB} = \frac{N}{A} \pm \frac{M}{W} \qquad \frac{\sigma_{NB}}{zul\sigma} \leq 1{,}0$$

→ Fläche bzw. Widerstandsmoment geschwächter Querschnitt

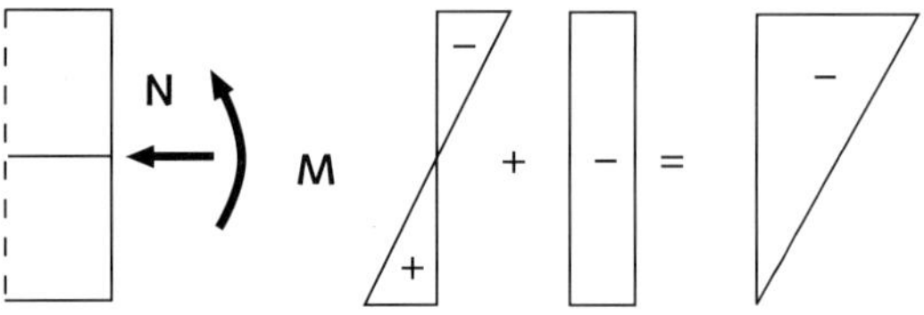

einfacher Nachweis

→ zulässige Spannungen Druck bzw. Biegung

$$\sigma_{NB} = \frac{|N|}{A_n} + \frac{zul\sigma_{D\parallel}}{zul\sigma_B} \cdot \frac{|M|}{W_n} \qquad \frac{\sigma_{NB}}{zul\sigma_{D\parallel}} \leq 1{,}0$$

Knicknachweis

→ Knickzahl

$$\sigma_K = \frac{|N| \cdot \omega}{A_n} + \frac{zul\sigma_{D\parallel}}{zul\sigma_B} \cdot \frac{|M|}{W_n} \qquad \frac{\sigma_K}{zul\sigma_{D\parallel}} \leq 1{,}0$$

[14]
[19]

Stahl

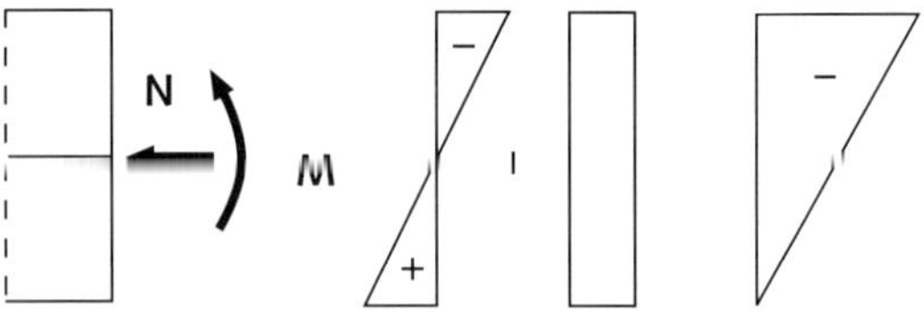

einfacher Nachweis

$$\sigma_{NB} = \frac{|N|}{A} + \frac{|M|}{W} \qquad \frac{\sigma_{NB}}{zul\sigma_D} \leq 1{,}0$$

ω und λ in Momentenebene

Knicknachweis

$$\sigma_K = \frac{|N| \cdot \omega}{A} + 0{,}9 \cdot \frac{|M|}{W_D} \qquad \frac{\sigma_K}{zul\sigma_D} \leq 1{,}0$$

→ für Biegedruckrand

erweiterter Knicknachweis

$$\sigma_K = \frac{|N| \cdot \omega}{A} + \frac{300 + 2\lambda}{1000} \cdot \frac{|M|}{W_z} \qquad \frac{\sigma_K}{zul\sigma_D} \leq 1{,}0$$

→ für Biegedruckrand

nur wenn Schwerpunkt näher am Biegedruckrand

Versagende Zugzone

Versagende Zugzone

- Anwendung bei
  - Lagerfugen Mauerwerk
    (Zugspannung ⊥ Lagerfuge=0)
  - Sohlfuge Gründung-Baugrund
  - Aufstandsfugen
    (Standsicherheit nicht verankerter Bauteile)
- maximal zul. Exzentrizität (Randabstand)
  = 1/6 der Breite
  Randspannung = 4fache Normalspannung
  bei mittiger Last
  Querschnitt bis zur Schwerachse aufgerissen!

Versagende Zugzone

F zentrisch

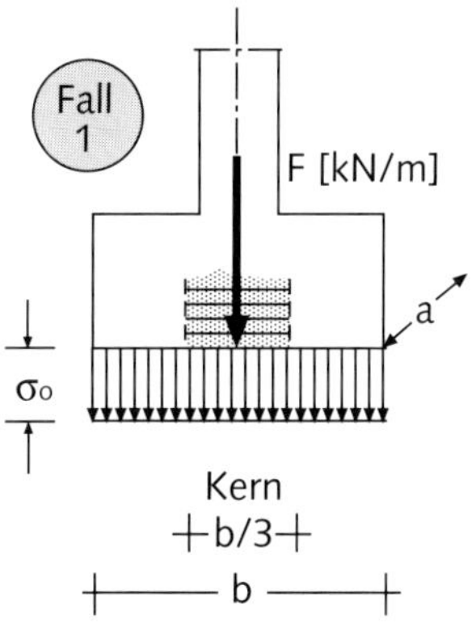

Voth "Tiefbaupraxis", Bauverlag

$A = b \cdot a$

a = 1m bei Streifen

$$\sigma_o = \frac{F}{A} \quad [kN/m^2]$$

Pressung constant
Rechteckform

F exzentrisch im Kern

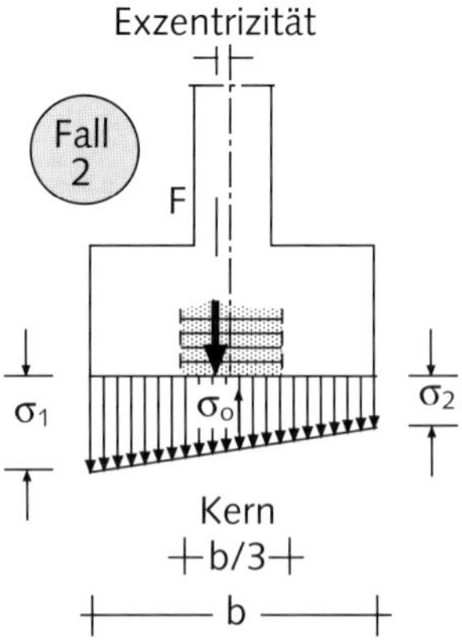

$$\sigma_{1,2} = \frac{F}{A} \pm \frac{M}{W}$$

$M = F \cdot e \quad W_{\square} = \frac{ab^2}{b}$

Pressung linear

Trapezform

F exzentrisch am Kernrand

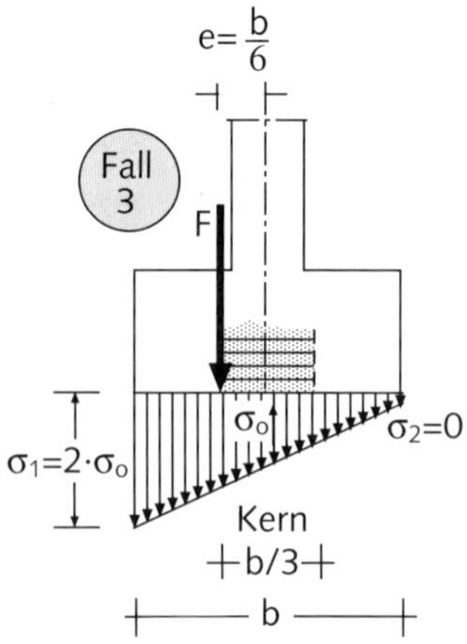

$$\sigma_1 = 2\frac{F}{A}$$

$\sigma_1 = 2 \cdot \sigma_o$

Pressung linear

Dreieckform

Rand $\sigma_2 = 0$

F exzentrisch c >b/6

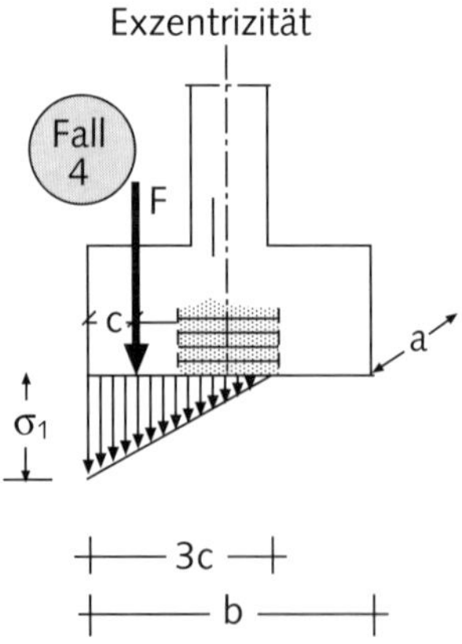

$$\sigma_1 = 2\frac{F}{3 \cdot c \cdot a}$$

versagende Zugzone

F exzentrisch

c = b/6

max. zulässige Exzentrizität

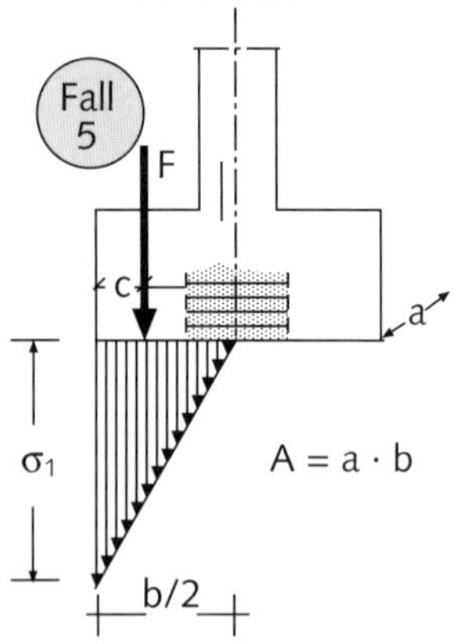

$$\sigma_1 = 4\frac{F}{A}$$

versagende Zugzone bis zur Schwerachse

Prinzipielle Wirkungsweise

zentrische Vorspannung

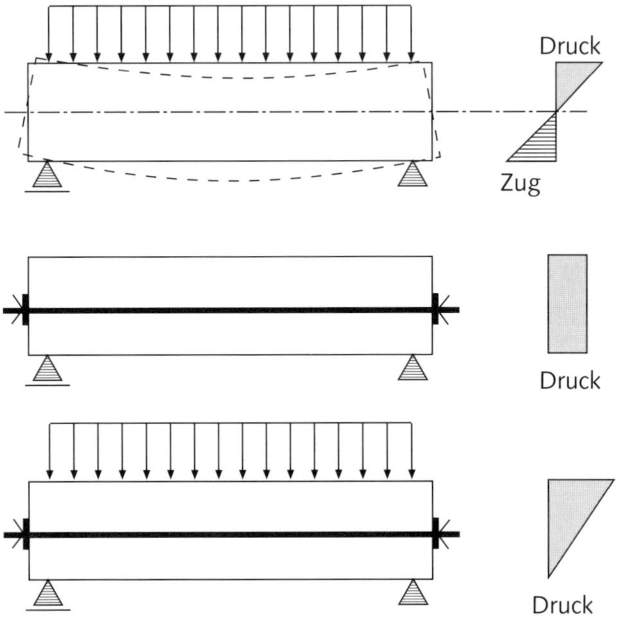

exzentrische Vorspannung

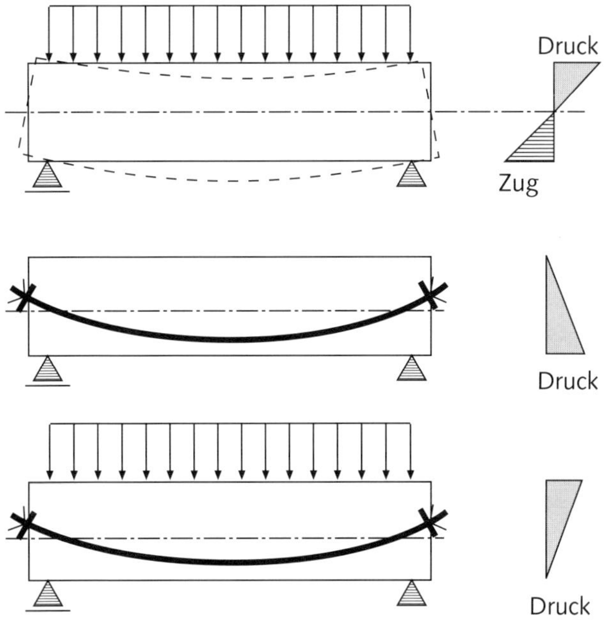

Schiefe Biegung

Lastangriff nicht in Hauptachsenebene
– Umwandlung (Zerlegung) in Doppelbiegung

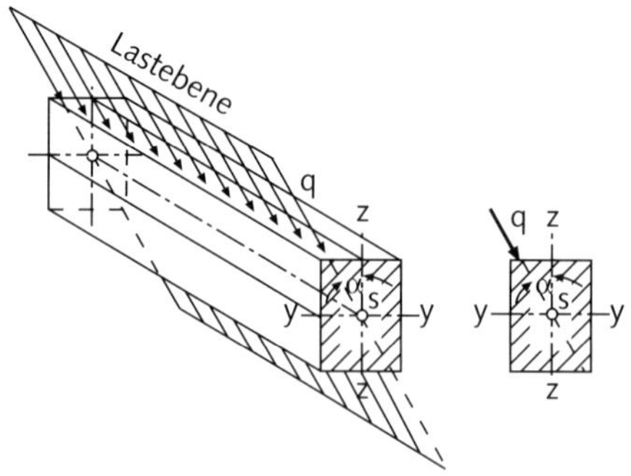

Doppelbiegung

Lastangriff in Hauptachsenebenen

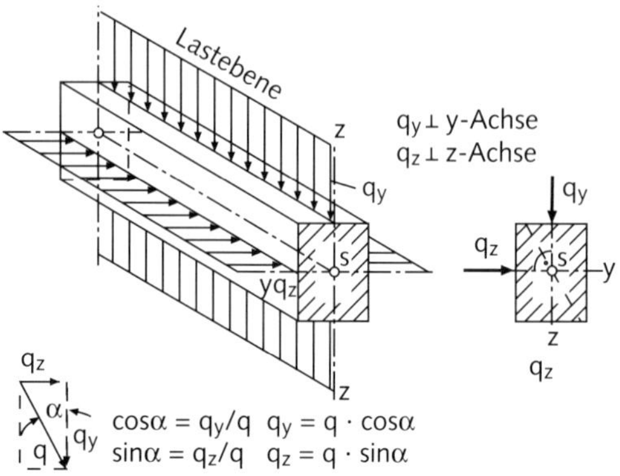

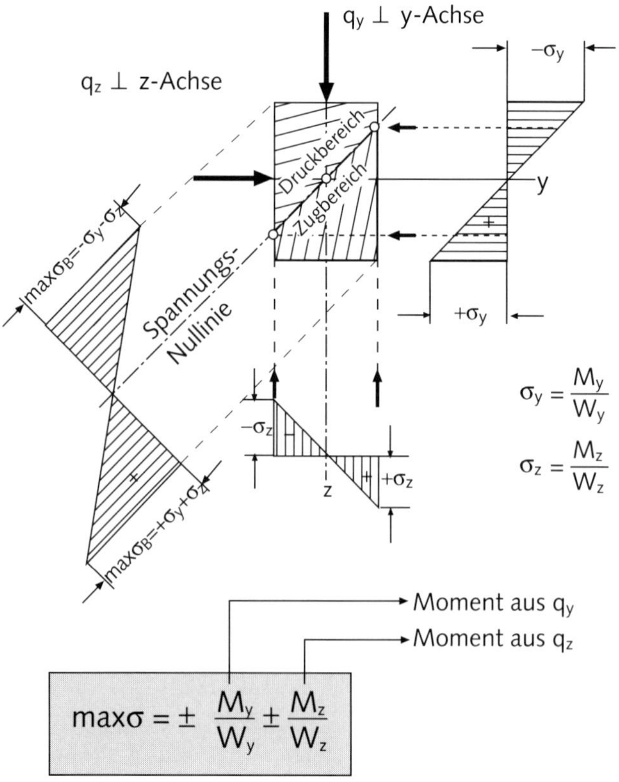

$$\max\sigma = \pm \frac{M_y}{W_y} \pm \frac{M_z}{W_z}$$

[14]
[19]

Holz

z.B.Sparrenpfette auf Fachwerkbinder

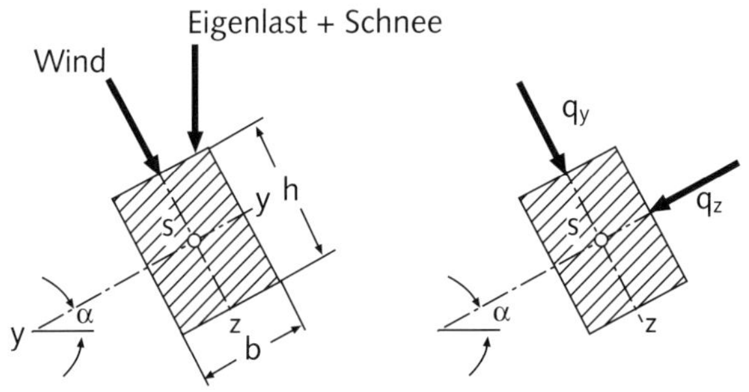

Belastung

Belastung in Richtung der Hauptachsen zerlegt

$$\frac{|\sigma_{My}|+|\sigma_{Mz}|}{zul\sigma} \leq 1{,}0$$

$$\sigma_{My} = \frac{M_y}{W_y} \qquad \sigma_{Mz} = \frac{M_z}{W_z}$$

Stahl

z.B. Stahlträger

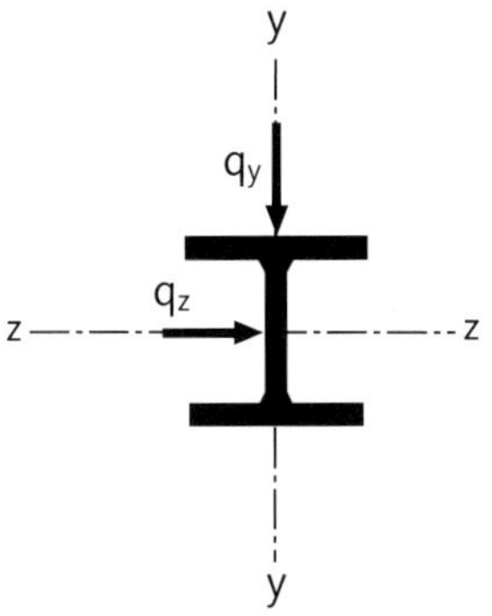

$$\frac{|\sigma_{My}|+|\sigma_{Mz}|}{zul\sigma} \leq 1{,}0$$

$$\sigma_{My} = \frac{M_y}{W_y} \qquad \sigma_{Mz} = \frac{M_z}{W_z}$$

Sonderfall für

$$\frac{|\sigma_{My}|}{zul\sigma} \leq 0{,}8 \qquad \frac{|\sigma_{Mz}|}{zul\sigma} \leq 0{,}8$$

$$\frac{|\sigma_{My}|+|\sigma_{Mz}|}{zul\sigma} \leq 1{,}1$$

Faustformel

$$\text{erf } W_y = \frac{M_y + c \cdot M_z}{\text{zul}\sigma}$$

I 140 bis	I 220	$c \approx 8$
[120 bis	[160	$c \approx 6$
I PB 100 bis	I PB 320	$c \approx 3$
I 240 bis	I 600	$c \approx 9$ bis 10
[180 bis	[320	$c \approx 7$ bis 8
Rechteckquerschnitte		$c = \frac{h}{b} = 1{,}2$ bis $1{,}4$
		$c = \frac{W_y}{W_z}$

Reduziertes W

- Lastebene nicht durch Schwerachse
- Torsionsmoment $F_h \cdot e$ bzw. $F_z \cdot e$ wird vernachlässigt
- Ansatz 50% W_z

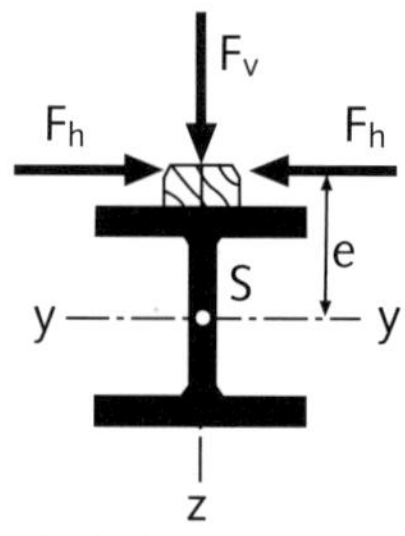

Krahnbahnträger

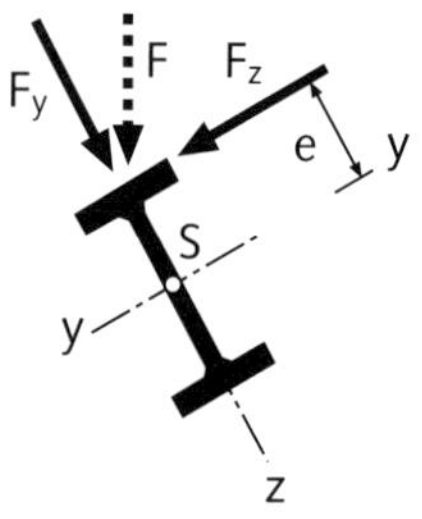

Dachpfette

$$\max\sigma_B = \pm\frac{M_y}{W_y} \pm \frac{M_z}{W_z/2}$$

reduziertes Widerstandsmoment

[7]
[14]
[19]

Prinzip

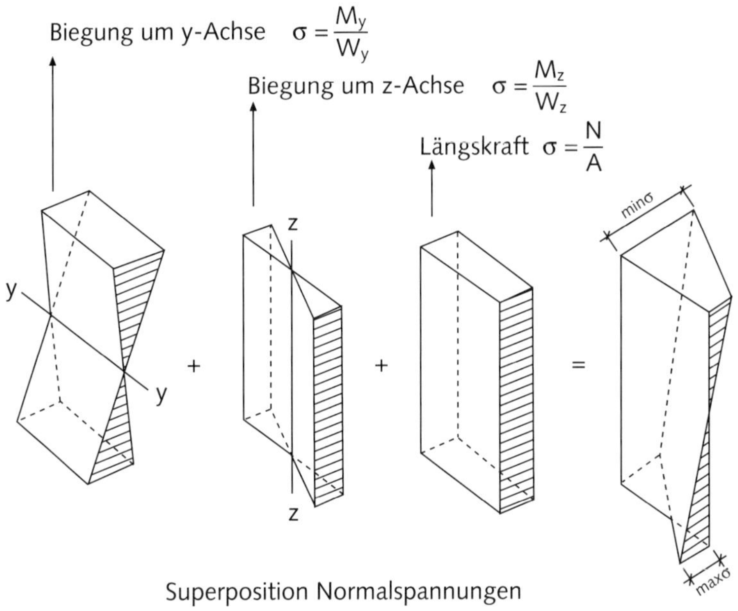

Superposition Normalspannungen

$$\sigma = \pm \frac{N}{A} \pm \frac{M_y}{W_y} \pm \frac{M_z}{W_z}$$

Prinzip

Herleitung der Beanspruchung
aus räumlicher Belastung

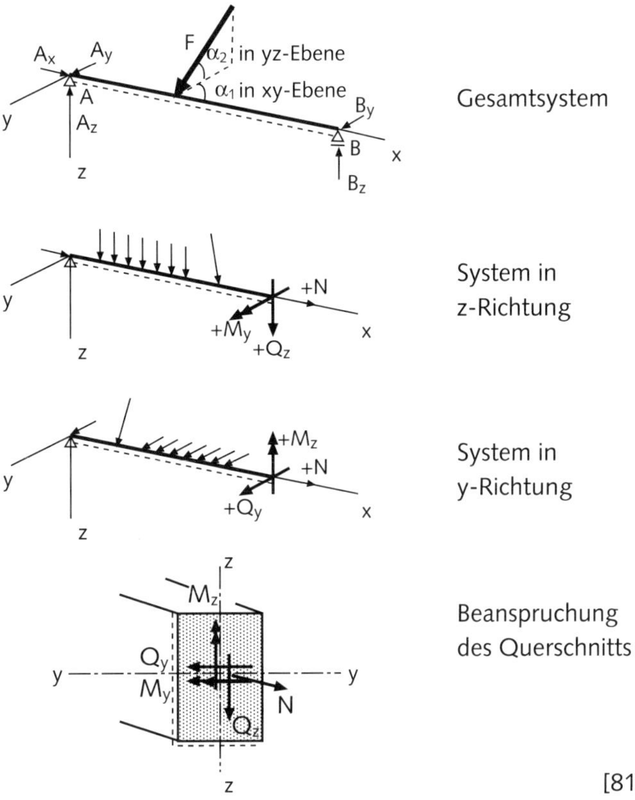

[81]

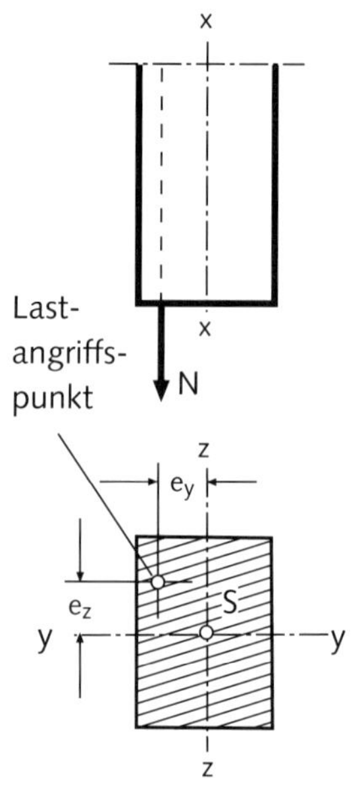

$$M_z = N \cdot e_y$$
$$M_y = N \cdot e_z$$

$$\sigma_{NB} = \frac{|N|}{A_n} + \frac{zul\sigma_{z\parallel}}{zul\sigma_B} \cdot \left(\frac{|M_y|}{W_{yn}} + \frac{|M_z|}{W_{zn}} \right) \qquad \frac{\sigma_{NB}}{zul\sigma_{z\parallel}} \leq 1{,}0$$

Werte evtl. geschwächter Querschnitte

Stahl

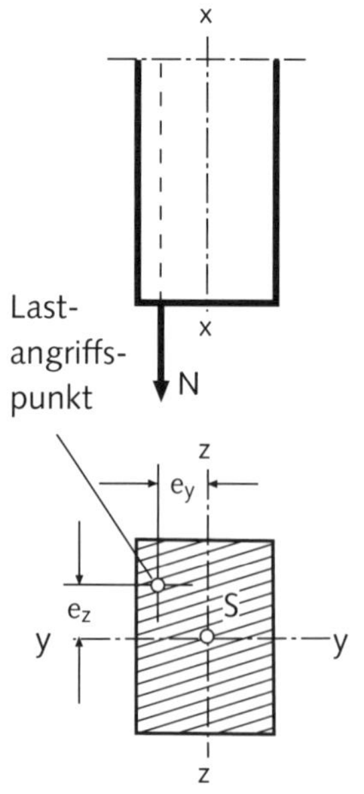

$$M_z = N \cdot e_y$$
$$M_y = N \cdot e_z$$

$$\sigma_{NB} = \frac{N}{A} \pm \frac{M_y}{W_y} \pm \frac{M_z}{W_z} \qquad \frac{\sigma_{NB}}{zul\sigma_z} \leq 1{,}0$$

[14]

Werte evtl. geschwächter Querschnitte [19]

Holz

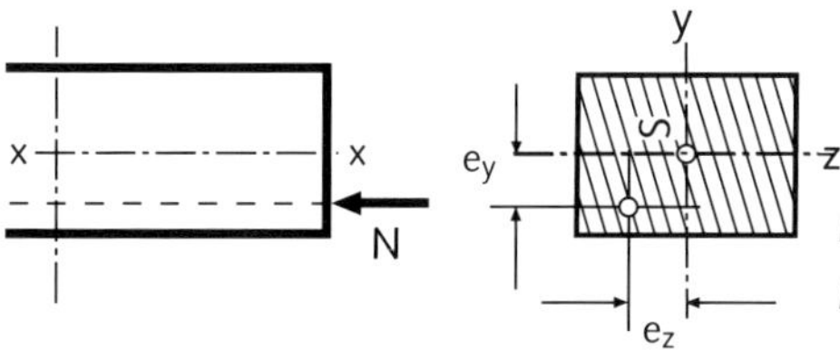

$M_z = N \cdot e_y$

$M_y = N \cdot e_z$

einfacher Nachweis

zulässige Spannungen Druck bzw. Biegung

$$\sigma_{NB} = \frac{|N|}{A_n} + \frac{zul\sigma_{D\parallel}}{zul\sigma_B} \cdot \left(\frac{|M_y|}{W_{yn}} + \frac{|M_z|}{W_{zn}}\right) \qquad \frac{\sigma_{NB}}{zul\sigma_{D\parallel}} \leq 1{,}0$$

Nutzwerte

Knicknachweis

$$\sigma_K = \frac{|N| \cdot max\omega}{A} + \frac{zul\sigma_{D\parallel}}{zul\sigma_B} \cdot \left(\frac{|M_y|}{W_y} + \frac{|M_z|}{W_z}\right) \qquad \frac{\sigma_K}{zul\sigma_{D\parallel}} \leq 1{,}0$$

Stahl

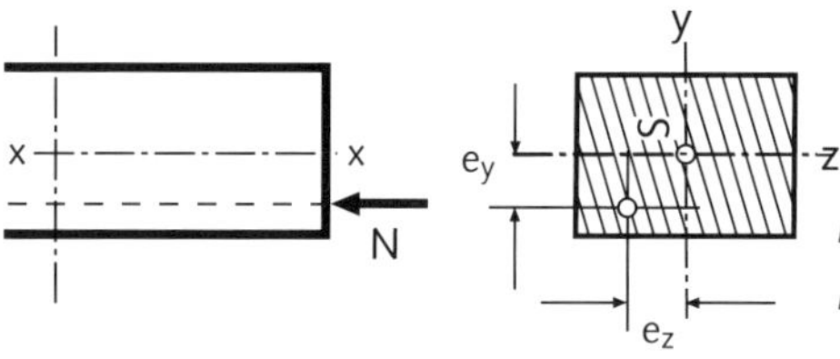

$M_z = N \cdot e_y$

$M_y = N \cdot e_z$

einfacher Nachweis

$$\sigma_{NB} = \frac{N}{A} \pm \frac{M_y}{W_y} \pm \frac{M_z}{W_z} \qquad \frac{\sigma_{NB}}{zul\sigma_D} \leq 1{,}0$$

Knicknachweis

$$\sigma_{K1} = \frac{|N| \cdot max\omega}{A} + 0{,}9 \cdot \left(\frac{|M_y|}{W_{D,y}} + \frac{|M_z|}{W_{D,z}}\right) \qquad \frac{\sigma_{K1}}{zul\sigma_D} \leq 1{,}0$$

erweiterter Knicknachweis

$$\sigma_{K2} = \frac{|N| \cdot max\omega}{A} + \frac{300 + 2\lambda}{1000} \cdot \left(\frac{|M_y|}{W_{Z,y}} + \frac{|M_z|}{W_{Z,z}}\right) \qquad \frac{\sigma_{K2}}{zul\sigma_D} \leq 1{,}0$$

nur, wenn Schwerpunkt näher am Biegedruckrand

Doppelbiegung + Druck + Schub + Torsion

Beispiel Komplexbeanspruchung – Träger Verkehrsschild

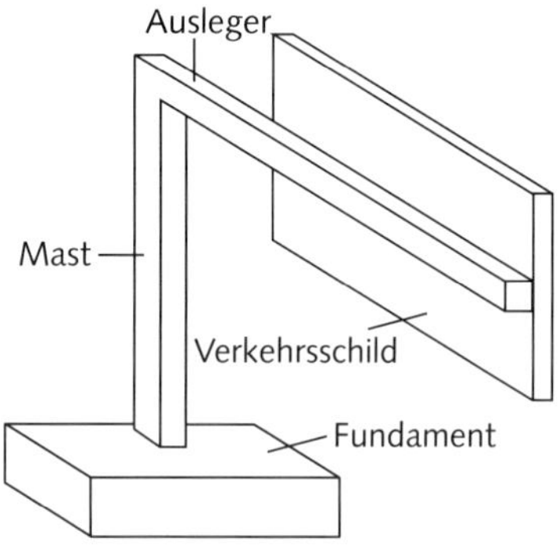

statisches System mit Belastung/Geometrie

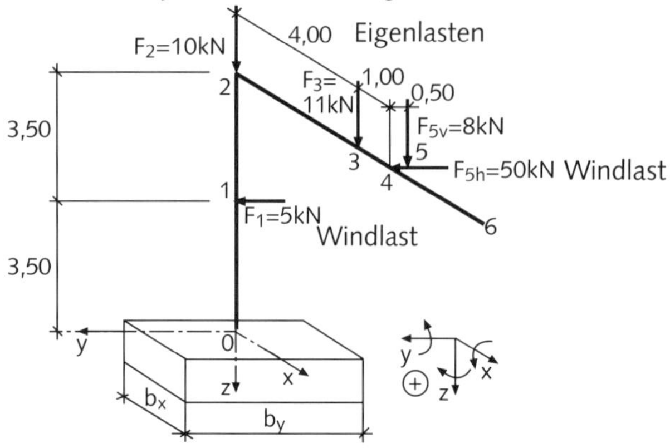

Doppelbiegung + Druck + Schub + Torsion

Beanspruchung im Fußpunkt des Mastes (Schnittgrößen)

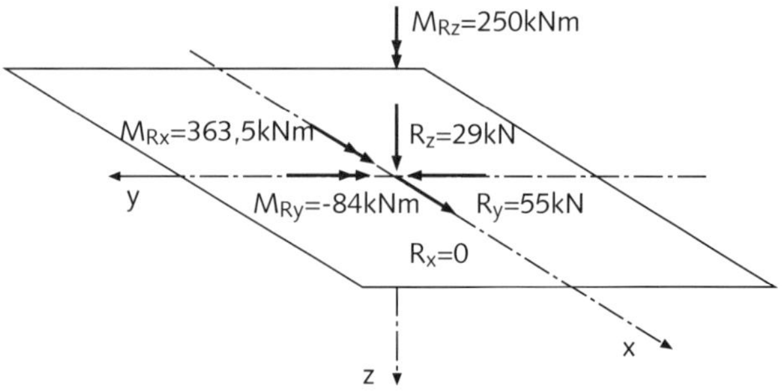

resultierende Beanspruchung

Doppelbiegung + Druck
Schub
Torsion

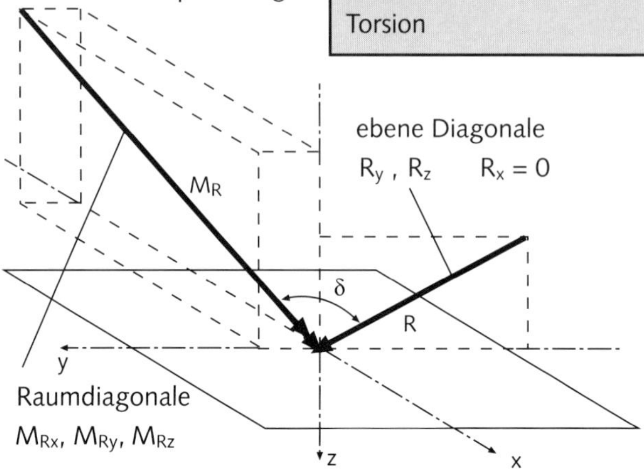

[20]

Zug/Druck

Behinderte Verformung
↘ Druckspannung bei Erwärmung
Zugspannung bei Abkühlung

gleichförmige Temperaturdifferenz ΔTG

$$\sigma_{\Delta TG} = E \cdot \alpha_t \cdot \Delta TG \quad [N/mm^2]$$

E-Modul

Wärmedehnzahl bzw. Temperaturdehnzahl

- siehe Kapitel "Baustoffeigenschaften"
- Simulation Schwinden mit Abkühlung $\Delta TG \approx 15 \ldots 20°$ (z.B. Zwang in Wänden)

Sohle/Reibung

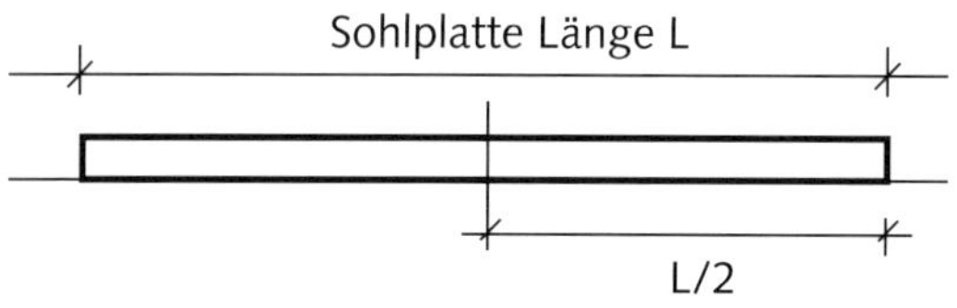

Zugspannung infolge Abkühlung Sohlplatte (Schwinden)

- Reibungsbehinderung

$$\sigma_Z \approx \mu \cdot \gamma_B \cdot L/2 \quad [N/mm^2]$$

$L/2$ → halbe Plattenlänge (halber Fugenabstand)

γ_B → Wichte 25 kN/m³

μ → Reibungsbeiwert Sohlplatte-Untergrund

Untergrund	Gleitschicht	Beiwert μ erste Verschiebung
Mineralgemisch (Kies)	keine	1,4…2,1
Sandbett	keine	0,9…1,1
Sandbett	PE-Folie	0,5…0,7
Unterbeton	1 Lage PE-Folie	0,8…1,4
Unterbeton	2 Lagen PE-Folie	0,6…1,0
Unterbeton	PTFE-beschichtete Folie	0,1…0,2

eingespannter Stab

$\Delta TU = T_o - T_u$

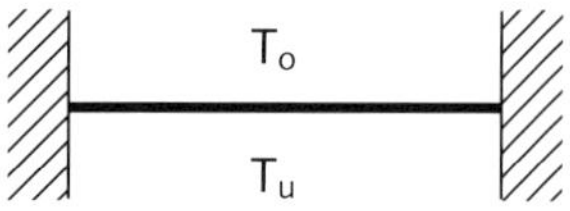

– behinderte Verformung
↷ Biegemoment infolge ΔTU
(Zug auf kalter Seite!)

$$M_{\Delta TU} = E \cdot J_y \cdot \alpha_t \cdot \frac{\Delta TU}{d}$$

- d → Höhe Querschnitt
- E → E-Modul
- J_y → axiales Flächenmoment
- α_t → Wärmedehnzahl

$$\sigma_{\Delta TU} = \frac{M_{\Delta TU}}{W_y}$$

Rechteck: $J = b \cdot d^3/12$

$W = b \cdot d^2/6$

$$\sigma_{\Delta TU} = \frac{1}{2} E \alpha_t \cdot \Delta TU$$

Spannung aus ΔTU

Biegung

allseitig eingespannte Platte

$\Delta TU = T_{oben} - T_{unten}$

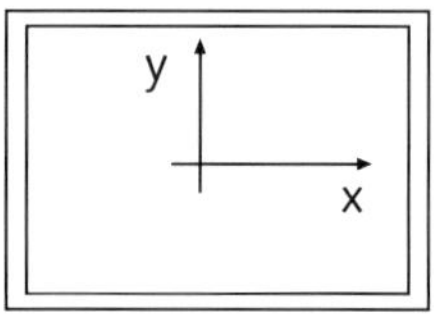

– behinderte Verformung
↷ Biegemomente M_x, M_y infolge ΔTU
(Zug auf kalter Seite!)

$$M_x = M_y = \frac{E \cdot d^2}{12(1-\mu)} \cdot \alpha_t \cdot \Delta TU$$

- E → E-Modul
- d → Plattendicke
- μ → Querdehnzahl
- α_t → Wärmedehnzahl

$$\sigma_{\Delta TU} = \frac{M_x}{W}$$

$W = b \cdot d^2/6$

$b = 1$ [m]

Prinzip

Schwinden und Quellen

– siehe auch Kapitel "Formänderungen"

Schwinden = lastunabhängiger, zeitabhängiger Vorgang der Volumenminderung infolge Austrocknung

- Spannungslos im Idealfall:
  - statisch bestimmte Lagerung
  - gleichzeitiges Abbinden des Betons aller Bauteile (Herstellung in einem Gang)
  - gleichmäßige Umweltbedingungen (thermisch, klimatisch)

- Verringerung der Schwindspannungen durch Kriechen
- durch Quellen reversibel
- gleich- oder gegenläufig zu thermischen Spannungen bzw. Verformungen

Prinzip

Behinderte Verformung

↘ Druckspannung bei Quellen (Wasseraufnahme)
Zugspannung bei Schwinden (Wasserabgabe)

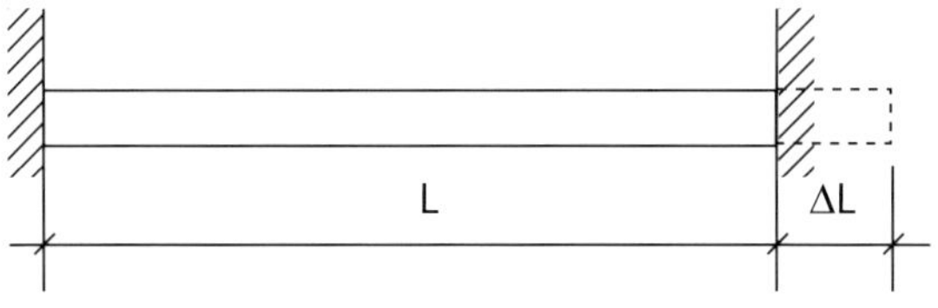

Schwind-/Quellspannungen

$\sigma_s = \varepsilon_s \cdot E$ [N/mm²]

E → E-Modul

ε_s → Schwind- bzw. Quellmaß

Hinweis:
In der Praxis (Betonbau) wird Schwinden näherungsweise durch ΔTG = 15...20° Abkühlung simuliert!

$\varepsilon_s = \alpha_t \cdot \Delta TG$

Kriechen = Spannung konstant, Verformung zunehmend

– siehe Kapitel "Formänderungen"

Verformungszuwachs durch Kriechen

$$\varepsilon_K = \frac{\sigma}{E_b} \cdot \varphi_t$$

φ_t → Kriechzahl Beton

E_b → Spannung und E-Modul Zeitpunkt t = 0

$\frac{\sigma}{E_b}$ → elastische Dehnung σ/E Zeitpunkt t = 0

– zeitabhängige Spannungsänderung durch aufgezwungene Verformung siehe "Relaxation"

– Relaxation

Zeitabhängiger Spannungsabbau

$$\sigma_t = \sigma_0 \cdot \left(1 - \frac{\varphi_t}{1 + \varphi_t \cdot \rho_t}\right)$$

σ_t → Spannung nach der Zeit t (Relaxationszeit)

σ_0 → Spannung bei t = 0 (Beginn der aufgezwungenen Verformung)

ρ_t → Relaxationszahl 0,5...1,0 wasserundurchl. Beton mit w/z = 0,55, $\rho \approx 0{,}60$

φ_t → Kriechzahl Beton

→ Der Beton entzieht sich mit der Zeit der Beanspruchung!

[25]

[5] Hugi:
Einführung in die Statik der Tragkonstruktionen
Zürich: Verlag der Fachvereine Zürich, 1992

- **Spannungen**
  Zug
  Druck
  Einfache Biegung
  Biegung mit Normalkraft
  Schub (Querkraft)
  Doppelbiegung (Schiefe Biegung)
  Doppelbiegung mit Normalkraft
  Zweiachsiger Schub
  Torsion
  Zentrisches Knicken

[6] Galgoczy:
Bemessung von Stahl-, Stahlbeton- und Holzkonstruktionen Band 2
Wiesbaden: Bauverlag, 1972

- **Reine Biegung**
  Stahlkonstruktionen
  Stahlbetonkonstruktionen
  Holzkonstruktionen
- **Schub aus Biegung**
  Verteilung der Schubspannungen
  Stahlkonstruktionen
  Stahlbetonkonstruktionen
  Holzkonstruktionen

[7] Dreyer:
Festigkeitslehre und Elastizitätslehre
Leipzig: Fachbuchverlag, 1952

- **Einfache Festigkeit**
  Grundgesetze
  Zug
  Druck
  Abscheren
  Biegung
  Verdrehung
  Schub
  Knickung
- **Zusammengesetzte Festigkeit**
  Biegung mit Längskraft
  Schiefe Biegung
  Zug/Druck und Schub
  Biegung und Schub
  Biegung und Verdrehung

[14] Wagner, Erlhof:
Praktische Baustatik Teil 2
Stuttgart: Teubner, 1991

- **Beanspruchungen**
  Zug und Druck
  Einfache Biegung
  Abscheren
  Schub bei Biegung
  Torsion
  Doppelbiegung (Schiefe Biegung)
  Hauptspannungen
  Vergleichsspannungen

[17] Mann:
Vorlesungen Statik und Festigkeitslehre
Stuttgart: Teubner, 1986

- **Normalkraftwirkung**
- **Momentenwirkung**
- **Querkraftwirkung**
- **Knicken**
- **Torsion**
- **Hauptspannungen und Trajektorien**

[19] Lohmeyer:
Baustatik Teil 2
Festigkeitslehre
Stuttgart: Teubner, 1991

- **Beanspruchungen**
  Hookesches Gesetz
  Spannungsarten
  Sicherheitsbeiwerte
- **Zug- und Druckspannungen**
- **Scherspannungen**
- **Biegespannungen**
- **Schubspannungen**
- **Torsionsspannungen**
- **Knickspannungen**
- **Spannungen bei Biegung + Längskraft**

Formänderungen (Verzerrungen)

Gesamtheit der Formänderungen an Tragwerken

= Zustandsgrößen neben den Kraftgrößen

innere Verformungen = Verzerrungsgrößen	
– Dehnung, Stauchung – Schiebung (Gleitung) – Krümmung – Drillung	bezogene skalare Größen

äußere Verformungen = Verrückungsgrößen	
– Verschiebungen von Punkten – Verdrehungen von Punkten und Geraden (Tangenten, Sekanten)	absolute oder relative Vektoren

Übersicht

Das Kapitel "Formänderungen" in **PADIA 1** befaßt sich im wesentlichen mit den inneren Verformungen (Verzerrungen).

Die äußeren Verformungen (Verschiebungen und Verdrehungen = Verrückungen) werden in **PADIA 2** tragwerksspezifisch behandelt.
Siehe auch Fachliteratur, wie z.B. [5, 50, 71, 68]

Wichtige Verzerrungsgrößen

Zug

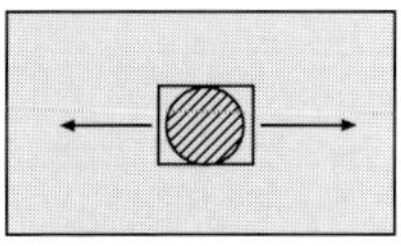

ε Dehnung = $\dfrac{\text{Verlängerung}}{\text{Länge}}$

Druck

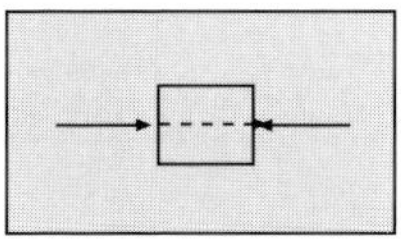

ε_D Stauchung = $\dfrac{\text{Verkürzung}}{\text{Länge}}$

Schub/Scherung

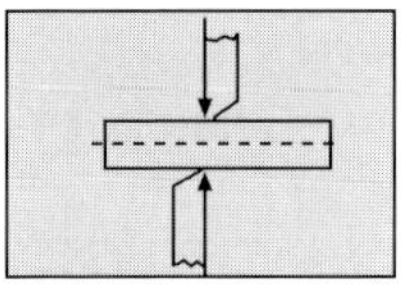

γ Gleitung (Schiebung) = $\dfrac{\text{Verschiebung}}{\text{Länge}}$

Biegung

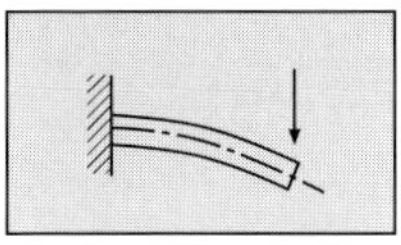

χ Krümmung = $\dfrac{\text{Krümmungswinkel}}{\text{Länge}}$

Torsion

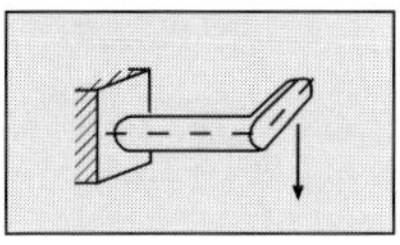

ϑ Drillung = $\dfrac{\text{Verdrehungswinkel}}{\text{Länge}}$

Verrückungsgrößen

Wichtige Verrückungsgrößen

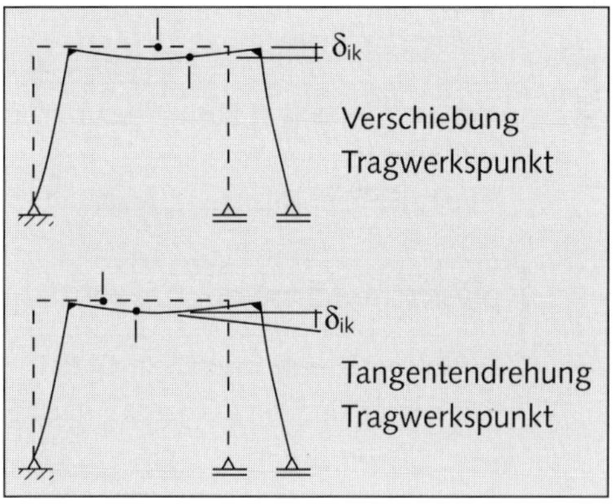

maßgebend in der Praxis
– Durchbiegung
– Auflagerverdrehung

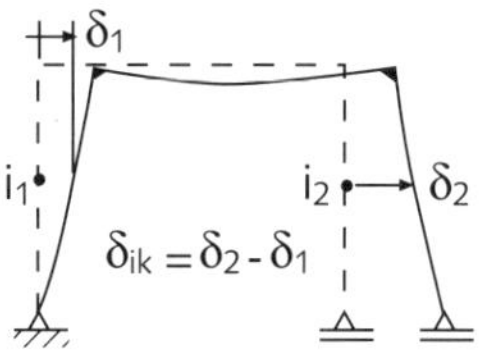

Abstandsänderung zweier Punkte

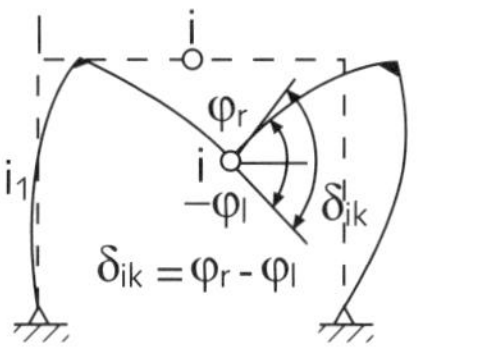

Relativverdrehung zweier Tangenten

[71]

Einteilung nach der Ursache der Formänderung

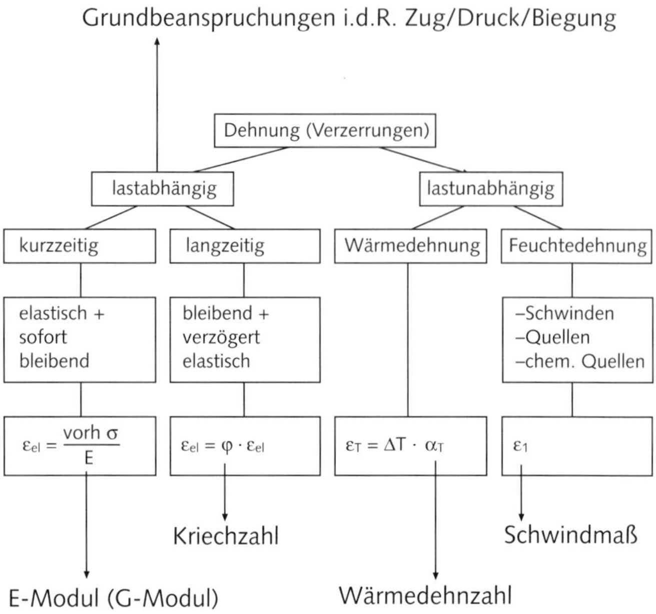

– siehe Kapitel "Baustoffeigenschaften"

[28]

Einteilung nach der Art der Formänderung

elastische Formänderungen

- infolge Belastung (Grundbeanspruchungen)
- infolge Temperatur
- vollständiger Rückgang nach Entlastung

plastische Formänderungen

- infolge hoher Kurzzeitbelastung
- kein vollständiger Rückgang nach Entlastung

zeit- und klimaabhängige Formänderungen

- Schwinden/Quellen = lastunabhängig
  (Holz, Beton, Mauerwerk)
- Kriechen = lastabhängig
  (Beton, Mauerwerk, (Stahl))

Dehnung

Zugbeanspruchung
Geometrische Definition

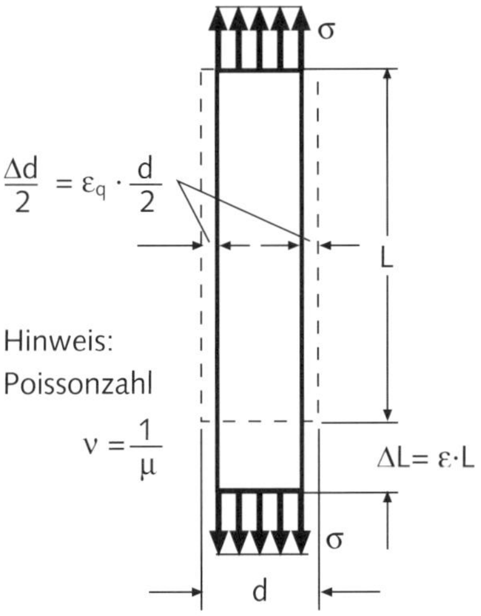

Dehnung

$$\varepsilon = \frac{\Delta L}{L}$$

Querdehnung

$$\varepsilon_q = \frac{\Delta d}{d} = \mu \cdot \varepsilon \quad [-]$$

→ Querdehnzahl siehe Kapitel "Baustoffeigenschaften"

Stauchung

Druckbeanspruchung
Geometrische Definition

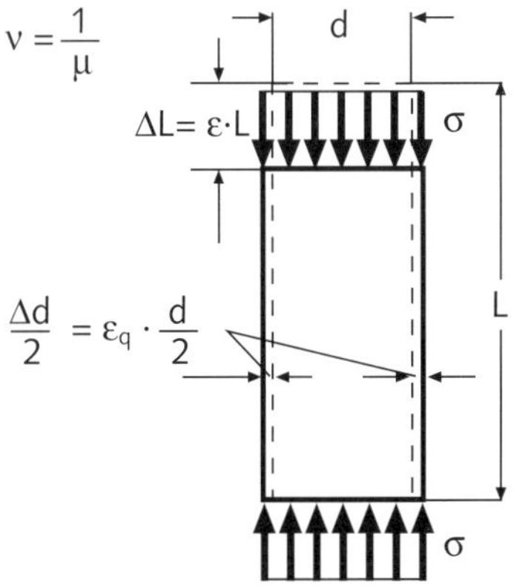

Stauchung (Verkürzung)

$$\varepsilon = \frac{\Delta L}{L}$$

Querstauchung (Dehnung)

$$\varepsilon_q = \frac{\Delta d}{d} = \mu \cdot \varepsilon \quad [-]$$

→ Querdehnzahl

→ $\mu = \frac{\varepsilon_q}{\varepsilon}$

[14]

Dehnsteifigkeit

Kraft-Verformungs-Definition

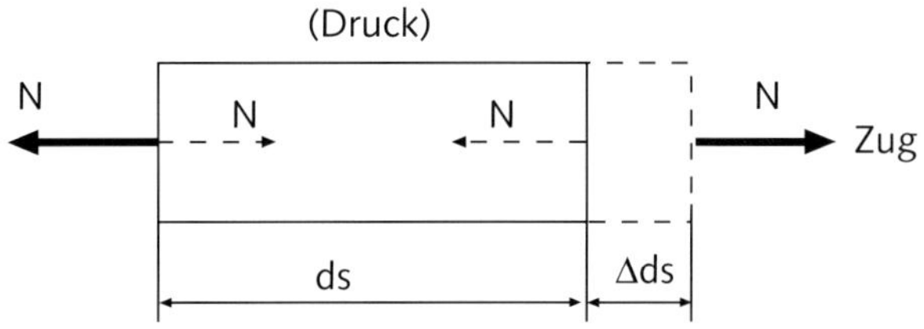

Dehnung (Stauchung)

$$\Delta ds = \varepsilon \cdot ds = \frac{N}{E \cdot A} \cdot ds \quad [mm]$$

E-Modul

Querschnittsfläche

Dehnsteifigkeit E·A [N/mm²]

Dehnungen

siehe **PADIA 2**

In der Praxis sind insbesondere Dehnungsdifferenzen wegen der damit verbundenen Rißgefahr interessant, z.B.

- vertikale Dehnungsdifferenz zwischen Innen- und Außenmauerwerk
- horizontale Dehnungsdifferenz zwischen Dachdecke und Wänden

Dabei sind Dehnungen infolge Last, Temperatur und Kriechen/Schwinden zu beachten!
(siehe Tafeln "spezielle Beispiele"

Querdehnung

längs	Zug: Dehnung	Druck: Stauchung

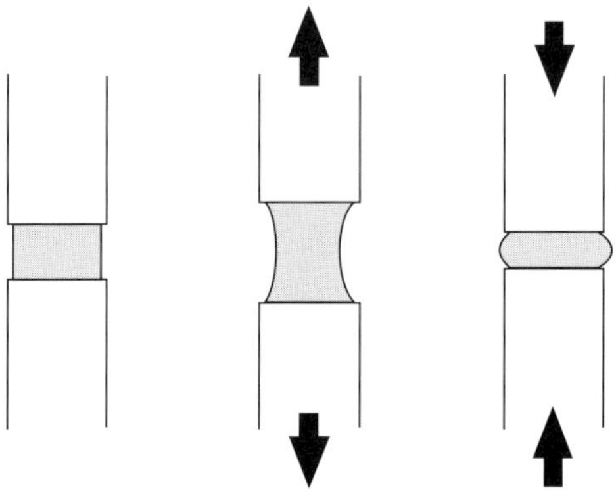

quer	Stauchung Einschnürung	Dehnung Wulstung

z.B. Zugbeanspruchung:

Längsrichtung ε : Dehnung

Querrichtung ε_q : Querdehnung (Stauchung)

Querdehnzahl μ: $\dfrac{\text{Querdehnung } \varepsilon_q}{\text{Dehnung } \varepsilon}$

↓

siehe Kapitel "Baustoffeigenschaften"

Querdehnung

Steigerung der Tragfähigkeit durch Behinderung der Querdehnung!

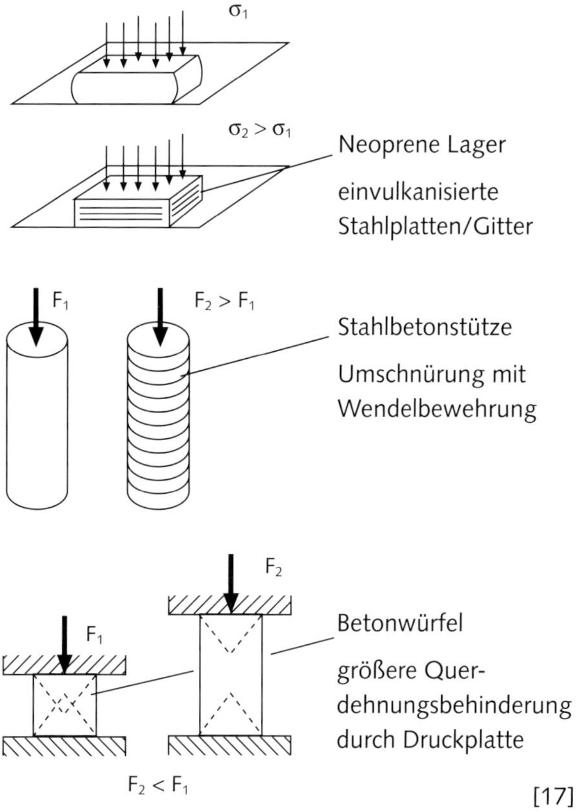

[17]

Beanspruchung durch Biegemoment
Geometrische Definition

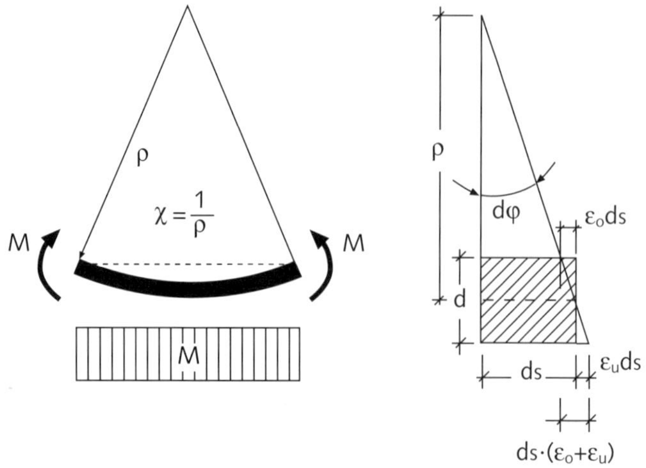

Ähnlichkeit der Dreiecke $\frac{ds}{\rho} = \frac{ds \cdot (\varepsilon_o + \varepsilon_u)}{d} = d\varphi$

Krümmung

$$\chi = \frac{1}{\rho} = \frac{d\varphi}{ds} = \frac{\varepsilon_o + \varepsilon_u}{d} \quad \left[\frac{rad}{m}\right]$$

Biegesteifigkeit

Kraft-Verformungs-Definition

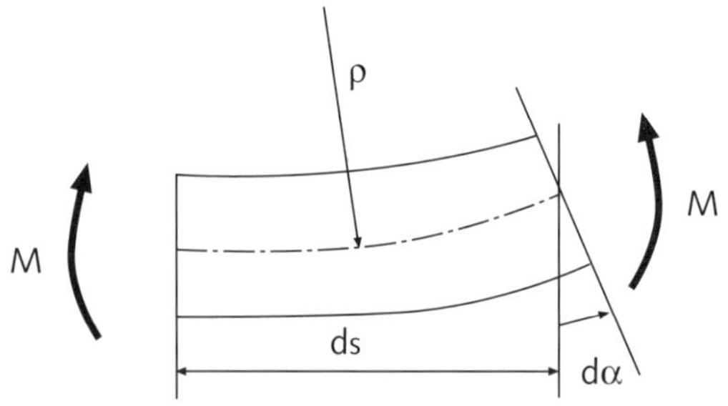

Krümmung $\chi = 1/\rho$

$$d\alpha = \frac{1}{\rho} \cdot ds = \frac{M}{E \cdot J} \cdot ds = \chi \cdot ds$$

E-Modul ← E; J → axiales Flächenmoment II.O. (Trägheitsmoment); E · J → Biegesteifigkeit

Schiebung/Gleitung

Beanspruchung durch Querkraft
Geometrische Definition

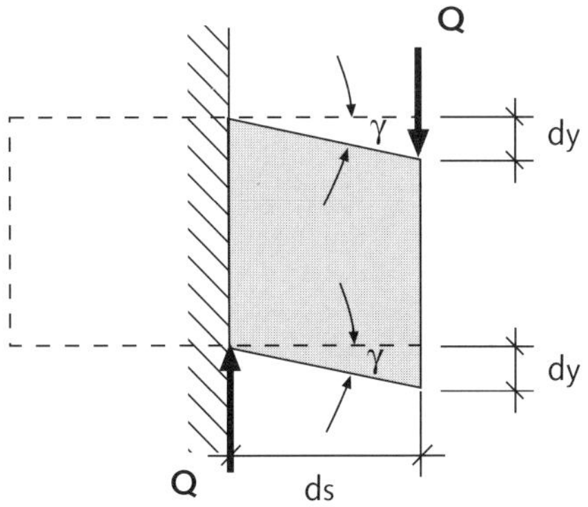

Schiebung/Gleitung

$$\gamma = \frac{dy}{ds} \quad \text{[rad]}$$

– Winkeländerung in Bogenmaß

Schubsteifigkeit

Kraft-Verformungs-Definition

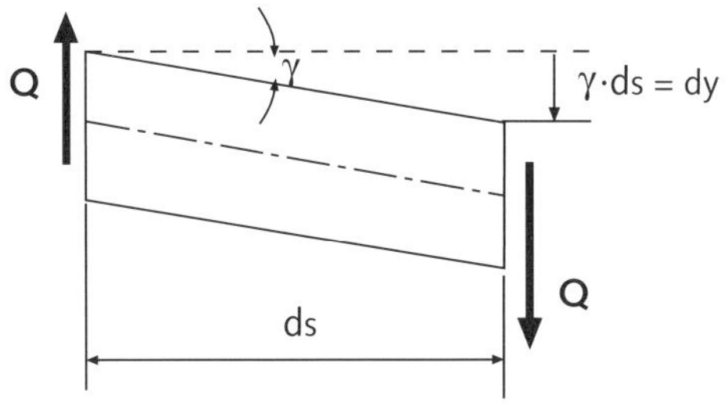

Schiebung/Gleitung

$$dy = \gamma \cdot ds = \frac{Q}{G \cdot A'} \cdot ds$$

Gleitmodul

$$G = \frac{E}{2(1+\mu)}$$

Schubfläche reduziert!
– Schubspannung nicht gleichmäßig über Fläche

Schubsteifigkeit

Ermittlung mit Schubverteilungszahl κ

(Näherung für nicht gleichmäßige τ-Verteilung)

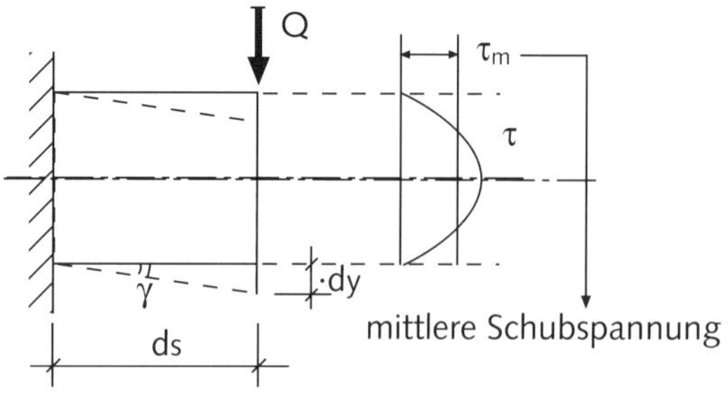

Gleitung

$$\gamma = \frac{\kappa \cdot Q}{G \cdot A} = \frac{dy}{ds} \qquad \tau_m = \frac{\kappa \cdot Q}{A}$$

Schubverteilungszahl	κ
Rechteck	$\kappa = 1{,}2$
Vollkreis	$\kappa = 1{,}185$
I -Querschnitt	$\kappa = A/A_{Steg}$

[14]

Schiebung/Gleitung

Ermittlung mit Formfaktor K

(Näherung für nicht gleichmäßige τ-Verteilung)

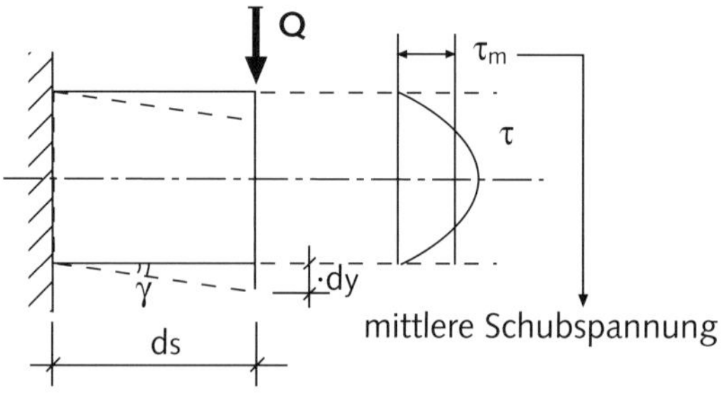

Gleitung

$$\gamma = \frac{Q}{G \cdot A'} = \frac{dy}{ds} \qquad \tau_m = \frac{Q}{A'} = \frac{Q}{K \cdot A}$$

A' = K · A: "reduzierte" Querschnittsfläche

K = Formfaktor = α_Q in [71]

für  $K = \frac{5}{6}$ $\quad A' = \frac{5}{6} \cdot A$ (ohne Beweis)

für 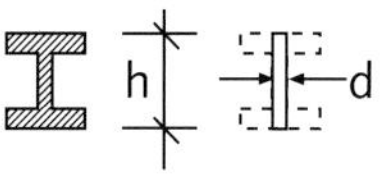

$A' \approx h \cdot d$ (ohne Beweis)

[5]

Beanspruchung durch Torsionsmoment
Geometrische Definition

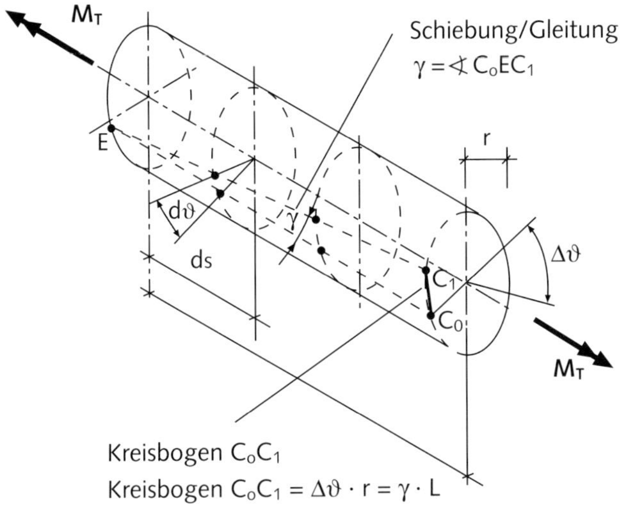

Kreisbogen C_0C_1
Kreisbogen $C_0C_1 = \Delta\vartheta \cdot r = \gamma \cdot L$

Drillung

$$\vartheta = \frac{d\vartheta}{ds} = \frac{\vartheta}{r} \qquad \left[\frac{rad}{m}\right]$$

Gesamtverdrehung $\Delta\vartheta = \vartheta \cdot L$

Drillsteifigkeit

(Torsionssteifigkeit)
Kraft-Verformungs-Definition

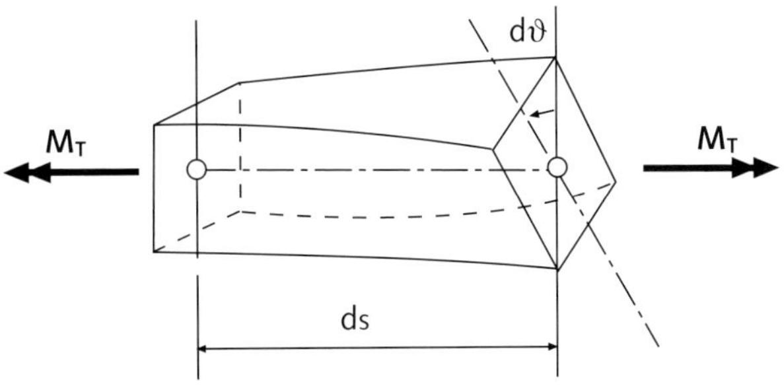

Drillung

$$d\vartheta = \vartheta \cdot ds = \frac{M_T}{G \cdot J_T} \cdot ds$$

Gleitmodul/Schubmodul (G) – Torsionsträgheitsmoment (J_T) – Torsionssteifigkeit ($G \cdot J_T$)

Langzeitige Formänderungen infolge Grundbeanspruchungen

in Praxis wichtig in Stahlbeton-/Spannbetonbau

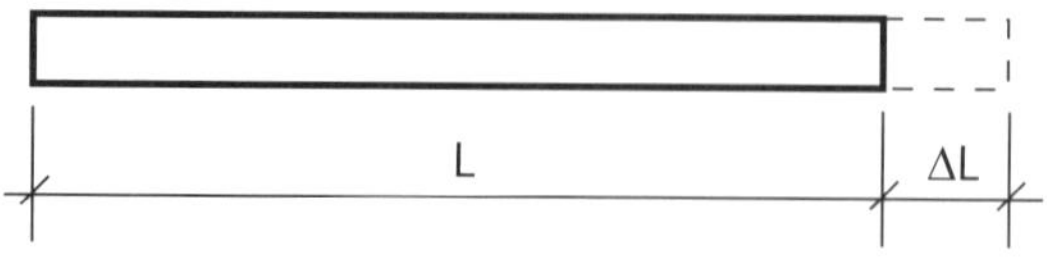

elastische Dehnung (FÄ)

Kriechmaß
Kriechdehnung

$$\varepsilon_K = \varphi \cdot \varepsilon_{EL} = \varphi \cdot \frac{\sigma}{E}$$

$$\Delta L = \varepsilon_K \cdot L = \varphi \cdot \frac{\sigma}{E} \cdot L$$

→ Kriechzahl siehe "Baustoffeigenschaften"

→ Zug: Verlängerung
Druck: Verkürzung

Zeitabhängiges Spannungs-Dehnungsverhalten (z.B. Beton)

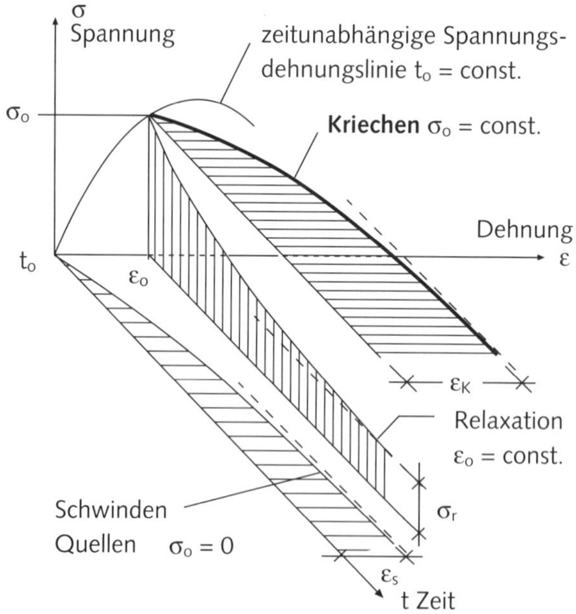

Gesamtdehnung

$$\varepsilon(t) = \varepsilon_{EL} + \varepsilon_K(t) + \varepsilon_s(t) = \frac{\sigma}{E}(1 + \varphi(t)) + \varepsilon_s(t)$$

elastisch; → Kriechanteil; → Schwindanteil [71]

Verlängerung/Verkürzung

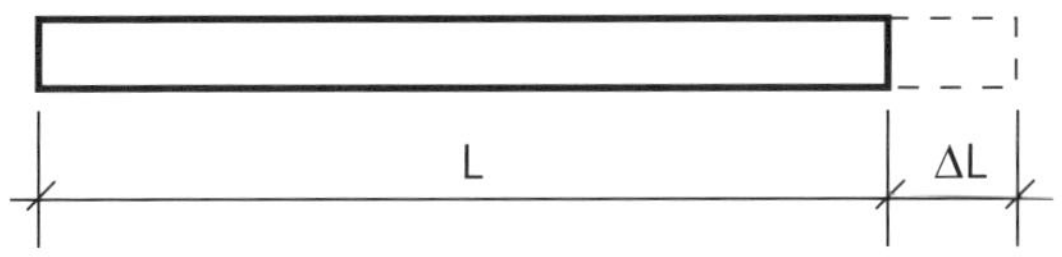

gleichförmige Temperaturänderung

Dehnung

$$\varepsilon_t = \alpha_t \cdot \Delta T$$

$$\Delta_L = \varepsilon_t \cdot L = \alpha_t \cdot \Delta T \cdot L$$ [mm]

→ Wärmedehnzahl siehe "Baustoffeigenschaften"

Erwärmung: Verlängerung
Abkühlung: Verkürzung

– siehe auch "Spannungen" $\sigma_t = E \cdot \alpha_t \cdot \Delta T$

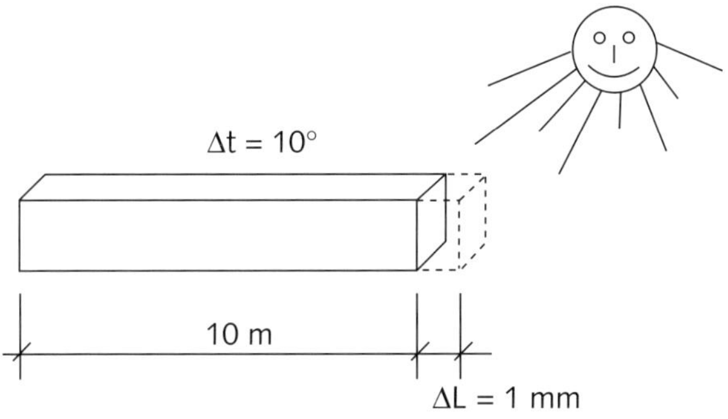

Faustwerte für übliche Baustoffe

10 m Länge 10° Δt	→ 1 mm ΔL

für Entwurfsaufgaben/Fugendimensionierung

Verformungsprinzip unter Δt

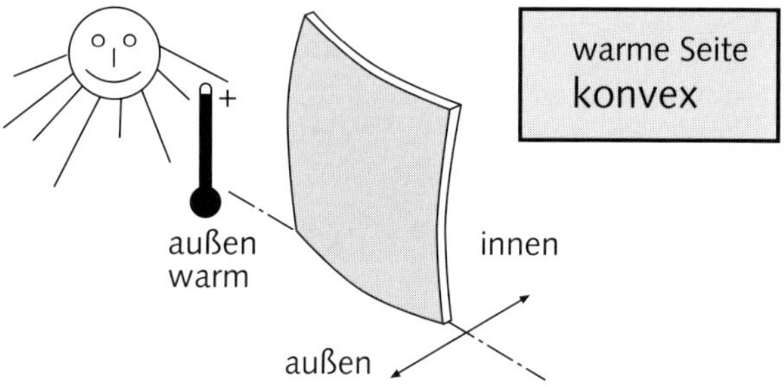

warme Seite länger
kalte Seite kürzer

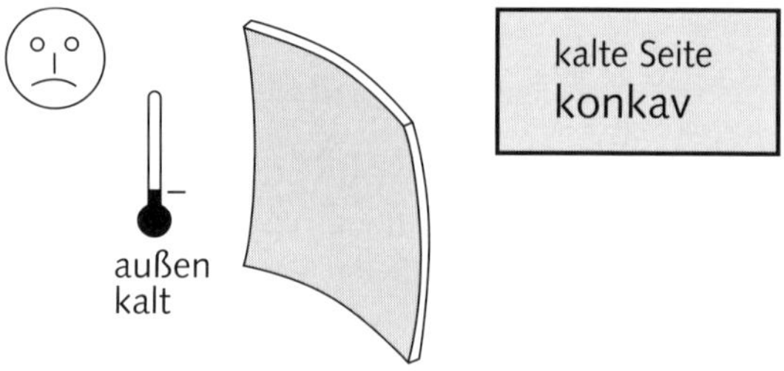

Drehwinkel am Balkenelement (lineare Temperaturverteilung)

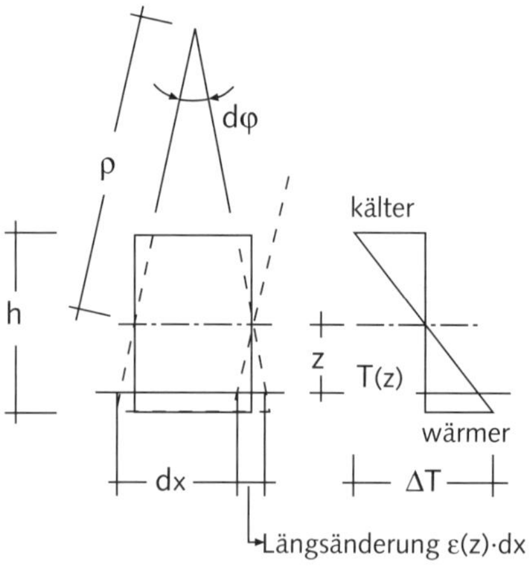

Dehnung

$$\varepsilon(z) = \alpha_T \cdot T(z) = \alpha_T \cdot \frac{\Delta T}{h} \cdot z$$

Krümmung

$$\chi_T = \alpha_T \cdot \frac{\Delta T}{h}$$

[71]

Verwölbung Betonplatte – Prinzip

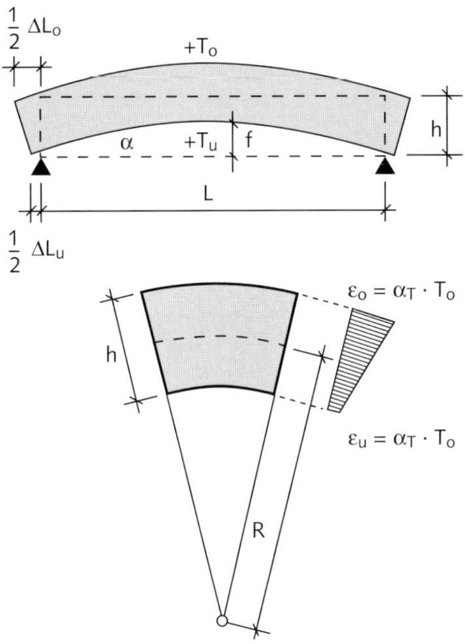

keine Verformungsbehinderung

Krümmung in der Mitte: $\frac{1}{R} \approx \frac{8f}{L^2}$; $\frac{1}{R} \approx \frac{\Delta\varepsilon}{h}$

$$f \approx \frac{\Delta\varepsilon \cdot L^2}{8 \cdot h}$$

mit $\Delta\varepsilon = \alpha_T \cdot (T_o - T_u)$

Verwölbung Betonplatte – kritische Länge

z.B. infolge Sonneneinstrahlung, Heizen in einer Halle

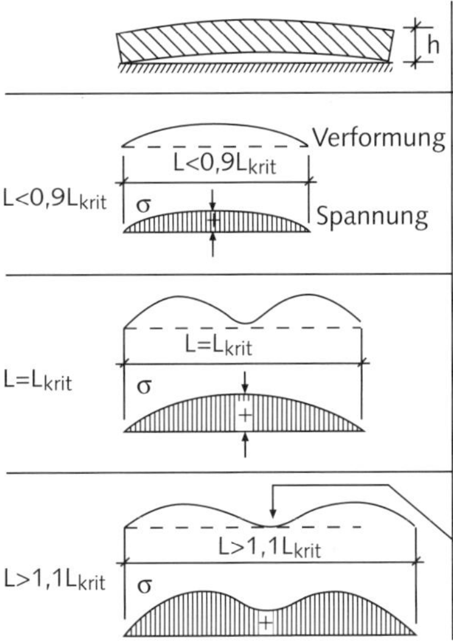

warme Seite konvex

reduzierte Spannung

L_{krit} für Platten

quadratisch	rechteckig
$L/b = 0,8\ldots1,25$	$L/b < 0,8$ und $L/b < 1,25$
$L_{krit} \approx 37\ h$	$L_{krit} \approx 33\ h$

Zurückbiegen infolge Eigen- und Verkehrslasten

max. Spannung für $L \geq L_{krit}$!

[80]

Verwölbung Betonplatte – Beispiel

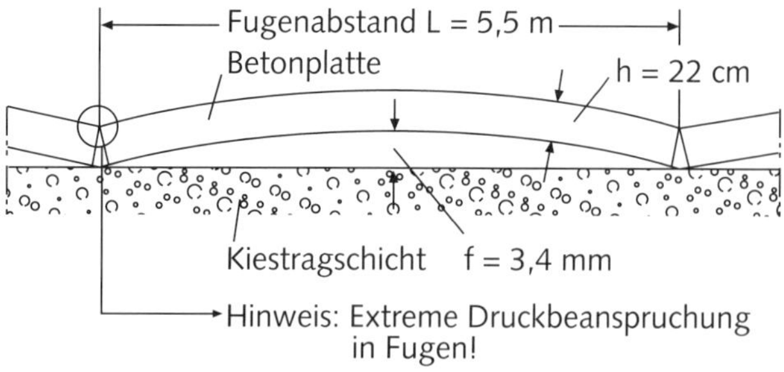

Sonneneinstrahlung $T_{oben} = 35°$ $\Delta T = 20°$

$T_{unten} = 15°$

$$f \approx \alpha_T \frac{\Delta T}{h} \frac{L^2}{8} = 0{,}010 \cdot \frac{20}{0{,}22} \cdot \frac{5{,}5^2}{8} = 3{,}4 \text{ mm}$$

[19]

[80]

Wirkung von Δt bei Verformungsbehinderung

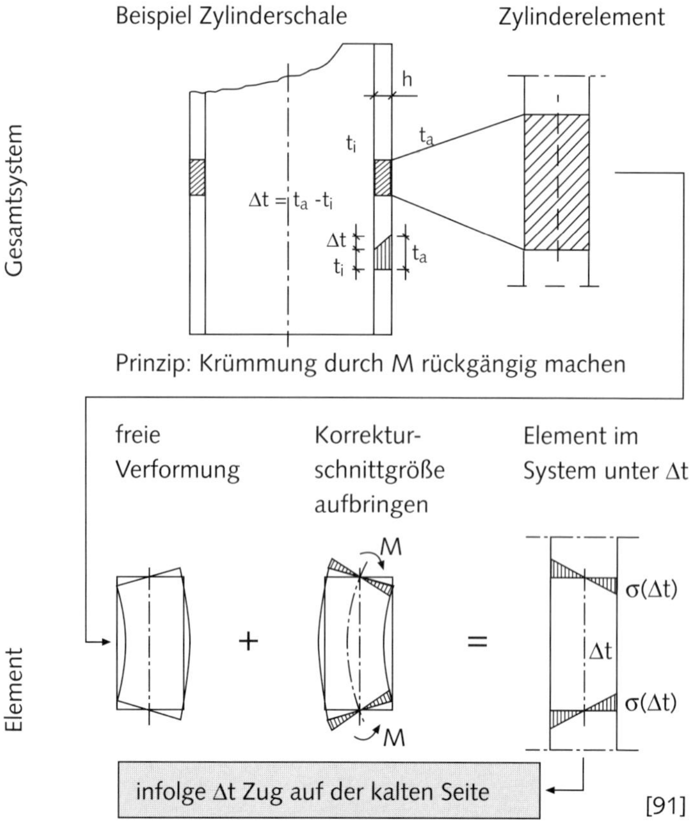

[91]

Verkürzung/Verlängerung

→ Beton

Hinweis: In der Praxis wird Schwinden oft durch eine Abkühlung von 15...20° C simuliert!

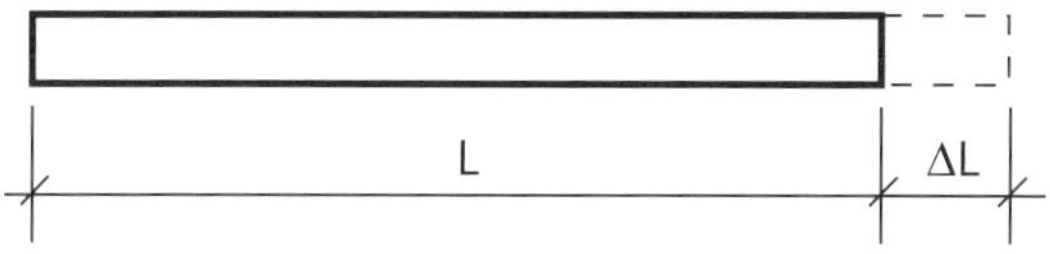

Schwindmaß
Quellmaß

ε_s → siehe "Baustoffeigenschaften"

$\Delta L = \varepsilon_s \cdot L$ [mm]

Schwinden: Verkürzung (Wasserabgabe)
Quellen: Verlängerung (Wasseraufnahme)

– siehe auch "Spannungen" $\sigma_s = \varepsilon_s \cdot E$

Schwinden

Faustformel für Schwindmaß Beton

siehe auch Kapitel "Baustoffeigenschaften"

Haupteinflußgrößen:
1. Zementgehalt
2. Wasserzementwert

Schwindmaß nach Rybicki
"Bauschäden", Werner Verlag

$\varepsilon_s = 1{,}35 \cdot \left(\frac{W}{Z}\right)^2$ [‰] = [mm/m]

→ für 300 kg Zement pro m^3 Beton
→ je 10 kg Erhöhung $\Delta\varepsilon_s = +\ 10\%$

Beispiel: Beton 350 kg Zement pro m^3; w/z = 0,60

$\varepsilon_s = 1{,}35 \cdot 0{,}60^2 + 50\%$

$\varepsilon_s = 0{,}49 \cdot 1{,}5 = 0{,}73‰ = 0{,}73$ mm/m

Geradlinige Längenänderung – allgemein

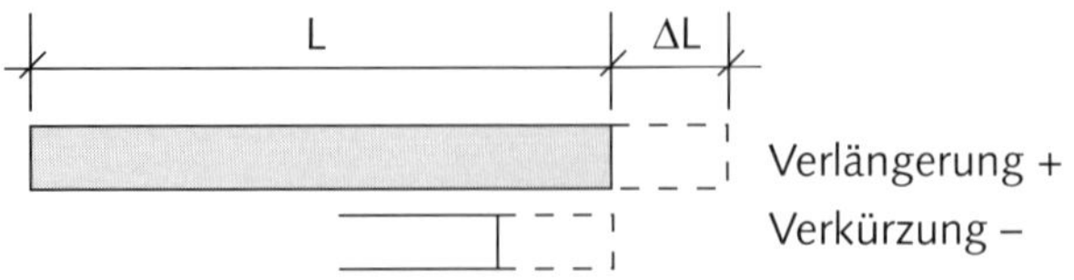

$$\Delta L = \pm\, \varepsilon \cdot L$$

Ausgangswert jeder FÄ-Berechnung

lineare Dehnung je nach Beanspruchung des Elementes:

$\varepsilon_{elastisch} = \frac{\sigma}{E}$ → elast. Dehnung infolge Last

$\varepsilon_{Temperatur} = \alpha_t \cdot \Delta T$ → Dehnung infolge Temperaturdifferenz

$\varepsilon_{schwinden/quellen}$ → Dehnung infolge Wasserabgabe/Aufnahme

$\varepsilon_{kriechen}$ → Dehnung infolge langzeitig wirkender Last

Geradlinige Längenänderung – Praxis

$$\Delta L = \varepsilon \cdot L \cdot D$$

Materialdefektfaktor

Reduzierung der Dehnung durch Änderungen in der Mikrostruktur einiger Baustoffe

Material	Faktor D	Bemerkung
Stahl, Alu, Zink bzw. andere Metalle	1	unter Annahme kontinuierlicher kraftschlüssiger Verbindung, keiner Faltung oder Biegung
Beton > Bk25	1	monolithisch ohne Fugenunterbrechung
Beton < Bk25	0,9	monolithisch ohne Fugenunterbrechung
Leichtbeton	0,8	monolithisch ohne Fugenunterbrechung
Beton als Fertigteil	0,8	aus Einzelelementen, mit starren Fugen aneinandergereiht
Ziegelmauerwerk mit Fugen		
aus Zementmörtel	0,7	
aus Kalkzementmörtel	0,6	
aus Kalkmörtel	0,5	
Außenputz MG III	0,6	
Außenputz MG II	0,5	

Hinweis: Ähnlicher Effekt wie die Reduzierung der Biegesteifigkeit E · J durch Risse im Beton

[80]

Verzerrungen an Verformungslagern

spezielle Fest-/Gleitlager für komplexe Verformungen

Stützgröße | **Verformungsgröße**

Vertikalkraft (Druck)

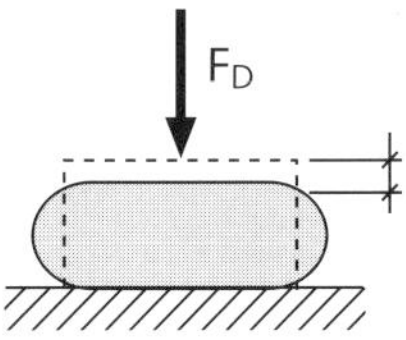

Stauchung
Querdehnung

Horizontalkraft

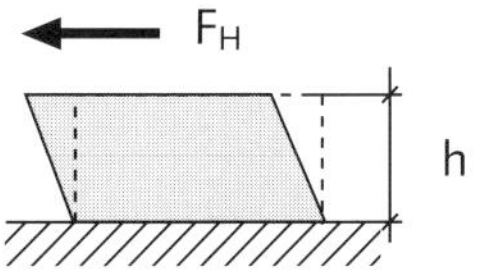

Gleitung
Schiebung

Moment

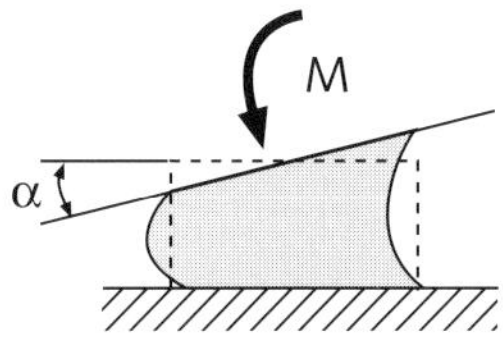

Verdrehung

Verzerrungen an Fugenmaterialien

Beanspruchung | **Verformungsgröße**

Ausgangslage

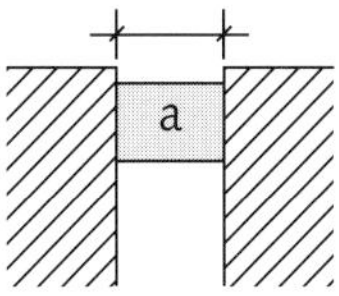

–

Druck

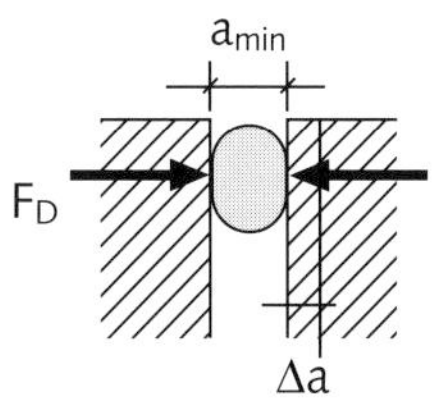

Stauchung
Querdehnung

Zug

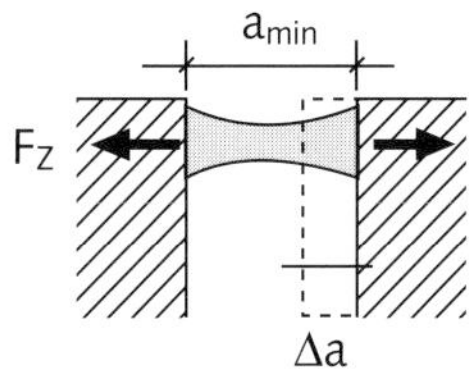

Dehnung
Querstauchung

Scheren

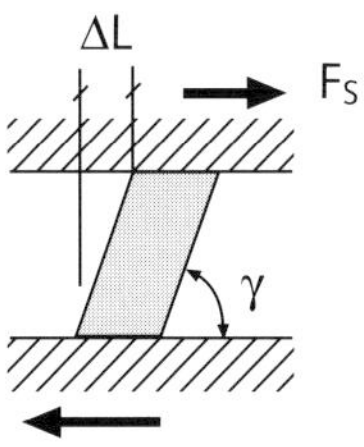

Gleitung
Schiebung

Gleitung Wandbau infolge Δt – Fugenabstand

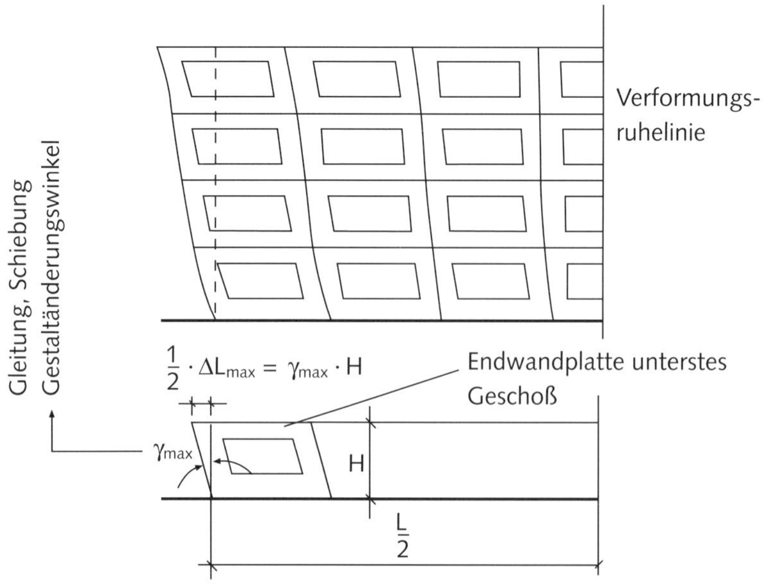

Fugenabstand

$$\text{max. } L = \frac{2 \cdot \gamma_{max} \cdot H}{K \cdot \alpha_1 \cdot \Delta t}$$

γ_{max} → max. Gleitung ohne Risse $\frac{1}{600} \dots \frac{1}{2000}$

K → Verformungsbeiwert

Spezielle Beispiele

Gleitung Wandbau – Beiwert K

Wandplattenform	K-Wert in Abhängigkeit vom E-Modul der Wandplatten	
	E-Modul klein, z.B. Leichtbeton	E-Modul groß, z.B. Schwerbeton
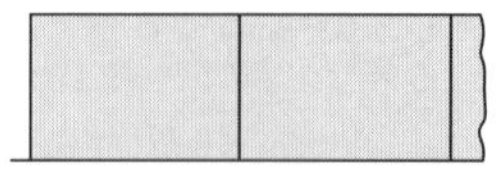	0,80…0,89	0,83…0,95
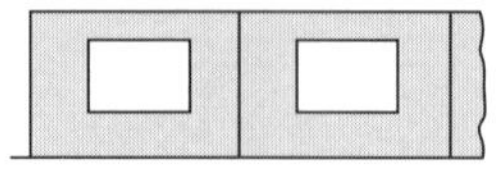	0,78…0,84	0,80…0,92
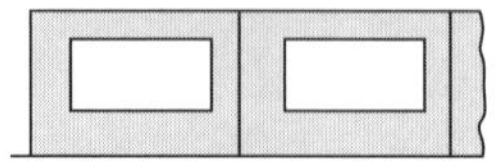	0,77…0,82	0,79…0,89
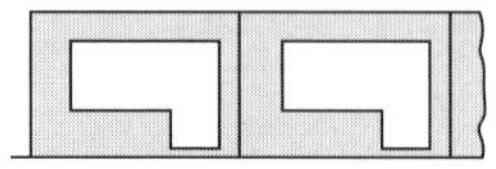	0,77…0,82	0,79…0,89
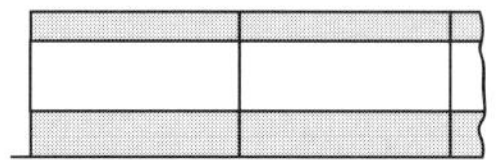	0,76…0,81	0,78…0,88

[80]

Spezielle Beispiele

Horizontale Verformungsdifferenzen Wand – Decke

Deckenverkürzung

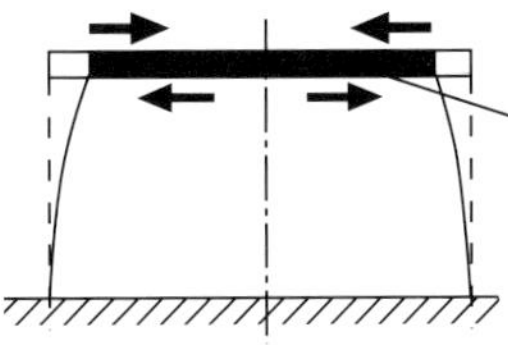

Schwinden/Abkühlen Decke

evtl. HZ-Risse an den Rändern

Deckenverlängerung

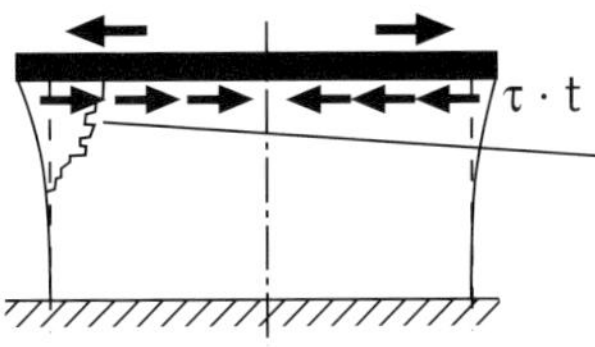

Erwärmung Decke

meist diagonale Scherrisse in der Wand

Wandverkürzung

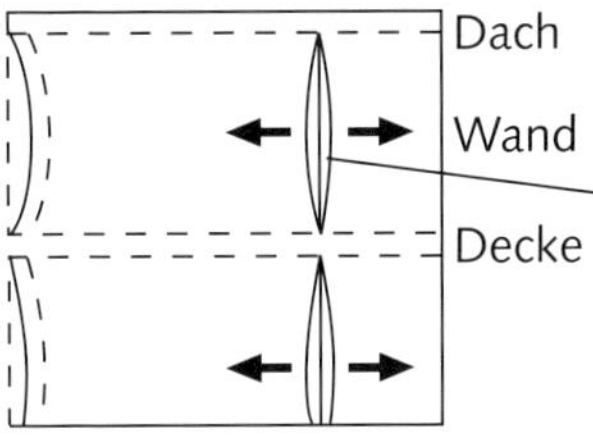

Schwinden Wand

Vertikalrisse in der Wandmitte

Spezielle Beispiele

Vertikale Verformungsdifferenzen Innen-/Außenwand

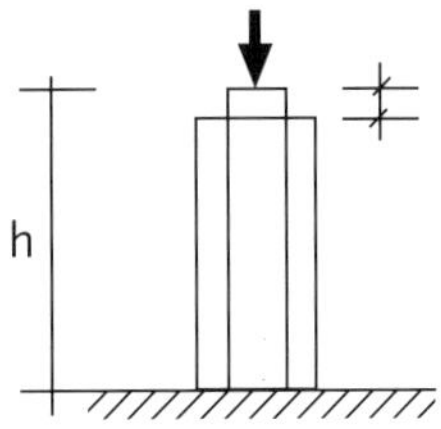

$\Delta h = \Delta\varepsilon_v \cdot h$

Dehnungsdifferenz $\Delta\varepsilon_v$
Außenwände – Innenwände
ges ε_A ges ε_i

Last/Druck

$\text{ges}\ \varepsilon_D = \frac{\sigma_D}{E} \cdot 10^3$

Temperatur

$\varepsilon_T = \pm\, \alpha_T \cdot \Delta T$

Gesamtverformung

$\text{ges}\ \varepsilon = \varepsilon_D + \varepsilon_T + \varepsilon_s + \varepsilon_k$

Schwinden

ε_s

Kriechen

$\varepsilon_k = \varphi \cdot \frac{\sigma_D}{E} \cdot 10^3$

Dehnungsdifferenz/Stauchungsdifferenz

$\Delta\varepsilon_v = \text{ges}\ \varepsilon_A - \text{ges}\ \varepsilon_i$

$\Delta\varepsilon_v \leq 0{,}30$ mm/m !

Höhendifferenz

$\Delta h = \Delta\varepsilon \cdot h$

Verformungsdifferenz Wand-Decke bzw. Dachdecke – Geschoßdecke infolge Δt

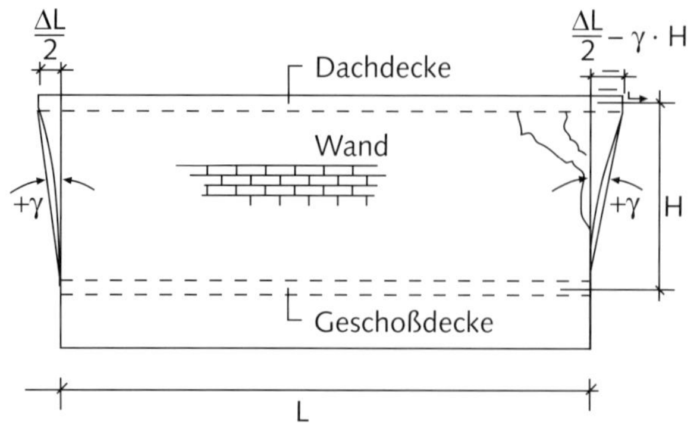

Gleitung = Verschiebungswinkel

$$\gamma = \frac{L}{2 \cdot h} \cdot \alpha_T \cdot D\,(t_o - t_u) \leq 1/2500$$

- α_T: Wärmedehnzahl
- D: Materialdefektfaktor 0,5…1,0 (siehe Tafel geradlinige Längenänderung)
- t_o: Temperatur Dachdecke
- t_u: Temperatur Geschoßdecke

Verformungsdifferenz Wand-Decke infolge Schwinden und Δt

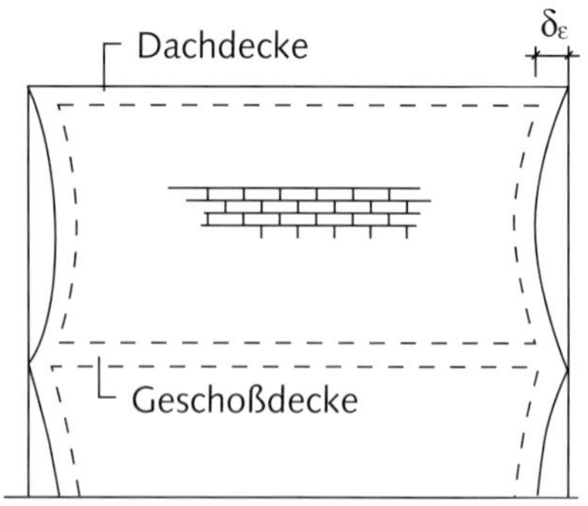

α_t Wärmedehnzahl Decken
α_{tw} Wärmedehnzahl Wand

Dehnungsdifferenz Wand – Decke

$$\delta_\varepsilon = D \cdot \varepsilon_{SD} - D \cdot \varepsilon_{SW} + \frac{D}{2}\,\alpha_t\,(t_D + t_u - 2t_o) - D \cdot \alpha_{tw} \cdot (t_w - t_o)$$

- D: Materialdefektfaktor 0,5…1,0
- ε_{SD}: Schwindmaß Decken Dach = Geschoß
- ε_{SW}: Schwindmaß Wand
- t_w: Temperatur Wand
- t_o: Herstellungstemperatur
- t_u: Temperatur Geschoßdecke
- t_D: Temperatur Dachdecke

[80]

Zulässige Dehnungsdifferenzen zur Rißvermeidung

zul. $\Delta\varepsilon$ vertikal

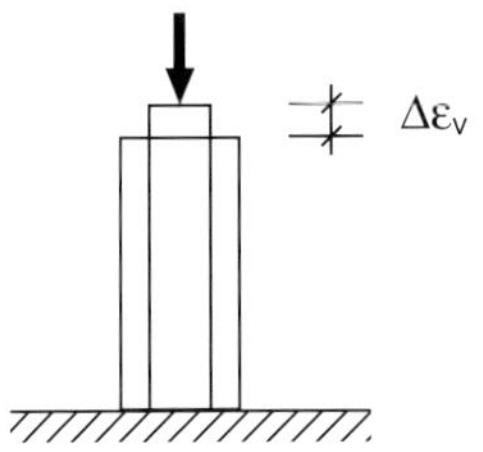

z.B. zwischen Außenwänden und Innenwänden

Faustwert aus Praxis

$$\Delta\varepsilon_v \leq 0{,}30 \text{ mm/m}$$

zul. $\Delta\varepsilon$ horizontal

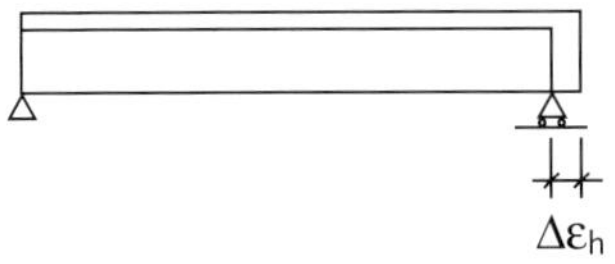

z.B. zwischen Dachdecke und Wänden

DIN 18530

$\Delta\varepsilon_h \leq -0{,}40$ mm/m	bei Verkürzung
$\leq 0{,}20$ mm/m	bei Verlängerung

Vertikale Dehnungsdifferenz Wände – Beispiel

(1/1)

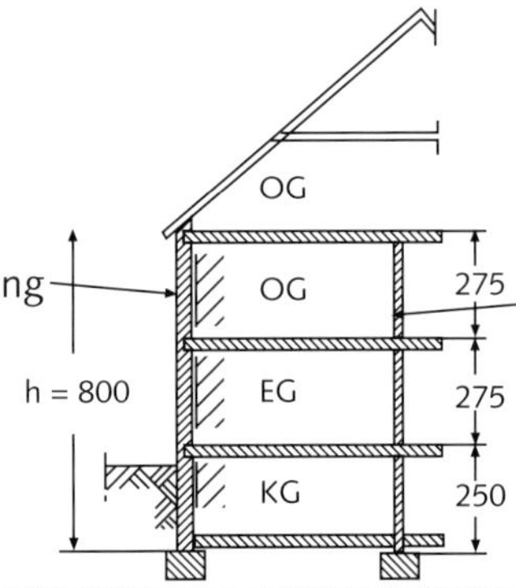

$$\text{ges } \varepsilon = \varepsilon_D + \varepsilon_T + \varepsilon_s + \varepsilon_k$$

- ε_D: Auflast (Druckspannung)
- ε_T: Temperatur
- ε_s: Schwinden
- ε_k: Kriechen

Dehnungsdifferenz zwischen Außen- und Innenmauerwerk in vertikaler Richtung	$\text{vorh}\Delta\varepsilon_v = \text{ges}\varepsilon_a - \text{ges}\varepsilon_i = 0{,}16 + 0{,}37 = 0{,}53$ mm/m $\text{zul}\Delta\varepsilon_v = 0{,}30$ mm/m
Höhendifferenz zwischen Außen- und Innenmauerwerk für die gesamte Gebäudehöhe h=8,0 m	$\Delta h = \Delta\varepsilon_v \cdot h = 0{,}53 \cdot 8{,}0 = 4{,}2 \text{ mm} \approx 3{,}5 \text{ mm}$

vorh. ε > zul. ε ⟶ es entstehen Risse! [19]

Vertikale Formänderung Außenmauerwerk – Beispiel (1/2)

Einflüsse und Auswirkungen	Außenmauerwerk aus Ziegelsteinen Mz12, MGIIa
Druckspannung Temperaturdifferenz Wärmedehnzahl Elastizitätsmodul Endschwindmaß Endkriechzahl	$\sigma_a = -0{,}2\ N/mm^2$ $\Delta T = +20\ K$ $\alpha_T = 0{,}006\ mm/(m \cdot K)$ $E = 6000\ N/mm^2$ $\varepsilon_s = +0{,}1\ mm/m$ $\varphi_\infty = 0{,}75$
Temperaturdehnung	$\varepsilon_T = + \alpha_T \cdot \Delta T = +0{,}006 \cdot 20 = +0{,}12\ mm/m$
Schwinden	$\varepsilon_s = 0{,}1\ mm/m$
Druck und Kriechen	$\varepsilon_{O+k} = (1+\varphi_\infty) \cdot \frac{\sigma}{E} \cdot 10^3$ $\varepsilon_{O+k} = (1+0{,}75) \cdot \frac{-0{,}2}{6000} \cdot 10^3 = -0{,}06\ mm/m$
Gesamtdehnung	$ges\ \varepsilon = \varepsilon_D + \varepsilon_T + \varepsilon_s + \varepsilon_k = +0{,}16\ mm/m$
	Verlängerung

Spezielle Beispiele

Vertikale Formänderung Innenmauerwerk – Beispiel (1/3)

Einflüsse und Auswirkungen	Innenmauerwerk aus Kalksandsteinen KSL12, MGIIa
Druckspannung Temperaturdifferenz Wärmedehnzahl Elastizitätsmodul Endschwindmaß Endkriechzahl	$\sigma_i = -0{,}4\ N/mm^2$ $\Delta T = 0$ $\alpha_T = 0{,}008\ mm/(m \cdot K)$ $E = 6000\ N/mm^2$ $\varepsilon_s = -0{,}2\ mm/m$ $\varphi_\infty = 1{,}5$
Temperaturdehnung	$\varepsilon_T = 0$
Schwinden	$\varepsilon_s = -0{,}2\ mm/m$
Druck und Kriechen	$\varepsilon_{O+k} = (1+\varphi_\infty) \cdot \frac{\sigma}{E} \cdot 10^3$ $\varepsilon_{O+k} = (1+1{,}5) \cdot \frac{-0{,}4}{6000} \cdot 10^3 = -0{,}17\ mm/m$
Gesamtdehnung	$ges\ \varepsilon = \varepsilon_D + \varepsilon_T + \varepsilon_s + \varepsilon_k = -0{,}37\ mm/m$
	Verkürzung

[5] Hugi:
Einführung in die Statik der Tragkonstruktionen
Zürich: Verlag der Fachvereine Zürich, 1992

- **Verformungen von Stabwerken**
  infolge Normalkraft
  infolge Biegung
  infolge Schub
  infolge Torsion
- **Die Arbeitsgleichung**
  Arbeit der äußeren Kräfte
  Arbeit der inneren Kräfte
  Prinzip der virtuellen Verschiebungen
  Berechnung von Formänderungen

[44] Dankert:
Technische Mechanik
Stuttgart: Teubner, 1994

- **Verformungen durch Biegemomente**
  Differentialgleichung der Biegelinie
  Integration der Differentialgleichung
  Randbedingungen
  Differenzenverfahren
- **Formänderungsenergie**
  Arbeitssatz
  Formänderungsenergie für Grundbeanspruchungen
- **Prinzipien der Mechanik**
  Prinzip der virtuellen Arbeit
  Prinzip vom Minimum des elastischen Potentials u.a.

[50] Rothe:
Statik der Stabtragwerke
Band 1
Berlin: Verlag für Bauwesen, 1965

- **Elastische Formänderungsarbeit**
  Arbeit der inneren Kräfte
  Arbeit der äußeren Kräfte
  Prinzip der virtuellen Verrückungen
  Prinzip der virtuellen Kräfte
  Formänderungsarbeit des Stabwerkes

Standsicherheit

Standsicherheit (Lagesicherheit)

- Sicherung des stabilen Gleichgewichtes des Bauwerkes und aller Bauwerksteile
- keine Bewegung bei Einwirkung von Kräften (Lasten)
- problemlose Ableitung aller HZ- und V-Kräfte in den Baugrund

Teilprobleme der Standsicherheit (allgemein)

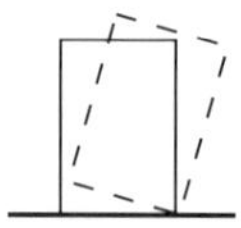

Kippen

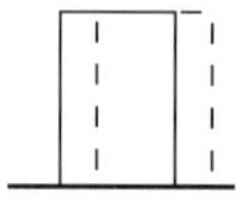

Gleiten

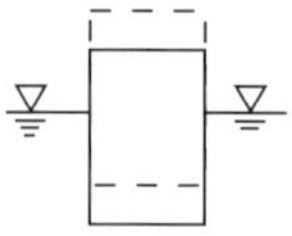

Auftrieb

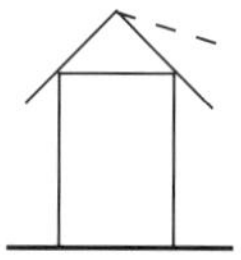

Abheben
(Wind)

Teilprobleme der Standsicherheit (Gründungen)

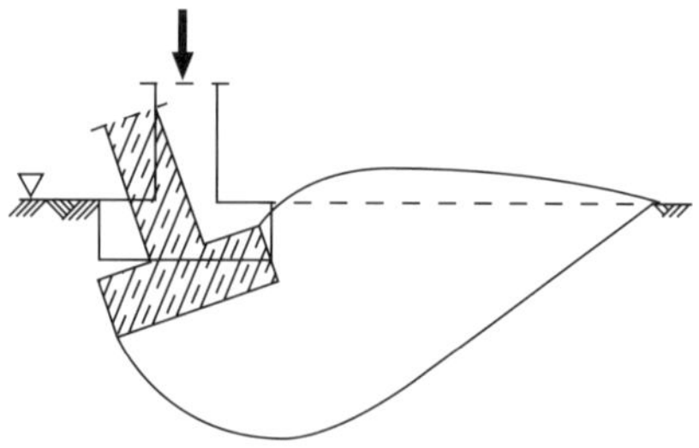

Grundbruch
Gleiten der Erdkörper unter Flächengründung.
Nur, wenn zulässige Bodenpressung überschritten wird!

Böschungsbruch
Abrutschen der Böschung

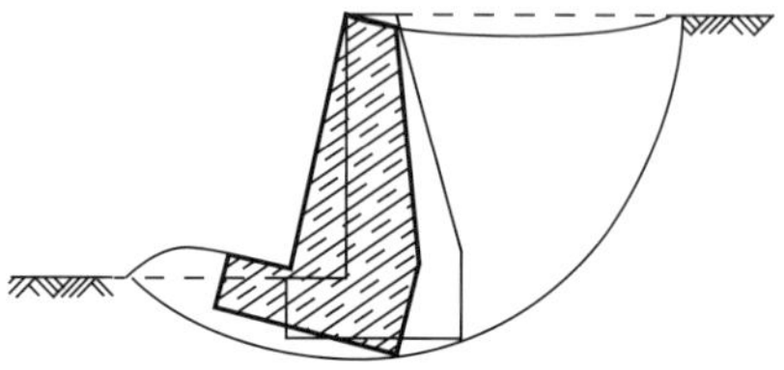

Geländebruch
Abrutschen der Erdkörper einschließlich Bauwerk

siehe Fachliteratur z.B.[15, 39]

Gleichgewichtsarten

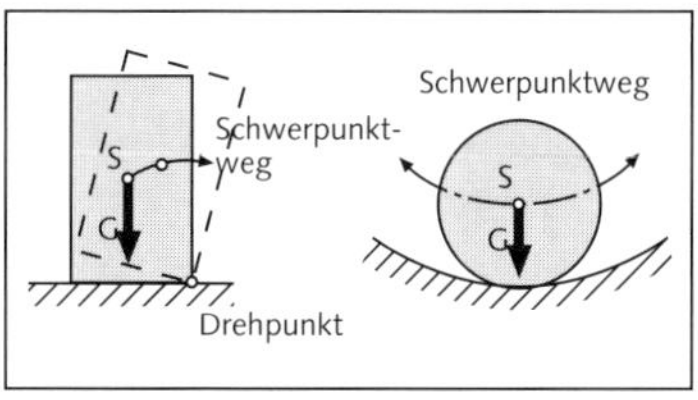

Gefordert für alle Bauwerke
und Bauwerksteile!

Stabil
- Schwerpunkt muß angehoben werden
- immer zurück in Ausgangslage

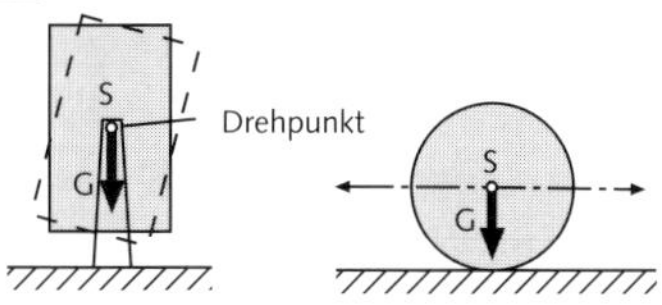

→ unbrauchbar für Bauwerke

Indifferent
- Schwerpunkt bleibt in gleicher Höhe
- Verharrung in jeder Stellung

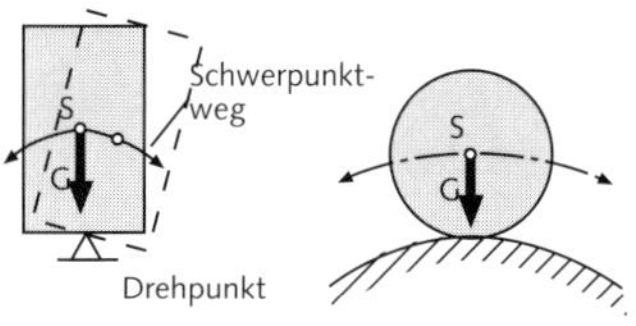

[43]

Labil
- Schwerpunkt bewegt sich nach unten
- immer weitere Entfernung von Ausgangsstellung

Begriffszuordnungen

- in der Fachliteratur keine eindeutigen Inhalte der Begriffe Standsicherheit und Stabilität

Standsicherheit
- Untersuchung des stabilen Gleichgewichtszustandes in der Regel für Gesamtbauwerk/Tragwerk (Kippen, Gleiten, Auftrieb)

Stabilität
- Untersuchung des stabilen Gleichgewichtszustandes in der Regel für Tragwerksteile (Knicken, Kippen, Beulen, Durchschlagen)

Stabilisierung (Aussteifung)
- statische Systeme zur sicheren Weiterleitung von horizontalen Lasten (bis in den Baugrund) bzw. statische Systeme zur Begrenzung von Verformungen unter horizontalen Lasten

Stützfläche = Umhüllung der Grundfläche

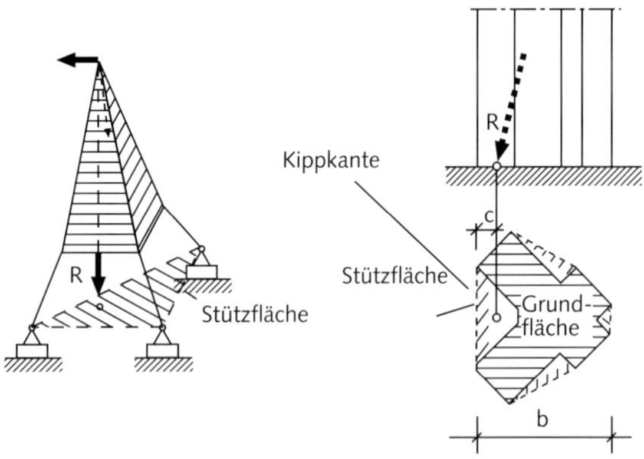

Bedingungen für stabiles Gleichgewicht:
- flächige Auflagerung oder min. 3 Lagerpunkte, die nicht auf einer Geraden liegen (Dreibock, dreibeiniger Schemel)
- Resultierende innerhalb der Stützfläche
- ausreichende Kippsicherheit, wenn
  $c \geq b/3$ ständige Lasten
  $c \geq b/6$ Gesamtlasten

  c = Abstand Kippkante – Durchstoßpunkt der Resultierenden in Stützfläche

Kippsicherheit – grafisch

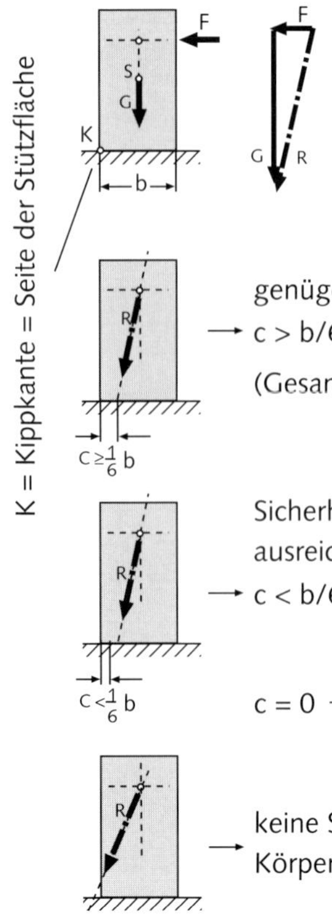

Vorarbeit:

äußere Kräfte zu einer resultierenden R zusammenfassen

– siehe Kapitel "Kräftelehre"

→ genügende Sicherheit $c > b/6$ (Gesamtlasten)

→ Sicherheit nicht ausreichend $c < b/6$

R innerhalb Stützfläche

$c = 0$ → labiles Gleichgewicht

→ keine Sicherheit Körper kippt um!

R außerhalb Stützfläche!

[20]
[43]

Kippsicherheit – analytisch

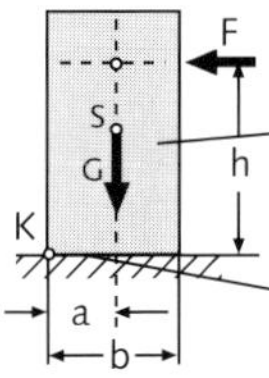

$M_k = F \cdot h$ ⟶ Kippmoment

$M_s = G \cdot a$ ⟶ Standmoment

$$\text{Kippsicherheit } \eta_k = \frac{\text{Standmoment}}{\text{Kippmoment}}$$

$$\eta_k = \frac{M_s}{M_k}$$

≥ 1,5 Gesamtlasten
≥ 3,0 ständige Lasten

– siehe auch "Überlegungen zur Kippsicherheit"

Kippen

Kippsicherheit – analytisch

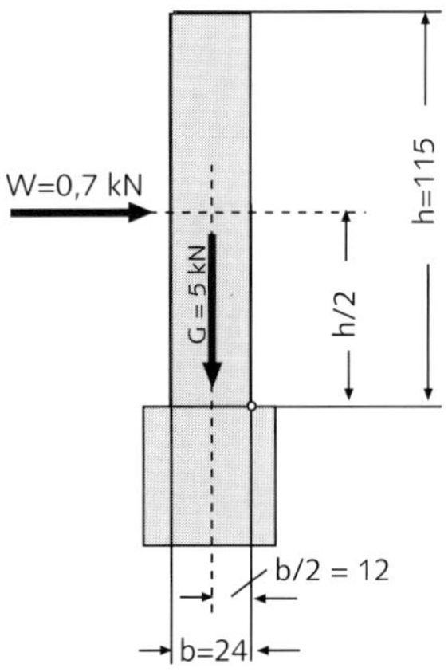

Beispiel:
Gartenmauer unter Windbelastung

Standmoment $M_s = G \cdot b/2 = 5\ \text{kN} \cdot 0{,}24\ \text{m}/2 = 0{,}60\ \text{kNm}$

Kippmoment $M_k = W \cdot h/2 = 0{,}7\ \text{kN} \cdot 1{,}15\ \text{m}/2 = 0{,}40\ \text{kNm}$

Sicherheit gegen Kippen

$$\eta_k = \frac{M_s}{M_k} = \frac{0{,}60\ \text{kNm}}{0{,}40\ \text{kNm}} = 1{,}5$$

– Kippsicherheit ist im zul. Grenzbereich
– nicht höher oder dünner bauen!

[20]
[43]

Überlegungen zur Kippsicherheit $\eta_k = Ms/Mk$ bei $E_v \neq 0$

Kippansatz über Komponente E_h und h

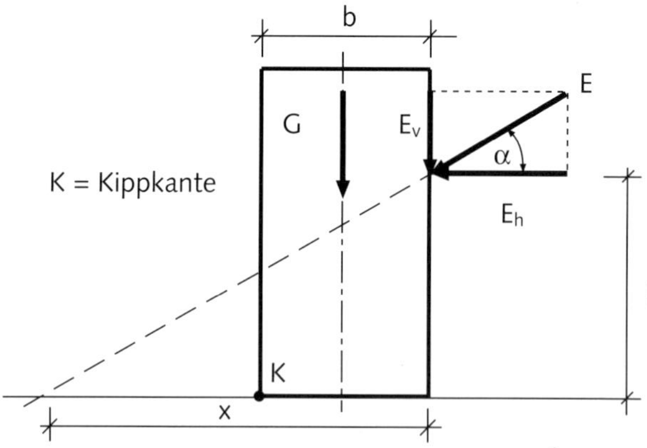

$M_K = E_h \cdot h$ $M_s = G \cdot \frac{b}{2} + E_v \cdot b$

$$\eta_k = \frac{M_s}{M_K} = \frac{G \cdot \frac{b}{2} + E_v \cdot b}{E_h \cdot h}$$ Kippsicherheit

$\eta_{K1} \neq \eta_{K2}$!

- $\eta_K = M_s/M_K$ nicht eindeutig!
- besser: Lage des Durchstoßpunktes untersuchen

Kippansatz über gesamtes E und y

$\tan\alpha = \frac{h}{x}$

$\sin\alpha = \frac{y}{x-b}$

$y = \sin\alpha \cdot \left(\frac{h}{\tan\alpha} - b\right)$

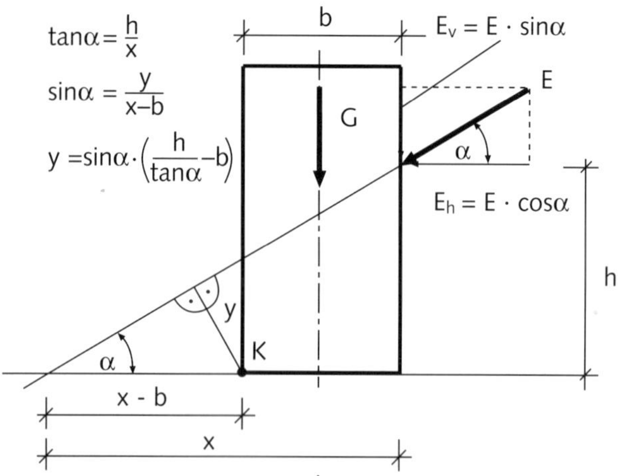

$M_K = E \cdot y = E \cdot \sin\alpha \cdot \left(\frac{h}{\tan\alpha} - b\right)$ $M_s = G \cdot \frac{b}{2}$

$= E \cdot h \cdot \cos\alpha - E \cdot b \cdot \sin\alpha$

$= E_h \cdot h - E_v \cdot b$

$$\eta_{k2} = \frac{M_s}{M_K} = \frac{G \cdot \frac{b}{2}}{E_h \cdot h - E_v \cdot b}$$ Kippsicherheit

Gleitsicherheit – Prinzip

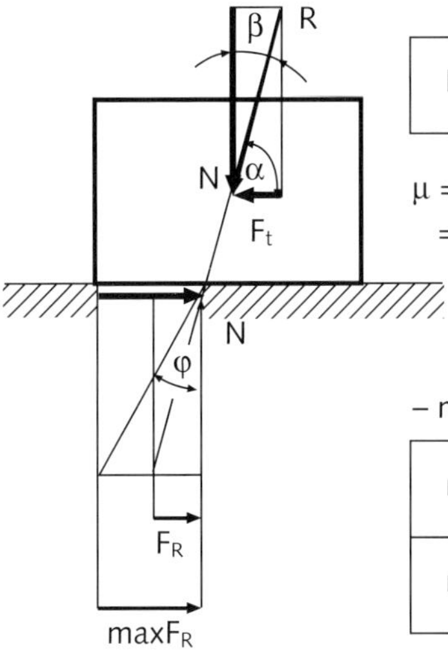

Schiebekraft (schiebende Kraft)

$F_t = N \cdot \tan\beta$ $= R \cdot \sin\beta$

μ = Reibungsbeiwert
= Reibungszahl

– max. Haftreibungswiderstand

$\max F_R = N \cdot \tan\varphi$

$\max F_R = N \cdot \mu$

kein Gleiten, wenn $F_t \leq \max. F_R$!

Gleitsicherheit

$$\eta_G = \frac{\max F_R}{F_t} = \frac{\mu \cdot N}{F_t} = \frac{\mu}{\tan\beta} = \frac{\tan\varphi}{\tan\beta}$$

$$\eta_G > 1{,}5$$

Ausgewählte Reibungsbeiwerte der Ruhe

	φ	$\mu = \tan\varphi$
Metall auf Metall, glatt und trocken	8,5°	0,15
Metall auf Metall, etwas rostig	22,0°	0,40
Holz auf Holz, rauh und trocken	26,5°	0,50
Mauerwerk auf Mauerwerk	37,0°	0,75
rauhes Mauerwerk oder Beton		
– auf nassem Lehm	17,0°	0,30
– auf Sand und Kies	31,0°	0,60
Nach DIN 18800 T1:		
Stahl auf Stahl	5,7°	0,10
Stahl auf Beton	16,7°	0,30
nach DIN 4141 T1:		
Stahl auf Stahl	11,3°	0,20
Stahl auf Beton, Beton auf Beton	26,5°	0,50

Für Fundamente gilt:

$$\eta_G = \frac{\mu \cdot R_v}{R_h}$$

R_v, R_h = vertikale und HZ-Komponenten von R

$\mu = \tan\delta_s$
↓
Sohlreibungswinkel

Gleitsicherheit waagrechte Sohlfuge

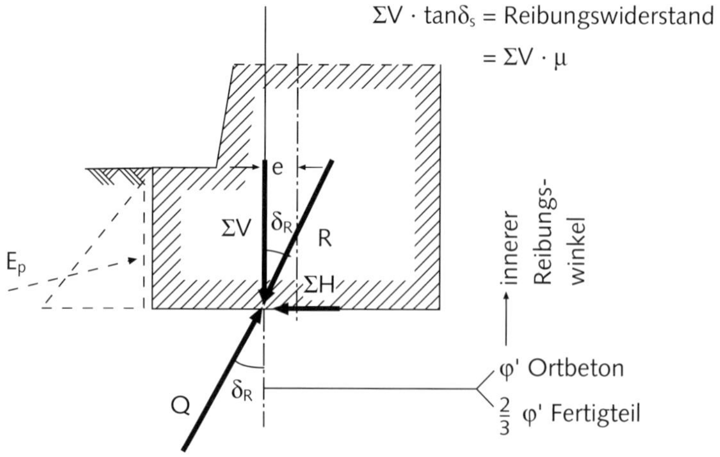

ohne Erdwiderstand

$$\eta_G = \frac{\Sigma V \cdot \tan\delta_s}{\Sigma H}$$

mit Erdwiderstand (nur in Ausnahmefällen)

$$\eta_G = \frac{(\Sigma V - 0{,}5\ E_{pv}) \cdot \tan\delta_s + 0{,}5\ E_{ph}}{\Sigma H}$$

$$\eta_G \geq 1{,}5$$

Gleitsicherheit geneigte Sohlfuge

Erhöhung von η_G durch Reduzierung der Lastneigung

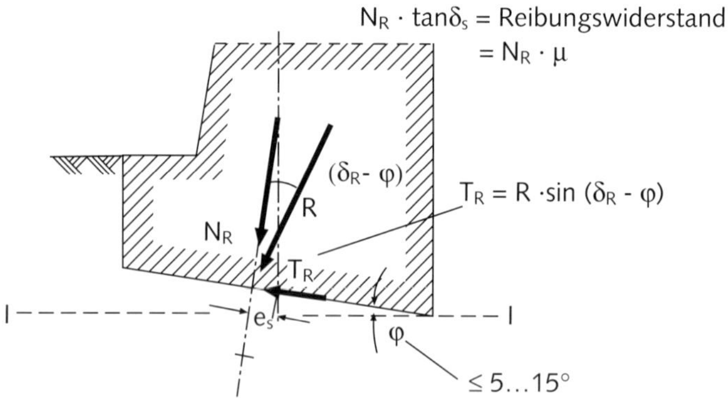

ohne Erdwiderstand

$$\eta_{GS} = \frac{N_R \cdot \tan\delta_s}{T_R} \geq 1{,}5$$

Hinweis: Evtl. Gleiten in Fuge I-I nachweisen!
(größere Winkel φ)

[40]
[59]

Auftrieb

Eingetauchter Körper

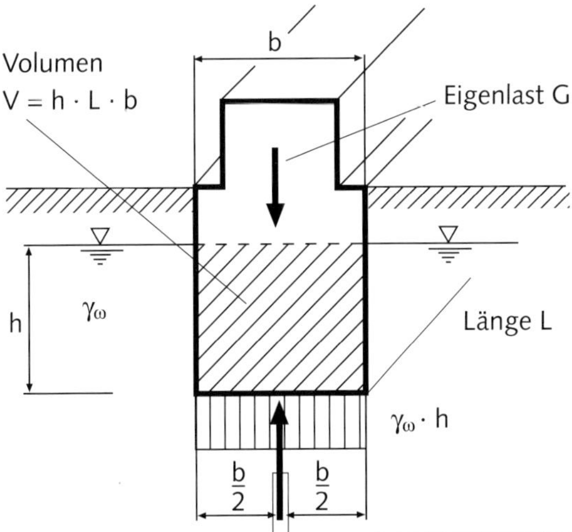

$$A = V \cdot \gamma_\omega$$

Auftriebskraft (Archimedes)

$$A = \gamma_\omega \cdot h \cdot b \cdot L$$

Auftriebskraft

Auftriebssicherheit $\eta_A = \dfrac{\text{Eigenlast}}{\text{Auftriebskraft}}$

$$\eta_A = \frac{G}{A} \geq 1{,}1$$

Auftrieb

Angestauter Körper

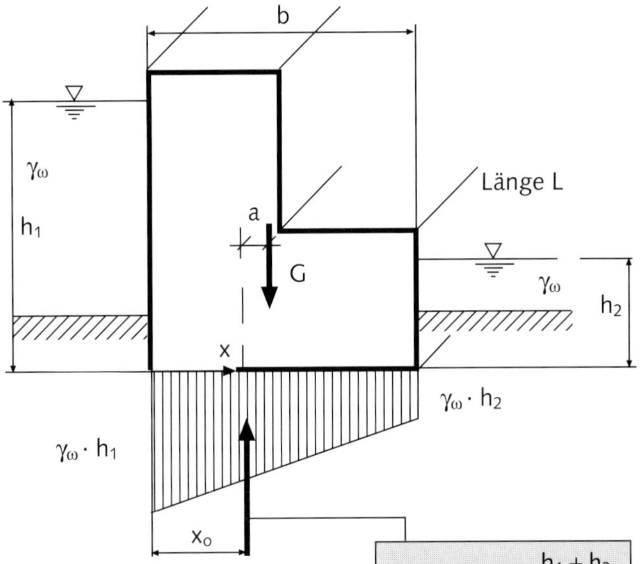

$$A = \gamma_\omega \cdot b \cdot L \cdot \frac{h_1 + h_2}{2}$$

$$x_o = \frac{b}{3} \cdot \frac{h_1 + 2h_2}{h_1 + h_2}$$

- Achtung! Verdrehungsgefahr durch Moment A · a
- siehe auch Kapitel "Lastannahmen"
  - Wasserdruck

Unterwind bei offenen/abgehängten Strukturen

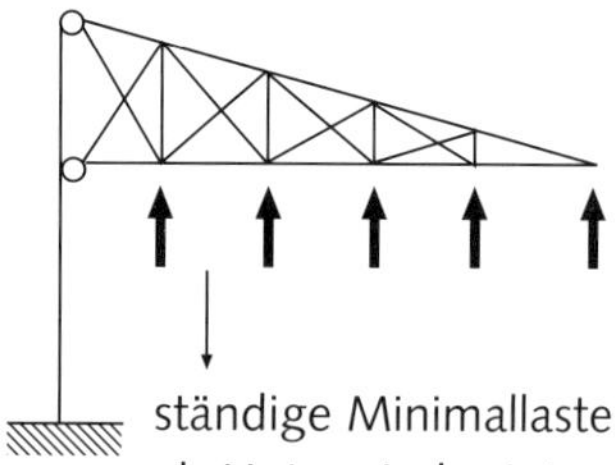

ständige Minimallasten müssen größer als Unterwind sein!

Windsog (insbesondere Rand- und Eckbereiche)
– siehe Kapitel "Lastannahmen" (Wind)

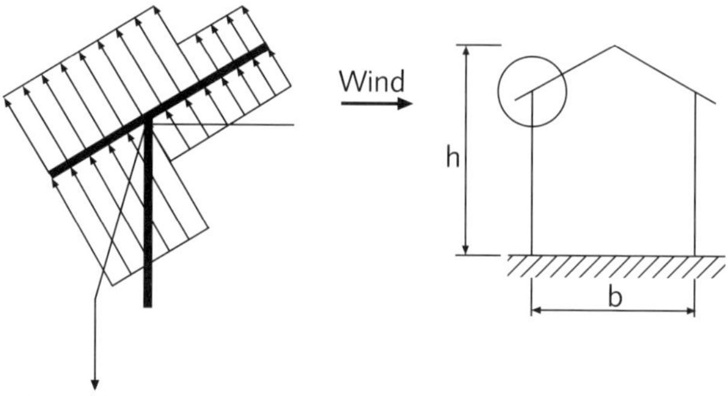

Sogsicherung/Verankerung von Sparren, Pfetten, Schwellen usw.

Winddruck-/Sogbeiwerte für Hausdächer

– siehe auch Kapitel "Lastannahmen" (Wind)
– siehe Sogspitzen Rand- und Eckbereiche

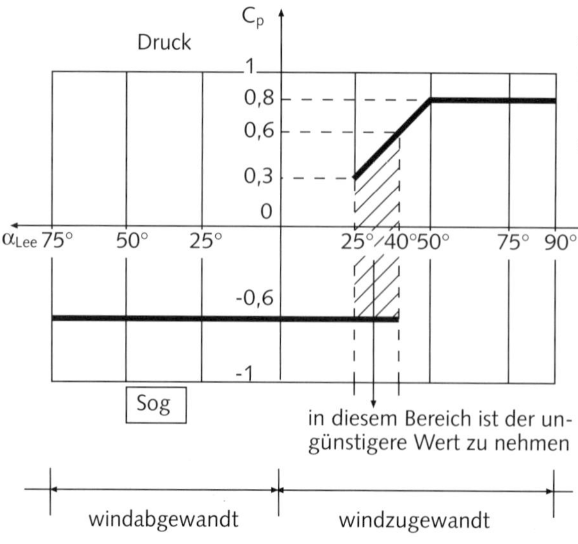

für $25° \leq \alpha_{Luv} \leq 50°$ ist der positive Druckbeiwert

$$C_p = \frac{0{,}5}{25}\,\alpha_{Luv} - 0{,}2$$

Beispiele: Sogsicherung/Sparrenauflager

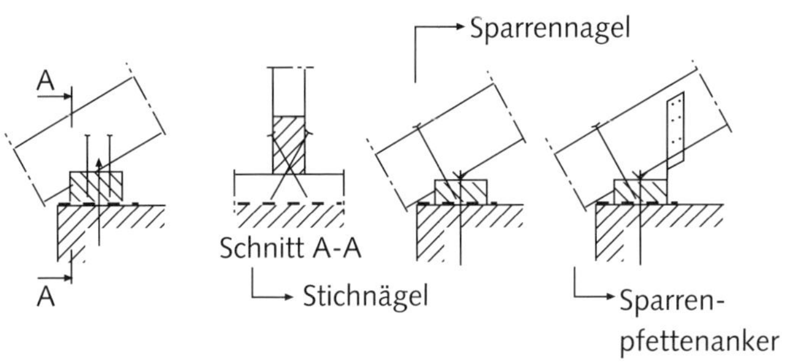

Tragkraft der Verankerungsmittel

$$F_{Anker} \geq 1{,}43\ W_{Sog} - 1{,}18\ G_{Dach}$$

- G_{Dach}: Eigenlast Dach
- W_{Sog}: Windsogkraft
- F_{Anker}: Mindesttragkraft Verankerungsmittel (Nägel, Bolzen, Klammern, Laschen spezielle Ankerteile)

[43]

Ausgewählte zulässige Verankerungskräfte

Zulässige Verankerungskräfte Nägel (Herausziehen) DIN 1052

Nagelgröße d_n x d_l in mm (Nageldurchmesser d_n in 1/10mm)	46x130	55x140 55x160	60x180	70x210	76x230 76x260	88x260
Verankerungskraft $F_{Nägel}$ in N für 1 mm wirksame Einschlagtiefe (Haftlänge)	6,0	7,2	7,8	9,1	9,9	11,4

Zulässige Verankerungskräfte Bolzen

Bolzendurchmesser		M12	M16	M20	M22	M24
Lochdurchmesser im Holz	in mm	13	17	21	23	25
Scheibendicke	in mm	6	6	8	8	8
Scheiben-Außendurchmesser	in mm	58	68	80	92	105
Seitenlänge quadratischer Scheiben	in mm	50	60	70	80	95
zulässige Kraft für Druck in Holz senkrecht zur Faser F_{Bolzen}	in N	4730	6740	9100	11970	16320

[20]	Wagner, Erlhof: Praktische Baustatik Teil 1 Stuttgart: Teubner, 1994	• **Gleichgewicht** Gleichgewichtsbedingungen Arten des Gleichgewichts • **Kippsicherheit** • **Gleitsicherheit**
[39]	Simmer: Grundbau Teil 1 Stuttgart: Teubner, 1987	• **Erdstatische Berechnungen** Spannungsverteilung Setzungen Grundbruch Geländebruch Böschungsbruch Rutschungen Erddrücke
[43]	Lohmeyer: Baustatik Teil 1 Grundlagen Stuttgart: Teubner, 1985	• **Standsicherheit der Bauwerke** Sicherheit gegen Kippen Sicherheit gegen Gleiten Sicherheit gegen Auftrieb Sicherheit gegen Abheben durch Wind

Stabilisierung

Stabilisierung

- Aussteifung eines Bauwerkes (Tragwerkes) zur sicheren Aufnahme und Weiterleitung von horizontalen Lasten in Quer- und Längsrichtung
- wichtig für Bau- und Betriebszustände eines Tragwerkes
- mögliche Ursachen der horizontalen Lasten:
  - Wind
  - Lotabweichung
  - Stoßkräfte (Prall/Druck)
  - Haltekräfte
  - Erdbeben
  - Erddruck/Wasserdruck
  - Bremskräfte
- wesentliches Kriterium zur Gewährleistung der Standsicherheit eines Bauwerkes

HZ-Last in Tragwerksebene (z.B. eine Halle in Querrichtung)

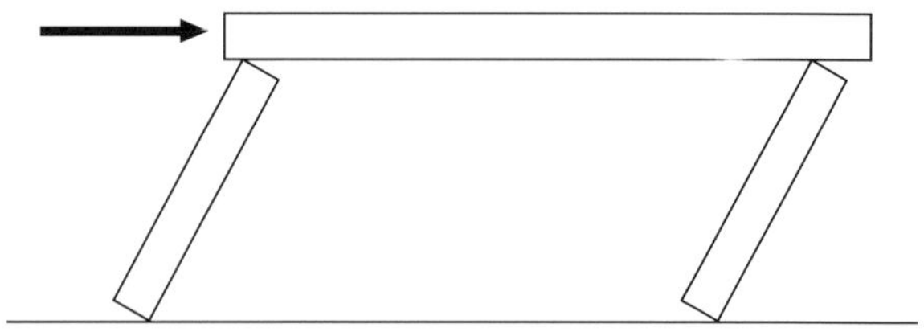

HZ-Last ⊥ Tragwerksebene (z.B. eine Halle in Längsrichtung)

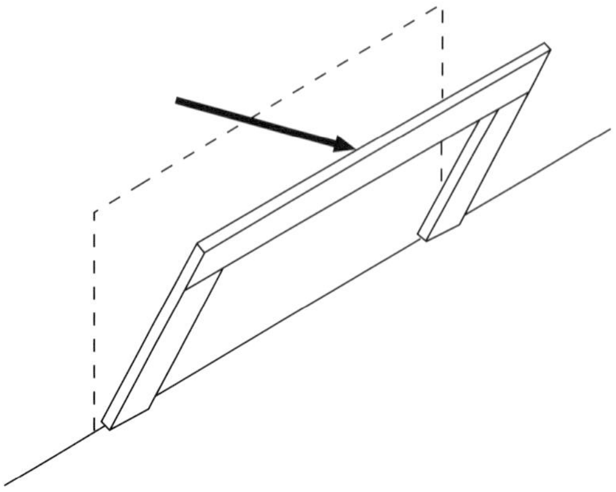

Prinzipien

Gelenkviereck

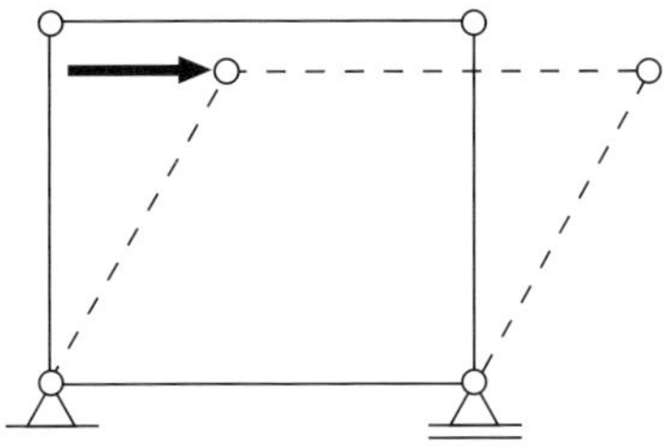

Instabile, verschiebliche Tragstruktur!

Gelenkdreieck

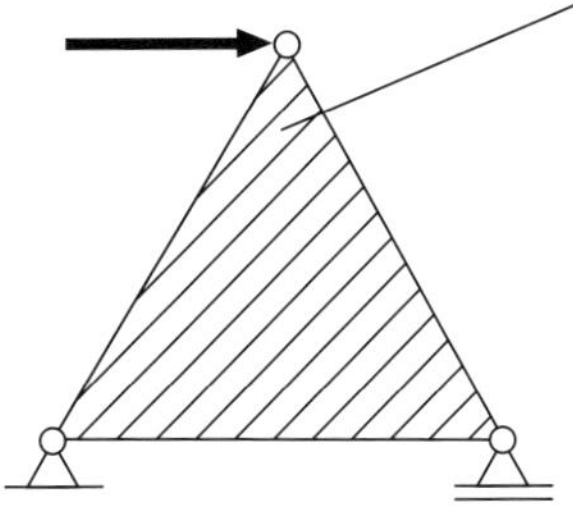

steife Scheibe

Stabile, unverschiebliche Tragstruktur. Prinzip aller stabförmigen Aussteifungen und Fachwerke

– siehe Kapitel "Schnittgrößen"

Prinzipien

Übersicht Aussteifungsprinzipien

Gelenkdreiecke

- **Verbände bzw. Auskreuzungen (Linienelemente)**
  - biegeweiche Abspannungen (Andreaskreuze)
  - biegesteife (drucksteife) Abstrebungen (K-, X-Verbände)
- **massive Scheiben (Flächenelemente)**
  - Einzelscheiben Voll- oder Teilscheiben
  - Kerne innen/außen (Tubes)
- **biegesteife Ecken bzw. Einspannungen**
  - Rahmen – eingespannt – zweigelenkig – dreigelenkig
  - eingespannte Stützen

Innere Aussteifungsprinzipien

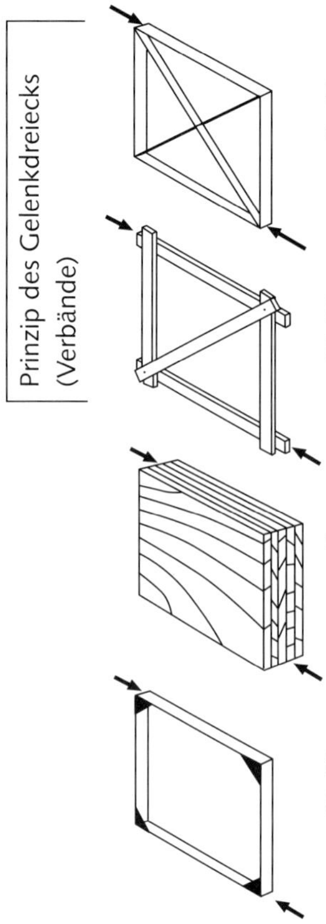

Kreuzverspannung
(Andreaskreuze)

biegesteife (Druck/Zug)
Diagonale (Strebe)

massive Scheibe

biegesteife Ecken bzw.
Einspannungen (Rahmen)

Prinzipien

Äußere Aussteifungsprinzipien

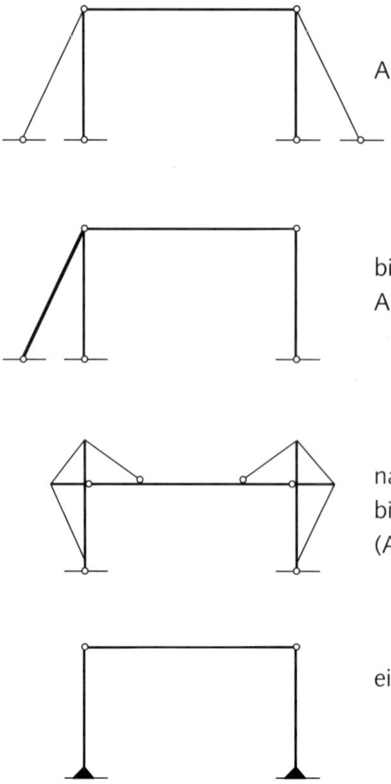

Abspannung

biegesteife (Druck/Zug)
Abstützung

nach außen aufgelöste
biegesteife Ecke
(Abspannung/Abhängung)

eingespannte Stützen

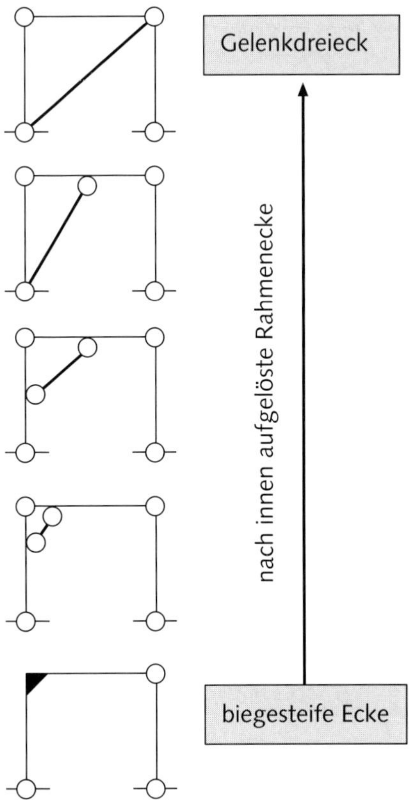

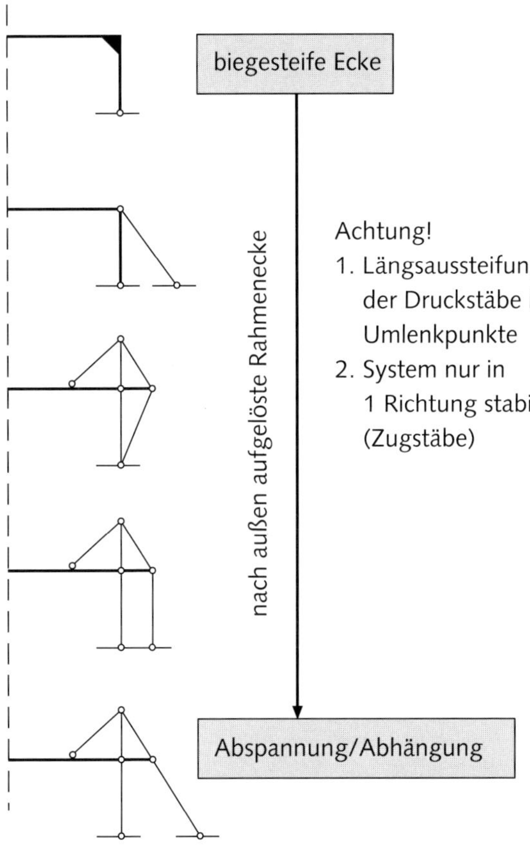

Achtung!

1. Längsaussteifung der Druckstäbe bzw. Umlenkpunkte
2. System nur in 1 Richtung stabil (Zugstäbe)

Varianten **Verbände**

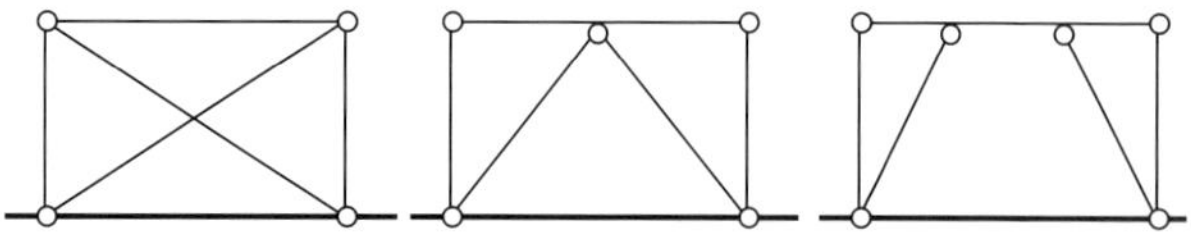

Kreuzverspannung | K-Verband liegend | Streben

Varianten **biegesteife Ecken (Rahmen)**

eingespannt | zweigelenkig | dreigelenkig

Varianten **Scheiben**

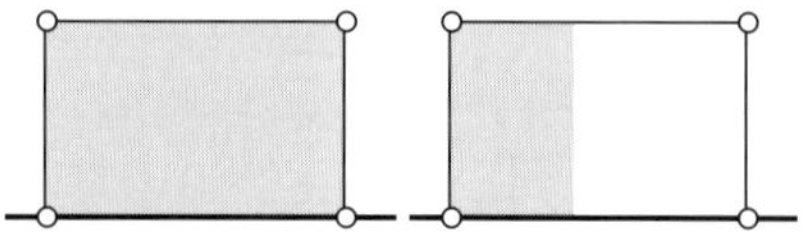

Vollscheibe | Teilscheibe

Varianten **eingespannte Stützen**

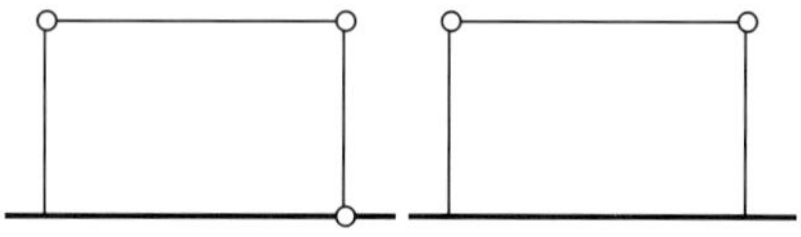

einseitig | zweiseitig

Prinzipien

Wirkungsweise des Andreaskreuzes

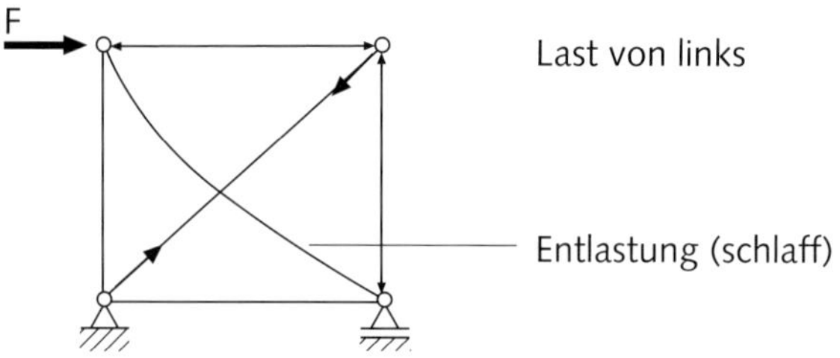

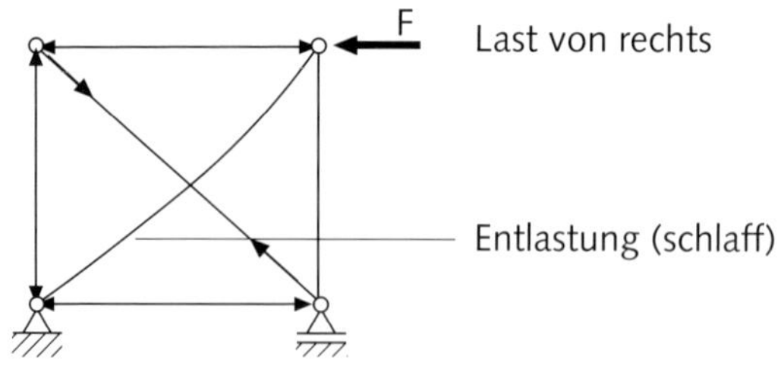

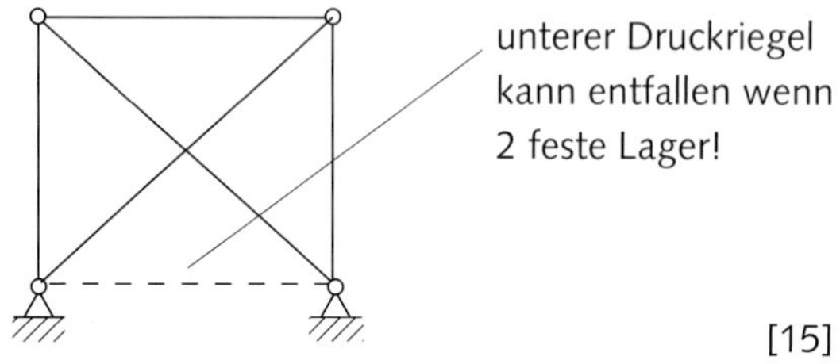

[15]

Horizontale Aussteifungsscheiben (Decken/Dachscheiben)

Beispiele

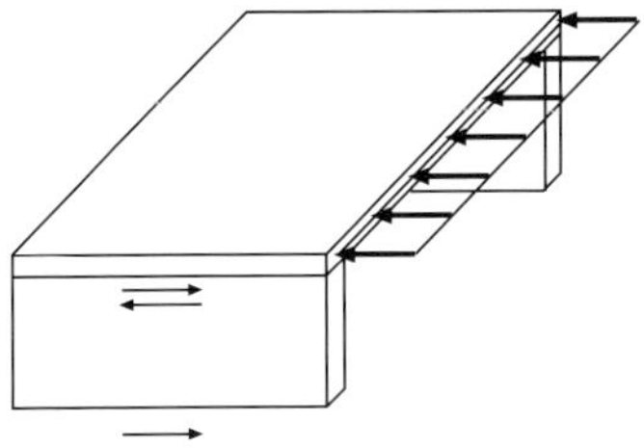

massive Stahlbetondecken, Rippendecken u.a.

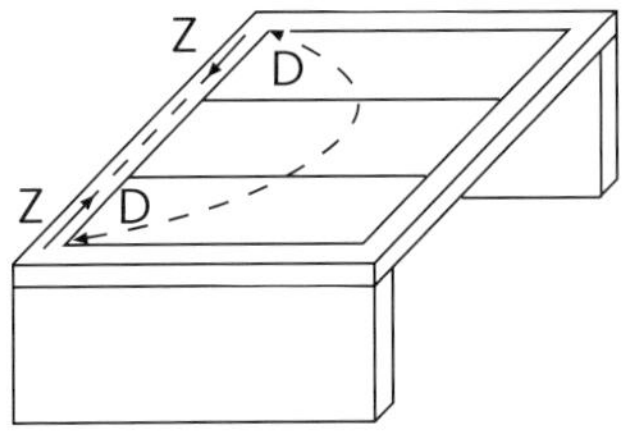

massive Fertigteildecken mit Schubverbund + Ringanker

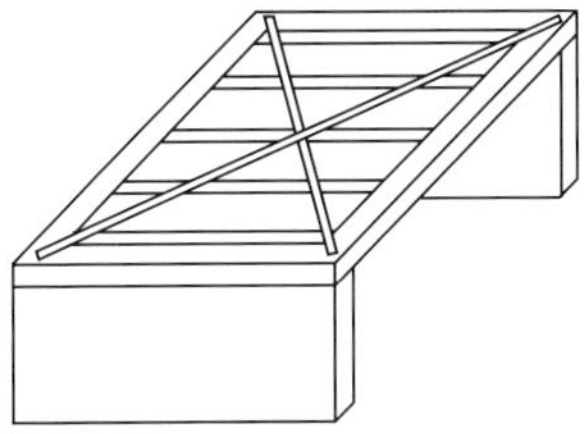

Holzbalkendecken + Stahlbeton-Ringanker + Diagonalen bzw. vernagelte Pressplatten/Dielen

Wandbau/Massivbau

- nicht abgestützter oberer Rand, z.B. bei
  - Holzbalkendecken
  - Fertigteildecken
  - gleitend gelagerte Decken

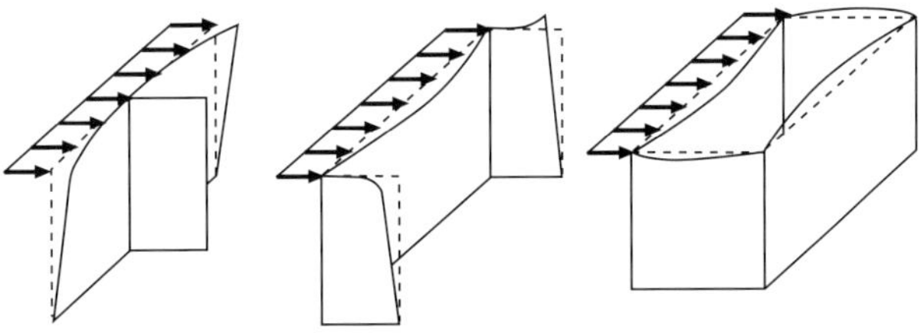

- Einbau von Ringankern (Ringbalken), um die obere Wandkante unverschieblich zu halten

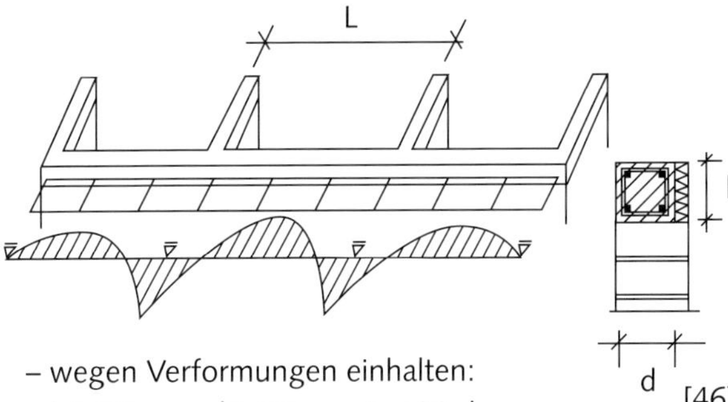

- wegen Verformungen einhalten:
  h ≥ 20 cm d ≥ 20 cm L ≤ 30 d
  bzw. Nachweis führen

[46]
[55]

Prinzipielle Vorgehensweise beim Aussteifen (Stabilisieren) einer einfachen Struktur Stütze–Träger (nur Längsrichtung)

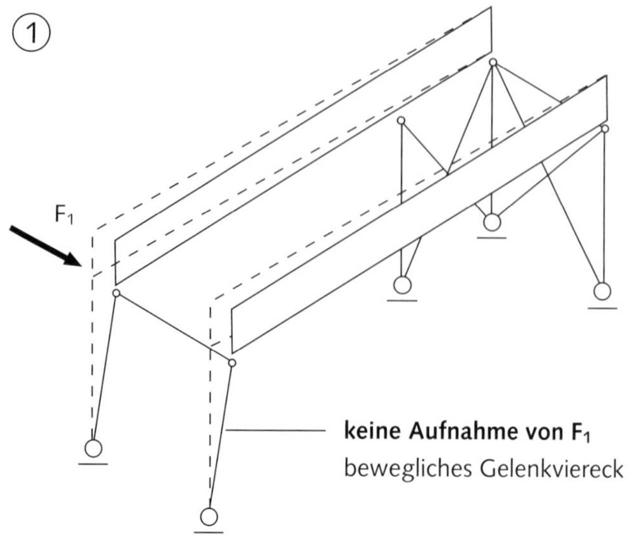

[76]

Prinzipien

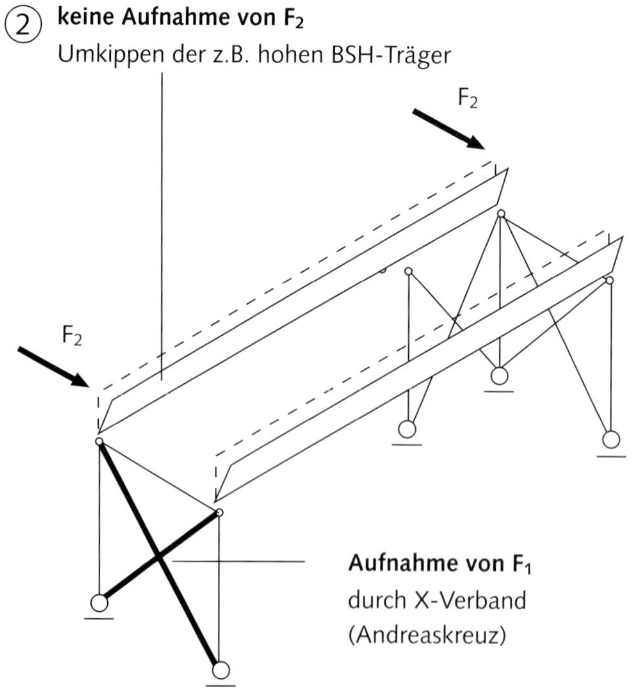

③ **Aufnahme von F_2**
durch X-Verband (Sicherung gegen Umkippen)

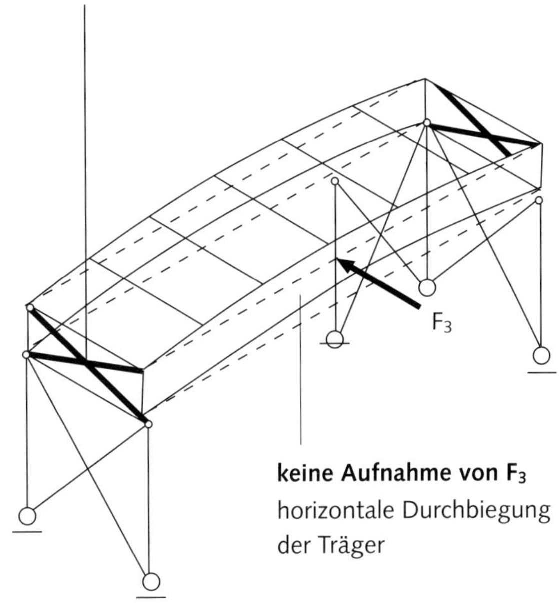

④ **Aufnahme von F_3**
durch horizontalen Verband = HZ-Träger
in Dachebene (hier Obergurt)

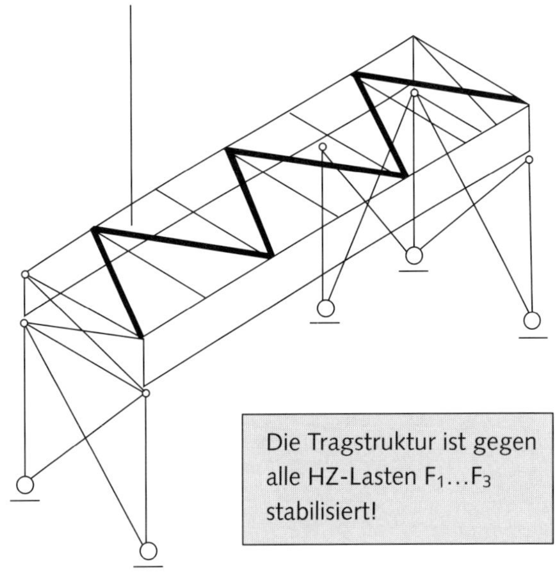

Die Tragstruktur ist gegen alle HZ-Lasten $F_1 \ldots F_3$ stabilisiert!

Anordnung der Stabilisierungsscheiben (Prinzip)

① Systeme ohne Decken/Dachscheibe
– min. 4 vertikale Scheiben
– d.h. min. 2 pro Richtung

② Systeme mit Decken/Dachscheibe
– min. 3 vertikale Scheiben
– kein gemeinsamer Schnittpunkt

Beispiel für prinzipielle Lösung

1 HZ-Scheibe

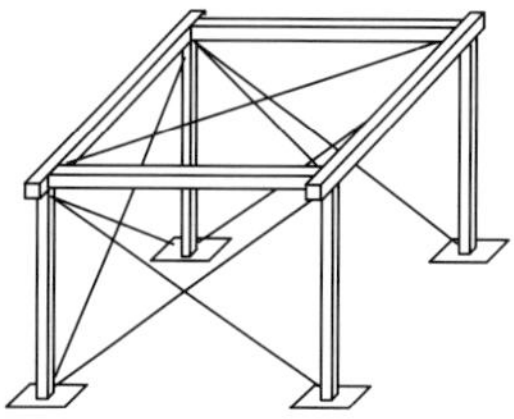

Scheibenbildung
durch Verbände
– Skelettbau

3 V-Scheiben

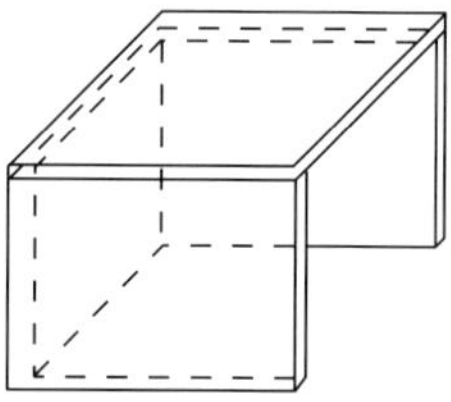

Scheibenbildung
durch massive Wände
– Wandbau

Beispiel eingeschossige Halle

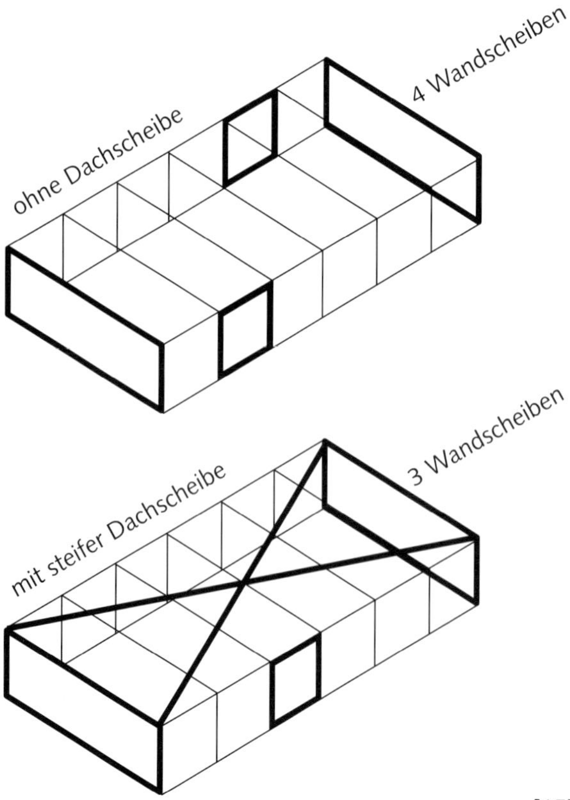

[15]

Anordnung im Bauwerk

Mögliche Anordnungen von Aussteifungsscheiben

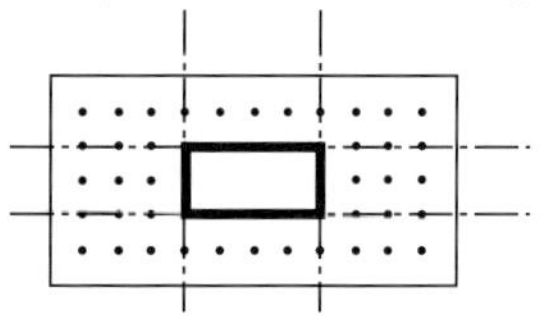

Geschoßdecke gelagert auf Pendelstützen und den vier Scheiben eines Kernes

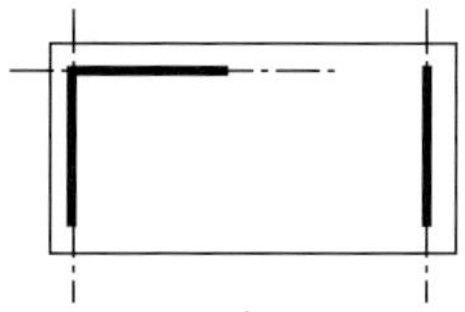

Geschoßdecke gelagert auf drei Scheiben

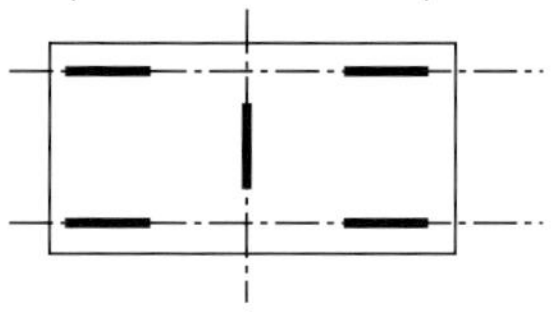

günstige Anordnung der aussteifenden Scheiben für lange Gebäude

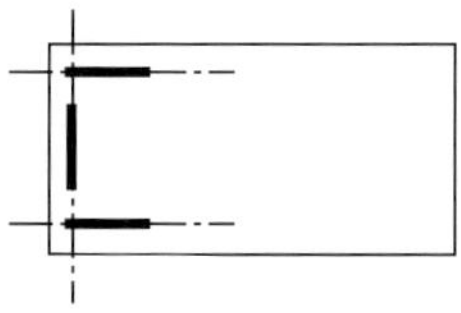

große ausmittige Lage ungünstig, Lagerung zu "weich"

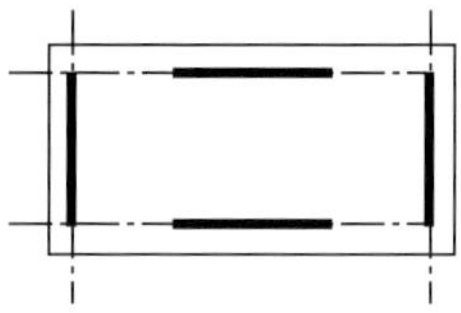

ungünstige Anordnung der aussteifenden Scheiben für lange Gebäude wegen zu großer Behinderung der Verformungen in Längsrichtung bei Temperaturveränderungen

Anordnung im Bauwerk

Instabile Anordnungen von Aussteifungsscheiben

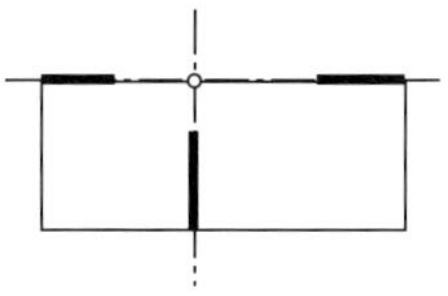

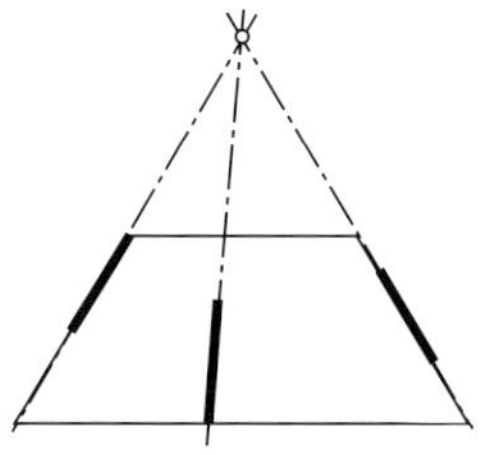

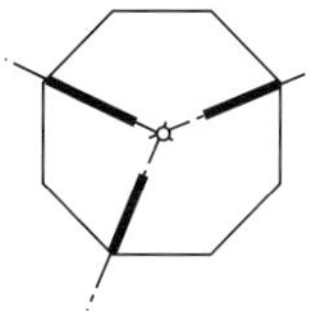

gemeinsamer Schnittpunkt der Wirkungslinien

Schnittpunkt im "Unendlichen"

[15]
[31]

Ungünstige Anordnung

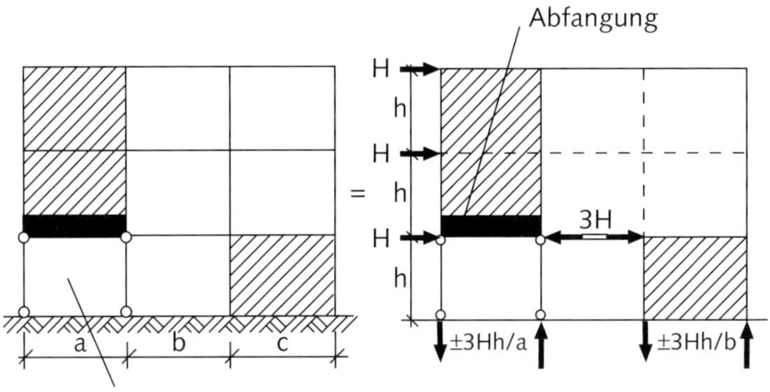

Scheiben möglichst ungeschwächt
bis auf die Fundamente führen
(in Erdbebengebieten **nicht** so ausführen!)

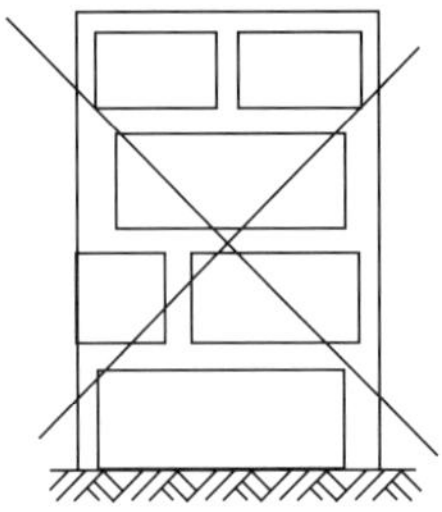

Unregelmäßiger Rahmen
– horizontale und vertikale
Lastabtragung sehr ungünstig!

Anordnung im Bauwerk

Tragende Elemete im Grundriß

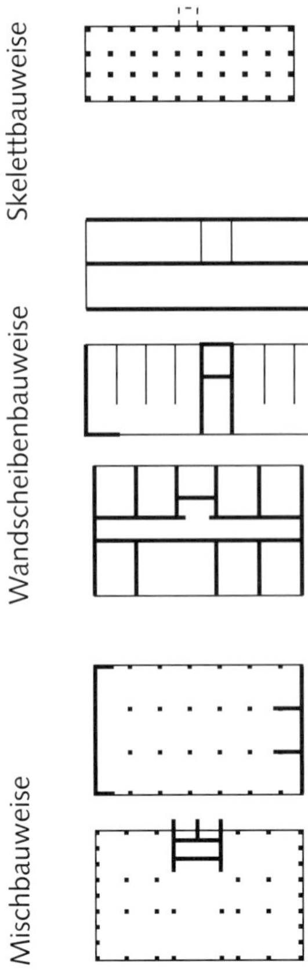

Rahmen bzw.
eingespannte Stützen
(max. 3-4 Geschosse)

Längswandbau

Querwandbau

Schottenbau

Skelett + Scheiben

Skelett + Kern

[55]

Statisch bestimmte Anordnung

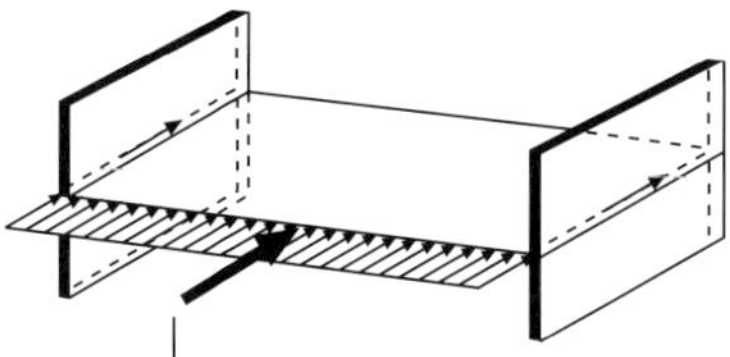

Aufteilung der HZ-Lasten mit Hilfe
der Gleichgewichtsbedingungen
$\Sigma H = 0 \quad \Sigma M = 0$

Statisch unbestimmte Anordnung

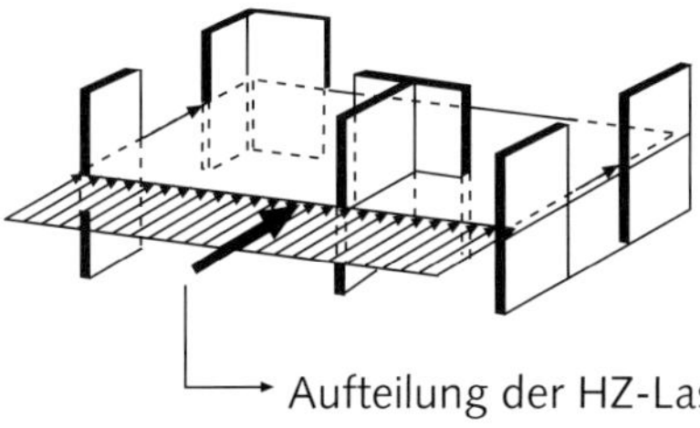

Aufteilung der HZ-Lasten mit Hilfe
zusätzlicher Formänderungsbedingungen
(Steifigkeitseinfluß)
– siehe Fachliteratur

Aufteilung der HZ-Kräfte auf die Scheiben

Statisch bestimmte Anordnung

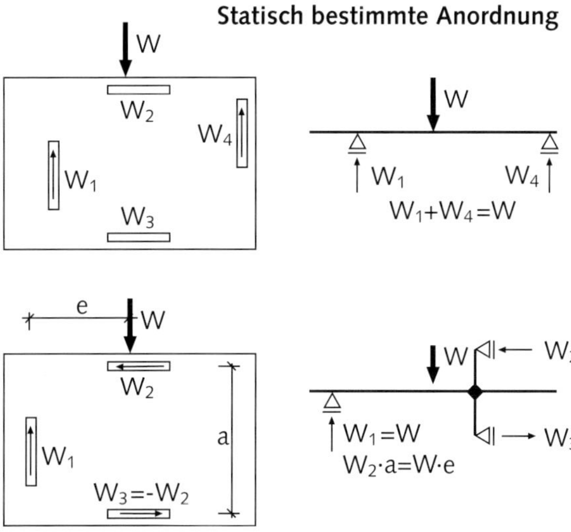

Statisch unbestimmte Anordnung

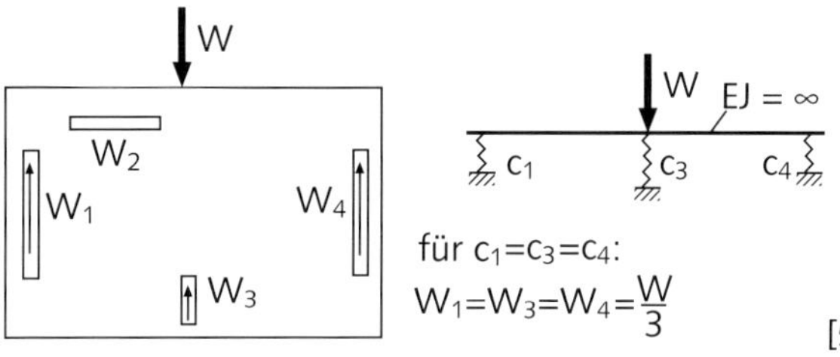

[55]

Beispiele/Lösungen

Skelettbau (ungestoßene Stützen)

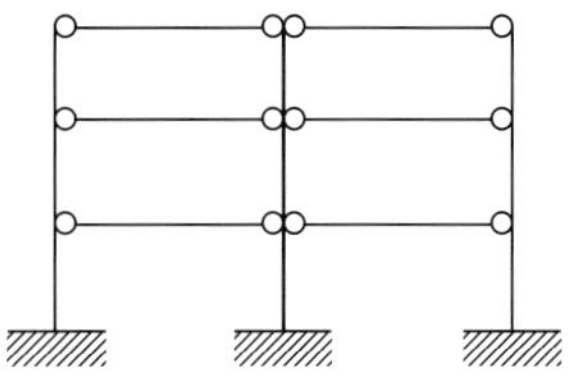

- fußeingespannte Gelenkketten
- ungestoßene Stützen bis 12 m
- keine Scheibenwirkung der Decke

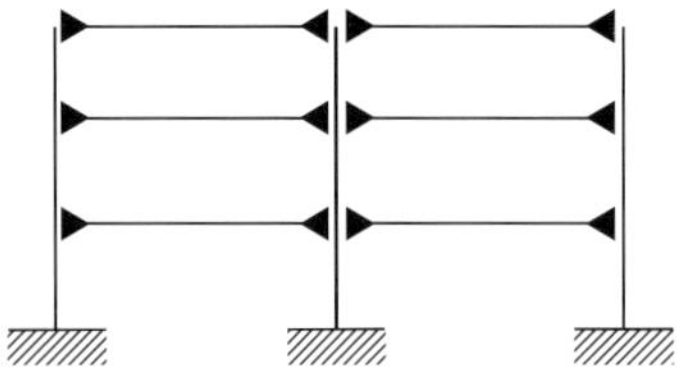

- wie oben, bis 30 m Höhe
- Montagestabilisierung
- nachträglich biegesteife Knoten

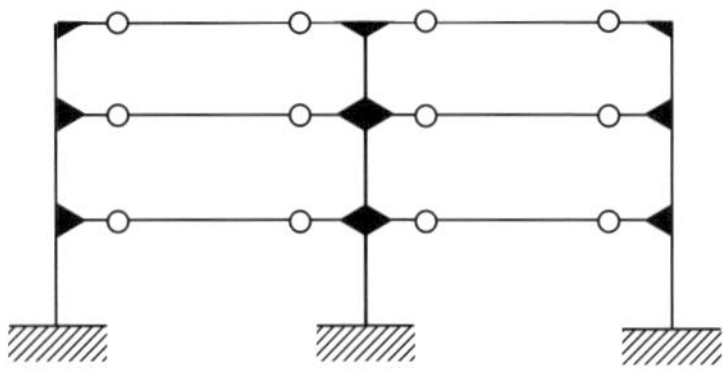

- "Lambda"-System
- kurze Kragträger
- eingehängte Riegel
- unkomplizierte Montage

Beispiele/Lösungen

Skelettbau

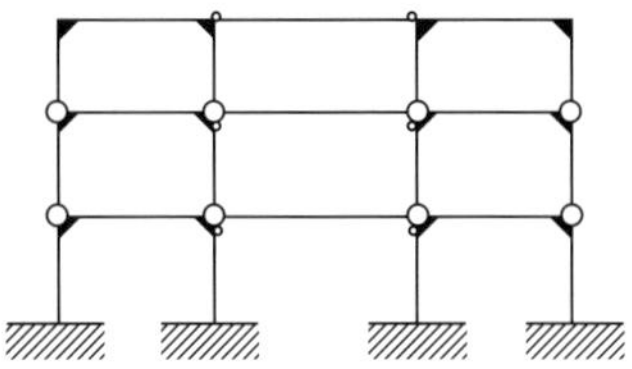

- gestapelte Zweigelenkrahmen

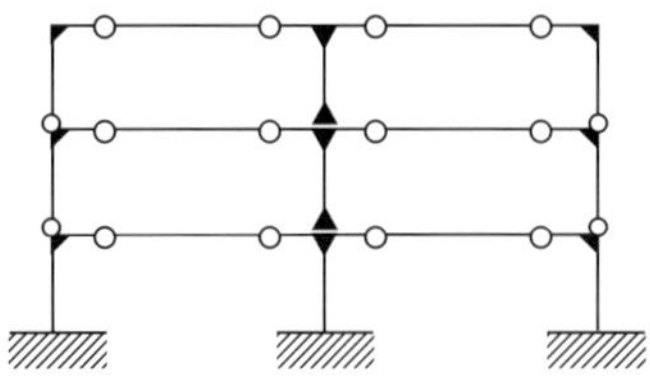

- gestapelte Rahmenteile (L- und T-Form)

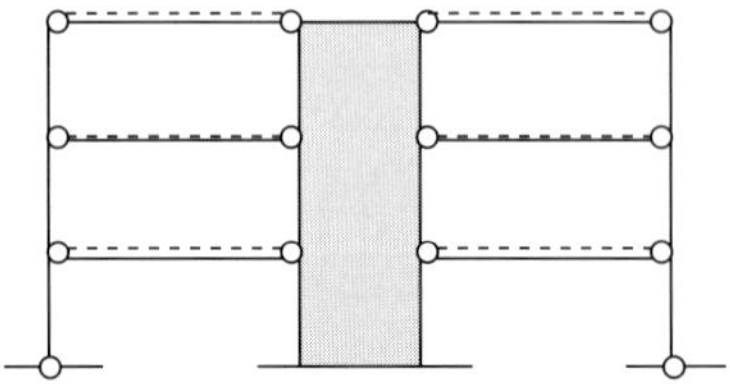

- Gelenkketten mit schubsteifen Decken
- kraftschlüssige Verbindung mit Kern bzw. Wandscheiben
- konstruktiv + wirtschaftlich günstig

[46]

Beispiele/Lösungen

Stahlskelettbau V-Scheiben massiv bzw. K- und X-Verbände (Andreaskreuz)

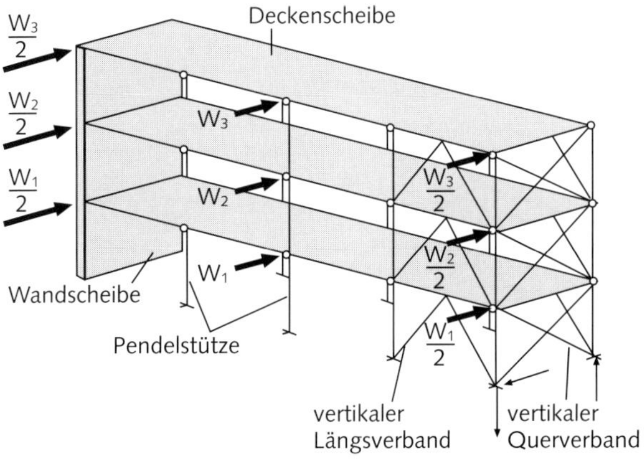

Räumliche Tragwirkung unter HZ-Belastung bei folgenden Voraussetzungen:

- Scheibenwirkung der Deckenkonstruktion
- sichere Verankerung der Deckenscheiben an den Vertikalverbänden
- sichere Verankerung der Zugkräfte der Vertikalverbände im Fundament

Beispiele/Lösungen

Skelettbau – Stabilisierung

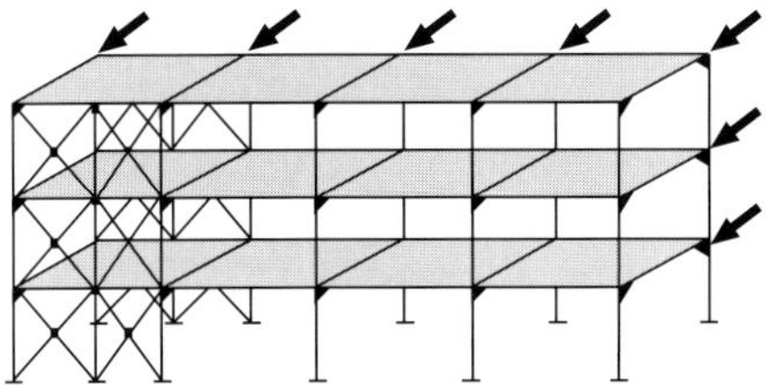

quer: Rahmen
längs: X-Verbände

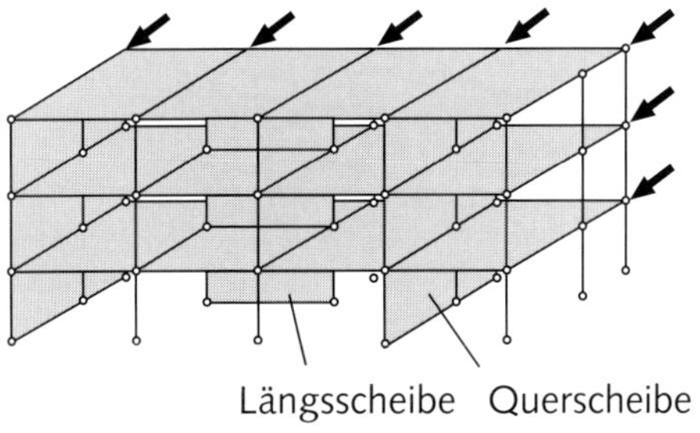

quer: Scheiben
längs: Scheiben

Wandbau

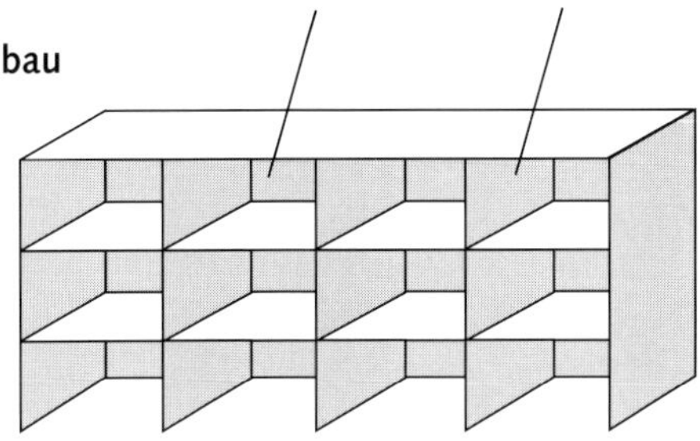

quer: Scheiben
längs: Scheiben

Einschiffige Hallen

Quer: Dreigelenk-Rahmen BSH bzw. Verbände in Giebelwand

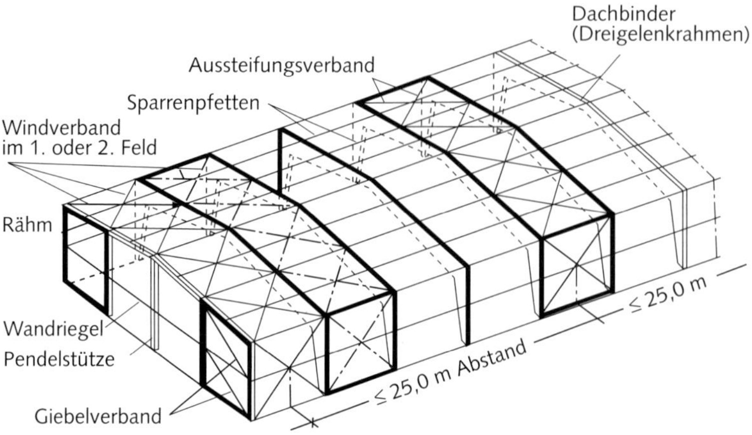

Längs: Verbände in Dachebene und Längswänden

Quer: Verbände in Dach- oder Untergurtebene und Giebelwänden

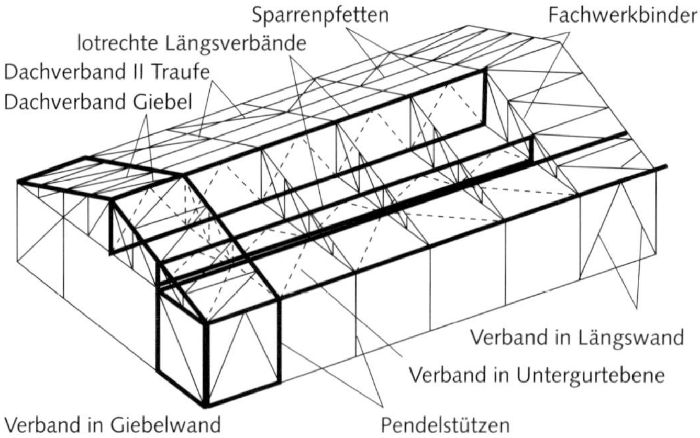

Längs: Verbände in Dach und Längswänden

Längs (möglich): lotrechte Längsverbände im Dach
– seitliche Abstützung der Binderdruckgurte

[13]

Beispiele/Lösungen

Einschiffige Hallen

Quer: eingespannte Stützen in Querrichtung

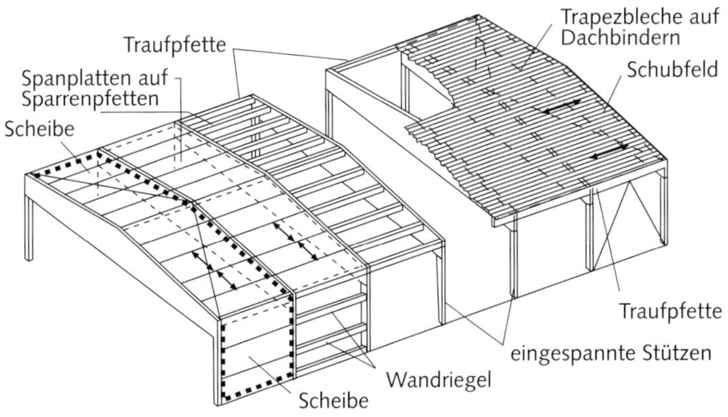

Längs: Verbände oder Scheiben in Dachebene und Längswänden

Beispiele/Lösungen

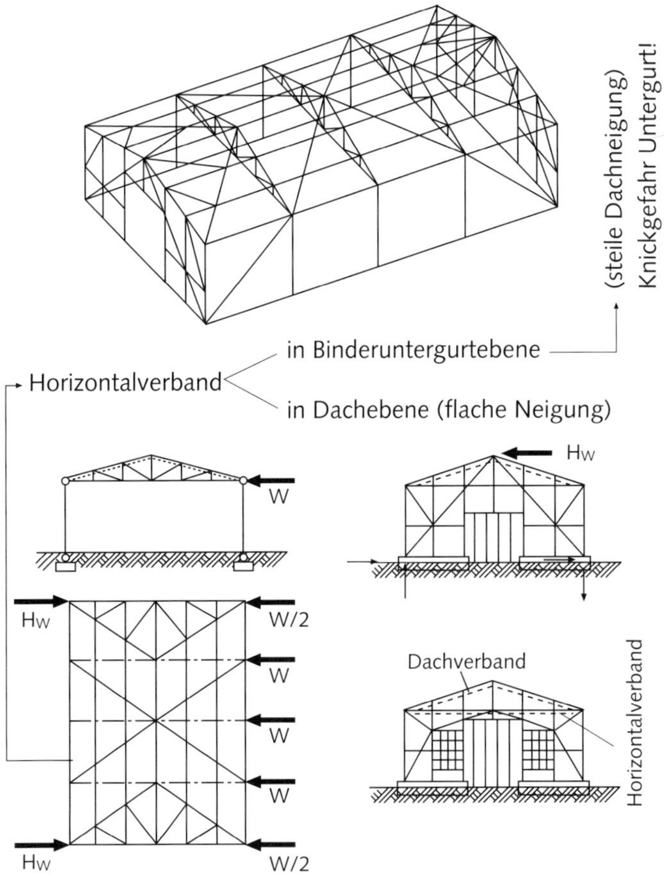

[13]
[56]

Drucksteife Abstützung = Strebewerk

gotisches Kreuzrippengewölbe (um 1400)
Strebewerk = Strebebogen + Strebepfeiler

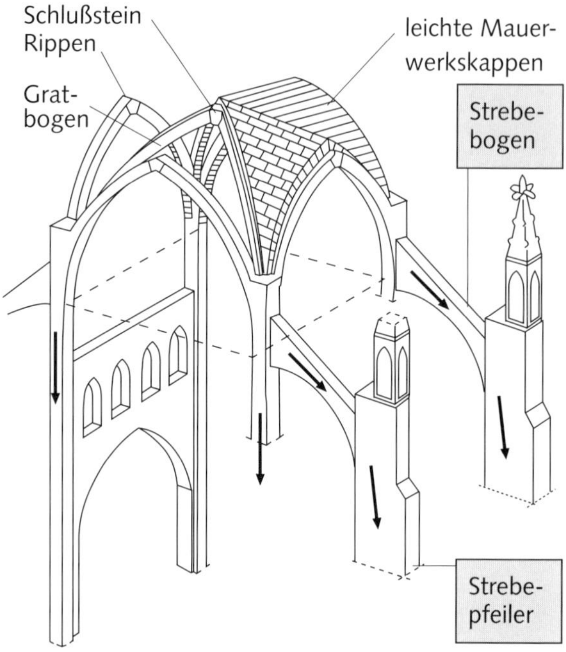

Drucksteife Abstützung = Mehrfachstrebewerk

Le Mans, Kathedrale (um 1217)

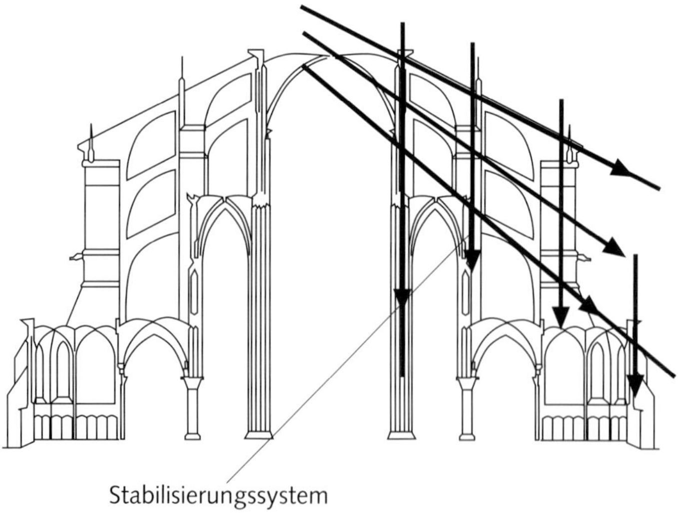

Stabilisierungssystem
– Zusammenwirkung massiver diagonaler Strebebogen und vertikaler Strebepfeiler

[18]
[89]

Beispiele/Lösungen

Andreaskreuze

Kirche in Bayreuth

Andreaskreuz:
Der Apostel Andreas wurde der Legende nach in Achaia (Griechenland) an ein Kreuz mit schräggestellten Balken genagelt.

Beispiele/Lösungen

Auskreuzungen

Stelzenhaus in der Südsee

[Geo, 11/96]

[2] Krauss, Willems:
Grundlagen der
Tragwerklehre 2
Köln: Rudolf Müller, 1989

- **Windaussteifung einer Halle**
  Hallen ohne steife Dachscheibe
  Hallen mit steifer Dachscheibe
  Wind in Längsrichtung
  Wind in Querrichtung
- **Rahmen**
  Zeigelenkrahmen
  Eingespannter Rahmen
  Mehrstielige Rahmen
  Stockwerkrahmen
  Dreigelenkrahmen

[28] Schneider, Schubert,
Wormuth:
Mauerwerksbau
Düsseldorf: Werner-Verlag,
1996

- **Standsicherheit**
  Windnachweis
  Lotabweichung
  Ringbalken (Decken ohne Scheibenwirkung)
  Ringanker

[29] Hart, Henn, Sontag:
Stahlbauatlas
München: Institut für
internationale Architektur-Dokumentation, 1982

- **Stahlgeschoßbauten – Aussteifung**
  Grundlagen
  Rahmen
  Fachwerke
  Scheiben
  Kerne
  Röhren

[31] Becker:
Tragkonstruktionen des
Hochbaus Teil 1
Düsseldorf: Werner-Verlag,
1983

- **Aussteifung**
  Begriffsdefinition
  Aussteifende Bauteile
  Aussteifungsprinzipien
  Aussteifungsbeispiele
  Anwendungsmöglichkeiten

[35] Dubas, Gehri:
Stahlhochbau
Berlin: Springer-Verlag,
1988

- **Verbände**
  Anordnung der Verbände
  Berechnung der Verbände
  Dachlängsverbände
  Dachquerverbände
  Wandverbände
  Knickverbände
  Konstruktive Ausbildung der Verbände
  Scheibenwirkung von Profilblechen

[62] Natterer, Herzog, Volz: Holzbauatlas Zwei München: Institut für internationale Architektur-Dokumentation, 1991

- **Tragwerk – Stabilisierungselemente**
  Vertikale Tragsysteme
  Horizontale Tragsysteme
  Längsverbände
  Querverbände
  Kragverbände
  Scheiben
  Schrägliegende Tragsysteme
  Raum- und Flächentragwerke

Stabilität

Stabilität

- Sicherung des stabilen Gleichgewichts von Tragwerksteilen i.d.R. unter Druckbeanspruchung
- charakteristische Merkmale:
  - schlanke, dünnwandige, hohe Bauteile
  - große Verformungen, bevor die zul. Spannungen erreicht werden
  - plötzliches Ausweichen/Versagen

Teilprobleme der Stabilität (Auswahl)

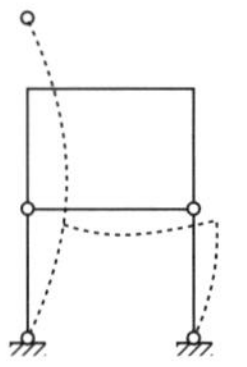

Knicken

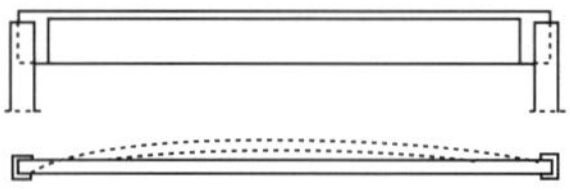

Kippen
(Biegedrillknicken)

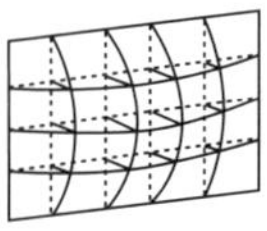

Beulen

Last-Verformungs-Beziehungen

vorgekrümmter Stab → Last erhöhen

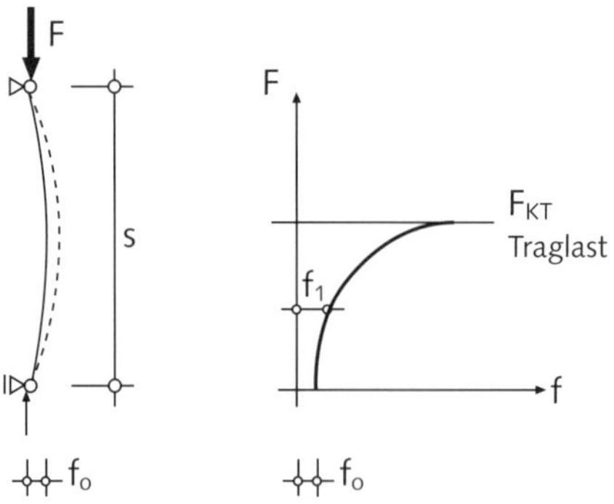

↓

Spannungsproblem

(Traglastproblem)
(Verformungsproblem)

gerader Stab → Last erhöhen

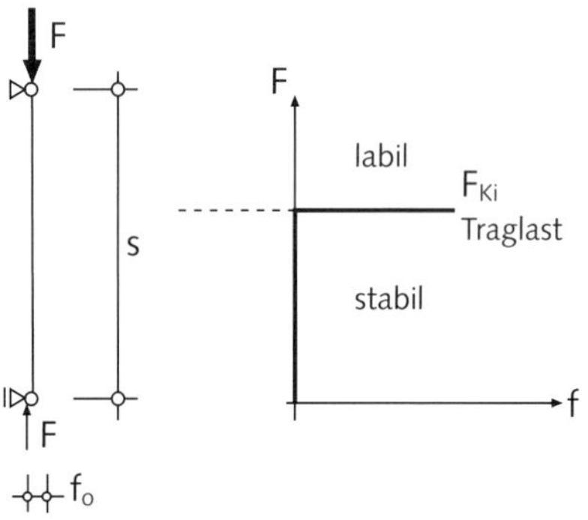

↓

Stabilitätsproblem

plötzliches Ausweichen nach links oder rechts
↓
Knicken

Last-Verformung-Schnittgrößen

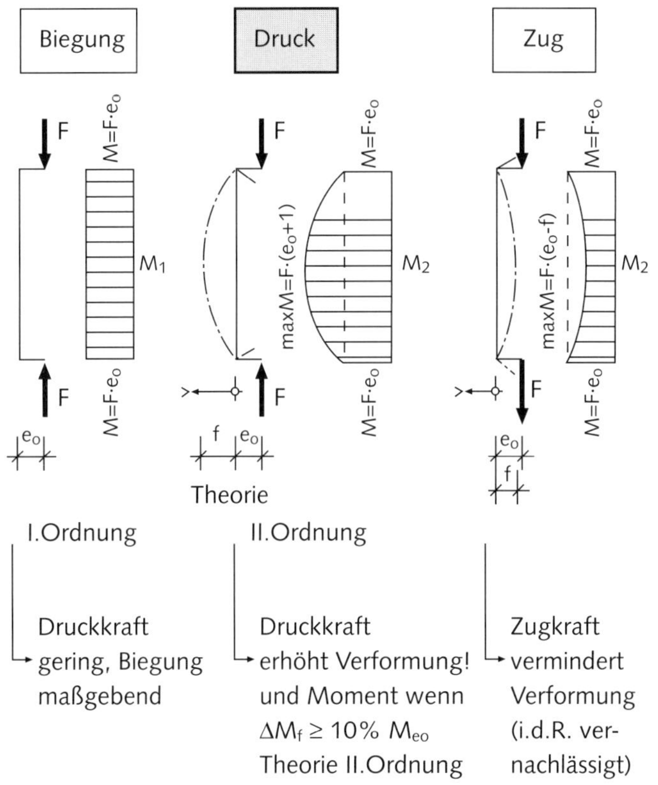

[58]

Stabilitätsnachweise erfordern teilweise sehr komplexe mathematische Untersuchungen.
Im Folgenden werden lediglich die prinzipiellen Probleme aufgezeigt sowie einige konstruktive Hinweise gegeben. Für ein weitergehendes Studium wird auf **PADIA 2** und auf die Fachliteratur verwiesen.

Das Prinzip des Knickvorganges (Biegeknicken)

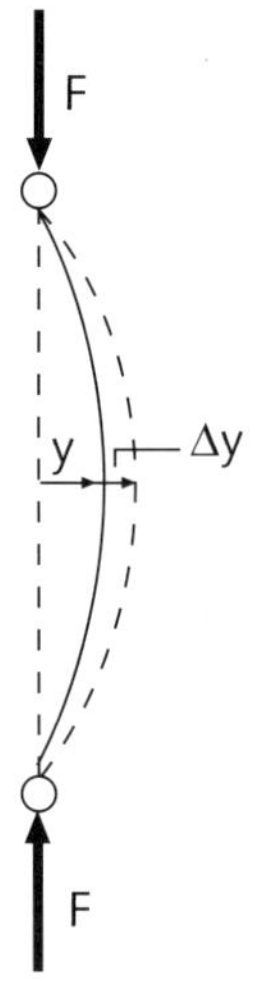

- das zentrische Knicken bzw. eine gerade Stabachse sind Idealisierungen
- in der Praxis besitzt jeder Stab eine kleine initiale Auslenkung, z. B. infolge
  - Maßabweichung
  - exzentrischer Lasteinteilung

- Biegemoment $M = F \cdot y$
- zusätzliche Auslenkung Δy
- zusätzliches Moment $\Delta M = F \cdot \Delta y$
- zusätzliche Auslenkung $\Delta\Delta y$
  usw.

- mögliche Kettenreaktion, wenn $\Delta y = y$

↘ Knicken = Zerstörung!

Die Eulersche Knicklast (Leonard Euler, 1707–1783)

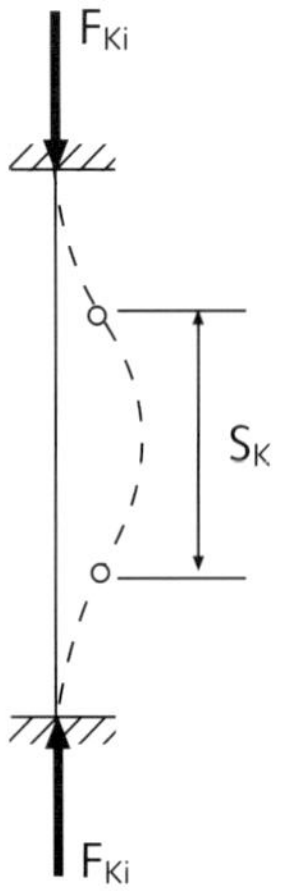

- die Last, bei der der ausgebogene Stab gerade noch im Gleichgewicht ist

$$F_{Ki} = \frac{\pi^2 \cdot E \cdot J}{S_K^2}$$

S_K = Knicklänge = f(stat. System)
$E \cdot J$ = Biegesteifigkeit
F_{Ki} = Knicklast des "idealen Stabes"

- die Knicklast F_{Ki} ist unabhängig von der Festigkeit des Baustoffes
- Ausknicken nach der schwächsten Seite (kleinstes J des Querschnittes)
- doppelte Stablänge bringt 4-fach kleinere Knicklast (Belastbarkeit)

Knicklängen – Stab

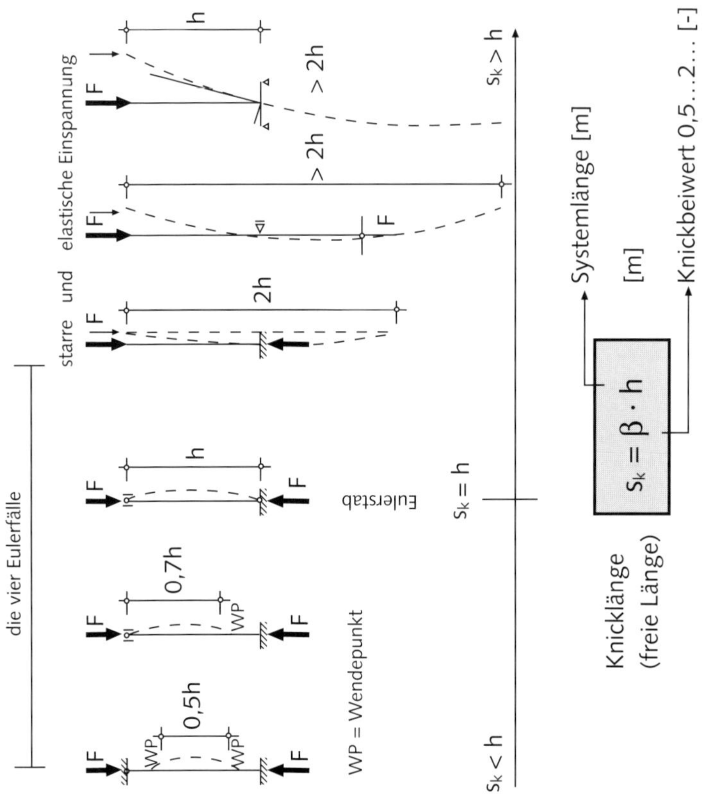

Knicklängen – Zweigelenkrahmen

S_k = f (Verhältnis Steifigkeit Riegel/Stütze)

S_k = f (Verformungsverhalten)

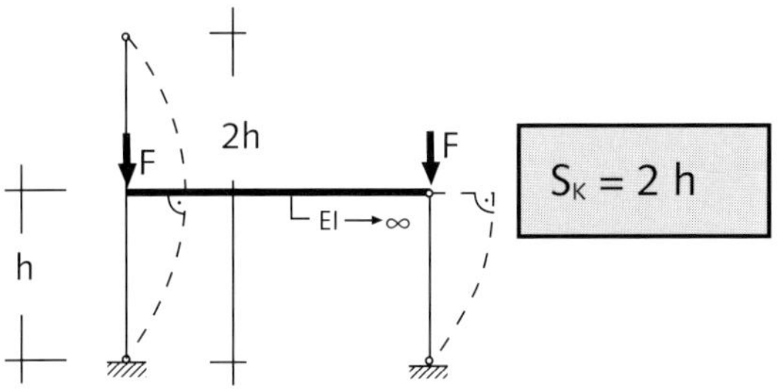

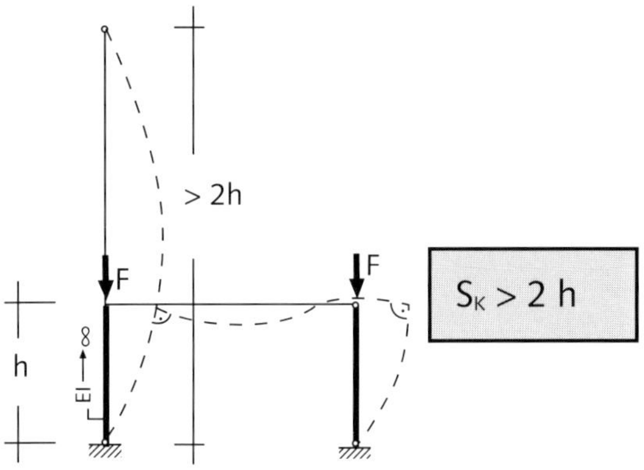

[15] [16] [23] [58] [81]

Knicklängen – ausgewählte Systeme

System		Knicklänge S_k =
eingespannte Stütze	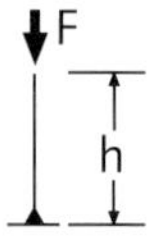	$2 \cdot h$
elastisch eingespannte Stütze	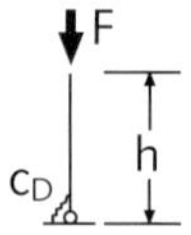	$h \cdot \sqrt{4+\frac{\pi^2 \cdot E \cdot I}{h \cdot c_D}}$
eingespannte Stütze mit angehängten Pendelstützen	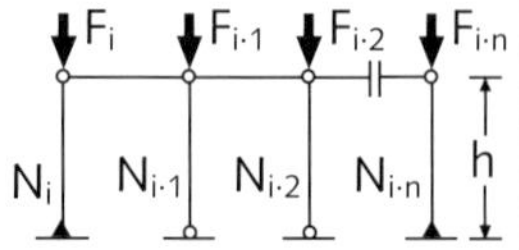	$2 \cdot h \cdot \sqrt{1+\frac{\pi^2}{12} \cdot \frac{\sum_{k=i+1}^{i+n} N_k}{N_i}}$
elastisch eingespannte Stütze mit angehängten Pendelstützen	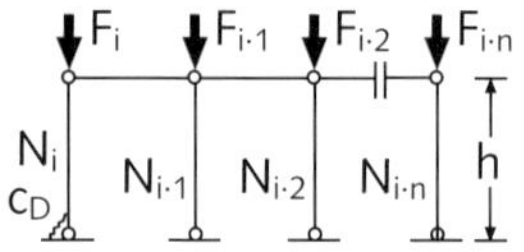	$2 \cdot h \cdot \sqrt{\left(1+\frac{\pi^2 \cdot E \cdot I}{4 \cdot h \cdot c_D}\right) \cdot \left(1+\frac{\pi^2 \cdot \sum_{k=i+1}^{i+n} N_k}{12 N_i}\right)}$

System		Knicklänge S_k =
Fachwerk	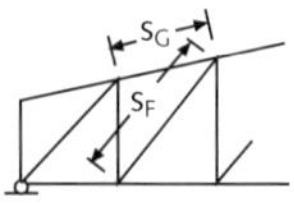	Füllstäbe: $0{,}8 \cdot s_F$ bzw s_F Gurtstäbe: s_G
Kehlbalkenbinder	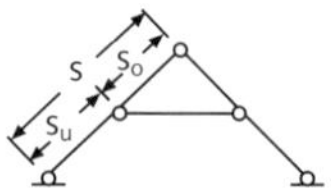	verschiebliches Kehlbalkendach: $0{,}8 \cdot s$ wenn $0{,}3 \cdot s < s_u < 0{,}7 \cdot s$; s wenn $s_u > 0{,}7 \cdot s$ unverschiebliches Kehlbalkendach: s_u bzw. s
Zweigelenkrahmen mit Fachwerkriegel	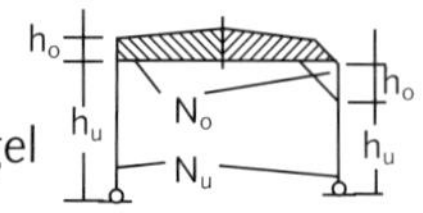	$2 \cdot h_u + 0{,}7 \cdot h_o$; $h_o \leq h_u$;
Bogensysteme	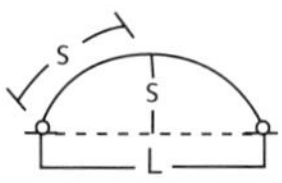	$1{,}25 \cdot s$
Rahmensysteme	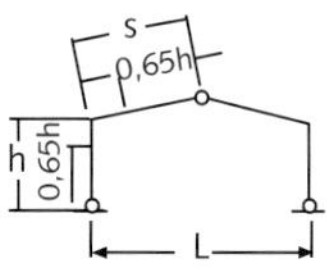	Stiel: $h \cdot \sqrt{4+1{,}6 \cdot c}$ Riegel: $h \cdot \sqrt{4+1{,}6 \cdot c} \cdot \sqrt{k}$ $c = \frac{J_{Stiel} \cdot 2 \cdot s}{J_{Riegel} \cdot h}$ $c = \frac{J_{Riegel} \cdot N_{Stiel}}{J_{Stiel} \cdot L_{Riegel}}$

[16]

Knicklängen – ausgewählte Systeme

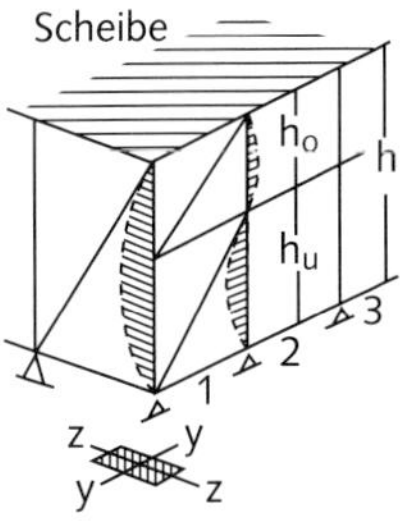

Stützen 1, 2, 3
$S_{Ky} = h$
$S_{Kz} = hu$

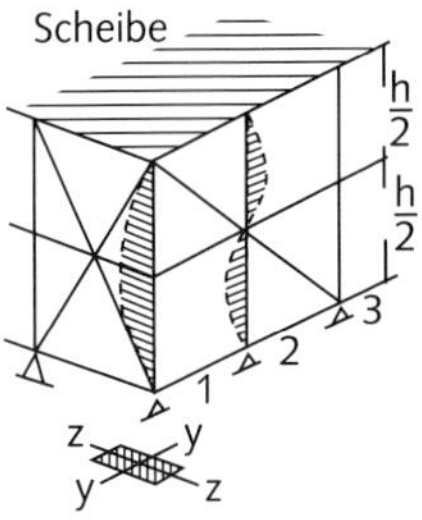

Stützen 1, 2, 3
$S_{Ky} = h$
$S_{Kz} = \frac{h}{2}$

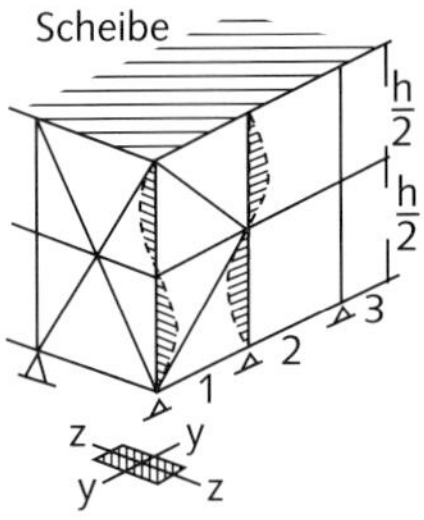

Stützen 1
$S_{Ky} = \frac{h}{2}$
$S_{Kz} = \frac{h}{2}$

Stützen 2, 3
$S_{Ky} = h$
$S_{Kz} = \frac{h}{2}$

Knicken/Knicklänge

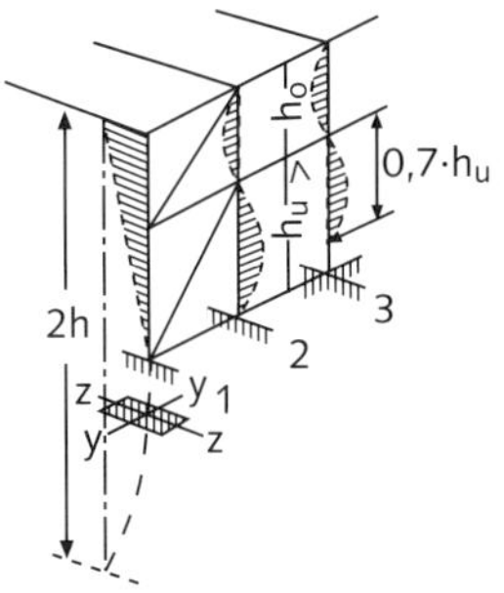

Stützen 1, 2, 3: $S_{Ky} = h$
Stützen 1, 2: $S_{Kz} = h_u > h_o$
Stützen 3: $S_{Kz} = 0{,}7 \cdot h_u$ oder h_o

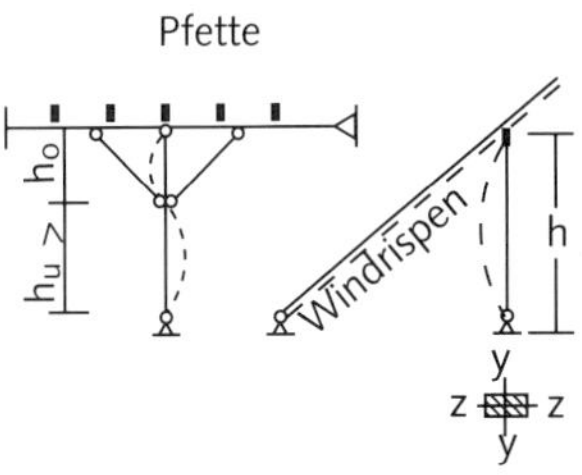

$S_{Ky} = h$

$S_{Kz} = h_u$ → wenn Pfette in Längsrichtung gehalten

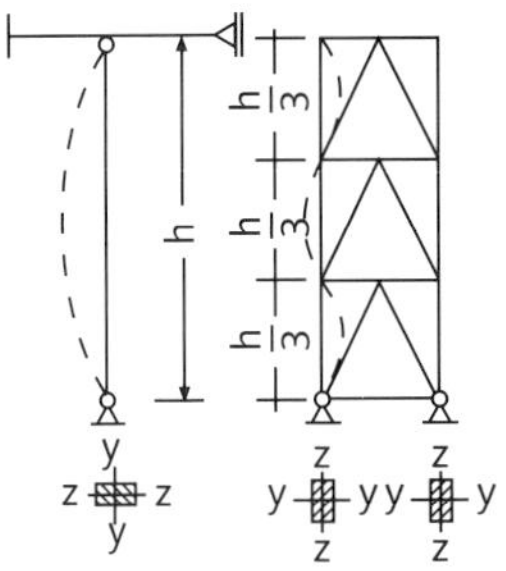

$S_{Ky} = h$

$S_{Kz} = \frac{h}{3}$

[23]

Stabilität
Knicken
11

Knicklänge Wände aus Mauerwerk/Stahlbeton

i.d.R. mehrseitig gelagerte Wände!

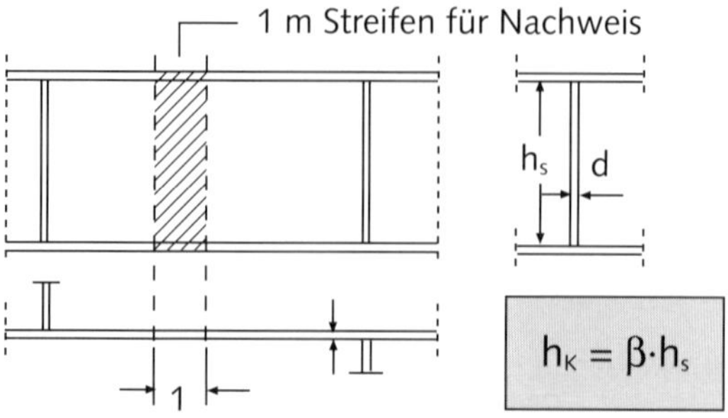

$$h_K = \beta \cdot h_s$$

Nachweis der Knicksicherheit an einem 1 m breiten, zweiseitig gelagertem Streifen mit entsprechend reduzierter Knicklänge h_k

2-seitige Lagerung ⟶ $\beta = 0{,}75 \ldots 1{,}0$

3-seitige Lagerung
4-seitige Lagerung ⟶ $\beta = 0{,}35 \ldots 0{,}9$ **!**

Kriterien der aussteifenden/auszusteifenden Wände beachten!

Aussteifende/Auszusteifende Wände nach DIN 1053

	Geschoß-höhe	Dicke auszusteifende Wand
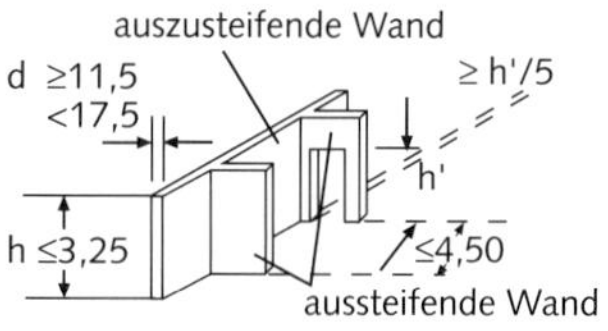	≤ 3,25	≥ 11,5 <17,5
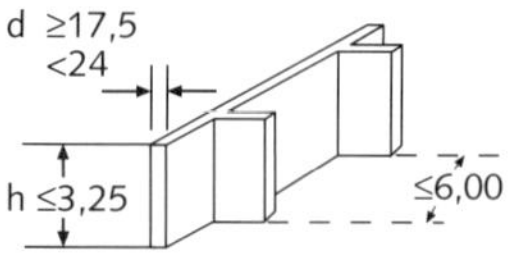	≤ 3,25	≥ 17,5 < 24,0
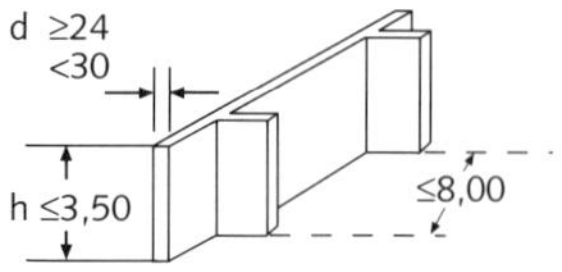	≤ 3,50	≥ 24,0 < 30,0
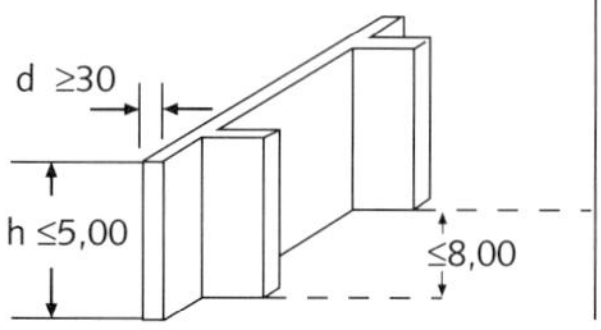	≤ 5,00	≥ 30,0

Praktische Knicknachweise – Prinzip

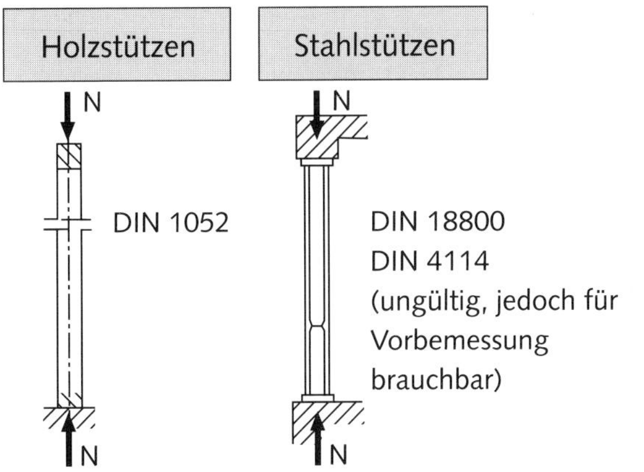

ω-Verfahren = Abminderung der zul. Druckspannung

$$\text{vorh.}\sigma = \frac{\text{vorh.N}}{\text{vorh.A}} \leq \frac{1}{\omega} \cdot \text{zul.}\sigma_D$$

$\text{zul.}\sigma_D$: normale zulässige Druckspannung

ω: 1…18,75 – Knickzahl Holz/Stahl (siehe Tabellenbücher

Hinweis:
in DIN 18800 Arbeit mit Abminderungsfaktoren κ (unabhängig von Streckgrenze)

Knickzahlen Holz/Stahl

ausgewählte Knickzahlen für Stahl und Holz:

Baustoff für λ =	0	10	20	50	100	150	200	250
St 37 (DIN 4114)	1,00	1,00	1,04	1,21	1,90	3,80	6,75	10,55
St 52 (DIN 4114)	1,00	1,00	1,06	1,28	2,53	5,70	10,13	15,83
Holz (DIN 1052) (Vollholz aus Nadelholz)	1,00	1,04	1,08	1,42	3,00	6,75	12,00	18,75

$$\omega = \frac{\text{zul.}\sigma_D}{\text{zul.}\sigma_K}$$

$\text{zul.}\sigma_D$: normale zulässige Druckspannung

$\text{zul.}\sigma_K$: zulässige Knickspannung

$\text{zul. }\sigma_K = \frac{\sigma_{Ki}}{\nu_{Ki}}$

von λ abhängig

ν_{Ki} = Sicherheit ≈ 2,5

St 37 / St 52 (DIN 4114): nur für Vorbemessung (DIN 4114 ungültig)

Praktische Knicknachweise – Prinzip

Stützen und Wände aus Beton (unbewehrt)

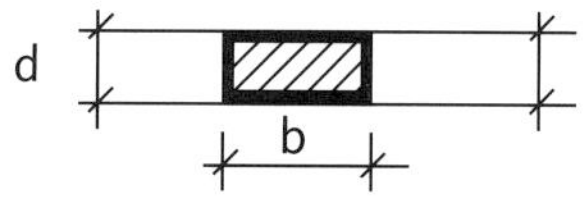

≥ 20 cm Ortbeton
≥ 14 cm Fertigteil

Stützen $b \leq 5d$ | DIN1045 | Wände $b > 5d$

κ-Verfahren = Abminderung der zul. Druckspannung

$$\text{vorh.}\sigma = \frac{\text{vorh.N}}{\text{vorh.A}} \leq \kappa \cdot \text{zul.}\sigma_D$$

0,5…1,0

zulässige Druckspannung

zul. $\sigma_D = \beta_R / \nu$

β_R = Festigkeit

ν = Sicherheit = 2,1

Abminderungsbeiwert

$$\kappa = 1 - \frac{\lambda}{140}$$

$\lambda = \frac{s_K}{i} \leq 70!$

Schlankheitsbereiche Stahlbetondruckglieder nach DIN 1045

gedrungen

$0 \leq \lambda \leq 20$

– kein Knicknachweis

mäßig schlank

$20 < \lambda < 70$

– DIN 1045 Abschn. 17. 4. 3
– 1. planmäßige Ausmitte $e = |M/N|$
  2. zusätzliche Ausmitte $f = f(e/d, \lambda, d)$
– Nachweis Biegung mit Längskraft
  ↓ $M = N \cdot (e+f)$ ↓ N

schlank

$70 < \lambda \leq 200$

– DIN 1045 Abschn. 17. 4. 4
– Theorie II. Ordnung
  – Nachweis am Verfahrenssystem

unzulässig!

$\lambda > 200$

Praktische Knicknachweise – Prinzip

Mauerwerk

DIN 1053

$$\text{vorh.}\sigma_D = \frac{N}{A} \leq K \cdot \sigma_o$$

Abminderungsfaktor
$K_1 = f$ (Wand oder Pfeiler)
$K_2 = f$ (Schlankheit)
$K_3 = f$ (Deckenstützweite)

Wand = Zwischenauflager
$K = K_1 \cdot K_2$

Wand = Endauflager
$K = K_1 \cdot K_2$ oder $K = K_1 \cdot K_3$
minK maßgebend!

Grundwert der zulässigen Druckspannung abhängig von
- Steinfestigkeitsklasse
  SFK 2...60
- Mörtelart
  Normalmörtel
  Dünnbettmörtel
  Leichtmörtel
- Mörtelgruppen
  MGI...IIIa
  LM

Schlankheit Mauerwerk

$$\lambda = \frac{h_K}{i}$$

$$i = \sqrt{\frac{J}{A}} = \sqrt{\frac{b \cdot d^3}{12 \cdot b \cdot d}}$$

$$i = \sqrt{\frac{d^2}{12}}$$

– Mauerwerk meist Rechteckquerschnitt

$$i = \frac{d}{\sqrt{12}} = 0{,}289\ d$$

$h_k = \beta \cdot h_s$ = Knicklänge

$$\lambda = \sqrt{12}\ \frac{h_K}{d}$$

Arbeit mit $\bar{\lambda}$

$$\bar{\lambda} = \frac{h_K}{d} = \frac{\lambda}{\sqrt{12}}$$

Verminderung der Knickgefahr einteiliger Stützen

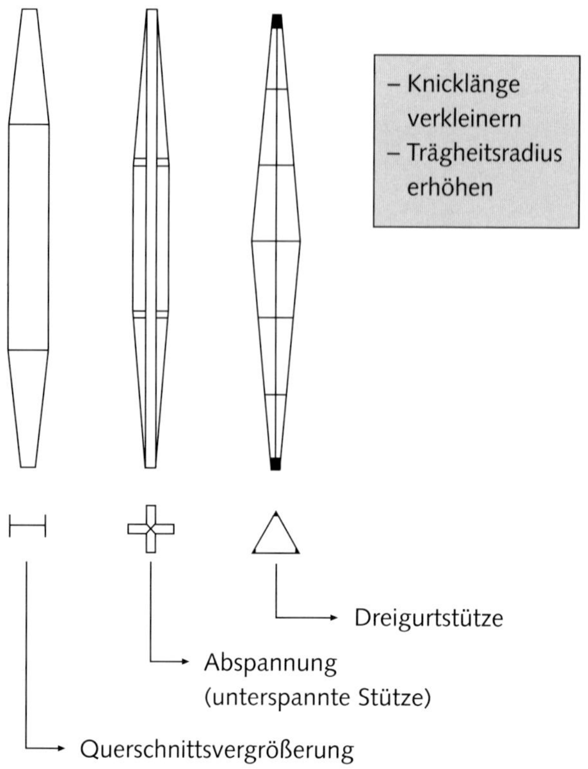

Knicken

Mehrteilige Stützen

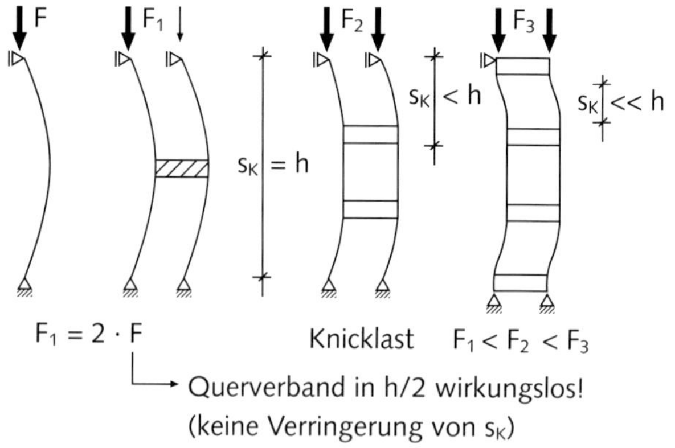

Mehrgeschossige Bauwerke

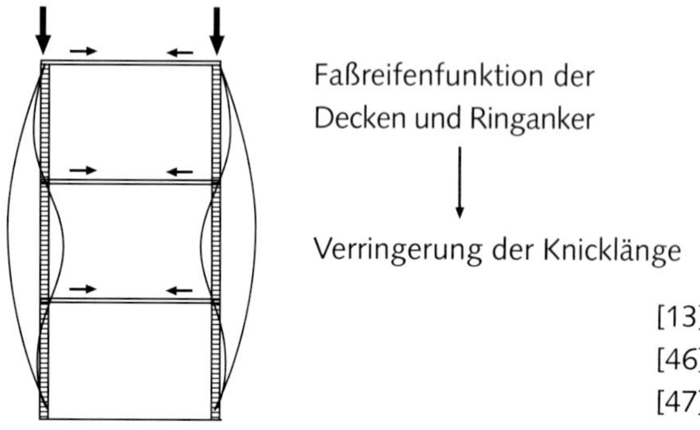

[13]
[46]
[47]

Verminderung der Knickgefahr – Stabsystem aussteifen

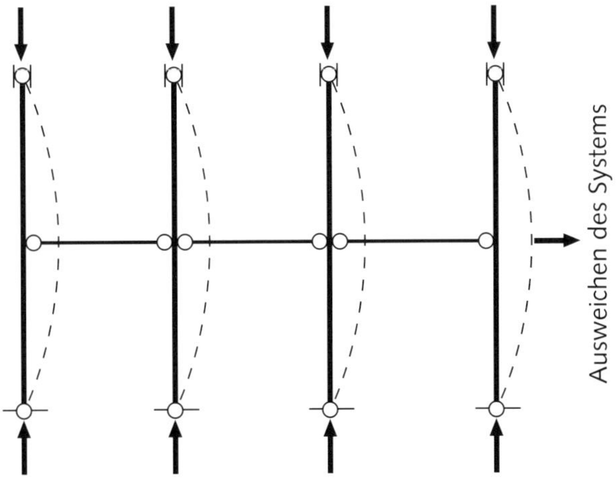

Die Knicklänge (freie Länge) beeinflußt maßgebend die Knicksicherheit eines druckbeanspruchten Tragwerksteiles!

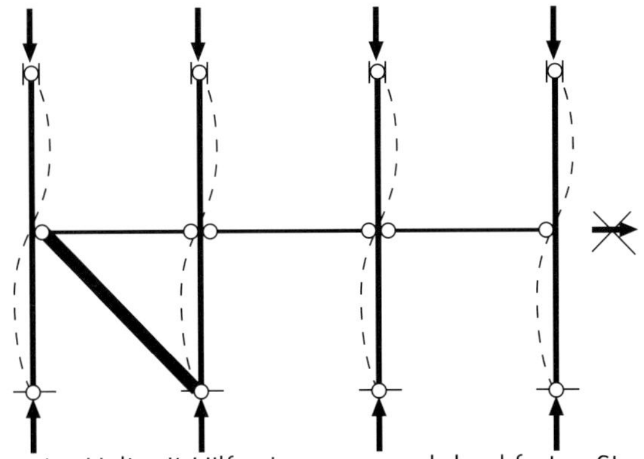

guter Halt mit Hilfe einer zug- und druckfesten Strebe

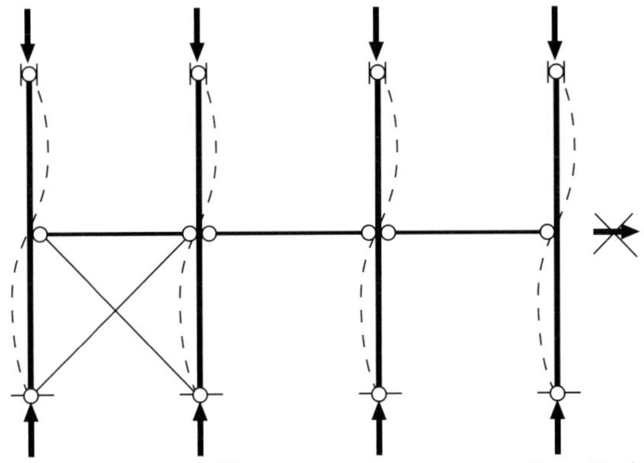

guter Halt mit Hilfe zweier vorgespannter Zugglieder

[47] [81]

Biegeknicken

- seitliches Ausweichen (Verbiegung) ohne Verdrillung
- bei Belastung ensteht von Anfang an eine Biegeverformung (im Gegensatz zum Normalknicken)
  - Biegeknicken ist kein Stabilitäts-, sondern ein Spannungsproblem (Traglastproblem)

Biegedrillknicken = Kippen (Ausweichen des Druckgurtes)

- gleichzeitige Verbiegung und Verdrillung
- bei dünnwandigen, offenen Querschnitten
- gefährdete Querschnitte mit $M \neq S$

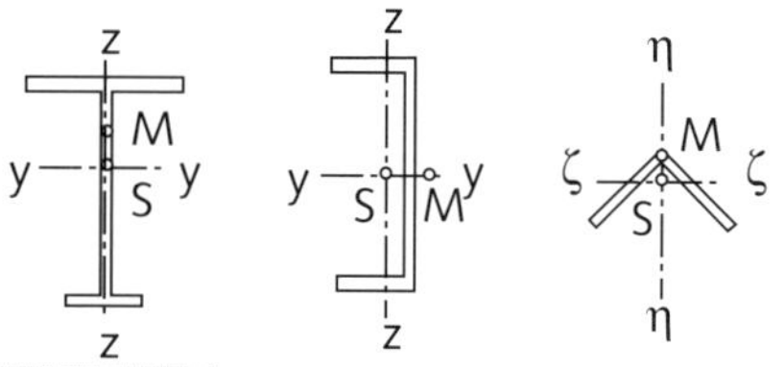

Drillknicken

- reine Verdrillung ohne seitliches Ausweichen

Knicken mehrteiliger Stäbe

Holz

DIN 1052

Stahl

DIN 18800

DIN 4114

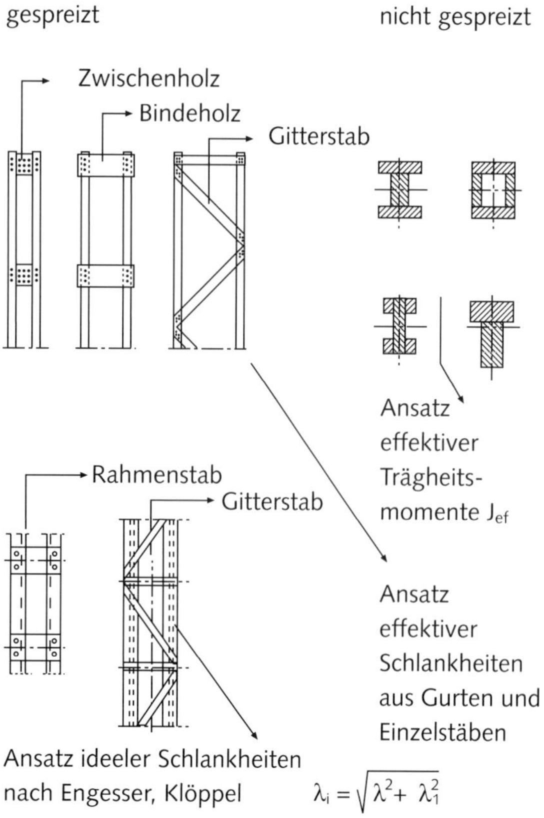

Interpretation Knicknachweis mit ω-Verfahren – Holzstützen
– Stahlstützen

~~$\sigma_\omega = \omega \dfrac{N}{A} \leq \text{zul.}\sigma_{Druck}$~~

→ fiktive Erhöhung der vorhandenen Last = Ersatzlast ω · N

→ in einigen Literaturquellen ist diese statisch "ungünstige" Interpretation zu finden!

Besser!

$$\text{vorh.}\sigma = \frac{N}{A} \leq \frac{1}{\omega} \cdot \text{zul.}\sigma_{Druck}$$

→ Abminderung der zul. Druckspannung

$$\frac{\omega \cdot N}{A \cdot \text{zul.}\sigma_{Druck}} \leq 1$$

in Praxis auch gebräuchlich

Knicklänge in Abhängigkeit der Stützenform

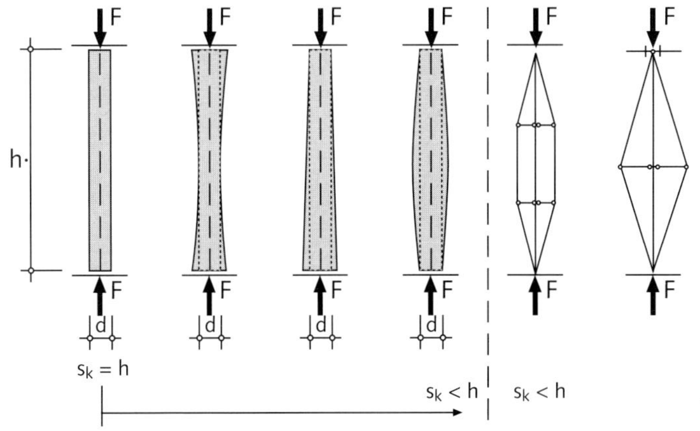

Knicklänge in Abhängigkeit der Lastverteilung

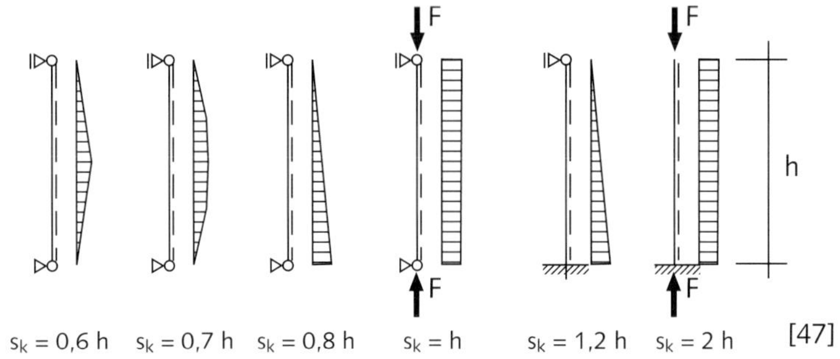

[47]
[81]

Optimale Konstruktion von Druckstäben

– gleiche Schlankheiten anstreben

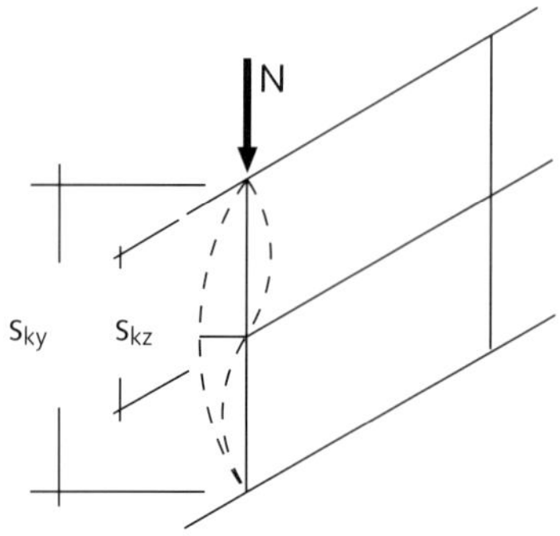

Knickgefahr für beide Querschnittsachsen gleich und möglichst klein halten!
– Trägheitsradien proportional Knicklänge

$\lambda_y = \lambda_z \longrightarrow \omega_y = \omega_z$

$\lambda = \frac{s_{ky}}{i_y} \approx \frac{s_{kz}}{i_z}$ → Knicklänge klein → Trägheitsradius groß

Knicken/zul. Schlankheiten

im Hoch- und Kranbau	$\lambda \leq 250$	**Stahlbau**
im Brückenbau	$\lambda \leq 150$	
(nur in Ausnahmefällen)	$\lambda \leq 200$	
bei Verwendung von Grauguß	$\lambda \leq 100$	
DIN 18800 T2 hält eine Begrenzung des Stabschlankheitsgrades aus Gründen der Tragsicherheit nicht für erforderlich.		
für den Stahlbeton:	$\lambda \leq 200$	**Betonbau Stahlbetonbau**
für unbewehrten Beton:		
Druckstäbe	$\lambda \leq 40$	
Wände	$\lambda \leq 70$	
einteilige Druckstäbe	$\lambda \leq 150$	**Holzbau**
zusammengesetzte nicht verleimte Druckstäbe	$\lambda_W \leq 175$	
Verbandstäbe und Zugstäbe mit geringer Druckkraft nur als Zusatzlasten	$\lambda \leq 200$	
Druckstäbe mit vorwiegend ruhender Beanspruchung	$\lambda \leq 200$	**fliegende Bauten**
Zeltstangen zur Minderung des Durchhanges	$\lambda \leq 250$	

Mauerwerksbau DIN 1053T1, vereinfacht

Innenwände:

11,5 cm ≤ d < 24,0 cm	lichte Geschoßhöhe $h_s \leq 2{,}75$ m
d ≥ 24,0 cm	Knicklänge $h_K < 25$ d

einschalige Außenwände:

11,5 cm ≤ d < 24,0 cm	lichte Geschoßhöhe $h_s \leq 2{,}75$ m
d ≥ 24,0 cm	lichte Geschoßhöhe $h_s \leq 12$ d

[14]
[47]

Biegeknicken – biege- und druckbeanspruchte Bauteile

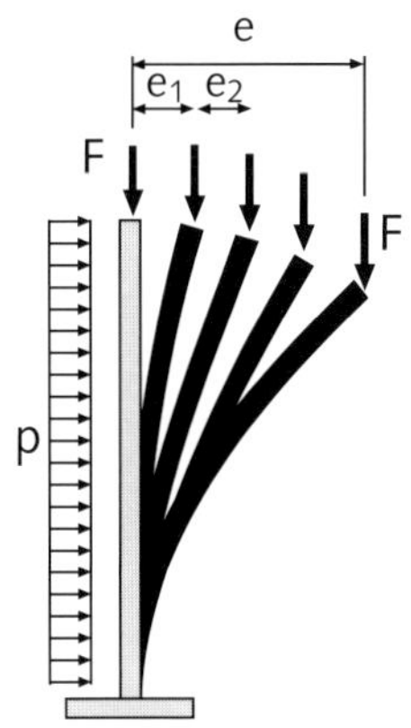

Prinzip:

1. Moment sowie Verformung e_1 infolge p
2. Aus der Verformung e_1 und der Druckkraft F resultiert ein Zusatzmoment $M = F \cdot e_1$
3. Dieses Moment erhöht wiederum die Biegebeanspruchung sowie die Verformung um e_2
4. usw.

- Biegemomente können so groß werden, daß die Druckkraft F nicht mehr aufgenommen werden kann ⟶ Versagen = Biegeknicken
- Theorie II. Ordnung anwenden
  ↳ Untersuchung des Tragverhaltens an verformten System

Biegeknicken – Theorie I. und II. Ordnung

Theorie I. Ordnung

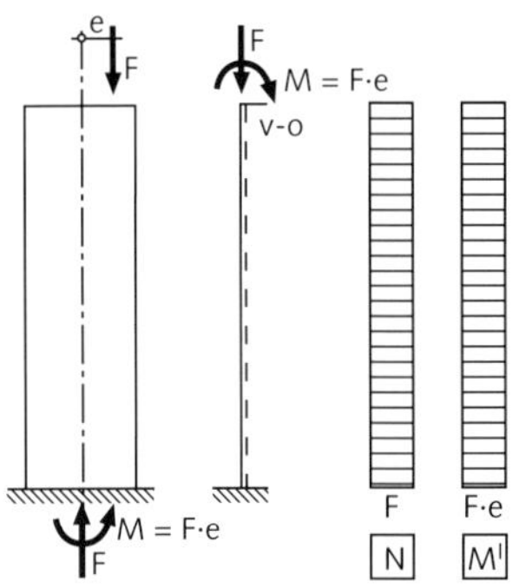

$\sigma = -\frac{F}{A} - \frac{Fe}{W}$

Schnittgrößen am unverformten System

$M^{II} > M^{I}$

Theorie II. Ordnung

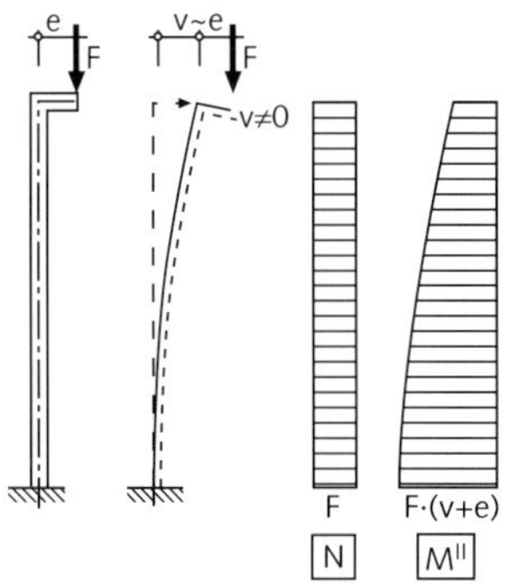

$\sigma = -\frac{F}{A} - \frac{F(v+e)}{W}$

Schnittgrößen am verformten System

[81]

Kippsicherheit

wesentlich beeinflußt von

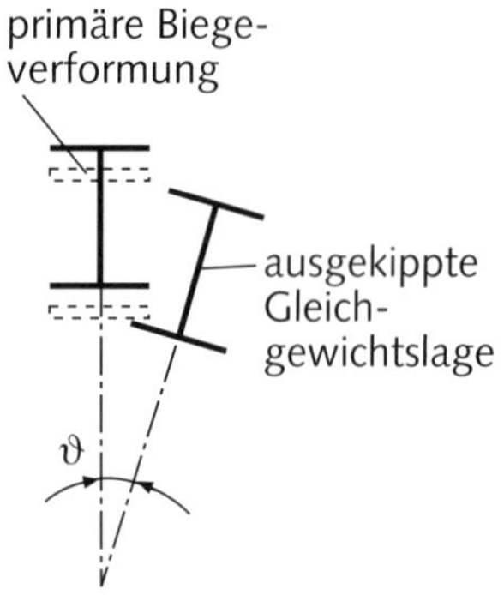

- Biegesteifigkrit
  (Seitensteifigkeit)
  $E \cdot J_z$
- Torsionssteifigkeit
  $G \cdot J_T$

(alt) (neu)
Kippen = Biegedrillknicken:
- seitliches Ausweichen eines unter Biegung stehenden Querschnittes verbunden mit einer Verdrehung der Stabachse
- i.d.R. Ausweichen des Druckgurtes bei
  - Trägern mit großer Steghöhe
  - schlanken Trägern
  - unsymmetrischen Trägerquerschnitten
- Hinweise/Kippsicherheitsnachweise siehe z.B: DIN4114, DIN18800

Ausweichen des Druckgurtes

(zwischen unverschieblichen Halterungen)

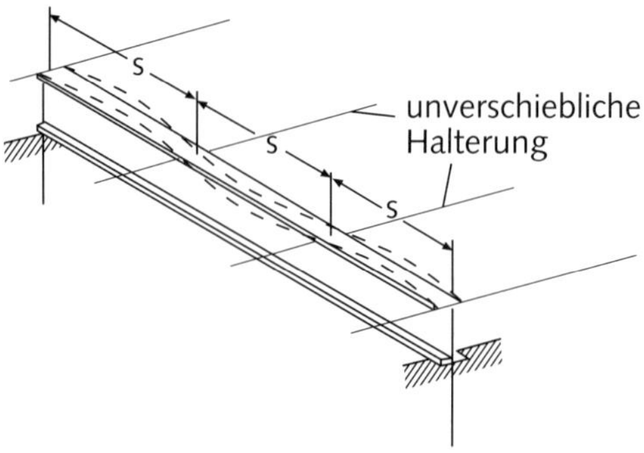

Ausweichen des Druck- und Zuggurtes
- Querschnitte ohne lotrechte Symmetrieachse

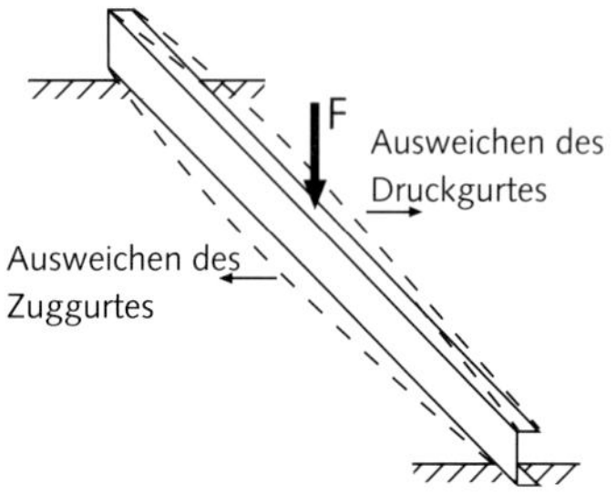

- siehe Querschnitts-eigenschaften: Schubmittelpunkt

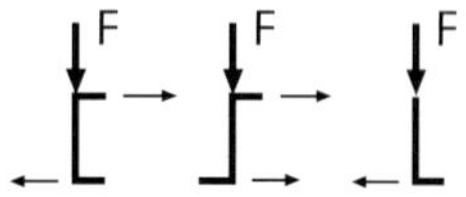

[19] [56] [57]

Kippstabilität von Trägern (konstr. Maßnahmen)

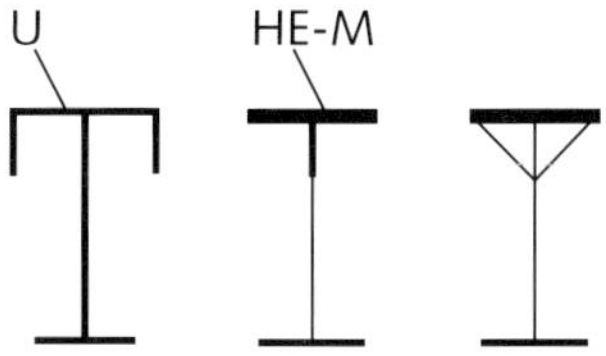

Erhöhung der Seitensteifigkeit durch steifere Druckgurte

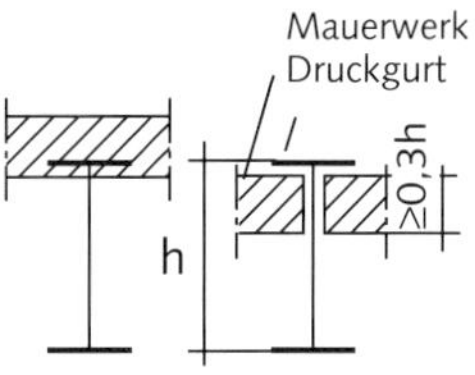

einbetonierte bzw. abgestützte Druckgurte (Mauerwerk)

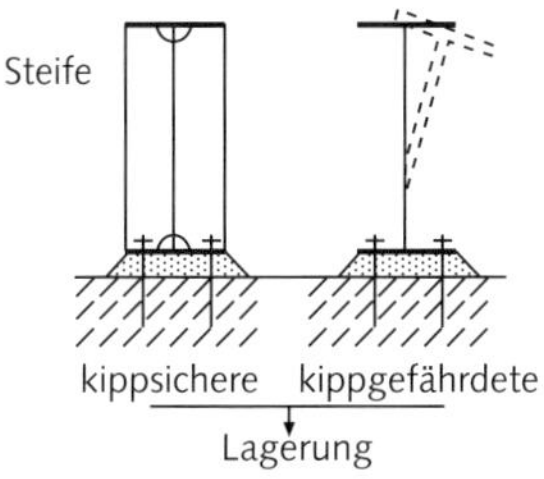

Aussteifung der Auflager (Gabellagerung)

[57]

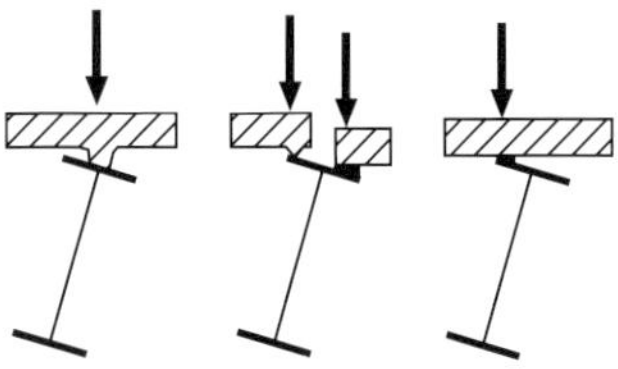

Kippgefahr!
Keine Verbindung Druckgurt – Decke

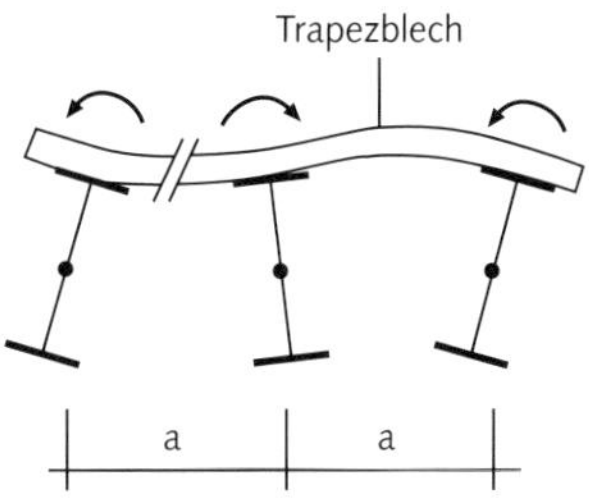

hohe Kippsicherheit
schubsteife Verbindung Druckgurt – Decke (z.B. Kopfbolzendübel bei Massivdecken)

Trägeranschlüsse im Druckgurtbereich anordnen

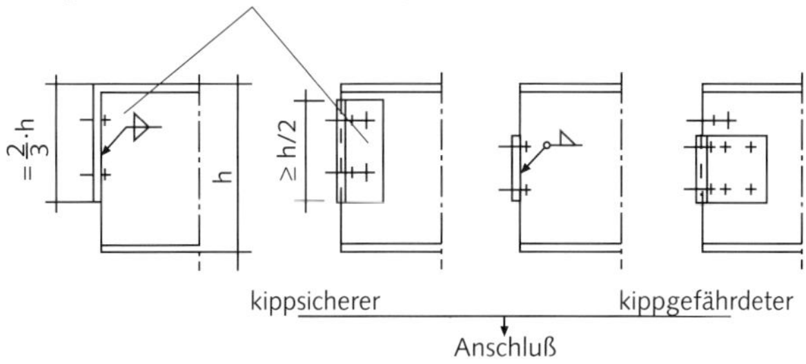

Beulen

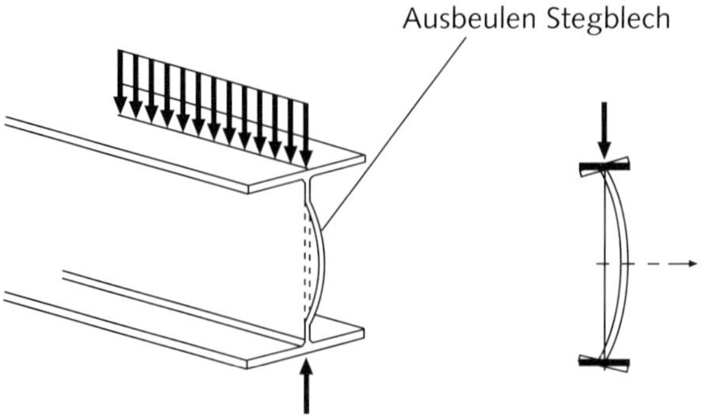

- flächenhafte Ausbiegung (Ausbeulung) längs-druckbeanspruchter Flächentragwerke
- Beulgefahr besteht bei
  - sehr dünnen Stegblechen
  - dünne Scheiben und Schalen
- wesentliche Beeinflußung durch die Lagerungs-bedingungen (2/3/4-seitig)
- Stahlbau: Schaffung von Teilbeulfeldern durch Beulsteifen (DAST-Richtlinie 012)
- Massivbau: Aussteifende Wände (DIN1045, DIN1053)

Beulflächen druckbeanspruchter Wandscheiben

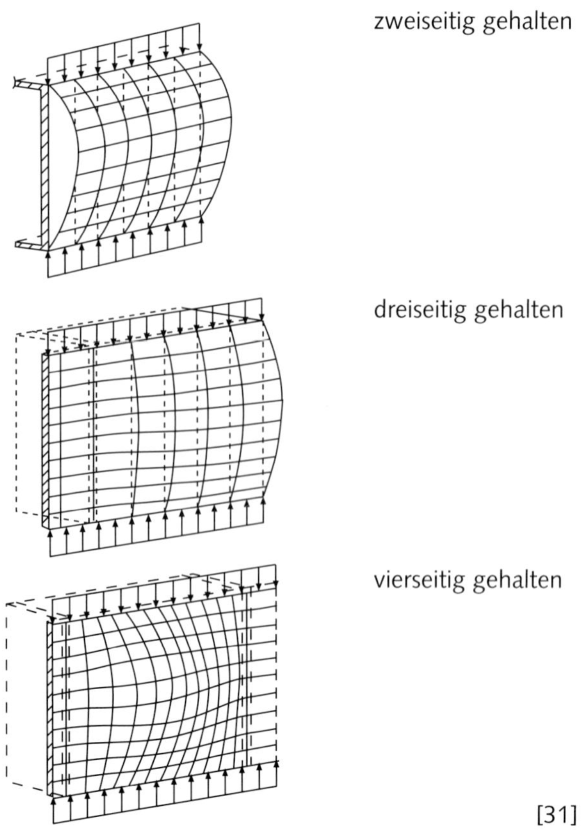

[31]

Ursachen des Beulens

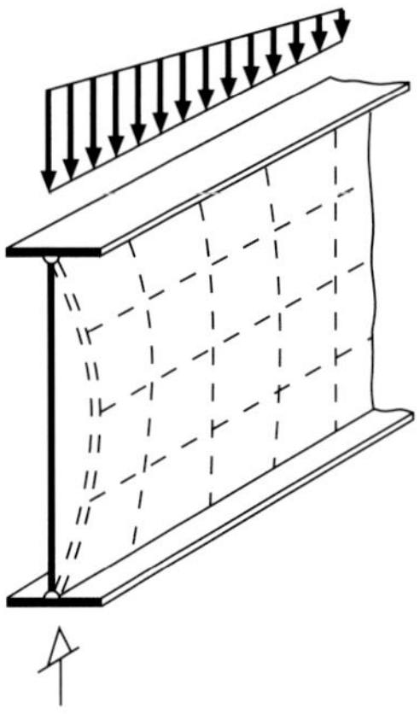

Einleitungsbereiche großer Kräfte (Auflager, Einzellasten) ⟶ Beulen gesamter Steg

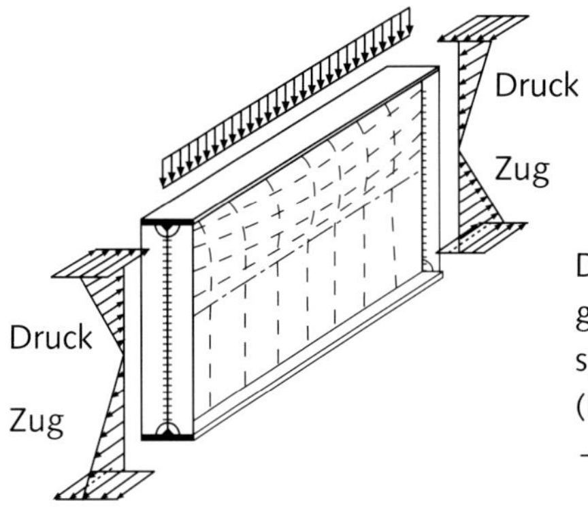

Druckzone in Bereichen großer Biegebeanspruchung (Feldmitte Träger) ⟶ Beulen Druckzone

Maßnahmen zur Verminderung des Beulens

Verstärkung Stegblech i.d.R. unwirtschaftlich!

Aussteifungsrippen Quer- und Längsstreifen

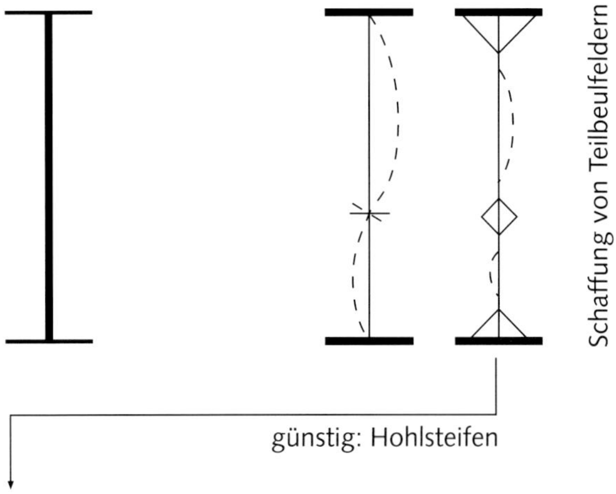

Vorteile von Hohlsteifen:
- verkleinerte Beulfelder
- Steifen teilweise eingespannt
- gutes Aussehen
- leichter Anstrich
- geneigte Flächen lassen Staub und Regenwasser leicht abfließen

[92]

Stahlblechträger mit Quer- und Längsaussteifungen

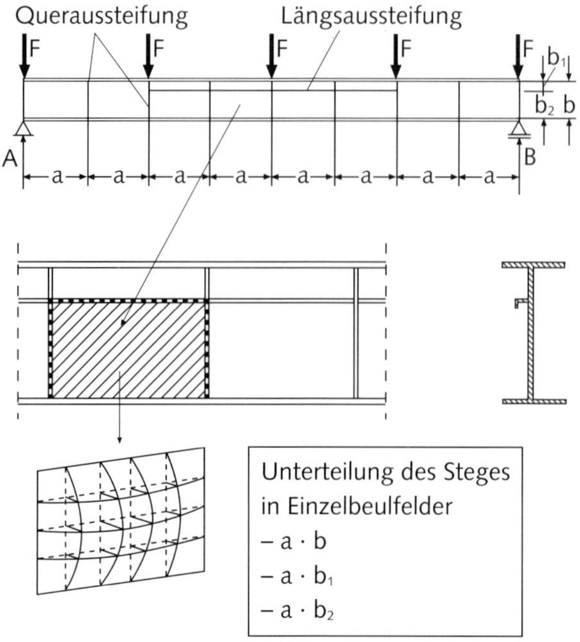

Beulverformungen an dünnwandigen Stützenfüßen

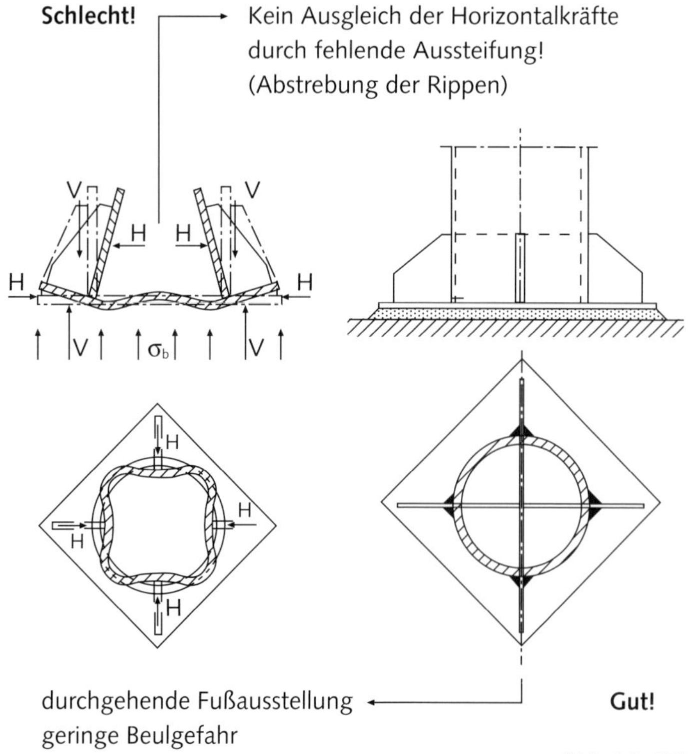

[19, 31, 57]

[14] Wagner, Erlhof:
Praktische Baustatik Teil 2
Stuttgart: Teubner, 1991

- **Stabilität bei geraden Stäben**
  Stabilitätsprobleme
  Eulersche Knickgleichung
  Einteilige Druckstäbe
  Mehrteilige Druckstäbe
  Knicken dünnwandiger, offener Profile
  Kippsicherheit von Trägern
  Ausbeulen von Stegblechen

[17] Mann:
Vorlesungen Statik und Festigkeitslehre
Stuttgart: Teubner, 1986

- **Knicken**
  Die Eulerfälle
  Schlankheit
  Beulen
  Drillknicken
  Kippen

[19] Lohmeyer:
Baustatik Teil 2
Festigkeitslehre
Stuttgart: Teubner, 1991

- **Knickspannungen**
  Knicklängen und Schlankheiten
  Stützen aus Stahl und Holz
  Stützen aus Beton
  Wände aus Beton
  Mauerwerk

[31] Becker:
Tragkonstruktionen des Hochbaus Teil 1
Düsseldorf: Werner-Verlag, 1983

- **Stabilität einzelner Tragwerksteile**
  Stabförmige Tragwerksteile
  Ebene flächenhafte Tragwerksteile
- **Stabilität von Gesamttragwerken**
  Aussteifungsprinzipien
  – siehe auch Literaturhinweise im Kapitel „Stabilisierung“

[63] Hünersen, Fritzsche:
Stahlbau in Beispielen
Düsseldorf: Werner-Verlag, 1993

- **Mittig gedrückte einteilige Stäbe**
  Biegeknicken
  Biegedrillknicken
- **Mehrteilige Druckstäbe**
  Rahmenstäbe
  Gitterstäbe
- **Stäbe mit Biegung (einachsig/zweiachsig) und Druckkraft**
- **Elastisch gestützte Druckgurte**
  Vollwandträger
  Fachwerkträger
- **Plattenbeulen**
- **Stäbe mit dünnwandigen Querschnitten**

[64] Petersen:
Statik und Stabilität der Baukonstruktionen
Braunschweig: Vieweg, 1982

- **Ausführliches Standardwerk für die wichtigsten Tragsysteme**
- **Elasto/Plasto-Statische Stabilitätstheorie**
  Spannungsproblem/
  Verzweigugsproblem
  Durchschlagprobleme
- **Ausgewählte Baukonstruktionen**
  Rahmen (einstöckig/mehrstöckig)
  Hochhäuser
  Verbände/Scheiben
  Fachwerke
  Abgespannte Konstruktionen
  Bogentragwerke
  Gerüste
- **Biegedrillknicken/Kippen**
- **Beulen ebene und gekrümmte Flächentragwerke**

[1] Krauss, Führer, Neukäter: Grundlagen der Tragwerklehre 1 Köln: Rudolf Müller, 1988

[2] Krauss, Willems: Grundlagen der Tragwerklehre 2 Köln: Rudolf Müller, 1989

[3] Krauss, Führer: Tabellen zur Tragwerklehre Köln: Rudolf Müller, 1989

[4] Schulze, Lange, Wanner: Kleine Baustatik Stuttgart: Teubner, 1994

[5] Hugi: Einführung in die Statik der Tragkonstruktionen Zürich: Verlag der Fachvereine Zürich, 1992

[6] Galgoczy: Bemessung von Stahl-, Stahlbeton- und Holzkonstruktionen Band 2 Wiesbaden: Bauverlag, 1972

[7] Dreyer: Festigkeitslehre und Elastizitätslehre Leipzig: Fachbuchverlag, 1952

[8] Winkler: Festkörperbeanspruchung Leipzig: Fachbuchverlag, 1988

[9] Fachkunde Bau Haan-Gruiten: Verlag Europa-Lehrmittel, 1995

[10] Dehne: Flächengründungen Wiesbaden: Bauverlag, 1982

[11] Leder: Hochbaukonstruktionen Berlin: Springer-Verlag, 1985

[12] Herzog: Kurze baupraktische Festigkeitslehre Düsseldorf: Werner-Verlag, 1996

[13] Mann: Tragwerkslehre in Anschauungsmodellen Stuttgart: Teubner, 1985

[14] Wagner, Erlhof: Praktische Baustatik Teil 2 Stuttgart: Teubner, 1991

[15] Dierks, Schneider, Wormuth: Baukonstruktion Düsseldorf: Werner-Verlag, 1993

[16] Scheer, Muszala, Kolberg: Der Holzbau Leinfelden-Echterdingen, 1993

[17] Mann: Vorlesungen Statik und Festigkeitslehre Stuttgart: Teubner, 1986

[18] Batran, Bläsi, u.a.: Fachwissen Bau Hamburg: Handwerk und Technik, 1992

[19] Lohmeyer: Baustatik Teil 2 Festigkeitslehre Stuttgart: Teubner, 1991

[20] Wagner, Erlhof: Praktische Baustatik Teil 1 Stuttgart: Teubner, 1994

[21] Oksanovic: Der unsichtbare Konflikt Berlin: Verlag für Bauwesen, 1982

[22] Schäffler, Bruy, Schelling: Baustoffkunde Würzburg: Vogel Buchverlag, 1993

[23] Werner: Holzbau Teil 1 Düsseldorf: Werner-Verlag, 1984

[24] Werner: Holzbau Teil 2 Düsseldorf: Werner-Verlag, 1987

[25] Lohmeyer:
Weisse Wannen
Düsseldorf: Beton-Verlag, 1985

[26] Belz, Gösele, u.a.:
Mauerwerk-Atlas
München: Institut für internationale Architektur-Dokumentation, 1984

[27] Reichert:
Konstruktiver Mauerwerksbau
Köln: Rudolf Müller, 1990

[28] Schneider, Schubert, Wormuth:
Mauerwerksbau
Düsseldorf: Werner-Verlag, 1996

[29] Hart, Henn, Sontag:
Stahlbauatlas
München: Institut für internationale Architektur-Dokumentation, 1982

[30] Schneider:
Lehmbau für Architekten und Ingenieure
Düsseldorf: Werner-Verlag, 1996

[31] Becker:
Tragkonstruktionen des Hochbaus Teil 1
Düsseldorf: Werner-Verlag, 1983

[32] Ghiocel, Lungu:
Wind, snow and temperature effects on structures
Kent: Abacus Press, 1972

[33] Schneider:
Bautabellen
Düsseldorf: Werner-Verlag, 1990

[34] Domke:
Grundlagen konstruktiver Gestaltung
Wiesbaden: Bauverlag, 1982

[35] Dubas, Gehri:
Stahlhochbau
Berlin: Springer, 1988

[36] Leonhardt:
Vorlesungen Massivbau Teil 6
Berlin: Springer 1979

[37] Planung und Bau von Wasserbehältern
Arbeitsblatt W311
Eschborn: DVGW, 1988

[38] Preißler, Bollrich:
Technische Hydromechanik
Berlin: Verlag für Bauwesen, 1985

[39] Simmer:
Grundbau Teil 1
Stuttgart: Teubner, 1987

[40] Türke:
Statik im Erdbau
Berlin: Ernst und Sohn, 1990

[41] Bobe, Hubacek:
Bodenmechanik
Berlin: Verlag für Bauwesen, 1983

[42] Warth:
Konstruktionen in Holz
Leipzig: Gebhardts-Verlag, 1900

[43] Lohmeyer:
Baustatik Teil 1 Grundlagen
Stuttgart: Teubner, 1985

[44] Dankert:
Technische Mechanik
Stuttgart: Teubner, 1994

[45] Büttner, Hampe:
Bauwerk-Tragwerk-Tragstruktur Band 2
Berlin: Verlag für Bauwesen, 1984

[46] Herget:
Tragwerkslehre
Stuttgart: Teubner, 1993

[47] Führer, Ingendaaij, Stein:
Der Entwurf von Tragwerken
Köln: Rudolf Müller, 1995

[48] Heide:
Praktische Statik nach Cross, Steinmann und Kani
Leipzig: Teubner, 1977

[49] Kleinlogel, Haselbach:
Rahmenformeln
Berlin: Ernst und Sohn, 1992

[50] Rothe:
Statik der Stabtragwerke
Band 1
Berlin: Verlag für Bauwesen, 1965

[51] Rothe:
Statik der Stabtragwerke
Band 2
Berlin: Verlag für Bauwesen, 1967

[52] Rothe:
Stabstatik für Bauingenieure
Berlin: Verlag für Bauwesen, 1984

[53] Baldauf:
Hochgradig statisch unbestimmte Tragwerke
Leipzig: Hirzel Verlag, 1962

[54] Schulze:
Hausdächer in Holzbauart
Düsseldorf: Werner-Verlag 1987

[55] Cziesielski:
Lehrbuch der Hochbaukonstruktionen
Stuttgart: Teubner, 1993

[56] Buchenau, Thiele:
Stahlhochbau Teil 2
Stuttgart: Teubner, 1985

[57] Thiele, Lose:
Stahlbau 1
Stuttgart: Teubner, 1993

[58] Aavak:
Stahlbetonbau in Beispielen
Düsseldorf: Werner-Verlag, 1994

[59] Rübener:
Grundbautechnik für Architekten
Düsseldorf: Werner-Verlag, 1985

[60] Dreyer:
Graphostatik
Leipzig: Fachbuchverlag, 1954

[61] Harasim, Müller, Alles:
Statik
Würzburg: Vogel Buchverlag, 1993

[62] Natterer, Herzog, Volz:
Holzbauatlas Zwei
München: Institut für internationale Architektur-Dokumentation, 1991

[63] Hünersen, Fritzsche:
Stahlbau in Beispielen
Düsseldorf: Werner-Verlag, 1993

[64] Petersen:
Statik und Stabilität der Baukonstruktionen
Braunschweig: Vieweg, 1982

[65] Wendehorst, Muth:
Bautechnische Zahlentafeln
Stuttgart: Teubner, 1989

[66] Galgoczy:
Bemessung von Stahl-, Stahlbeton- und Holzkonstruktionen Band 1
Wiesbaden: Bauverlag, 1972

[67] Mayer, Schwarz, Stanger:
Technische Mechanik und Festigkeitslehre Formeln
Handwerk und Technik, 1990

[68] Hirschfeld:
Baustatik
Berlin: Springer, 1984
Reprint

[69] Bochmann:
Statik im Bauwesen
Band 1
Berlin: Verlag für Bauwesen, 1968

[70] Bochmann:
Statik im Bauwesen
Band 2
Berlin: Verlag für Bauwesen, 1968

[71] Krätzig, Wittek:
Tragwerke 1
Berlin: Springer, 1995

[72] Krätzig, Wittek:
Tragwerke 2
Berlin: Springer, 1995

[73] Schmitt, Heene:
Hochbaukonstruktion
Braunschweig: Vieweg, 1993

[74] Schneider, Schweda:
Baustatik
Düsseldorf: Werner-Verlag, 1991

[75] Schneider:
Baustatik Zahlenbeispiele
Düsseldorf: Werner-Verlag, 1991

[76] Ambrose:
Building Structures Primer
New York: Wiley and Sons, 1967

[77] Hampe, Heller, Walther, Wölfel:
Zum Tragverhalten von Stabtragwerken
Weimar: HAB, 1977

[78] Quade, Tschötschel:
Experimentelle Baumechanik
Düsseldorf: Werner-Verlag, 1990

[79] Petersen:
Aerodynamische und seismische Einflüsse auf die Schwingungen insbesondere schlanker Bauwerke
Düsseldorf: VDI-Verlag, 1971

[80] Ludewig:
Bewegungsfugen
Berlin: Verlag für Bauwesen, 1986

[81] Egger:
Tragwerkselemente
Stuttgart: Teubner, 1996

[82] Halasz, Scheer:
Holzbautaschenbuch
Berlin: Ernst und Sohn, 1986

[83] Wosnizok:
Werkstoffe
Leipzig: Verlag für Grundstoffindustrie, 1975

[84] Petzold, Marusch, Schramm:
Der Baustoff Glas
Berlin: Verlag für Bauwesen

[85] Gestalten mit Glas
Interpane, 1994

[86] Glashandbuch 1997
Flachglas AG

[87] Glas am Bau
Aachen: VEGLA, 1996

[88] Walther:
Bauen mit Beton
Berlin: Ernst und Sohn, 1997

[89] Baumgart:
Sachlexikon der Architektur
Köln: Dumont Buchverlag, 1990

[90] Rybicki:
Bauschäden an Tragwerken
Düsseldorf: Werner-Verlag, 1979

[91] Hampe:
Rotationssymmetrische Flächentragwerke
Berlin: Verlag für Bauwesen, 1981

[92] Hofmann, Sahmel, Veit:
Grundlagen der Gestaltung geschweißter Stahlkonstruktionen DVS

[93] Hampe:
Vorgespannte Konstruktionen Band 2
Berlin: Verlag für Bauwesen, 1965

[94] Schulze:
Der Baustoff Beton Band 1
Berlin: Verlag für Bauwesen, 1983

[95] Teuber:
Prüffähige statische Hochbauberechnungen in Zahlenbeispielen
Düsseldorf: Werner-Verlag, 1989

[96] Krüger:
Hochbaukonstruktionen aus dem Mauerwerks- und Holzbau
Wiesbaden: Bauverlag, 1993

[97] Göldner:
Übungsaufgaben aus der Technischen Mechanik
Leipzig: Fachbuchverlag, 1965

[98] Szymczyk:
Bogentabellen
Berlin: Verlag für Bauwesen, 1961

[99] Schmidt:
Handbuch des Hochbaues
Nordhausen: Heinrich Killinger Verlag, 1926

[100] Schreyer:
Praktische Baustatik
Teil 1, 2, 3
Leipzig: Teubner, 1966